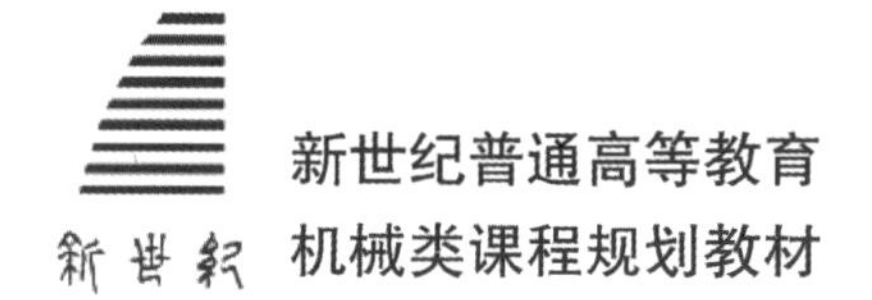

新世纪普通高等教育
机械类课程规划教材

JIXIE SHEJI JICHU

机械设计基础

（第三版）

主　编　朱　理
副主编　姜　引　谢忠东
　　　　向　锋　白晓虎
主　审　姜恒甲

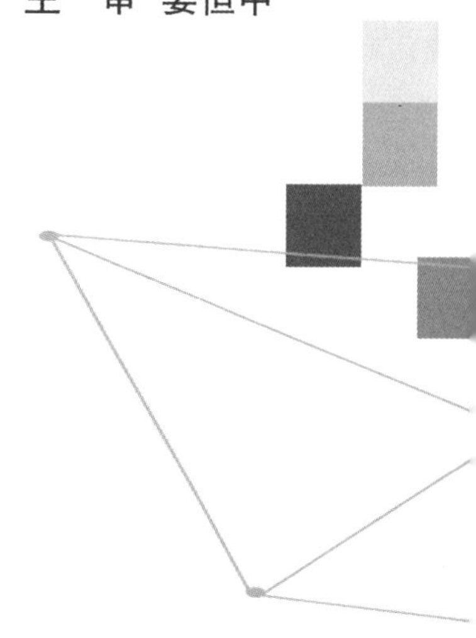

大连理工大学出版社

图书在版编目(CIP)数据

机械设计基础 / 朱理主编. -- 3版. -- 大连 : 大连理工大学出版社, 2023.8
新世纪普通高等教育机械类课程规划教材
ISBN 978-7-5685-4443-6

Ⅰ. ①机… Ⅱ. ①朱… Ⅲ. ①机械设计－高等学校－教材 Ⅳ. ①TH122

中国国家版本馆CIP数据核字(2023)第105004号

大连理工大学出版社出版
地址:大连市软件园路80号 邮政编码:116023
发行:0411-84708842 邮购:0411-84708943 传真:0411-84701466
E-mail:dutp@dutp.cn URL:https://www.dutp.cn
大连雪莲彩印有限公司印刷 大连理工大学出版社发行

幅面尺寸:185mm×260mm 印张:19.25 字数:493千字
2011年1月第1版 2023年8月第3版
2023年8月第1次印刷

责任编辑:王晓历 责任校对:齐 欣
封面设计:对岸书影

ISBN 978-7-5685-4443-6 定 价:53.80元

本书如有印装质量问题,请与我社发行部联系更换。

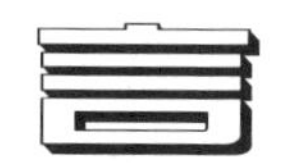

前言

《机械设计基础》(第三版)是新世纪普通高等教育教材编审委员会组编的机械类课程规划教材之一。

21世纪的到来对专门人才的培养提出了新的要求,特别是21世纪机械产品的国际竞争愈来愈激烈,这就要求机械产品不断创新,努力提高产品质量,完善机械性能,这些必将需要更多的具有创新精神和创造能力的高素质人才。本教材的修订正是为了培养学生的设计思维和设计创新能力,以满足21世纪对人才的需求。

本教材是在第二版的基础上,根据高等工科院校机械设计基础课程最新的教学基本要求,以及现行的有关国家标准和普通高等教育机械设计制造与自动化专业人才培养目标与规格的要求,结合多年来教学实践经验重新进行修订而成的。在本版的修订过程中,编者仍试图从满足教学基本要求、贯彻少而精的原则出发,吸取原教材教学实践中所取得的经验及广大高校师生对本教材的使用意见,力求做到精选内容、适当拓宽知识面,反映学科新成就。

本教材以培养工程应用能力和机械系统方案创新设计能力为目标,在内容编排上贯穿了以设计为主线的思想。在编写过程中,力求体现高等学校培养应用型工程技术人才的特点,强调以应用为主要目的。在内容阐述方面,注重基本概念和基本理论,合理安排顺序,突出工程应用,重视设计过程;注重提高学生的设计能力、分析能力和创新能力,以适应社会的要求;注重采用新规范和新标准。在编写过程中力求做到:

1. 坚持基础理论以应用为目的,遵循以必需、够用为度的原则,教材内容选择及体系结构完全符合普通高等教育人才培养体系的教学需要,力求体现普通高等教育人才培养体系的教学特色。

2. 在内容的取舍及阐述方面,着重于讲清有关机械设计基础的基本概念、基本理论和基本方法,做到条理清晰、层次分明、循序渐进、言简意明,并选用了适当的例题、思考题及习题,以利于教学。

3. 在各章前面有内容简介,后面有小结,包括本章需要掌握的基础知识和重点、难点,便于帮助学生掌握和巩固教学内容。

4.为了更好地联系工程实际,增加了较多工程应用实例,在第6章齿轮传动、第9章带传动、第13章滑动轴承中还附有零件工作图,这样更有利于学生掌握零件工作图的绘制。

本教材带“*”的章节为选学内容或延伸内容,使用时可酌情取舍。

本教材可作为高等学校机械类和近机类专业“机械设计基础”课程的教学用书,参考学时数为60~90学时,也可作为其他高校相关专业的教学用书,亦可供有关工程技术人员参考。

本教材编写团队深入推进党的二十大精神融入教材,充分认识党的二十大报告提出的“实施科教兴国战略,强化现代人才建设支撑”精神,落实“加强教材建设和管理”新要求,在教材中加入思政元素,紧扣二十大精神,围绕专业育人目标,结合课程特点,注重知识传授、能力培养与价值塑造的统一。

本教材响应二十大精神,推进教育数字化,建设全民终身学习的学习型社会、学习型大国,及时丰富和更新了数字化微课资源,以二维码形式融合纸质教材,使得教材更具及时性、内容的丰富性和环境的可交互性等特征,使读者学习时更轻松、更有趣味,促进了碎片化学习,提高了学习效果和效率。

本教材由湖南工程学院朱理任主编,由广东工商职业技术大学姜引、大连海洋大学谢忠东、湖南工程学院向锋、沈阳农业大学白晓虎任副主编,湖南工程学院刘兰、湖南电气职业技术学院魏华、大连海洋大学鞠恒、安阳工学院孟五洲参与了编写。具体编写分工如下:第1章、第6章、第12章由朱理编写,第2章、第4章、第14章由姜引编写,第3章、第8章由向锋编写,第5章、第7章由谢忠东编写,第9章、第10章由白晓虎编写,第11章由刘兰编写,第13章由鞠恒编写,第15章由魏华编写,第16章由朱理、孟五洲编写,第17章由谢忠东、孟五洲编写。

本教材由大连理工大学姜恒甲担任主审。他对教材内容进行了认真仔细的审阅,并提出了极为宝贵的修改意见,对提高本教材的编写质量给予了很大帮助。另外在本教材编写工作中得到了湖南工程学院程玉兰和胡凤兰、烟台南山学院祝贞凤和安阳工学院段非的关心和帮助,在此一并谨致以衷心的感谢。

在编写本教材的过程中,编者参考、引用和改编了国内外出版物中的相关资料以及网络资源,在此表示深深的谢意!相关著作权人看到本教材后,请与出版社联系,出版社将按照相关法律的规定支付稿酬。

尽管我们在教材特色的建设方面做出了许多努力,但由于编者水平有限,教材中仍可能存在一些疏漏和不妥之处,恳请各教学单位和读者在使用本教材时多提宝贵意见,以便下次修订时改进。

编 者
2023年8月

所有意见和建议请发往:dutpbk@163.com
欢迎访问高教数字化服务平台:https://www.dutp.cn/hep/
联系电话:0411-84708445 84708462

目录

第1章

绪 论

带你走进机械设计基础

认识运动副

本章介绍本课程的研究对象、主要内容、性质和任务，机构、机器、机械的基本概念和机械设计的基本知识以及本课程的学习与研究方法。

1.1 本课程的研究对象及性质

1.1.1 本课程的研究对象与内容

机械设计基础是一门以机器、机构和通用零件为研究对象的学科。

1. 机器

人类通过长期生产实践创造了各种各样的机器，以代替或减轻人类劳动、提高劳动生产率。使用机器的水平是衡量一个国家现代化程度的重要标志之一。

在生产活动和日常生活中，我们都接触过许多机器，例如，各种机床、汽车、拖拉机、起重机、缝纫机、洗衣机、复印机等。机器的种类繁多，不同的机器具有不同的形式、构造和用途，但它们都具有共同的特征。

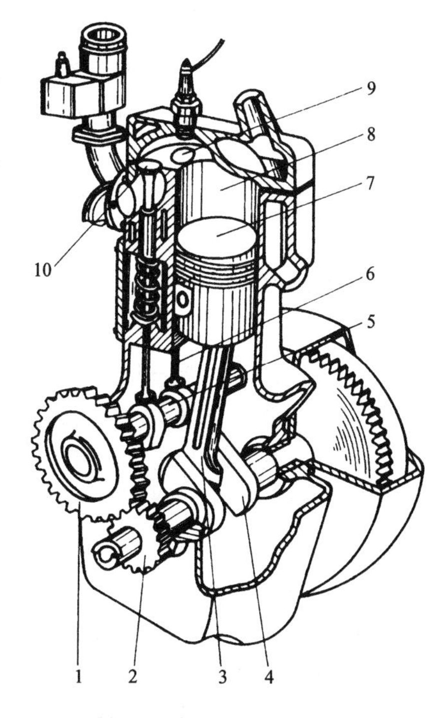

图 1-1 单缸四冲程内燃机

图 1-1 所示为单缸四冲程内燃机，它由汽缸体 8、活塞 7、进气阀 10、排气阀 9、连杆 3、曲轴 4、凸轮 5、顶杆 6、齿轮 1 和 2 等组成。燃气推动活塞做往复移动，经连杆转变为曲轴的连续转动。凸轮和顶杆是用来开启和关闭进气阀和排气阀的。为了保证曲轴每转两周进、排气阀各启闭一次，曲轴和凸轮轴之间安装了齿数比为 1∶2 的齿轮。这样，当燃气推动活塞运动时，各构件协调动作，进、排气阀有规律地启闭，加上汽化点火等装置的配合，就把热能转化为曲轴回转的机械能。

图 1-2 所示为一种颚式破碎机，主要用来破碎矿石。它由电动机 1、带轮 2 和 4、V 带 3、偏心轮（曲轴）5、杆 6～8、动颚板 9 及机架 10 等组成。电动机的转动通过 V 带传动带动曲轴 OA 绕轴心 O 连

续回转时,驱动杆 6、8 再带动动颚板 9 绕轴心 F 做往复摆动,从而实现压碎物料的功能。

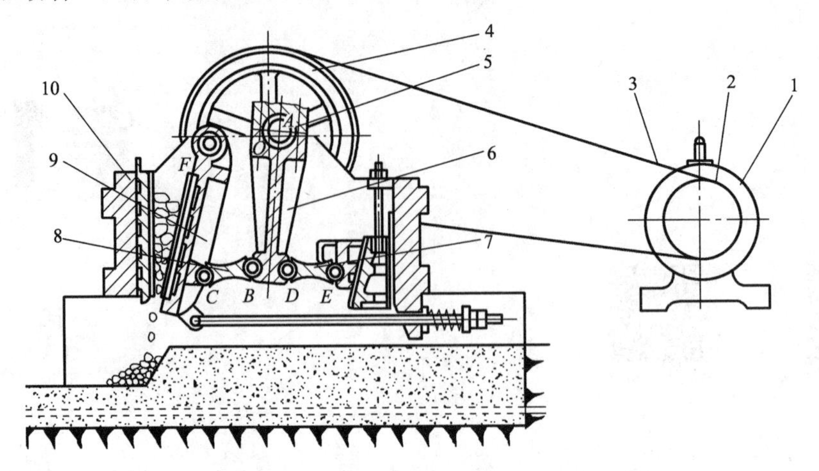

图 1-2 颚式破碎机

从以上两台机器的实例可以看出,虽然各种机器的构造、性能及用途均不相同,但从它们的组成、运动和功能来看,机器都有以下共同特征:

(1)机器都是通过加工制造而成的实物组合。

(2)机器中各个独立的运动单元之间均具有确定的相对运动。

(3)机器能代替或减轻人类的劳动来完成有用的机械功或实现机械能与其他形式能量的转换。

因此,可以给机器下一个定义:凡能代替或减轻人类劳动来完成有用功或进行机械能与其他形式能量转换的实物组合称为机器。

机器大致可分为以下两大类:

(1)原动机 能将化学能、电能、水力、风力等能量转换为机械能的机器。如内燃机、电动机、涡轮机等。

(2)工作机 利用机械能来完成有用功的机器。如各种机床、轧钢机、纺织机、印刷机、包装机等。

在实际应用中,常用的原动机有内燃机和电动机两种。但是工作机则数不胜数,各行各业都有独具特点的专业机器。

就功能而言,机器一般包含四个组成部分:原动部分、执行部分、传动部分和控制部分。

(1)原动部分 驱动整台机器以完成预定功能的动力源,它一般是把其他形式的能量转换为可以利用的机械能,现代机械中使用的原动机以电动机和热力机为主。原动机的动力输出绝大多数呈旋转运动的状态,输出一定的转矩。

(2)执行部分 用来完成机器预定功能的组成部分,一台机器可以只有一个执行部分(如洗衣机的叶轮);也可以有好几个执行部分(如铣床有工作台的进给、铣刀的旋转运动等)。

(3)传动部分 把原动机的运动及动力转变为执行部分所需的运动及动力,如把旋转运动变为直线运动,高转速变为低转速,小转矩变为大转矩等。机器的传动部分多数使用机械传动系统,也有使用液压或电力传动系统的。

(4)控制部分 是使机器有条不紊正常工作的中枢,有机械的、电气的、液压的、气动的以及现代的计算机控制等。

2. 机构

上述机器的三个特征中,具有前两个条件:

(1)它们都是人为的实物组合。

(2)它们中各个独立的运动单元之间均具有确定的相对运动。

可称它们为机构,或者说:凡是具有确定相对运动的实物组合称为机构。

组成机构的各个相对运动的单元称为构件。机械中不可拆的制造单元称为零件。构件可以是单一的零件,例如,内燃机的曲柄,也可以是由几个零件组成的刚性结构,如图 1-3 所示的连杆就是由连杆体 1、连杆盖 4、螺栓 2 及螺母 3 等零件组成的。这些零件没有相对运动,共同构成一个运动单元,成为一个连杆构件。由此可见,构件是机械中独立的运动单元,零件是机械中的制造单元。机械中的零件可分为两类:一类称为通用零件,它在许多机械中广泛应用,如齿轮、螺栓、轴、轴承等;另一类称为专用零件,它仅在某些特定机器中使用,如内燃机的曲柄、连杆、缸体等。

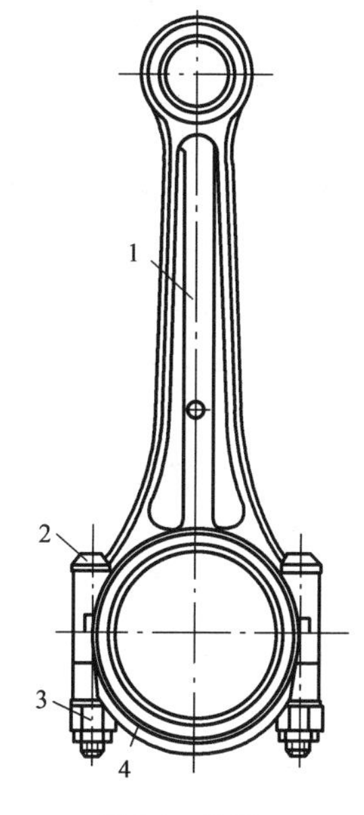

图 1-3 连杆

由此可见,机构是机器的重要组成部分,一台机器是由一个或多个不同机构所组成的。机构是实现预期机械运动的机件组合体,而机器则是由各种机构组成的,能实现预期机械运动并完成有用机械功或转换机械能的机构系统。

由于机构与机器具有两个共同特性,从结构和运动的角度去看,两者并无差别。因此,人们常用“机械”作为机器和机构的总称。

3. 通用零件

机械是由许多零件组合装配而成的。各类机械都可能用到的零件称为通用零件,其中包括通用部件、标准件等。

机械设计基础主要讲述机械中常用机构和通用零件的工作原理、运动特性、结构特点、基本设计理论和计算方法。

1.1.2 本课程的性质和任务

随着科学技术的进步和生产过程机械化、自动化水平的不断提高,对工程技术人员来说,必将遇到新型机械产品开发以及现有机械设备改造、使用、管理等问题,这就要求与机械有关的工程技术人员都应具备一定的机械设计知识。机械设计基础课程是一门培养学生具备基本机械设计能力的技术性基础课程。

本课程的主要任务是:

(1)熟悉并掌握常用机构的工作原理、结构组成、运动特点,初步具备分析和设计常用机构的能力。

(2)熟悉并掌握通用零部件的工作原理、结构特点、设计计算和维护保养等基本知识,并初步具备设计一般简单机械传动装置的能力。

(3)具有运用标准、规范、手册、图册及查阅有关技术资料的能力。

机械设计是多学科理论和实际知识的综合运用。机械设计基础课程要求学生综合运用机械制图、工程力学、机械工程材料及热处理、互换性与精度测量等先修课程的知识和生产实践经验,解决常用机构和通用零部件的设计问题。因此,学习时应注重理论联系实际,重点掌握分析问题和解决问题的方法。

1.2 机械设计的基本要求与一般设计程序

1.2.1 机械设计的基本要求

机械设计是一个创造性的工作过程，同时也是一个尽可能多地利用已有成功经验的工作，在设计中要很好地把继承和创新有机地结合起来，进而设计出高质量的机器。

机械设计的目的是满足社会生产和生活需要，机械设计的任务是应用新技术、新工艺、新方法开发适应社会需求的各种新的机械产品，以及对原有机械进行改造，从而改变并提高原有机械的性能。因此，设计机械应满足的基本要求是：

1. 使用要求

设计的机器首先应能完成工作任务，并工作可靠，能达到预期寿命。因此，必须正确地选择机器的工作原理、机构的类型和机械传动方案，合理设计零件，满足强度、刚度、耐磨性等方面的使用要求。

2. 安全性要求

机械设计必须以人为本，其各部件要与操作者协调配合，即操作方便、轻便、安全，同时对环境污染小。若某些部件操作不当可能造成人身伤亡事故，则应采取防护措施，并与操作者处理条件相适应。此外，为了保护设备，还应设置保险销、安全阀等过载保护装置以及红灯、警铃等警示装置。

3. 可靠性要求

可靠性是指系统、机器或零件等在规定时间内能稳定工作的程度或性质。可靠性常用可靠度 R 来表示，是指系统、机器或零件等在规定的使用时间（使用寿命）内和预定的环境条件下能正常地实现其功能的概率。系统、机器的可靠度取决于组成系统、机器的零件的可靠度及其组成方式。

4. 经济性要求

经济性要求作为一个综合性指标，体现在设计、制造、使用的全过程中。设计中应尽可能多地选用标准件和成套组件，它们不仅可靠、价廉，而且能大大节省设计工作量。整个过程应确保设计成本低、制造成本低、低能高效、使用范围广、维护方便。

5. 其他特殊性能要求

对不同的机械，还有一些为该机械所特有的要求。例如：对航空机械，有质量轻的要求；对食品机械，有不得污染产品的要求等。

1.2.2 机械设计的一般设计程序

机械设计是指从使用要求出发，对机器的工作原理、结构、运动形式、力和能量的传递方式以及各个零件的材料、形状、尺寸和使用维护等问题进行构思、分析和决策的工作过程，其结果一般要表达成设计图纸、说明书以及各种技术文件（使用说明书、标准件表、易损件表等）。

机械设计的一般程序如下：

1. 计划阶段

这是设计工作重要的准备阶段。计划设计一项新产品之前，设计者必须对设计任务及其前提条件认真分析、仔细审查、正确理解，否则会导致设计缺陷、错误等。

设计时必须对设计任务的用途和特点、工作条件、功能指标、加工制造条件、经济性要求等用明确的条文确定下来，最后形成设计任务书，作为设计的指导性文件。

2. 方案设计阶段

根据设计任务书所要求的预期功能要求，确定总体方案，即选定机器的工作原理及相应的结构形式。为实现同一功能要求，往往有多种方案可供选用。在进行方案选定时，一般应拟定几种方案进行反复比较、评价，在进行方案比较时要从技术、经济和可靠性等方面进行评价，从中选定最佳方案，最后绘制出原理图或机器运动简图。

3. 技术设计阶段

(1)运动设计和动力设计

结构方案确定后，即可根据执行机构所要求的运动和动力指标，选定原动机的类型及其参数，然后对传动机构进行运动设计，以确定各运动构件的运动参数。在此基础上，根据执行机构的工作阻力、工作速度等有关参数，计算确定各主要零、部件所受的载荷。

(2)绘制总体草图

在这一设计步骤中，要进行一系列的草图设计。首先对主要零件进行工作能力计算，确定其主要尺寸和形状，并进行结构设计，绘制零件草图。通过草图设计，使机器各部分结构相互补充和完善，同时也会发现各部分形状、尺寸、装配关系等方面的矛盾，据此反复进行协调、调整与修改，最后即可按比例绘制总体草图。

(3)初步审查

根据设计任务对总体草图进行初步审查，对不符要求之处应进行修改，直到全部满足要求时为止。

(4)绘制总装配图、部件装配图和零件图

根据初审结果，绘制总装配图、部件装配图和零件图，这一过程也是相互印证、进一步协调关系的过程。总装配图和部件装配图的绘制过程，将促使各部分结构之间的联系、制约关系更具体、更详尽地反映出来，同时也使各个零件的装配关系、设计尺寸、运动和动力分析得到进一步的修正，从而对一些重要零件可以进行精确的工作能力计算，并确定其材质、热处理及其他技术条件。绘制零件图的同时，还应进行工艺审核和标准化审查。

4. 编制技术文件阶段

整个设计完成后，应编制各种技术文件：计算说明书、使用说明书、标准件明细表、易损件(或备用件)清单、工艺文件等。

1.3 机械零件的一般设计步骤与机械零件结构的工艺性及标准化

1.3.1 机械零件的一般设计步骤

因机械零件的种类不同，故其具体设计方法也不同，具体设计步骤也不一样，但通常可按图 1-4 所示步骤进行。

根据设计过程的不同，机械零件的计算可分为设计计算和校核计算。设计计算是根据零件承受的载荷和材料，运用由相应准则判定条件决定的设计公式，计算出零件的基本尺寸；然后根据结构、工艺要求和尺寸协调原则，使零件结构具体化。校核计算则先参照已有实物、图纸、经验数据、规范或近似计算，初步拟定零件的形状和尺寸；然后校核是否满足由相应准则判定条件决定的验算公式。设计计算多用于能通过简单的力学模型进行设计的零件；校核计算则多用于零

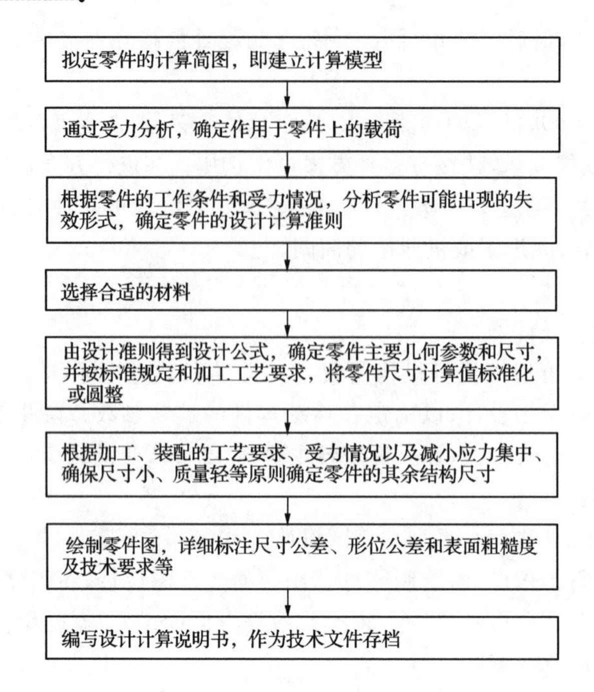

图 1-4 机械零件设计的一般步骤

件的结构复杂、应力分布复杂，计算数据往往要在零件的尺寸和结构已知时才能决定的场合。

1.3.2 机械零件结构的工艺性

设计机械零件的结构时，要使零件的结构形状与生产规模、生产条件、材料、毛坯制作、工艺技术以及与其他相关零件的关系等相适应。也就是说，机械零件的结构应在满足使用要求的前提下，能用最简单的工艺和最少的时间、劳动量、设备、工具、费用生产出来。既能满足使用要求又有良好工艺性的零件结构，才是合理的结构。设计机械零件时一般可从以下方面考虑：

1. 零件结构简单合理

零件的结构和形状越复杂，制造、装配和维修就越困难，成本也越高。在功能允许的情况下，应尽可能采用简单的结构，使其切削加工工艺性好，例如，采用最简单的表面(平面、圆柱面及其组合)，同时还应尽量使加工表面数目最少和加工面积最小。

2. 合理选用毛坯类型

机械零件的毛坯可由铸造、锻造、冲压、轧制、焊接或由型材获得。毛坯的选择与具体的生产技术条件有关，一般取决于生产批量、材料性能和加工可能性。

3. 良好的生产加工工艺性

规定合理的制造精度和表面粗糙度可保证良好的生产加工工艺性。机械零件的加工费用随着制造精度的提高和表面粗糙度值的减少而增加。因此不应盲目地提高机械零件的尺寸精度和降低表面粗糙度。机械零件结构的装配性能直接影响到产品的质量和成本。为了便于机械零件的装配和后续维护，在设计机械零部件的结构时，一定要考虑装配方面的因素，例如留有必要的装配操作空间、保证零件装配时能准确定位、零件安装部位应有必要的引导倒角、避免双重配合等。影响零件结构工艺性的因素众多，表 1-1 给出了一些零件结构工艺性的实例。

表 1-1　　零件结构工艺性的实例

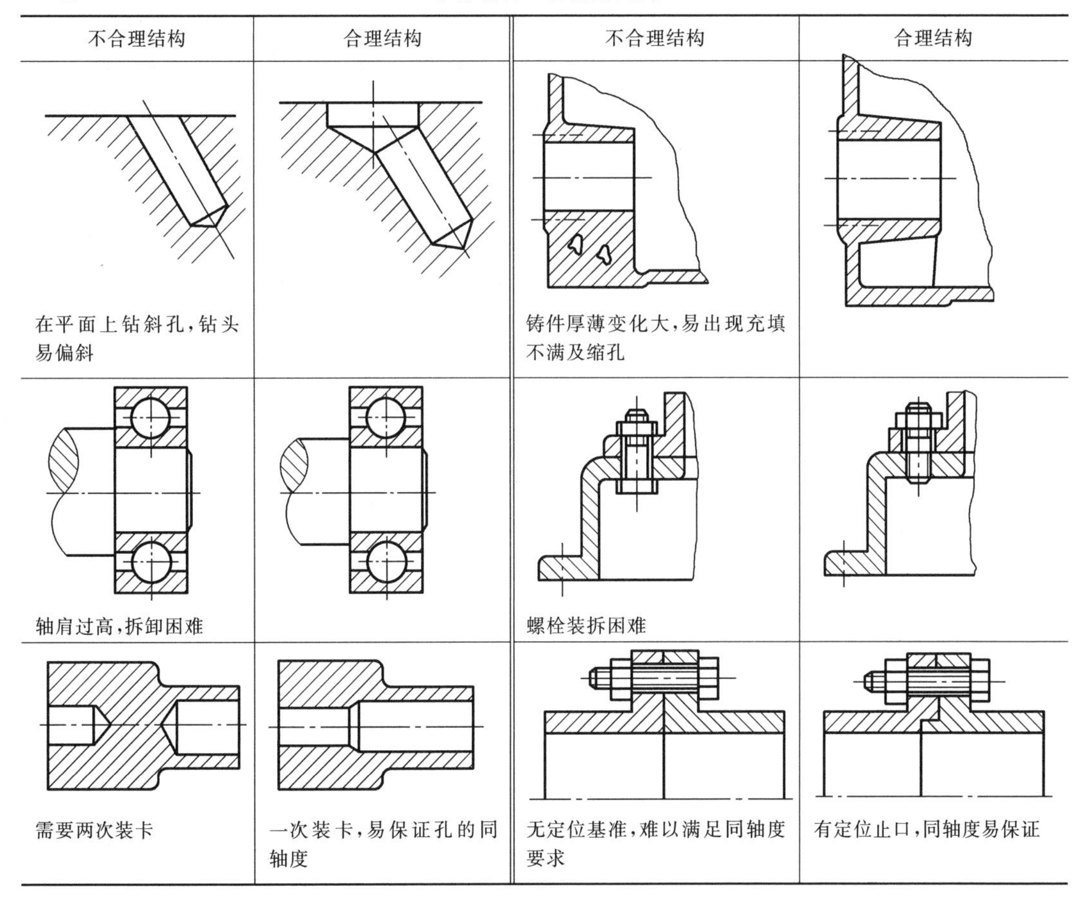

不合理结构	合理结构	不合理结构	合理结构
在平面上钻斜孔，钻头易偏斜		铸件厚薄变化大，易出现充填不满及缩孔	
轴肩过高，拆卸困难		螺栓装拆困难	
需要两次装卡	一次装卡，易保证孔的同轴度	无定位基准，难以满足同轴度要求	有定位止口，同轴度易保证

1.3.3 机械零件设计中的标准化

机械零件设计的标准化就是在零件的尺寸、结构要求、材料牌号、检验方法、制图规范等方面制定出大家共同遵守的标准。在设计机械时必须遵循标准化原则，其优越性在于：

(1)减轻设计者的工作量，以便设计者把主要精力用在关键零部件的设计工作上。

(2)标准化的零件被设计选用数量大大增加，有利于采用先进的工艺在专业厂家进行大规模生产，可以减少材料消耗，降低成本，提高产品质量。

(3)减少设计中的差错，提高产品质量。

(4)缩短产品试制周期，加速发展新产品。

(5)提高互换性，便于维修。

我国目前有三级标准：国家标准(GB)、部颁标准和企业标准。我国已加入了国际标准化组织(ISO)。

小　结

机器是指能实现预期机械运动并完成有用机械功或转换机械能的机械系统，它由原动部分、执行部分、传动部分和控制部分组成。机构是实现预期机械运动的构件组合体。

机械是机器和机构的统称。从实物组成上看，机械是由零件组成的；从运动学上看，机械是由机构及其构件组成的。构件是机构中的运动单元;零件是机械的制造单元。

机械设计基础课程主要讲述机械设计的常用方法和一般过程,是一门综合性、实践性很强的机械的设计性课程。它主要介绍机械中的常用机构和通用零部件的工作原理、运动特点、结构特点、设计的基本理论、设计的计算方法和选用原则。

机械设计就是从使用要求、安全性要求、可靠性要求、经济性要求等基本要求出发,对机器的工作原理、结构、运动形式、力和能量的传递方式以及各个零件的材料、形状、尺寸和使用维护等问题进行构思、分析和决策的工作过程。在这一过程中应考虑各个设计阶段所涉及的内容之间的相互关联、相互影响、相互交叉,经过反复循环不断修正,使设计不断完善直至获得良好的解决方案。

思考题及习题

1-1 机器和机构的特征分别是什么?它们有何区别?

1-2 构件和零件有何区别?

1-3 机械设计的基本要求有哪些?试说明其含义。

1-4 机械零件的设计步骤有哪些?并说明其含义?

1-5 机械零件的结构设计应注意哪些?并说明其含义?

第2章

平面机构的结构分析

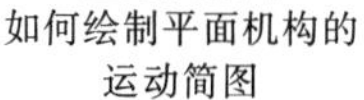
如何绘制平面机构的运动简图

轻松计算平面机构的自由度

本章主要介绍机构的组成及运动特点；平面机构运动简图的绘制方法以及如何将实际机构或机构的结构图绘制成机构运动简图；重点介绍平面机构自由度的计算以及准确识别与处理机构中存在的复合铰链、局部自由度和虚约束的方法。

2.1 机构的组成

机构由构件组成，各构件之间具有确定的相对运动。若组成机构的所有构件都在同一平面内或相互平行的平面内运动，则称该机构为平面机构，否则称其为空间机构。因在实际生活和生产中，平面机构应用最多，故本章仅讨论平面机构的情况。

2.1.1 运动副及其分类

1. 运动副的概念

两构件直接接触并能产生一定相对运动的活动连接，称为运动副。如轴承中的滚动体与内外圈滚道、活塞与缸体以及一对齿轮啮合形成的连接，都构成了运动副。根据构成运动副的两构件间的相对运动是平面运动还是空间运动，运动副分为平面运动副和空间运动副两大类，本章主要介绍平面运动副。

两构件组成运动副后，各构件的某些运动得以保留，另一些运动将受到限制(约束)。运动副中相互接触的点、线、面，称为运动副的元素。根据两构件的接触形式的不同，可将运动副分为低副和高副。

2. 平面运动副的分类

(1)低副

两构件之间通过面接触形成的运动副称为低副。平面机构中的低副有转动副和移动副。由于低副是面接触，所以其能够承受较大的载荷且便于润滑。

①转动副　若组成运动副的两个构件 1、2 只能在一个平面内相对转动，则称为转动副，也称铰链，如图 2-1 所示。

②移动副　若两构件 1、2 之间只能沿某一直线方向做相对移动，则称为移动副，如图 2-2 所示。内燃机中的活塞与汽缸之间就组成了移动副。

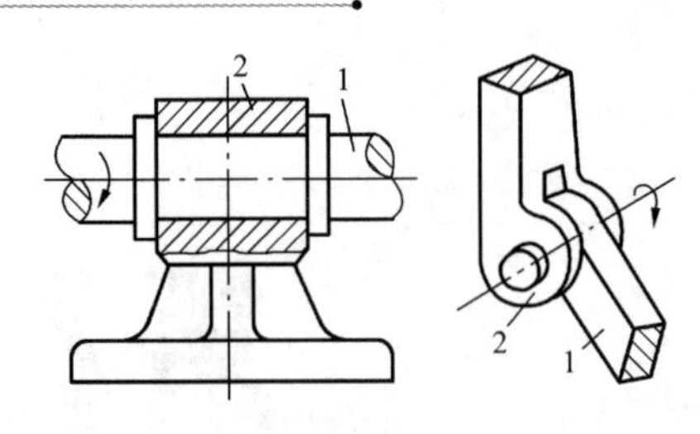

图 2-1　转动副

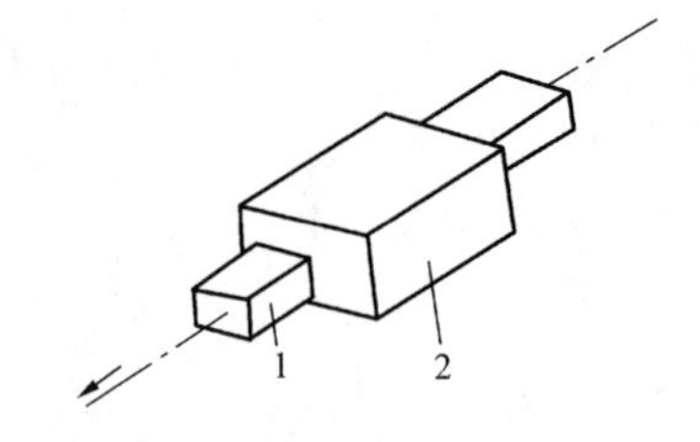

图 2-2　移动副

(2)高副

两构件通过点或线接触形成的运动副称为高副。图 2-3 所示构件 1 与构件 2 在其接触点 A 处形成高副,构件 2 相对于构件 1 既能绕接触点 A 转动又能沿公切线 $t—t$ 方向移动,而不能沿公法线 $n—n$ 方向移动。由于高副以点或线的形式接触,其接触部分的压强较高,所以易磨损。

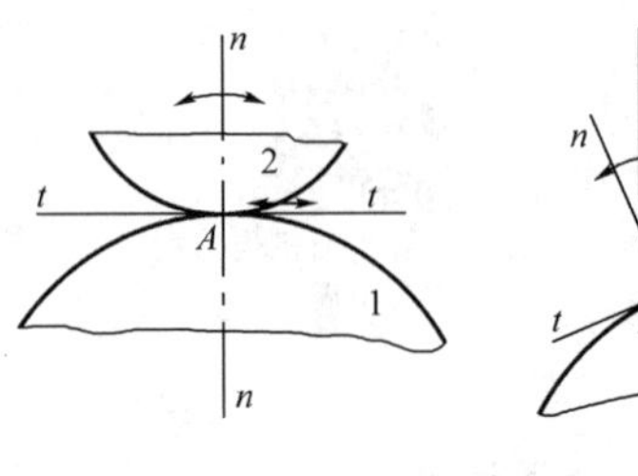

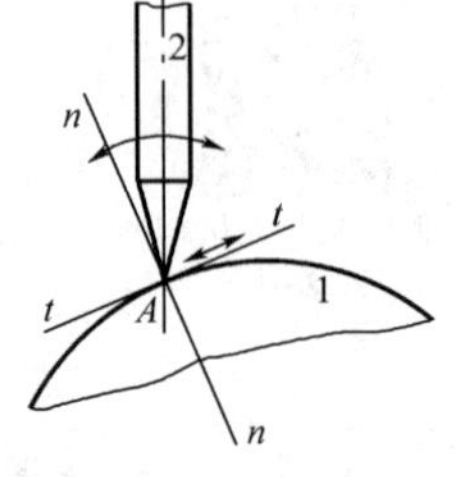

图 2-3　高副

2.1.2　运动链与机构

1. 运动链

将两个以上构件通过运动副连接形成可相对运动的系统称为运动链。如果运动链中各构件组成首尾封闭的系统,则称为闭式运动链[简称闭链,如图 2-4(a)、图 2-4(b)所示];否则称为开式运动链[简称开链,如图 2-4(c)所示]。闭链广泛应用于各种机构中,只有少数机构采用开链,例如机械手、挖掘机等。在运动链中,如果将其某一构件加以固定作为机架,且各构件之间仍有确定的相对运动,则该运动链便成为机构。

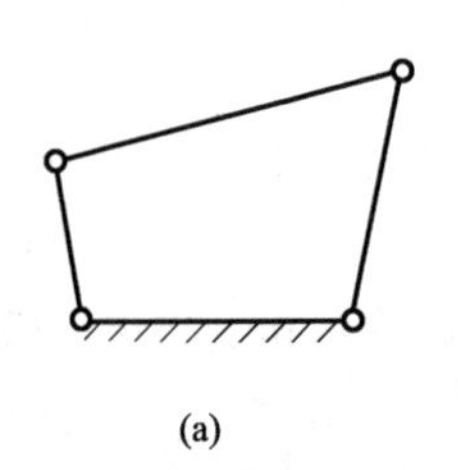

(a)

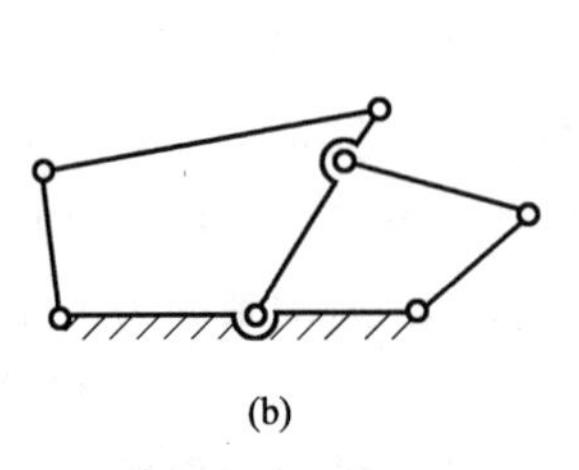

(b)

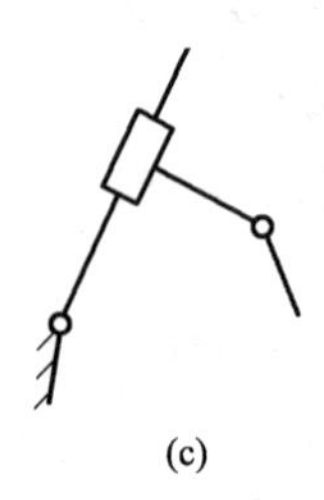

(c)

图 2-4　运动链

2. 机构中的构件分类

机构中的构件,按其运动功能不同,可分为固定件、主动件和从动件。

(1)固定件　固定件也称为机架,是用来支撑活动构件的构件。图 2-5 中的压力机机座 9 是用来支撑齿轮 1、齿轮 5、滑杆 3 及冲头 8 等构件的。在分析机构的运动时,固定件作为参考坐标系,并画上细斜线表示。

(2)主动件　主动件又称原动件、输入构件,是运动规律已知的活动构件。它的运动和动力由外界输入,因此,该构件常与动力源相关联,如图 2-5 齿轮 1 就是主动件。

(3)从动件　在机构中除了机架与主动件之外,其他构件都是从动件。而在从动件中按确定的运动规律向外界输出运动和动力的构件称为输出构件,如图 2-5 所示的冲头 8。

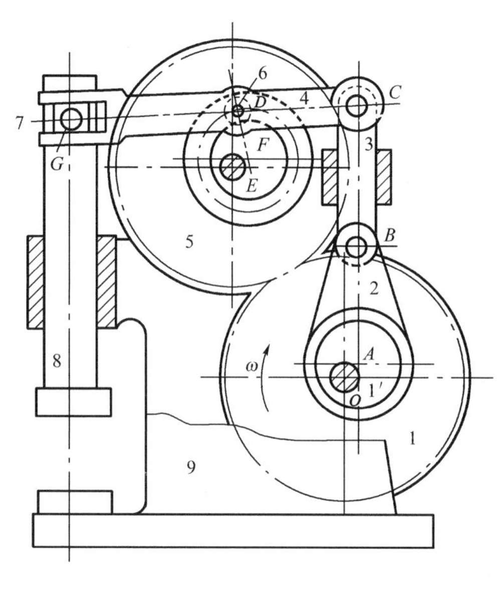

图 2-5　压力机

2.2　平面机构运动简图

2.2.1　平面机构运动简图的概念

实际机械的外形和结构往往很复杂，在分析机构的运动时，可以不考虑构件的形状、截面尺寸和运动副的具体构造等与运动无关的因素。因此，为了便于分析和研究，工程中常用一些简单的线条和符号来表示构件和运动副，并按一定的比例尺确定各运动副的相对位置，这样画出的机构图形称为机构运动简图。有时，如果只是为了表明机构的结构状况，也可以不要求严格地按比例来绘制机构运动简图，通常把这样的简图称为机构示意图。

1. 运动副的表示

(1)转动副

转动副用一个小圆圈表示，其圆心代表相对转动的轴线。图 2-6(a)、图 2-6(b)表示组成转动副的两个构件 1、2 都是活动构件，称为活动铰链；图 2-6(c)表示组成运动副的两个构件之一为机架，在代表机架的构件上画短斜线表示固定铰链，习惯上用图 2-6(d)来代替图 2-6(c)表示固定铰链。

(2)移动副

图 2-7 所示为两个构件 1、2 组成移动副的表示方法。在组成移动副的两个构件中，习惯上将长度较短的块状构件称为滑块，而将长度较长的杆状或槽状构件称为导杆或导槽。其中图 2-7(a)所示为用导杆 1 与滑块 2 组成移动副，图 2-7(b)所示为用滑块 2 与导槽 1 组成移动副，图 2-7(c)所示为用导杆 2 与导槽 1 组成移动副。移动副的导路方向必须与相对移动方向一致，图 2-7(d)～图 2-7(f)中画有短斜线的构件表示机架。

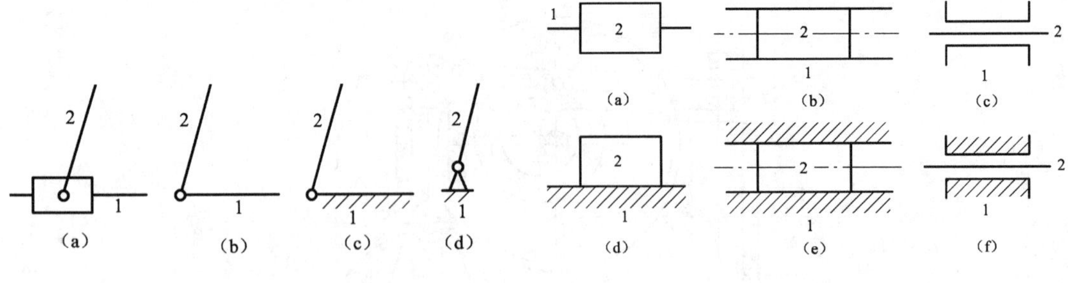

图 2-6　转动副的表示　　图 2-7　移动副的表示

(3)高副

一般将高副中构件接触部分的外形轮廓画出,如图 2-8 所示。

2. 构件的表示

实际构件的外形和结构是复杂多样的。在绘制机构运动简图时,构件的表达原则是:撇开那些与运动无关的构件外形和结构,仅把与运动有关的尺寸用简单的线条表示出来。图 2-9(a)中的构件 3 与滑块 2 组成移动副(构件 1 为机架),构件 3 的外形和结构与运动无关,因此可用图 2-9(b)所示的简单线条来表示。图 2-10 所示为构件的一般表示方法。图 2-10(a)表示构件上有两个转动副;图 2-10(b)、图 2-10(c)表示构件上有一个移动副和一个转动副,其中图 2-10(b)表示移动副的导路不经过转动副的回转中心,图 2-10(c)表示移动副的导路经过转动副的回转中心;图 2-10(d)、图 2-10(e)表示构件上有三个转动副并且转动副的回转中心不在同一条直线上;图 2-10(f)表示构件具有三个转动副并且其回转中心分布在同一条直线上;图 2-10(g)表示构件为固定构件,且不具有任何运动副。

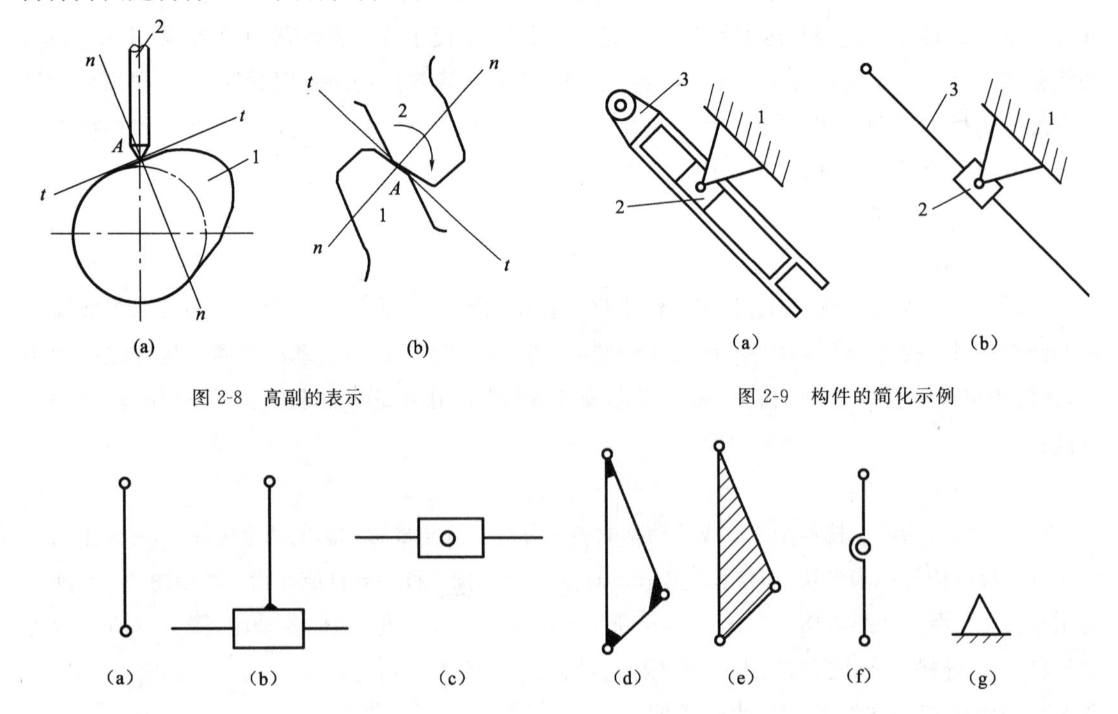

图 2-8　高副的表示　　图 2-9　构件的简化示例

图 2-10　构件的表示方法

对于机械中常用的构件和零件,还可采用习惯画法。如图 2-11 所示,用完整的轮廓曲线表示凸轮、滚子,用点画线画出一对节圆来表示一对相互啮合的齿轮。其他零部件的表示方法直接用国家标准 GB/T 4460—2013《机械制图 机构运动简图符号》规定的简图形式来表示，需要时可以查阅。

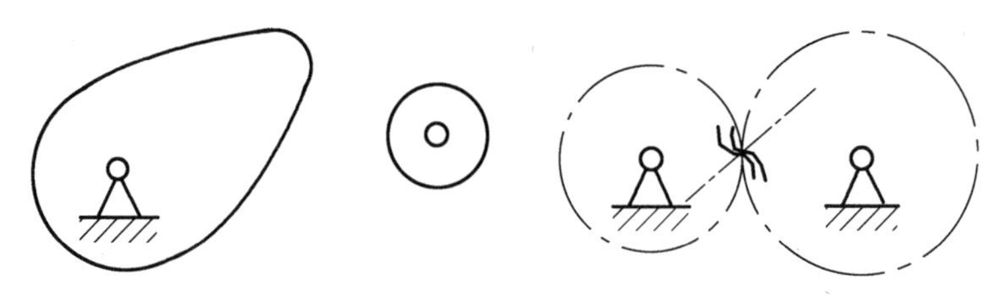

图 2-11 凸轮、滚子及齿轮的习惯画法

2.2.2 平面机构运动简图的绘制

绘制平面机构运动简图的一般步骤如下：

(1)分析机构的运动，找出固定件(机架)、主动件与从动件。

(2)从主动件开始，按照运动的传递顺序分析各构件之间相对运动的性质，确定运动副的类型。

(3)合理选择视图平面，为了能清楚地表明各构件间的相对运动关系，通常选择平行于构件运动的平面作为视图平面。

(4)选择能充分反映机构运动特性的瞬时位置，若瞬时位置选择不当，则会使构件间相互重叠或交叉，导致机构运动简图既不易绘制也不易辨认。

(5)选择比例尺($\mu_l = \frac{实际尺寸}{图纸上尺寸}$)，确定各运动副之间的相对位置，用规定符号绘制机构运动简图。比例尺 μ_l 应根据实际机构和图幅大小来适当选取，其单位可用 m/mm 或 mm/mm。例如用图上的 1 mm 代表实际尺寸的 5 mm ，则 $\mu_l = 5$ mm/mm。

例 2-1 试绘制如图 2-12(a)所示偏心油泵机构的运动简图。

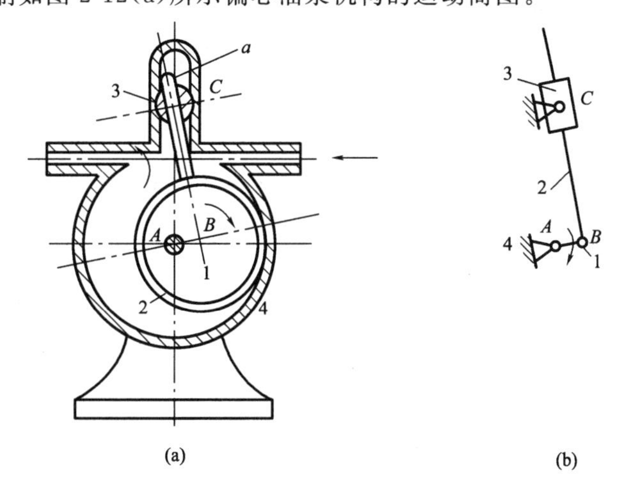

图 2-12 偏心油泵机构及其机构运动简图

解：

(1)分析机构的运动，判别构件的类型和数目

图 2-12(a)所示偏心油泵机构是由偏心轮 1、外环 2、圆柱 3 和机架 4 组成的，共 4 个构件。其中，偏心轮为主动件，它绕着固定轴心 A 转动；圆柱绕轴心 C 转动，而外环上的叶片 a 可在圆柱中移动。当偏心轮按图 2-12 所示方向连续转动时，偏心油泵机构可将右侧进油口输入的油液从左侧出油口输出，从而起到泵油的作用。

(2)确定运动副的类型和数量

从作为主动件的构件偏心轮开始,沿着运动传递的顺序,根据构件之间相对运动的性质,确定机构运动副的类型和数目;由图 2-12 可看出该机构有 3 个转动副和 1 个移动副。

(3)选择投影平面

图 2-12(a)已能清楚地表达出各个构件的运动关系,所以就选择该平面作为投影平面。

(4)选择适当的比例尺

按照测量出的机构尺寸和选定的图幅,选择一个适当的长度比例尺 μ_l。

(5)绘制机构运动简图

首先确定转动副 A 的位置,然后根据图 2-12(a)的尺寸,按照选定的比例尺 μ_l 确定各个运动副的位置,再绘制出机构运动简图,如图 2-12(b)所示;最后标明构件 1～4 以及转动副 A～C,在主动件上画出箭头表示其运动方向。

绘制机构运动简图是一个反映机构结构特征和运动本质的、由具体机械到抽象机构的过程。只有结合实际机构多加练习,才能熟练地掌握机构运动简图的绘制技巧。

2.3 平面机构的自由度

2.3.1 构件的自由度和运动副约束

构件相对于参考系所具有的独立运动的可能性数目,称为构件的自由度。一个做平面运动的自由构件,具有三种可能的独立运动,即它具有三个自由度,如图 2-13 所示。在直角坐标系中,平面自由构件 S 可以在 xOy 平面内绕任意一点 A 转动和随点 A 沿 x、y 方向移动。

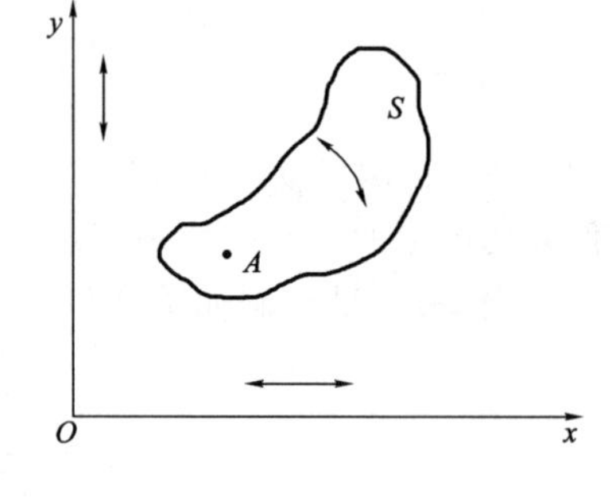

图 2-13 平面构件的自由度

当一个构件与其他构件组成运动副之后,构件的相对运动就要受到限制,自由度就会随之减少。这种对组成运动副的两个构件之间的相对运动所加的限制称为运动副约束。

不同种类的运动副引起的约束不同,保留的自由度也不同。转动副约束了 x、y 两个移动自由度,只保留一个绕 A 的转动自由度;而移动副约束了沿一轴线(如 x)方向的移动和在平面内的绕 A 的转动这两个自由度,而保留了另一沿轴线(如 y)方向移动的自由度。高副则只约束了沿接触点公法线 n—n 方向移动的自由度,保留绕接触点的转动和沿接触点公切线 t—t 方向移动的两个自由度。也可以说,在平面机构中,每个低副引入两个约束,使构件失去两个自由度;每个高副引入一个约束,使构件失去一个自由度。

2.3.2 平面机构自由度的计算

如前所述,一个作平面运动的自由构件具有三个自由度,当这些构件用运动副连接之后,它们的相对运动就受到约束,自由度随之减少。机构的自由度取决于机构中活动构件的数目、运动副的类型和数目。

因此若一个平面机构中有 n 个活动构件,则在这些构件未用运动副连接之前,其自由度总数为 $3n$ 个 ,但由于构件间经运动副连接而受到约束,所以其自由度减少,至于自由度减少的数量则与运动副的数目和性质有关。若机构中有 P_L 个低副,则引入 $2P_L$ 个约束;若有 P_H 个高副,则引入 P_H 个约束。因此,平面机构的自由度 F 的计算公式应为

$$F=3n-2P_L-P_H \tag{2-1}$$

2.3.3 平面机构具有确定运动的条件

机构由构件组成,各构件之间具有确定的相对运动。然而把构件任意拼凑起来,各构件之间也并不是一定会具有确定的相对运动。那么构件组合在什么条件下才具有确定的相对运动?这对分析现有机构或创新机构很重要。

机构的自由度就是机构具有确定运动时所需要独立运动参数的数目。由前述可知,只有原动件才能主动运动,而原动件一般用低副与机架相连,故原动件只需给定一个运动参数即可有确定的运动,因此,机构具有确定运动的条件是,机构的自由度数目等于机构中原动件的数目。若机构中原动件数目多于机构自由度数目,将导致机构不能做确定运动,甚至造成构件损坏;若机构中原动件数目少于机构自由度数目,则机构也不能做确定运动。

根据机构具有确定运动的条件可以分析和认识已有机构,也可以计算和检验新构思的机构能否达到确定的运动要求。

例 2-2 计算图 2-12 所示偏心油泵机构的自由度,并判别该机构是否具有确定运动。

解:在偏心油泵机构中,有三个活动构件,即 $n=3$;包含 3 个转动副和 1 个移动副,即 $P_L=4$;没有高副,即 $P_H=0$。所以由式(2-1)可得机构的自由度为

$$F=3n-2P_L-P_H=3\times3-2\times4-0=1$$

该机构只有一个原动件(偏心轮),原动件数目等于机构的自由度,故该机构具有确定运动。

2.3.4 计算平面机构自由度应注意事项

1. 复合铰链

两个以上的构件在同一轴线上用转动副相连接所组成的运动副称为复合铰链。如图 2-14 所示为三个构件组成的复合铰链。图 2-14(a)和图 2-14(b)相当于正视图和侧视图的关系。由图 2-14 可以看出,这三个构件沿同一个轴线共组成两个转动副。依此类推:当 k 个构件组成复合铰链时,其转动副数目为$(k-1)$个。在计算机构的自由度时,应注意识别复合铰链,以免漏算运动副的数目。识别复合铰链的关键在于要分辨出同一处形成转动副的构件,图 2-15 所示为一些较难识别的情况(构件 1、2、3 组成复合铰链)。

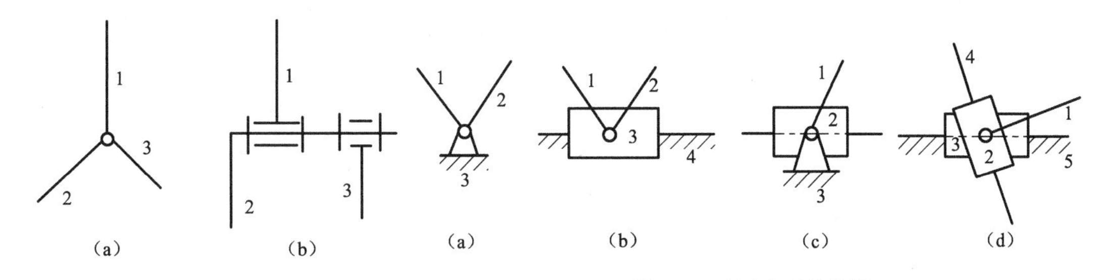

图 2-14 复合铰链

图 2-15 复合铰链的识别

例 2-3 计算图 2-16 所示平面机构的自由度,并判断该机构是否具有确定的运动。

解:机构中有 7 个活动构件(2~8),即 $n=7$,B、C、D、E 处都是由三个构件组成的复合铰链,各有两个转动副,A、F 处各有一个转动副,故 $P_L=10$;没有高副,故 $P_H=0$;则该机构的自由度

$$F=3n-2P_L-P_H=3\times7-2\times10-0=1$$

构件 2 是原动件,原动件数目等于机构的自由度,所以该机构具有确定的运动。当原动件 2 转动时,圆盘中心 F 将确定地沿 $m-m$ 方向移动。

2. 局部自由度

计算图 2-17(a)所示凸轮机构的自由度。该机构活动构件数目 $n=3$，低副数目 $P_L=3$，高副数目 $P_H=1$；则该机构的自由度 $F=3n-2P_L-P_H=3\times3-2\times3-1=2$。这一计算结果表明，该机构应有 2 个原动件，机构运动才确定，这显然与实际情况不符。实际上该机构只需 1 个原动件，机构运动就确定了。从图 2-17 中可发现，在运动过程中滚子 3 绕其轴线 C 的转动的自由度并不影响凸轮 1 与从动件 2 的运动关系。

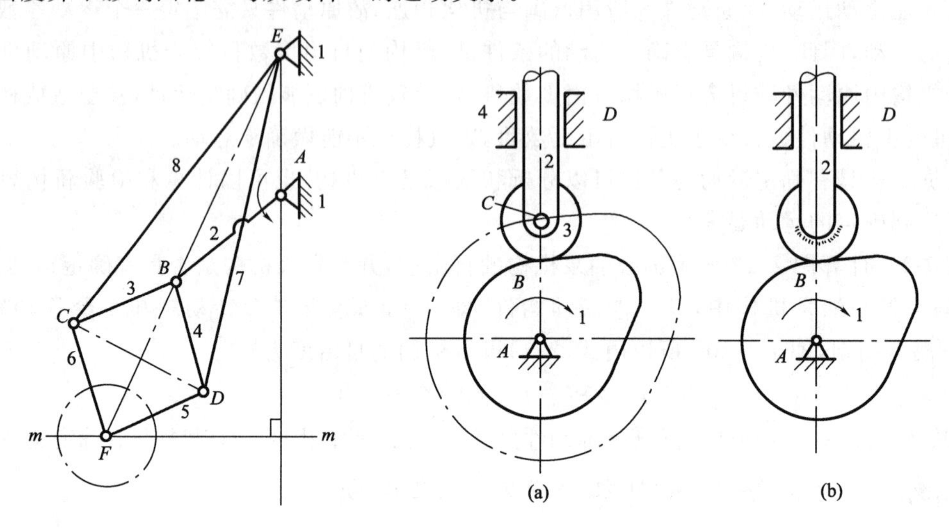

图 2-16 有复合铰链的平面机构 图 2-17 凸轮机构

在机构中某些构件产生的局部独立运动并不影响整个机构运动时，这种运动的自由度称为局部自由度。如图 2-17(a)中滚子 3 绕其轴线 C 的转动的自由度就为局部自由度，在计算机构自由度时应将其除去不计，即可以设想将滚子 3 与从动件 2 固连成一体，C 处的转动副则随之消失，如图 2-17(b)所示。因此，此时机构的自由度 $F=3n-2P_L-P_H=3\times2-2\times2-1=1$，此时原动件数目等于机构的自由度，所以该机构具有确定的运动。

机构中常常有局部自由度存在，如滚子、滚动轴承等。局部自由度并不影响机构的运动，但它可以改善机构的工作状况，例如可使凸轮机构高副接触处的滑动摩擦变成滚动摩擦，并减少磨损。

例 2-4 如图 2-5 所示的压力机的机构运动简图如图 2-18 所示，D 处有局部自由度应除去。因此，活动构件数目 $n=7$，低副数目 $P_L=9$，高副数目 $P_H=2$，则该机构的自由度为 $F=3n-2P_L-P_H=3\times7-2\times9-2=1$，与实际情况相符。

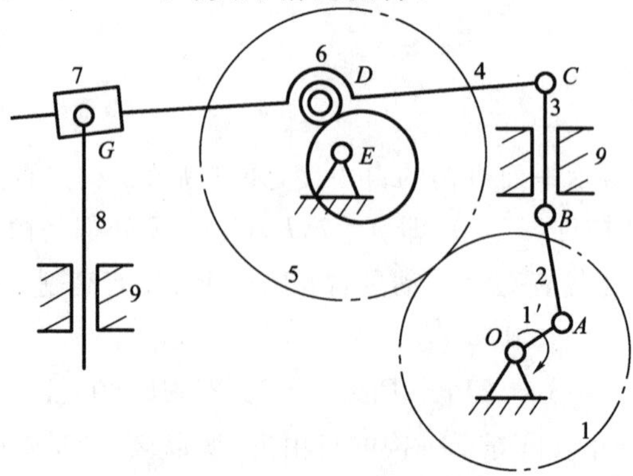

图 2-18 压力机的机构运动简图

3. 虚约束

在机构中与其他约束作用重复而又对机构运动不起独立限制作用的约束称为虚约束。在计算机构自由度时，虚约束也应除去不计，平面机构的虚约束常出现于以下情况：

(1)如果两构件同时在多处接触构成多个转动副，且其轴线又是重合的，则只有一个转动副起约束作用，其余转动副所带入的约束均为虚约束，如图2-19(a)所示。

(2)如果两构件在多处接触构成移动副，且各导路又是互相平行或重合的，则只有一个移动副起约束作用，其他移动副均为虚约束，如图2-19(b)所示。

(3)在机构的运动过程中，如果两构件两点间的距离始终保持不变，则在这两点间以构件相连所产生的约束，必定是虚约束，如图2-19(c)中的A、B两点以构件相连所产生的约束。

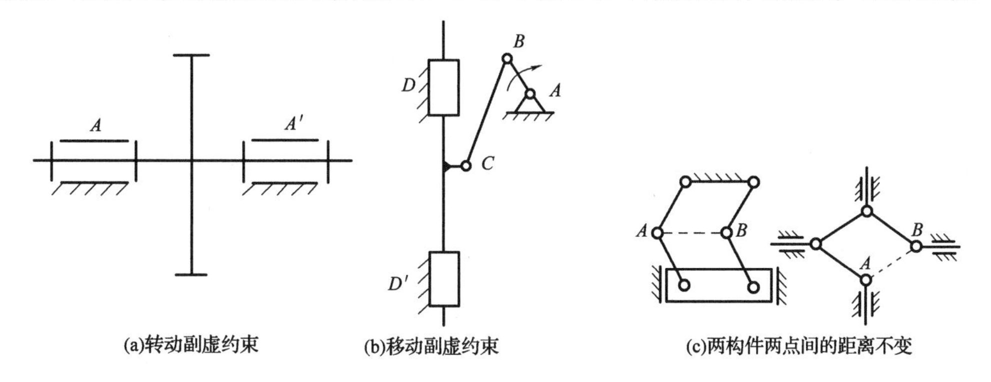

图2-19 虚约束示例

(4)当机构中被连接构件上点的轨迹与机构上连接点的轨迹重合时，这种连接将出现虚约束，如图2-20(a)所示的机构中，被连接构件5上E点的轨迹就与机构连杆3上E点的轨迹重合，说明构件5和两个转动副E、F引入后并没有起到实际约束连杆3上E点的轨迹的作用，其效果与图2-20(b)所示的机构相同，故构件5和两个转动副E、F带来的是虚约束。

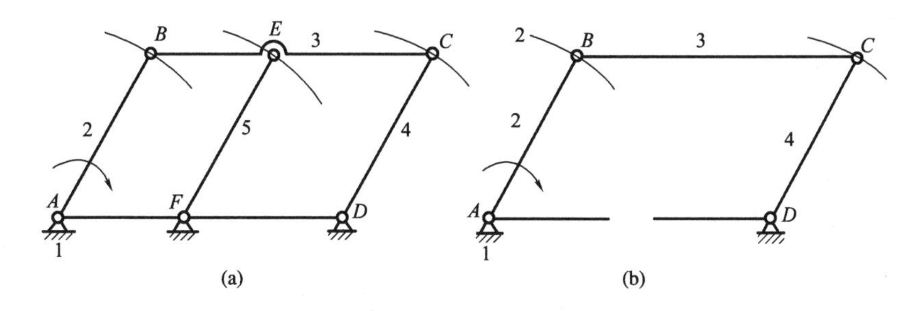

图2-20 具有虚约束的平面机构

(5)在机构中，某些不影响机构运动的对称部分所带入的约束均为虚约束。图2-21所示的齿轮传动中，齿轮1经过齿轮2、2′和2″驱动内齿轮3。从运动传递角度来看，齿轮2、2′和2″中，只要有其中一个齿轮就可以了，而其余两个齿轮主要是从机构受力和结构工艺性上考虑的。计算机构的自由度时，只考虑对称或重复部分中的一处。

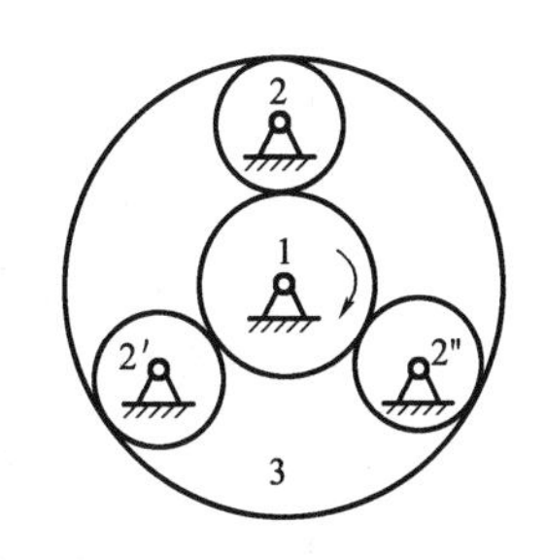

图2-21 对称结构的虚约束

综上所述，虚约束都是在一定几何条件下形成的。虚约束虽对运动不起独立的约束作用，但可增加构件刚性[图 2-20(a)[和改善机构受力状况(图 2-21)。但是虚约束对机构的几何条件要求较高，因此对机构的加工和装配精度提出了较高的要求。

例 2-5 试计算图 2-22(a)所示筛分机构的自由度(标有箭头的构件为原动件)。

解： 图 2-22 中滚子具有局部自由度。E 及 E' 为两构件组成的导路平行的移动副，其中之一为虚约束。弹簧不起作用，可以略去。将局部自由度和弹簧除去之后得到图 2-22(b)。这时，因 $n=7$，$P_L=9$(复合铰链 C 含有两个回转副)，$P_H=1$，故由式(2-1)得

$$F=3n-2P_L-P_H=3\times7-2\times9-1=2$$

该机构的自由度等于 2，有两个原动件，其运动是确定的。

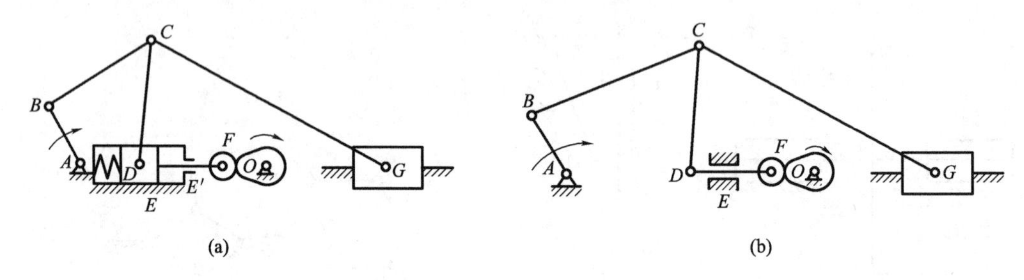

图 2-22 筛分机构

小 结

机构是由构件、运动副和机架所组成的，当确定某些构件为原动件时，其余从动件应具有确定的相对运动。平面机构运动副分为平面高副和平面低副，其中平面低副主要有移动副和转动副两种。当两构件以点、线接触时组成平面高副；当两构件以面接触时组成平面低副。

机构运动简图是指根据机构的运动尺寸，按一定比例确定运动副位置，用运动副及常用机构运动简图的代表符号和构件的表示方法将机构的运动传递情况表示出来的图形。

平面机构自由度计算的关键是如何准确识别机构中存在的复合铰链、局部自由度和虚约束，并对其进行正确处理；然后，再按自由度计算公式正确计算机构自由度。只有当机构自由度等于原动件数时才能成为机构。

思考题及习题

2-1 何谓运动副？运动副如何分类？

2-2 机构具有确定运动的条件是什么？

2-3 机构运动简图有何用处？它能表示出原机构哪些方面的特征？

2-4 何谓机构的自由度？计算机构的自由度时应注意哪些事项？

2-5 画出图 2-23 所示两个平面机构的机构运动简图，并计算其自由度。

2-6 计算图 2-24 所示各平面机构的自由度。机构中的主动件用箭头表示，若有复合铰链、局部自由度和虚约束请指出。

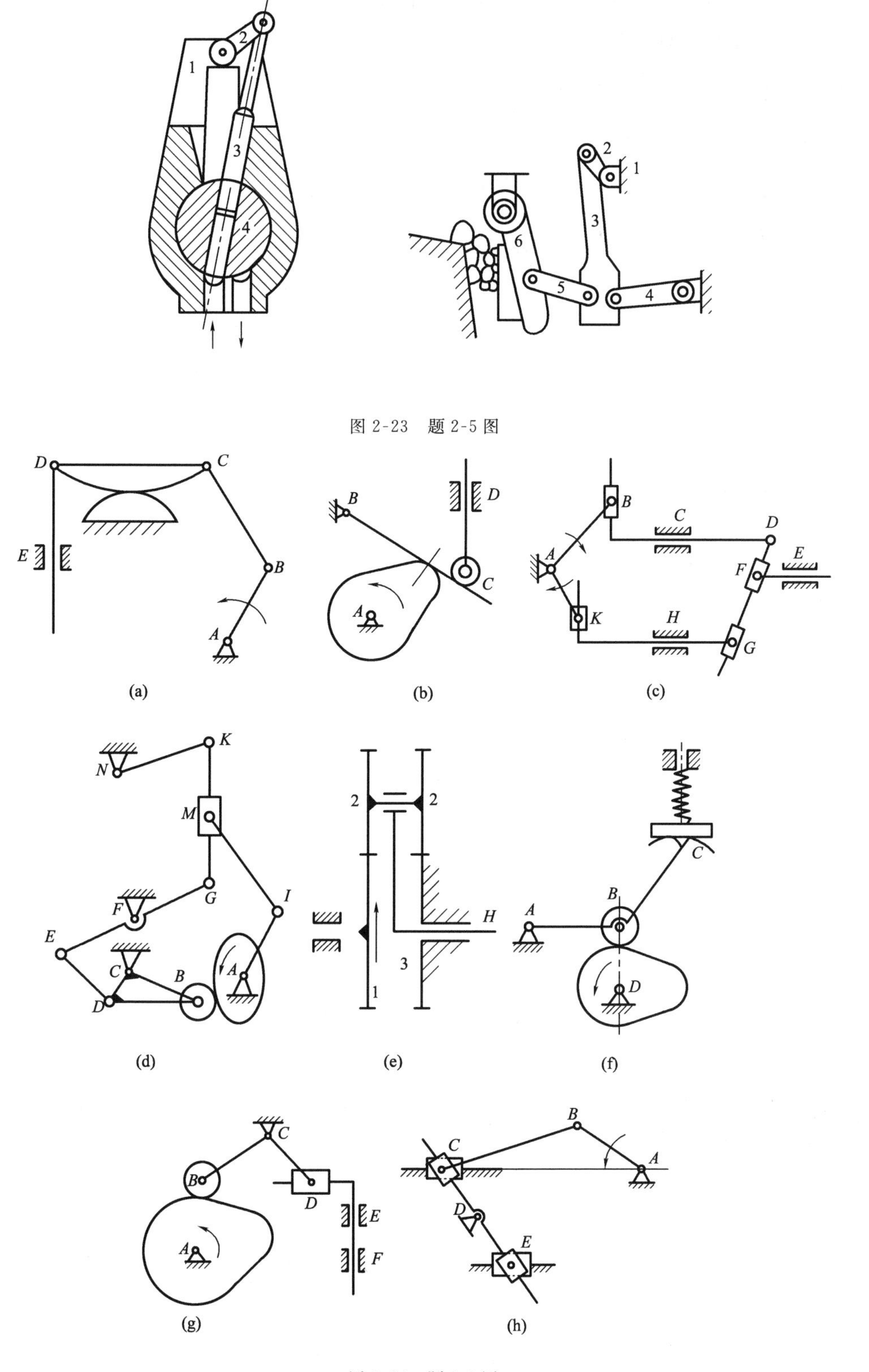

图 2-23　题 2-5 图

图 2-24　题 2-6 图

2-7　图2-25所示为某机构的初拟设计方案，试分析：

(1)其设计是否合理？为什么？

(2)若该设计方案不合理，请修改并用简图表示合理的方案。

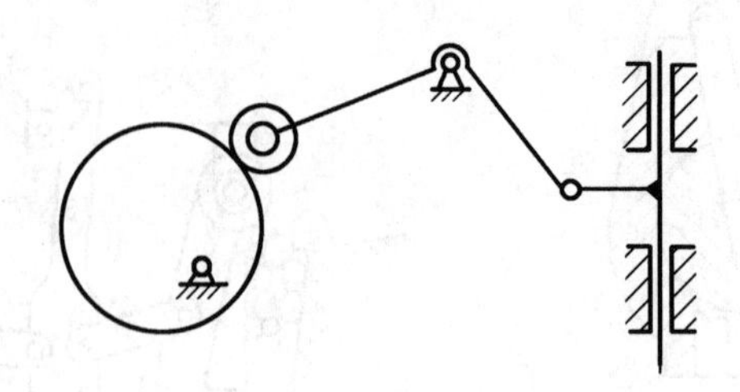

图2-25　题2-7图

第3章

初识平面
四杆机构

铰链四杆机构
存在曲柄的条件

平面四杆机构
急回特性的应用

平面连杆机构及其设计

本章主要介绍平面四杆机构的基本形式和演化方法,平面四杆机构的工作特性,平面四杆机构设计的基本问题;重点是平面四杆机构的类型、特性及其设计。

3.1 概 述

平面连杆机构是由若干构件用低副连接组成的平面机构,又称平面低副机构。由于低副采用面接触,所以压强小,便于润滑,磨损小,制造简便,易于获得较高的制造精度,也可以实现给定运动规律和运动轨迹的要求。因此,平面连杆机构被广泛地应用于各种机械和仪表中,例如活塞式航空发动机、牛头刨床等。连杆机构的缺点是:运动副中存在间隙,构件和运动副数目较多时会引起运动积累误差,且机构的设计较复杂,不易精确地实现复杂的运动规律;连杆机构运动时产生的惯性力难以平衡,所以不适用于高速场合。

最简单的平面连杆机构是由四个构件组成的机构,称为平面四杆机构。它不仅应用最广,而且是组成多杆机构的基础。因此,本章着重介绍平面四杆机构的基本类型、运动特性及常用的设计方法。

3.2 平面四杆机构的类型及其演化

当平面四杆机构中的运动副全部都是转动副时,称为铰链四杆机构,它是平面四杆机构最基本的形式。其他形式的四杆机构都可看成是在它的基础上通过演化而得到的。如图 3-1 所示的铰链四杆机构中,固定不动的构件 4 称为机架;与机架相连接的构件 1 和构件 3 称为连架杆;连接两个连架杆的构件 2 称为连杆。如果连架杆能绕机架上的转动中心做整周转动时,则称为曲柄;如果只能在小于 360°的某一角度范围内往复摆动,则称为摇杆。

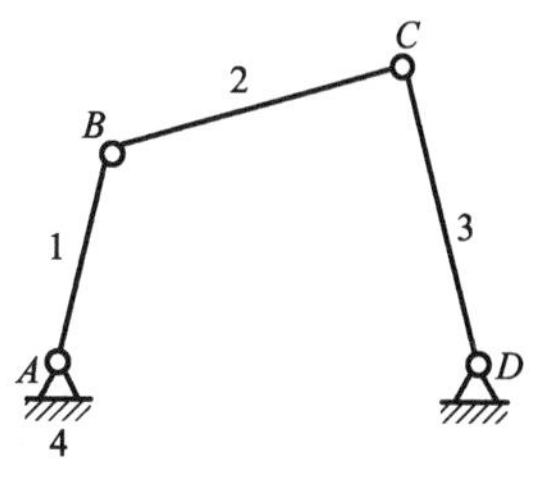

图 3-1 铰链四杆机构

3.2.1 铰链四杆机构的基本类型

对于铰链四杆机构来说,机架和连杆总是存在的,因此根据两连架杆的不同运动形式,铰链四杆机构可分为三种基本类型。

1. 曲柄摇杆机构

在铰链四杆机构中，如果两个连架杆中有一个为曲柄，另一个为摇杆，则称为曲柄摇杆机构，如图 3-2 所示的雷达天线俯仰角调整机构、图 3-3 所示的缝纫机脚踏机构，都是曲柄摇杆机构的应用实例，前者以曲柄为主动件，后者以摇杆为主动件。

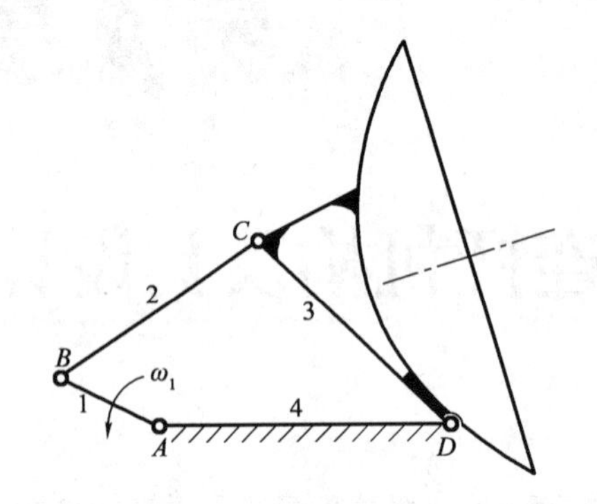

图 3-2 雷达天线俯仰角调整机构

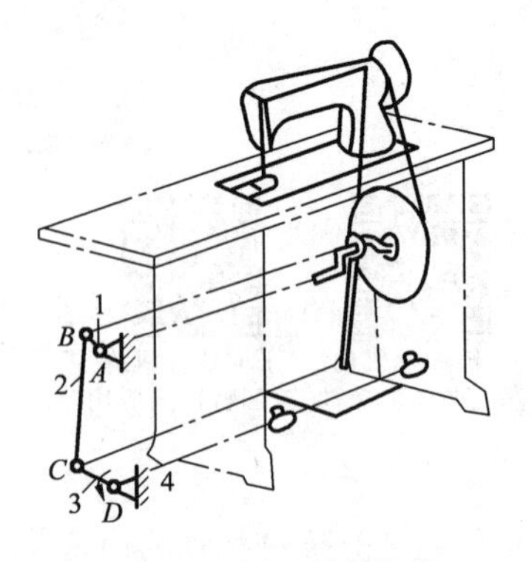

图 3-3 缝纫机脚踏机构

2. 双曲柄机构

在铰链四杆机构中，如果两个连架杆均为曲柄，都能做 360°整周转动，则该铰链四杆机构称为双曲柄机构。如图 3-4 所示的惯性筛机构中，由构件 1、2、3、6 构成的铰链四杆机构为双曲柄机构。主动件曲柄 1 匀速转动，从动曲柄 3 则做周期性变速回转运动，通过杆 4 使筛子 5 在往复运动中具有所需的加速度，从而达到筛分物料的目的。

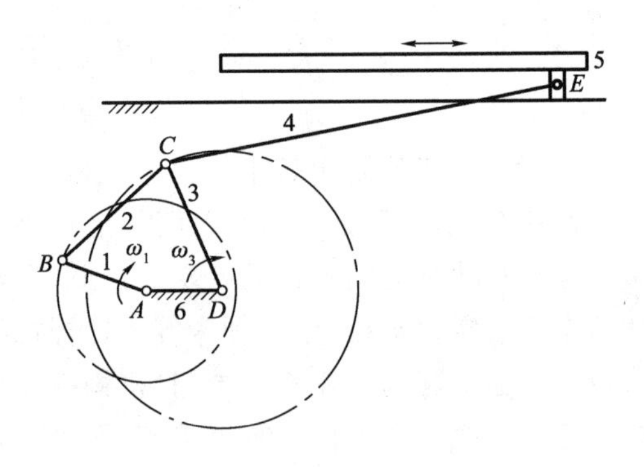

图 3-4 惯性筛机构

在双曲柄机构中，若对边的长度相等而且平行，则该机构称为平行四边形机构，如图 3-5 所示。平行四边形机构的运动特点是，两个曲柄以相同的角速度同向转动，连杆做平动。图 3-6 所示移动摄影台的升降机构就是平行四边形应用实例。

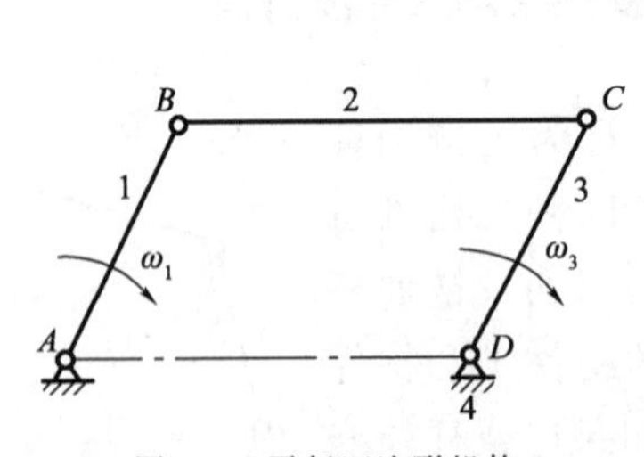

图 3-5 平行四边形机构

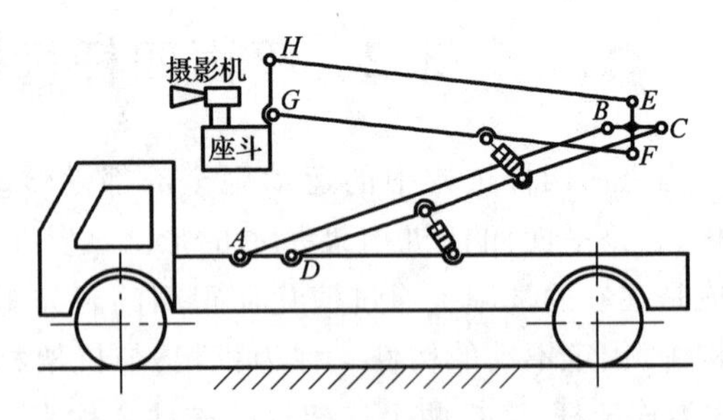

图 3-6 移动摄影台的升降机构

如图 3-7 所示的四杆机构中，两曲柄长度相等，连杆与机架的长度相等却不平行，该机构称为反平行四边形机构，它的运动特点是，两个曲柄以相同的角速度反向转动。如图 3-8 所示的同时开/闭门机构即采用了反平行四边形机构，以保证与曲柄 1 和 3 固连的两门能同时开和关。

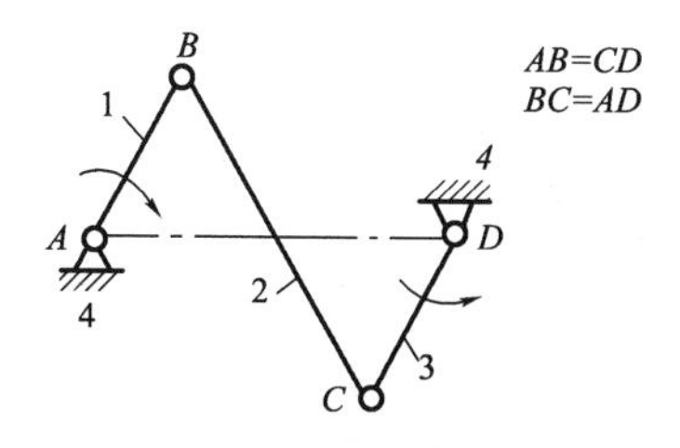

图3-7 反平行四边形机构

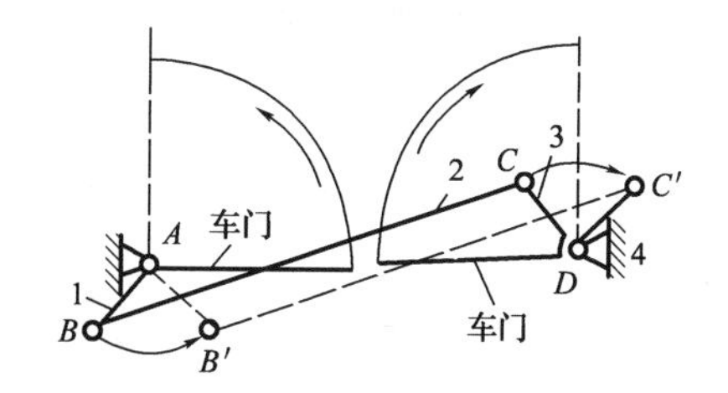

图3-8 同时开/闭两门机构

3. 双摇杆机构

在铰链四杆机构中，两个连架杆均为摇杆的铰链四杆机构称为双摇杆机构。图3-9所示的鹤式起重机中的四杆机构 $ABCD$ 即双摇杆机构。当主动件 AB 摆动时，从动摇杆 CD 也随之摆动，而且可以通过设计找到连杆 BC 上某点 E 的运动轨迹近似为水平直线。将点 E 作为起吊滑轮的转动中心，可以避免在移动重物的过程中因不必要的升降而消耗能量。

在双摇杆机构中，如果两个摇杆长度相等，则称为等腰梯形机构。图3-10所示的汽车前轮转向机构 $ABCD$ 即等腰梯形机构。当车轮转弯时，两个与车轮固连在一起的摇杆 AB 和 CD 的摆角不相等。通过适当的设计，可近似实现两前轮轴线与后轮轴线交于一点，即汽车转弯时的瞬时转动中心 P，从而避免轮胎滑动引起的磨损。

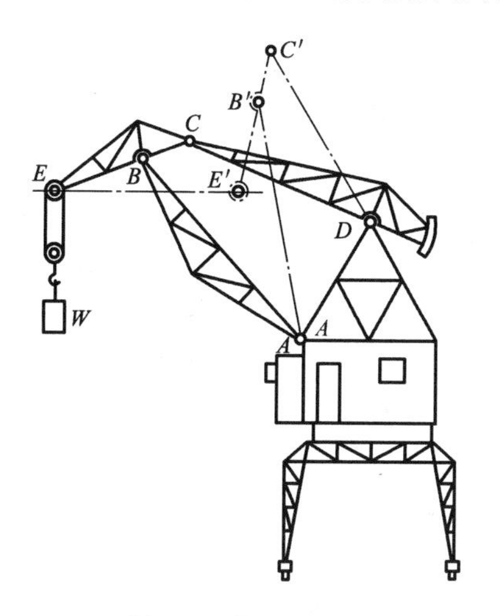

图3-9 鹤式起重机

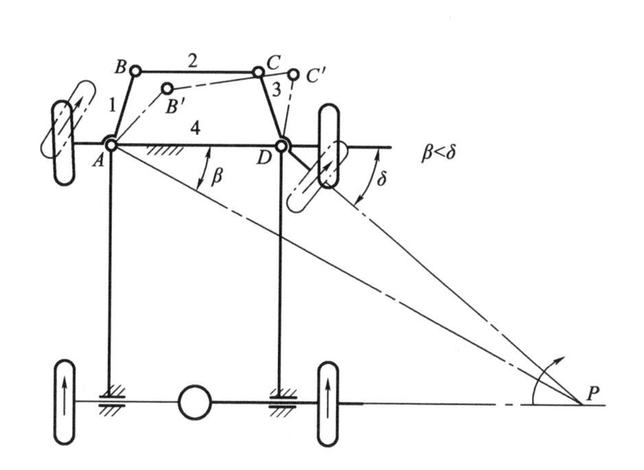

图3-10 汽车前轮转向机构

3.2.2 平面四杆机构的演化

除了铰链四杆机构的三种基本类型外，在工程实际中，还广泛应用着其他类型的平面四杆机构。这些不同类型的平面四杆机构，可以视为由铰链四杆机构采用一系列措施演化而来的。

1. 改变构件的形状和运动尺寸

在图3-11(a)所示的曲柄摇杆机构中，摇杆3上 C 点的运动轨迹是以 D 点为圆心、CD 为半径的圆弧 $\overset{\frown}{mm}$。若将摇杆3制成弧形块并放在固定圆弧槽 mm 中，如图3-11(b)所示，则机构的运动特性并没有发生变化，但此时曲柄摇杆机构已经演化为曲线导轨曲柄滑块机构。若将摇杆 CD 长度增至无穷大，则转动副 D 的中心移至无穷远处，弧形槽变为直槽，于是曲线导轨曲柄滑块机构演化为直线导轨曲柄滑块机构，如图3-11(c)所示，在该机构中滑块移动导路中心线 mm 不通过曲柄转动中心 A，称其为偏置曲柄滑块机构，偏距为 e。若滑块移动导路中心线 mm

通过曲柄转动中心 A,则称为对心曲柄滑块机构,如图 3-11(d)所示。

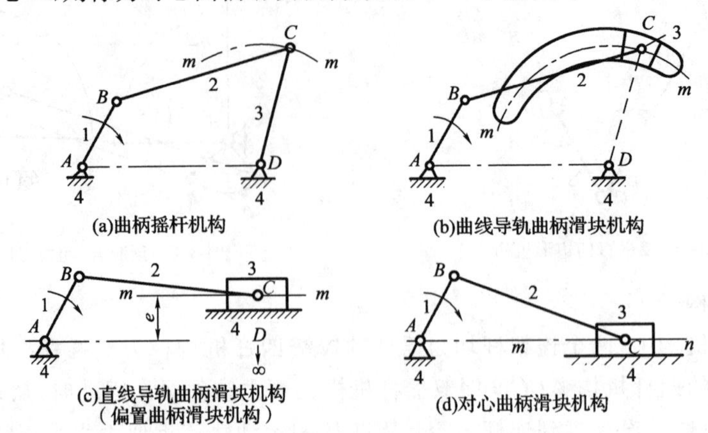

图 3-11 曲柄摇杆机构演化成曲柄滑块机构

曲柄滑块机构广泛地应用于往复式机械中,例如,内燃机、压缩机、往复式水泵和冲床等。

2. 扩大转动副的尺寸

在图 3-12(a)所示曲柄滑块机构中,当曲柄 AB 的尺寸较小时,常由于结构需要和受力要求使回转副 B 处销轴半径扩大,包容回转副 A 和 B 成为图 3-12(b)所示的一个几何中心不与其回转中心重合的圆盘,该圆盘称为偏心轮,其回转中心 A 与几何轴心 B 的距离称为偏心距 e(曲柄长度),该机构称为偏心轮机构。显然,这种机构与曲柄滑块机构的运动特性完全相同,常用于要求行程短、传力较大的剪床、冲床、破碎机等机械之中。

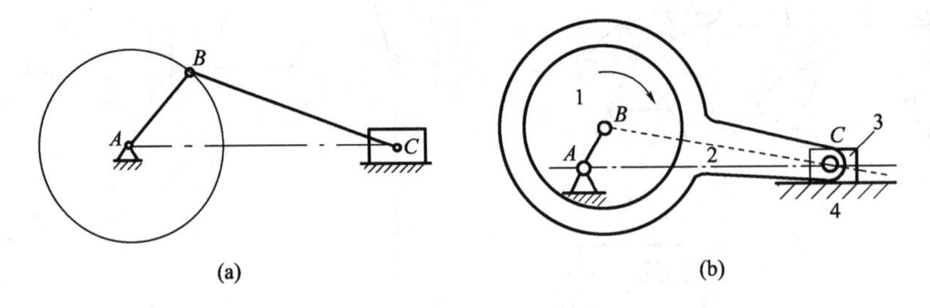

图 3-12 曲柄滑块机构演化成偏心轮机构

3. 选择不同的构件作为机架

图 3-13(a)所示的曲柄滑块机构中,选取不同的构件作为机架,可得到各种不同的机构。这些机构都可以看成是通过改变曲柄滑块机构中的固定构件演化而来的。

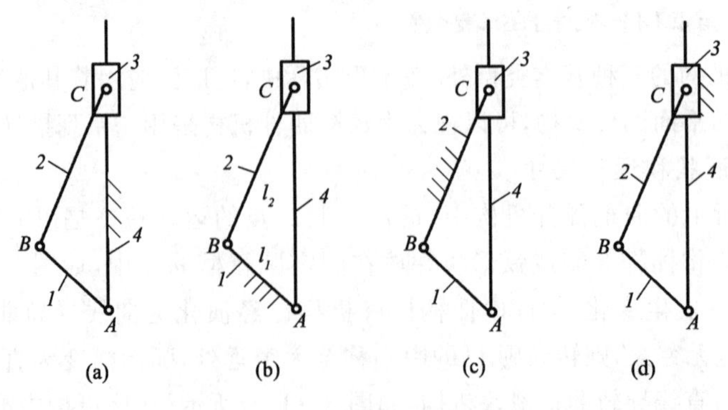

图 3-13 曲柄滑块机构的演化

(1)导杆机构

导杆机构可以看成是在曲柄滑块机构中取构件 1 为机架演化而来的，如图 3-13(b)所示。构件 4 称为导杆，滑块 3 相对导杆滑动并一起绕 A 点转动，通常取杆 2 为原动件。当 $l_1<l_2$ 时，导杆 4 能做整周转动，称为转动导杆机构，如图 3-14(a)所示；图 3-15 所示为转动导杆机构在小型刨床中的应用。当 $l_1>l_2$ 时，导杆 4 只能做往复摆动，称为摆动导杆机构，如图 3-14(b)所示。图 3-16 所示为摆动导杆机构在电器开关中的应用，当曲柄 BC 处于图 3-16 所示位置时，动触点 4 和静触点 1 接触，当 BC 偏离图 3-16 所示位置时，两触点分开。

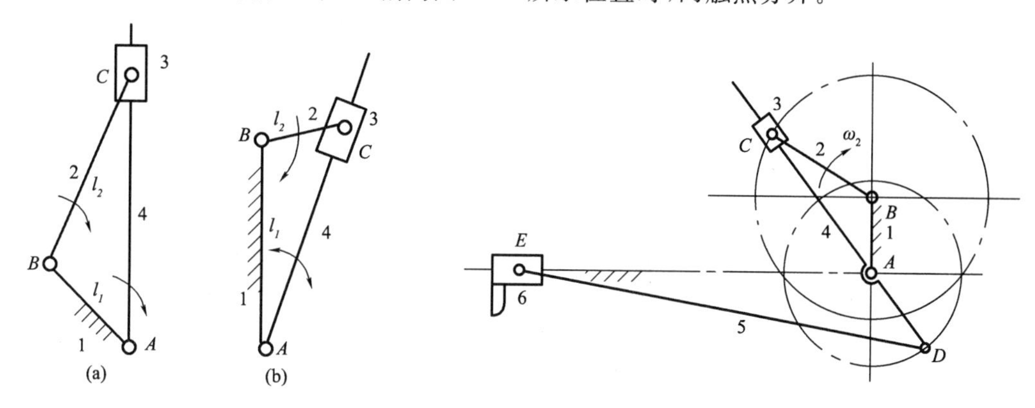

图 3-14 导杆机构的类型

图 3-15 小型刨床的主运动机构

(2)摇块机构

摇块机构可以看成是在曲柄滑块机构中取构件 2 为机架演化而来的，如图 3-13(c)所示。在摇块机构中，滑块 3 只能绕 C 点摆动，这种机构广泛应用于摆动式内燃机和液压驱动装置中。图 3-17 中所示自卸货车自动翻转卸料机构中，当油缸 3 中的压力油推动活塞杆 4 运动时，车厢 1 便绕回转副中心 B 倾转，当达到一定角度时，物料就被自动卸下。

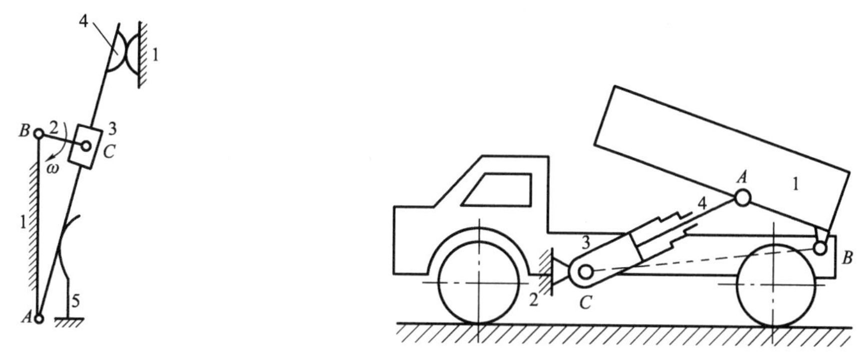

图 3-16 电器开关控制机构

图 3-17 自卸货车自动翻转卸料机构

(3)定块机构

定块机构可以看成是在曲柄滑块机构中取构件 3 为机架演化而来的，如图 3-13(d)所示。在定块机构中，滑块 3 为机架(不动)，故称为定块。图 3-18 所示的抽水唧筒中采用的就是这种机构。当构件 1 往复摆动时，构件 4 做往复移动，使水从构件 3(固定件)中被抽出。

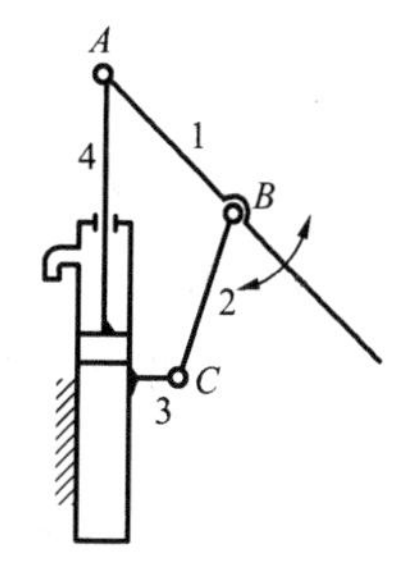

图 3-18 抽水唧筒

(4)双滑块机构

含两个移动副的四杆机构常称为双滑块机构。按照两个移动副所处位置的不同，可分为四种类型：

①两个移动副相邻且其中一个移动副与机架相关联，如图 3-19(a)所示，从动件 4 的位移与原动件转角的正弦成正比，称为正弦机构，例如缝纫机下针机构即正弦机构的应用实例，如图 3-20(a)所示。

②两个移动副不相邻，如图 3-19(b)所示，从动件 3 的位移与原动件转角 ϕ 的正切成正比，称为正切机构。

③两个移动副相邻，且均不与机架相关联，如图 3-19(c)所示，主动件 1 与从动件 3 具有相等的角速度，如图 3-20(b)所示的十字滑块联轴器就是这种机构的应用实例。

④两个移动副与机架相关联，如图 3-19(d)所示，椭圆仪就是这种机构的应用实例，如图 3-20(c)所示，构件 2 上的点可以绘出长、短轴径不同的椭圆。

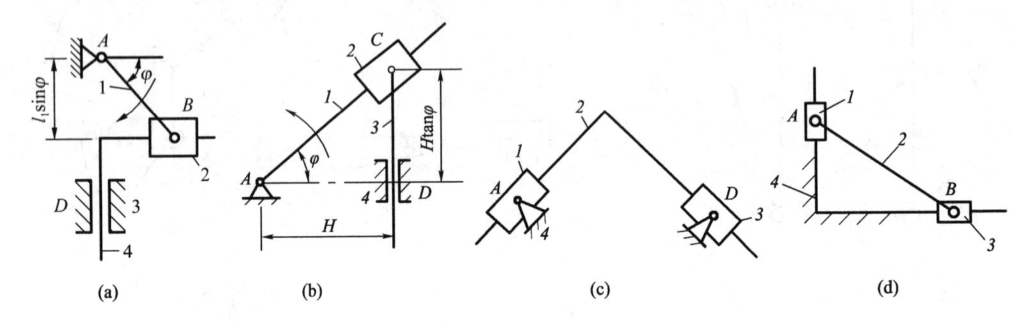

图 3-19　双滑块机构的演化

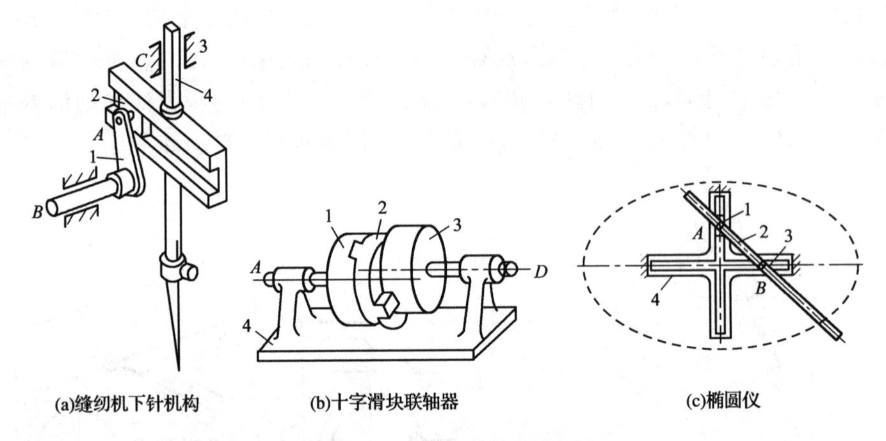

图 3-20　双滑块机构的应用实例

3.3　平面四杆机构的基本特征

平面四杆机构的基本特性包括运动特性和传力特性两方面，这些特性不仅反映了机构传递和变换运动与力的性能，而且也是四杆机构类型选择和运动设计的主要依据。

3.3.1　平面四杆机构有曲柄的条件

铰链四杆机构三种基本类型的主要区别在于连架杆是否存在曲柄和存在几个曲柄，实质取决于各杆的相对长度以及选取哪一杆作为机架。

在图 3-21 所示的铰链四杆机构 $ABCD$ 中，各杆长度分别为 l_1、l_2、l_3、l_4，如果连架杆 1 能做整周回转，即它是曲柄，那么连架杆1必须能顺利通过与机架4共线的两个位置AB'和AB''。

由图3-21可见，为使AB杆能转至位置AB'，各杆的长度应满足

$$(l_4-l_1)+l_3\geqslant l_2$$

$$(l_4-l_1)+l_2\geqslant l_3$$

即

$$l_1+l_2\leqslant l_3+l_4 \qquad (3\text{-}1)$$

$$l_1+l_3\leqslant l_2+l_4 \qquad (3\text{-}2)$$

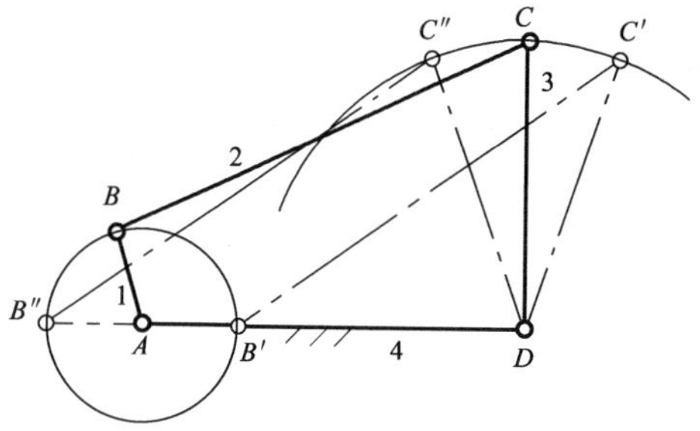

图3-21　铰链四杆机构曲柄存在条件的分析

为使AB杆能转至位置AB''，各杆的长度应满足

$$l_1+l_4\leqslant l_3+l_2 \qquad (3\text{-}3)$$

将式(3-1)、式(3-2)、式(3-3)两两相加，可得

$$l_1\leqslant l_2,l_1\leqslant l_3,l_1\leqslant l_4 \qquad (3\text{-}4)$$

式(3-4)表明连架杆1为最短杆，在构件2、3、4中总有一个构件为最长杆；根据相对运动原理，当杆AB为机架时，BC、AD杆也能绕各自转动中心做360°旋转。

在铰链四杆机构中，连架杆成为曲柄的条件是：

(1)最短杆与最长杆长度之和应小于或等于其余两杆长度之和(也称杆长和条件)。

(2)连架杆和机架中至少有一杆为最短杆。

由以上分析可得出如下推论：

(1)如果铰链四杆机构各杆长度满足杆长条件，则可能有以下三种情况：

①取与最短杆相邻的杆为机架，成为曲柄摇杆机构。

②取最短杆为机架，成为双曲柄机构。

③取最短杆相对的杆为机架，成为双摇杆机构。

(2)若铰链四杆机构各杆长度不满足杆长条件，则不论取哪一杆为机架，都没有曲柄存在，均成为双摇杆机构。

此外，当平面四杆机构中相对两杆的长度两两相等时，则不论取哪一杆为机架，均为双曲柄机构。在偏置曲柄滑块机构中，连架杆成为曲柄的条件是，曲柄长度小于或等于连杆长度与偏距e之差。在导杆机构中，当机架为最短杆时，则为转动导杆机构。

3.3.2 急回特性和行程速比系数

在图3-22所示的曲柄摇杆机构中，当曲柄AB为主动件并做整周转动时，摇杆CD做往复摆动。当曲柄AB与连杆BC两次共线时，摇杆CD处于两个极限位置C_1D和C_2D，曲柄对应两个位置所夹的锐角θ称为极位夹角，摇杆在两极限位置间的夹角ψ称为摇杆的摆角。

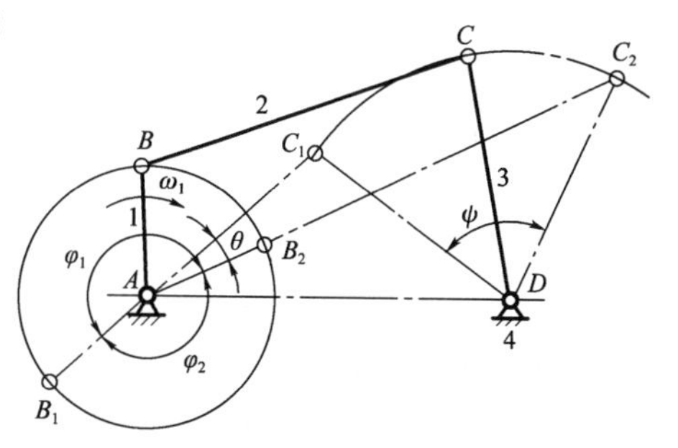

图3-22　曲柄摇杆机构的急回特性

当曲柄沿顺时针方向以等角速度ω_1由位置AB_1转到AB_2时，其转角$\varphi_1=180°+\theta$，所用时间为$t_1=\varphi_1/\omega_1$，与此同时，摇杆由位置C_1D摆到C_2D，其摆角为ψ，C点的平均速度$v_1=l_{C_1C_2}/t_1$，称为工作行程；当曲柄继续由位置AB_2转到AB_1时，其转

角为$\varphi_2=180°-\theta$,所用时间为$t_2=\varphi_2/\omega_1$,这时摇杆由位置C_2D摆到C_1D,摆角仍为ψ,C点的平均速度$v_2=C_1C_2/t_2$,称为返回空行程;显然$t_1>t_2$,故$v_2>v_1$。通常空行程速度大于工作行程速度这一运动特性,称为急回特性。为了表示急回特性的相对程度,引入行程速比系数K,即

$$K=\frac{v_2}{v_1}=\frac{t_1}{t_2}=\frac{\varphi_1}{\varphi_2}=\frac{180°+\theta}{180°-\theta} \tag{3-5}$$

显然,K值与极位夹角θ有关,θ越大,K值越大,机构急回特性越显著;当$\theta=0$时,$K=1$,机构无急回特性。由以上分析可以看出,判断一个机构是否具有急回特性,只要看该机构的极位夹角θ是否等于0。由式(3-5)可得

$$\theta=180°\frac{K-1}{K+1} \tag{3-6}$$

为了缩短非工作时间,提高劳动生产率,许多机械要求有急回特性,设计时可按其对急回特性要求的不同程度确定K值,并由式(3-6)求出θ,然后根据θ值确定各杆的长度。

3.3.3 压力角和传动角

从动件的受力方向和该点的速度方向之间所夹的锐角α称为机构的压力角,如图3-23所示,曲柄1是主动件,若忽略各杆的质量、惯性力和运动副中的摩擦力,则由连杆2传递到摇杆3上的力F的作用线沿BC方向。将力F分解为相互垂直的两个分力F_t和F_n,F_t的方向与铰链C点的速度v_C方向一致,F_n的方向沿着CD杆的方向并与F_t的方向垂直,则F_t为推动从动件运动的力,其值为$F_t=F\cos\alpha$;F_n为铰链附加压力,可加速铰链的摩擦磨损,是有害力,其值为$F_n=F\sin\alpha$。显然,压力角越小,有效力越大,机构的传力性能越好。因此,压力角是衡量机构传力性能的重要参数。

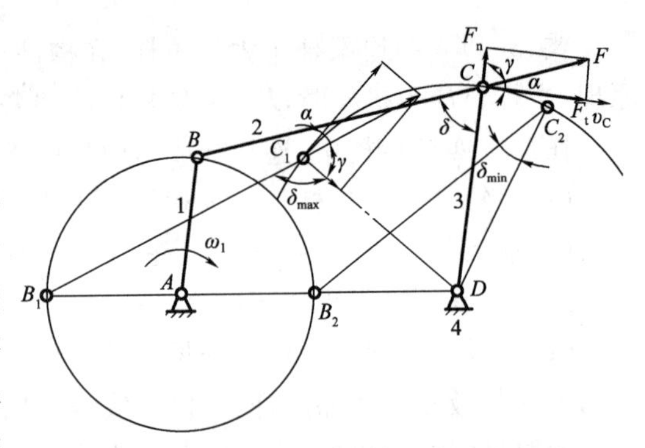

图3-23 曲柄摇杆机构的压力角和传动角

在连杆机构设计中,为了度量方便,习惯用压力角的余角γ(连杆和从动摇杆之间所夹的锐角)来判断传力性能,γ称为传动角。因$\gamma=90°-a$,所以a越小,γ越大,机构传力性能越好;反之,a越大,γ越小,机构传力越费劲,传动效率越低。在机构的运动过程中,传动角γ的大小是变化的。为了保证机构具有良好的传力性能,需要限制最小传动角γ_{min},以免传动效率过低或机构出现自锁。对于一般机械,通常应使$\gamma_{min}\geqslant40°$;对于高速和大功率传动机械,应使$\gamma_{min}\geqslant50°$。

对于曲柄为主动件的曲柄摇杆机构,当连杆与摇杆之间的夹角$\delta<90°$时,$\gamma=\delta$;当$\delta>90°$时,$\gamma=180°-\delta$。因此,当δ为最小和最大时,可能出现γ_{min};而δ出现最小和最大时即曲柄与机架重叠共线或拉直共线的两个位置,故这两个位置之一就是曲柄摇杆机构的最小传动角γ_{min}位置。

对于曲柄为主动件的曲柄滑块机构,最小传动角γ_{min}出现在曲柄垂直于滑块导路且远离导路处;对于曲柄为主动件的导杆机构,传动角γ恒等于90°,所以导杆机构的传力性能最好。对于一些具有短暂高峰载荷的机械,设计时应考虑使高峰载荷处在传动角比较大的位置,以节省动力。

3.3.4　死点位置

在图 3-22 所示的曲柄摇杆机构中，当以摇杆 CD 为主动件时，在摇杆摆到两个极限位置 C_1D 和 C_2D 时，连杆 BC 与曲柄 AB 两次共线。此时，摇杆通过连杆传给曲柄的力，将通过铰链回转中心 A，对 A 点不产生转矩，不能使曲柄转动，此时，机构处于死点位置。由此可见，机构有无死点位置取决于从动件与连杆能否共线。当机构处在死点位置时，从动件将出现卡死或运动不确定现象。为使机构能顺利通过死点位置，工程上常采取以下措施：

(1)在曲柄轴上安装飞轮或利用从动件自身的惯性作用。

(2)采用机构死点位置错位排列的办法。

(3)对从动曲柄施加外力。

如图 3-24 所示为缝纫机踏板机，脚踏板 AB 为主动件做往复摆动，通过连杆 BC 驱使曲柄 CD 做整周转动，再经过带传动使机头的主轴转动。在使用缝纫机时，有时会出现踏不动或带轮反转现象，这是由机构处于死点位置所引起的。为了避免这种现象，应借助于固连在缝纫机机头主轴上的转动惯量较大的带轮(相当于飞轮)的惯性作用，使机构顺利通过死点位置。

在实际工程中，也可利用死点位置来满足某些工作要求。例如，图 3-25 所示的飞机起落架机构，当飞机准备着陆时，机轮被放下，此时 BC 杆与 CD 杆共线，机构处于死点位置。起落架不会反转(折回)，可使降落更可靠。

图 3-26 所示为一种零件夹紧机构。抬起手柄 3，夹头 1 抬起，将零件 2 放入工作台，如图 3-26(a)所示；然后用力按下手柄，夹头向下夹紧零件，如图 3-26(b)所示。这时 BC 和 CD 共线，机构处于死点位置；当撤去施加在手柄上的作用力 F 之后，无论零件对夹头的作用力有多大，也不能使 BC 绕 D 转动，因此零件仍处于被夹紧的状态中。

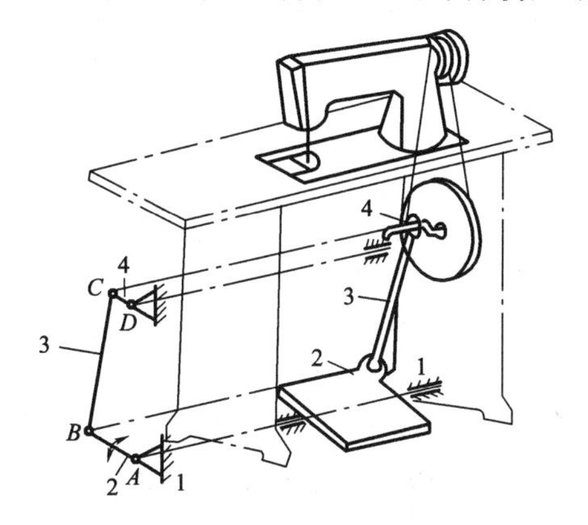

图 3-24　缝纫机踏板机

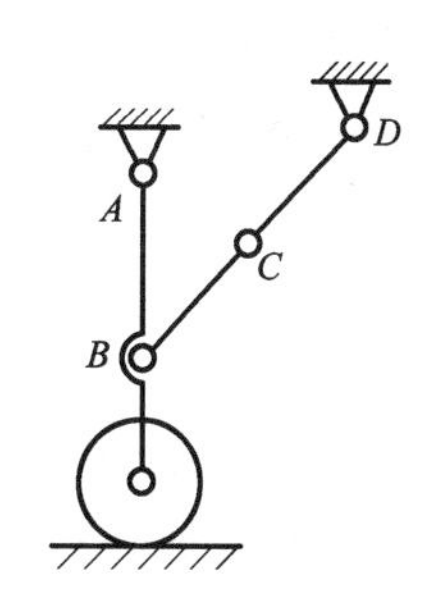

图 3-25　飞机起落架机构

在平行四边形机构中，当曲柄转到与机架共线的位置时，四个铰链中心处于同一直线时，机构处于死点位置，且处于运动不确定状态，如图 3-27(a)所示。为了消除平行四边形机构的这种运动不确定的状态，以保证机构具有确定的运动，常采用增加构件的方法消除运动不确定状态，如图 3-27(b)所示。

对于曲柄滑块机构和导杆机构，当以滑块或导杆为主动件时，都有死点位置存在，就在两个极限位置。

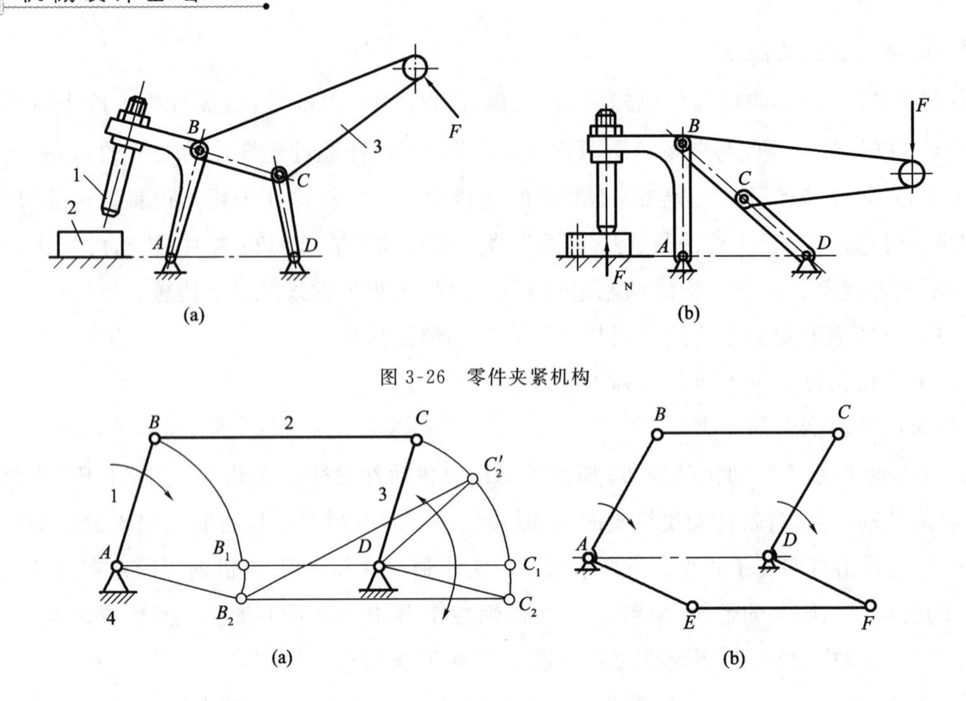

图 3-26　零件夹紧机构

图 3-27　机构运动的不确定状态

3.4　平面连杆机构的设计

平面连杆机构的设计主要是指根据给定的运动条件，确定机构运动简图的尺寸参数。在实际生产中，对机构的设计要求是多种多样的，给定的条件也各不相同。归纳起来，设计的类型一般可以分为三类：一是按照给定的运动规律设计，例如，给定行程速比系数；二是按照给定的位置设计，称为位置设计；三是按照给定的运动轨迹设计，称为轨迹设计。

平面四杆机构的设计方法有图解法、实验法和解析法。图解法直观、解析法精确、实验法简便。下面介绍图解法和解析法的具体应用。

3.4.1　用图解法设计四杆机构

1. 按给定连杆位置设计四杆机构

如图 3-28(a)所示，给定连杆长度 l_2 和连杆在运动中占据的三个预定位置 B_1C_1、B_2C_2 和 B_3C_3。设计的实质就是确定由连架杆与机架组成的固定铰链中心 A 和 D 的位置，并由此求出机构中其余三个构件的长度。

由于连杆上的两个铰链中心 B、C 的运动轨迹都是圆弧，它们的圆心就是两固定铰链中心 A 和 D，圆弧的半径即两个连架杆的长度 l_1 和 l_3，所以运用已知三点求圆心的方法即可设计出所求的机构，而且作图过程比较简单。具体设计步骤如下：

(1)分别作 B_1 与 B_2、B_2 与 B_3 连线的垂直平分线 b_{12} 和 b_{23}，其交点就是所要求的固定铰链中心 A。

(2)同理，作 C_1 与 C_2、C_2 与 C_3 连线的垂直平分线 c_{12} 和 c_{23}，其交点就是另一固定铰链中心 D。

(3)连接 AB_1C_1D 即所设计的铰链四杆机构在第一位置时的运动简图，如图 3-28(b)所示。

(4)根据作图时所取的长度比例尺 μ_l 以及从图中量取的尺寸即可确定出构件的尺寸 l_1、l_3 和 l_4。

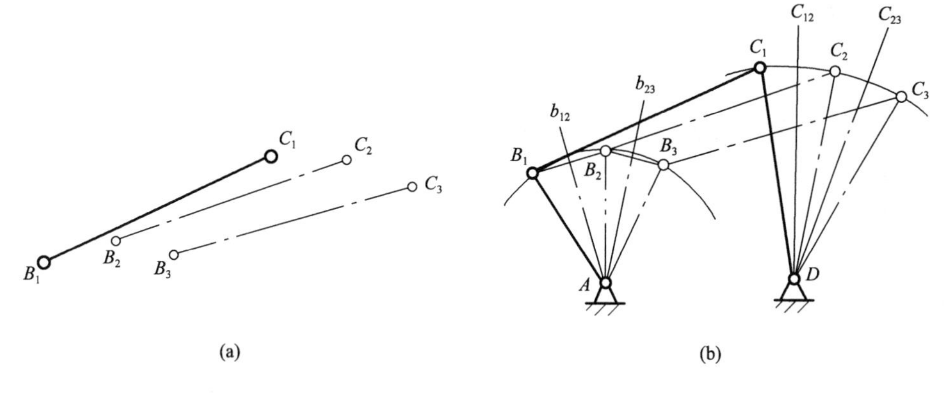

图 3-28 按给定连杆位置设计四杆机构

分析:(1)当给定连杆三个位置设计铰链四杆机构时,机构设计有唯一解。

(2)若在图 3-28(a)中只给定连杆的两个位置 B_1C_1、B_2C_2 设计铰链四杆机构,则由于过 B_1、B_2 两点的圆有无穷多,故铰链 A 的中心位置可以在 B_1B_2 的垂直平分线 b_{12} 上任意选取;同理,铰链 D 的中心位置也是如此。因此,设计结果有无穷多个。设计时通常还要考虑一些附加条件,例如,满足最小传动角 γ_{min} 的要求或给定机架的长度和方位等。

(3)若给定连杆三个以上位置设计铰链四杆机构,则无法用图解法求解。

***2. 按给定两连架杆对应位置设计四杆机构**

如图 3-29 所示,设已知机架 AD 的长度及连架杆 AB、CD 的两组对应位置 α_1、φ_1 和 α_2、φ_2,试设计该铰链四杆机构。此问题的关键是求铰链 C 的位置。采用刚化反转法将 AB_2C_2D 刚化后反转($\varphi_1-\varphi_2$),C_2D 与 C_1D 重合,AB_2 转到 $A'B'_2$ 位置。此时可以将机构看成是以 CD 为机架、以 AB 为连杆的四杆机构,问题转化为按连杆的两位置设计四杆机构。

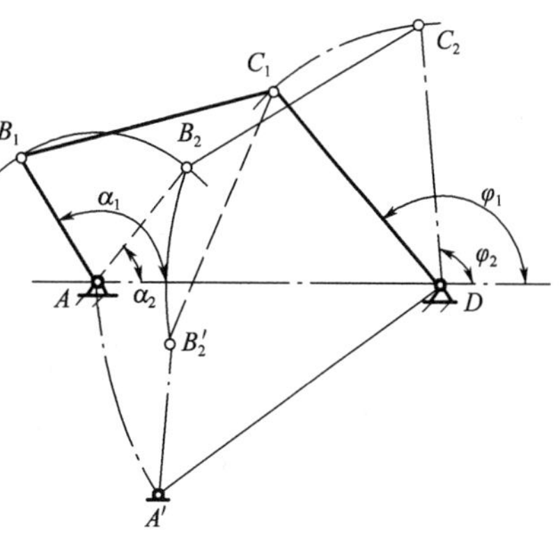

图 3-29 刚化反转法

如图 3-30(a)所示,已知四杆机构中连架杆 AB 和机架 AD 的长度,连架杆 AB 和另一连架杆上标线 ED 的三组对应位置 φ_1、ψ_1,φ_2、ψ_2 及 φ_3、ψ_3,要求设计该铰链四杆机构。具体设计步骤如下:

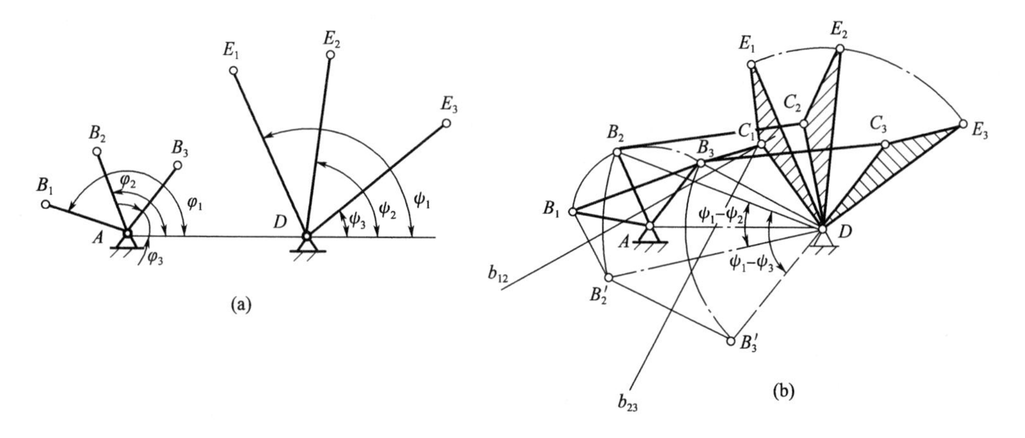

图 3-30 按连架杆对应位置设计四杆机构

(1)选取适当比例尺 μ_l，按给定条件画出两连杆的三组对应位置，并连接 DB_2 和 DB_3，如图 3-30(b)所示。

(2)用反转法将 DB_2 和 DB_3 分别绕 D 点反转$(\psi_1-\psi_2)$、$(\psi_1-\psi_3)$，得 B_2'和 B_3'。

(3)作 B_1B_2'和 $B_2'B_3'$的垂直平分线 b_{12} 和 b_{23} 并交于 C_1 点，连接 AB_1C_1D 即得该铰链四杆机构。

(4)杆 BC 和杆 CD 的长度 l_{BC}、l_{CD}分别为

$$l_{BC}=\mu_l l_{B_1C_1} \quad l_{CD}=\mu_l l_{C_1D}$$

分析：(1)当给定两连架杆三个对应位置设计铰链四杆机构时，机构设计有唯一解。

(2)若在图 3-30(a)中只给定两连架杆两个对应位置 φ_1、ψ_1 及 φ_2、ψ_2 设计铰链四杆机构，则由于过 B_1、B_2' 两点的圆有无穷多，故铰链 C 的中心位置可以在 B_1B_2'的垂直平分线 b_{12} 上任意选取。因此，设计结果有无穷多个。设计时通常还要考虑一些附加条件，例如满足最小传动角 $\gamma_{\min}$的要求或给定机架的长度和方位等。

(3)若给定连杆三个以上位置设计铰链四杆机构，则无法用图解法求解。

3. 按给定的行程速比系数设计四杆机构

在设计具有急回特性的平面四杆机构时，通常按照实际工作需要，先确定行程速比系数 K 的数值，然后根据机构在极限位置时几何关系，结合有关的辅助条件来确定机构运动简图的尺寸参数。

(1)曲柄摇杆机构

已知条件：摇杆的长度 l_3、摆角 ψ 和行程速比系数 K。

设计的实质就是确定曲柄与机架组成的固定铰链中心 A 的位置，并求出机构中其余三个构件的长度 l_1、l_2 和 l_4。其设计步骤如下：

①根据给定的行程速比系数 K，由式(3-6)计算极位夹角 θ。

②在图 3-31 中，任选固定铰链中心 D 的位置，选取适当的长度比例尺 μ_l，按摇杆长度 l_3 和摆角 ψ 画出摇杆 CD 的两个极限位置 C_1D 和 C_2D。

③连接 C_1 和 C_2 点，并过 C_1 点作直线 C_1M 垂直于 C_1C_2；过 C_2 点作$\angle C_1C_2N=90°-\theta$，$C_2N$ 与 C_1M 相交于 P 点，得到一个直角三角形 Rt$\triangle PC_1C_2$，$\angle C_1PC_2=\theta$。

④根据数学知识，以 PC_2 为直径，PC_2 的中点 O 为圆心即可画出$\triangle PC_1C_2$ 的外接圆。

⑤在该外接圆 PC_1C_2 上任意选取一点 A 作为曲柄的固定铰链中心。连接 AC_1 和 AC_2，因同一圆弧上对应的圆周角相等，故$\angle C_1AC_2=\angle C_1PC_2=\theta$。

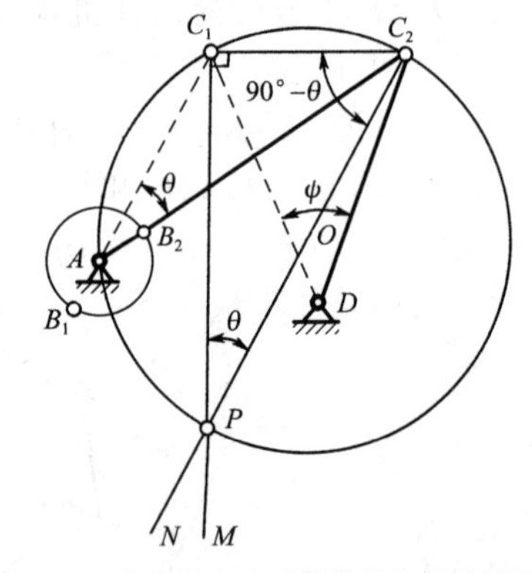

图 3-31 按行程速比系数设计曲柄摇杆机构

⑥因在极限位置时，曲柄与连杆共线，故 $l_{AC_1}=l_2-l_1$，$l_{AC_2}=l_2+l_1$，从而可得到曲柄的长度 l_1 和连杆的长度 l_2。此外，由图 3-31 中可量得机架的长度 l_4，连接 AB_1C_1D 即得该机构在极限位置时的运动简图。即

$$l_1=\mu_l\frac{l_{AC_2}-l_{AC_1}}{2},l_2=\mu_l\frac{l_{AC_2}+l_{AC_1}}{2},l_4=\mu_l l_{AD}$$

由于铰链中心 A 点是外接圆 PC_1C_2 上任选的点，因此若仅按行程速比系数 K 设计，可得无穷多的解。A 点位置不同，机构传动角的大小也不同。为了获得良好的传动，可按照最小传

动角 $\gamma_{\min}$ 或其他辅助条件（如机架的长度）来确定 A 点的位置。

（2）偏置曲柄滑块机构

已知条件：滑块的行程 H，偏距 e，行程速比系数 K，设计偏置曲柄滑块机构。其设计步骤如下：

①根据给定的行程速比系数 K，由式（3-6）计算出极位夹角 θ。

②选取适当的长度比例尺 μ_l，按滑块的行程 H 画出线段 C_1C_2，得到滑块的两个极限位置 C_1 和 C_2，如图 3-32 所示。

③过 C_1 点作直线 C_1M 垂直于 C_1C_2；过 C_2 点作 $\angle C_1C_2N = 90° - \theta$，$C_2N$ 与 C_1M 相交于 P 点，得到 Rt$\triangle PC_1C_2$，则 $\angle C_1PC_2 = \theta$；以 PC_2 为直径、PC_2 的中点 O 为圆心即可画出 $\triangle PC_1C_2$ 的外接圆。

④作 C_1C_2 的平行线，与 C_1C_2 的距离为偏距 e，该直线与 $\triangle PC_1C_2$ 的外接圆的交点即曲柄的固定铰链中心 A；连接 AC_1 和 AC_2，则可得到曲柄的长度 l_1 和连杆的长度 l_2，由图 3-32 中可量得机架的长度 l_4。在曲柄的运动轨迹上，任取一点 A，按各构件的尺寸画出机构 ABC，即得该机构在某个位置时的运动简图。即

$$l_1 = \mu_l \frac{l_{AC_2} - l_{AC_1}}{2}, l_2 = \mu_l \frac{l_{AC_2} + l_{AC_1}}{2}, l_4 = \mu_l l_{AD}$$

（3）摆动导杆机构

已知条件：机架长度 l_4 和行程速比系数 K，设计摆动导杆机构。由图 3-33 可知，摆动导杆机构的极位夹角 θ 等于导杆摆角 ψ，所需确定的尺寸是曲柄长度，其设计步骤如下：

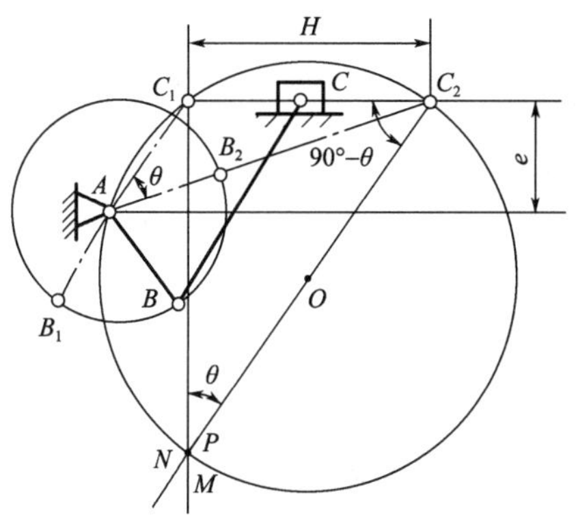

图 3-32　按行程速比系数设计曲柄滑块机构

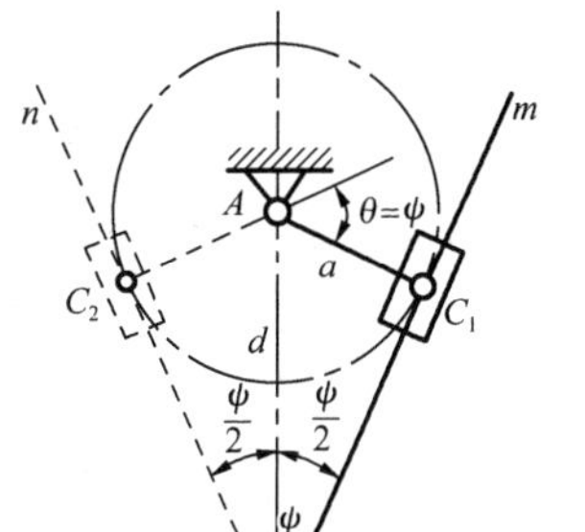

图 3-33　按行程速比系数设计摆动导杆机构

①根据给定的行程速比系数 K，由式（3-6）计算出极位夹角 θ（摆角 ψ）。

②在图 3-33 中，任选固定铰链中心 D 的位置，选取适当的长度比例尺 μ_l，按摆角 ψ 作出导杆两个极限位置 Dn 和 Dm。

③作摆角 ψ 的角平分线 AD，并在线上取 $AD = l_4$，得固定铰链中心 A 的位置。

④过 A 点作导杆极限位置的垂线 AC_1（或 AC_2），即得曲柄长度 $l_1 = AC_1$。

*3.4.2　用解析法设计平面四杆机构

用解析法设计平面四杆机构时，首先需要建立包含机构的各尺度参数和运动变量在内的函数关系式，然后根据已知的运动变量求解所需的机构尺度参数。

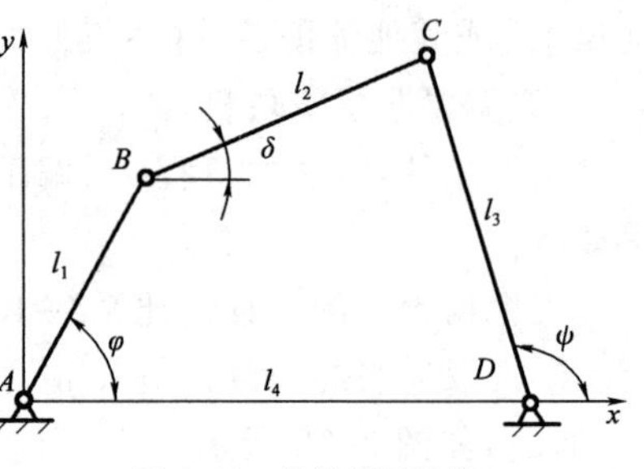

图 3-34 铰链四杆机构

如图 3-34 所示为一铰链四杆机构，已知两连架杆 AB、CD 的几组对应位置 φ_i、ψ_i，要求确定各构件的尺寸。建立如图 3-34 所示坐标系，使 x 轴与机架重合，各构件以矢量表示，其转角从 x 轴正向沿逆时针方向度量。根据各构件所构成的矢量封闭形，可得出矢量方程式

$$\boldsymbol{l}_1+\boldsymbol{l}_2=\boldsymbol{l}_3+\boldsymbol{l}_4 \tag{3-7}$$

将式(3-7)向坐标轴投影，可得

$$\left.\begin{aligned}l_1\cos\varphi+l_2\cos\delta=l_4+l_3\cos\psi\\ l_1\sin\varphi+l_2\sin\delta=l_3\sin\psi\end{aligned}\right\} \tag{3-8}$$

将式(3-8)整理得

$$\left.\begin{aligned}l_2\cos\delta=l_4+l_3\cos\psi-l_1\cos\varphi\\ l_2\sin\delta=l_3\sin\psi-l_1\sin\varphi\end{aligned}\right\} \tag{3-9}$$

将式(3-9)两边平方后相加，整理后得

$$l_1^2+l_3^2+l_4^2-l_2^2-2l_1l_4\cos\varphi+2l_3l_4\cos\psi=2l_1l_3\cos(\varphi-\psi) \tag{3-10}$$

为简化式(3-10)，再令

$$\left\{\begin{aligned}R_1&=\frac{l_1^2+l_3^2+l_4^2-l_2^2}{2l_1l_3}\\ R_2&=\frac{-l_4}{l_3}\\ R_3&=\frac{l_4}{l_1}\end{aligned}\right\} \tag{3-11}$$

则

$$R_1+R_2\cos\varphi+R_3\cos\psi=\cos(\varphi-\psi) \tag{3-12}$$

R_1、R_2 和 R_3 仅与各构件的尺寸 l_1、l_2、l_3 和 l_4 有关。

将三组对应转角 φ_1、ψ_1，φ_2、ψ_2 和 φ_3、ψ_3 分别代入式(3-12)，则得三个方程的线性方程组

$$\left\{\begin{aligned}R_1+R_2\cos\varphi_1+R_3\cos\psi_1=\cos(\varphi_1-\psi_1)\\ R_1+R_2\cos\varphi_2+R_3\cos\psi_2=\cos(\varphi_2-\psi_2)\\ R_1+R_2\cos\varphi_3+R_3\cos\psi_3=\cos(\varphi_3-\psi_3)\end{aligned}\right.$$

联立求解此方程组，可求得 R_1、R_2 和 R_3，然后根据具体情况选定机架长度 l_4 之后，由式(3-11)便可求得其余构件的尺寸。即

$$\left\{\begin{aligned}l_1&=\frac{l_4}{R_3}\\ l_2&=\sqrt{l_1^2+l_3^2+l_4^2-2l_1l_3R_1}\\ l_3&=-\frac{l_4}{R_2}\end{aligned}\right.$$

若只给定连架杆的两组对应转角 φ_1、ψ_1 和 φ_2、ψ_2，则将它们分别代入式(3-12)，可得两个方程的线性方程组

$$\left\{\begin{aligned}R_1+R_2\cos\varphi_1+R_3\cos\psi_1=\cos(\varphi_1-\psi_1)\\ R_2+R_2\cos\varphi_2+R_3\cos\psi_2=\cos(\varphi_2-\psi_2)\end{aligned}\right.$$

因该方程组中有三个待定参数 R_1、R_2 和 R_3，故该设计问题有无穷多个解。这时可再考虑其他附加条件(如结构条件、传动角条件等)，以确定机构的尺寸。

若给定的两连架杆的对应转角的组数过多，则因每一组对应的转角均可构成一个方程式，因此方程式的数目比机构待定的尺度参数多，而使问题无解。在这种情况下一般采用连杆机构的近似综合（如函数插值逼近法等）或优化综合等方法来近似满足要求，这些方法可参阅有关资料。

小　　结

平面四杆机构是由四个刚性构件用低副（回转副或移动副）连接而成的。所有构件均在同一平面内或相互平行的平面内运动。在平面四杆机构中，以铰链四杆机构最具有代表性，而铰链四杆机构的最基本类型是曲柄摇杆机构，其他类型的平面四杆机构都可视为在曲柄摇杆机构的基础上演化而来的（如扩大回转副、回转副转化为移动副、机构倒置）。本章主要介绍平面四杆机构的组成、基本形式、压力角和传动角、死点位置、急回特性以及计算曲柄存在的条件、平面四杆机构的基本演化方法和典型平面四杆机构的设计方法。平面四杆机构的设计是本章的难点。不同的设计任务和设计要求，应采用不同的设计方法。图解法直观，易理解，常用于解决给定位置的设计任务。解析法精度高，可连续求解，并可在计算机上编程操作，是目前发展的方向。

思考题及习题

3-1　铰链四杆机构有哪几种类型？如何判别？它们各有什么运动特点？

3-2　下列概念是否正确？若不正确，请修正。

(1)极位夹角就是从动件在两个极限位置的夹角。

(2)压力角就是作用于构件上的力和速度的夹角。

(3)传动角就是连杆与从动件的夹角。

3-3　加大平面四杆机构原动件的驱动力，能否使该机构越过死点位置？应采用什么方法越过死点位置？

3-4　根据图 3-35 中注明的尺寸，判别各平面四杆机构的类型。

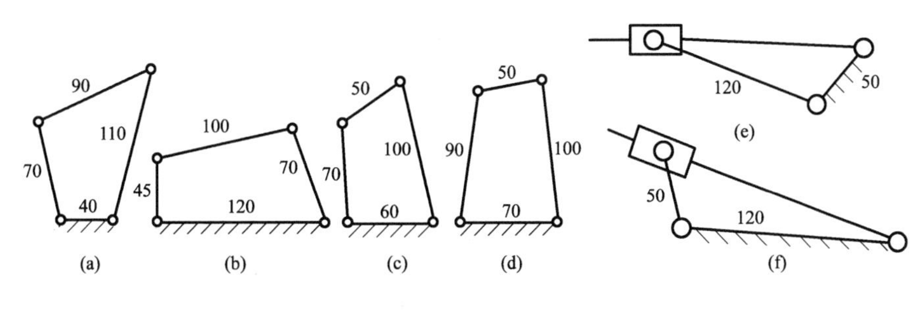

图 3-35　题 3-4 图

3-5　图 3-36 所示各平面四杆机构中，原动件 1 做匀速顺时针转动，从动件 3 由左向右运动时，要求作出各机构的极限位置图，并量出从动件的行程；计算各机构行程速比系数；作出各机构出现最小传动角（或最大压力角）时的位置图，并量出其大小。

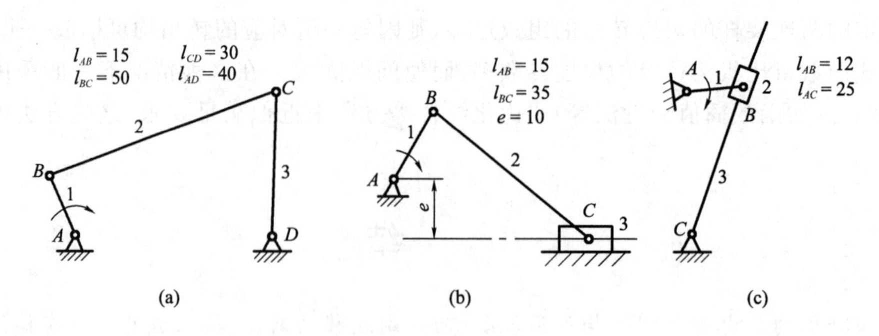

图 3-36　题 3-5 图

3-6　设图 3-36 所示各平面四杆机构中，构件 3 为原动件、构件 1 为从动件，试作出该机构的死点位置。

3-7　图 3-37 所示铰链四杆机构 $ABCD$ 中，AB 杆长为 a，欲使该机构成为曲柄摇杆机构、双摇杆机构，a 的取值范围分别应为多少？

3-8　如图 3-38 所示的偏置曲柄滑块机构，已知行程速比系数 $K=1.5$，滑块行程 $H=50$ mm，偏距 $e=20$ mm，试用图解法求：

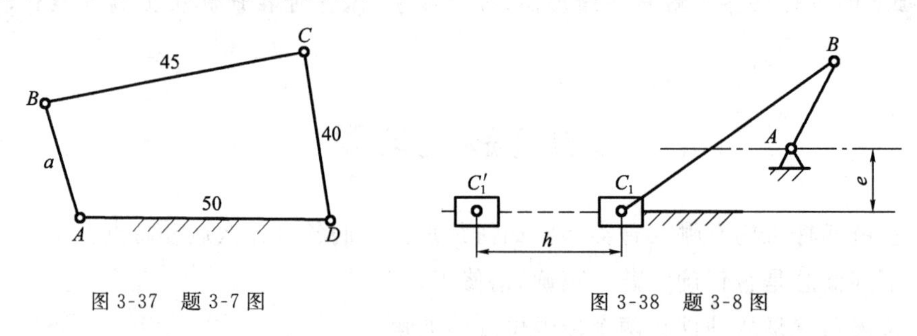

图 3-37　题 3-7 图　　图 3-38　题 3-8 图

(1)曲柄长度和连杆长度。

(2)当曲柄为主动件时机构的最大压力角和最大传动角。

(3)当滑块为主动件时机构的死点位置。

3-9　设计如图 3-39 所示的铰链四杆机构，构件 AB 长度为 $l_{AB}=100$ mm，机架 AD 长度为 $l_{AD}=350$ mm。当构件 AB 位于 AB_1、AB_2 和 AB_3 三个位置时，构件 CD 上的某一直线 DE 应在 DE_1、DE_2 和 DE_3 三个不同的位置，其中 $\varphi_1=55°$，$\varphi_2=75°$，$\varphi_3=105°$，$\psi_1=60°$，$\psi_2=85°$，$\psi_3=100°$。试用图解法确定铰链 C 的位置及连杆 BC 的长度，并验算有无曲柄存在。

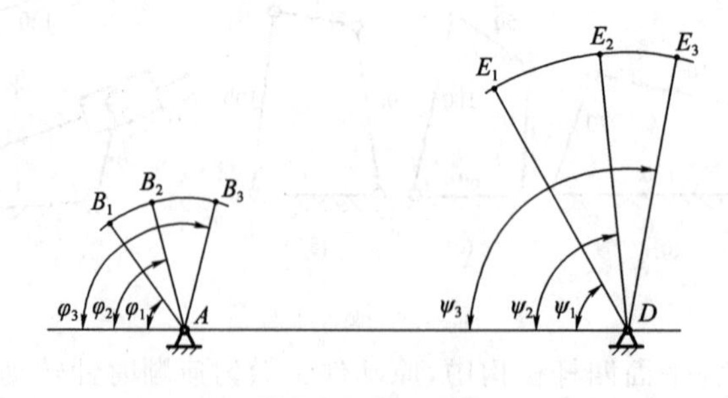

图 3-39　题 3-9 图

3-10　在图 3-40 所示牛头刨床的主运动机构中，已知中心距 $l_{AC}=300$ mm，刨头的冲程 $H=450$ mm，行程速比系数 $K=2$，试求曲柄 AB 和导杆 CD 的长度 l_{AB} 和 l_{CD}。

3-11　试设计一铰链四杆机构，已知摇杆 CD 的行程速比系数 $K=1.5$，其长度 $l_{CD}=75$ mm，摇杆右边的一个极限位置与机架之间的夹角 $\psi=45°$，如图 3-41 所示。机架的长度 $l_{AD}=100$ mm。试求曲柄 AB 和连杆 BC 的长度 l_{AB} 和 l_{BC}。

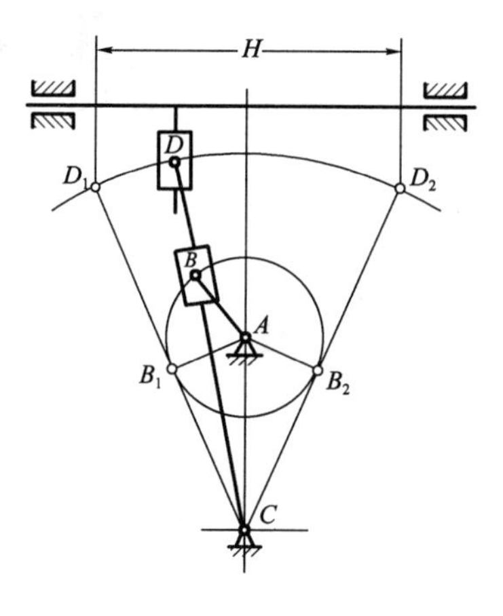

图 3-40　题 3-10 图

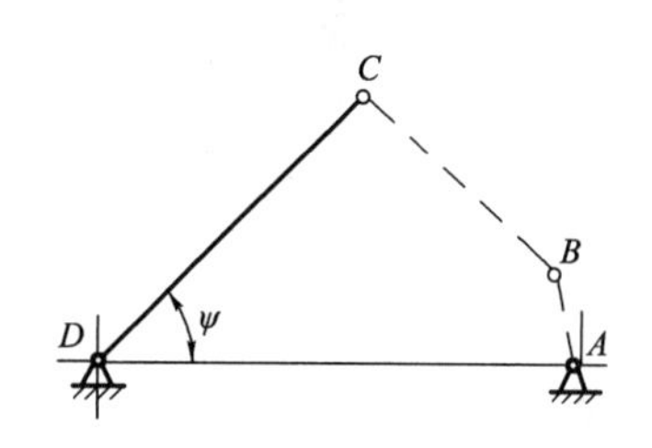

图 3-41　题 3-11 图

第4章

凸轮机构及其设计

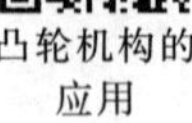
凸轮机构的应用

凸轮机构的命名方法

螺旋机构的应用和类型

本章主要介绍凸轮机构的工作原理、分类、从动件的常用运动规律、反转法的基本原理、平面凸轮轮廓曲线的设计方法以及凸轮机构的基本尺寸确定。

4.1 概 述

4.1.1 凸轮机构的应用

凸轮机构是机械中的一种常用机构，它是由具有曲线轮廓的构件，通过高副接触带动从动件实现预期运动规律的一种高副机构。它广泛地应用于各种机械，特别是在自动化和半自动化机械中应用非常广泛。

图 4-1 所示为自动机床的进刀机构，该机构利用凸轮机构来控制完成自动进、退刀，其刀架 2 的运动规律完全取决于凸轮 1 上曲线凹槽的形状。

图 4-2 所示为内燃机的配气凸轮机构，凸轮 1 以等角速度回转，它的轮廓驱使从动件 2(阀杆)按预期的运动规律启/闭阀门。

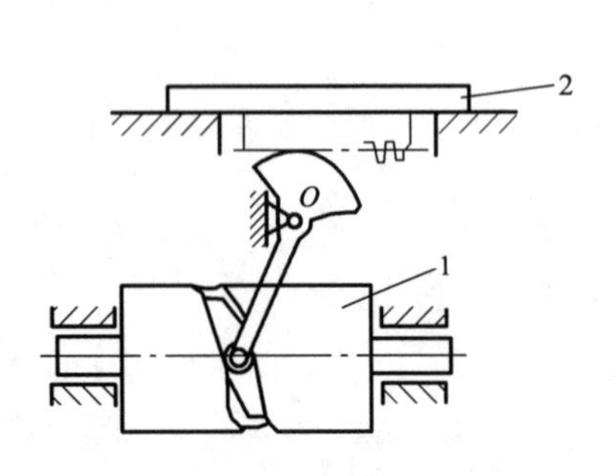

图 4-1 自动机床的进刀机构

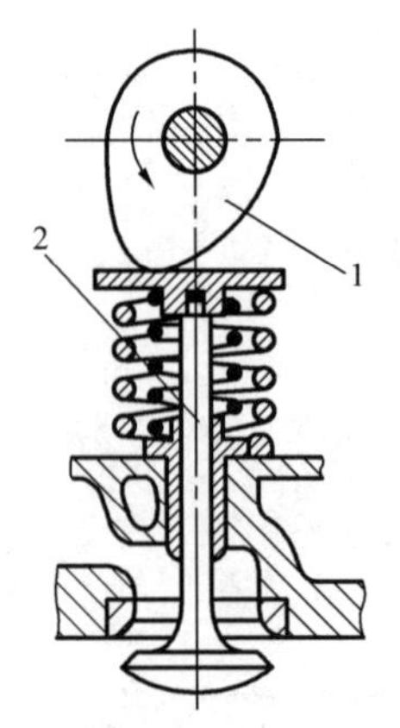

图 4-2 内燃机的配气凸轮机构

图 4-3 所示为录音机卷带装置中的凸轮机构，凸轮 1 随放音键上下移动。放音时，凸轮 1 处于图 4-3 所示最低位置，在弹簧 6 的作用下，安装于带轮 3 的轴上的摩擦轮 4 紧靠卷带轮 5，从而将磁带卷紧。停止放音时，凸轮 1 随按键上移，其轮廓压迫从动件 2 沿顺时针方向摆动，

使摩擦轮与卷带轮分离，从而停止卷带。

从以上所举的例子可以看出，凸轮机构主要由凸轮、从动件和机架三个基本构件组成。凸轮机构的最大优点是，只要适当设计凸轮的轮廓曲线，从动件便可以获得任意预定的运动规律，而且结构简单紧凑，因此它在各种机械中都得到了广泛应用。凸轮机构的缺点是凸轮和从动件之间为高副接触，比压较大、易于磨损，故这种机构一般只用于传递动力不大的场合。

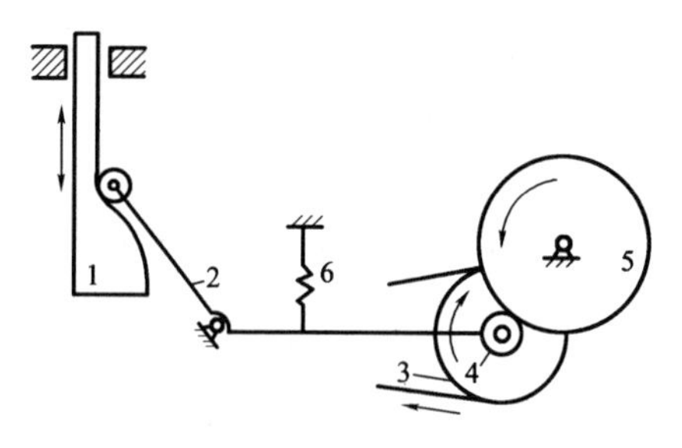

图 4-3　录音机卷带装置中的凸轮机构

4.1.2　凸轮机构的分类

工程实际中所使用的凸轮机构种类很多，根据凸轮和从动件的不同形状和类型，凸轮机构可分为如下几种：

1. 按凸轮形状分类

（1）盘形凸轮　如图 4-2 所示，其凸轮是绕固定轴转动且具有变化向径的盘形构件，而且从动件在垂直于凸轮轴线的平面内运动，这种凸轮机构应用最广。但当从动件的行程较大时，凸轮径向尺寸变化较大；当推程运动角较小时，会使压力角增大，难于推动。

（2）移动凸轮　如图 4-3 所示，其凸轮可看成盘形凸轮的转动轴线在无穷远处，这时凸轮做往复移动，从动件在同一平面内运动。盘形凸轮机构和移动凸轮机构都是平面凸轮机构。

（3）圆柱凸轮　如图 4-1 所示，凸轮的轮廓曲线做在圆柱上，它可看成是将移动凸轮卷成圆柱而得到的，从动件的运动平面与凸轮轴线平行，而与凸轮轮廓垂直，故凸轮与从动件之间的相对运动是空间运动，称为空间凸轮机构。

2. 按从动件形状分类

（1）尖顶从动件　如图 4-4(a)、图 4-4(b)所示，这种从动件的结构最简单，能与任意形状的凸轮轮廓保持接触，因而能实现任意预期运动规律。但因尖顶易于磨损，故只适用于传力不大的低速凸轮机构中。

（2）滚子从动件　如图 4-4(c)、图 4-4(d)所示，这种从动件与凸轮轮廓之间为滚动摩擦，耐磨损，可承受较大的载荷，故应用最广。

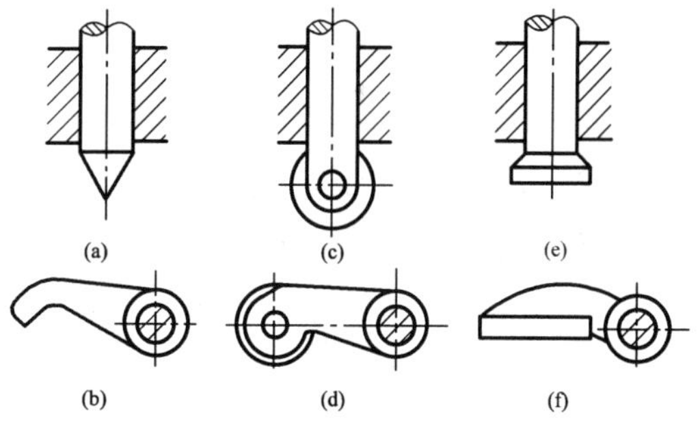

图 4-4　从动件的种类

（3）平底从动件　如图 4-4(e)、图 4-4(f)所示，这种从动件的优点是凸轮对从动件的作用力始终垂直于从动件的底部（不计摩擦时），故受力比较平稳，而且凸轮轮廓与平底的接触面间容易形成楔形油膜，润滑情况良好，故常用于高速凸轮机构中。

此外，根据从动件相对于机架的运动形式的不同，可分为做往复直线移动的和做往复摆动的两种，分别称为直动从动件[图 4-4(a)、图 4-4(c)、图 4-4(e)]和摆动从动件[图 4-4(b)、图 4-4(d)、图 4-4(f)]。在直动从动件中，如果从动件的轴线通过凸轮回转轴心，则称为对心直动从动件，否则称为偏置直动从动件，其偏置量称为偏距 e，如图 4-5(a)所示。

3. 按凸轮与从动件推杆保持运动副封闭形式分类

凸轮机构在运转过程中，其凸轮与从动件必须始终保持高副接触，以使从动件实现预期运动规律。保持高副接触常有以下几种方式：

(1)几何封闭　几何封闭利用凸轮或从动件本身的特殊几何形状使从动件与凸轮保持接触，如图 4-5 所示。其中：图 4-5(a)所示为将凸轮轮廓曲线做成凹槽，使从动件与凸轮在运动过程中始终保持接触；图 4-5(b)所示为利用凸轮轮廓线相切的任意两平行线间的距离始终相等和从动件的特殊形状，使凸轮和从动件可以始终保持接触；图 4-5(c)所示为利用过凸轮轴心所作任一径向线上与凸轮轮廓线相切的两滚子中心间的距离处处相等，使凸轮与从动件的两个滚子始终保持接触；图 4-5(d)所示为共轭凸轮（又称主回凸轮）机构中，用两个固连在一起的凸轮控制一个具有两个滚子的从动件，从而形成几何形状封闭，使凸轮与从动件始终保持接触。

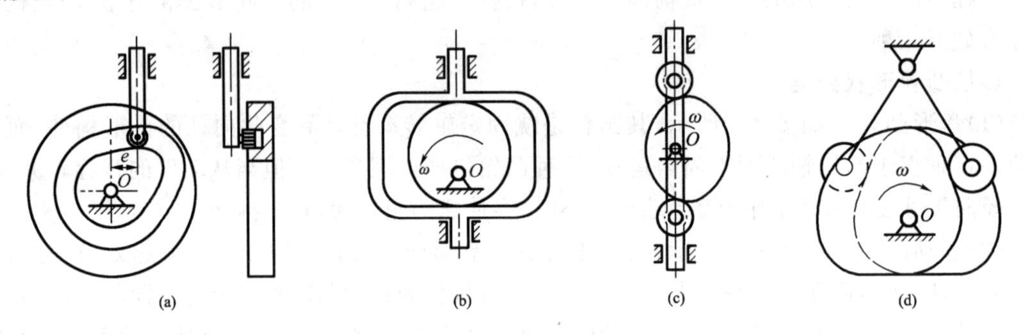

图 4-5　几何封闭的凸轮机构

几何封闭凸轮机构可省去从动件回位弹簧，减小推程的推力。

(2)力封闭　力封闭凸轮机构是利用重力、弹簧力或其他外力使从动件推杆与凸轮保持接触的。图 4-3 所示凸轮机构利用弹簧力来维持高副接触。

以上介绍了凸轮机构的几种分类方法。将不同类型的凸轮和从动件组合起来，就可以得到各种不同形式的凸轮机构。设计时，可根据工作要求和使用场合的不同加以选择。

4.1.3　凸轮机构设计的基本内容与步骤

凸轮机构设计的基本内容与步骤为：

(1)根据所设计机构的工作条件及要求，合理选择凸轮机构的类型和从动件的运动规律。

(2)根据凸轮在机器中安装位置空间大小的限制、从动件行程、凸轮种类等，初步确定凸轮基圆半径。

(3)根据从动件的运动规律，设计凸轮轮廓曲线。

(4)校核压力角及轮廓最小曲率半径，并进行凸轮机构的结构设计。

4.2　从动件的常用运动规律及其选择

4.2.1　凸轮机构的基本名词术语

如图 4-6(a)所示为对心尖顶直动从动件盘形凸轮机构，其一些基本术语如下：

1. 基圆　以凸轮转动中心为圆心，以凸轮理论轮廓曲线上的最小向径为半径所作的圆，称为凸轮的基圆，基圆半径用 r_0 表示。它是设计凸轮轮廓曲线的基准。

2. 推程 从基圆开始，向径渐增的凸轮轮廓推动从动件，使其位移渐增的过程称为推程。

3. 行程 推程中从动件的最大位移称为行程。直动从动件的行程可用 h 表示，如图 4-6(a)所示，它为从动件端部始点 A 到终点 B' 的线位移。

4. 推程运动角 从动件的位移为一个行程时，凸轮所转过的角度称为推程运动角，用 δ_0 表示，如图 4-6(a)中的$\angle AOB$。

5. 远休止角 从动件在距凸轮转动中心最远位置静止不动时，凸轮所转过的角度称为远休止角，用 δ_{01} 表示，如图 4-6(a)中的$\angle BOC$，它为凸轮轮廓线向径最大的弧段 $\overset{\frown}{BC}$ 所对的圆心角。

6. 回程 当凸轮转动时，从动件在向径渐减的凸轮轮廓线的作用下返回的过程称为回程，如图 4-6(a)所示，从动件在 CD 廓线的作用下，返回至原来最低位置。

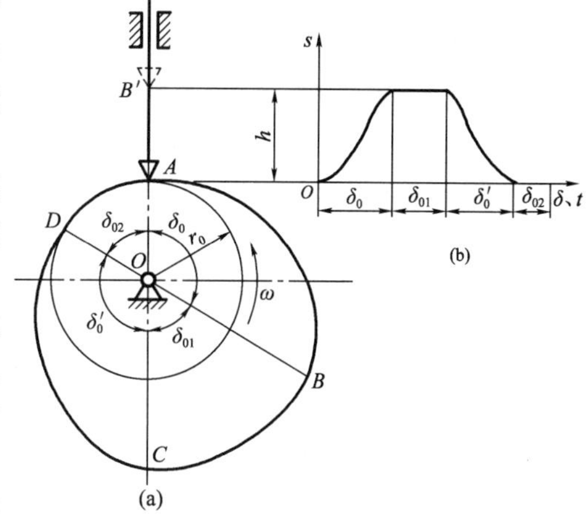

图 4-6 对心尖顶直动从动件盘形凸轮机构

7. 回程运动角 从动件从距凸轮转动中心最远的位置运动到距凸轮转动中心最近位置时，凸轮所转过的角度称为回程运动角，用 δ_0' 表示，如图 4-6(a)中的$\angle COD$。

8. 近休止角 从动件在距凸轮转动中心最近位置 A 静止不动时，凸轮所转过的角度称为近休止角，用 δ_{02} 表示，如图 4-6(a)中的$\angle DOA$，此时从动件与凸轮的基圆廓线接触。

4.2.2 从动件的常用运动规律

从动件运动规律是指从动件在推程或回程时，其位移、速度和加速度随时间 t 变化的规律。通常凸轮做等速转动，其转角 δ 与时间 t 成正比，所以从动件的运动规律就与凸轮转角 δ 的变化有关。表明从动件的位移随凸轮转角而变化的曲线称为从动件的位移曲线，如图 4-6(b)所示。

工程实际中对从动件的运动要求是多种多样的，与其适应的运动规律亦各不相同，下面介绍几种在工程实际中从动件的常用运动规律。

1. 等速运动规律

由表 4-1 可见，从动件推程做等速运动时，其位移曲线为一斜直线，故又称直线运动规律；而从动件尽管在运动过程中加速度 $a=0$，但在运动开始和终止的瞬时，因速度由零突变为$\frac{h\omega}{\delta_0}$和由$\frac{h\omega}{\delta_0}$突变为零，所以这时从动件的加速度在理论上为无穷大，致使从动件会突然产生无穷大的惯性力，因而使凸轮机构受到极大的冲击，这种冲击称为刚性冲击，且随凸轮转速的升高而加剧。因此等速运动规律，只宜用于低速轻载的场合。

2. 等加速等减速运动规律

由表 4-1 可见，从动件推程做等加速等减速运动（前半个行程做等加速运动，后半个行程做等减速运动）时，其位移曲线为一抛物线，故又称抛物线运动规律。由图可见，这种运动规律的速度图是连续的，不会产生刚性冲击，但在 A、B、C 三点加速度曲线有突变，由此所产生的惯性力有突变，将对机构产生一定的冲击，但较刚性冲击要小得多，这种冲击称为柔性冲击，因此等加速等减速运动规律也只适宜用于中速场合。

3. 余弦加速度运动规律

由表 4-1 可见，从动件推程做余弦加速度运动（其加速度按 1/2 个周期的余弦曲线变化）时，位移曲线是一条简谐线，故又称简谐运动规律。此外，这种运动规律在始、末两点加速度曲线有突变，且为有限值，故也会产生柔性冲击，因此余弦加速运动规律也只适宜用于中速场合。

若从动件用此运动规律做升—降—升的循环运动，则无冲击，故可用于高速凸轮机构。

表 4-1　　从动件的常用运动规律

运动规律	运动方程		推程运动线图
等速运动规律	推程	$s=\frac{h}{\delta_0}\delta$ $v=\frac{ds}{dt}=\frac{h\omega}{\delta_0}$ $a=\frac{dv}{dt}=0$	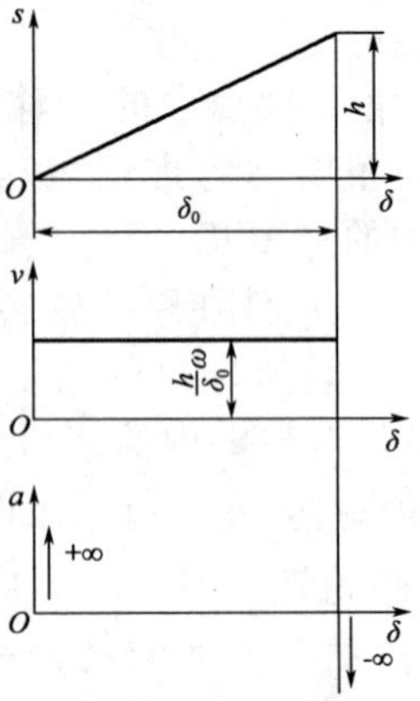
	回程	$s=h(1-\frac{\delta}{\delta_0})$ $v=\frac{ds}{dt}=-\frac{h\omega}{\delta_0}$ $a=\frac{dv}{dt}=0$	
等加速等减速运动规律	推程	$s=\frac{2h}{\delta_0^2}\delta^2$ $v=\frac{4h\omega}{\delta_0^2}\delta$ $a=\frac{4h\omega^2}{\delta_0^2}$	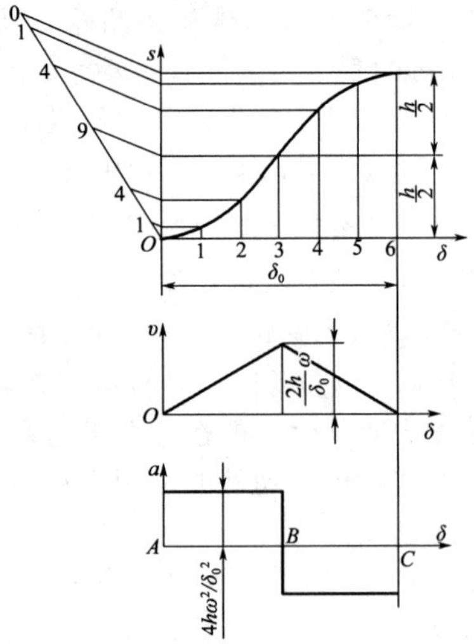
	回程	$s=h-\frac{2h}{\delta_0^2}(\delta_0-\delta)^2$ $v=\frac{4h\omega}{\delta_0^2}(\delta_0-\delta)$ $a=-\frac{4h\omega^2}{\delta_0^2}$	
余弦加速度运动规律	推程	$s=\frac{h}{2}\left[1-\cos(\frac{\pi}{\delta_0}\delta)\right]$ $v=\frac{h\pi\omega}{2\delta_0}\sin(\frac{\pi}{\delta_0}\delta)$ $a=\frac{h\pi^2\omega^2}{2\delta_0^2}\cos(\frac{\pi}{\delta_0}\delta)$	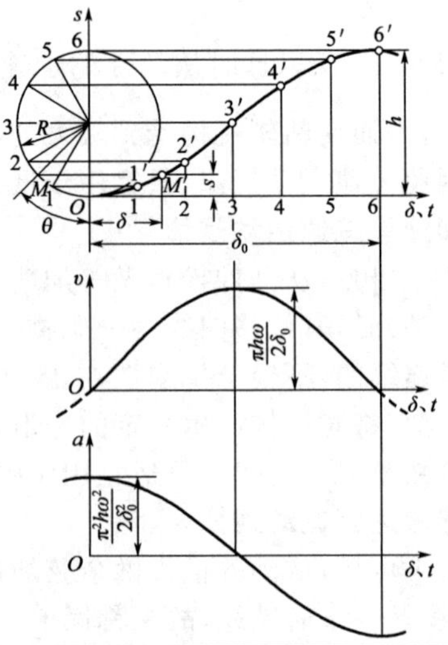
	回程	$s=\frac{h}{2}\left[1+\cos(\frac{\pi}{\delta_0}\delta)\right]$ $v=-\frac{h\pi\omega}{2\delta_0}\sin(\frac{\pi}{\delta_0}\delta)$ $a=-\frac{h\pi^2\omega^2}{2\delta_0^2}\cos(\frac{\pi}{\delta_0}\delta)$	

上述运动规律的推程和回程运动方程列于表4-1中。

上述各单一型运动规律各有千秋，为改善从动件运动性能，可采用组合型运动规律，如图4-7所示运动规律由两种运动规律组合而成，在起始小段采用匀加速，终止小段采用匀减速以避免起始和终止阶段产生的冲击，可使从动件大部分行程保持匀速运动。

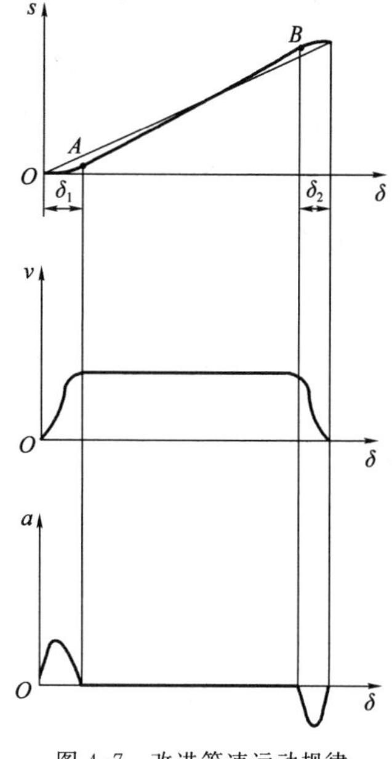

图4-7 改进等速运动规律

4.2.3 从动件运动规律的选择

选择从动件运动规律时涉及的问题很多，首先应考虑机器的工作过程并对其提出的要求，同时又应使凸轮机构具有良好的动力性能和使设计的凸轮机构便于加工等，一般可从以下几个方面着手考虑：

1. 满足机器的工作要求

满足机器的工作要求是选择从动件运动规律的最基本的依据。有的机器工作过程要求从动件按一定的运动规律运动，例如图4-1所示的自动机床的进刀机构，为保证加工厚度均匀、表面光滑，则要求刀架工作行程的速度不变，故应选用等速运动规律。

2. 使凸轮机构具有良好的动力性能

除了应考虑各种运动规律的刚性冲击、柔性冲击外，还应对其所产生的最大速度 v_{max} 和最大加速度 a_{max} 及其影响加以分析、比较。通常最大速度 v_{max} 越大，则从动件系统的最大动量 mv_{max}（m 为从动件系统的质量）越大，故在启动、停车或突然制动时，会产生很大冲击。因此，对于质量大的从动件系统，应选择 v_{max} 较小的运动规律。此外，最大加速度 a_{max} 越大，则惯性力越大。由惯性力引起的动压力对机构的强度和磨损都有很大的影响。a_{max} 是影响动力学性能的主要因素，因此对于高速凸轮机构，要注意 a_{max} 不宜太大。表4-2可供选择从动件运动规律时参考。

表4-2　从动件的常用运动规律特性比较

运动规律	v_{max}	a_{max}	冲击类型	适用范围
等速运动规律	$1.00\ \frac{h\omega}{\delta}$	∞	刚性冲击	低速轻载
等加速等减速运动规律	$2.00\ \frac{h\omega}{\delta}$	$4.00\ \frac{h\omega^2}{\delta^2}$	柔性冲击	中速轻载
余弦加速度运动规律	$1.57\ \frac{h\omega}{\delta}$	$4.93\ \frac{h\omega^2}{\delta^2}$	柔性冲击	中速中载

3. 使凸轮轮廓便于加工

在满足前两点的前提下，若实际工作中对从动件的推程和回程无特殊要求，则考虑凸轮便于加工的要求，可采用圆弧、直线等易加工曲线。

4.3 凸轮轮廓的设计

当根据使用场合和工作要求选定了凸轮机构的类型和从动件的运动规律后，即可根据选定的基圆半径等参数，进行凸轮轮廓曲线的设计。凸轮轮廓曲线的设计方法有作图法和解析法，但无论使用哪种方法，它们所依据的基本原理都是相同的。

4.3.1 凸轮轮廓曲线设计的基本原理

凸轮机构工作时，凸轮和从动件都在运动，绘制出凸轮的轮廓曲线，采用的是反转法。下面以图 4-8 所示的对心直动尖顶从动件盘形凸轮机构为例来说明这种方法的原理。

如图 4-8 所示，当凸轮以等角速度 ω 绕轴心 O 沿逆时针方向转动时，从动件在凸轮的推动下沿导路上、下往复移动实现预期运动规律。现设想将整个凸轮机构以 $-\omega$ 的公共角速度绕轴心 O 反向旋转，显然这时从动件与凸轮之间的相对运动并不改变，但是凸轮此时则固定不动了，而从动件将一方面随着导路一起以等角速度 $-\omega$ 绕凸轮轴心 O 旋转，同时又按已知的运动规律在导路中做反复相对移动。由于从动件尖顶始终与凸轮轮廓相接触，所以反转后尖顶的运动轨迹就是凸轮轮廓曲线。凸轮机构的形式多种多样，反转法适用于各种凸轮轮廓曲线的设计。

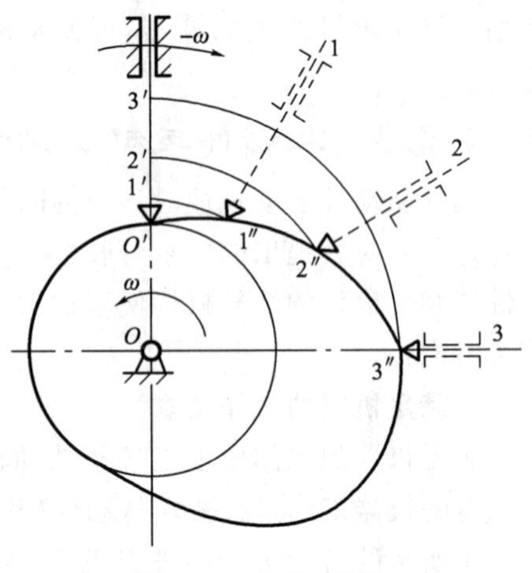

图 4-8　反转法的原理

4.3.2 用作图法设计凸轮轮廓曲线

1. 直动尖顶从动件盘形凸轮机构

图 4-9(a)所示为一对心直动尖顶从动件盘形凸轮机构。设已知凸轮基圆半径 r_0 与从动件的运动规律，凸轮以等角速度 ω 沿逆时针方向回转，要求绘制凸轮轮廓曲线。

凸轮轮廓曲线的设计步骤如下：

(1)选取位移比例尺 μ_s，根据从动件的运动规律作出位移曲线(s-δ 曲线)，如图 4-9(b)所示，并将推程运动角 δ_0 和回程运动角 δ_0'分成若干等分。

(2)选定长度比例尺 $\mu_l=\mu_s$ 作基圆，取从动件与基圆的接触点 A 作为从动件的起始位置。

(3)以凸轮转动中心 O 为圆心，在基圆上沿 $-\omega$ 方向量取 δ_0、δ_{01}、δ_0'、δ_{02}，并在基圆上作等分点，即得到 B_0、$B_1\cdots B_{15}$ 各点。

(4)过 $B_1\cdots B_{15}$ 作基圆的射线，这些射线即从动件轴线在反转过程中所占据的位置；上述射线与基圆的交点 B_0、$B_1\cdots B_{15}$ 则为从动件的起始位置，故在量取从动件位移量时，应从 B_0、$B_1\cdots B_{15}$ 开始，得到与之对应的 A_1、$A_2\cdots A_{15}$ 各点。

(5)将 A_1、$A_2\cdots A_{15}$ 各点光滑地连成曲线，便得到所求的凸轮轮廓曲线，其中等径圆弧段 $\overset{\frown}{A_8A_9}$ 及 $\overset{\frown}{A_{15}A}$分别为使从动件远、近休止时的凸轮轮廓曲线。

2. 偏置直动滚子从动件盘形凸轮机构

对于偏置直动滚子从动件盘形凸轮机构，其凸轮轮廓曲线设计方法如图 4-10 所示。由于是滚子从动件，故将滚子中心 A 当作从动件的尖顶，另外由于从动件的导路与凸轮回转中心之间存在偏距 e，因此其凸轮轮廓曲线的绘制方法与对心直动尖顶从动件盘形凸轮轮廓曲线的绘制方法有所不同，其轮廓曲线具体作图步骤如下[假设从动件的运动规律与前面一致，如图 4-9(b)所示]。

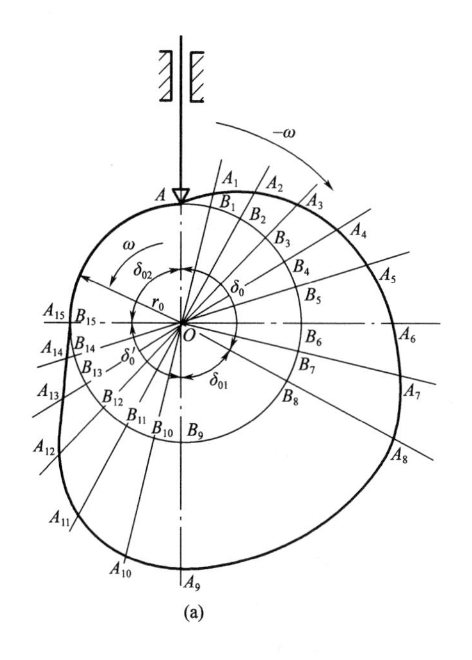

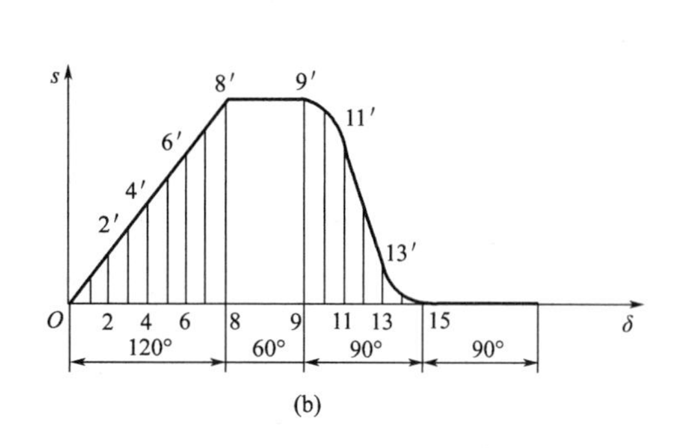

图 4-9　对心直动尖顶从动件盘形凸轮设计

(1)选定长度比例尺 $\mu_L=\mu_S$ 作基圆，以凸轮转动中心 O 为圆心，以偏距 e 为半径所作的圆称为偏距圆。在偏距圆沿 $-\omega$ 方向量取 δ_0、δ_{01}、δ_0'、δ_{02}，并在偏距圆上作等分点，即得到 K_1、$K_2\cdots K_{15}$ 各点。

(2)过 K_1、$K_2\cdots K_{15}$ 作偏距圆的切线，这些切线即从动件轴线在反转过程中所占据的位置。

(3)上述切线与基圆的交点 B_0、$B_1\cdots B_{15}$ 则为从动件的起始位置(滚子中心 A 点)，故在量取从动件位移量时，应从 B_0、$B_1\cdots B_{15}$ 开始，得到与之对应的 A_1、$A_2\cdots A_{15}$ 各点。

(4)将 A、$A_1\cdots A_{15}$ 各点光滑地连成曲线，这条曲线是反转过程中滚子中心的运动轨迹，称为凸轮的理论轮廓曲线。

(5)以理论轮廓曲线上各点为圆心，以滚子半径 r_r 为半径，作一系列的滚子圆，然后作这族滚子圆的内包络线 β，它就是凸轮的实际轮廓曲线。

很显然，该实际轮廓曲线是理论轮廓曲线的等距曲线，且其距离与滚子半径 r_r 相等。但须注意，在滚子从动件盘形凸轮机构的设计中，其基圆半径 r_0 应为理论轮廓曲线的最小向径。

3. 对心直动平底从动件盘形凸轮机构

图 4-11 所示为对心直动平底从动件盘形凸轮机构，其设计基本思路与上述偏置直动滚子从动件盘形凸轮机构相似。其凸轮轮廓曲线具体作图步骤如下：取平底与从动件轴线的交点 A 作为从动件的尖顶，按照上述尖顶从动件盘形凸轮轮廓曲线的设计方法，求出该尖顶反转后的一系列位置 A_1、$A_2\cdots A_{15}$；然后过点 A_1、$A_2\cdots A_{15}$ 作一系列代表平底的直线，则得到平底从动件在反转过程中的一系列位置，再作这一系列位置的包络线，即得到平底从动件盘形凸轮实际轮廓曲线。

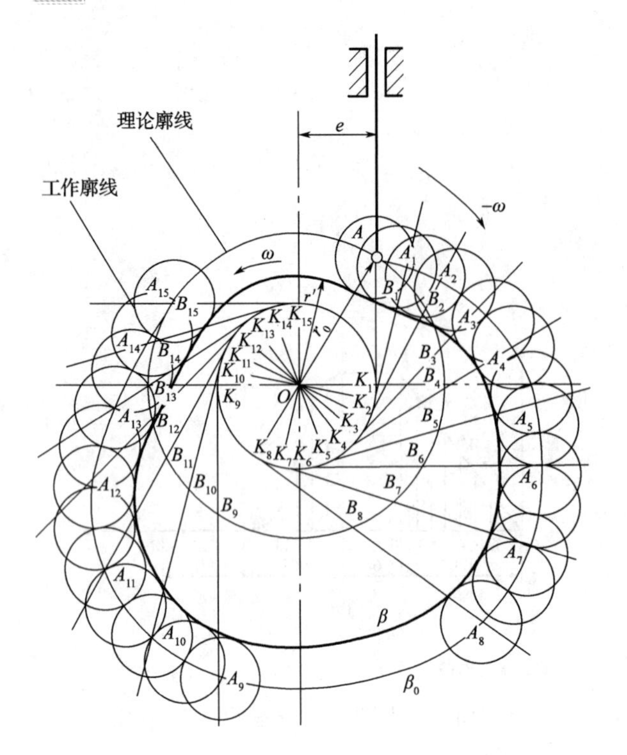

图 4-10　偏置直动滚子从动件盘形凸轮设计

图 4-11　对心直动平底从动件盘形凸轮设计

*4. 摆动尖顶从动件盘形凸轮机构

图 4-12(a)所示为一摆动尖顶从动件盘形凸轮机构。设已知凸轮基圆半径 r_0，凸轮轴心与摆杆中心的中心距 l_{OA}、从动件(摆杆)长度 l_{AB}、从动件的最大摆角 $\psi_{\max}$，以及从动件的运动规律[图 4-12(b)]，凸轮以等角速度 ω 沿逆时针方向回转，要求绘制凸轮轮廓曲线。

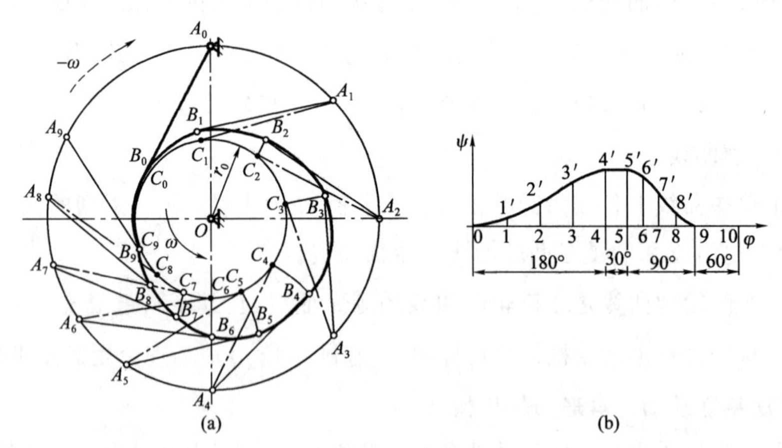

图 4-12　摆动尖顶从动件盘形凸轮设计

根据反转原理，当设整个机构以 −ω 反转后，凸轮将不动而从动件的摆动中心则以 −ω 绕 O 点做圆周运动，同时从动件按给定的运动规律相对于机架摆动。因此，凸轮轮廓曲线的设计步骤如下：

(1)选取适当的比例尺，作从动件的位移曲线，在位移曲线的横坐标上将推程角和回程角区间各分成若干等份，如图 4-12(b)所示。与移动从动件不同的是，这里纵坐标代表从动件的

角位移 ψ,因此,其比例尺应为 μ_ψ(°/mm)。

(2)以 O 为圆心、以 r_0 为半径作基圆,并根据已知的中心距 l_{OA} 确定从动件转轴的位置 A_0。然后以 A_0 为圆心,以从动件杆长度 l_{AB} 为半径作圆弧,交基圆于 C_0 点。A_0C_0 即从动件的初始位置,C_0 即从动件尖顶的初始位置。

(3)以 O 为圆心,以 OA_0 为半径作圆,并自 A_0 点开始沿着 $-\omega$ 方向将该圆分成与图 4-12(b)中横坐标对应的区间和等份,得到点 A_1、A_2…A_9,它们代表反转过程中从动件摆动中心依次占据的位置。

(4)以上述各点为圆心,以从动件杆长度 l_{AB} 为半径,分别作圆弧,交基圆于 C_1、C_2…C_9 各点,得到从动件各初始位置 A_1C_1、A_2C_2…A_9C_9;再分别作$\angle C_1A_1B_1$、$\angle C_2A_2B_2$…$\angle C_9A_9B_9$,使它们与图 4-12(b)中对应的角位移相等,即得线段 A_1B_1、A_2B_2…A_9B_9。这些线段代表反转过程中从动件所依次占据的位置,而 B_1、B_2…B_9 诸点为反转过程中从动件尖顶所处的对应位置。

(5)将点 B_1、B_2…B_9 连成光滑曲线,即得凸轮轮廓曲线。

*4.3.3 用解析法设计凸轮轮廓曲线

随着近代工业的不断进步,机械也日益朝着高速、精密、自动化方向发展。因此,对机械中凸轮机构的转速和精度的要求也不断提高,用作图法设计凸轮轮廓曲线已难以满足要求。此外,随着凸轮加工越来越多地使用数控机床以及计算机辅助设计应用的日益普及,凸轮轮廓曲线设计已更多地采用解析法。用解析法设计凸轮轮廓曲线的实质是建立凸轮理论轮廓曲线、凸轮实际轮廓曲线及刀具中心轨迹线等曲线方程,以精确计算曲线各点的坐标。下面以偏置直动滚子从动件盘形凸轮机构为例来介绍用解析法设计凸轮轮廓曲线的方法。

1. 理论廓线方程

图 4-13 所示为一偏置直动滚子从动件盘形凸轮机构。选取直角坐标系 xOy,B_0 点为从动件处于起始位置时滚子中心所处的位置。当凸轮转过角 δ 后,从动件的位移为 s。此时滚子中心将处于 B 点,该点直角坐标为

$$\left.\begin{aligned}x&=l_{KN}+l_{KH}=(s_0+s)\sin\delta+e\cos\delta\\y&=l_{BN}-l_{MN}=(s_0+s)\cos\delta-e\sin\delta\end{aligned}\right\}\tag{4-1}$$

式中,e 为偏距,$s_0=\sqrt{r_0^2-e^2}$。

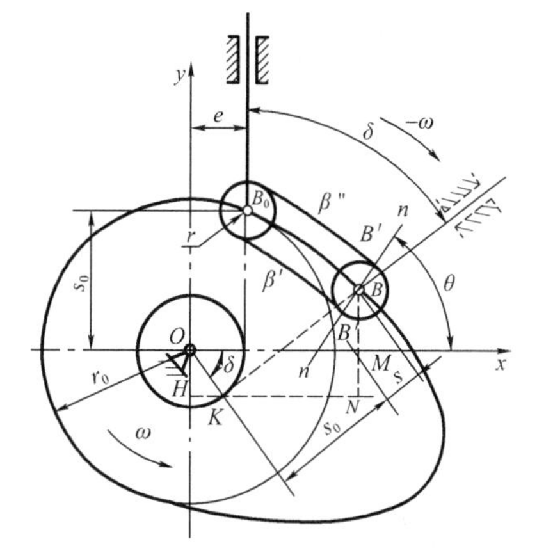

图 4-13 偏置直动滚子从动件盘形凸轮轮廓曲线设计

式(4-1)即凸轮理论轮廓曲线方程,简称理论廓线方程。若为对心直动从动件,则因 $e=0$,$s_0=r_0$,故式(4-1)可写成

$$\left.\begin{aligned}x&=(r_0+s)\sin\delta\\y&=(r_0+s)\cos\delta\end{aligned}\right\}\tag{4-2}$$

2. 实际廓线方程

对于滚子从动件的凸轮机构,由于凸轮实际轮廓曲线是以凸轮理论轮廓曲线上各点为圆心作一系列滚子圆然后作其包络线得到的,所以二者在法线方向上处处等距,且该距离等于滚

子半径。因此，当已知凸轮理论轮廓曲线上任一点 $B(x,y)$ 时，沿凸轮理论轮廓曲线在该点的法线方向取距离为 r_r，即可得凸轮实际轮廓曲线上的相应点 $B'(x',y')$。过凸轮理论轮廓曲线 B 点处作法线 $n—n$，其斜率 $\tan\theta$ 与该点处切线之斜率 $\frac{dy}{dx}$ 应互为负倒数，即

$$\tan\theta=-\frac{dx}{dy}=-\frac{dx/d\delta}{dy/d\delta}=\frac{\sin\theta}{\cos\theta} \tag{4-3}$$

根据式(4-1)有

$$\left.\begin{aligned}\frac{dx}{d\delta}&=(\frac{ds}{d\delta}-e)\sin\delta+(s_0+s)\cos\delta\\\frac{dy}{d\delta}&=(\frac{ds}{d\delta}-e)\cos\delta-(s_0+s)\sin\delta\end{aligned}\right\} \tag{4-4}$$

可得

$$\left.\begin{aligned}\sin\theta&=\frac{dx/d\delta}{\sqrt{(dx/d\delta)^2+(dy/d\delta)^2}}\\\cos\theta&=\frac{-dy/d\delta}{\sqrt{(dx/d\delta)^2+(dy/d\delta)^2}}\end{aligned}\right\} \tag{4-5}$$

当求出角 θ 后，凸轮实际轮廓曲线上对应点 $B'(x',y')$ 的坐标为

$$\left.\begin{aligned}x'&=x\mp r_r\cos\theta\\y'&=y\mp r_r\sin\theta\end{aligned}\right\} \tag{4-6}$$

式(4-6)即凸轮实际轮廓曲线方程，简称实际廓线方程。式中“－”号用于内等距曲线，“＋”号用于外等距曲线，式(4-4)中 e 为代数值，其规定见表 4-3。

表 4-3　偏距 e 正、负号的规定

凸轮转向	推杆位于凸轮转动中心右侧	推杆位于凸轮转动中心左侧
逆时针方向	e“＋”	e“－”
顺时针方向	e“－”	e“＋”

4.4　凸轮机构基本尺寸的确定

如前所述，在设计凸轮轮廓前，除了需要根据工作要求选定从动件的运动规律外，还需要确定凸轮机构的一些基本参数，例如基圆半径 r_0、偏距 e、滚子半径 r_r 等。这些参数的选择除应保证使从动件能够准确地实现预期运动规律外，还应使机构具有良好的受力状态和紧凑的尺寸。

4.4.1　凸轮机构中作用力与凸轮机构的压力角

同连杆机构一样，压力角是衡量凸轮机构传力特性的一个重要参数，而压力角是指在不计摩擦情况下，凸轮对从动件作用力的方向线与从动件上受力点的速度方向之间所夹的锐角，用 α 表示。图 4-14 所示为一偏置尖顶直动从动件盘形凸轮机构在推程的一个任意位置。其中，凸轮对从动件的作用力 F 可以分解成两个分力。F' 是推动从动件克服载荷的有效分力，而 F'' 将增大从动件与导路间的滑动摩擦，它是一种有害分力，即

$$\left.\begin{aligned}F'&=F\cos\alpha\\F''&=F\sin\alpha\end{aligned}\right\}\tag{4-7}$$

式(4-7)表明，在驱动力 F 一定的条件下，压力角 α 越大，有害分力 F'' 越大，机构的效率就越低。当压力角 α 增大到某一数值时，有害分力 F'' 所引起的摩擦阻力将大于有效分力 F'，这时无论凸轮给从动件的驱动力 F 有多大，都不能推动从动件运动，即机构将发生自锁，而此时的压力角称为临界压力角 α_c。由于凸轮轮廓曲线上各点的压力角一般是变化的，因此设计时应使最大压力角 α_{max} 不超过许用压力角[α]。当从动件处于推程时，许用压力角[α]的推荐值为：对于直动从动件凸轮机构建议取[α]＝30°～40°；对于摆动从动件凸轮机构建议取[α]＝45°～50°。当从动件处于回程时，从动件的运动不是凸轮驱动的，而是常用弹簧推回的，通常不存在自锁现象，仍需考虑对压力角的限制，通常取[α]＝70°～80°。

对于图 4-15 所示的直动滚子从动件盘形凸轮机构来说，其压力角 α 应为过滚子中心凸轮理论轮廓曲线的法线 n—n 与从动件的运动方向线之间的夹角。

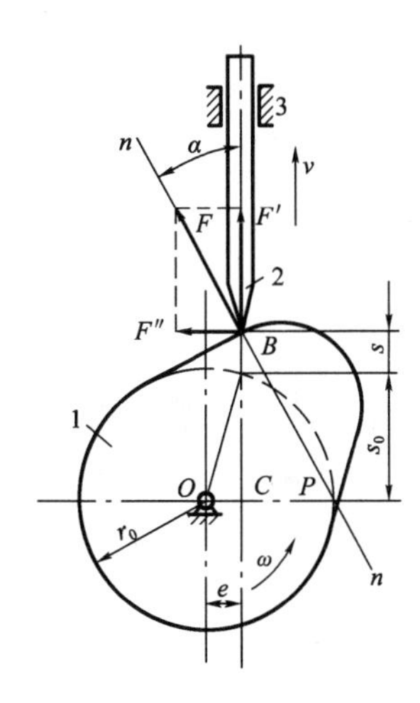

图 4-14　偏置尖顶直动从动件盘形凸轮机构的压力角

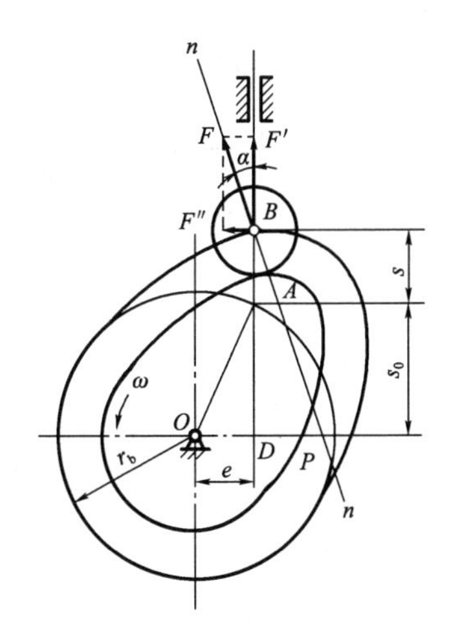

图 4-15　直动滚子从动件盘形凸轮机构的压力角

4.4.2　凸轮基圆半径的确定

设计凸轮机构时，除了首先满足从动件运动规律外，还希望结构紧凑。由图 4-14 可见，在其他条件不变情况下，若将基圆半径减小，结构是紧凑了，但会引起压力角增大，基圆半径与压力角的关系推导如下：

在图 4-14 中，过凸轮与从动件的接触点 B 作公法线 n—n，它与过凸轮轴心 O 且垂直于从动件导路的直线相交于 P，P 就是凸轮和从动件的相对速度瞬心，则 $l_{OP}=\dfrac{v}{\omega}=\dfrac{ds}{d\delta}$。因此由图 4-14 可得偏置尖顶直动从动件盘形凸轮机构的压力角计算公式为

$$\tan\alpha=\frac{l_{OP}\pm e}{s_0+s}=\frac{ds/d\delta\pm e}{s+\sqrt{r_0^2-e^2}}\tag{4-8}$$

在式(4-8)中，当导路和瞬心 P 在凸轮轴心 O 的同侧时取“—”号，可使压力角减小；反之，当导路和瞬心 P 在凸轮轴心 O 的异侧时取“＋”号，压力角将增大。

式(4-8)说明，在其他条件不变情况下，基圆半径越小，压力角越大。基圆半径过小，压力角就会超过许用值。因此，实际设计中应在保证凸轮轮廓的最大压力角不超过许用值的前提

下，尽量选择小的基圆半径。

凸轮机构的基圆半径可由式(4-8)导出，其计算公式为

$$r_0 \geqslant \sqrt{\left(\frac{\mathrm{d}s/\mathrm{d}\delta - e}{\tan[\alpha]} - s\right)^2 + e^2} \tag{4-9}$$

当用式(4-9)来计算凸轮的基圆半径时，由于凸轮轮廓曲线上各点的$\frac{\mathrm{d}s}{\mathrm{d}\delta}$和 s 值不同，计算得的基圆半径也不同，所以在设计时，需确定基圆半径的极限值，这就给应用带来了不便。

为了使用方便，在工程上现已制备了根据从动件的常用运动规律确定许用压力角和基圆半径关系的诺模图，图 4-16 即用于对心直动滚子从动件盘形凸轮机构的诺模图，供近似确定凸轮的基圆半径或校核凸轮机构最大压力角时使用。在实际设计工作中，凸轮基圆半径的最后确定，还需要考虑机构的具体结构条件等。例如，当凸轮与凸轮轴制成一体时，凸轮的基圆半径必须大于凸轮轴的半径；当凸轮是单独加工、然后安装在凸轮轴上时，凸轮上要制出轴毂，凸轮的基圆直径应大于轴毂的外径。通常可取凸轮的基圆直径等于轴径的1.6～2.0倍。若上述根据许用压力角所确定的基圆半径不满足该条件，则应加大基圆半径。

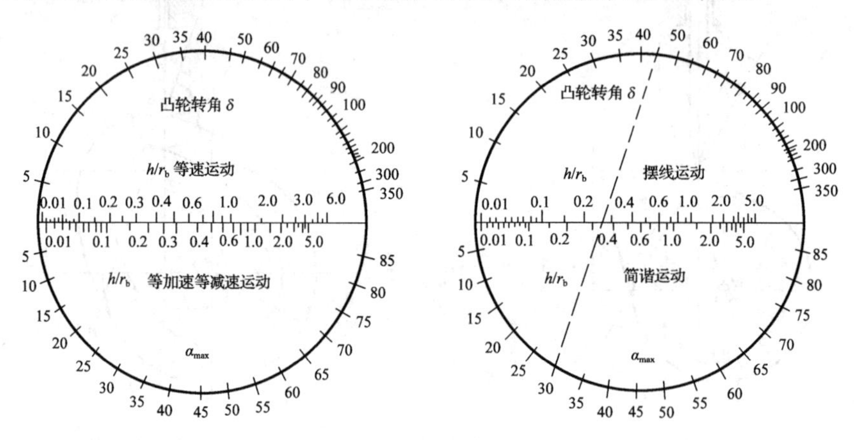

图 4-16 诺模图示例

4.4.3 滚子从动件滚子半径的选择

滚子从动件盘形凸轮的实际廓线，是以理论廓线上各点为圆心作一系列滚子圆，然后作该圆族的包络线得到的。因此，滚子半径的大小对凸轮实际轮廓有很大影响。

如图 4-17(a)所示为内凹型的凸轮轮廓曲线，a 为凸轮实际轮廓曲线，b 为凸轮理论轮廓曲线。凸轮实际轮廓曲线的曲率半径 ρ_a 等于凸轮理论轮廓曲线的曲率半径 ρ 与滚子半径 r_r 之和，即 $\rho_a=\rho+r_r$。这时无论滚子半径 r_r 大小如何，其凸轮实际轮廓曲线总可以平滑连接。但是，对于图 4-17(b)所示的外凸型的凸轮，由于其凸轮实际轮廓曲线的曲率半径为 $\rho_a=\rho-r_r$，故当 $\rho>r_r$ 时，$\rho_a>0$，凸轮实际轮廓曲线总可以作出，可以实际应用；当 $\rho=r_r$ 时，$\rho_a=0$，凸轮实际轮廓曲线出现尖点，如图 4-17(c)所示，尖点在实际中易磨损，磨损后产生运动失真，故不能实际应用；当 $\rho<r_r$ 时，$\rho_a<0$，如图 4-17(d)所示，这时凸轮实际轮廓曲线出现相交，致使从动件不能准确地实现预期运动规律，产生运动失真。通常要求凸轮实际轮廓曲线的最小曲率半径 ρ_{amin}满足 $\rho_{amin}=\rho_{min}-r_r>3$ mm，由此可得滚子半径 $r_r<\rho_{min}-3$（ρ_{min}为凸轮理论轮廓曲线上最小曲率半径）。此外，滚子半径还可以根据基圆半径来选择，其大小为 $r_r=(0.10\sim0.15)r_0$。

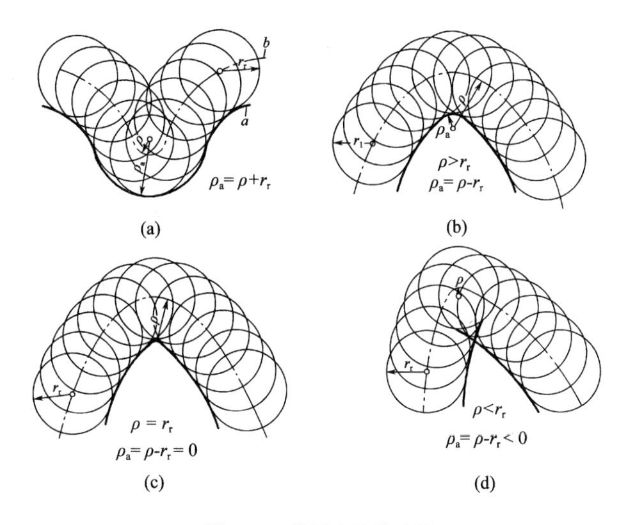

图 4-17 滚子半径的选择

4.4.4 平底从动件平底尺寸的确定

如图 4-11 所示，当用作图法设计出凸轮廓线后，即可确定出从动件平底中心至从动件平底与凸轮廓线的接触点间的最大距离 $l_{\max}$，而从动件平底长度 l 应取

$$l=2l_{\max}+(5\sim7) \tag{4-10}$$

平底尺寸也可以按下列公式计算。如图 4-18 所示，当从动件的中心线通过凸轮的轴心 O 时，则

$$l_{OP}=l_{BC}=\frac{\mathrm{d}s}{\mathrm{d}\delta}$$

因此

$$l_{\max}=\left|\frac{\mathrm{d}s}{\mathrm{d}\delta}\right|_{\max} \tag{4-11}$$

式中，$\left|\frac{\mathrm{d}s}{\mathrm{d}\delta}\right|_{\max}$ 应根据推程和回程时从动件的运动规律分别进行计算，取其较大值，将其代入式(4-10)可得

$$l=2\left|\frac{\mathrm{d}s}{\mathrm{d}\delta}\right|_{\max}+(5\sim7) \tag{4-12}$$

对于平底从动件凸轮机构，有时也会产生运动失真现象。如图 4-19 所示，由于从动件的平底在 B_1E_1 和 B_3E_3 位置时，相交于 B_2E_2 之内，因而使凸轮实际轮廓曲线不能与平底所有位置相切，以使从动件将不能按预期运动规律运动，即出现运动失真现象。为了解决这个问题，可适当增大凸轮的基圆半径。图 4-19 中将基圆半径由 r_0 增大到 r_0'，避免了运动失真现象。

根据上述讨论，在进行凸轮轮廓曲线设计之前，需先选定凸轮基圆半径。而凸轮基圆半径的选择，需考虑到实际的结构条件、压力角以及凸轮实际轮廓曲线是否会出现变尖和失真等因素。此外，对于直动从动件，应在结构许可的条件下，尽可能取较大的导轨长度和较小的悬臂尺寸；对于滚子从动件，应恰当地选取滚子半径；对于平底从动件，应正确地确定平底尺寸等。当然，上述尺寸的确定，还必须考虑强度和工艺等方面的要求。合理选择上述尺寸是保证凸轮机构具有良好的工作性能的重要因素。上述设计过程是需要反复进行来提高的。

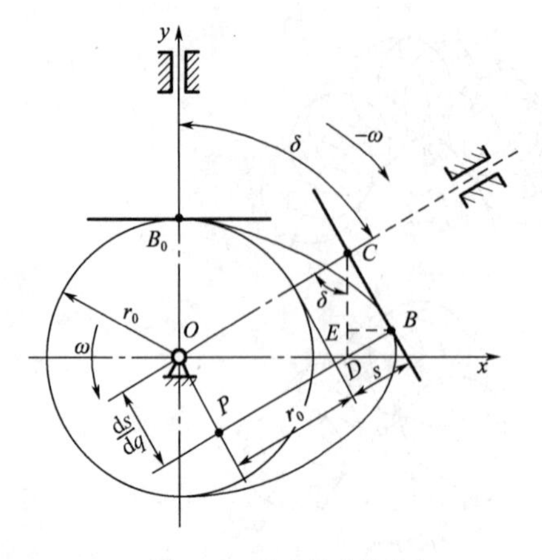

图 4-18 平底尺寸的确定

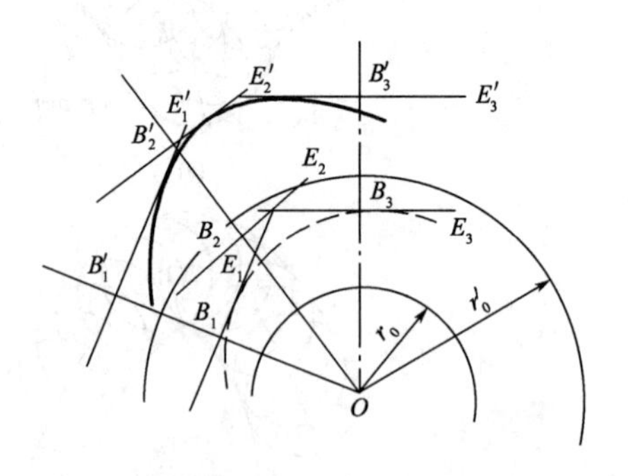

图 4-19 平底从动件盘形凸轮的运动失真

小　　结

凸轮机构在机械工程中，特别是在自动化机械中的应用较为广泛。凸轮机构设计的优劣对机械性能的影响很大。

本章重点讨论平面凸轮机构的设计。

根据工作要求和使用场合选择或设计从动件的运动规律，是凸轮机构设计中至关重要的一步，它直接影响凸轮机构的运动和动力特性。本章主要介绍了从动件最基本的四种运动规律，运用基本运动规律的特点进行运动规律的合理组合，是创新设计凸轮机构的有效途径。

确定凸轮机构的基圆半径、滚子半径、平底长度、偏距等基本尺寸，是凸轮设计的第二步。本章介绍了按凸轮机构许用压力角计算凸轮最小基圆半径的方法及滚子半径、平底从动件的长度、偏距的设计原则。

凸轮廓线的设计是本章的核心内容。本教材保留了部分作图法设计凸轮廓线的内容，在反转法原理的基础上，把凸轮的转动和从动件相对于凸轮的运动用坐标变换的方式来表达，从而建立了凸轮轮廓曲线的解析表达式，并可运用计算机求解。

思考题及习题

4-1　当凸轮机构的滚子损坏时，能否任选另一个滚子来代替？为什么？

4-2　何谓凸轮机构的压力角？当凸轮轮廓曲线设计完成后，如何检查凸轮转角为 δ 时机构的压力角 α？若发现压力角超过许用值，可采用什么措施减小推程压力角？

4-3　如图 4-20 所示，B_0 点为从动件尖顶离凸轮轴心 O 最近的位置，B' 点为凸轮从该位置沿逆时针方向转过 90°后，从动件尖顶上升 s 时的位置。当用图解法求凸轮轮廓上与 B' 点对应的 B 点时，应采用图 4-20 中的哪一种方法？并指出其他方法的错误所在。

4-4　如图 4-21 所示的两种凸轮机构均为偏心圆盘。圆心为 O，半径为 $R=30$ mm，偏心距 $l_{OA}=10$ mm，偏距 $e=10$ mm。试求：

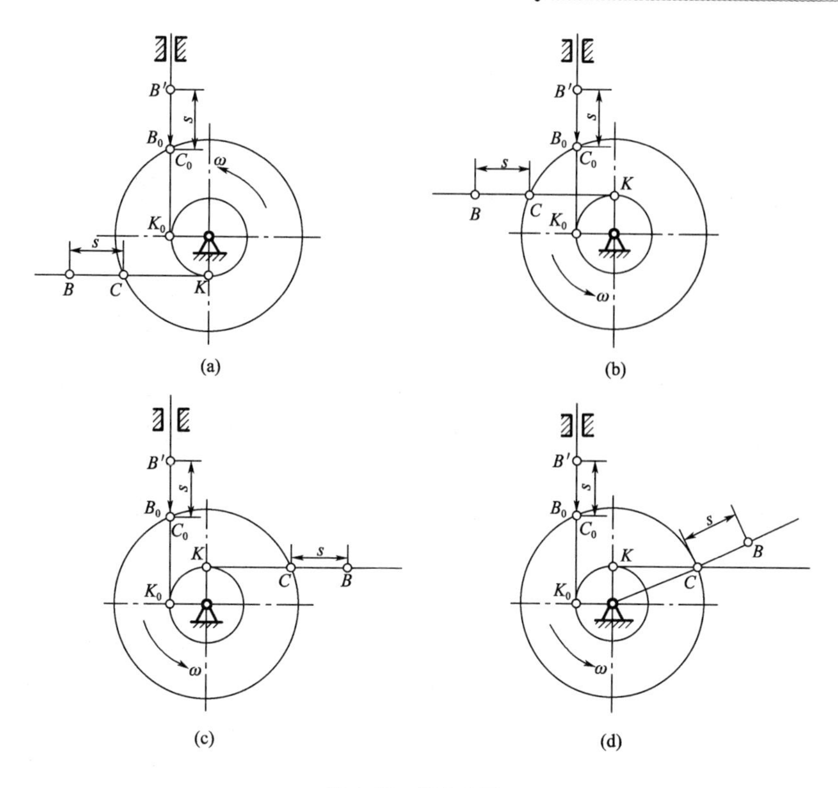

图 4-20　题 4-3 图

(1)这两种凸轮机构从动件的行程 h 和凸轮的基圆半径 r_0。

(2)这两种凸轮机构的最大压力角 α_{max}的数值及发生的位置(均在图 4-21 中标出)。

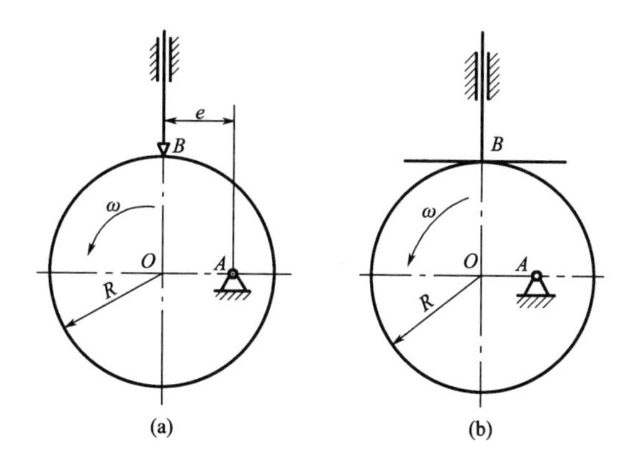

图 4-21　题 4-4 图

4-5　在图 4-22 上标出所画凸轮机构各凸轮从图示位置转过 45°后从动件的位移 s 及轮廓上相应接触点的压力角 α。

4-6　如图 4-23 所示为一偏置直动滚子从动件盘形凸轮机构,凸轮为一偏心圆,其直径 D=32 mm,滚子半径 r_r=5 mm ,偏距 e=6 mm。根据图示位置画出凸轮理论轮廓曲线、偏距圆、基圆,求出最大行程、推程角及回程角,并回答是否存在运动失真。

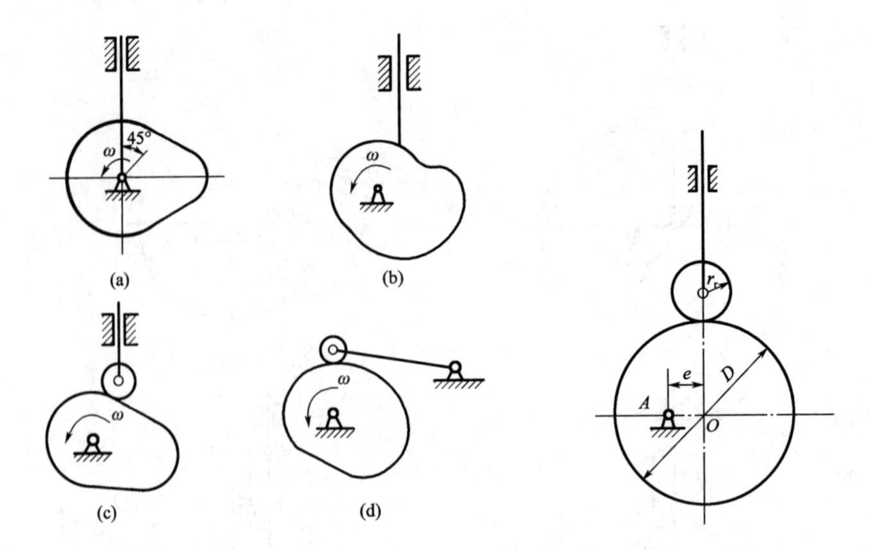

图 4-22 题 4-5 图

图 4-23 题 4-6 图

4-7 试以作图法设计一偏置直动滚子从动件盘形凸轮机构凸轮轮廓曲线。凸轮以等角速度沿顺时针方向回转，从动件初始位置如图 4-24 所示，已知偏距 $e=10$ mm，基圆半径 $r_0=40$ mm，滚子半径 $r_r=10$ mm。从动件运动规律为：当凸轮转角 $\delta=0°\sim150°$时，从动件等速上升，$h=30$ mm；当 $\delta=150°\sim180°$时，从动件远休止；当 $\delta=180°\sim300°$时，从动件等加速等减速，回程为 30 mm；当 $\delta=300°\sim360°$时，从动件近休止。

4-8 在图 4-25 所示的对心直动滚子从动杆盘形凸轮机构中，凸轮实际轮廓为圆形，圆心在 A 点，半径 $R=40$ mm，凸轮绕轴心沿逆时针方向转动。$l_{OA}=25$ mm，滚子半径 $r_r=10$ mm。试问：

(1)理论轮廓为何种曲线？

(2)凸轮基圆半径 r_0 等于多少？

(3)从动杆升程 h 等于多少？

(4)推程中最大压力角 α_{max} 等于多少？

(5)若把滚子半径改为 15 mm，则从动杆的运动有无变化？为什么？

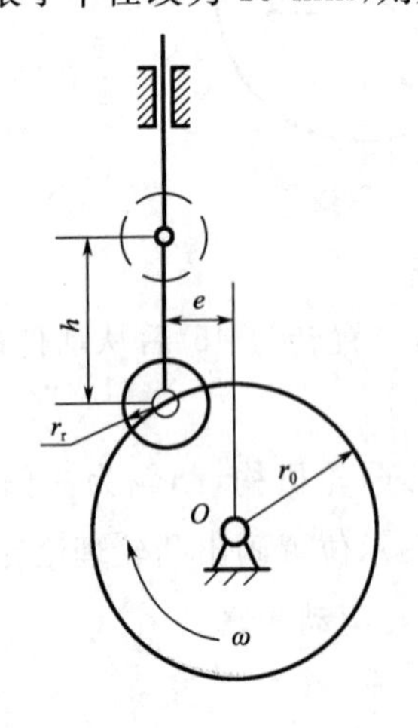

图 4-24 题 4-7 图

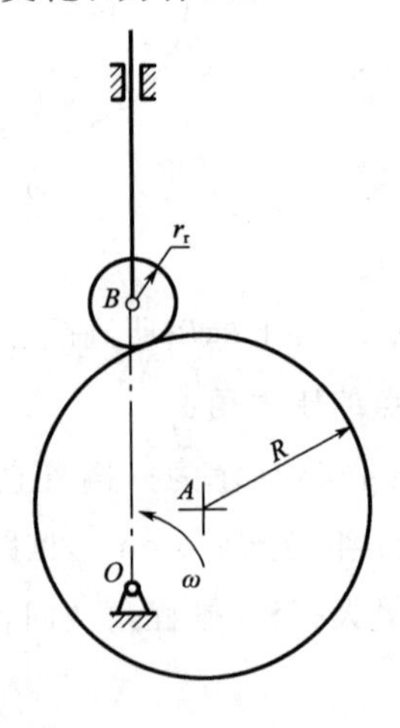

图 4-25 题 4-8 图

4-9 图4-26所示为滚子摆动从动件盘形凸轮机构，已知 $R=30$ mm，$l_{OA}=15$ mm，$l_{CB}=145$ mm，$l_{CA}=145$ mm，试根据反转法原理用图解法求出：凸轮的基圆半径 r_0、从动件的最大摆角 ϕ_{max} 和凸轮的推程运动角 δ_0。（r_0、ϕ_{max} 和 δ_0 请标注在图上，并在图上量出它们的数值）。

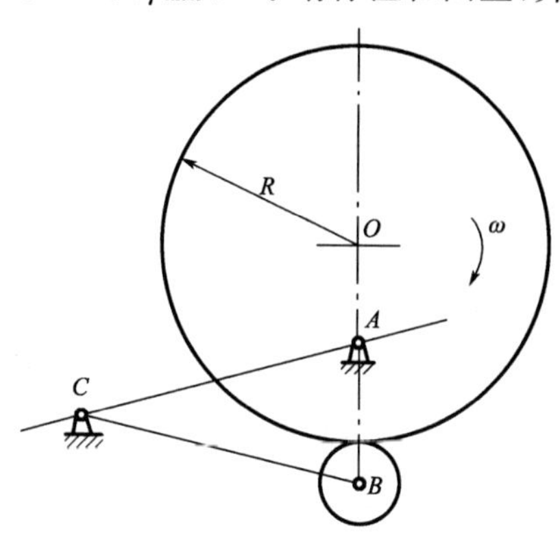

图4-26 题4-9图

第5章

其他常用机构

认识棘轮机构

认识槽轮机构

在许多机械中，除了广泛采用连杆机构、凸轮机构和齿轮机构等几种典型的常用机构外，还经常用到其他类型的机构，例如各类间歇运动机构。本章将对这些其他机构的工作原理、类型、特点、应用及设计要点分别予以简要介绍。

5.1 棘轮机构

5.1.1 棘轮机构的组成及工作特点

棘轮机构的典型结构如图 5-1(a)所示，它由摇杆 1、棘爪 2、棘轮 3 和止动爪 4 等组成的。弹簧 5 可使止动爪与棘轮始终保持接触状态。摇杆逆时针摆动，棘爪便插入棘轮的齿槽内，推动棘轮转过一定的角度，止动爪则在棘轮的齿背上滑过。而当摇杆顺时针摆动时，止动爪在弹簧的作用下插入棘轮的齿槽内，可阻止棘轮顺时针方向转动，同时棘爪在棘轮的齿背上滑过，此时棘轮静止不动。故摇杆做连续摆动时，棘轮 3 便得到单向的间歇运动。

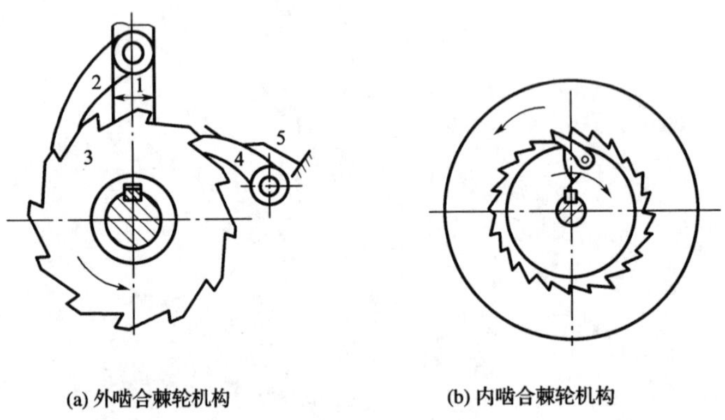

图 5-1 棘轮机构的典型结构

棘轮机构具有结构简单、制造方便等优点，并且棘轮的转角可以根据需要进行调节。但棘轮机构工作时有较大的冲击和噪声，传递动力较小，运动精度较差。因此，棘轮机构常用于速度较低和载荷不大的场合。

5.1.2 棘轮机构的类型及其应用

根据棘轮机构的结构特点，常用棘轮机构可分为轮齿式棘轮机构和摩擦式棘轮机构两大类。

在轮齿式棘轮机构中，棘轮齿一般做成锯齿形，棘轮齿既可以做在棘轮的外缘上，也可以做在棘轮的内缘上，分别构成外、内啮合棘轮机构，如图 5-1 所示。若要使摇杆往复摆动时均能使棘轮沿同一方向间歇转动，可采用图 5-2 所示的双动式棘轮机构，其分为勾头型或直推型。

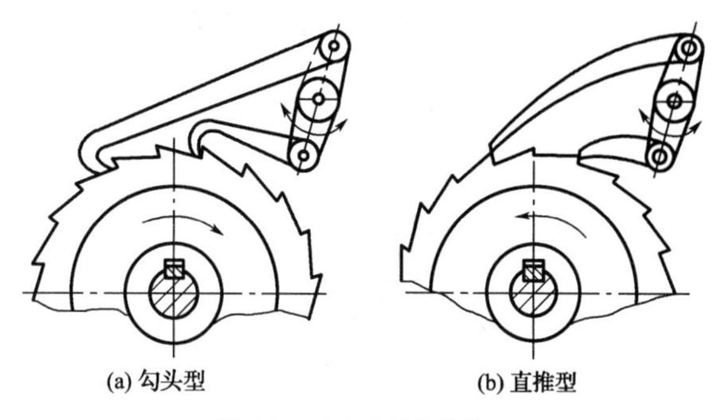

图 5-2 双动式棘轮机构

当棘轮齿制成矩形，而棘爪制成可翻转或可提转的，如图 5-3 所示，即成为可变向棘轮机构。在图 5-3(a)中，当棘爪处于实线 B 位置时，棘轮将沿逆时针方向做间歇运动；当棘爪翻到虚线 B' 位置时，棘轮将沿顺时针方向做间歇运动。在图 5-3(b)中，当棘爪直面在左侧时，棘轮沿逆时针方向做间歇运动；若提起棘爪并转动 180°后再插入，使直面在右侧，则棘轮沿顺时针方向做间歇运动；若提起棘爪并转动 90°后放下，棘爪没有插入棘轮中，此时使棘爪与棘轮脱开，棘轮静止不动。这种棘轮机构常用在牛头刨床工作台的进给装置中。

若工作时需要改变棘轮转动角，则除可改变摇杆的转动角外，还可以采用如图 5-4 所示的结构。该结构在棘轮 3 外加装一个棘轮罩 4，用以遮盖摇杆摆角范围内的一部分棘齿。当摇杆顺时针摆动时，棘爪先在罩上滑动，然后才插入棘轮的齿间推动棘轮做逆时针转动。

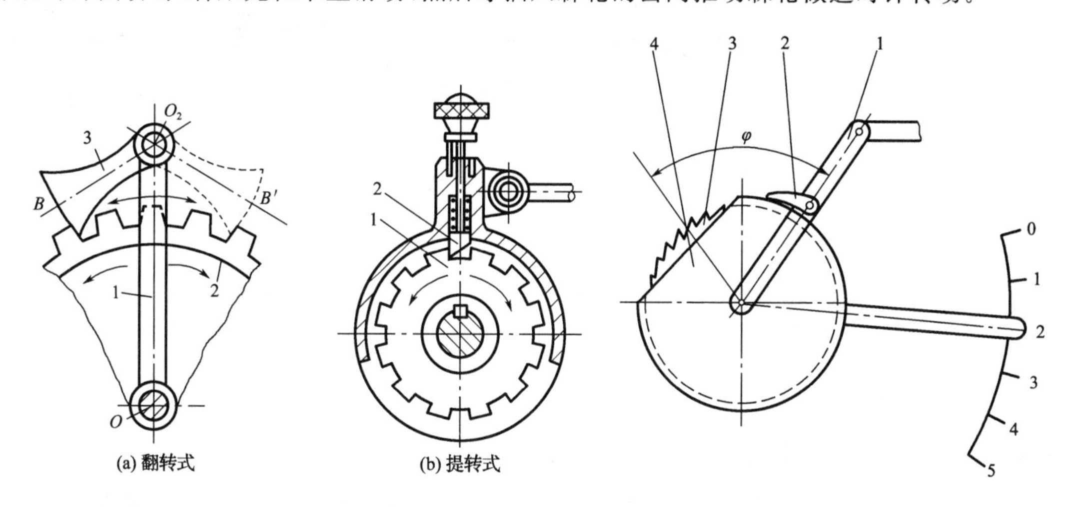

图 5-3 可变向棘轮机构

图 5-4 带罩的棘轮机构

图 5-5 所示为摩擦式棘轮机构，它是通过连杆 1 往复摆动带动棘爪 2，利用棘爪 2 与棘轮 3 之间的摩擦力来推动棘轮做间歇运动的，止动爪 4 防止棘轮 3 反向转动。它克服了轮齿式棘轮机构冲击噪声大、棘轮每次转过角度的大小不能无级调节的缺点；但因其接触表面间较易发生滑动，故运动准确性较差。

摩擦式棘轮机构还能实现超越离合作用。图 5-6 所示为单向离合器，它由星轮 1、套筒 2、弹簧杆 3 及滚柱 4 等组成。当星轮逆时针回转时，滚柱在摩擦力的作用下滚向楔形空隙的小端而将套筒楔紧，使其随星轮一同回转；而当星轮顺时针回转时，滚柱将滚向空隙的大端，将套筒松开，此时套筒静止不动。若套筒与套筒同时都做逆时针转动，当套筒的转速比星轮的转速更高时，两者便会自动分离，此时套筒将以较高的速度转动，从而实现了超越离合作用。

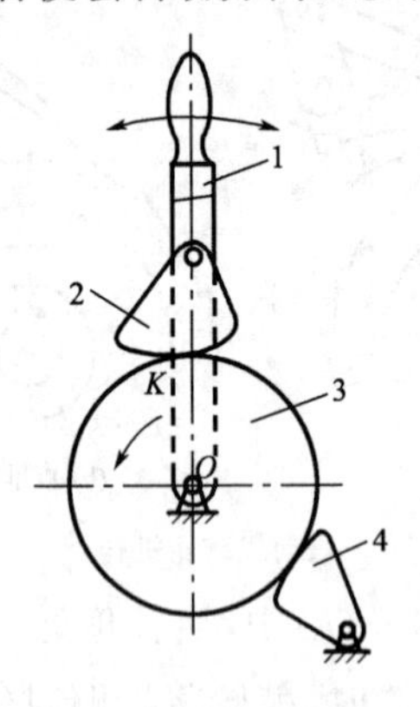

图 5-5　摩擦式棘轮机构

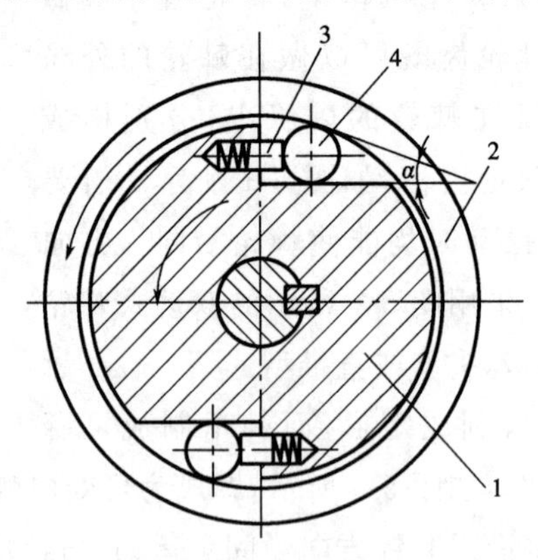

图 5-6　单向离合器

5.1.3　棘轮机构的设计要点

棘轮机构的设计要点是棘轮与棘爪轴心位置和齿面倾斜角的确定以及棘轮机构主要参数的确定。

1. 棘轮与棘爪轴心位置和齿面倾斜角的确定

如图 5-7 所示，A 为棘轮齿顶，O_1 为棘轮回转中心，O_2 为棘爪转动中心。正压力 F_n 和摩擦力 F_f 为棘轮对棘爪的作用力。棘轮机构工作时，为了使棘爪受力最小，应使 $O_1A \perp O_2A$；为了保证棘爪能顺利地滑入棘轮齿底应有

$$F_n L\sin\alpha > F_f L\cos\alpha \tag{5-1}$$

将 $F_f = fF_n$，$f = \tan\rho$，代入得

$$\tan\alpha > \tan\rho$$

故棘爪顺利进入棘轮齿槽的条件是

$$\alpha > \rho \tag{5-2}$$

式中，α 为棘爪与轮齿接触点 A 的公法线 $n—n$ 与 O_2A 所夹锐角，ρ 为棘轮齿与棘爪之间的摩擦角。

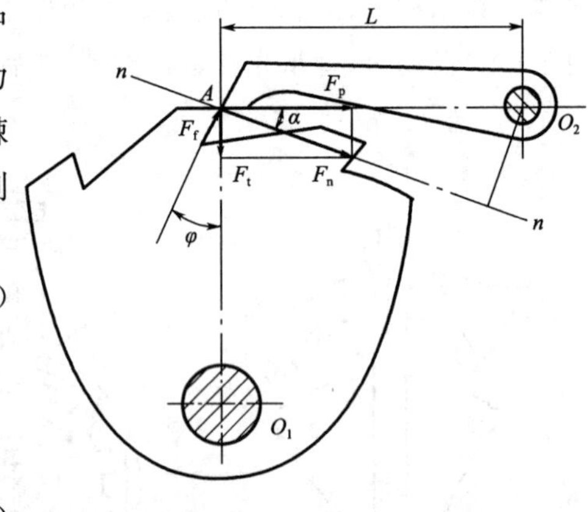

图 5-7　棘爪受力分析

由图 5-7 所示的几何关系可知，若棘轮齿面倾斜角为 φ，则 $\varphi = \alpha$，这时棘爪顺利进入棘轮齿槽的条件是 $\varphi > \rho$，一般取 $\varphi = 20°$。

2. 棘轮机构主要参数的确定

棘轮机构的主要参数有模数 m 和齿数 z。与齿轮一样，棘轮轮齿的有关尺寸也是用模数 m 作为计算的基本参数的。模数 m 的标准值为 0.6、0.8、1、1.25、1.5、2、2.5、3、4、5、6、8、10、12、14、16、18、20、22、24、26、30。

棘轮的齿数 z 一般是根据所要求的棘轮的最小转角 θ_{min} 来确定的，即

$$\frac{2\pi}{z} \leqslant \theta_{\min}$$

则有

$$z \geqslant \frac{2\pi}{\theta_{\min}} \tag{5-3}$$

棘轮机构其他几何尺寸的计算可参考有关资料。

5.2 槽轮机构

5.2.1 槽轮机构的组成、类型及其应用

槽轮机构又称马耳他机构，其组成如图5-8(a)所示。它是由带有圆柱销的拨盘1、槽轮2和机架(图中未画出)组成的。拨盘匀速转动时，可使槽轮间歇运动。工作时，拨盘上的柱销A进入槽轮的径向槽时将带动槽轮转动，转过一定角度后，柱销将从槽中脱出。为了保证柱销下一次能正确地进入槽内，必须采用锁止弧将槽轮锁住不动，即槽轮的内凹锁止弧β被拨盘的外凸锁止弧α卡住并使槽轮不动，直到下一个柱销进入槽后才放开，这时槽轮又可随拨盘一起转动，进入下一个运动循环。

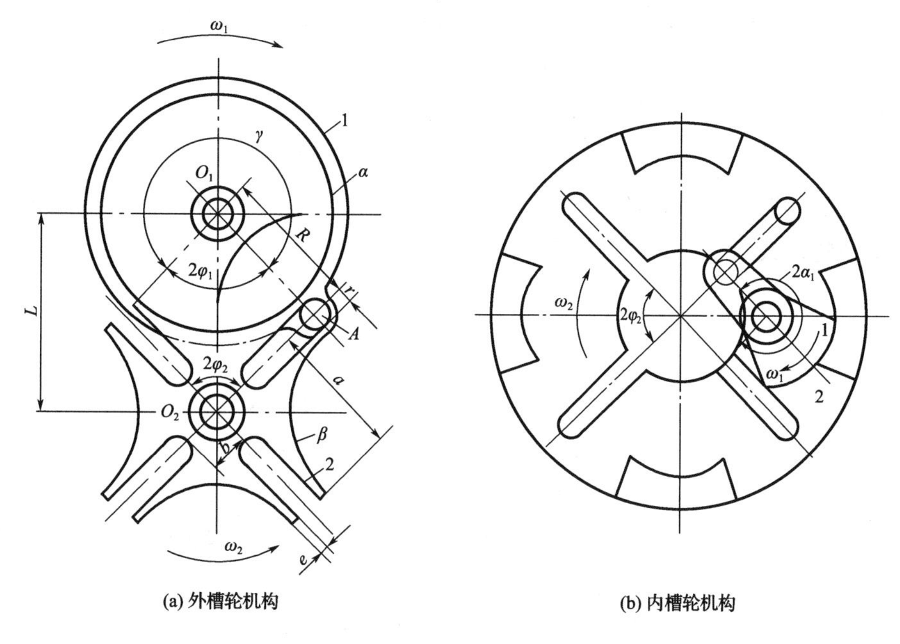

图5-8 槽轮机构

普通槽轮机构有外槽轮机构和内槽轮机构两种类型，如图5-8所示，它们均应用于平行轴间的传动，其中外槽轮机构应用较为广泛。

槽轮机构结构简单，制造容易，工作可靠，机械效率高，能平稳、间歇地进行转位。因此在自动机床转位机构、电影放映机的卷片机构等自动机械中得到广泛应用。如图5-9所示为电影放映机的卷片机构，当槽轮间歇运动时，胶片上的画面依次在方框中停留，通过视觉暂留而获得连续的场景。又如图5-10所示为六角车床刀架的转位槽轮机构，拨盘1转动一周驱使槽轮2(刀架)转动60°。因槽轮运动过程中角速度有变化，存在柔性冲击，故不适用于高速运动场合。

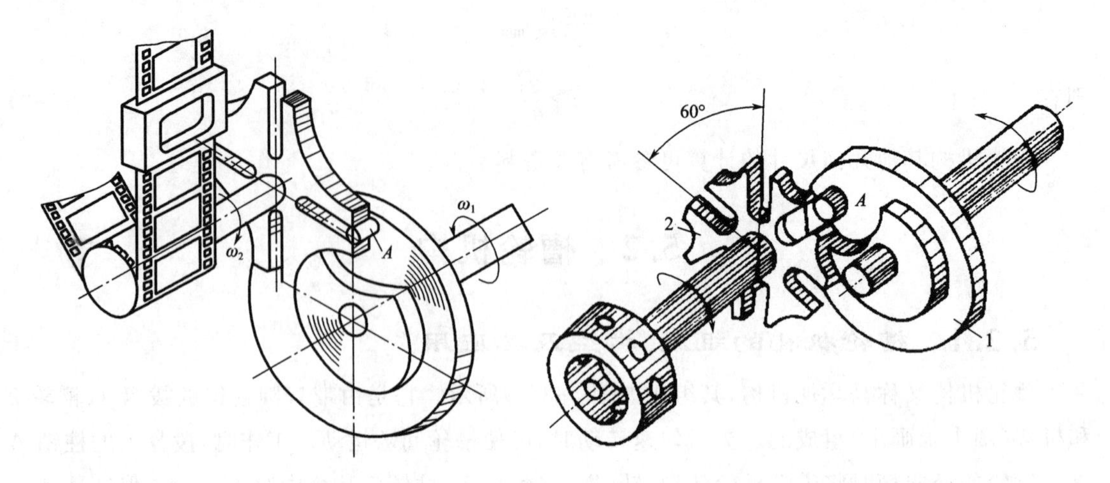

图 5-9　电影放映机的卷片机构　　　　图 5-10　六角车床刀架的转位槽轮机构

5.2.2　槽轮机构的主要参数

槽轮机构的主要参数是槽数 z 和柱销数 K。

在图 5-8(a)中，为了避免槽轮开始和终止转动时瞬时角速度为零，以免柱销与槽发生撞击，柱销在进入或脱出槽轮径向槽的瞬时，应使 $O_1A \perp O_2A$。设 z 为槽轮上均匀分布的径向槽数目，则槽轮转过 $2\varphi_2=2\pi/z$ 时，拨盘的转角 $2\varphi_1$ 则为

$$2\varphi_1=\pi-2\varphi_2=\pi-2\pi/z \tag{5-4}$$

当主动拨盘回转一周时，槽轮的运动时间 t_m 与主动拨盘转一周所用时间 t 之比，称为槽轮机构的运动特性系数，用 τ 来表示，即

$$\tau=\frac{t_m}{t}=\frac{2\varphi_1}{2\pi}=\frac{\pi-\frac{2\pi}{z}}{2\pi}=\frac{1}{2}-\frac{1}{z} \tag{5-5}$$

运动特性系数 τ 值应大于零，由式(5-5)可知，外槽轮的槽数 z 应大于或等于 3。但 $z=3$ 的槽轮机构，由于槽轮角速度变化很大，柱销进入或脱开径向槽的瞬时，槽轮的角加速度也很大，会引起较大的振动和冲击，所以很少使用；当 $z>8$ 时，运动特性系数 τ 并没有增加多少，但制造难度加大，所以一般取 $z=4\sim8$。由式(5-5)可得出，单柱销外槽轮机构的运动特性系数 τ 总小于 0.5，即槽轮的运动时间总小于其静止时间。

如果在拨盘上均匀地分布有 n 个柱销，则当拨盘转动一周时，槽轮将被拨动 n 次，则其 τ 值应是单销的 n 倍，即

$$\tau=\frac{n(z-2)}{2z} \tag{5-6}$$

又因 τ 值应小于或等于 1，故得

$$n<\frac{2z}{z-2} \tag{5-7}$$

由式(5-7)可得槽数与柱销数的关系，见表 5-1。

表 5-1 槽轮机构的槽数与柱销数的关系

槽　数	3	4	5～6	≥7
柱销数	1～6	1～4	1～3	1～2

对于图 5-8(b)所示的单柱销内槽轮机构，其运动特性系数为

$$\tau=\frac{2\alpha_1}{2\pi}=\frac{\pi+2\varphi_2}{2\pi}=\frac{\pi+2\pi/z}{2\pi}=\frac{1}{2}+\frac{1}{z} \tag{5-8}$$

显然 $\tau>0.5$，即槽轮的运动时间总大于其静止时间；若要求 $\tau=\frac{1}{2}+\frac{1}{z}<1$，则必须 $z>2$。若为多柱销，则 $\tau=\frac{n(z+2)}{2z}<1$，即 $n<\frac{2z}{z+2}$，当 $z\geqslant3$ 时，$n<2$，则 $n=1$，此时内槽轮机构的柱销总数为 1。

*5.3 凸轮式间歇运动机构

5.3.1 凸轮式间歇运动机构的工作原理及特点

凸轮式间歇运动机构由主动凸轮 1 和从动盘 2 组成，从动盘上装有柱销 3，如图 5-11 所示。主动凸轮做连续转动，通过凸轮的轮槽带动柱销使从动盘 2 做间歇运动。

该机构的特点是运转可靠、传动平稳，而且定位精度高，机构结构紧凑。只要合理设计出凸轮轮廓，就可使从动盘的动载荷较小，无刚性冲击和柔性冲击，因此适用于高速运转的要求。但其凸轮加工精度要求高，对装配、调整要求严格。

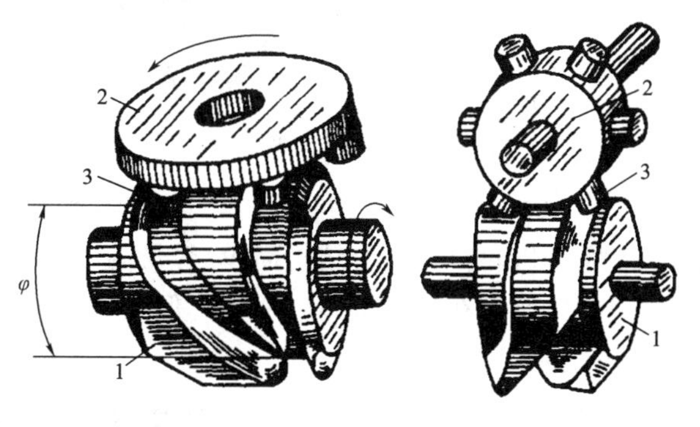

(a) 圆柱凸轮间歇运动机构　(b) 蜗杆凸轮间歇运动机构

图 5-11　凸轮式间歇运动机构

5.3.2 凸轮式间歇运动机构类型及应用

凸轮式间歇运动机构常用于传递交错轴间的分度运动和需要间歇转位的机械装置中。其通常有以下两种类型。

1. 圆柱凸轮间歇运动机构

如图 5-11(a)所示，当圆柱凸轮连续转动时，转盘可实现单向间歇转动。这种机构常用于两相错轴间的分度传动。在轻载（如纸烟、火柴包装、拉链嵌齿等机械）的情况下，该机构间歇运动的频率可高达 1 500 次/分钟。

2. 蜗杆凸轮间歇运动机构

如图 5-11(b)所示，蜗杆凸轮形状如同圆弧面蜗杆一样，从动盘为具有周向均匀分布柱销的圆盘。蜗杆凸轮转动将推动从动盘做间歇运动。这种机构可在高速下承受较大的载荷，在要求高速、高精度的分度转位机械（如高速冲床、多色印刷机和包装机等）中应用广泛。它能实现每分钟 1 200 次左右的间歇动作，且分度精度可达 30″。设计时，通常取凸轮的槽数为 1，从动盘的柱销数大于或等于 6。

5.4 不完全齿轮机构

5.4.1 不完全齿轮机构的工作原理及特点

不完全齿轮机构如图 5-12 所示。其主动轮 1 为只有一个或几个齿的不完全齿轮，根据运动时间和停歇时间的要求，在从动轮 2 上做出与主动轮相啮合的轮齿，其余部分则为锁止圆弧。当主动轮做连续回转运动时，从动轮做间歇回转运动。在从动轮停歇期内，两轮轮缘各有锁止弧用以防止从动轮的游动。当主动轮旋转一转时，图 5-12(a)所示的两个机构的从动轮分别转过 1/8 转和 1/4 转。

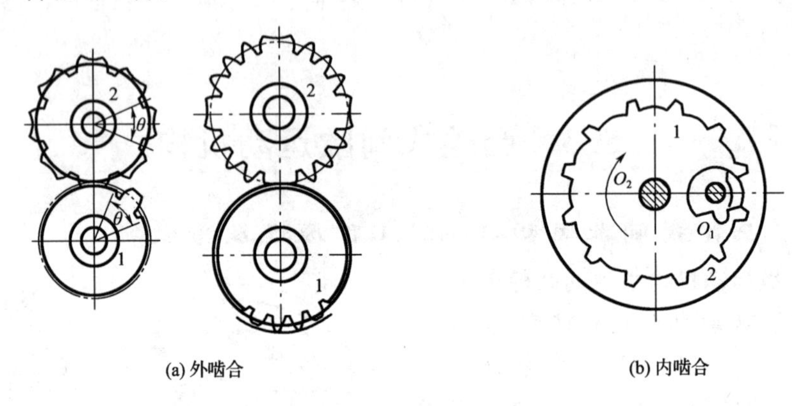

图 5-12 不完全齿轮机构

不完全齿轮机构具有结构简单、容易制造、工作可靠等特点，而且从动轮的运动时间和静止时间的比例可在较大范围内变化。但其从动轮在开始运动和终止运动的瞬时都存在刚性冲击，故不适用于高速场合。

5.4.2 不完全齿轮机构的类型及应用

常见的不完全齿轮机构一般有图 5-12 中的外啮合式和内啮合式两种类型。

不完全齿轮机构常用于计数器、电影放映机和一些具有特殊运动要求的专用机械中，例如，乒乓球拍周缘铣削加工机床、蜂窝煤饼压制机等。

图 5-13 所示为铣削乒乓球拍周缘的专用靠模铣床。工作时，轴Ⅰ带动铣刀轴Ⅱ转动，工件轴Ⅲ由轴Ⅴ上的不完全齿轮 1 和 2 的啮合作用而得到正、反两个方向的回转，从而使得乒乓球拍 3 随工件轴Ⅲ来回转动，辊轮 6 在弹簧的作用下紧靠在靠模凸轮 5 上，以此保证工出乒乓球拍的周缘。

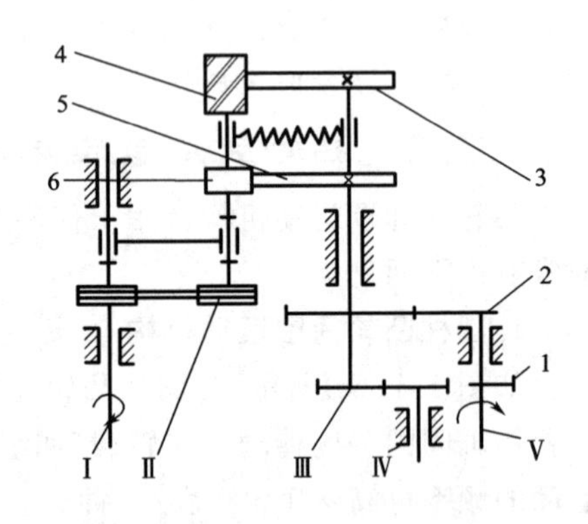

图 5-13 乒乓球拍专用靠模铣床

小 结

本章主要介绍了间歇机构中各机构的性能、特点及其应用。间歇机构可将连续运动转换为间歇转动、间歇移动、单侧停歇、双侧停歇及单向停歇等运动。在设计时，可根据设计要求的运动规律，选定某种运动机构，再进行机构的参数设计；或选定多个机构进行设计，再比较各自的性能指标而决定取舍。对主要参数进行设计选择时，应考虑各参数之间的匹配要求。

思考题及习题

5-1　棘轮机构能实现什么功能？

5-2　试设计一槽轮机构，要求槽轮的运动时间等于停歇时间，并选择槽轮的槽数和拨盘的柱销数。

5-3　有一外啮合槽轮机构，已知槽轮的槽数 $z=6$，槽轮的停歇时间为 $t_s=1\ s$，槽轮的运动时间为 $t_m=2\ s$，试求该槽轮机构的运动特性系数及所需的柱销数。

5-4　与棘轮机构、槽轮机构相比，凸轮式间歇运动机构具有哪些特点。

认识齿轮机构

渐开线的形成和性质

渐开线标准直齿圆柱齿轮的基本参数及几何尺寸计算

分析渐开线直齿圆柱齿轮的啮合传动

渐开线齿轮的加工方法

分析渐开线斜齿圆柱齿轮的传动特点

分析锥齿轮的传动特点

第6章

齿轮传动

本章重点分析渐开线直齿圆柱齿轮传动、平行轴斜齿圆柱齿轮传动及直齿锥齿轮传动的啮合原理和齿轮强度计算两个部分。

在齿轮啮合原理部分重点分析了渐开线直齿圆柱齿轮机构的啮合原理和齿轮几何参数计算。在此基础上,简要介绍了平行轴斜齿圆柱齿轮传动及直齿锥齿轮传动的特点、标准参数及基本尺寸计算。

在齿轮强度计算部分重点分析了齿轮传动承载能力的内容,包括齿轮的受力分析、失效形式、材料选择、设计准则以及具体的设计计算方法等。此外,还简要介绍了齿轮的结构和润滑。

6.1 概 述

齿轮传动是应用最广泛的传动机构之一。齿轮传动用以传递两轴之间的运动和动力,它具有传递功率范围大、效率高、传动比准确、使用寿命长、工作安全可靠等优点;其缺点是安装精度要求较高,制造成本偏高,不宜用于远距离两轴之间的传动。

按照一对齿轮的传动比是否恒定,可将其分为两大类:①定传动比的齿轮传动,这种传动中齿轮呈圆形,称为圆形齿轮传动,应用最为广泛;②变传动比齿轮传动,其齿轮一般呈非圆形,故称为非圆齿轮传动,仅在某些特殊机械中使用。本章只讲述定传动比的圆形齿轮传动。

按照一对齿轮传递的相对运动是平面运动还是空间运动,可分为平面齿轮传动(用作两平行轴间的传动)和空间齿轮传动(用作非平行两轴线间的传动)两类。具体类型见表 6-1。

表 6-1 圆形齿轮机构的类型

	传递平行轴运动的直齿圆柱齿轮传动		
	外啮合齿轮传动	内啮合齿轮传动	齿轮与齿条
平面齿轮传动			

续表

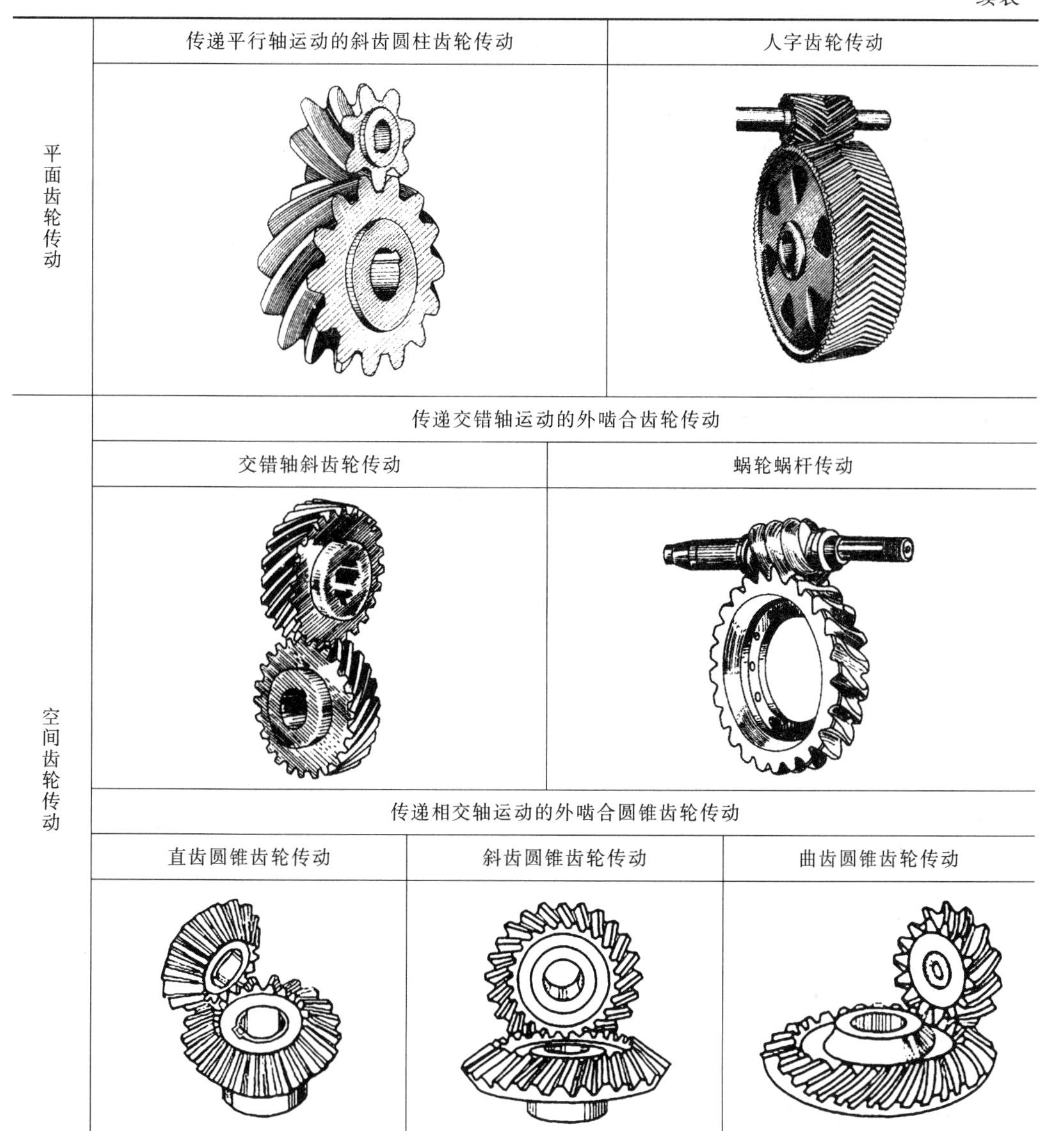

平面齿轮传动	传递平行轴运动的斜齿圆柱齿轮传动		人字齿轮传动
空间齿轮传动	传递交错轴运动的外啮合齿轮传动		
	交错轴斜齿轮传动		蜗轮蜗杆传动
	传递相交轴运动的外啮合圆锥齿轮传动		
	直齿圆锥齿轮传动	斜齿圆锥齿轮传动	曲齿圆锥齿轮传动

6.2 齿廓啮合基本定律

6.2.1 齿廓啮合基本定律

一对齿轮传动是通过主动轮轮齿的齿廓推动从动轮轮齿的齿廓来实现的。对齿轮传动最基本的要求之一是瞬时角速度比必须保持不变。否则，当主动轮以等角速度回转时，从动轮做变角速度转动，所产生的惯性力不仅影响齿轮的使用寿命，而且还会引起机器的振动和噪声，影响工作精度。为此，需要研究轮齿的齿廓形状应符合什么条件才能满足齿轮瞬时传动比保持不变的要求，即齿廓啮合基本定律。

图 6-1 所示为两齿廓 G_1、G_2 某一瞬时在 K 点啮合，设主、从动轮角速度分别为 ω_1、ω_2，齿轮 1 和齿轮 2 在 K 点的速度分别为 v_{k1} 和 v_{k2}。过 K 点作两齿廓的公法线 $n-n$，则齿轮运动时，必须满足它们在其公法线 $n-n$ 的分速度相等，所以

$$v_{K1}\cos\alpha_{K1}=v_{K2}\cos\alpha_{K2}$$

则

$$\frac{\omega_1}{\omega_2}=\frac{O_2K\cos\alpha_{K2}}{O_1K\cos\alpha_{K1}}$$

因此，这对齿轮的瞬时角速度比(传动比)为

$$i_{12}=\frac{\omega_1}{\omega_2}=\frac{O_2K\cos\alpha_{K2}}{O_1K\cos\alpha_{K1}}=\frac{O_2N_2}{O_1N_1}=\frac{O_2C}{O_1C} \quad (6\text{-}1)$$

式(6-1)表明：一对齿轮传动在任意瞬时的传动比等于其连心线 O_1O_2 被接触点的公法线 $n—n$ 所分割的线段的反比，这个规律称为齿廓啮合基本定律。

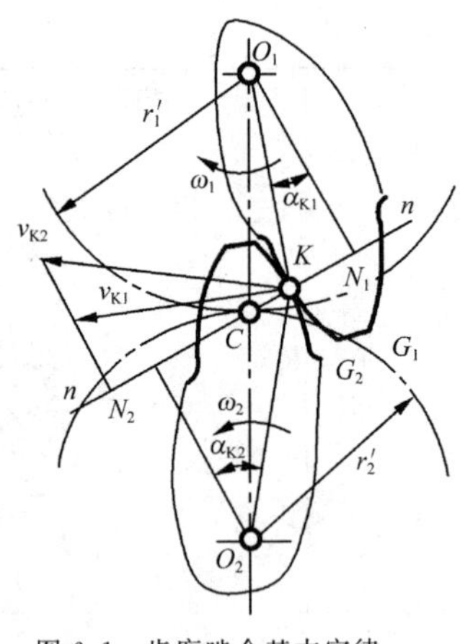

图 6-1 齿廓啮合基本定律

由齿廓啮合基本定律可知，若要求一对齿轮的传动比恒定不变，则上述点 C 应为连心线 O_1、O_2 上一固定点。由此可得，要使两轮传动比为一常数，则其齿廓曲线必须符合：不论两齿廓在任何位置相啮合，过其啮合点所作的公法线都必须通过两轮连心线上的一固定点 C。通常称 C 点称为节点，分别以 O_1、O_2 为圆心过 C 点所作的两个相切的圆称为节圆，其半径分别用 r'_1、r'_2 表示。一对圆柱齿轮传动可视为一对节圆的纯滚动。如果两轮中心 O_1、O_2 发生改变，则两轮节圆的大小也将随之改变，所以

$$i_{12}=\frac{\omega_1}{\omega_2}=\frac{l_{O_2C}}{l_{O_1C}}=\frac{r'_2}{r'_1} \quad (6\text{-}2)$$

凡能满足齿廓啮合基本定律并保证定比传动的一对齿廓称为共轭齿廓，理论上共轭齿廓有无穷多。但在生产实践中，选择齿廓曲线时，还必须从设计、制造、安装和使用等方面予以综合考虑。目前最常用的有渐开线、摆线、变态摆线等。其中渐开线齿廓具有良好的传动性能，同时具有便于制造、安装、测量和互换使用等优点，故被广泛应用。本章只介绍渐开线齿廓。

6.2.2 渐开线齿廓

1. 渐开线齿廓的形成及其性质

如图 6-2 所示为当一直线 BK 在一圆周上做纯滚动时，其上任一点 K 的轨迹 AK 即该圆的渐开线。该圆称为渐开线的基圆，其半径用 r_b 表示；直线 BK 称为渐开线的发生线，$\theta_K=\angle AOK$ 称为渐开线上点 K 的展角。

根据渐开线的形成过程可知，渐开线具有下列特性：

(1)发生线在基圆上滚过的长度 l_{BK} 等于基圆上被滚过的弧长 $\widehat{AB}$，即 $l_{BK}=\widehat{AB}$。

(2)当发生线沿基圆做纯滚动时，切点 B 为其转动中心，故发生线上点 K 的速度方向与渐开线在该点的切线 $t—t$ 方向重合，即发生线 BK 是渐开线在 K 点的法线，并与基圆相切。

(3)发生线与基圆的切点 B 是渐开线在 K 点的曲率中心，而线段 BK 是其曲率半径。由此可知 $\rho_K=l_{BK}$，渐开线离基圆越远，曲率半径越大；渐开线离基圆越近，曲率半径越小，在基圆上曲率半径为零。

(4)渐开线的形状完全取决于基圆的大小，基圆半径越大，曲率半径 l_{BK} 越大，当基圆半径趋于无穷大时，渐开线则成为与发生线BK垂直的一条直线(如齿条的直线齿廓亦为渐开线)，如图 6-3 所示。

(5)基圆内无渐开线。

(6)渐开线上某一点的法线与该点绕齿轮轴线 O 转动的速度 v 方向所夹的锐角 α_K 称为该点的压力角，由图 6-2 可得

$$\cos\alpha_K=\frac{r_b}{r_K},r_K=\frac{r_b}{\cos\alpha_K} \tag{6-3}$$

由式6-3可知：渐开线上每一点的压力角是不相等的，当 $r_K=r_b$ 时，则 $\alpha_K=0°$，即基圆压力角等于零。

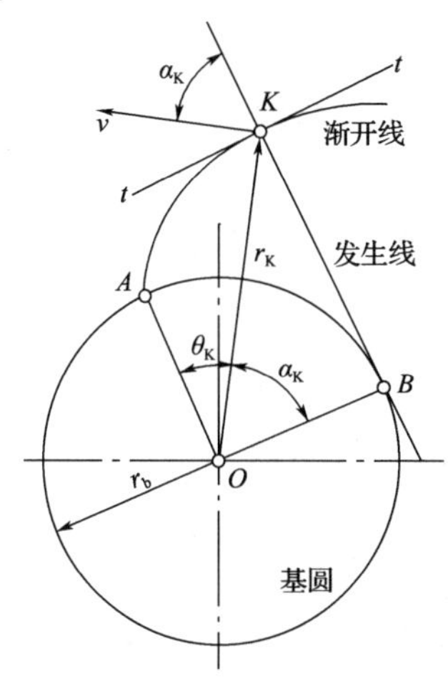

图6-2 渐开线齿廓的形成及性质

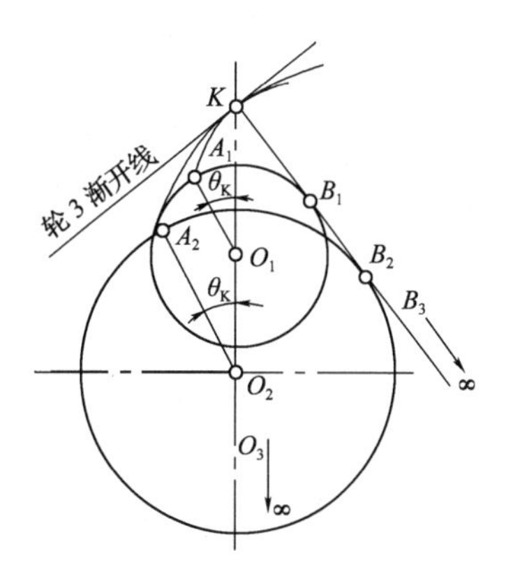

图6-3 基圆与渐开线的形状的关系

2. 渐开线齿廓的啮合特点

渐开线作为齿轮的齿廓曲线在啮合传动中具有如下几个特点。

(1)渐开线齿廓能保证定传动比传动

前面已经指出：要使两齿轮进行定传动比传动，则两轮的齿廓不论在任何位置接触，过其接触点所作的齿廓公法线必须与两轮连心线交于一定点 C 。

如图6-4所示，G_1、G_2 为一对外齿轮传动中互相啮合的一对渐开线齿廓，两轮基圆半径分别为 r_{b1}、r_{b2}。当两齿廓在 K 点啮合时，过 K 点作这对齿廓的公法线 N_1N_2，根据渐开线性质可知，此公法线 N_1N_2 必同时与两轮的基圆相切，即 N_1N_2 为两轮基圆的一条内公切线，它与两轮连心线相交于点 C。在传动过程中，由于两基圆的大小和位置始终不变，所以不论两齿廓在任何位置啮合，如在 K' 点啮合，则过接触点 K' 所作两齿廓的公法线均应为同一条直线 N_1N_2，故其与两轮连心线 O_1O_2 的交点 C 必为一定点，所以两轮传动比为

$$i_{12}=\frac{\omega_1}{\omega_2}=\frac{l_{O_2C}}{l_{O_1C}}=\frac{r_2'}{r_1'}=\frac{r_{b2}}{r_{b1}}=\text{常数} \tag{6-4}$$

式(6-4)说明渐开线齿廓满足齿廓啮合基本定律，能实现定传动比传动。

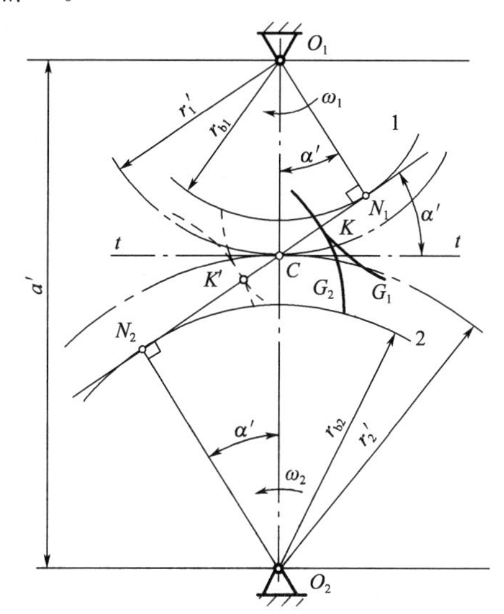

图6-4 渐开线齿廓的啮合传动

这时，两轮的传动相当于两个节圆在做纯滚动。

(2)啮合线为一条定直线

既然一对渐开线齿廓在任何位置啮合时，接触点的公法线都是同一条直线 N_1N_2，则两轮渐开线齿廓的接触点均应在直线 N_1N_2 上。因此，直线 N_1N_2 是两齿廓接触点的集合，故称 N_1N_2 为渐开线齿廓的啮合线，它在整个传动过程中为一条定直线。

(3)啮合角恒等于节圆压力角

在图 6-4 中过节点作两节圆的公切线 $t—t$,它与啮合线 N_1N_2 间的夹角称为啮合角,它的大小标志着齿轮传动的动力特性。由图 6-4 可见渐开线齿轮传动过程中啮合角为常数,啮合角在数值上等于渐开线齿廓在节圆上的压力角 α'。

(4)中心距可分性

由式(6-4)可知,渐开线齿轮的传动比取决于两轮基圆半径的大小。因为基圆大小一定,所以即使在安装中使两轮实际中心距 a'与所设计的中心距 a 有偏差,也不会影响两轮的传动比,渐开线传动的这一特性称为中心距可分性,这一性质对于渐开线的加工、装配都十分有利。但中心距的变动可能使传动中的啮合齿对产生过紧或过松的现象。

(5)渐开线齿廓之间的正压力方向不变

若不计摩擦,则两齿廓间的正压力方向为法线方向,该方向始终不变。当传递扭矩一定时,齿廓间压力的大小和方向始终不变,从而使轮齿受力稳定,故对齿轮传动的平稳性是有利的。

6.3 渐开线标准齿轮的基本参数和几何尺寸计算

6.3.1 齿轮各部分的名称和符号

图 6-5 所示为渐开线标准直齿圆柱齿轮的一部分,齿轮上每个凸起部分称为轮齿。

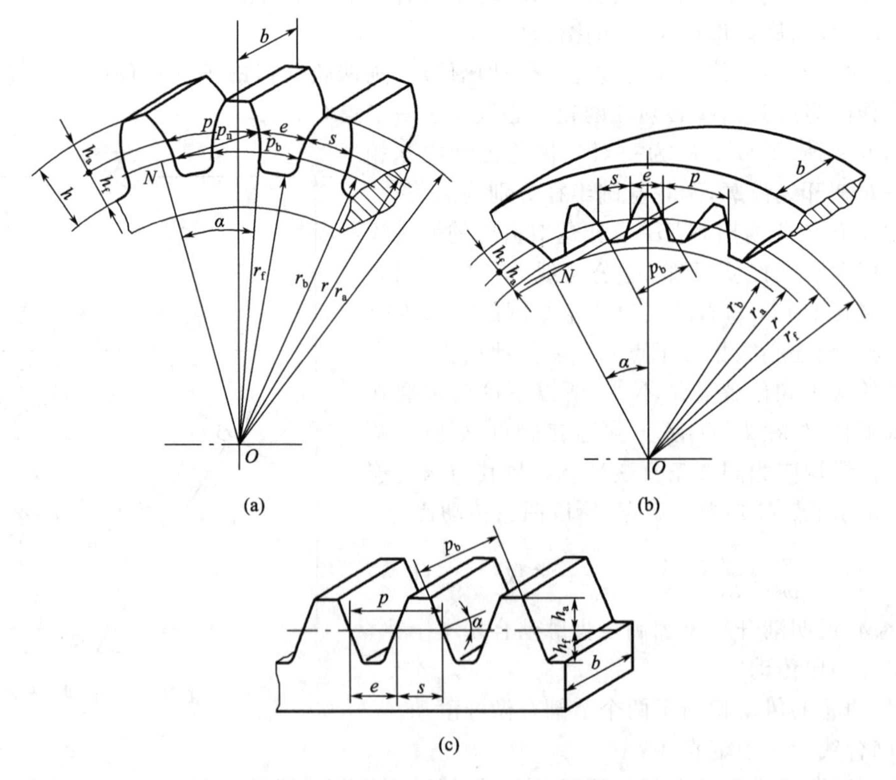

图 6-5 外齿轮各部分的名称和符号

1. 齿顶圆和齿根圆

过齿轮各齿顶所作的圆称为齿顶圆,其直径和半径分别以 d_a 和 r_a 表示。过齿轮各齿槽底部所作的圆称为齿根圆,其直径和半径分别以 d_f 和 r_f 表示。

2. 齿厚、齿槽宽、齿距和法向齿距

相邻左、右两齿廓之间的空间称为齿槽，一个齿槽两侧齿廓所截任意圆周的弧长，称为该圆周上的齿槽宽，以 e_K 表示；在任意半径为 r_K 的圆周上，一个轮齿两侧齿廓所截该圆的弧长，称为该圆周上的齿厚，以 s_K 表示；任意圆上相邻两齿同侧齿廓所截任意圆周的弧长，称为该圆周上的齿距，以 p_K 表示。在同一圆周上，齿距等于齿厚与齿槽宽之和，即

$$p_K = s_K + e_K \tag{6-5}$$

相邻两齿同侧齿廓之间在法线 $n—n$ 所截线段的长度称为法向齿距，以 p_n 表示，由渐开线性质可知 $p_n = p_b$。

在基圆上的齿距、齿厚和齿槽宽，分别用 p_b、s_b 和 e_b 表示，且 $p_b = s_b + e_b$。

3. 分度圆

为了便于齿轮的设计、制造、测量和互换使用，在齿轮的齿顶圆和齿根圆之间选择一个圆作为计算的基准，称该圆为齿轮的分度圆，其直径和半径分别以 d 和 r 表示。为了简便，分度圆上所有参数的符号不带下标。例如在分度圆上的齿距、齿厚和齿槽宽分别用 p、s 和 e 表示，且 $p = s + e$。

4. 齿顶、齿根和齿全高

介于分度圆与齿顶圆之间的轮齿部分称为齿顶，其径向高度称为齿顶高，以 h_a 表示。介于分度圆与齿根圆之间的轮齿部分称为齿根，其径向高度称为齿根高，以 h_f 表示。

齿顶圆与齿根圆之间的径向距离，即齿顶高与齿根高之和称为齿全高，以 h 表示，则

$$h = h_a + h_f \tag{6-6}$$

6.3.2 渐开线齿轮的基本参数

1. 齿数 在齿轮整个圆周上轮齿的总数称为齿数，用 z 表示。

2. 模数 如上所述，齿轮的分度圆是计算齿轮各部分尺寸的基准，若已知齿轮的齿数 z 和分度圆齿距 p，则分度圆的直径为

$$d = \frac{p}{\pi} z \tag{6-7}$$

式(6-7)中所含的无理数 π，给齿轮的计算、制造和测量带来不便，因此人为地把 $\frac{p}{\pi}$ 规定为标准值，称为分度圆模数，简称为模数，用 m 表示，单位为毫米(mm)。模数是齿轮尺寸计算中的一个基本参数，模数愈大，则齿距愈大，轮齿也就愈大，如图 6-6 所示，轮齿的抗弯曲能力便愈强。计算齿轮几何尺寸时应采用我国规定的标准模数系列，见表 6-2。

因此，分度圆的直径 $d = mz$，分度圆的齿距 $p = m\pi$。

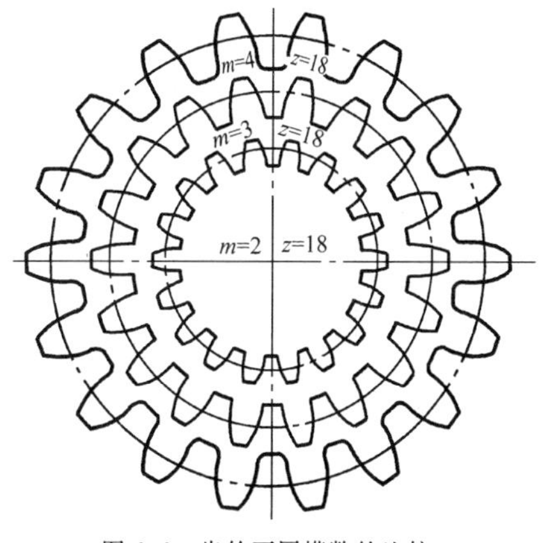

图 6-6 齿轮不同模数的比较

表 6-2 标准模数系列(GB/T 1357—2008)

第一系列	1	1.25	1.5	2	2.5	3	4	5	6	8	10
	12	16	20	25	32	40	50				
第二系列	1.125	1.375	1.75	2.25	2.75	3.5	4.5	5.5	(6.5)	7	9
	11	14	18	22	28	35	45				

注：①本表适用于渐开线圆柱齿轮，对斜齿轮是指法面模数。

②选用模数时，应优先选用第一系列，其次是第二系列，括号内的模数尽可能不用。

3. 压力角 渐开线齿廓上各点的压力角是不同的。我国规定分度圆的压力角为标准值，一般取 $\alpha=20^\circ$。在某些装置中，也有用分度圆压力角为 14.5°、15°、22.5°和 25°等的齿轮。由上述可知，分度圆周上的模数和压力角均为标准值。

4. 齿顶高系数 h_a^* 和顶隙系数 c^* 若用模数来表示轮齿的齿顶高和齿根高，则有

$$\left.\begin{aligned}h_a&=h_a^*m\\h_f&=(h_a^*+c^*)m\end{aligned}\right\}\tag{6-8}$$

式中，h_a^*、c^* 分别为齿顶高系数和顶隙系数。

我国规定了齿顶高系数 h_a^* 和顶隙系数 c^* 的标准值：

正常齿制 当 $m\geqslant1$ mm 时，$h_a^*=1$，$c^*=0.25$；当 $m<1$ mm 时，$h_a^*=1$，$c^*=0.35$。

短齿制 $h_a^*=0.8$，$c^*=0.3$。

一对齿轮互相啮合时，为避免一个齿轮的齿顶与另一个齿轮的齿槽底相抵触，同时还能贮存润滑油，在一个齿轮的齿顶圆到另一个齿轮的齿根圆之间留有径向间隙，称为顶隙，以 c 表示，其值为 $c=c^*m$。

6.3.3 渐开线标准直齿轮几何尺寸计算

渐开线标准直齿轮除了基本参数是标准值外，还有以下两个特征：

(1)分度圆齿厚与齿槽宽相等，即 $s=e=\dfrac{p}{2}$。

(2)具有标准齿顶高和齿根高，即 $h_a=h_a^*m$，$h_f=(h_a^*+c^*)m$ 。

不具备上述特征齿轮的称为非标准齿轮。渐开线标准直齿圆柱齿轮传动几何尺寸计算公式见表 6-3 。

表 6-3 渐开线标准直齿圆柱齿轮传动几何尺寸计算公式

名 称	符号	计算公式	
		小齿轮	大齿轮
模数	m	根据齿轮受力情况和结构需要确定，选取标准值	
压力角	α	选取标准值	
分度圆直径	d	$d_1=mz_1$	$d_2=mz_2$
齿顶高	h_a	$h_{a1}=h_{a2}=h_a^*m$	
齿根高	h_f	$h_{f1}=h_{f2}=(h_a^*+c^*)m$	
齿全高	h	$h_1=h_2=(2h_a^*+c^*)m$	
齿顶圆直径	d_a	$d_{a1}=(z_1+2h_a^*)m$	$d_{a2}=(z_2+2h_a^*)m$
齿根圆直径	d_f	$d_{f1}=(z_1-2h_a^*-2c^*)m$	$d_{f2}=(z_2-2h_a^*-2c^*)m$
基圆直径	d_b	$d_{b1}=d_1\cos\alpha$	$d_{b2}=d_2\cos\alpha$
齿距	p	$p=\pi m$	
基圆齿距	p_b	$p_b=p\cos\alpha$	
法向齿距	p_n	$p_n=p\cos\alpha$	
齿厚	s	$s=\dfrac{\pi m}{2}$	
齿槽宽	e	$e=\dfrac{\pi m}{2}$	
顶隙	c	$c=c^*m$	
标准中心距	a	$a=\dfrac{m(z_1+z_2)}{2}$	
传动比	i_{12}	$i_{12}=\dfrac{\omega_1}{\omega_2}=\dfrac{z_2}{z_1}=\dfrac{d_2'}{d_1'}=\dfrac{d_2}{d_1}=\dfrac{d_{b2}}{d_{b1}}$	

此外，图 6-5(a)所示为渐开线标准外齿轮的一部分，图 6-5(b)所示为渐开线标准内齿轮的一部分，从中可看出内齿轮与外齿轮的不同点：

(1)齿根圆 d_f 大于齿顶圆 d_a，即 $d_a=d-2h_a$，$d_f=d+2h_f$。

(2)内齿轮齿厚 s_K 相当于外齿轮齿槽宽 e_K，即 $s_{K内}=e_{K外}$，$e_{K内}=s_{K外}$。

(3)为使内齿轮的齿廓全部都为渐开线，要求 d_a 大于 d_b。

图 6-5(c)所示为渐开线标准齿条的一部分，从中可看出齿廓为直线，其上各点的压力角相等并等于齿形角(齿廓的倾斜角)$\alpha=20°$，在任意线上其齿距都相等 $p=\pi m$，但只有在分度线上才有 $s=e=\dfrac{p}{2}=\dfrac{\pi m}{2}$。

6.4 渐开线标准直齿圆柱齿轮的啮合传动

6.4.1 渐开线标准直齿圆柱齿轮的正确啮合及其条件

齿轮传动时，每对齿仅啮合一段时间便要分离，而由后一对齿接替。如图 6-7 所示，当前一对齿在啮合线 N_1N_2 上 K' 点接触时，其后一对齿应在啮合线 N_1N_2 上另一点 K 接触，这样前一对齿分离时，后一对齿才能不中断地接替传动。令轮 1 相邻两齿同侧齿廓沿其法线上的距离 $l_{K_1'K_1}$ 应等于轮 2 相邻两齿同侧齿廓沿其法线上的距离 $l_{K_2'K_2}$。因此，要使两轮正确啮合，则它们的法向齿距应相等，即 $p_{n1}=p_{n2}$。由于 $p_n=p_b$，所以

$$p_{n1}=p_{b1}=p_{n2}=p_{b2} \tag{6-9}$$

而 $p_{b1}=p_1\cos\alpha_1=\pi m_1\cos\alpha_1 \quad p_{b2}=p_2\cos\alpha_2=\pi m_2\cos\alpha_2$

则

$$m_1\cos\alpha_1=m_2\cos\alpha_2 \tag{6-10}$$

式中，m_1、m_2、α_1、α_2 分别为两轮的模数和压力角，而齿轮的模数和压力角均已标准化，因此要满足式(6-10)，唯有

$$m_1=m_2=m \quad \alpha_1=\alpha_2=\alpha \tag{6-11}$$

因此，渐开线齿轮的正确啮合条件为：两轮分度圆上的模数和压力角必须分别相等。

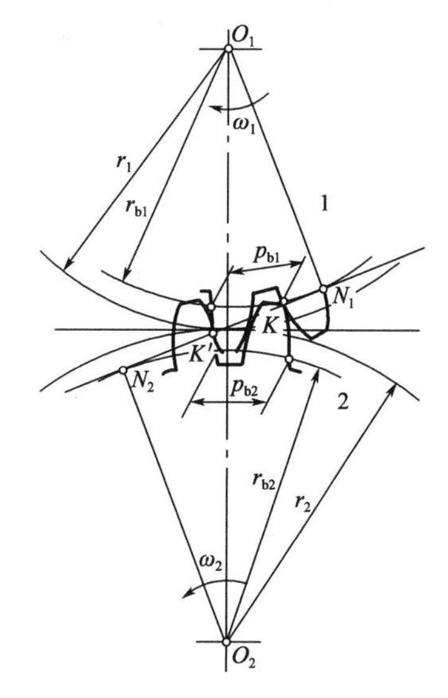

图 6-7 渐开线直齿轮正确啮合的条件

又因

$$i_{12}=\frac{\omega_1}{\omega_2}=\frac{d_2'}{d_1'}=\frac{d_2}{d_1}=\frac{d_{b2}}{d_{b1}}=\frac{z_2}{z_1} \tag{6-12}$$

故一对齿轮传动时两轮角速度之比等于两轮齿数之反比。

6.4.2 渐开线标准直齿圆柱齿轮的标准中心距

渐开线齿轮传动应满足如下条件：

1. 无齿侧间隙啮合

一对齿轮传动时，一轮节圆上的齿槽宽与另一轮节圆上的齿厚之差称为齿侧间隙。在齿轮加工时，刀具轮齿与工件轮齿之间是没有齿侧间隙的。在齿轮传动中，为了消除反向传动空程和减小撞击，也要求齿侧间隙等于零。因此，在机械设计中，正确安装的齿轮都按照无齿侧间隙的理想情况计算其名义尺寸。(实际上，为了防止齿轮工作时轮齿受力变形和因摩擦发热而膨胀所引起的挤轧现象以及存储润滑油，应留有侧隙，但此间隙是在制造时以齿厚公差来保证的)

2. 具有标准顶隙

一对渐开线齿轮互相啮合时，为避免一轮的齿顶与另一轮的齿根底部抵触，并能有一定的

空隙来贮存润滑油，则要求在一轮的齿顶与另一轮的齿根底部之间留有一定的径向间隙，称为顶隙，顶隙的标准值为 $c=c^{*}m$。

如图 6-8(a)所示为外啮合齿轮传动，当正确安装的齿轮传动时理论上应无齿侧间隙啮合，这种情况下的齿轮传动中心距称为标准中心距 a[图 6-8(a)]。按标准中心距进行安装称为标准安装。由于标准齿轮分度圆的齿厚与齿槽宽相等，而又由正确啮合条件一对渐开线齿轮的模数相等，故 $s_1=e_1=s_2=e_2=\pi m/2$。欲使两齿轮的侧隙为零，则表明两标准齿轮按标准中心距安装时它们的分度圆相切，所以标准中心距 a 为

$$a=r_1'+r_2'=r_1+r_2=\frac{m(z_1+z_2)}{2} \tag{6-13}$$

按上述标准中心距安装能否满足对标准值顶隙的要求呢？设有标准值顶隙时两轮的中心距为 a_1，则

$$a_1=r_{a1}+c+r_{f2}=r_1+h_a^{*}m+c^{*}m+r_2-(h_a^{*}+c^{*})m=r_1+r_2=\frac{m(z_1+z_2)}{2}=a \tag{6-14}$$

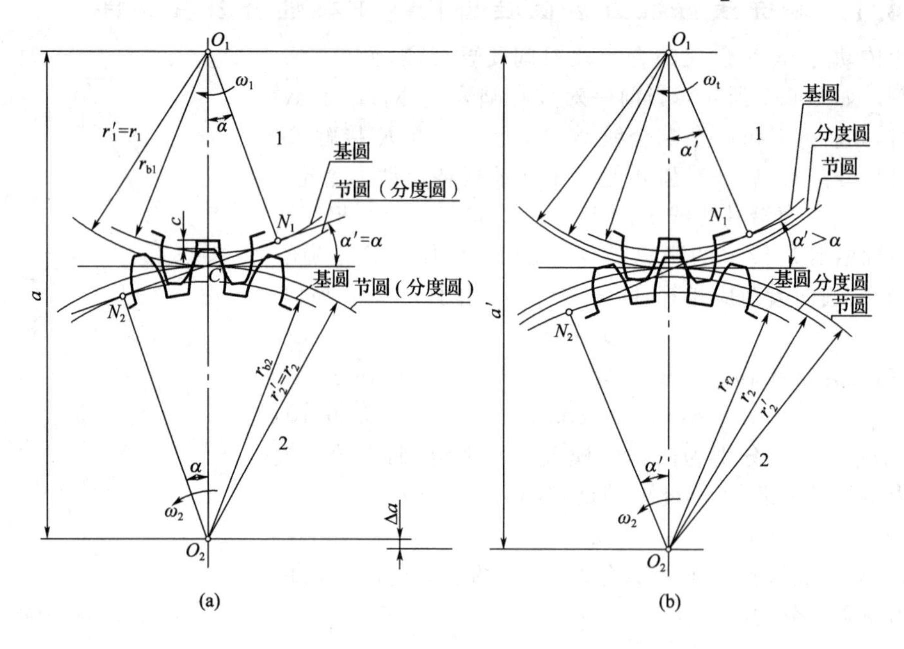

图 6-8 标准齿轮外啮合传动

式(6-14)表明按标准中心距安装时，其顶隙亦为标准顶隙，且其分度圆与节圆重合。上述按标准中心距安装是一种理想状态，在实际中由于安装误差，所以不可能绝对保证中心距为标准值，此时的中心距称为实际中心距 a'[图 6-8(b)]，当实际中心距 a' 并不等于标准中心距 a 时的安装称为非标准安装，其实际中心距 a' 与标准中心距 a 的关系为

$$a'=r_1'+r_2'=\frac{r_1\cos\alpha}{\cos\alpha'}+\frac{r_2\cos\alpha}{\cos\alpha'}=a\,\frac{\cos\alpha}{\cos\alpha'}$$

所以

$$a'\cos\alpha'=a\cos\alpha \tag{6-15}$$

注意：分度圆和压力角是单个齿轮所具有的，而节圆和啮合角是两个齿轮相互啮合时才出现的。标准齿轮传动只有按标准中心距安装分度圆与节圆重合时，压力角与啮合角才相等；否则压力角与啮合角并不相等。

如图 6-9 所示为内啮合齿轮传动，内啮合齿轮传动与外啮合齿轮传动一样，当按标准中心距安装时，既能保证无侧隙啮合又能保证有标准顶隙，同时分度圆与节圆重合，即 $\alpha=\alpha'$，其标

准中心距为

$$a=r_2-r_1=\frac{m(z_2-z_1)}{2} \tag{6-16}$$

当不按标准中心距安装时的情况与外啮合一样，也可以导出满足 $a'\cos\alpha'=a\cos\alpha$

如图 6-10 所示为齿轮齿条啮合传动，当为标准安装时，其齿轮分度圆与齿条分度线相切，节圆与分度圆重合，节线与分度线重合，此时 $\alpha'=\alpha$，也等于齿形角；当为非标准安装时，即齿条沿径向线 O_1C 远离时，由于齿条齿廓为直线，所以不论齿条的位置如何改变，其齿廓总与原始位置平行，而其啮合线总与齿廓垂直，所以不论齿轮齿条是否标准安装，其啮合线的位置仍保持不变。因此其啮合角 α' 恒等于分度圆压力角 α，而其节点 C 的位置也不变，故节圆大小也不变，而且恒与分度圆重合。但当非标准安装时其节线与分度线不重合。

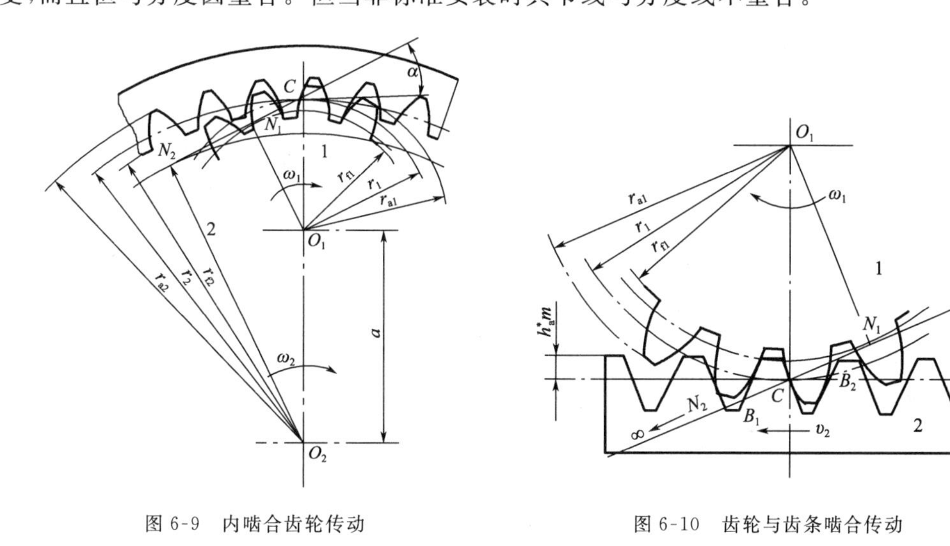

图 6-9 内啮合齿轮传动 图 6-10 齿轮与齿条啮合传动

6.4.3 渐开线标准直齿圆柱齿轮的连续传动条件

1. 一对轮齿的啮合过程

如图 6-11(a)所示为一对渐开线标准直齿轮的啮合情况，N_1N_2 为啮合线。当两轮的一对轮齿进入啮合时，是主动轮的齿根部分与从动轮齿顶接触于 B_2 点(称为啮合起始点)；反之，脱离啮合时，是从动轮的齿根部分与主动轮的齿顶接触于 B_1 点(称为啮合终止点)。由此可看出一对轮齿只在啮合线 N_1N_2 上一段(B_1B_2)参加啮合，故 B_1B_2 称为实际啮合线。当齿高增大时 B_1、B_2 点就愈接近 N_1、N_2 点，故实际啮合线就愈长；但因基圆内无渐开线，故实际啮合线不能超过 N_1、N_2 两点，其为两轮齿廓啮合的极限位置，故称 N_1N_2 为理论啮合线。

另外在两轮齿啮合过程中，轮齿的齿廓并非全部参加啮合，而只有从齿顶到齿根的一段参加接触，该段称为齿廓的工作段。由图 6-11(a)可看出，主动轮和从动轮的齿廓工作段长度并不相等，这说明两轮齿廓在啮合过程中其相对运动为滚动兼滑动(节点除外)，而齿根部分的工作段又较短，所以齿根磨损最严重。

2. 渐开线齿轮连续传动的条件

齿轮传动是靠两轮的轮齿依次接触推动来实现的。当前一对轮齿要脱离时，后一对轮齿应能及时进入啮合，这样才能保证传动的连续性。

如图 6-11(b)所示的一对渐开线齿轮传动，虽然两轮的基圆齿距相等，但其基圆齿距 p_b 大于实际啮合线 B_1B_2 的长度，即 $p_b>l_{B_1B_2}$，此时当前一对轮齿在 B_1 点分离时，后一对轮齿还没有进入互相接触状态，故不能保证连续传动。

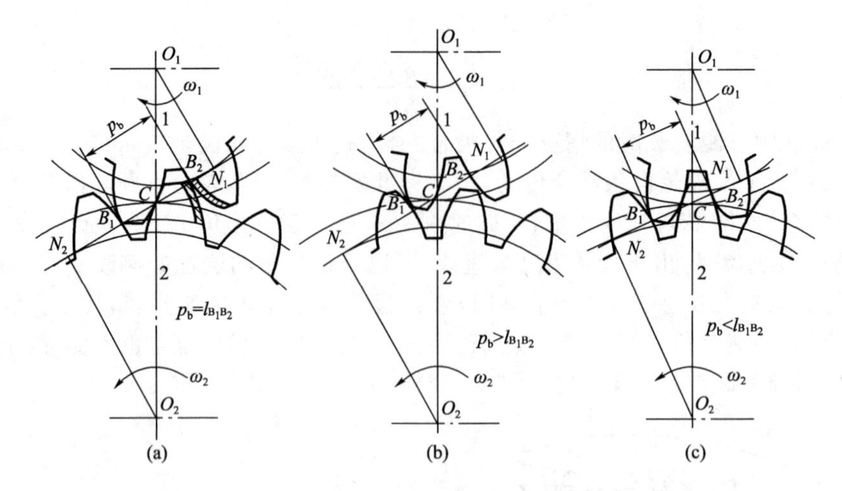

图 6-11　渐开线齿轮连续传动的条件

如图 6-11(a)所示，此时基圆齿距 p_b 等于实际啮合线 B_1B_2 的长度，即 $p_b=l_{B_1B_2}$，当前一对轮齿在 B_1 点分离时，后一对轮齿则刚好在 B_2 点进入啮合，这表明恰好能保证连续传动，但在啮合过程中始终只有一对轮齿啮合。

如图 6-11(c)所示，此时基圆齿距 p_b 小于实际啮合线 B_1B_2 的长度，即 $p_b<l_{B_1B_2}$，当前一对轮齿在 B_1 点分离时，后一对轮齿则早已进入啮合，这表明可以保证连续传动。

由此可知，一对齿轮连续传动的条件是：两轮的实际啮合线 B_1B_2 的长度应大于或等于齿轮的基圆齿距 p_b，即 $l_{B_1B_2}\geqslant p_b$。通常将实际啮合线 B_1B_2 的长度与基圆齿距 p_b 的比值用 ε_α 表示，称为齿轮传动的重合度，故连续传动条件为

$$\varepsilon_\alpha=\frac{l_{B_1B_2}}{p_b}\geqslant 1 \tag{6-17}$$

从理论上讲重合度 $\varepsilon_\alpha\geqslant 1$ 就能保证齿轮连续传动，但考虑到制造和安装的误差，实际上应使 ε_α 大于或等于其推荐的许用值，即 $\varepsilon_\alpha\geqslant[\varepsilon_\alpha]$。

$[\varepsilon_\alpha]$值是随齿轮机构的使用要求和制造精度而定的，常用的推荐值见表 6-4。

表 6-4　$[\varepsilon_\alpha]$的推荐值

使用场合	一般机械制造业	汽车拖拉机	金属切削机床
$[\varepsilon_\alpha]$	1.4	1.1～1.2	1.3

3. 重合度计算

图 6-12 所示为外啮合标准直齿轮传动，由图可知，实际啮合线长 $l_{B_1B_2}=l_{CB_1}+l_{CB_2}$，而由图中的$\triangle O_1N_1C$、$\triangle O_1N_1B_1$ 和$\triangle O_2N_2C$、$\triangle O_2N_2B_2$ 可求出 l_{CB_1} 和 l_{CB_2}，则外啮合标准直齿轮传动的重合度大小为

$$\varepsilon_\alpha=\frac{l_{B_1B_2}}{p_b}=\frac{l_{B_1C}+l_{B_2C}}{\pi m\cos\alpha}=\frac{1}{2\pi}[z_1(\tan\alpha_{a1}-\tan\alpha')+z_2(\tan\alpha_{a2}-\tan\alpha')] \tag{6-18}$$

而

$$\alpha_a=\arccos\frac{r_b}{r_a}=\arccos\frac{z\cos\alpha}{z+2h_a^*}$$

用同样方法由图 6-13 可知，进行类似推导可得出内啮合标准直齿轮传动的重合度大小为

$$\varepsilon_\alpha=\frac{1}{2\pi}[z_1(\tan\alpha_{a1}-\tan\alpha')-z_2(\tan\alpha_{a2}-\tan\alpha')] \tag{6-19}$$

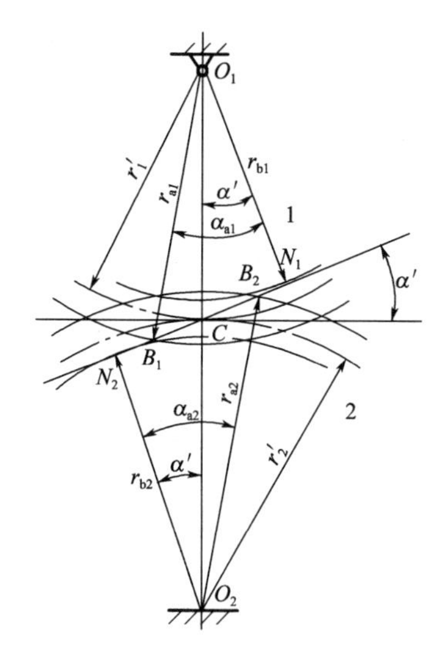

图 6-12 外啮合齿轮传动的重合度

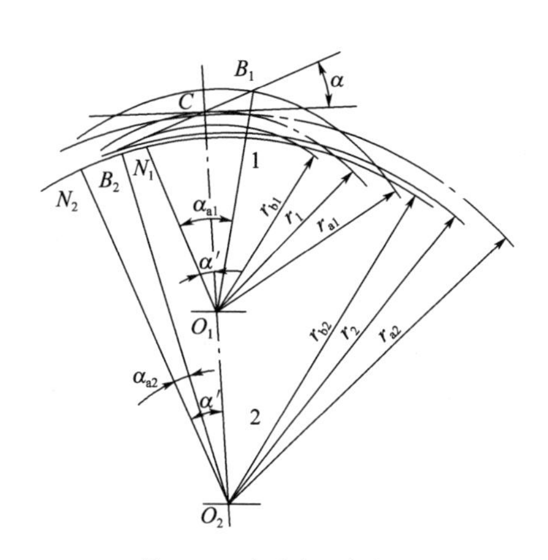

图 6-13 内啮合重合度

用同样方法由图 6-14 可知，将一个齿轮的齿数增至无穷多时则变为齿条，此时可导出

$$l_{CB_2}=\frac{h_a^* m}{\sin\alpha}$$

$$\varepsilon_\alpha=\frac{1}{2\pi}\left[z_1(\tan\alpha_{a1}-\tan\alpha')+\frac{2h_a^*}{\cos\alpha\sin\alpha}\right] \tag{6-20}$$

当两个齿轮的齿数都增至无穷多而变成齿条时(极限情况)，则推出

$$\varepsilon_{\alpha\max}=\frac{1}{2\pi}\left[\frac{2h_a^*}{\cos\alpha\sin\alpha}+\frac{2h_a^*}{\cos\alpha\sin\alpha}\right]=\frac{4h_a^*}{\pi\sin(2\alpha)} \tag{6-21}$$

当 $\alpha=20°$，$h_a^*=1$ 时，$\varepsilon_{\alpha\max}=1.981$，因此直齿轮传动的重合度不可能超过 $\varepsilon_{\alpha\max}$。

重合度 ε_α 表示同时参加啮合的齿的对数。当 $\varepsilon_\alpha=1.4$，表示传动过程中有时 1 对齿接触，有时 2 对齿接触，其中 2 对齿接触的时间占 40%。ε_α 值越大，轮齿平均受力越小，传动越平稳。如图 6-15 所示为在实际啮合线上 B_2C、B_1D 为双齿啮合区($0.4p_b$ 的长度上)，而 CD 内($0.6p_b$ 的长度上)为单齿啮合区。

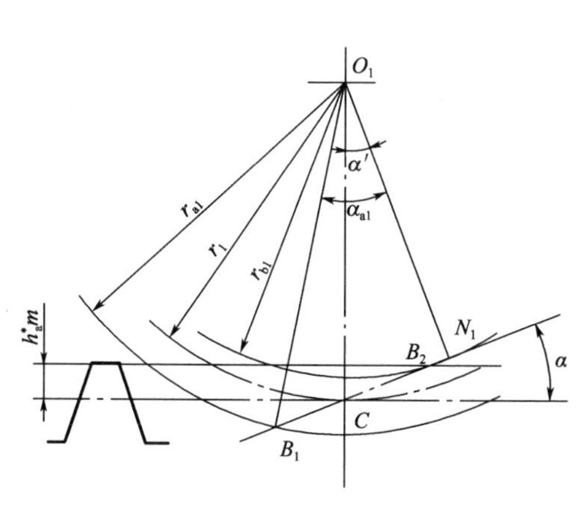

图 6-14 齿轮齿条啮合重合度

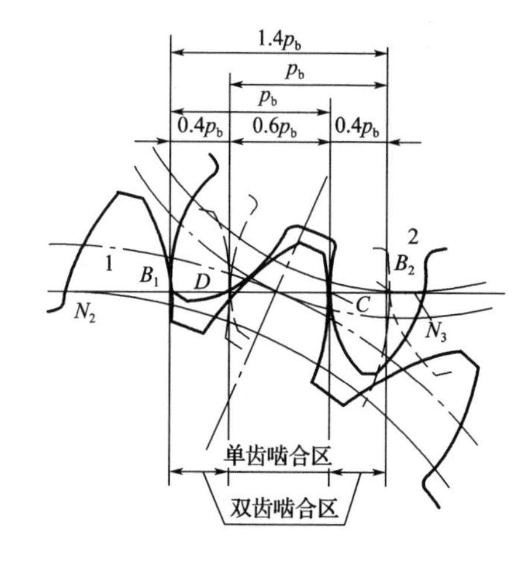

图 6-15 齿轮传动的重合度

6.5 渐开线齿轮的加工、根切和变位齿轮

6.5.1 齿廓切制的基本原理

齿轮的加工方法有很多,有铸造、模锻、冲压、金属切削法等,其详细研究属于机械制造工艺学课程,这里仅结合渐开线齿廓啮合原理来讨论其金属切削法。加工过程关键的问题是,保证齿形准确和分齿均匀。切削加工方法又可分为仿形法和范成法(展成法)两种。

1.仿形法

仿形法利用与被加工齿轮的齿槽形状相同的刀具来加工齿轮,在刀具的轴向剖面内,刀刃的形状与齿槽的形状相同,且在加工过程中,刀具是一个齿槽一个齿槽地分度切削的。仿形法加工所用的刀具有圆盘铣刀(图 6-16)和指状铣刀(图 6-17)。

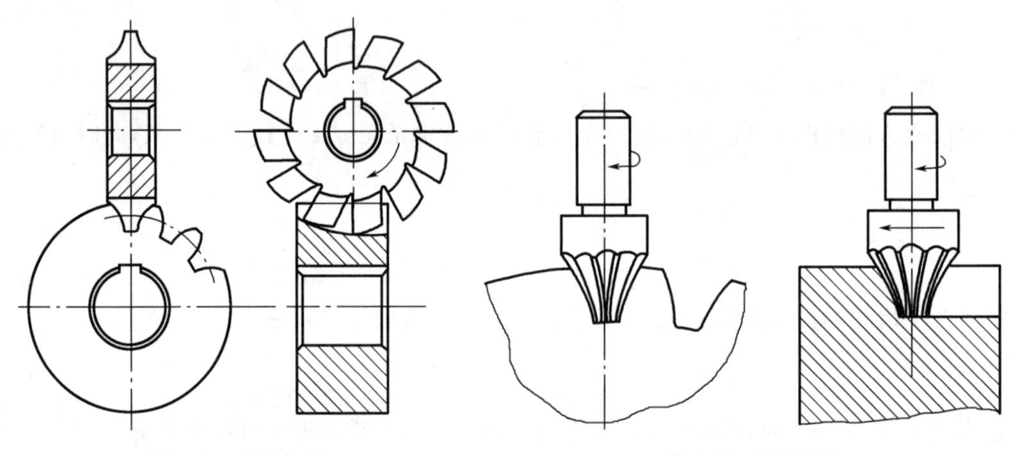

图 6-16 圆盘铣刀　　　图 6-17 指状铣刀

由渐开线特性可知:渐开线齿廓的形状取决于基圆的大小,而 $r_b=\frac{zm}{2}\cos\alpha$,所以当 m、α 一定时,其形状将随齿数 z 而变化,齿数不同,齿形不同。因此,若需切出精确的齿形,则在加工同一模数和压力角的齿轮时,应采用与齿数相同的铣刀,这样一来就需要很多的刀具。而在实际生产中是对于同一模数和压力角的刀具,按被加工齿数分成 8 组,每把铣刀加工一定范围内的齿数,具体规定见表 6-5,在该范围内轮齿的形状完全相同。因此,仿形法加工的缺点是:齿形不够准确,分齿不够均匀,切削不连续,生产率低,成本高;其优点是可在普通铣床上加工,故只适用于小批量或修配齿轮加工。

表 6-5　刀号及其加工齿数的范围

刀 号	1	2	3	4	5	6	7	8
加工齿数范围	12～13	14～16	17～20	21～25	26～34	35～54	55～134	135 以上

2.范成法(展成法)

范成法是利用一对齿轮(或齿轮与齿条)相互啮合时,其共轭齿廓互为包络线的原理来切齿的。如果把其中一个齿轮(或齿条)做成刀具,就可以切出与它共轭的渐开线齿廓。用范成法切齿的常用刀具如下:

(1)齿轮插刀

图 6-18(a)所示为用齿轮插刀加工齿轮的情形。刀具顶部比正常齿高出 c^*m,以便切出顶隙。插齿时,插刀沿轮坯轴线方向做往复切削运动,同时强迫插刀与轮坯模仿一对齿轮传动那

样以一定的角速比转动[图 6-18(b)]，直至全部齿槽切削完毕。

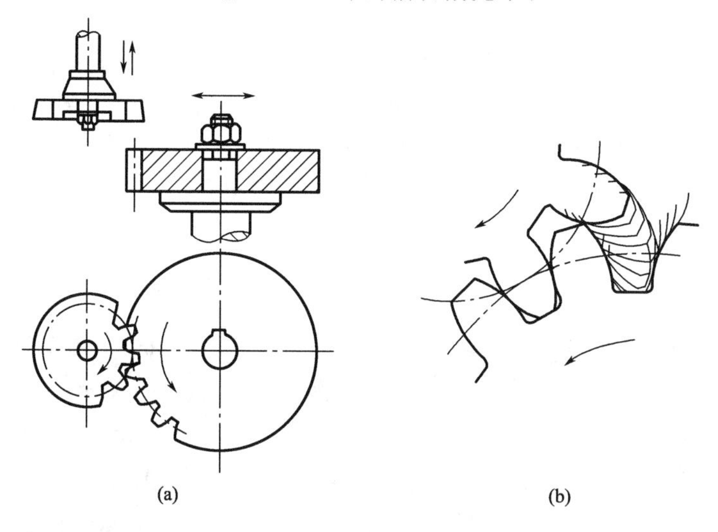

图 6-18　用齿轮插刀加工齿轮

①范成运动　刀具与齿坯以恒定的传动比 $i=\frac{n_{刀}}{n_{坯}}=\frac{z_{坯}}{z_{刀}}$ 做回转运动，该传动比由机床传动链保证，不存在主动、从动之分。

②切削运动　插刀沿齿坯轴向做往复切削运动。

③进给运动　为切出轮齿高度，在切削过程中插刀还应向齿坯中心径向移动，直至切出规定齿高。这样刀具的渐开线齿廓就在轮坯上包络出与刀具渐开线齿廓相共轭的渐开线齿廓来[图 6-18(b)]。

(2)齿条插刀

图 6-19 所示为用齿条插刀加工齿轮的情形。齿条插刀与齿坯之间的范成运动和齿条与齿轮啮合传动一样，其刀具移动速度 $v_{刀}=r_{坯}\ \omega_{坯}=\frac{mz_{坯}\ \omega_{坯}}{2}$，其切齿原理与齿轮插刀加工原理一样。用齿条插刀加工出来的齿轮齿廓是齿条插刀刀刃在各个位置的包络线。

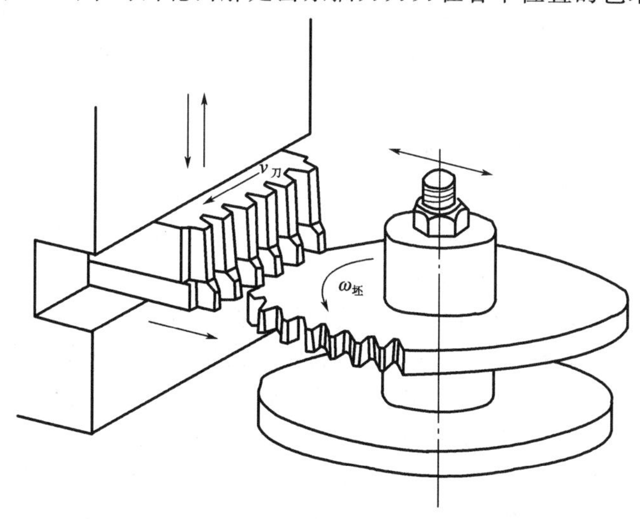

图 6-19　用齿条插刀加工齿轮

不论用齿轮插刀还是齿条插刀加工齿轮，其切削都是不连续的，故生产率较低。但插齿加工齿轮时可加工内齿轮。为了提高生产率，在生产中更广泛地采用齿轮滚刀来加工齿轮。

(3)齿轮滚刀

图 6-20 所示为用齿轮滚刀加工齿轮的情形。齿轮滚刀像一根螺旋杆一样，但在轴向开出一些槽，其轴剖面的齿形与齿条齿形一样，滚刀转动时就相当于这些齿条做连续轴向移动。因此，用齿轮滚刀加工齿轮的原理与用齿条插刀加工齿轮的原理基本相同，不过这时齿条插刀的切削运动和范成运动已为滚刀刀刃的螺旋运动所代替，同时滚刀又沿齿坯轴向做缓慢的移动进行切齿。

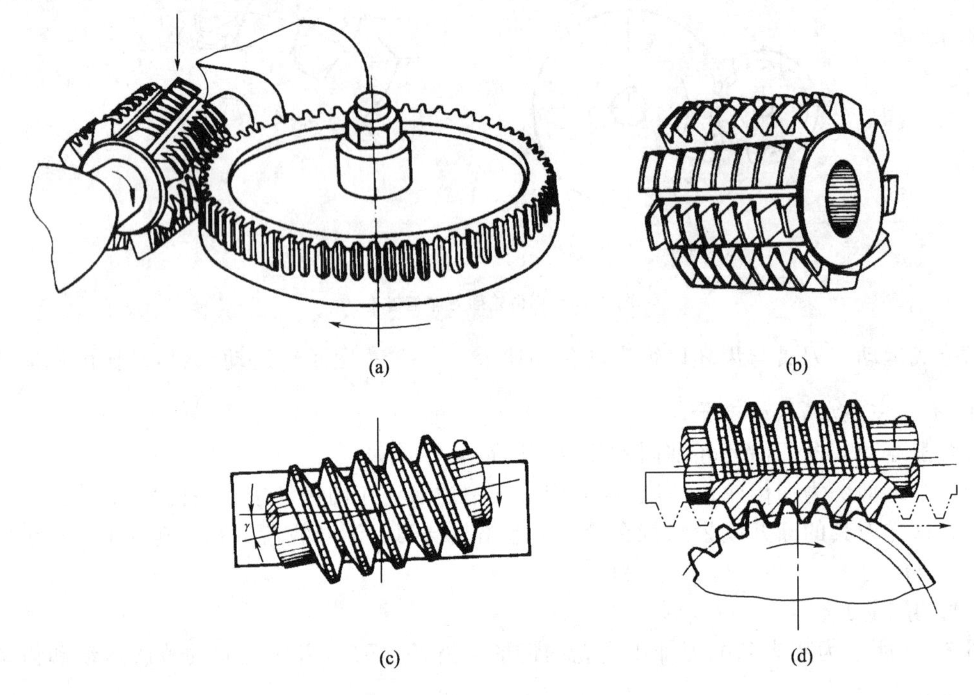

图 6-20 用齿轮滚刀加工齿轮

由于范成法加工齿轮是利用齿轮啮合原理，而插齿、滚齿刀具的齿廓是渐开线，所以加工出的齿轮齿廓也是渐开线。根据正确啮合条件，被切齿轮的模数和压力角必定与插刀的模数和压力角相等，故可以用一把刀具加工出同一模数和压力角而不同齿数的齿轮，齿形误差小，分度精度高。

6.5.2 渐开线齿廓的根切与最少齿数

1. 渐开线齿廓的根切现象及产生根切的原因

用范成法加工齿轮，当齿数较少时，例如，$z<15\sim17$，有时刀刃的顶部会把齿根多切去一部分，破坏了渐开线齿廓，这种现象称为轮齿的根切现象，如图 6-21 所示。根切的齿廓将使轮齿的弯曲强度降低，重合度也降低，使传动平稳性很不好。因此，必须力求避免根切现象。

图 6-22 所示为用齿条插刀加工标准齿轮的情况，齿条插刀的分度线与轮坯的分度圆相切于 C 点，而刀具的齿顶线与啮合线的交点已经超过啮合极限点 N_1。由范成法加工原理可知，刀具将从位置 1(B_1 点) 开始切制齿廓，而行至位置 2 时，齿廓的渐开线已全部切出，这一切削过程刀具顶部没有切入轮坯的齿根渐开线齿廓，当刀具继续行至位置 3 时，由图可看出刀刃将已切好的轮齿根部的渐开线再次切掉(图 6-22 中阴影部分)，而出现根切。从上面分析可得：用范成法加工齿轮时，如果刀具的齿顶线或齿顶圆(齿轮插刀)超过了啮合极限点 N_1，则被切齿轮必然会发生根切现象。

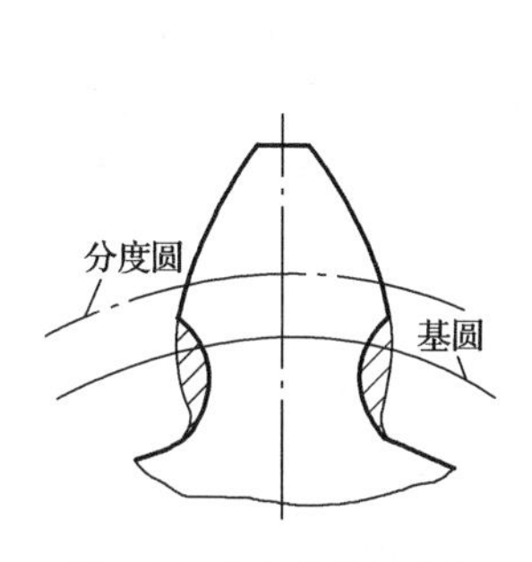

图 6-21 轮齿的根切现象

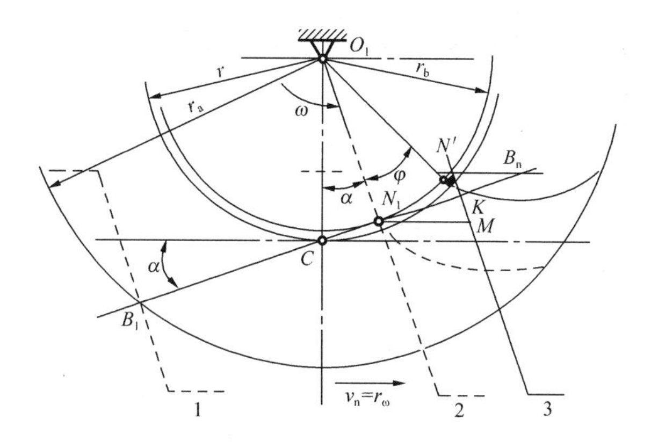

图 6-22 轮齿根切的过程

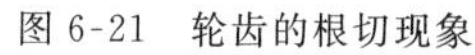

2. 渐开线标准齿轮不发生根切的条件及最少齿数

由以上分析可知，要避免根切，应使刀具顶线不超过啮合极限点 N_1。当用标准齿条插刀切削齿轮时，分度线必须与分度圆相切，即刀具顶线位置一定。因而要使刀具顶线不超过啮合极限点 N_1 点，就得设法改变啮合极限点 N_1 的位置。而由图 6-23 可看出啮合极限点 N_1 点的位置与被切齿轮的基圆半径 r_b 的大小有关，r_b 愈小，N_1 点愈接近节点 C，产生根切的可能性愈大。又因为 $r_b=\frac{zm}{2}\cos\alpha$，而被切齿轮的模数和压力角均与刀具相同，所以产生根切与否就取决于被切齿轮的齿数，齿数愈少，愈容易产生根切。因此，为了不发生根切，则齿轮齿数 z 不得少于某一最少限度，即最少齿数。如图 6-24 所示，要不产生根切，则应使 $l_{CB}\leqslant l_{CN_1}$，而由图中$\triangle CO_1N_1$ 和$\triangle BB'C$ 可推导求出 l_{CB} 和 l_{CN_1}，故

$$\frac{h_a^*m}{\sin\alpha}\leqslant\frac{mz\sin\alpha}{2},z\geqslant\frac{2h_a^*}{\sin^2\alpha}$$

$$z_{\min}=\frac{2h_a^*}{\sin^2\alpha} \tag{6-22}$$

当 $\alpha=20°$、$h_a^*=1$，则 $z_{\min}=17$，即标准齿轮用齿条型刀具切齿不发生根切现象的最少齿数为 17。

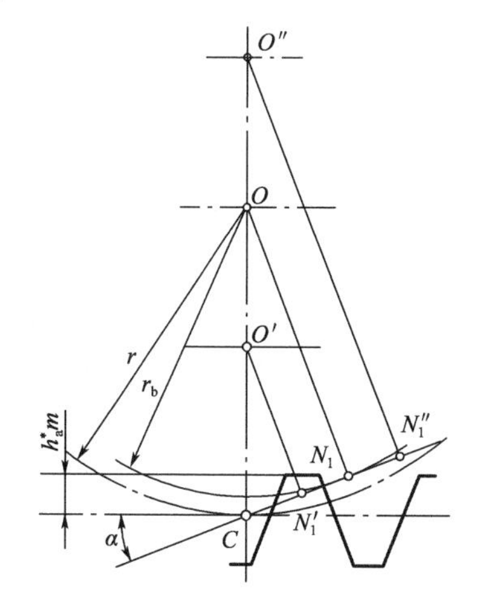

图 6-23 啮合极限点 N 与基圆半径的关系

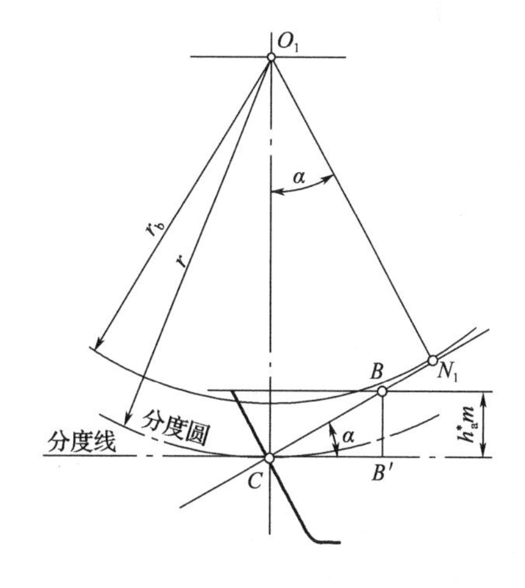

图 6-24 不发生根切的条件

*6.5.3 变位齿轮传动原理及类型

1. 变位原理

变位原理是在被加工齿轮的齿数 z 小于不产生根切的最少齿数 $z_{\min}$，且要求不产生根切的情况下提出来的。由以上分析可知，产生根切的原因是刀具顶线超过了啮合极限点 N_1，所以为了避免根切，可使刀具相对于加工标准齿轮时的位置离开一段距离，使刀具顶线不超过啮合极限点 N_1，刀具的这种移动过程称为变位，而由此加工出来的齿轮称为变位齿轮。

2. 变位齿轮的种类

如图 6-25(a)所示，刀具的虚线位置为加工标准齿轮的位置，这时被加工齿轮的齿数 z 小于不产生根切的最少齿数 $z_{\min}$，故产生根切；现将刀具移到实线位置，刀具顶线就不超过 N_1 点，故不产生根切，这时与轮坯分度圆相切的已不是刀具的分度线，而是一条与其平行的节线。

刀具所移动的距离称为变位量，用 xm 表示，其中 x 称为变位系数。刀具远离轮坯中心的移动称为正变位，其变位系数 x 为正值，所加工出来的齿轮称为正变位齿轮；刀具接近轮坯中心的移动称为负变位，其变位系数 x 为负值，所加工出来的齿轮称为负变位齿轮。

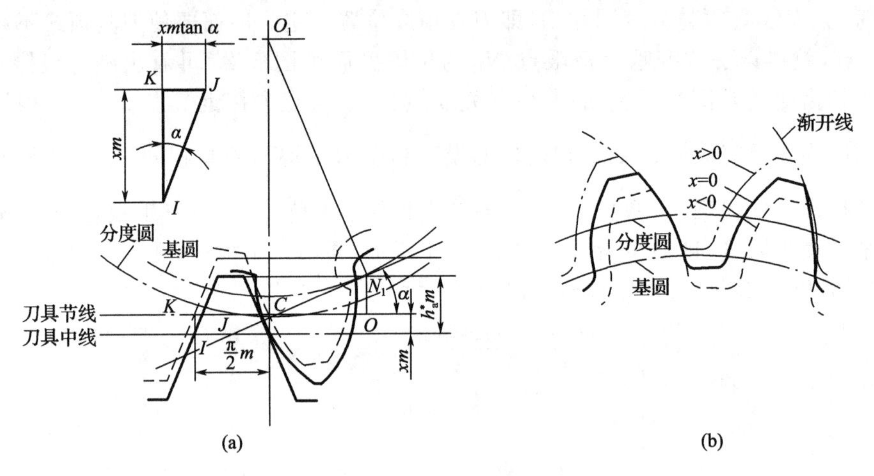

图 6-25 齿轮的变位修正

由于刀具上与分度线平行的任一条节线上的齿距 p、模数 m、刀具角 α 均相等，故变位齿轮的 p、m、α 也与刀具的一样，因此刀具变位后，其齿轮的分度圆直径 d、基圆直径 d_b 也就不变。由此可知变位齿轮和标准齿轮的齿廓曲线为同一基圆上的渐开线，只是所截取的部位不同而已，如图 6-25(b)所示。而不同部位的渐开线的曲率半径不同，故有可能利用变位齿轮来改善齿轮的传动质量。但变位齿轮的齿厚、齿槽宽、齿顶高和齿根高相对于标准齿轮均有所改变。

如图 6-25(a)所示，当采用正变位时，由于刀具节线上的齿槽宽较分度线上的齿槽宽增大了 $2l_{KJ}$，所以被切齿轮分度圆上的齿厚也增大了 $2l_{KJ}$，由 $\triangle IKJ$ 得，$l_{KJ}=xm\tan\alpha$，因此正变位齿轮的齿厚为

$$s=\frac{\pi m}{2}+2l_{KJ}=\frac{\pi m}{2}+2xm\tan\alpha \tag{6-23}$$

由于刀具节线的齿距恒等于 πm，所以齿轮分度圆上的齿槽宽相应减少了 $2l_{KJ}$，由此得到正变位齿轮的齿槽宽为

$$e=\frac{\pi m}{2}-2l_{KJ}=\frac{\pi m}{2}-2xm\tan\alpha \tag{6-24}$$

若为负变位齿轮，则式(6-24)中 x 用负值代入进行计算。

变位齿轮传动的几何尺寸计算见表6-6。

表6-6 变位齿轮传动的计算公式

名 称	符号	标准齿轮传动	等变位齿轮传动	不等变位齿轮传动
变位系数	x	$x_1=x_2=0$	$x_1=-x_2, x_1+x_2=0$	$x_1+x_2\neq 0$
节圆直径	d'	$d_i'=d_i=z_i m$（$i=1$、2，下同）		$d_i'=d_i\cos\alpha/\cos\alpha'$
啮合角	α'	$\alpha'=\alpha$		$\cos\alpha'=a\cos\alpha/a'$
齿顶高	h_a	$h_a=h_a^* m$	$h_a=(h_a^*+x_i)m$	$h_a=(h_a^*+x_i-\sigma)m$
齿根高	h_f	$h_f=(h_a^*+c^*)m$	$h_f=(h_a^*+c^*-x)m$	
齿顶圆直径	d_a	$d_{ai}=d_i+2h_{ai}$		
齿根圆直径	d_f	$d_{fi}=d_i-2h_{fi}$		
中心距	a	$a=\dfrac{d_1+d_2}{2}$		$a'=\dfrac{d_1'+d_2'}{2}$ $a'=a+ym$

6.6 齿轮传动的失效形式、设计准则、材料选择及许用应力

大多数齿轮传动不仅用来传递运动，而且还要传递动力，因此对齿轮传动有两个基本要求，即传动平稳和承载能力高，前面就齿轮啮合原理和传动平稳性进行了讨论，下面着重研究齿轮的承载能力和强度计算问题。

传递动力的齿轮在啮合过程中，因力作用在轮齿上而使得轮齿产生破坏倾向，而轮齿依靠自身的尺寸和材料的性能来抵抗这种破坏。轮齿抵抗破坏的能力称为齿轮强度。因此，选用优质材料、加大齿轮尺寸可以提高齿轮强度，但从经济方面考虑，则希望齿轮的尺寸小、质量轻、成本低，所以齿轮强度计算的任务就是在给定的工作条件下（载荷、速度、工作期限等），合理地选择材料和热处理，从而合理地确定齿轮的尺寸，使之尽量小。

按工作条件，齿轮传动可分为开式和闭式齿轮传动。开式齿轮传动其齿轮裸露在空间，外界杂物容易进入，且不能保证良好的润滑；闭式齿轮传动，齿轮封闭在箱体内，可防止灰尘落入，并保证良好的润滑。另外对于齿轮传动根据齿面硬度的不同可分为硬齿面齿轮传动（轮齿表面硬度大于350HBS）和软齿面齿轮传动（轮齿表面硬度小于或等于350HBS）。

6.6.1 齿轮传动的失效形式

齿轮传动的失效主要发生在轮齿，而轮缘、轮辐、轮毂等很少失效。轮齿失效主要有以下形式：

1. 轮齿折断

齿轮工作时轮齿为一悬臂梁，受载后齿根部弯曲应力最大，加上齿根部的应力集中，故在齿根部较易折断（图6-26），具体包括以下两种：

（1）弯曲疲劳折断　由于齿轮传动时，轮齿多次重复受载，因而齿根处会产生疲劳裂纹，裂纹扩展将导致轮齿弯曲疲劳折断。

（2）过载折断　轮齿受到短时过载或冲击载荷或轮齿严重磨损导致齿根减薄，会发生过载折断。

齿宽较小的直齿轮往往沿齿宽方向全部折断；齿宽很大的直齿轮或斜齿轮，由于制造与安装不精确，使载荷在齿宽上不是均布，而是偏载，从而使轮齿发生局部折断。

2. 齿面疲劳点蚀

轮齿是依次进行啮合的，因此齿轮在工作时，其齿面的接触应力是变化的，所以在载荷的反复作用下，齿面会产生疲劳点蚀(图 6-27)，从而使轮齿因啮合情况恶化而报废。

实践表明，齿面疲劳点蚀主要发生在齿根部靠近节线处，因节线处相对滑动速度小，不利于油膜形成，故另外在节点啮合为一对齿啮合。

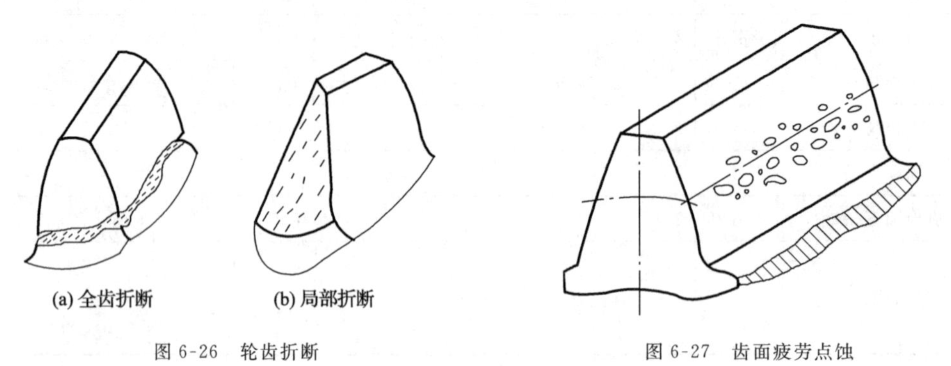

图 6-26 轮齿折断

图 6-27 齿面疲劳点蚀

3. 齿面磨损

齿轮在传动中由于两齿廓表面有相对滑动，所以在载荷作用下会引起齿面磨损(图 6-28)。如果润滑不良或开式齿轮传动，使杂质落入齿面，加剧磨损，严重磨损后渐开线齿廓被破坏，齿侧间隙增大，运转时引起冲击和噪声，影响正常工作，甚至因齿根厚度减薄而引起轮齿折断。

提高齿面硬度，采用适当的材料组合，改善润滑条件和工作环境以及采用变位齿轮调整两齿轮齿根的滑动系数等都可以减轻磨损，提高齿轮的使用寿命。

4. 齿面胶合

在高速重载传动中，齿面间压力大，相对滑动速度高，因摩擦发热使啮合区温度升高而引起润滑失效，致使两齿面金属直接接触并相互粘连，而随后的齿面相对运动，较软的齿面沿滑动方向被撕下，形成胶合沟纹(图 6-29)，这种现象称为齿面胶合。产生齿面胶合后会破坏齿面，使传动失效。在低速重载中齿面压力很大，油膜不易形成，也可能出现齿面胶合。

提高齿面硬度能增强抗胶合能力，对于低速传动，应采用黏度较大的润滑油；对于钢质齿轮，采用含抗胶合添加剂的润滑油也很有效。

5. 齿面塑性变形

若轮齿的材料较软，则在重载作用下，轮齿可能产生齿面塑性变形(图 6-30)，从而破坏了齿面的渐开线，这种破坏常发生在启动频繁和过载的传动中。

防止齿面塑性变形的主要方法是选用屈服极限较高的材料，提高齿面硬度，并进行齿轮过载强度计算。

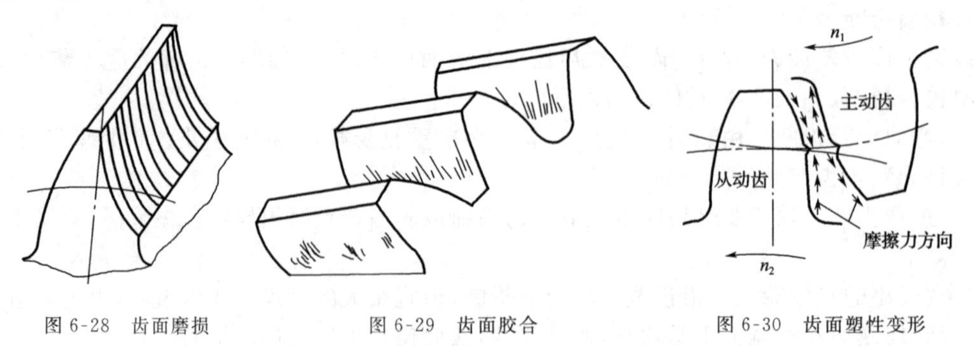

图 6-28 齿面磨损

图 6-29 齿面胶合

图 6-30 齿面塑性变形

6.6.2 齿轮传动的设计准则

以上各种失效形式并不是孤立的，而是相互联系、相互影响的，但在一定条件下，必有一种失效形式是主要的。因此，设计时应根据实际情况分析其可能发生的主要失效形式，选择相应的强度设计方法。

齿轮强度计算包括设计计算和校核设计，其设计准则为：

(1)对于闭式钢制软齿面齿轮传动，一般因齿面疲劳点蚀而失效，故通常先按齿面接触疲劳强度设计计算传动的主要尺寸，然后再按齿根弯曲疲劳强度校核其轮齿折断的可能性；若已知传动尺寸，则按齿面接触疲劳强度校核。

(2)对于闭式钢制硬齿面齿轮传动或铸铁齿轮传动，一般因轮齿折断而失效，故通常先按齿根弯曲疲劳强度设计计算传动的主要尺寸，然后再按齿面接触疲劳强度校核其齿面点蚀的可能性；若已知传动尺寸，则按齿根弯曲疲劳强度校核。

(3)对于开式钢制齿轮传动，其主要失效形式为磨损，磨损过度后发生轮齿折断而失效，故通常按齿根弯曲疲劳强度设计计算传动的主要尺寸即可；若已知传动尺寸，则按齿根弯曲疲劳强度校核。此外，在选取许用应力时应将其降低 30%。

关于齿面磨损、齿面胶合、齿面塑性变形等失效形式，目前还没有被大家普遍接受的通用计算方法，而主要从选材、润滑、密封、齿面硬度等方面采取措施来防止。

6.6.3 齿轮常用材料及其热处理

1. 齿轮材料及其选用

对齿轮材料的要求是多方面的，主要有：齿面有足够的硬度和耐磨性；在变载荷和冲击载荷作用下有足够的弯曲强度和冲击韧性；易加工、热处理变形小，经加工及热处理后能达到所需的精度和表面粗糙度。

常用的齿轮材料是各种牌号的优质碳素钢、合金结构钢、锻钢和铸铁等，一般多采用锻件或轧制钢材。当齿轮较大(例如直径大于 400～600 mm)而轮坯不易锻造时，可采用铸钢；开式低速传动可采用灰铸铁；球墨铸铁有时可代替铸钢，表 6-7 列出了常用齿轮材料及其热处理后的硬度等机械性能。

2. 齿轮的热处理方法

常用齿轮的热处理方法有以下几种：

(1)整体淬火

整体淬火后再低温回火，常用材料为中碳钢或中碳合金钢，例如 45、40Cr 钢等，其表面硬度可达到 45～55HRC。轮齿淬火后变形较大，芯部韧性较差，不宜承受冲击载荷，热处理后需进行磨齿、研齿等精加工。

(2)表面淬火

表面淬火后再低温回火，常用材料为中碳钢或中碳合金钢，例如 45、40Cr 钢等，其表面硬度可达到 50～55HRC。轮齿表面淬火后变形不大，无须磨齿，因轮齿表面硬而芯部韧性较好，故接触强度较高，耐磨性也较好，能承受一定的冲击载荷。

(3)渗碳淬火

冲击载荷较大的齿轮宜采用渗碳淬火，常用材料为低碳钢或低碳合金钢，例如 20、20Cr 钢等，其热处理后表面硬度可达到56～62HRC，渗碳淬火后变形较大，需精加工(磨齿)。

(4)氮化

氮化是一种表面渗氮的化学热处理。氮化后齿轮表面硬度可达到60～62HRC且变形小，故热处理后不用精加工，适用于内齿轮和难于磨削的齿轮。常用材料有38CrMoAl钢等。但由于氮化层很薄，在冲击载荷作用下易破碎，故不适于在冲击载荷下使用。

(5)调质

调质通常用于中碳钢和中碳合金钢，例如45、40Cr钢等，调质后齿面硬度一般为210～280HBS，因硬度不高，故热处理后可精切齿轮，且在使用中容易跑合。

(6)正火

正火能消除内应力，细化晶粒，改善机械性能和切削性能。机械强度要求不高的齿轮可用中碳钢正火处理。大直径的齿轮可用铸铁正火处理。

一对齿轮中材料及热处理的搭配很重要。设计中，对于大、小齿轮都是软齿面的齿轮传动，为使大、小齿轮使用寿命比较接近，一般应使小齿轮齿面硬度比大齿轮的高30～50HBS，且传动比越大，其硬度差也应越大。当大、小齿轮都是硬齿面时，小齿轮的硬度应略高，也可和大齿轮相等。常用的齿轮材料及其热处理见表6-7。

表6-7　　常用齿轮材料及其热处理

类　别	材料牌号	热处理方式	强度极限 σ_b/MPa	屈服极限 σ_s/MPa	硬　度
优质非合金钢	45	正火	588	294	169～217HBS
		调质	647	373	229～286HBS
		表面淬火	750	450	40～50HRC
	50	正火	620	320	180～220HBS
合金结构钢	40Cr	调质	700	550	240～260HBS
		表面淬火	900	650	48～55HRC
	35SiMn、42SiMn	调质	785	510	229～286HBS
		表面淬火			45～55HRC
	40MnB	调质	735	490	241～286HBS
		表面淬火			45～55HRC
	38SiMnMo	调质	735	588	229～286HBS
		表面淬火			45～55HRC
		氮碳共渗			57～63HRC
	38CrMnAlA	调质	1 000	850	255～321HBS
		表面淬火			45～55HRC
	20CrMnTi	渗碳淬火回火	1 100	850	56～62HRC
	20Cr	渗碳淬火回火	650	400	56～62HRC
铸钢	ZG310-570	正火	570	320	160～210HBS
	ZG340-640	正火	650	350	170～230HBS

续表

类 别	材料牌号	热处理方式	强度极限 σ_b/MPa	屈服极限 σ_s/MPa	硬 度
灰铸铁	HT250	时效	200	—	170～230HBS
	HT300	时效	300	—	187～235HBS
	HT350	时效	340	—	197～298HBS
球墨铸铁	QT500-7	正火	500	320	170～230HBS
	QT600-3	正火	600	370	190～270HBS

6.6.4 齿轮传动的许用应力

一般齿轮传动的许用应力为

$$[\sigma_H]=\frac{\sigma_{Hlim}K_{HN}}{S_H} \tag{6-25}$$

$$[\sigma_F]=\frac{\sigma_{Flim}K_{FN}Y_{ST}}{S_F} \tag{6-26}$$

式中，S_H、S_F 分别为齿面接触疲劳强度和齿根弯曲疲劳强度安全系数；K_{HN}、K_{FN}分别为齿面接触疲劳强度寿命系数和齿根弯曲疲劳强度寿命系数。

当发生齿面疲劳点蚀时，虽会引起齿轮运转不良，噪声增大，但并不会立即导致不能继续工作的后果。因此，在接触强度计算时，一般取 $S_H=1$。但因为齿轮发生轮齿折断比发生齿面疲劳点蚀有更大的危险性，所以弯曲强度计算时，一般取 $S_F=1.25\sim1.5$。

齿面接触疲劳强度寿命系数 K_{HN}查图 6-31；齿根弯曲疲劳强度寿命系数 K_{FN}查图 6-32。应力循环次数 N 的计算公式为

$$N=60njL_H \tag{6-27}$$

式中，n 为齿轮转速，r/min；j 为齿轮每转一周时同一齿面的啮合次数；L_H 为齿轮的使用寿命，h。

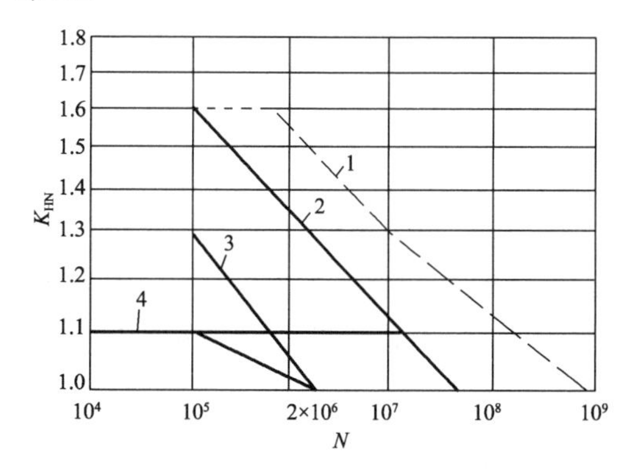

图 6-31 齿面接触疲劳强度寿命系数 K_{HN}

1—非合金钢正火、调质、表面淬火及渗碳，球墨铸钢（允许一定的点蚀）；2—同 1，不允许一定的点蚀；3—非合金钢调质后气体氮化，氮化钢气体氮化，灰铸铁；4—非合金钢调质后液体氮化

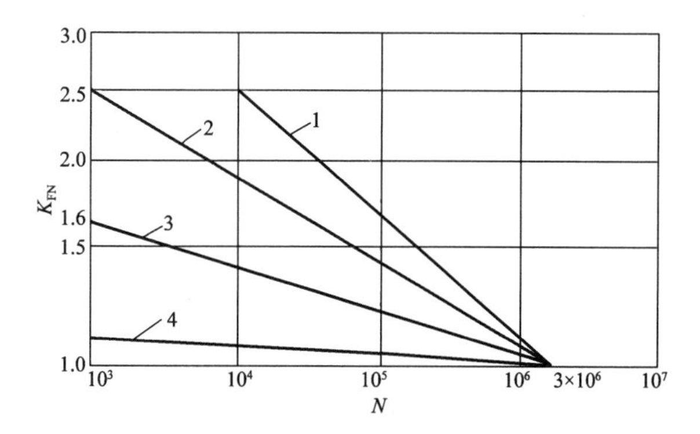

图 6-32 齿根弯曲疲劳强度寿命系数 K_{FN}

1—非合金钢正火、调质，球墨铸钢；2—非合金钢经表面淬火、渗碳；3—氮化钢气体氮化，灰铸铁；4—非合金钢调质后液体氮化

Y_{ST}为试验齿轮的应力修正系数，取$Y_{ST}=2.0$。σ_{Hlim}为齿轮的疲劳极限；齿面接触疲劳强度极限值σ_{Hlim}查图6-33；齿根弯曲疲劳强度极限值σ_{Flim}查图6-34。

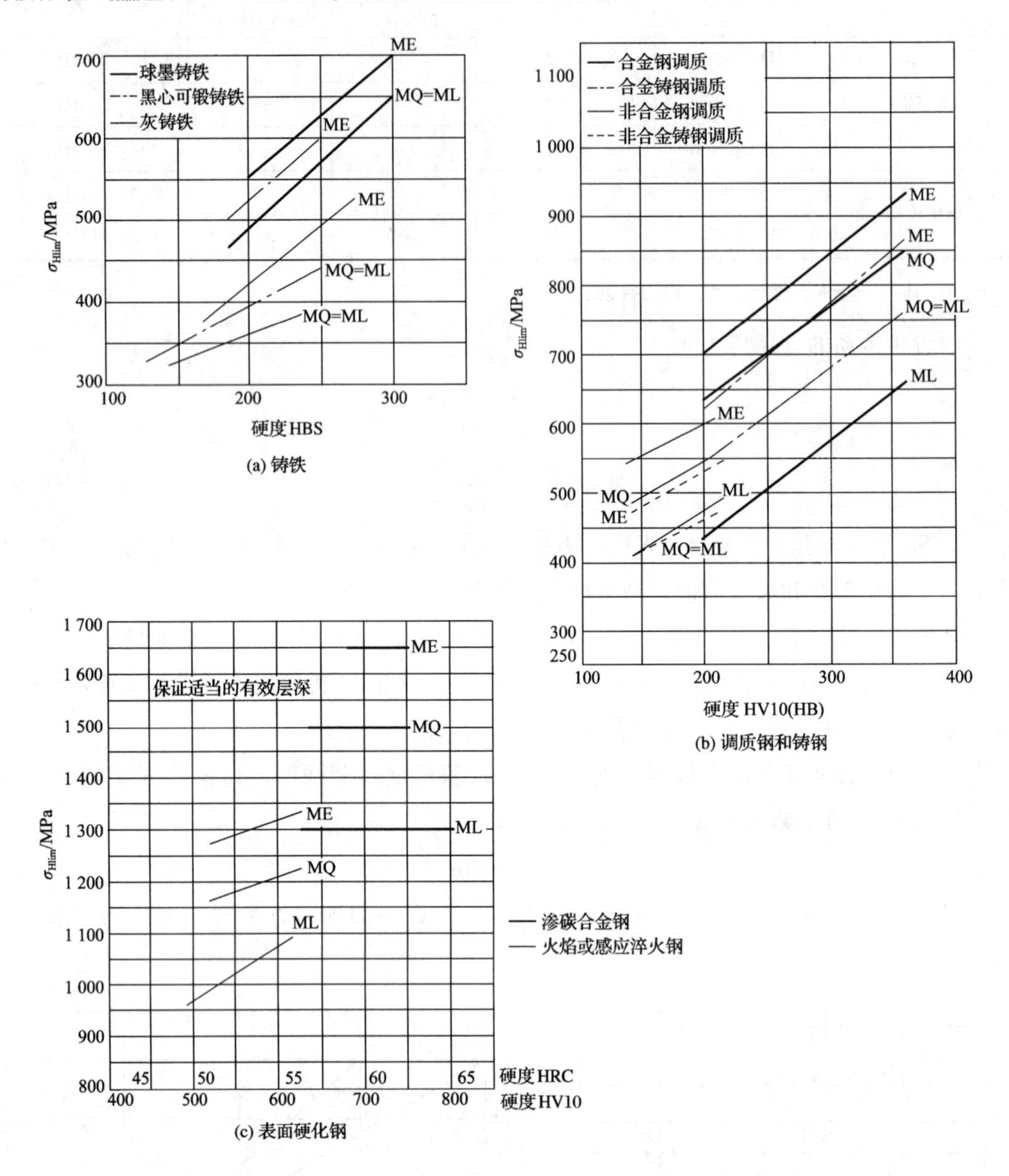

图6-33　齿面接触疲劳强度极限值σ_{Hlim}

注意：由于材料性能及表面状态的差异，实验值具有一定的离散性，故图6-33和图6-34给出三个等级(ME、MQ、ML)。

(1)当齿轮材质及热处理质量达到很高要求时，强度极限值可取上限(ME)；达到中等要求时，取中限(MQ)；达到最低要求时，取下限(ML)，通常建议取MQ。

(2)若硬度超出区域范围，则可将曲线向右适当线性延伸。

(3)图6-34为脉动循环弯曲应力，若工作时受对称循环弯曲应力，则将其中σ_{Flim}值降低30%，即乘以0.7。

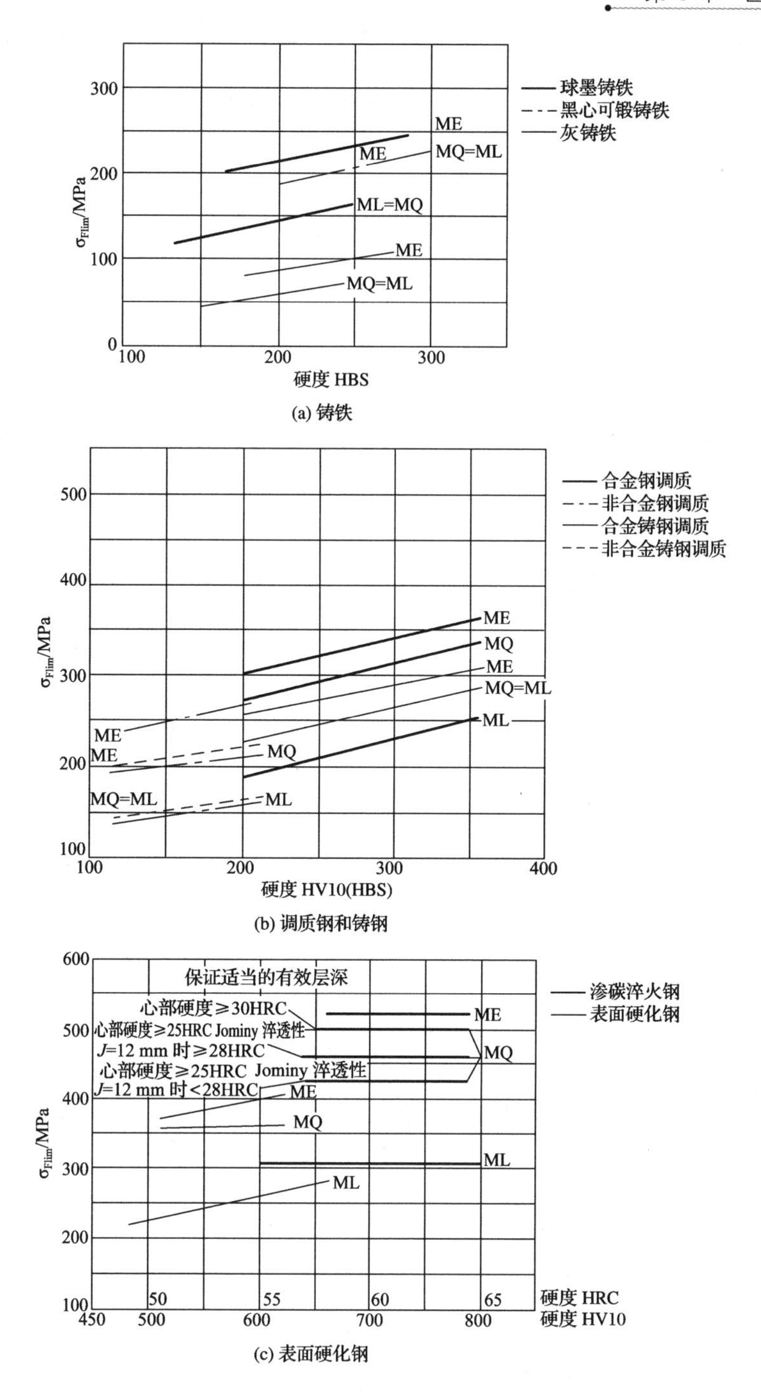

图 6-34 齿根弯曲疲劳强度极限值 σ_{Flim}

6.7 齿轮传动的受力分析和计算载荷

6.7.1 齿轮传动的受力分析

为了计算齿轮的强度及后续的设计轴和轴承，需要先分析轮齿上的作用力。在齿轮传递动力时，齿面间既有正压力，又有摩擦力。对于润滑良好的齿轮传动，可以忽略摩擦力，这时轮齿间相互作用的力为正压力 F_n，其方向为沿啮合线方向，如图 6-35 所示，将正压力 F_n 在节点 C 处分解为两个相互垂直的分力：圆周力 F_t 和径向力 F_r。即

$$\left.\begin{aligned} F_{t1} &= \frac{2T_1}{d_1} \\ F_{r1} &= F_{t1}\tan\alpha \\ F_n &= \frac{F_{t1}}{\cos\alpha} \end{aligned}\right\} \tag{6-28}$$

式中，T_1 为小齿轮传递的扭矩，$T_1 = 9.55\times10^6\dfrac{P}{n_1}$，N·mm；$P$ 为小齿轮传递的功率，kW；n_1 为小齿轮转速，r/min；d_1 为小齿轮分度圆直径，mm；α 为齿轮的压力角，(°)。

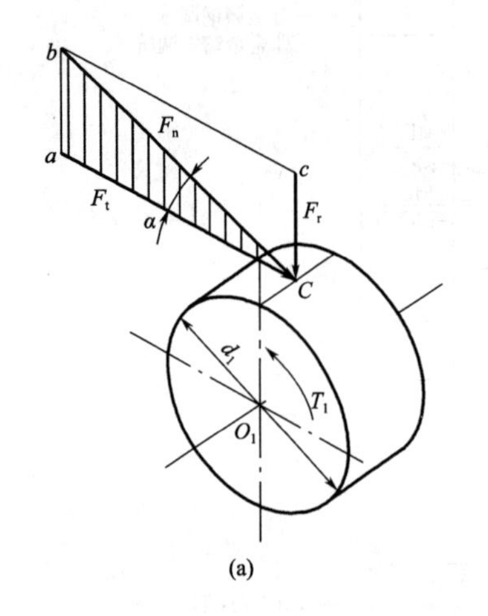

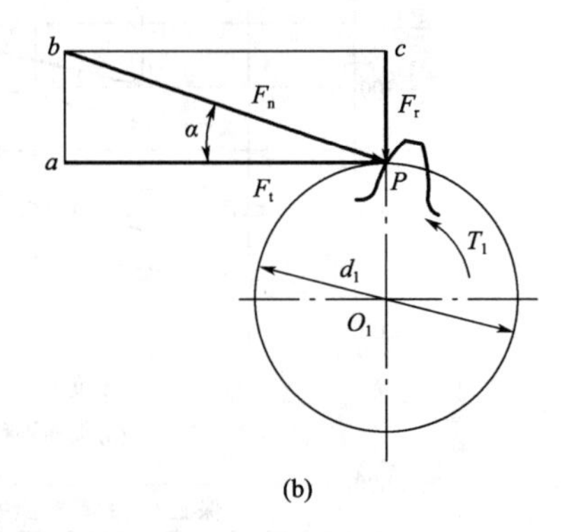

图 6-35　直齿圆柱齿轮传动受力分析

根据作用力与反作用力的原理，两轮的圆周力 F_t 和径向力 F_r 分别大小相等、方向相反，其圆周力 F_t 的方向为：对主动轮与转动方向相反，对从动轮与运动方向相同；径向力 F_r 的方向为：对两轮都始终指向自己的轮心。

6.7.2　齿轮传动的计算载荷

上述法向力 F_n 为名义载荷。在实际设计齿轮传动时，还应计入原动机的动力性能和工作机的载荷性能，轮齿在啮合时产生的动载荷、载荷沿齿面接触线分布不均匀等因素的影响，所以应按计算载荷进行计算，其大小为

$$F_{ca} = KF_n \tag{6-29}$$

$$K = K_A K_V K_\alpha K_\beta \tag{6-30}$$

式中，K 为载荷系数；K_A 为使用系数；K_V 为动载系数；K_α 为齿间载荷分配系数；K_β 为齿向载荷分布系数。

1. 使用系数 K_A

使用系数 K_A 是指考虑齿轮系统外部原因引起的附加动载荷影响的系数，它取决于原动

机和工作机的运转特性、联轴器的缓冲性能，K_A 值按表 6-8 选取。

表 6-8　　使用系数 K_A

原动机	工作机械的载荷特性		
	均　匀	中等冲击	大的冲击
电动机	1～1.2	1.2～1.6	1.6～1.8
多缸内燃机	1.2～1.6	1.6～1.8	1.8～2.1
单缸内燃机	1.6～1.8	1.8! 2.0	2.1～2.4

2. 动载系数 K_V

动载系数 K_V 是指考虑大、小齿轮啮合振动产生的内部附加动载荷影响的系数，它取决于齿轮制造精度、齿轮圆周速度，所以动载系数 K_V 可根据齿轮制造精度和圆周速度 v 从图 6-36 查取(图中 6、7、8、9、10 代表齿轮的精度等级)。

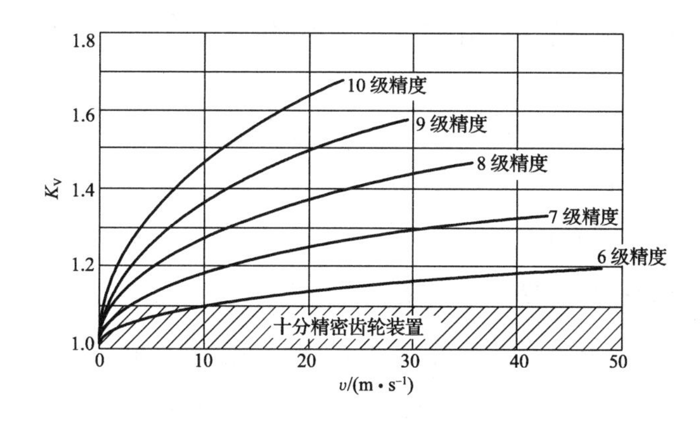

图 6-36　动载系数 K_V

3. 齿间载荷分配系数 K_α

考虑齿轮啮合时一般不为一对齿啮合，有时为两对齿啮合，但在进行载荷计算时一般认为载荷均匀分配。但是由于齿距误差及弹性变形等原因，其载荷不可能均匀分配，故引入齿间载荷分配系数 K_α，对于一般精度的直齿轮传动，取 $K_\alpha=1.0\sim1.2$；对于斜齿轮传动，取 $K_\alpha=1.0\sim1.4$。精度低、齿面硬度高时取大值，反之取小值。

4. 齿向载荷分布系数 K_β

齿轮传动承载后，由于轴、轴承的弯曲变形和扭转变形，以及传动装置的制造和安装误差等原因，载荷沿接触线的分布不均匀，即出现载荷集中现象，其影响用 K_β 修正。提高轴、轴承和机座的刚度，选择合理的齿轮布置位置，选择合理的齿宽，提高制造和安装精度，均有利于改善载荷分布不均匀现象。K_β 值可根据齿宽系数 $\varphi_d=b/d_1$(b 为齿轮宽度)、材料硬度、小齿轮的布置形式由图 6-37 查取。

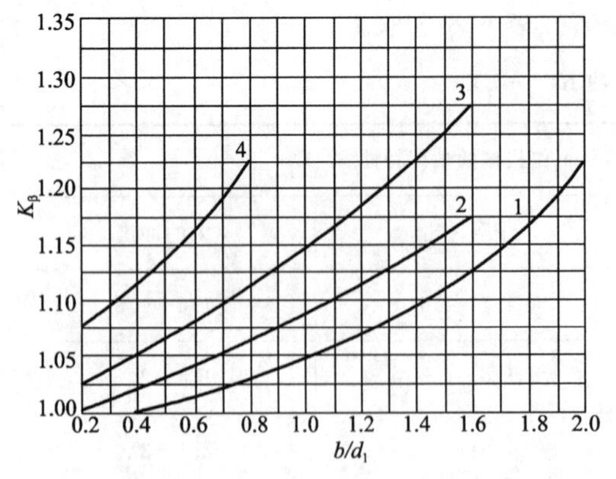

(a) 两齿轮都是软齿面（齿面硬度≤350HBS）或其中之一是软齿面

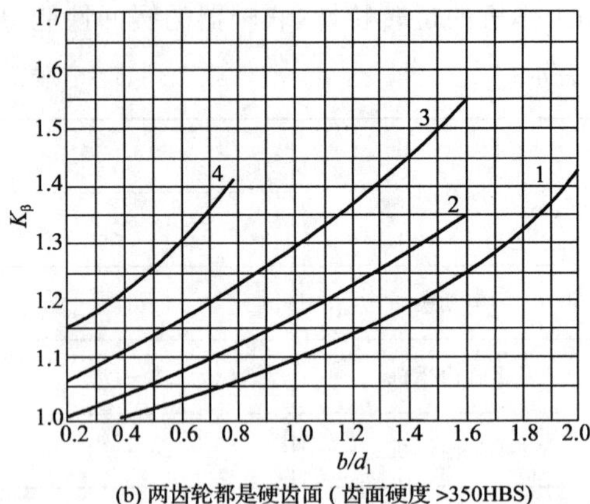

(b) 两齿轮都是硬齿面（齿面硬度>350HBS）

图 6-37 齿向载荷分布系数 K_β

1—齿轮在两轴承间对称布置；2—齿轮在两轴承间非对称布置，轴的刚性较大；

3—齿轮在两轴承间非对称布置，轴的刚性较小；4—齿轮悬臂布置

6.8 标准直齿圆柱齿轮传动的强度计算

齿轮传动的强度计算是根据轮齿可能出现的失效形式来进行的。在一般闭式齿轮传动中，轮齿的主要失效形式是齿面接触疲劳点蚀和齿根弯曲疲劳折断，因此本章只介绍齿面接触疲劳强度和齿根弯曲疲劳强度的计算。

6.8.1 齿面接触疲劳强度计算

图 6-38 所示为两圆柱体在承受载荷 F_n 时，接触区内将产生接触应力。最大接触应力 σ_H 发生在接触区的中线上，根据弹性力学的赫兹公式，最大接触应力为

$$\sigma_H=\sqrt{\frac{F_n\left(\frac{1}{\rho_1}\pm\frac{1}{\rho_2}\right)}{\pi b\left(\frac{1-\mu_1^2}{E_1}+\frac{1-\mu_2^2}{E_2}\right)}} \tag{6-31}$$

式中，F_n 为作用于两圆柱体上的法向力，N；b 为两圆柱体接触长度，mm；ρ_1、ρ_2 分别为两圆柱体的曲率半径，mm，“+”号用于外啮合，“－”号用于内啮合；E_1、E_2 分别为两圆柱体材料的弹性模量，MPa；μ_1、μ_2 分别为两圆柱体材料的泊松比。

齿轮传动的齿面接触疲劳强度计算是针对齿面疲劳点蚀失效进行的。齿面疲劳点蚀是由齿面接触应力过大引起的。实践表明，齿根部分靠近节线处最易发生齿面疲劳点蚀，故常取节点处的接触应力为计算依据。对于标准齿轮传动，由图 6-39 可知，节点处的曲率半径

$$\rho_1=N_1C=\frac{d_1}{2}\sin\alpha、\rho_2=N_2C=\frac{d_2}{2}\sin\alpha$$

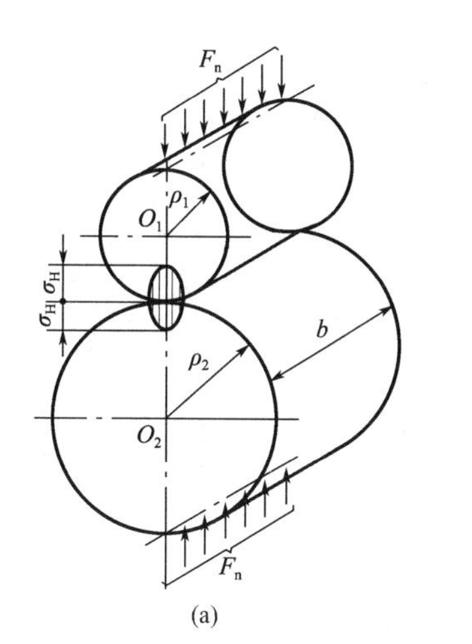

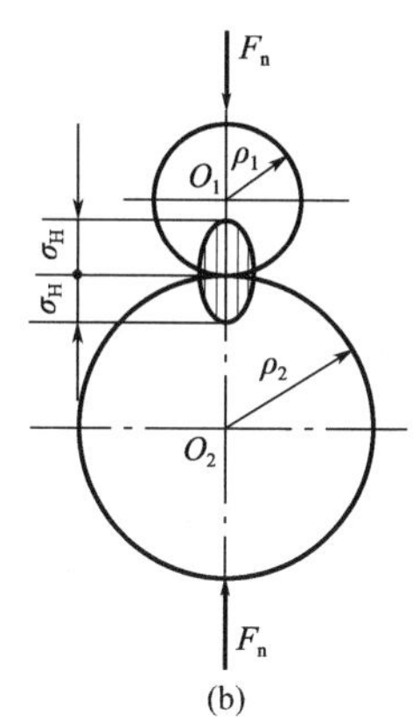

图 6-38 接触应力计算简图

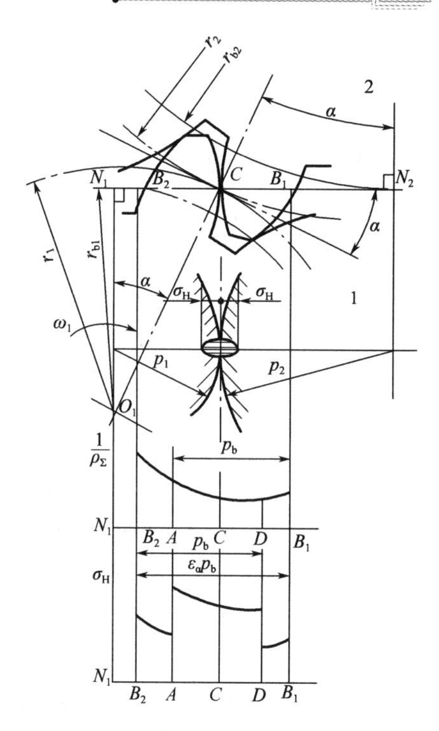

图 6-39 齿面接触疲劳强度计算简图

将节点处的曲率半径代入式(6-31)经过整理可得齿轮在节点处的齿面接触应力

$$\sigma_H = Z_E Z_H \sqrt{\frac{F_t}{bd_1} \cdot \frac{u \pm 1}{u}}$$

式中，Z_E 为材料系数，其值与材料有关，可查表 6-9；Z_H 为节点区域系数，其值可由图 6-40 查得，对于标准齿轮 $\alpha = 20°$时，$Z_H = 2.5$。

表 6-9　　材料系数 Z_E

小齿轮材料	大齿轮材料			
	钢	铸铁	球墨铸铁	灰铸铁
钢	189.8	188.9	181.4	165.4
铸铁	—	188.0	180.5	161.4
球墨铸铁	—	—	173.9	156.6
灰铸铁	—	—	—	146.0

以 KF_t 取代 F_t，且 $F_t = \frac{2T_1}{d_1}$，得齿面接触疲劳强度的计算公式

$$\begin{aligned}\sigma_H &= Z_E Z_H \sqrt{\frac{KF_t}{bd_1} \cdot \frac{u \pm 1}{u}} \\ &= Z_E Z_H \sqrt{\frac{2KT_1}{bd_1^2} \cdot \frac{u \pm 1}{u}} \leqslant [\sigma_H]\end{aligned} \tag{6-32}$$

式中，b 为齿的宽度，mm；T_1 为齿轮传递的扭矩，N·mm；d_1 为小齿轮分度圆直径，mm。

令 $\varphi_d = \frac{b}{d_1}$(齿宽系数)代入式(6-32)，可得齿面接触疲劳强度的设计公式

$$d_1 \geqslant \sqrt[3]{\frac{2KT_1}{\varphi_d} \cdot \frac{u \pm 1}{u} \left(\frac{Z_E Z_H}{[\sigma_H]}\right)^2}$$

$$=2.32\sqrt[3]{\frac{KT_1}{\varphi_d}\cdot\frac{u\pm1}{u}\left(\frac{Z_E}{[\sigma_H]}\right)^2} \tag{6-33}$$

应用上述公式时应注意以下几点：

(1)相互啮合的两齿轮产生的接触应力是相等的，即 $\sigma_{H1}=\sigma_{H2}$。

(2)由于两齿轮的材料、热处理方法、齿面硬度不同，故两齿轮的许用接触应力一般是不同的，即 $[\sigma_{H1}]\neq[\sigma_{H2}]$，进行强度计算时应选用较小值。

(3)设计计算时公式(6-32)中 b 应取 b_1 和 b_2 中的小值代入。

(4)齿轮的齿面接触强度主要取决于小齿轮分度圆直径或齿轮传动的中心距，而与模数的大小无关。

6.8.2 齿根弯曲疲劳强度计算

为了防止轮齿根部的弯曲疲劳折断，在进行齿轮设计时要计算齿根弯曲强度。轮齿的弯曲疲劳折断主要和齿根弯曲应力的大小有关。为简化计算，在实际中通常假定全部载荷仅由一对轮齿承担，且载荷作用于齿顶时齿根部分产生的弯曲应力最大。

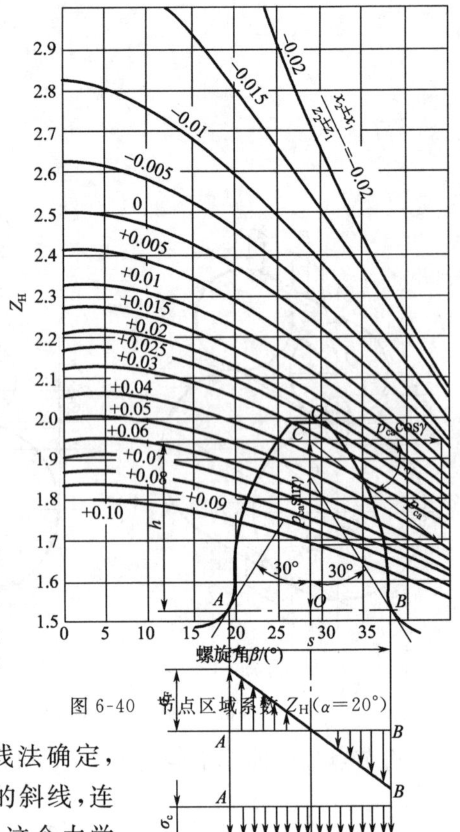

图 6-40 节点区域系数 $Z_H(\alpha=20°)$

计算时将轮齿视为悬臂梁，其危险截面用 30°切线法确定，即作与轮齿对称中心线成 30°夹角并与齿根圆角相切的斜线，连接两切点的截面即齿根的危险截面，如图 6-41 所示。这个力学模型还是符合实际的。

图 6-41 齿根应力图

将 F_n 在对称中心分解为相互垂直的两个分力 $F_n\cos\alpha_F$ 和 $F_n\sin\alpha_F$，前者使齿根部产生弯曲应力，后者使齿根部产生压应力，经分析其压应力较小通常略去不计，所以只考虑齿根危险截面上的弯曲应力，同时考虑到齿根处的过渡圆角有应力集中的影响，经过整理可得齿根弯曲疲劳强度的计算公式

$$\sigma_F=\frac{KF_1Y_{Fa}Y_{Sa}}{bm}=\frac{2KT_1Y_{Fa}Y_{Sa}}{bmd_1}=\frac{2KT_1Y_{Fa}Y_{Sa}}{bm^2z}\leqslant[\sigma_F] \tag{6-34}$$

式中，Y_{Fa}、Y_{Sa} 分别为齿形系数和应力集中系数，由表 6-10 查取；Y_{Fa}、Y_{Sa} 是一个量纲为 1 的系数，且只与齿数 z 有关，而与模数 m 无关。

以 $b=\varphi_d d_1=\varphi_d Z_1 m$，代入式(6-34)得齿根弯曲疲劳强度的设计公式

$$m\geqslant\sqrt[3]{\frac{2KT_1}{\varphi_d Z_1^2}\cdot\frac{Y_{Fa}Y_{Sa}}{[\sigma_F]}} \tag{6-35}$$

表 6-10　齿形系数 Y_{Fa} 及应力集中系数 Y_{Sa}

$z(z_V)$	17	18	19	20	21	22	23	24	25	26	27	28	29
Y_{Fa}	2.97	2.91	2.85	2.80	2.76	2.72	2.69	2.65	2.62	2.60	2.57	2.55	2.53
Y_{Sa}	1.52	1.53	1.54	1.55	1.56	1.57	1.575	1.58	1.59	1.595	1.60	1.61	1.62

$z(z_V)$	30	35	40	45	50	60	70	80	90	100	150	200	∞
Y_{Fa}	2.52	2.45	2.40	2.35	2.32	2.28	2.24	2.22	2.20	2.18	2.14	2.12	2.00
Y_{Sa}	1.625	1.65	1.67	1.68	1.70	1.73	1.75	1.77	1.78	1.79	1.83	1.865	1.97

应用上述公式时应注意以下几点：

(1)由于Y_{Fa}、Y_{Sa}仅与齿数有关而与模数m无关,且两齿轮的齿数不同,故两轮的Y_{Fa1}、Y_{Sa1}和Y_{Fa2}、Y_{Sa2}不同,所以两齿轮的齿根弯曲应力也不同,即$\sigma_{F1} \neq \sigma_{F2}$。

(2)由于两齿轮的材料、热处理方法、齿面硬度不同,故两齿轮的许用弯曲应力一般是不同的,即$[\sigma_{F1}] \neq [\sigma_{F2}]$。因此在校核两齿轮的弯曲强度时,必须分别校核,即

$$\sigma_{F1} \leqslant [\sigma_{F1}],\sigma_{F2} = \sigma_{F1} \cdot \frac{Y_{Fa2}Y_{Sa2}}{Y_{Fa1}Y_{Sa1}} \leqslant [\sigma_{F2}]$$

(3)设计计算时由于两齿轮的模数m相同,故应将两齿轮的$\frac{Y_{Fa}Y_{Sa}}{[\sigma_F]}$值进行比较,取其中较大者代入式(6-35)中计算,计算所得模数应选取标准值。

(4)设计计算时式(6-34)中的b应取b_1和b_2中的小值代入。

(5)齿轮的齿根弯曲疲劳强度主要取决于模数。

接触强度或弯曲强的设计计算,都有一个反复修正的过程。当用设计公式计算d_1或m时,K中的K_V无法确定,所以设计时应先初选$K_t = 1.2 \sim 1.4$,代入相应公式中求出分度圆直径或模数的试算值d_{1t}或m_t,再查取K_V,计算出K,若计算结果与初选K_t相差不多,则不必修改原设计;若二者相差较大,则应对d_{1t}或m_t进行修正。即

$$d_1 = d_{1t}\sqrt[3]{K/K_t} \tag{6-36}$$

$$m = m_t\sqrt[3]{K/K_t} \tag{6-37}$$

6.8.3 齿轮传动设计参数和传动精度的选择

1. 齿轮传动设计参数的选择

(1)传动比(齿数比)u的选择

一对大、小齿轮的齿数比u不宜过大,否则导致尺寸太大,应使$u \leqslant 7$,一般情况$u = 2 \sim 4$,这时结构尺寸较合理。若要传动比大时,可考虑采用二级或三级传动。

(2)小齿轮齿数z_1的选择

对于闭式软齿面齿轮,由于齿面接触强度是主要的失效方式,所以只要保证d_1不变,在满足齿根弯曲疲劳强度条件下,宜将齿数适当选多些,故一般取$z_1 = 20 \sim 35$。

对于闭式硬齿面和开式齿轮,由于轮齿主要是轮齿折断和齿面磨损失效,故为了使轮齿不致过小,则小齿轮齿数z_1不宜过多,而应取小些,故一般取$z_1 = 17 \sim 20$。

(3)模数m的选择

模数直接影响齿根疲劳弯曲强度,对于传递动力的齿轮,一般应使$m \geqslant 2$,以防止过载时轮齿突然折断。如果算出$m < 2$,则应取$m \geqslant 2$。

(4)齿宽系数φ_d的选择

齿宽系数φ_d取大值,可使齿轮径向尺寸减小,但将使其轴向尺寸增大,导致沿齿向载荷分布不均。圆柱齿轮齿宽系数φ_d的取值可参考表6-11。

表6-11　圆柱齿轮齿宽系数φ_d的推荐值

装置状况	两支撑相对于小齿轮对称布置	两支撑相对于小齿轮不对称布置	小齿轮悬臂布置
φ_d	0.9～1.4(1.2～1.9)	0.7～1.15(1.1～1.65)	0.4～0.6

注:①大、小齿轮皆为硬齿面时,φ_d取偏下限的数值;皆为软齿面或仅大齿轮为软齿面时,φ_d取偏上限的数值;

②括号内的数值用于人字齿轮,此时b为人字齿轮的宽度。

齿宽可由$b(b = \varphi_d d_1)$算得,b值应加以圆整,作为大齿轮的齿宽b_2,小齿轮齿宽取$b_1 = b_2 + (5 \sim 10)$mm,以保证齿有足够的啮合宽度。

2. 齿轮传动精度的选择

渐开线圆柱齿轮和圆锥齿轮传动精度标准中，规定了 12 个精度等级，按精度高低依次为 1～12 级。各类机器所用齿轮传动精度等级范围列于表 6-12 中。根据该表可选择齿轮传动精度等级。

表 6-12　各类机器所用齿轮传动精度等级范围

机器名称	精度等级	机器名称	精度等级
汽轮机	3～6	拖拉机	6～8
金属切削机床	3～8	通用减速器	6～8
航空发动机	4～8	锻压机床	6～9
轻型汽车	5～8	起重机	7～10

例 6-1　设计单级直齿圆柱齿轮减速器。已知小齿轮传递的功率 $P_1=10$ kW，转速 $n_1=1\ 440$ r/min，传动比 $i=3.2$，载荷平稳，单向运转，每天工作 16 h，使用 5 年，要求结构紧凑。

解：(1)选择齿轮材料、精度及许用应力

①考虑到要求结构紧凑，故大、小齿轮材料均选用 40Cr 钢调质后表面淬火，由表 6-7 查得小齿轮齿面硬度为 50HRC，大齿轮齿面硬度为 48HRC。

②由图 6-33(c)查得接触疲劳强度极限 $\sigma_{\mathrm{Hlim1}}=1\ 150$ MPa，$\sigma_{\mathrm{Hlim2}}=1\ 140$ MPa。

由图 6-34(c)查得弯曲疲劳强度极限 $\sigma_{\mathrm{Flim1}}=355$ MPa，$\sigma_{\mathrm{Flim2}}=350$ MPa。

③$N_1=60n_1jL_\mathrm{h}=60\times1\ 440\times1\times5\times16\times300=2.07\times10^9$；

$N_2=N_1/i=2.07\times10^9/2.08=9.95\times10^8$；

由图 6-31 得 $K_{\mathrm{HN1}}=K_{\mathrm{HN2}}=1$；由图 6-32 得 $K_{\mathrm{FN1}}=K_{\mathrm{FN2}}=1$。

④取 $S_\mathrm{H}=1$，$S_\mathrm{F}=1.4$，则

$$[\sigma_{\mathrm{F1}}]=\frac{K_{\mathrm{FN1}}\sigma_{\mathrm{Flim1}}}{S_\mathrm{F}}=\frac{1\times355}{1.4}=253.57\ \mathrm{MPa}$$

$$[\sigma_{\mathrm{F2}}]=\frac{K_{\mathrm{FN2}}\sigma_{\mathrm{Flim2}}}{S_\mathrm{F}}=\frac{1\times350}{1.4}=250\ \mathrm{MPa}$$

$$[\sigma_{\mathrm{H1}}]=\frac{K_{\mathrm{HN1}}\sigma_{\mathrm{Hlim1}}}{S_\mathrm{H}}=\frac{1\times1\ 150}{1}=1\ 150\ \mathrm{MPa}$$

$$[\sigma_{\mathrm{H2}}]=\frac{K_{\mathrm{HN2}}\sigma_{\mathrm{Hlim2}}}{S_\mathrm{H}}=\frac{1\times1\ 140}{1}=1\ 140\ \mathrm{MPa}$$

⑤取小齿轮 $z_1=20$，$z_2=iz_1=3.2\times20=64$；齿轮取 8 级精度。

(2)按齿根弯曲疲劳强度设计计算

①初取 $K_\mathrm{t}=1.3$。

②扭矩 $T_1=9.55\times10^6\dfrac{P_1}{n_1}=9.55\times10^6\times\dfrac{10}{1\ 440}=66\ 319.44\ \mathrm{N\cdot mm}$。

③由表 6-11 取 $\varphi_\mathrm{d}=1.1$(对称布置)。

④由表 6-10 查得 $Y_{\mathrm{Fa1}}=2.80$，$Y_{\mathrm{Sa1}}=1.55$，$Y_{\mathrm{Fa2}}=2.26$，$Y_{\mathrm{Sa2}}=1.74$。

比较$\dfrac{Y_{\mathrm{Fa1}}Y_{\mathrm{Sa1}}}{[\sigma_{\mathrm{F1}}]}=\dfrac{2.80\times1.55}{253.57}=0.017\ 12$，$\dfrac{Y_{\mathrm{Fa2}}Y_{\mathrm{Sa2}}}{[\sigma_{\mathrm{F2}}]}=\dfrac{2.26\times1.74}{250}=0.015\ 73$，

取$\dfrac{Y_{\mathrm{Fa}}Y_{\mathrm{Sa}}}{[\sigma_{\mathrm{F}}]}=\dfrac{Y_{\mathrm{Fa1}}Y_{\mathrm{Sa1}}}{[\sigma_{\mathrm{F1}}]}=0.017\ 12$。

⑤计算。

$$m_t \geqslant \sqrt[3]{\frac{2K_t T_1}{\varphi_d z_1^2} \cdot \frac{Y_{Ya}Y_{Sa}}{[\sigma_F]}} = \sqrt[3]{\frac{2\times 1.3\times 66\ 319.44}{1.1\times 20^2}\times 0.017\ 12} = 1.89\ \text{mm}。$$

⑥求 K。

由表 6-8 查得 $K_A=1$；取 $K_\alpha=1.1$，由图 6-37(b)查得 $K_\beta=1.12$，则

$$v=\frac{\pi d_{t1} n_1}{60\times 1\ 000}=\frac{\pi z_1 m_t n_1}{6\times 10^4}=\frac{\pi\times 20\times 1.89\times 1\ 440}{6\times 10^4}=2.85\ \text{m/s},$$

由图 6-36 查得 $K_V=1.13$。

则

$$K=K_A K_V K_\alpha K_\beta=1\times 1.13\times 1.1\times 1.12=1.39$$

⑦修正。

$m\geqslant m_t\sqrt[3]{\frac{K}{K_t}}=1.89\times\sqrt[3]{\frac{1.39}{1.3}}=1.93\ \text{mm}$，由表 6-2 取 $m=2\ \text{mm}$。

(3)几何尺寸计算

①$d_1=mz_1=2\times 20=40\ \text{mm}$，$d_2=mz_2=2\times 64=128\ \text{mm}$。

②$a=\frac{m}{2}(z_1+z_2)=\frac{2\times(20+64)}{2}=84\ \text{mm}$。

③$b=\varphi_d d_1=1.1\times 40=44\ \text{mm}$，取 $b_2=45\ \text{mm}$，$b_1=50\ \text{mm}$。

(4)按齿面接触疲劳强度校核

①由表 6-9 查得 $Z_E=189.8$，由图 6-40 查得 $Z_H=2.5$。

②许用接触应力取$[\sigma_H]=[\sigma_{H2}]=1\ 140\ \text{N/mm}^2$。

③校核。

$$\sigma_H=Z_E Z_H\sqrt{\frac{2KT_1}{bd_1^2}\cdot\frac{u\pm 1}{u}}=189.8\times 2.5\times\sqrt{\frac{2\times 1.39\times 66\ 319.44}{45\times 40^2}\times\frac{3.2+1}{3.2}}=869.89\ \text{MPa}$$

$$\sigma_H=869.89\ \text{MPa}\leqslant[\sigma_H]=1\ 140\ \text{MPa}$$

所以齿面接触疲劳强度足够。

(5)齿轮结构设计(略)

6.9 斜齿圆柱齿轮传动

6.9.1 斜齿轮齿廓曲面的形成及啮合特点

平行轴齿轮传动相当于一对节圆柱的纯滚动，其齿廓曲面如图 6-42(a)所示，是发生面 S 绕基圆柱面做纯滚动时，其上与基圆柱母线平行的直线 KK 在空间形成的渐开线曲面。由此可知，一对直齿圆柱齿轮进行啮合传动时，两轮齿廓曲面的接触线是齿廓曲面与啮合面(两齿轮基圆的内公切面)的接触线。该接触线为与齿轮轴线平行的直线，如图 6-42(b)所示。因此，直齿圆柱齿轮啮合传动时其轮齿沿整个齿宽同时进入啮合和同时退出啮合，故在传动过程中易发生冲击、振动、噪声，传动平稳性差，不宜用于高速场合。

斜齿圆柱齿轮的齿廓曲面的形成与直齿圆柱齿轮的基本相同，仅是发生面 S 上的直线 KK 不与基圆柱母线平行，而是与其相交成角度 β_b，如图 6-43(a)所示。因此，当发生面 S 相对于基圆柱面做纯滚动时，KK 直线在空间形成渐开线螺旋面，即斜齿轮的齿廓曲面，该齿廓曲面与基圆柱面的交线 AA 是一条螺旋线，其螺旋角就等于 β_b，称为斜齿轮基圆柱上的螺旋角。但在与其轴线垂直的端平面内，斜齿轮的齿廓形状仍为渐开线。

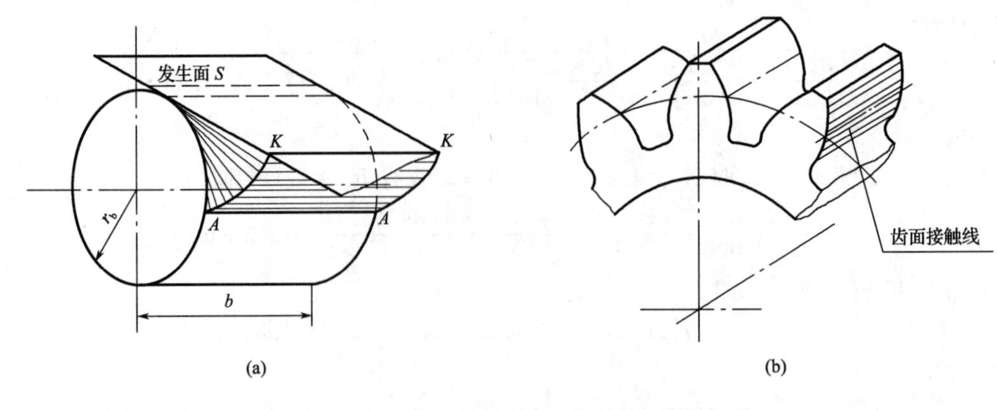

图 6-42　渐开线直齿圆柱齿轮齿面的形成及齿面接触线

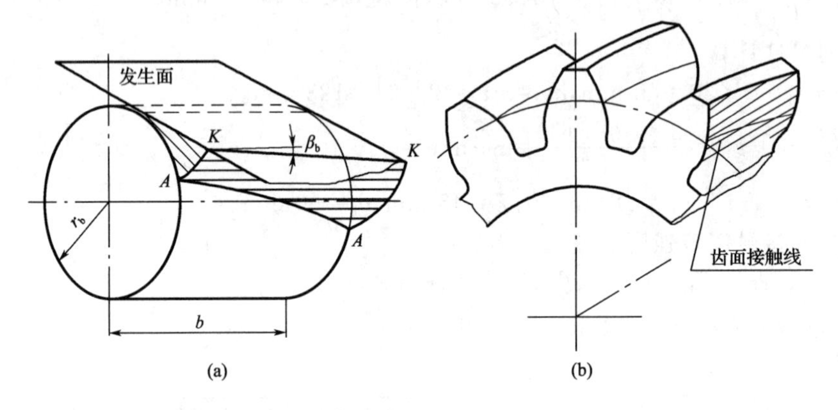

图 6-43　渐开线斜齿圆柱齿轮齿面的形成及齿面接触线

由图 6-44 可知，当一对斜齿圆柱齿轮进行啮合传动时，两齿廓曲面的接触线仍是齿廓曲面与啮合面的交线，但其与轴线不平行，且于轴线成一个角度 β_b，故两轮齿廓的接触线从短到长，再从长到短渐次变化，如图 6-43(b)所示。其轮齿是逐渐进入啮合和逐渐退出啮合的，其轮齿上的载荷是逐渐加大、再逐渐卸掉的。因此，斜齿轮传动平稳，冲击、振动和噪声小，适用于高速传动。

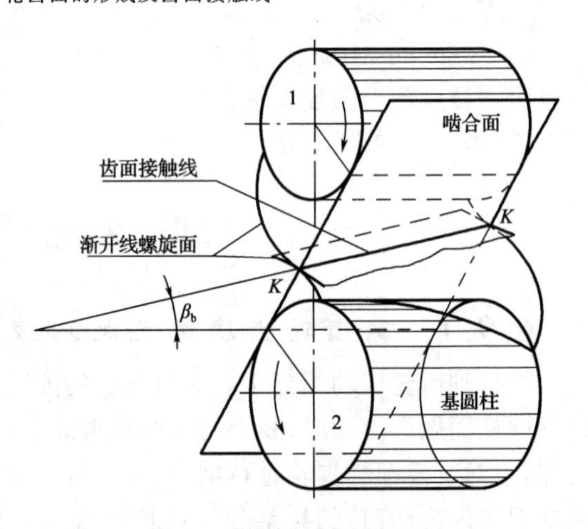

图 6-44　渐开线斜齿圆柱齿轮啮合面

6.9.2　斜齿轮的基本参数与几何尺寸计算

1. 斜齿轮的基本参数

由于斜齿轮的齿面是渐开线螺旋面，因而在不同方向的截面上其轮齿的齿形各不相同，故斜齿轮主要有以下两类基本参数：在垂直于齿轮轴线的截面内定义为端面参数（下角标为 t）；在垂直于轮齿方向的截面内定义为法面参数（下角标为 n）。由于在制造斜齿轮时，刀具通常是沿着螺旋面齿槽方向进刀的，所以斜齿轮的法面参数与刀具参数相同，为标准值。但是在计算斜齿轮的大部分几何尺寸时，却需要按端面参数进行计算，因此必须建立法面参数与端面参数之间的换算关系。

(1)螺旋角

如前所述,斜齿轮与直齿轮的根本区别在于其齿廓曲面为螺旋面,该螺旋面与分度圆柱面的交线亦为螺旋线,其上任一点的切线方向与轴线的夹角称为分度圆柱面上的螺旋角,用 β 表示。

设想把斜齿轮的分度圆柱面展开成一个长方形,如图 6-45(a)所示,由图可得

$$\tan\beta_b = \tan\beta\cos\alpha_t \tag{6-38}$$

式中,α_t 为斜齿轮的分度圆端面压力角;β_b 为斜齿轮基圆柱面上的螺旋角。

对斜齿轮传动而言,螺旋角越大,轮齿越倾斜,传动平稳性越好,但此时轴向分力也越大,如图 6-46(a)所示,故通常取 $\beta=8°\sim20°$。为抵消轴向力,可用人字齿轮(相当于两个螺旋角相等但旋向不同的斜齿轮组装而成),如图 6-46(b)所示,故此时螺旋角可取大些 $\beta=25°\sim45°$。斜齿轮按螺旋的旋向不同,有左旋与右旋之分。

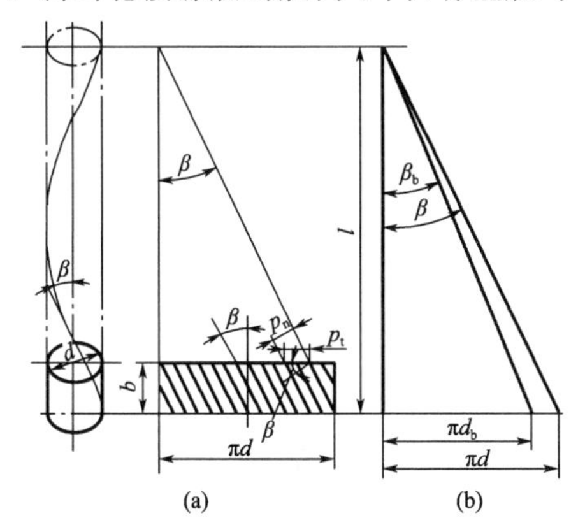

图 6-45 斜齿轮展开图

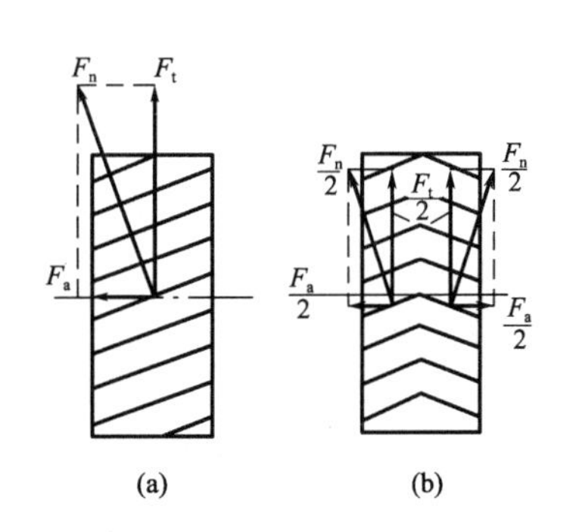

图 6-46 斜齿轮的轴向分力和人字齿轮

(2)齿距和模数

由图 6-45(a)的几何关系可得

$$p_n = p_t\cos\beta \tag{6-39}$$

式中,p_n、p_t 分别为分度圆柱上法面齿距和端面齿距。

因 $p_n=\pi m_n$ 与 $p_t=\pi m_t$,所以

$$m_n = m_t\cos\beta \tag{6-40}$$

式中,m_n、m_t 分别为法面模数和端面模数。

(3)压力角

如图 6-47 为一斜齿条,其中 ABB' 为端面,ACC' 为法面,$\angle BB'A$ 为端面压力角 α_t,$\angle CC'A$ 为法面压力角 α_n,$\angle BAC$ 为分度圆螺旋角 β,经整理可得

$$\tan\alpha_n = \tan\alpha_t\cos\beta \tag{6-41}$$

法面压力角 α_n 为标准值,我国规定为 20°。

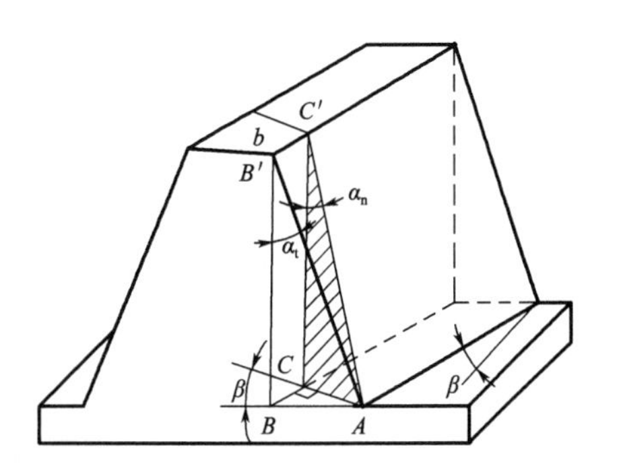

图 6-47 斜齿条的法面压力角和端面压力角

(4)齿顶高系数和顶隙系数

斜齿轮的齿顶高系数和顶隙系数在法平面内均为标准值,即 $h_{an}^*=1$、$c_n^*=0.25$。由于斜齿轮的齿高和顶隙不论从法面或端面来看都分别相等,即 $h_a=h_{an}^*m_n=h_{at}^*m_t$、$c=c_n^*m_n=c_t^*m_t$,考虑 $m_n=m_t\cos\beta$,故有

$$\left.\begin{aligned}h_{at}^{*}&=h_{an}^{*}\cos\beta\\c_{t}^{*}&=c_{n}^{*}\cos\beta\end{aligned}\right\}\tag{6-42}$$

2. 标准斜齿轮传动的几何尺寸计算

标准斜齿轮传动的几何尺寸计算按表 6-13 进行。

表 6-13　　标准斜齿轮传动的几何尺寸计算公式

名　称	符　号	计算公式
螺旋角	β	通常取 $\beta=8°\sim20°$
基圆螺旋角	β_b	$\tan\beta_b=\tan\beta\cos\alpha_t$
法面模数	m_n	按表 6-2 选取标准值
端面模数	m_t	$m_t=\dfrac{m_n}{\cos\beta}$
法面压力角	α_n	$\alpha_n=20°$
端面压力角	α_t	$\tan\alpha_t=\dfrac{\tan\alpha_n}{\cos\beta}$
法面齿距	p_n	$p_n=\pi m_n$
端面齿距	p_t	$p_t=\pi m_t=\dfrac{p_n}{\cos\beta}$
法面基圆齿距	p_{bn}	$p_{bn}=p_n\cos\alpha_n$
法面齿顶高系数	h_{an}^{*}	$h_{an}^{*}=1$
法面顶隙系数	c_n^{*}	$c_n^{*}=0.25$
分度圆直径	d	$d=zm_t=\dfrac{zm_n}{\cos\beta}$
基圆直径	d_b	$d_b=d\cos\alpha_t$
最少齿数	z_{min}	$z_{min}=z_{Vmin}\cos^3\beta$
齿顶高	h_a	$h_a=m_nh_{an}^{*}$
齿根高	h_f	$h_f=m_n(h_{an}^{*}+c_n^{*})$
齿顶圆直径	d_a	$d_a=d+2h_a$
齿根圆直径	d_f	$d_f=d-2h_f$
标准中心距	a	$a=\dfrac{d_1+d_2}{2}=\dfrac{m_t(z_1+z_2)}{2}=\dfrac{m_n(z_1+z_2)}{2\cos\beta}$

6.9.3　一对斜齿圆柱齿轮的啮合传动

1. 一对斜齿轮正确啮合的条件

由于斜齿轮的端面齿廓曲线为渐开线，故其传动时的啮合条件与直齿轮的基本相同。但由于螺旋角 β 对啮合传动的影响，故一对斜齿轮传动的正确啮合条件应为

$$\left.\begin{aligned}&m_{n1}=m_{n2}=m_n\\&\alpha_{n1}=\alpha_{n2}=\alpha_n=20°\\&\beta_1=\pm\beta_2\end{aligned}\right\}\tag{6-43}$$

即两斜齿轮法面模数与法向压力角应分别相等，且均为标准值，两斜齿轮的螺旋角应大小相等，外啮合传动的两轮螺旋角的方向相反（$\beta_1=-\beta_2$），内啮合传动的两轮螺旋角的方向相同（$\beta_1=+\beta_2$）。

2. 一对斜齿轮传动的重合度

如图 6-48 所示，图(a)为直齿轮传动的啮合面，图(b)为斜齿轮传动的啮合面。对于直齿轮，其轮齿在 B_2B_2 处开始沿整个齿宽进入啮合，到 B_1B_1 处整齿完全退出啮合，故其重合度 $\varepsilon_\alpha=\dfrac{L}{p_{\mathrm{bt}}}$。

对于斜齿轮，其轮齿在 B_2B_2 处开始逐渐进入啮合，到 B_1B_1 处仅轮齿的一端开始退出啮合，而到整个齿全部退出啮合时还要啮合一段(ΔL)，所以斜齿轮实际啮合区较直齿轮要多一段，即 $\Delta L=b\tan\beta_{\mathrm{b}}$，因而其重合度也要大些，其增量为 ε_β。即

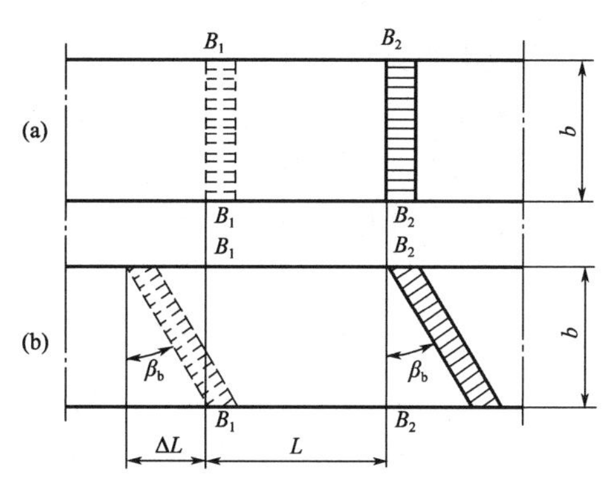

图 6-48 斜齿轮的实际重合度

$$\varepsilon_\beta=\frac{\Delta L}{p_{\mathrm{bt}}}=\frac{b\tan\beta_{\mathrm{b}}}{p_{\mathrm{t}}\cos\alpha_{\mathrm{t}}}=\frac{b\tan\beta\cos\alpha_{\mathrm{t}}\cos\beta}{p_{\mathrm{n}}\cos\alpha_{\mathrm{t}}}=\frac{b\sin\beta}{\pi m_{\mathrm{n}}} \tag{6-44}$$

所以斜齿轮传动的总重合度 ε_γ 为 ε_α 与 ε_β 之和，即

$$\varepsilon_\gamma=\varepsilon_\alpha+\varepsilon_\beta \tag{6-45}$$

ε_β 与轴向宽度有关，故称为轴向重合度；ε_α 称为端面重合度，其值和与其端面参数完全相同的直齿圆柱齿轮传动的重合度相同，即

$$\varepsilon_\alpha=\frac{1}{2\pi}[z_1(\tan\alpha_{\mathrm{at1}}-\tan\alpha_{\mathrm{t}}')+z_2(\tan\alpha_{\mathrm{at2}}-\tan\alpha_{\mathrm{t}}')] \tag{6-46}$$

由以上分析可知，斜齿轮传动的重合度大于直齿轮传动的重合度。斜齿轮传动时，同时啮合的轮齿对数多，因此传动平稳，承载能力也高。

6.9.4 斜齿圆柱齿轮的当量齿轮

由于斜齿圆柱齿轮的法面齿形与端面齿形不同，且其作用力作用于轮齿的法面，其强度设计、制造等都是以法面为依据的，因此需要知道斜齿圆柱齿轮的法面齿形。图 6-49 所示为实际齿数为 z 的斜齿轮的分度圆柱，过分度圆柱螺旋线上的点 C，作该轮齿螺旋线的法面 $n—n$，将该斜齿轮的分度圆柱剖开得一椭圆剖面。在该剖面上 C 点附近的齿形可以近似地视为该斜齿轮的法面齿形。以椭圆上 C 点的曲率半径 ρ、斜齿轮的法面模数 m_{n} 和法面压力角 α_{n} 作出的假想直齿圆柱齿轮的齿形，与斜齿轮的法面齿廓十分接近。该假想直齿圆柱齿轮称为斜齿轮的当量齿轮，其齿数即当量齿数 z_{V}，显然 $z_{\mathrm{V}}=\dfrac{2\rho}{m_{\mathrm{n}}}$。

由图 6-49 可知，椭圆在 C 点的曲率半径为

$$\rho=r_{\mathrm{V}}=\frac{a^2}{b}=\frac{\left(\dfrac{r}{\cos\beta}\right)^2}{r}=\frac{r}{\cos^2\beta}=\frac{zm_{\mathrm{n}}}{2\cos^3\beta} \tag{6-47}$$

因而得

$$z_{\mathrm{V}}=\frac{2\rho}{m_{\mathrm{n}}}=\frac{2zm_{\mathrm{n}}}{2m_{\mathrm{n}}\cos^3\beta}=\frac{z}{\cos^3\beta} \tag{6-48}$$

由此可得斜齿轮不发生根切的最少齿数为

$$z_{\min}=z_{\mathrm{Vmin}}\cos^3\beta=17\cos^3\beta \tag{6-49}$$

6.9.5 标准斜齿圆柱齿轮传动的强度计算

1. 轮齿的受力分析

如图 6-50 所示为斜齿圆柱齿轮传动中主动轮上的受力分析图。若忽略齿面的摩擦力，则作用在齿面上的正压力 F_n 仍垂直于法面，将正压力在节点 C 处分解为三个相互垂直的分力：径向力 F_r、圆周力 F_t 和轴向力 F_a，各力大小分别为

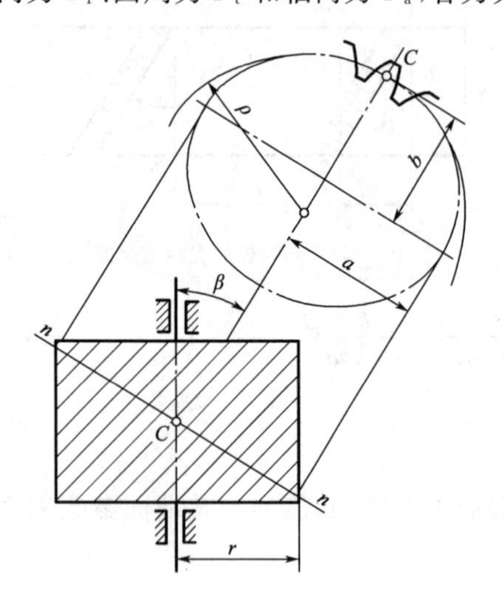

图 6-49 斜齿轮的当量齿轮

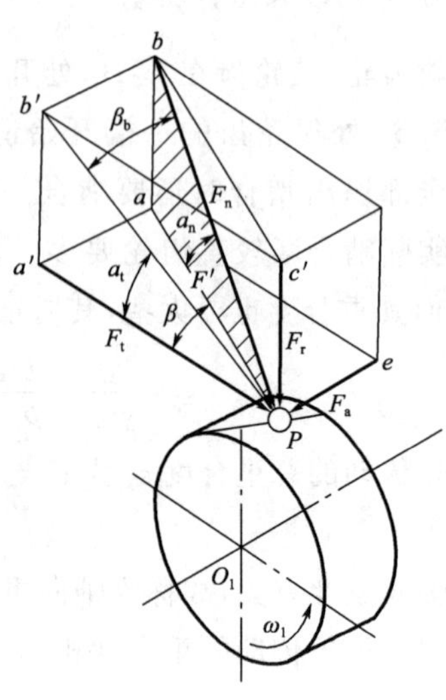

图 6-50 斜齿圆柱齿轮传动受力分析

$$
\left.
\begin{aligned}
F_{t1} &= \frac{2T_1}{d_1} \\
F_{r1} &= \frac{F_t \tan\alpha_n}{\cos\beta} \\
F_{a1} &= F_{t1} \tan\beta \\
F_n &= \frac{F_{t1}}{\cos\alpha_n \cos\beta} = \frac{F_{t1}}{\cos\alpha_t \cos\beta_b} = \frac{2T_1}{d_1 \cos\alpha_t \cos\beta_b}
\end{aligned}
\right\} \tag{6-50}
$$

式中，α_n 为齿轮的法面压力角，标准齿轮的 $\alpha_n = 20°$；α_t 为齿轮的端面压力角；β 为齿轮螺旋角；β_b 为齿轮基圆螺旋角。

根据作用力与反作用力的原理，两轮的圆周力 F_t、径向力 F_r 和轴向力 F_a 分别大小相等、方向相反。圆周力 F_t 和径向力 F_r 的方向的判断方法与直齿轮相同。轴向力 F_{a1} 的方向可根据左/右手法则判断：主动轮左旋时用左手法则，右旋时用右手法则，四指弯曲方向表示主动轮转向，拇指的指向即主动轮轴向力 F_{a1} 的方向。

2. 斜齿圆柱齿轮传动的强度计算

斜齿圆柱齿轮传动的强度计算是按轮齿的法面进行分析的，其基本原理与直齿圆柱齿轮相似。但考虑到斜齿圆柱齿轮传动的重合度较大，同时相啮合的轮齿较多，轮齿的接触线是倾斜的，而且在法面内斜齿轮的当量齿轮的分度圆半径也较大，因此斜齿轮的接触应力和弯曲应力均比直齿轮有所降低。

(1)斜齿轮齿面接触疲劳强度计算

斜齿轮齿面接触疲劳强度计算仍可按赫兹公式进行计算，考虑上述原因，在式(6-32)中引入螺旋角系数 Z_β，得标准斜齿轮齿面接触应力及强度条件

$$\sigma_H = Z_E Z_H Z_\beta \sqrt{\frac{2KT_1}{bd_1^2} \cdot \frac{u \pm 1}{u}} \leqslant [\sigma_H] \tag{6-51}$$

$$d_1 \geqslant \sqrt[3]{\frac{2KT_1}{\varphi_d} \cdot \frac{u \pm 1}{u} \left(\frac{Z_E Z_H Z_\beta}{[\sigma_H]}\right)^2} \tag{6-52}$$

式中，Z_E 为材料系数，查表 6-9；Z_H 为斜齿轮节点区域系数，查图 6-40；$Z_\beta = \sqrt{\cos\beta}$ 为螺旋角系数，考虑螺旋角的影响。

载荷系数 $K = K_A K_V K_\alpha K_\beta$，其中各系数的查取与直齿轮相同。

(2)斜齿轮齿根弯曲疲劳强度计算

斜齿轮齿根弯曲应力计算应按法面当量直齿圆柱齿轮传动进行，故仍可用直齿轮弯曲强度的计算公式，只是改用法面参数。此外，考虑到螺旋角对弯曲强度的影响，引入了螺旋角影响系数 Y_β，则标准斜齿轮齿根弯曲应力及强度条件为

$$\sigma_F = \frac{KF_t}{bm_n} Y_{Fa} Y_{Sa} Y_\beta = \frac{2KT_1}{bdm_n} Y_{Fa} Y_{Sa} Y_\beta \leqslant [\sigma_F] \tag{6-53}$$

$$m_n \geqslant \sqrt[3]{\frac{2KT_1 \cos^2\beta Y_\beta}{\varphi_d z_1^2} \cdot \frac{Y_{Fa} Y_{Sa}}{[\sigma_F]}} \tag{6-54}$$

式中，Y_{Fa}、Y_{Sa} 分别为齿形系数和应力集中系数，按当量齿数 $z_V = \frac{z}{\cos^3\beta}$ 查表 6-10；Y_β 为螺旋角系数，$\beta = 8° \sim 20°$ 时，一般取 $Y_\beta = 0.85 \sim 0.92$，β 大时取小值，反之取大值。

6.9.6 斜齿轮传动的主要特点

与直齿轮传动比较，斜齿轮传动具有下列主要特点：

(1)啮合性能好。啮合传动时，轮齿接触线是斜线，逐渐进入啮合、逐渐退出啮合，所以传动平稳、噪声小。

(2)重合度大，承载能力高。斜齿轮传动重合度由两部分组成，并且轴向重合度随齿宽 b 和螺旋角 β 的增大而增大，故不仅传动平稳，而且减轻了每对轮齿承受的载荷，提高了承载能力。

(3)不发生根切的最少齿数少，可获得更为紧凑的结构。

(4)齿面啮合情况好。因齿廓误差往往发生在同一圆柱面上，而斜齿轮接触线为斜线，各接触线上只有一点误差，其影响小，所以接触情况好。

(5)会产生轴向力。

(6)制造成本与直齿轮相同。

6.10 直齿锥齿轮传动

6.10.1 直齿锥齿轮传动的结构特点、应用和分类

锥齿轮用来传递两相交轴之间的运动和动力，其轮齿分布在圆锥面上，齿形从大端到小端逐渐减小，如图 6-51 所示。对应于圆柱齿轮机构中的各有关圆柱，锥齿轮机构有分度圆锥、基圆锥、齿顶圆锥、齿根圆锥和节圆锥等。又因锥齿轮的轮齿分布在圆锥面上，所以齿轮两端尺寸的大小是不同的。为了计算和测量的方便，通常取锥齿轮大端的参数为标准值，即大端模数按表 6-14 选取，其压力角一般为 20°。

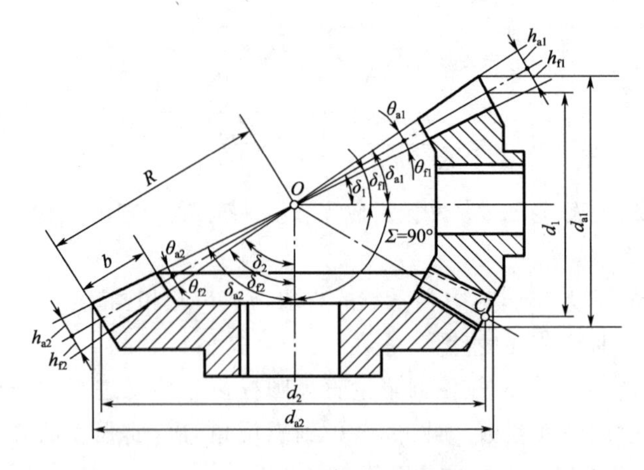

图 6-51 Σ=90°的直齿锥齿轮机构

表 6-14 锥齿轮大端模数系列(GB/T 12368—1990)

0.1	0.12	0.15	0.2	0.25	0.3	0.35	0.4	0.5	0.6	0.7	0.8	0.9
1	1.125	1.25	1.375	1.5	1.75	2	2.25	2.5	2.75	3	3.25	3.5
3.75	4	4.5	5	5.5	6	6.5	7	8	9	10	11	12
14	16	18	20	22	25	28	30	32	36	40	45	50

一对锥齿轮两轴之间的夹角 Σ 可根据传动需要来决定,一般机构中多采用 Σ=90°的传动,但也有 Σ≠90°的传动。锥齿轮传动可分为外啮合、内啮合、平面啮合等几种,如图 6-52所示,其轮齿有直齿、斜齿、曲齿(表 6-1)等多种形式。其中,直齿锥齿轮传动的齿向与锥面母线方向一致,其设计、制造和安装均较简便,故应用最为广泛;曲齿锥齿轮传动由于传动平稳、承载能力强,常用于高速重载的传动中,例如汽车、飞机、拖拉机等的传动装置中。本节仅介绍直齿锥齿轮传动。

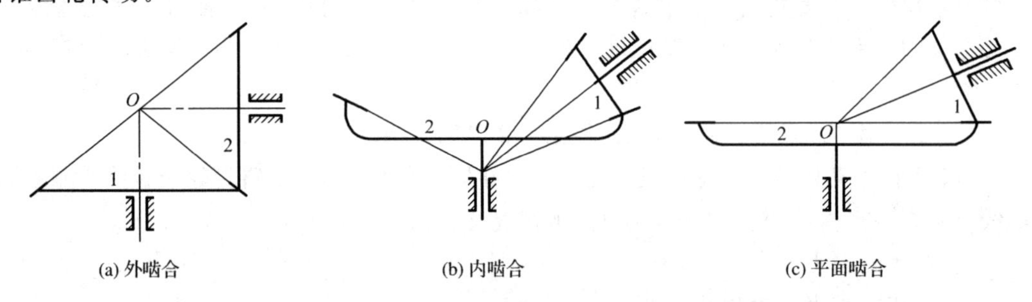

图 6-52 锥齿轮传动的类型

6.10.2 直齿锥齿轮齿廓曲面的形成、背锥及当量齿轮

1. 直齿锥齿轮齿廓曲面的形成

直齿锥齿轮齿廓曲面的形成与圆柱齿轮相似。如图 6-53 所示,一个圆平面 S 与一个基圆锥相切于直线 OC,设圆平面的半径 R 与基圆锥的母线即锥距 R' 相等,且圆心 O 与锥顶重合。当发生圆平面 S 绕基圆锥做纯滚动时,其上任一点 B 将在空间形成一渐开线 AB,因 AB 上任一点均与锥顶 O 等距,故 AB 为以 O 点为球心的球面渐开线。此即锥齿轮大端的齿廓曲线,而直线 OB 的轨迹即直齿锥齿轮的齿廓曲面。

2. 直齿锥齿轮的背锥及当量齿轮

球面无法展开成平面,这给锥齿轮的设计与制造带来较大困难,故实际中采用近似方法来替代锥齿轮的球面渐开线的齿廓曲面。

图 6-54 所示为一锥齿轮的轴剖面，$\triangle ABO$、$\triangle Obb$ 和$\triangle Oaa$ 分别代表分度圆锥、齿顶圆锥和齿根圆锥，过大端 A 点作球面的切线 O_1A 与轴线交于 O_1 点，设想以 OO_1 为轴、以 O_1A 为母线作一圆锥，该圆锥与锥齿轮的大端分度圆的球面相切，则$\triangle AO_1B$ 所代表的圆锥称为锥齿轮的背锥。将球面渐开线的轮齿向背锥投影，在背锥上得到 $a'b'$，由图 6-54 中可看出 $a'b'$ 与 ab 相差极小，故可把球面渐开线 ab 在背锥上的投影 $a'b'$ 近似作为锥齿轮的齿廓，而背锥可以展开成平面，因而便于设计与制造。

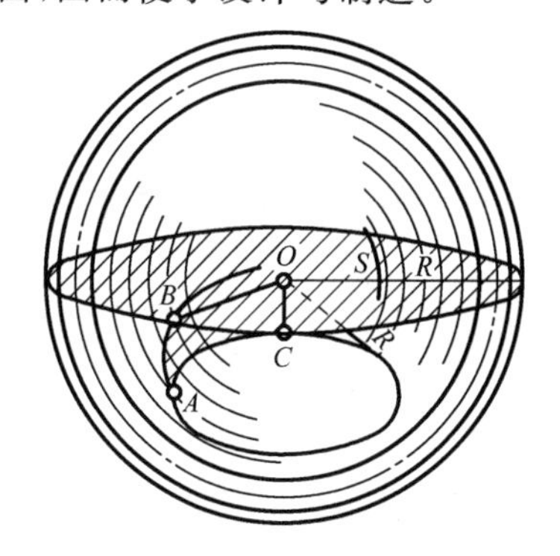

图 6-53 球面渐开线的形成

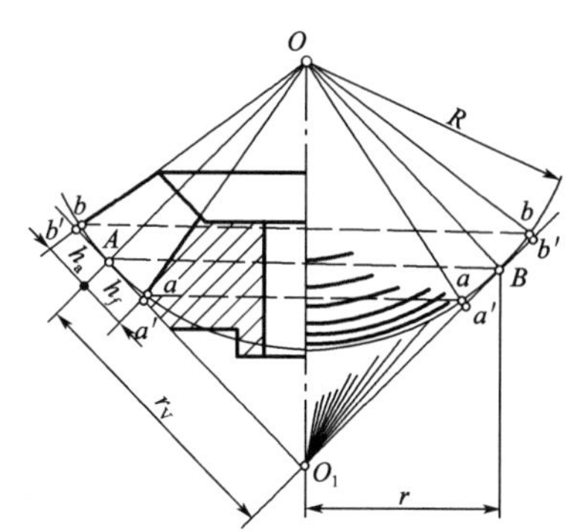

图 6-54 锥齿轮的背锥

图 6-55 为一对锥齿轮的轴剖面图，$\triangle OAC$ 和$\triangle OBC$ 为其分度圆锥，$\triangle AO_1C$ 和$\triangle BO_2C$ 为其背锥。将两背锥展开成平面后即得到两个扇形齿轮，该扇形齿轮的模数、压力角、齿顶高和齿根高分别等于锥齿轮大端的模数、压力角、齿顶高和齿根高，其齿数就是锥齿轮的实际齿数 z_1 和 z_2，其分度圆半径 r_{V1} 和 r_{V2} 就是背锥的锥距 l_{O_1A} 和 l_{O_2B}。如果将这两个齿数为 z_1 和 z_2 的扇形齿轮补足成完整的直齿圆柱齿轮，则它们的齿数将增加为 z_{V1} 和 z_{V2}。把这两个虚拟的直齿圆柱齿轮称为这一对锥齿轮的当量齿轮，其齿数 z_{V1} 和 z_{V2} 称为锥齿轮的当量齿数。由图 6-55可知

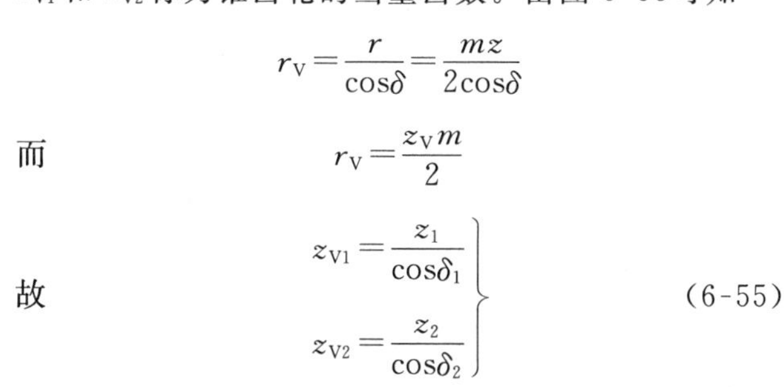

$$r_V = \frac{r}{\cos\delta} = \frac{mz}{2\cos\delta}$$

而

$$r_V = \frac{z_V m}{2}$$

故

$$\left.\begin{aligned} z_{V1} &= \frac{z_1}{\cos\delta_1} \\ z_{V2} &= \frac{z_2}{\cos\delta_2} \end{aligned}\right\} \qquad (6\text{-}55)$$

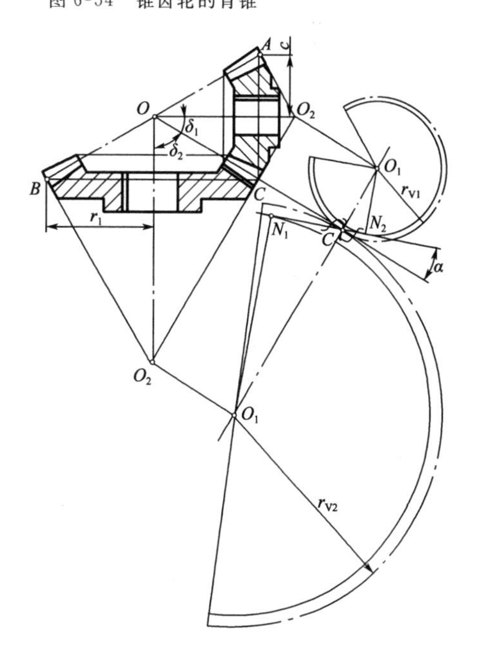

图 6-55 锥齿轮的当量齿轮

式中，δ_1、δ_2 分别为两锥齿轮的分度圆锥角。

因 $\cos\delta_1$、$\cos\delta_2$ 恒小于 1，故 $z_{V1} > z_1$、$z_{V2} > z_2$。由式(6-55)求得的 z_{V1} 和 z_{V2} 一般不是整数，也无须圆整为整数。

根据以上对锥齿轮的当量齿轮的讨论可知，当引入当量齿轮的概念后，就可以将直齿圆柱齿轮的啮合原理近似地应用到锥齿轮上。例如，用仿形法加工直齿锥齿轮时，可按当量齿数来

选择铣刀号；在进行锥齿轮的齿根弯曲疲劳强度计算时，可按当量齿数来查取齿形系数。此外，标准直齿锥齿轮不发生根切的最少齿数 $z_{\min}$ 可根据其当量齿轮不发生根切的最少齿数 $z_{V\min}$ 来换算，即

$$z_{\min}=z_{V\min}\cos\delta \tag{6-56}$$

6.10.3 直齿锥齿轮的啮合传动

如上所述，一对直齿锥齿轮的啮合传动就相当于其当量齿轮的啮合传动。因此，锥齿轮的啮合传动可以通过其当量齿轮（直齿圆柱齿轮）的啮合传动来研究。

1. 正确啮合条件

一对直齿锥齿轮的正确啮合条件为：因两个当量齿轮的模数和压力角分别相等，故两个锥齿轮大端的模数和压力角应分别相等。此外，还应保证两锥齿轮的锥距相等以及锥顶重合，即

$$\left.\begin{aligned} m_1=m_2=m \\ \alpha_1=\alpha_2=\alpha \\ \delta_1+\delta_2=\Sigma \end{aligned}\right\} \tag{6-57}$$

2. 连续传动条件

为保证一对直齿锥齿轮能够实现连续传动，其重合度也必须大于或等于 1，其重合度可按其当量齿轮进行计算。

6.10.4 直齿锥齿轮的基本参数及几何尺寸计算

由前述可知，直齿锥齿轮的基本参数有：m、α、h_a^*、c^*、z，并以大端的参数为标准参数，且规定 $\alpha=20°$、$h_a^*=1$、$c^*=0.2(m\geqslant1)$。

一对标准直齿锥齿轮啮合传动的分度圆锥与节圆锥重合，因而可视其为两分度圆锥做纯滚动。

两锥齿轮分度圆直径分别为

$$d_1=2R\sin\delta_1,d_2=2R\sin\delta_2 \tag{6-58}$$

两轮的传动比为

$$i_{12}=\frac{\omega_1}{\omega_2}=\frac{z_2}{z_1}=\frac{d_2}{d_1}=\frac{\sin\delta_2}{\sin\delta_1} \tag{6-59}$$

对于轴交角 $\Sigma=90°$ 的两锥齿轮传动，式(6-59)可写成

$$i_{12}=\frac{\omega_1}{\omega_2}=\frac{z_2}{z_1}=\frac{d_2}{d_1}=\frac{\sin\delta_2}{\sin\delta_1}=\frac{\sin(90°-\delta_1)}{\sin\delta_1}=\cot\delta_1=\tan\delta_2 \tag{6-60}$$

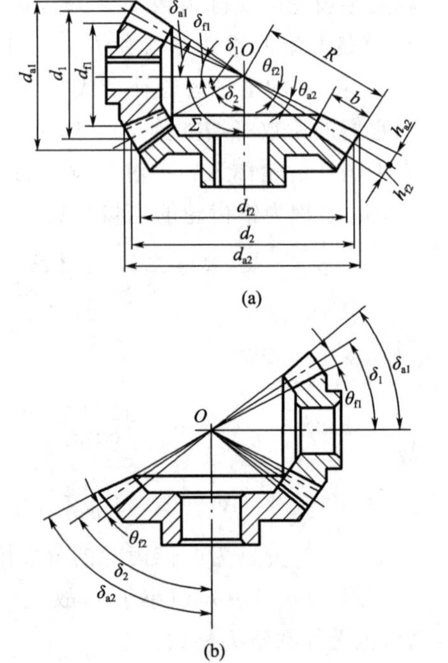

图 6-56 锥齿轮的各部分尺寸

由于规定大端面的参数为直齿锥齿轮的标准参数，所以其基本尺寸计算也在大端面上进行。直齿锥齿轮的齿高通常是由大端到小端逐渐收缩的，按顶隙的不同，可分为不等顶隙收缩齿[图 6-56(a)]和等顶隙收缩齿[图 6-56(b)]两种。前者的齿顶圆锥、齿根圆锥与分度圆锥具有同一个锥顶 O，故顶隙由大端至小端逐渐缩小，其缺点是齿顶厚和齿根圆角半径亦由大端到小端逐渐缩小，影响轮齿强度；后者的齿根圆锥与分度圆锥共锥顶，

但齿顶圆锥因其母线与另一齿轮的齿根圆锥母线平行而不和分度圆锥共锥顶，故两轮的顶隙由大端至小端都是相等的，其优点是提高了轮齿强度。根据国家标准规定，现多采用等顶隙圆锥齿轮传动。现将标准直齿锥齿轮机构几何尺寸计算公式列于表 6-15 中，供设计时查用。

表 6-15　标准直齿锥齿轮机构几何尺寸计算公式($\Sigma=90°$)

名 称	符 号	计算公式	
		小齿轮	大齿轮
分度圆锥角	δ	$\delta_1=\mathrm{arccot}\dfrac{z_2}{z_1}$	$\delta_2=90°-\delta_1$
齿顶高	h_a	$h_{a1}=h_{a2}=h_a^*m$	
齿根高	h_f	$h_{f1}=h_{f2}=(h_a^*+c^*)m$	
分度圆直径	d	$d_1=mz_1$	$d_2=mz_2$
齿顶圆直径	d_a	$d_{a1}=d_1+2h_a\cos\delta_1$	$d_{a2}=d_2+2h_a\cos\delta_2$
齿根圆直径	d_f	$d_{f1}=d_1-2h_a\cos\delta_1$	$d_{f2}=d_2-2h_a\cos\delta_2$
锥距	R	$R=\dfrac{mz}{2\sin\delta}=\dfrac{m}{2}\sqrt{z_1^2+z_2^2}$	
齿顶角	θ_a	$\tan\theta_{a1}=\tan\theta_{a2}=h_a/R$(不等顶隙收缩齿传动)	
齿根角	θ_f	$\tan\theta_{f2}=\tan\theta_{f1}=h_f/R$	
分度圆齿厚	s	$s=\pi m/2$	
顶隙	c	$c=c^*m$	
当量齿数	z_V	$z_{V1}=z_1/\cos\delta_1$	$z_{V2}=z_2/\cos\delta_2$
顶锥角	δ_a	不等顶隙收缩齿传动	
		$\delta_{a1}=\delta_1+\theta_{a1}$	$\delta_{a2}=\delta_2+\theta_{a2}$
		等顶隙收缩齿传动	
		$\delta_{a1}=\delta_1-\theta_{f1}$	$\delta_{a2}=\delta_2+\theta_{f2}$
根锥角	δ_f	$\delta_{f1}=\delta_1+\theta_{f1}$	$\delta_{f2}=\delta_1-\theta_{f2}$
当量齿轮分度圆半径	r_V	$r_{V1}=d_1/(2\cos\delta_1)$	$r_{V2}=d_2/(2\cos\delta_2)$
当量齿轮齿顶圆半径	r_{Va}	$r_{Va1}=r_{V1}+h_{a1}$	$r_{Va2}=r_{V2}+h_{a2}$
当量齿轮齿顶压力角	α_{Va}	$\alpha_{Va1}=\arccos\dfrac{r_{V1}\cos\alpha}{r_{Va1}}$	$\alpha_{Va2}=\arccos\dfrac{r_{V2}\cos\alpha}{r_{Va2}}$
重合度	ε_α	$\varepsilon_\alpha=\dfrac{1}{2\pi}[z_{V1}(\tan\alpha_{Va1}-\tan\alpha)+z_{V2}(\tan\alpha_{Va2}-\tan\alpha)]$	
齿宽	b	$b\leqslant R/3$(取整数)	

6.10.5 标准直齿锥齿轮传动的强度计算

1. 轮齿的受力分析

标准锥齿轮的轮齿截面是从大端到小端逐渐缩小的，各部分受力也是从大端到小端逐渐缩小的。为简化计算，通常假定载荷集中作用于齿宽中点 C 处(图 6-57)，并近似认为标准锥齿轮的强度相当于齿宽中点处当量直齿圆柱齿轮的强度；该当量齿轮的半径为齿宽中点处背锥母线的长度；模数为齿宽中点处的模数 m_m。如图 6-57 所示，作用于主动齿轮上的法向力

F_n 可分解为三个分力，即

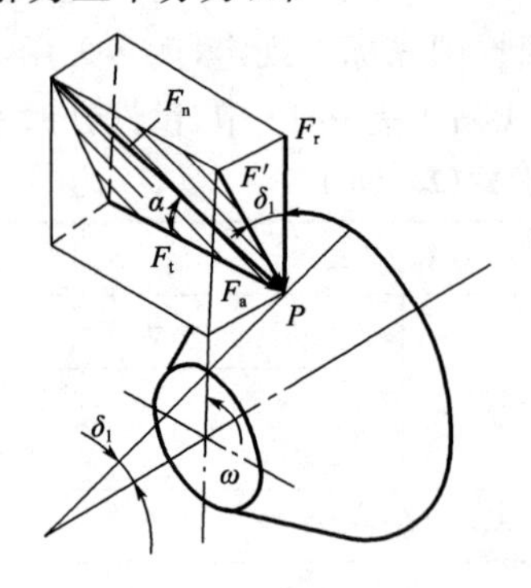

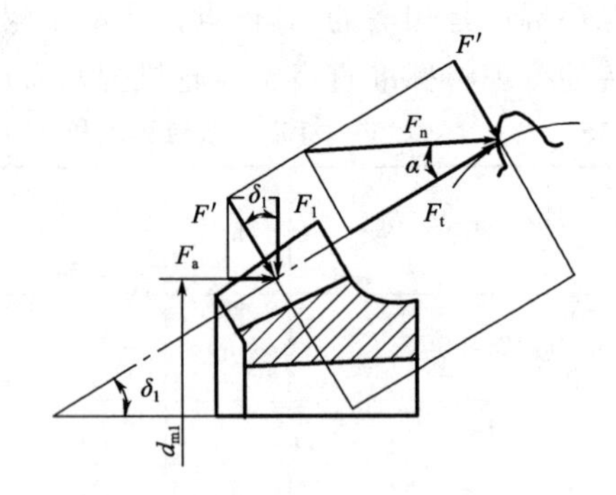

图 6-57 直齿锥齿轮传动受力分析

$$\left.\begin{aligned}F_{t1}&=-F_{t2}=\frac{2T_1}{d_{m1}}\\F_{r1}&=-F_{a2}=F'\cos\delta_1=F_{t1}\tan\alpha\cos\delta_1\\F_{a1}&=-F_{r2}=F'\sin\delta_1=F_{t1}\tan\alpha\sin\delta_1\\F_n&=\frac{F_{t1}}{\cos\alpha}\end{aligned}\right\}\tag{6-61}$$

式中，δ_1 为小齿轮分度圆锥角，(°)；α 为齿轮的大端压力角，(°)，标准齿轮 $\alpha=20°$；d_{m1} 为主动轮 1 的平均节圆直径，mm。

$$d_{m1}=d_1(1-\frac{0.5\varphi_R R}{R})=d_1(1-0.5\varphi_R)\tag{6-62}$$

式中，φ_R 为齿宽系数，$\varphi_R=\dfrac{b}{R}$。

圆周力 F_t 和径向力 F_r 的方向的判断方法与直齿轮相同。两齿轮轴向力 F_a 的方向都是沿各自的轴线方向并指向轮齿的大端。

2. 直齿锥齿轮传动的强度计算

计算直齿锥齿轮的强度时，可按齿宽中点处一对当量直齿圆柱齿轮进行近似计算。

当两轴交角 $\Sigma=90°$时，标准直齿锥齿轮传动的齿面接触应力及强度条件为

$$\sigma_H=\frac{4.98Z_E}{1-0.5\varphi_R}\sqrt{\frac{KT_1}{\varphi_R u d_1^3}}\leqslant[\sigma_H]\tag{6-63}$$

$$d_1\geqslant\sqrt[3]{\frac{KT_1}{\varphi_R u}\cdot\left(\frac{4.98Z_E}{(1-0.5\varphi_R)[\sigma_H]}\right)^2}\tag{6-64}$$

标准直齿锥齿轮传动的齿根弯曲应力及强度条件为

$$\sigma_F=\frac{4KT_1Y_{Fa}Y_{Sa}}{m^3z_1^2\varphi_R(1-0.5\varphi_R)^2\sqrt{u^2+1}}\leqslant[\sigma_F]\tag{6-65}$$

$$m\geqslant\sqrt[3]{\frac{4KT_1}{z_1^2\varphi_R(1-0.5\varphi_R)^2\sqrt{u^2+1}}\cdot\frac{Y_{Fa}Y_{Sa}}{[\sigma_F]}}\tag{6-66}$$

应用上述公式时应注意以下几点：

(1)载荷系数 $K=K_AK_VK_\beta$，其中 K_A 仍由表 6-8 查取，K_V 可按图 6-36 中低一级的精度线及 $v_m=\dfrac{\pi d_{m1}n_1}{60\,000}$查取，$K_\beta$ 可取 1.1～1.3。

(2)Y_{Fa}、Y_{Sa}是按当量齿数 $z_V=z/\cos\delta$ 查表 6-10 得到的。

(3)一般取 $\varphi_R=0.25\sim0.35$,常取 $\varphi_R=\frac{1}{3}$。

(4)应取 $b=b_1=b_2$。

(5)其他系数与直齿轮的查法相同。

(6)计算得到的模数 m 应按表 6-14 取标准值。

6.11 齿轮的结构设计及齿轮传动的润滑

6.11.1 齿轮的结构设计

根据齿轮传动的强度计算可得到齿轮的主要参数 z、m、b、β、d、d_a、d_f 等,对于齿轮的轮辐、轮毂等的结构形状及尺寸大小,通常由结构设计决定。

齿轮的结构设计与齿轮的几何尺寸、毛坯材料、加工方法、使用要求和经济性等因素有关,因此进行结构设计时必须综合地进行考虑,通常应根据实践经验,并考虑上述各因素,首先按齿轮的直径选定合理的结构类型,然后再根据经验公式进行结构设计。

1. 齿轮轴

如图 6-58 所示,当圆柱齿轮的齿根圆至键槽底部的距离 $e<2m_t$(m_t 为端面模数),或锥齿轮小端的齿根圆至键槽底部的距离 $e<1.6m$(m 为大端模数)时,应将齿轮和轴制成一体,称为齿轮轴,如图 6-59 所示,这时两者应采用同一种材料。

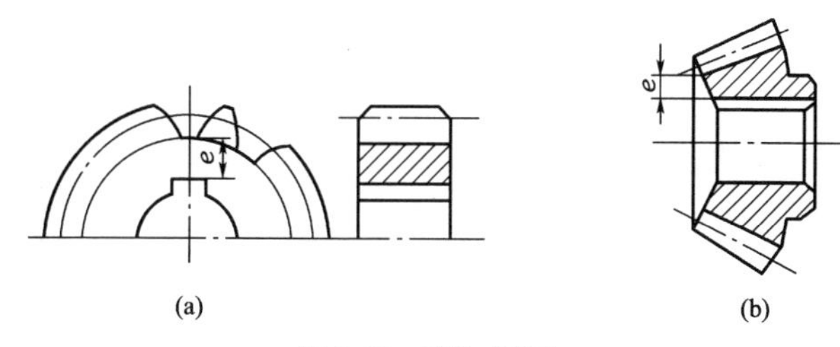

图 6-58 实体式齿轮

2. 实体式齿轮

如果齿轮直径比轴的直径大得多,即当 $e\geqslant2m_t$ 时,则不论是从便于制造的角度还是节约贵重材料的角度考虑,都应把齿轮和轴分开制造。当齿顶圆直径 $d_a\leqslant160$ mm 时,可制成实体式结构,如图 6-58 所示。

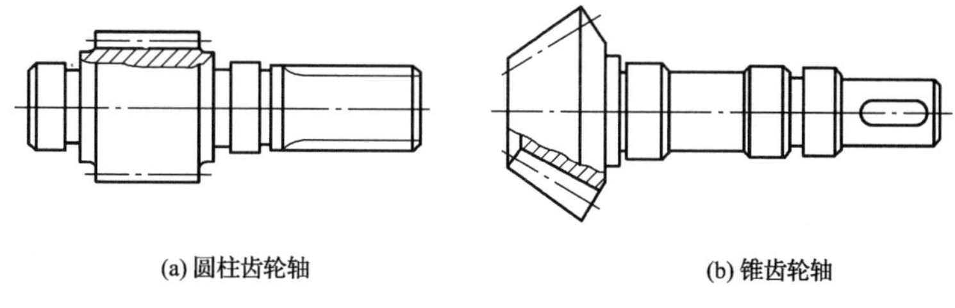

图 6-59 齿轮轴

3. 腹板式齿轮

当齿轮的齿顶圆直径 $d_a=160\sim500$ mm 时,可制成腹板式结构,如图 6-60 所示。这种结构的齿轮一般多用锻钢制造,其各部分尺寸由经验公式确定。为了减小惯量,通常在腹板上开孔,腹板上开孔的数目及尺寸按结构尺寸大小及需要确定。

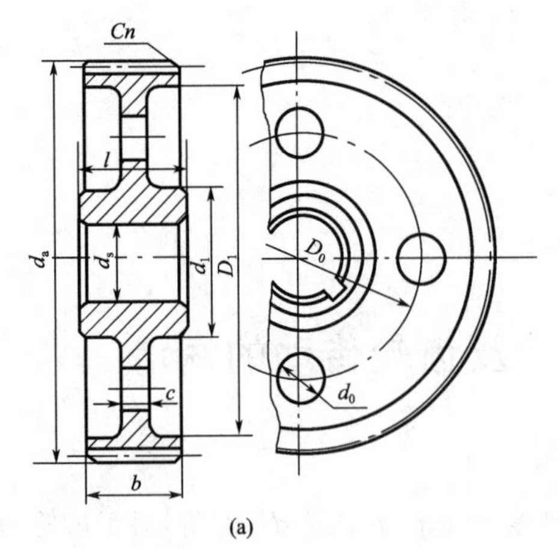

(a)

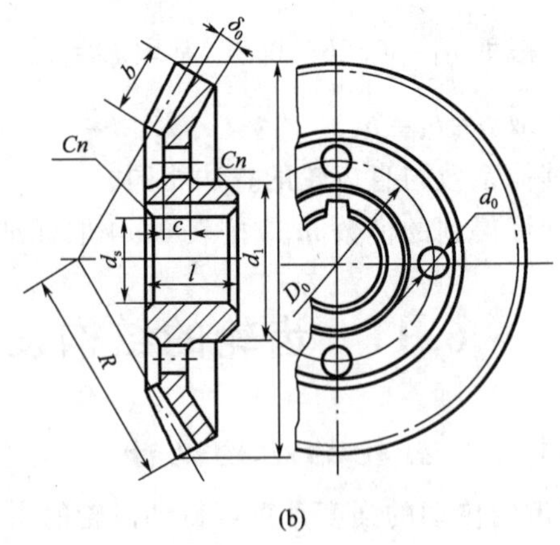

(b)

$d_1=1.6d_s$（d_s为轴径），$D_0=\frac{1}{2}(D_1+d_1)$；

$D_1=d_a-(10\sim12)m_n$，$d_0=0.25(D_1-d_1)$；

$c=0.3b$，$l=(1.5\sim2)d_s\geqslant b$，$n=0.5m$；

$d_1=1.6d_s$（铸钢），$d_1=1.8d_s$（铸铁）；

$l=(1.5\sim2)d_s$，$c=(0.1\sim0.17)l>10$ mm；

$\delta_0=(3\sim4)m>10$ mm，D_0和d_0根据结构确定

图 6-60　腹板式齿轮

4. 轮辐式齿轮

当齿轮的齿顶圆直径 $d_a>500$ mm 时，可制成轮辐剖面为十字形的轮辐式结构，如图 6-61 所示。这种结构的齿轮一般多用铸钢或铸铁制造。

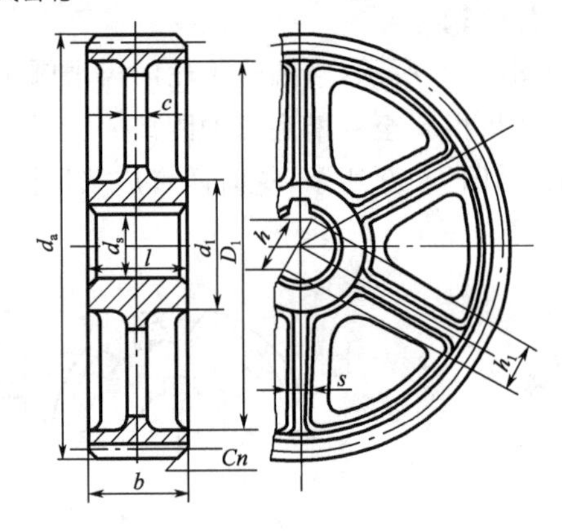

图 6-61　轮辐式齿轮

$d_1=1.6d_s$（铸钢），$d_1=1.8d_s$（铸铁）；$D_1=d_a-(10\sim12)m_n$，

$h=0.8d_s$，$h_1=0.8h$，$c=0.2h$，$l=(1.5\sim2)d_s$；

$S=\frac{h}{6}$（不小于 10 mm），$n=0.5m$

6.11.2 齿轮传动的润滑

齿轮在传动时，相啮合的齿面间有相对滑动，因此就要发生摩擦和磨损，增加动力消耗，降低传动效率，特别是高速传动时，就更要考虑齿轮的润滑。轮齿啮合面间加注润滑油可以避免金属直接接触，减少摩擦损耗，还可以散热及防蚀。因此，适当地对齿轮进行润滑可以大大改善轮齿的工作状况，确保其运转正常及预期寿命。

1. 齿轮传动的润滑方式

(1)开式及半开式齿轮传动或速度较低的闭式齿轮传动，通常人工进行周期性加油润滑，所用润滑剂为润滑油或润滑脂。

(2)闭式齿轮传动的润滑方式有浸油润滑和喷油润滑两种，一般根据齿轮的圆周速度而定。

①浸油润滑　当齿轮圆周速度 $v\leqslant12$ m/s 时，常将齿轮浸入油池中进行浸油润滑，如图 6-62(a)所示，齿轮在传动时将润滑油带到啮合面上，同时也甩到箱壁上借以散热。轮齿浸入油中的深度可视齿轮的圆周速度 v 而定，通常不宜超过 $r/3$，但不得小于 10 mm 且一个齿高，在多级传动中常借带油轮将油带到轮齿上，如图 6-62(b)所示。

②喷油润滑　当齿轮圆周速度 $v>12$ m/s 时，应采用喷油润滑，即由油泵或中心供油站以一定的压力供油，借喷嘴将油喷到齿面的啮合处，如图 6-62(c)所示；当 $v\leqslant25$ m/s 时，喷嘴位于轮齿啮入或啮出边均可；当 $v>25$ m/s 时，喷嘴应位于轮齿啮出边，以便借润滑油及时冷却

刚啮合过的轮齿,同时又对轮齿进行了润滑。

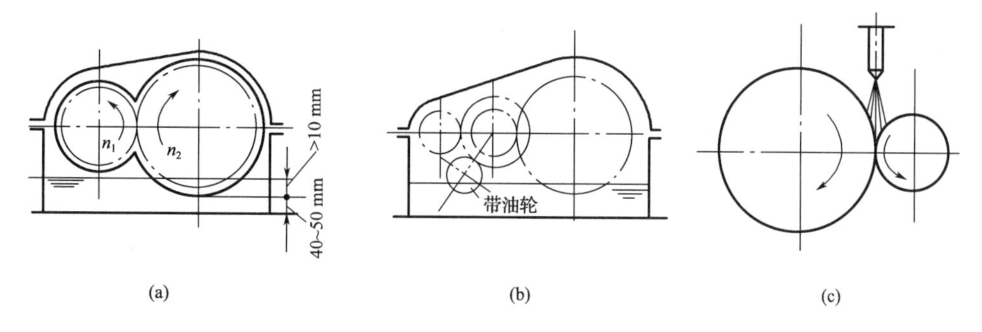

图 6-62 齿轮传动的润滑方式

2. 齿轮传动润滑剂的选择

选择润滑油时,应先根据齿轮的工作条件、材料、圆周速度及工作温度等确定润滑油的黏度,具体参照表 6-16 选择,再根据选定的黏度确定润滑油的牌号。

表 6-16 **齿轮传动润滑油黏度推荐值**

齿轮材料	强度极限 σ_B/MPa	圆周速度 v/(m·s^{-1})						
		<0.5	0.5~1	1~2.5	2.5~5	5~12.5	12.5~25	>25
		运动黏度 $\upsilon_{50\,℃}$($\upsilon_{100\,℃}$)/(mm^2·s^{-1})						
塑料、青铜、铸铁	—	180(23)	120(15)	85	60	45	34	—
钢	450~1 000	270(34)	180(23)	120(15)	85	60	45	34
	1 000~1 250	270(34)	270(34)	180(23)	120(15)	85	60	45
渗碳或表面淬火	1 250~1 580	450(53)	270(34)	270(34)	180(23)	120(15)	85	60

注:①多级齿轮传动按各级所选润滑油黏度的平均值来确定润滑油。

②对于 σ_B>800 MPa 的镍-铬钢制齿轮(不渗碳),润滑油黏度取高一档的数值。

例 6-2 设计双级斜齿圆柱齿轮减速器。已知高速级小齿轮传递的功率 P_1=15 kW,转速 n_1=1 460 r/min,传动比 i=3.5,载荷平稳,单向运转,每天工作 8 h,使用 10 年。

解:(1)选择齿轮材料、精度及许用应力

①选小齿轮材料为 40 MnB 钢调质,大齿轮材料为 45 钢调质,由表 6-7 得小齿轮齿面硬度为 260HBS,大齿轮齿面硬度为 220HBS。

②由图 6-33(b)查得接触疲劳强度极限 σ_{Hlim1}=710 MPa,σ_{Hlim2}=560 MPa。

由图 6-34(b)查得弯曲疲劳强度极限 σ_{Flim1}= 290 MPa,σ_{Flim2}=210 MPa。

③$N_1=60n_1jL_h=60\times1\,460\times1\times8\times10\times300=2.1\times10^9$;

$N_2=N_1/i=2.1\times10^9/3.5=6\times10^8$;

由图 6-31 得 $K_{HN1}=K_{HN2}=1$;由图 6-32 得 $K_{FN1}=K_{FN2}=1$。

④取 $S_H=1, S_F=1.4$,则

$$[\sigma_{F1}]=\frac{K_{FN1}\sigma_{Flim1}}{S_F}=\frac{1\times290}{1.4}=207.14\ \text{MPa}$$

$$[\sigma_{F2}]=\frac{K_{FN2}\sigma_{Flim2}}{S_F}=\frac{1\times210}{1.4}=150\ \text{MPa}$$

$$[\sigma_{H1}]=\frac{K_{HN1}\sigma_{Hlim1}}{S_H}=\frac{1\times710}{1}=710\ \text{MPa}$$

$$[\sigma_{H2}]=\frac{K_{HN2}\sigma_{Hlim2}}{S_H}=\frac{1\times560}{1}=560\ \text{MPa}$$

⑤取小齿轮 $z_1=23$,$z_2=iz_1=3.5\times23=80.5$,圆整取 $z_2=81$。

⑥初选 $\beta=13^\circ$，齿轮取 8 级精度。

(2)按齿面接触疲劳强度设计计算

①初取 $K_t=1.3$。

②扭矩 $T_1=9.55\times10^6\dfrac{P}{n_1}=9.55\times10^6\times\dfrac{15}{1\ 460}=98\ 116.44\ \text{N}\cdot\text{mm}$。

③由表 6-11 取 $\varphi_d=1.1$（非对称布置）。

④由表 6-9 查得 $Z_E=189.8$，由图 6-40 查得 $Z_H=2.44$。

⑤$Z_\beta=\sqrt{\cos\beta}=\sqrt{\cos13^\circ}=0.987\ 1$。

⑥许用接触应力取 $[\sigma_H]=[\sigma_{H2}]=560$ MPa。

⑦计算。

$$d_{t1}\geqslant\sqrt[3]{\frac{2K_tT_1}{\varphi_d}\cdot\frac{u\pm1}{u}\left(\frac{Z_EZ_HZ_\beta}{[\sigma_H]}\right)^2}$$

$$=\sqrt[3]{\frac{2\times1.3\times981\ 16.44}{1.1}\times\frac{3.5+1}{3.5}\times\left(\frac{189.8\times2.44\times0.987\ 1}{560}\right)^2}=58.35\ \text{mm}$$

⑧求 K。

由表 6-8 查得 $K_A=1$；取 $K_\alpha=1.1$，由图 6-37(a)查得 $K_\beta=1.1$，则

$v=\dfrac{\pi d_{t1}n_1}{60\times1\ 000}=\dfrac{\pi\times58.35\times1\ 460}{6\times10^4}=4.46$ m/s，由图 6-36 查得 $K_V=1.2$。

则
$$K=K_AK_VK_\alpha K_\beta=1\times1.2\times1.1\times1.1=1.45$$

⑨修正。

$$d_1\geqslant d_{t1}\sqrt[3]{\frac{K}{K_t}}=58.35\times\sqrt[3]{\frac{1.45}{1.3}}=60.51\ \text{mm}$$

(3)几何尺寸计算

①$m_n=\dfrac{d_1\cos\beta}{z_1}=\dfrac{60.51\times\cos13^\circ}{23}=2.56$ mm，取 $m_n=3$ mm。

②$a=\dfrac{m_n}{2\cos\beta}(z_1+z_2)=\dfrac{3}{2\times\cos13^\circ}\times(23+81)=160.10$ mm，取 $a=160$ mm。

③修正 $\beta=\arccos\dfrac{(z_1+z_2)m_n}{2a}=\arccos\dfrac{(23+81)\times3}{2\times160}=12.84^\circ$。

④$d_1=\dfrac{z_1m_n}{\cos\beta}=\dfrac{23\times3}{\cos12.84^\circ}=70.77$ mm，$d_2=\dfrac{z_2m_n}{\cos\beta}=\dfrac{81\times3}{\cos12.84^\circ}=249.23$ mm。

⑤$b=\varphi_dd_1=1.1\times70.77=77.85$ mm，取 $b_2=80$ mm，$b_1=85$ mm。

(4)按齿根弯曲疲劳强度校核

①由表 6-10 查得 $Y_{Fa1}=2.69$，$Y_{Sa1}=1.575$，$Y_{Fa2}=2.22$，$Y_{Sa2}=1.77$。

②取 $Y_\beta=0.9$。

③校核。

$$\sigma_{F1}=\frac{2KT_1}{bd_1m_n}Y_{Fa1}Y_{Sa1}Y_\beta=\frac{2\times1.45\times98\ 116.44}{80\times70.77\times3}\times2.69\times1.575\times0.9=63.88\ \text{MPa}$$

$$\sigma_{F1}=63.88\ \text{MPa}<207.14\ \text{MPa}=[\sigma_{F1}]$$

$$\sigma_{F2}=\sigma_{F1}\frac{Y_{Fa2}Y_{Sa2}}{Y_{Fa1}Y_{Sa1}}=63.88\times\frac{2.22\times1.77}{2.69\times1.575}=59.25\ \text{MPa}<150\ \text{MPa}=[\sigma_{F2}]$$

所以齿根弯曲疲劳强度足够。

(5)齿轮结构设计及绘制齿轮零件工作图

因大齿轮齿顶圆直径大于 160 mm 且小于 500 mm，故选用腹板式结构，结构尺寸按图 6-60 推荐公式计算，大齿轮零件工作图如图 6-63 所示；小齿轮零件工作图略。

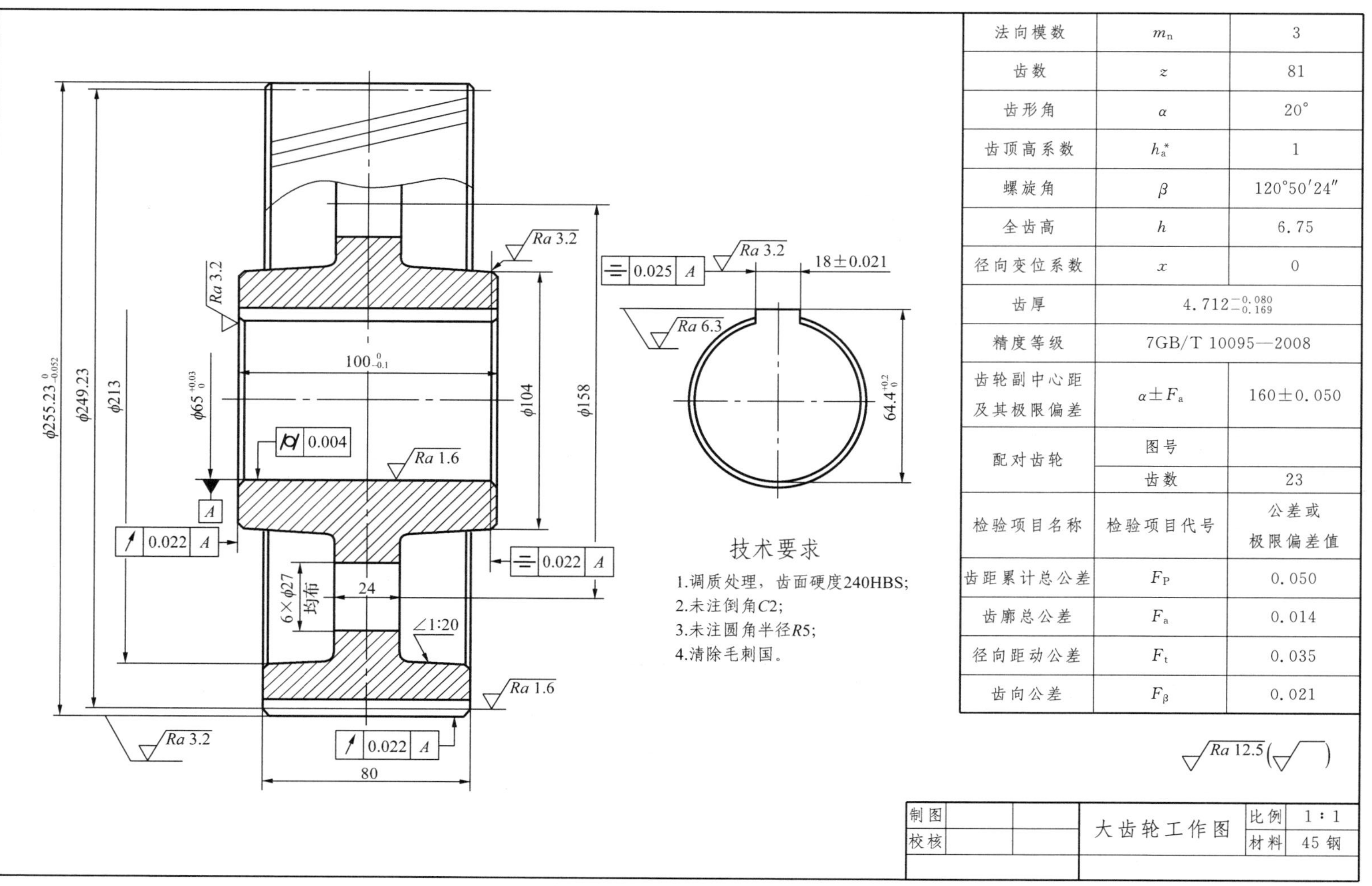

图 6-63 大齿轮零件工作图

小　结

齿轮传动是现代机械中应用较广泛的一种传动装置，主要用于传递两轴间的运动和动力。本章重点讨论平面齿轮机构啮合原理、传动特点、标准参数、基本尺寸计算以及齿轮传动的受力分析、失效形式、材料选择、设计准则和强度计算。

平面齿轮机构传递的是两平行轴间的运动和动力，空间齿轮机构传递的是两相交轴或交错轴间的运动和动力。大多数齿轮传动不仅用来传递运动，而且还要传递动力。因此，对齿轮传动有两个基本要求，即传动平稳和承载能力高。

为了保证齿轮机构传动准确、平稳，对齿轮传动最基本的要求就是保证瞬时传动比保持不变，即两齿轮齿廓必须满足齿廓啮合的基本定律。符合齿廓啮合基本定律的共轭曲线有很多，从啮合性能、加工、互换性等方面考虑，渐开线齿廓是最常用的一种。其啮合传动除保证定传动比外，还具有啮合线为定直线、啮合角不变、中心距可分等特点。正确啮合的条件是，保证每对轮齿在交替啮合时，轮齿既不相互脱开，也不相互嵌入。连续传动的条件可以保证前一对轮齿在脱离啮合前，后一对轮齿已进入啮合。

为了保证齿轮传动承载能力高，应要求齿轮有足够的强度。传递动力的齿轮在啮合过程中，轮齿依靠自身的尺寸和材料的性能来抵抗轮齿破坏的能力称为齿轮强度。选用优质材料、加大齿轮尺寸可以提高齿轮的强度。但从经济方面考虑，则希望齿轮的尺寸小、质量轻、成本低。因此，齿轮强度计算的任务就是在给定的工作条件下（载荷、速度、工作期限等）合理地选材和热处理，从而合理地确定齿轮的尺寸。

齿轮传动强度设计计算步骤如图 6-64 所示。

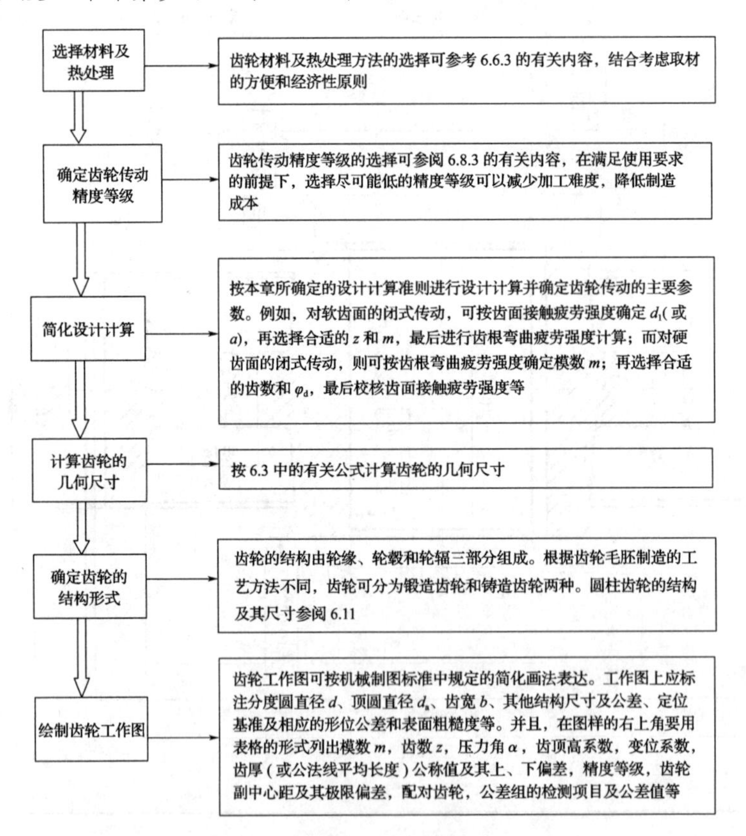

图 6-64　齿轮传动强度设计计算步骤

其他齿轮机构可采用类比的方法，重点掌握其啮合特点和强度设计计算。斜齿轮和直齿圆柱齿轮相比，具有承载力强、传动平稳等特点。直齿圆锥齿轮机构传递两相交轴间的运动，轮齿分布在圆锥体上，两轴线间的位置关系用轴交角表示，而不用中心距表示。

思考题及习题

6-1 如何才能保证一对齿轮的瞬时传动比恒定不变？

6-2 渐开线有哪些性质？渐开线齿轮的齿廓上哪一点的压力角最大？哪一点的压力角最小？

6-3 齿轮的分度圆与节圆、压力角和啮合角各有何异同？在什么情况下分度圆与节圆重合、压力角和啮合角相等？

6-4 在技术改造中拟使用两个现成的标准直齿圆柱齿轮。已测得齿数 $z_1=22$，$z_2=98$，小齿轮齿顶圆直径 $d_{a1}=240$ mm，大齿轮的齿高 $h=22.5$ mm，这两个齿轮能否正确啮合？

6-5 在图 6-65 中，已知基圆半径 $r_b=50$ mm，试求当 $r_K=65$ mm 时，渐开线的展角 θ_K、渐开线的压力角 α_K 和曲率半径 ρ_K。

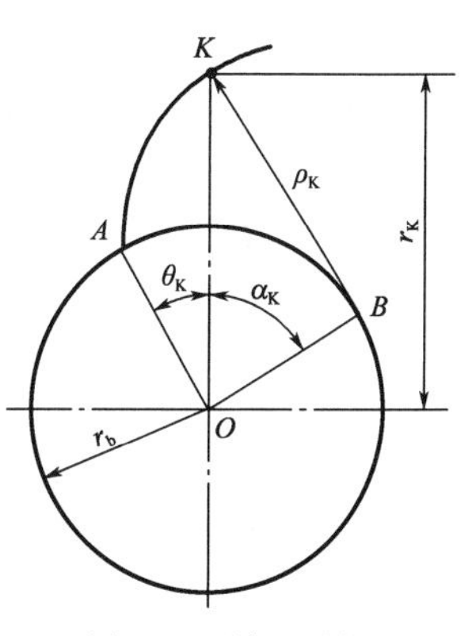

图 6-65 题 6-5 图

6-6 压力角 $\alpha=20°$的正常齿制渐开线标准直齿轮（外齿轮），当渐开线标准齿轮的齿根圆与基圆重合时，其齿数 z 应为多少？当齿数大于以上求得的齿数时，试问基圆与齿根圆哪个大？

6-7 已知一正常齿制标准直齿圆柱齿轮，$\alpha=20°$、$m=5$ mm、$z=40$，试分别求出其分度圆、基圆、齿顶圆上渐开线齿廓的曲率半径和压力角。

6-8 在一机床的主轴箱中有一直齿圆柱渐开线标准齿轮，经测量其压力角 $\alpha=20°$，齿数 $z=40$，齿顶圆直径 $d_a=84$ mm。现发现该齿轮已经损坏，需重做一个齿轮代换，试确定这个齿轮的模数。

6-9 已知一对外啮合标准直齿轮传动，其齿数 $z_1=24$、$z_2=110$，模数 $m=3$ mm，压力角 $\alpha=20°$，正常齿制。试求：(1)两齿轮的分度圆直径 d_1、d_2；(2)两齿轮的齿顶圆直径 d_{a1}、d_{a2}；(3)齿高 h；(4)标准中心距 a；(5)若实际中心距 $a'=204$ mm，试求两轮的节圆直径 d_1'、d_2'。

6-10 一对外啮合标准直齿轮，已知两齿轮的齿数 $z_1=23$、$z_2=67$，模数 $m=3$ mm，压力角 $\alpha=20°$，正常齿制。试求：

(1)正确安装时的中心距 a、啮合角 α'及重合度。

(2)实际中心距 $a'=136$ mm 时的啮合角 α'和重合度 ε_α。

6-11 一对齿轮传动中的两个齿轮轮齿表面上的接触应力是否相等？齿根弯曲应力是否也相等？

6-12 有两对直齿圆柱齿轮传动，其中一对齿轮的 $m=4$ mm，$z_1=20$，$z_2=40$，$b=75$ mm。另一对齿轮的 $m=2$ mm，$z_1=40$，$z_2=80$，$b=75$ mm。当载荷及其他条件相同时，两对齿轮的齿面接触疲劳强度及齿根弯曲疲劳强度是否相同？

6-13 有一单级直齿圆柱齿轮，已知 $z_1=32$，$z_2=108$，中心距 $a=210$ mm，齿宽 $b=70$ mm，大、小齿轮的材料均为 45 钢，小齿轮调质，硬度为 250HBS，齿轮精度为 8 级，输入转速 $n_1=1\ 460$ r/min，电动机驱动，单向运转，载荷平稳，要求齿轮使用寿命不少于 10 000 h。试求该齿轮传动所能传递的最大功率。

6-14　试设计带式运输机上开式直齿圆柱齿轮传动，已知传动比 $i=3$，$P=5$ kW，$n_1=176$ r/min，电动机驱动，单向运转，载荷平稳，齿轮相对于轴承为悬臂安装。

6-15　已知用于带式运输机的减速器中的一对直齿圆柱齿轮传动，主动小齿轮采用电动机驱动，其转速 $n_1=1\ 420$ r/min，传动比 $i=4$，$z_1=27$，$P=20$ kW，长期双向运转，载荷平稳。推荐大、小齿轮的材料均为45钢，小齿轮调质，大齿轮正火。试计算单级齿轮的强度。

6-16　某对平行轴斜齿轮传动的齿数 $z_1=20$、$z_2=37$，模数 $m_n=3$ mm，压力角 $\alpha=20°$，齿宽 $b_1=50$ mm、$b_2=45$ mm，螺旋角 $\beta=15°$，正常齿制。试求：(1)两齿轮的齿顶圆直径 d_{a1}、d_{a2}；(2)标准中心距 a；(3)轴面重合度 ε_β；(4)当量齿数 z_{V1}、z_{V2}。

6-17　在图6-66中所示机构中，所有齿轮均为直齿圆柱齿轮，模数均为2 mm，$z_1=15$、$z_2=32$、$z_3=20$、$z_4=30$，要求轮1与轮4同轴线。试问：

(1)齿轮1、2与齿轮3、4应选什么传动类型最好？为什么？

(2)若齿轮1、2改为斜齿轮传动来凑中心距，当齿数不变、模数不变时，斜齿轮的螺旋角应为多少？

(3)斜齿轮1、2的当量齿数是多少？

(4)当用范成法(如用滚刀)来加工齿数 $z_1=15$ 的斜齿轮1时，是否会产生根切？

6-18　两级展开式斜齿圆柱齿轮减速器如图6-67所示。

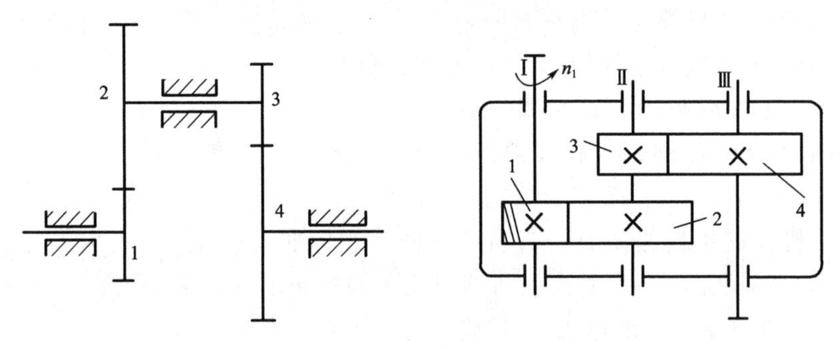

图6-66　题6-17图　　　图6-67　题6-18图

已知：Ⅰ轴为输入轴，输入功率 $P=10$ kW，转速 $n_1=1\ 450$ r/min，转向如图6-67所示，Ⅲ轴为输出轴；高速级齿轮参数为：模数 $m_{n1}=3$ mm，齿数 $z_1=21$，$z_2=52$，螺旋角 $\beta_1=12°7'43''$，齿轮1的轮齿为左旋；低速级齿轮参数为：模数 $m_{n3}=5$ mm，齿数 $z_3=27$，$z_4=54$；齿轮啮合效率 $\eta_1=0.98$，滚动轴承效率 $\eta_2=0.99$，试解答：

(1)确定齿轮2、3、4的轮齿旋向，要求使轴Ⅱ上齿轮2和齿轮3的轴向力互相抵消一部分以减轻轴承所受的载荷。

(2)欲使轴Ⅱ上齿轮2和齿轮3的轴向力完全抵消，则齿轮3的螺旋角应为多少？

(3)在图6-69中标出各轴转向，并求出各轴所受转矩的大小。

(4)在图6-69中标出各齿轮在啮合点处所受三个力的方向，并求出其大小。

6-19　设计一用于带式运输机的单级齿轮减速器中的斜齿圆柱齿轮传动，主动小齿轮采用电动机驱动，其转速 $n_1=1\ 420$ r/min，$n_2=340$ r/min，$P=10$ kW，允许转速误差，单向运转，载荷中等冲击，两班制工作，要求使用寿命10年。

6-20　某两级斜齿圆柱齿轮减速器传递的功率 $P=40$ kW，高速级传动比 $i=3.3$，高速轴转速 $n_1=1\ 460$ r/min，电动机驱动，长期双向运转，载荷中等冲击，要求结构紧凑，试设计该减速器传递的高速级齿轮传动。

6-21 一渐开线标准直齿圆锥齿轮机构，$z_1=16$、$z_2=32$、$m=6$ mm、$\alpha=20^\circ$、$h_a^*=1$、$\Sigma=90^\circ$，试设计这对直齿圆锥齿轮机构。

6-22 一对标准直齿圆锥齿轮传动，试问：

(1)当 $z_1=14$、$z_2=30$、$\Sigma=90^\circ$时，小齿轮是否会产生根切？

(2)当 $z_1=14$、$z_2=20$、$\Sigma=90^\circ$时，小齿轮是否会产生根切？

6-23 图 6-68 所示为由两级斜齿圆柱齿轮减速器和一对开式锥齿轮所组成的传动系统，已知动力由Ⅰ轴输入，转动方向如图 6-68 所示。为使Ⅱ轴和Ⅲ轴上的轴向力尽可能小，试确定：

(1)斜齿圆柱齿轮减速器中各齿轮的轮齿旋向。

(2)在图 6-68 中标出各齿轮在啮合点处所受三个力的方向。

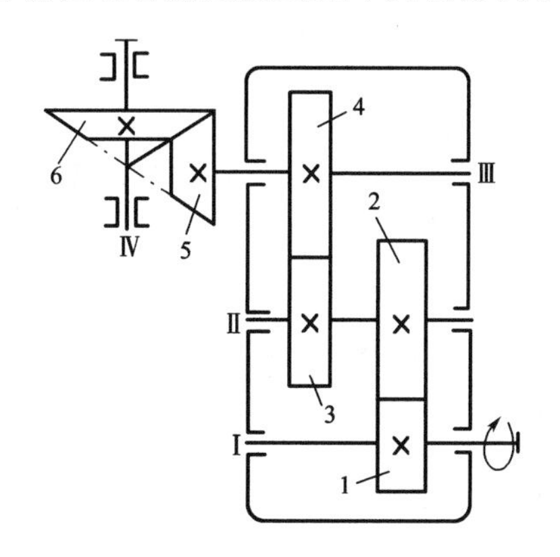

图 6-68 题 6-23 图

6-24 设计由电动机驱动的闭式直齿锥齿轮传动。已知功率 $P=5$ kW，传动比 $i=2.5$，转速 $n_1=960$ r/min，小齿轮悬臂布置，载荷平稳。要求齿轮使用寿命不少于 10 000 h。

第7章 蜗杆传动

认识蜗杆传动　　蜗杆传动的基本参数和尺寸计算　　蜗杆传动的左右手法则

蜗杆传动是一种用于交错轴间传递运动和动力的机械传动形式。本章简要介绍了蜗杆传动的类型和特点及其主要参数和几何尺寸。重点阐述了蜗杆传动的失效形式、强度计算和热平衡计算，简单介绍了蜗杆传动的润滑。

7.1 概　述

蜗杆传动如图 7-1 所示，由蜗杆 1 和蜗轮 2 组成。一般蜗杆为主动件，蜗轮为从动件，通常它们轴线的交错角为 90°。蜗杆传动广泛用于各种机械和仪表中，多用于减速，仅少数机械用于增速，如离心机、内燃机增压器等，用于增速时是以蜗轮为主动件的。

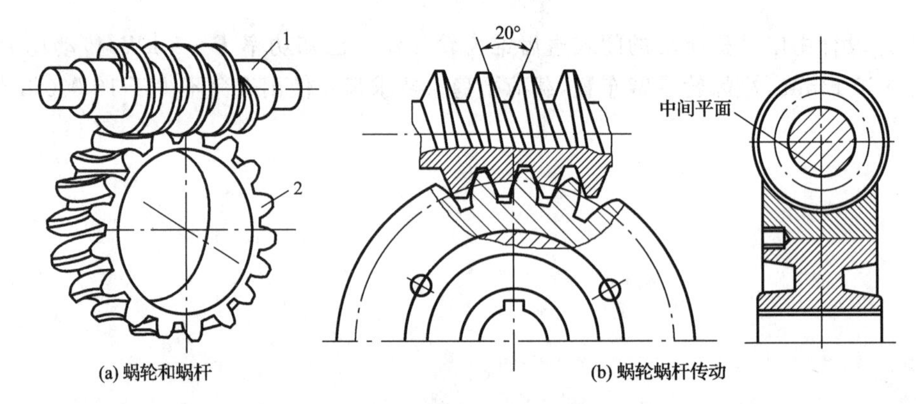

图 7-1　普通圆柱蜗杆传动

蜗杆传动具有传动比大、结构紧凑、传动平稳、噪声较小和具有自锁性等优点。在动力传动中，常取传动比 $i=10\sim80$。在分度机构中，i 值可达 1 000。但蜗杆传动效率较低，一般只有 0.7～0.9，自锁性的蜗杆传动的效率在 0.5 以下。蜗杆传动由于相对滑动速度大，磨损严重，发热量大，故蜗轮齿圈部分经常采用减磨性好的材料制成，例如青铜合金等，因此成本较高。

根据蜗杆形状的不同，可分为圆柱蜗杆传动、环面蜗杆传动和锥面蜗杆传动，如图 7-2 所示。其中圆柱蜗杆又分为阿基米德圆柱蜗杆（ZA 蜗杆）、渐开线圆柱蜗杆（ZI 蜗杆）等，如图 7-3 所示。蜗杆也有右旋和左旋之分，常用右旋蜗杆。

蜗杆通常通过车削和铣削加工而成。车削阿基米德蜗杆与加工梯形螺纹相似，如图 7-3(a)所示。车刀切削刃平面通过蜗杆轴线，切削刃夹角 $2\alpha_0=40°$。因此切出的齿形在垂直于蜗杆轴线平面的齿廓为阿基米德螺线，在过轴线的平面内齿廓为直线。加工渐开线蜗杆可以用滚刀铣切,如图 7-3(b)所示。切削刃平面与蜗杆基圆柱相切,在垂直于蜗杆轴线平面的齿廓为渐开线,而在包含蜗杆轴线的截面内一侧齿形为直线。

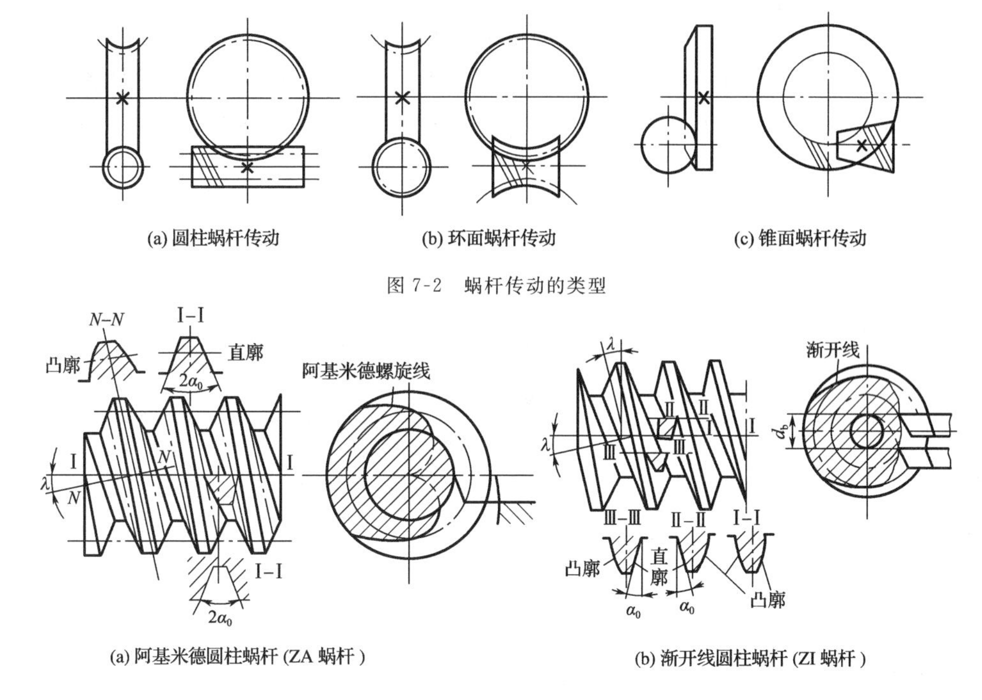

图 7-2 蜗杆传动的类型

图 7-3 圆柱蜗杆加工

蜗轮通常在滚齿机上用蜗轮滚刀范成切制。为了保证蜗轮与蜗杆正确啮合,蜗轮滚刀几何尺寸理论上同配对蜗杆完全相同。

由于在工程实际中最常用的是阿基米德蜗杆传动,故本章只着重讨论阿基米德蜗杆传动。

7.2 圆柱蜗杆传动的主要参数和几何尺寸

如图 7-4 所示为蜗轮与阿基米德蜗杆啮合的情况。通过蜗杆轴线并垂直于蜗轮轴线的平面称为中间平面。对蜗杆来说其中间平面是轴面,对蜗轮来说其中间平面是端面。在设计蜗杆传动时,其主要参数均以中间平面上的参数和尺寸为基准,并沿用齿轮传动的计算关系。

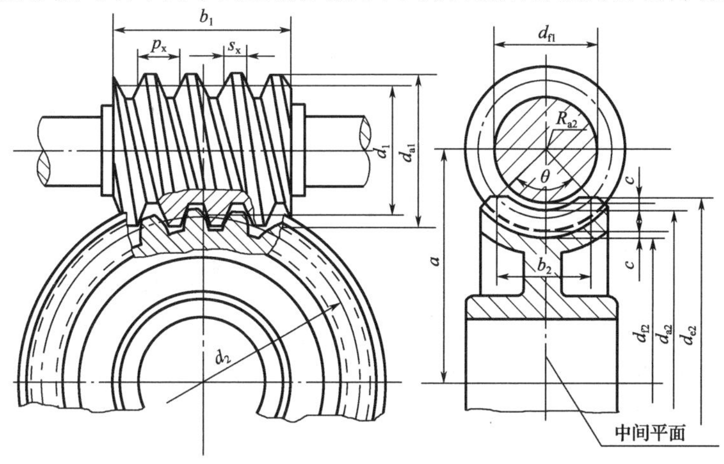

图 7-4 普通圆柱蜗杆传动的几何尺寸

7.2.1 圆柱蜗杆传动的主要参数

1. 模数 m 和压力角 α

由图 7-4 可看出，在中间平面上，蜗杆与蜗轮的啮合相当于齿条和齿轮啮合。因此，蜗杆传动的正确啮合条件是：蜗杆轴面模数 m_{a1} 和轴面压力角 α_{a1} 应分别等于蜗轮端面模数 m_{t1} 和端面压力角 α_{t2}，当蜗杆与蜗轮轴线交错角为 90°时，还需保证蜗杆的导程角 λ 等于蜗轮的螺旋角 β，且两者螺旋线的旋向相同。即

$$\left.\begin{array}{l} m_{a1}=m_{t2}=m \\ \alpha_{a1}=\alpha_{t2}=\alpha \\ \lambda=\beta \end{array}\right\} \tag{7-1}$$

模数 m 的标准值见表 7-1；压力角标准值为 20°。如图 7-4 所示，蜗杆上齿厚与齿槽宽相等的圆柱称为蜗杆分度圆柱，其直径 d_1 为标准值，可从表 7-1 中查取。

表 7-1　圆柱蜗杆传动的基本尺寸和参数($\Sigma=90°$)(GB/T 10085—2018)

模数 m/mm	分度圆直径 d_1/mm	蜗杆头数 z_1	直径系数 q	m^2d_1/mm³	模数 m/mm	分度圆直径 d_1/mm	蜗杆头数 z_1	直径系数 q	m^2d_1/mm³
1	**18**	1	18	18.00	6.3	(80)	1、2、4	12.698	3 175
1.25	20	1	6	31.25		**112**	1	17.778	4 445
	22.4	1	17.92	35	8	(63)	1、2、4	7.875	4 032
1.6	20	1、2、4	12.5	51.2		80	1、2、4、6	10	5 120
	28	1	17.5	71.68		(100)	1、2、4	12.5	6 400
2	(18)	1、2、4	9	72		**140**	1	17.5	8 960
	22.4	1、2、4、6	11.2	89.6	10	(71)	1、2、4	7.1	7 100
	(28)	1、2、4	14	112		90	1、2、4、6	9	9 000
	35.5	1	15.75	142		(112)	1	11.2	11 200
2.5	(22.4)	1、2、4	8.96	140		**160**	1	16	16 000
	28	1、2、4、6	11.2	175	12.5	(90)	1、2、4	7.2	14 062
	(35.5)	1、2、4	14.2	221.9		112	1、2、4	8.96	17 500
	45	1	18	281		(140)	1、2、4	11.2	21 875
3.15	(28)	1、2、4	8.889	278		**200**	1	16	31 250
	35.5	1、2、4、6	11.27	352	16	(112)	1、2、4	7	28 672
	45	1、2、4	14.286	447.5		140	1、2、4	8.75	35 840
	56	1	17.78	555		(180)	1、2、4	11.25	46 080
4	(31.5)	1、2、4	7.875	504		**250**	1	15.625	64 000
	40	1、2、4、6	10	640	20	(140)	1、2、4	7	56 000
	(50)	1、2、4	12.5	800		160	1、2、4	8	64 000
	71	1	17.75	1 136		(224)	1、2、4	11.2	89 600
5	(40)	1、2、4	8	1 000		**315**	1	15.75	126 000
	50	1、2、4、6	10	1 250	25	(180)	1、2、4	7.2	112 500
	(63)	1、2、4	12.6	1 575		200	1、2、4	8	125 000
	90	1	18	2 250		(280)	1、2、4	11.2	175 000
6.3	(50)	1、2、4	7.936	1 985		**400**	1	16	250 000
	63	1、2、4、6	10.00	2 500.47					

注：①表中模数均为第一系列，$m<1$ mm 的未列入，$m>25$ mm 的还有 31.5、40 两种。

②模数和分度圆直径均应优先选用第一系列，括号中的数值尽量不用。

③黑体字 d_1 值为蜗杆导程角 $\lambda<3°30'$ 的自锁蜗杆。

2. 传动比 i、蜗杆头数 z_1 和蜗轮齿数 z_2

对于减速蜗杆传动，其传动比为

$$i=\frac{n_1}{n_2}=\frac{z_2}{z_1} \tag{7-2}$$

式中，n_1、n_2 分别为蜗杆的转速，r/min。

通常蜗杆头数 $z_1=1$、2、4。当要求传动比大或反行程具有自锁性时，可取 $z_1=1$，但传动效率低；当要求较高传动效率或传动速度时，z_1 应取较大值，导程角 λ 要大些。z_1 过多使制造高精度蜗杆和蜗轮滚刀都更加困难。

蜗轮齿数 $z_2=iz_1$。z_1、z_2 的推荐值见表 7-2。为保证传动的平稳性，并为避免根切，z_2 不应少于 26，但也不宜多于 80。若 z_2 过多，将会使蜗轮结构尺寸过大，蜗杆支撑跨距亦随之加大，导致蜗杆刚度下降，影响啮合精度。

表 7-2　蜗杆头数和蜗轮齿数的推荐值

传动比 i	7～13	14～27	27～40	>40
蜗杆头数 z_1	4	2	2、1	1
蜗轮齿数 z_2	28～52	28～54	28～80	>40

3. 蜗杆直径系数 q 和导程角(螺旋升角)λ

因为加工蜗轮所采用滚刀的分度圆直径与蜗轮相配的蜗杆分度圆直径必须相同，所以为了限制滚刀的数目，GB/T 10085—2018 中规定了蜗杆分度圆直径 d_1 的标准系列，每一个模数只与一个或几个蜗杆分度圆直径的标准值相对应，见表 7-1。

如图 7-5 所示，蜗杆螺旋面和分度圆柱的交线是螺旋线。设 λ 为蜗杆分度圆上的螺旋线的导程角，p_x 为轴向齿距，则有

$$\tan\lambda=\frac{z_1 p_x}{\pi d_1}=\frac{z_1 m}{d_1}=\frac{z_1}{q} \tag{7-3}$$

式中，q 为蜗杆直径系数，$q=\frac{d_1}{m}$，即蜗杆分度圆直径与模数的比值。

由式(7-3)可知，在模数 m 一定时，d_1 越小，q 越小，蜗杆导程角 λ 越大，传动效率越高，但蜗杆的刚度和强度将降低。一般情况下，转速高的蜗杆可取较小的 d_1 值，蜗轮齿数较多时可取较大的 d_1 值。

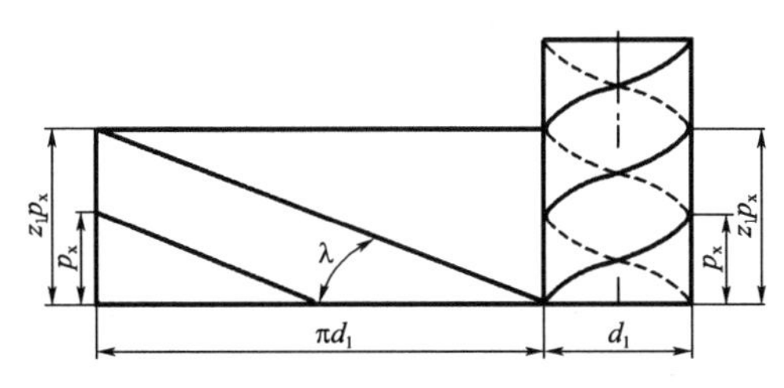

图 7-5　蜗杆的导程

4. 中心距

当蜗杆节圆与分度圆重合时的传动称为标准传动，此时中心距 a 为

$$a=\frac{1}{2}(d_1+d_2)=\frac{1}{2}m(q+z_2) \tag{7-4}$$

7.2.2　圆柱蜗杆传动的几何尺寸计算

普通圆柱蜗杆传动的几何尺寸如图 7-4 所示，其主要几何尺寸的计算公式见表 7-3。

表 7-3 普通圆柱蜗杆传动的几何尺寸计算

名 称	计算公式	
	蜗 杆	蜗 轮
齿顶高	$h_a=m$	
齿根高	$h_f=1.2m$	
全齿高	$h=2.2m$	
分度圆直径	$d_1=mq$	$d_2=mz_2$
齿顶圆直径	$d_{a1}=m(q+2)$	$d_{a2}=m(z_2+2)$
齿根圆直径	$d_{f1}=m(q-2.4)$	$d_{f2}=m(z_2-2.4)$
蜗杆轴向齿距与蜗轮端面齿距	$p_{a1}=p_{t2}=p_x=\pi m$	
径向间隙	$c=0.20m$	
中心距	$a=\frac{1}{2}(d_1+d_2)=\frac{1}{2}m(q+z_2)$	

7.3 蜗杆传动的失效形式、常用材料及其结构

7.3.1 蜗杆传动的相对滑动速度

由图 7-6 可见，蜗杆传动沿齿面螺旋线方向有相对滑动。该相对滑动速度为

$$v_s=\sqrt{v_1^2+v_2^2}=\frac{v_1}{\cos\lambda}=\frac{\pi d_1 n_1}{60\times 1\ 000\cos\lambda} \quad (7\text{-}5)$$

式中，v_1、v_2 分别为蜗杆、蜗轮的圆周速度，m/s；d_1 为蜗杆分度圆直径，mm；n_1 为蜗杆的转速，r/min；λ 为蜗杆导程角。

v_s 对蜗杆传动有很大影响。润滑条件较差时，相对滑动速度大，会加快磨损，因摩擦发热严重而发生胶合；润滑条件好时，增大相对滑动速度 v_s，有利于油膜形成，摩擦因数 f_V 反而下降，磨损情况得以改善，从而提高了啮合效率和抗胶合能力。

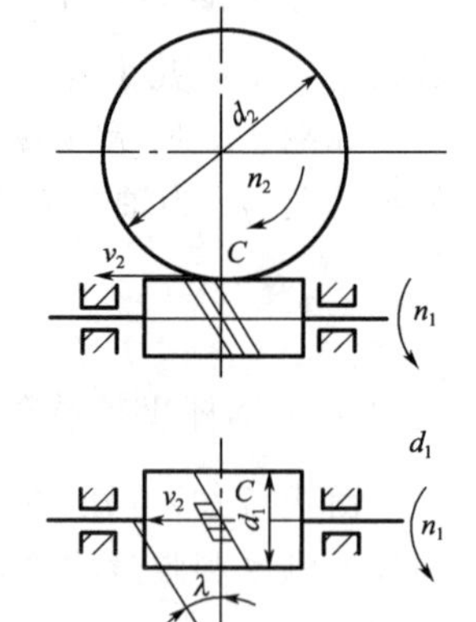

图 7-6 蜗杆传动相对滑动速度

7.3.2 蜗杆传动的失效形式及常用材料的选择

由于材料和结构上的原因，蜗杆螺旋部分的强度总是高于蜗轮轮齿的强度，所以失效常发生在蜗轮轮齿上。蜗杆传动中，由于齿面间相对滑动速度较大，发热量大，较易产生磨损或胶合现象，所以蜗杆传动的主要失效形式是齿面胶合、点蚀及磨损等。对于闭式传动多因齿面胶合或点蚀而失效；而在开式传动中，多发生齿面磨损和齿根折断失效。

由上述分析可知，蜗杆副的材料不仅要求具有足够的强度，更重要的是要具有良好的耐磨性能和抗胶合能力。

蜗杆一般采用碳钢或合金钢制造，要求齿面光洁并具有较高硬度。一般传动用蜗杆常用 45 或 40Cr 钢，表面淬火后硬度为 40～55HRC；高速重载蜗杆常用 20Cr 或 18CrMnTi 钢，并经表面渗碳淬火，硬度达 55～62HRC；对于不太重要的低速中载的蜗杆，可采用 40 或 45 钢，经调质处理后其硬度为 220～300HBS。

常用的蜗轮材料为铸造锡青铜（ZCuSn10P1、ZCuSn5P65Zn5）、铸造铝-铁青铜（ZCuAl10Fe3）及灰铸铁（HT150、HT200）。锡青铜的抗胶合能力和耐磨性好，易于切削加工，但价格较高，一般用于滑动速度 $v_s \geqslant 3$ m/s 的重要传动。铝-铁青铜的减摩性和抗胶合性稍差，但强度高，价格便宜，常用于 $v_s \leqslant 4$ m/s 的传动。在对效率要求不高、$v_s \leqslant 2$ m/s 的情况下，可采用灰铸铁。

7.3.3 蜗杆和蜗轮的结构

由于蜗杆的直径较小，所以蜗杆与轴常制成一体即蜗杆轴的形式，如图 7-7 所示。图 7-7(a)所示为带有退刀槽的车削蜗杆轴的结构；图 7-7(b)所示为不带有退刀槽的铣削蜗杆轴的结构。车削蜗杆轴的退刀槽尺寸根据机械设计手册确定，退刀槽对蜗杆的刚度有影响。蜗杆螺纹部分长度 b_1 值见表 7-4。

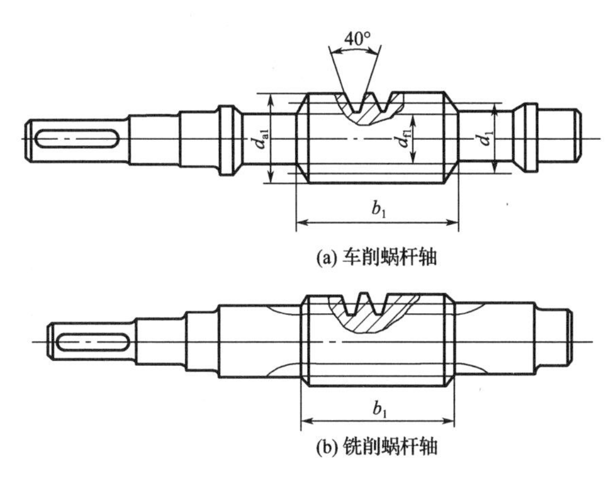

图 7-7 蜗杆轴

蜗轮结构分为整体式和组合式两种。铸铁蜗轮或直径小于 100 mm 的青铜蜗轮制成整体式的，如图 7-8(a)所示。为了降低材料成本，大多数蜗轮则采用组合结构，即齿圈用青铜，轮芯用铸铁或钢制造，其结构如图 7-8(b)～图 7-8(d)所示。其中图 7-8(b)所示结构中，蜗轮齿圈与轮芯的连接采用压配式过盈连接，且沿接合面圆周均布装有 4～8 个螺钉，以保证连接可靠；图 7-8(c)所示为采用铰制孔用螺栓连接方式，拆装方便，故常用于尺寸较大或磨损后需要更换齿圈的蜗轮；图 7-8(d)所示为组合浇注式结构，它是在轮芯上预制出榫槽，浇注上青铜轮缘并切齿而制成的，适于蜗轮批量生产。蜗轮结构的具体尺寸见表 7-4。

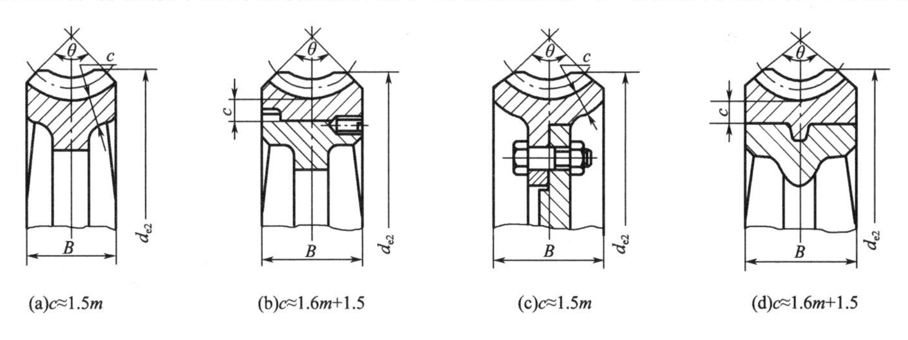

图 7-8 蜗轮的结构形式

表 7-4 蜗轮及蜗杆结构尺寸的计算公式

蜗杆头数 z_1	轮缘宽度 B/mm	蜗轮顶圆直径(外径)d_{e2}/mm	蜗轮齿宽角 θ/(°)	蜗杆螺纹部分长度 b_1/mm
1	$\leqslant 0.75d_{a1}$	$d_{a2}+2m$	90～130	$\geqslant(11+0.06z_2)m$
2		$d_{a2}+1.5m$		
4	$\leqslant 0.67d_{a1}$	$d_{a2}+m$		$\geqslant(12.5+0.09z_2)m$

7.4 圆柱蜗杆传动的承载能力计算

7.4.1 圆柱蜗杆传动的受力分析

蜗杆传动的受力分析和斜齿圆柱齿轮传动相似，通常不考虑摩擦力的影响。如图 7-9(a)所示，右旋蜗杆为主动件。传动时，齿面上所受的法向载荷为 F_n，它可分解为三个相互垂直的分力，即圆周力 F_t、径向力 F_r 和轴向力 F_a。依据作用力与反作用力的关系，如图 7-9(b)所示，蜗轮、蜗杆的受力有如下关系，即

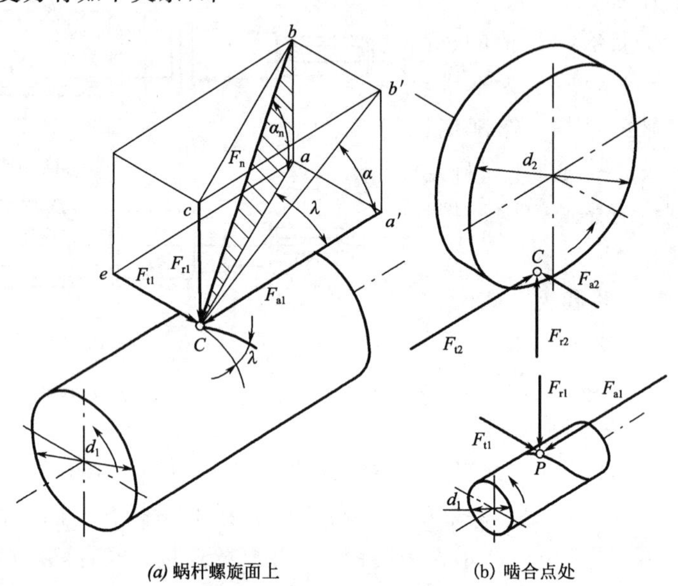

图 7-9 普通圆柱蜗杆的受力分析

$$\left.\begin{aligned}
F_{t1}&=-F_{a2}=\frac{2T_1}{d_1}\\
F_{r1}&=-F_{r2}=F_{t2}\tan\alpha\\
F_{a1}&=-F_{t2}=\frac{2T_2}{d_2}\\
F_n&=\frac{F_{a1}}{\cos\alpha_n\cos\lambda}=\frac{F_{t2}}{\cos\alpha_n\cos\lambda}=\frac{2T_2}{d_2\cos\alpha_n\cos\lambda}
\end{aligned}\right\} \tag{7-6}$$

式中，T_1、T_2 分别为作用在蜗杆上和蜗轮上的转矩，N·mm；$T_2=T_1 i\eta$，η 为蜗杆传动效率；d_1、d_2 分别为蜗杆和蜗轮的分度圆直径，mm。

蜗轮、蜗杆受力方向的判定方法与斜齿轮的相同，按"主动轮左/右手法则"来确定。

7.4.2 圆柱蜗杆传动的强度计算

圆柱蜗杆传动的强度计算可仿照设计圆柱齿轮的方法进行齿面接触疲劳强度和齿根弯曲疲劳强度的计算。对闭式蜗杆传动，通常是先按齿面接触疲劳强度设计，再按齿根弯曲疲劳强度进行校核。由于在闭式传动情况下散热较为困难，故还应进行热平衡计算。而对于开式蜗杆传动，通常只需按齿根弯曲疲劳强度进行设计计算。此外，还需校核蜗杆的刚度。

1. 蜗轮齿面接触疲劳强度计算

蜗轮齿面接触疲劳强度计算与斜齿轮类似，也是以赫兹公式为计算基础，以蜗轮、蜗杆啮

合节点处的相应参数代入赫兹公式，对于钢制蜗杆和青铜或铸铁蜗轮的配对传动，经推导可得蜗轮齿面接触疲劳强度的校核公式为

$$\sigma_H = 480\sqrt{\frac{KT_2}{d_2^2 d_1}} = 480\sqrt{\frac{KT_2}{z_2^2 m^2 d_1}} \leqslant [\sigma_H] \tag{7-7}$$

蜗轮齿面接触疲劳强度的设计公式为

$$m^2 d_1 \geqslant KT_2\left(\frac{480}{z_2[\sigma_H]}\right)^2 \tag{7-8}$$

式中，$[\sigma_H]$为蜗轮齿面的许用接触应力，MPa，其值由表 7-5 及表 7-6 查取；T_2 为蜗轮转矩，N·mm；K 为载荷系数，$K=K_A K_\beta K_V$，其中 K_A 为工作情况系数，由表 7-7 查取；K_β 为齿向载荷分布系数，当蜗杆传动在平稳载荷下工作时，取 $K_\beta=1$；当载荷变化较大时，或有冲击、振动时，取 $K_\beta=1.2\sim1.4$；K_V 为动载系数，对于要求精确制造的，当蜗轮圆周速度 $v\leqslant 3$ m/s 时，$K_V=1.0\sim1.1$；$v>3$ m/s 时，$K_V=1.1\sim1.2$。

在查取许用接触应力$[\sigma_H]$值时，对于铸锡青铜蜗轮，其主要失效形式是疲劳失效，$[\sigma_H]$值可由表 7-5 查取；对于铸铝青铜或灰铸铁蜗轮，其主要失效形式是胶合，故应考虑相对滑动速度的大小，$[\sigma_H]$值则应从表 7-6 中查取。

表 7-5　蜗轮材料及其许用接触应力、许用弯曲应力

蜗轮材料	铸造方法	滑动速度 $v_s/(m\cdot s^{-1})$	$[\sigma_H]$/MPa		$[\sigma_F]$/MPa	
			蜗杆齿面硬度		单向受载	双向受载
			≤350HBS	>45HRC		
ZCuSn10P1	砂 模	≤12	180	200	51	32
	金属模	≤15	200	220	70	40
ZCuSn5Pb5Zn5	砂 模	≤10	110	125	33	24
	金属模	≤12	135	250	40	29
ZCuAl10Fe3	砂 模	≤10	见表 7-6		82	84
	金属模				90	80
ZCuAl10Fe3Mn2	砂 模 金属模	≤10			100	90
ZCuZn38Mn2Pb2	砂 模 金属模	≤10			62	56
HT150	砂 模	≤			40	25
HT200	砂 模	≤2～5			48	30
HT250	砂 模	≤2～5			56	35

表 7-6　铝青铜及灰铸铁蜗轮的许用接触应力$[\sigma_H]$　MPa

蜗轮材料	蜗杆材料	滑动速度 $v_s/(m\cdot s^{-1})$							
		0.25	0.5	1	2	3	4	6	8
ZCuAl10Fe3	淬火钢[①]	—	250	230	210	180	160	120	90
ZCuZn38Mn2Pb2	淬火钢[①]	—	215	200	180	150	135	95	75
HT150、HT200	渗碳钢	160	130	115	90	—	—	—	—
HT250	调质钢	140	110	90	70	—	—	—	—

注：[①]表示蜗杆未经淬火时，需将表中$[\sigma_H]$值降低 20%。

表 7-7　工作情况系数 K_A

动力机	工作机		
	均　匀	中等冲击	严重冲击
电动机、汽轮机	0.8～1.25	0.9～1.5	1～1.75
多缸内燃机	0.9～1.5	1～1.75	1.25～2
单缸内燃机	1～1.75	1.25～2	1.5～2.25

设计时按式(7-8)计算出 m^2d_1 值后，按表 7-1 查出相应的标准 m 和 d_1 值。

2. 蜗轮齿根弯曲疲劳强度计算

在蜗轮齿数较多或开式传动中，常需要进行蜗轮齿根弯曲疲劳强度计算。但由于蜗轮轮齿的齿形比较复杂，要精确计算蜗轮齿根弯曲应力是比较困难的，所以一般参照斜齿圆柱齿轮进行近似计算，由此可得蜗轮齿根的弯曲应力的校核公式为

$$\sigma_F=\frac{1.64KT_2}{d_1d_2m}Y_{Fa}Y_\beta\leqslant[\sigma_F] \tag{7-9}$$

蜗轮齿根的弯曲应力的设计公式为

$$m^2d_1\geqslant\frac{1.64KT_2}{z_2[\sigma_F]Y_{Fa}Y_\beta} \tag{7-10}$$

式中，$[\sigma_F]$为蜗轮许用弯曲应力，MPa，其值由表 7-5 查取；Y_{Fa}为蜗轮齿形系数，由当量齿数 $z_V=\frac{z_2}{\cos^3\lambda}$，查图 7-10；$Y_\beta$ 为蜗轮螺旋角系数，$Y_\beta=1-\lambda/140°$；λ 为蜗杆导程角。

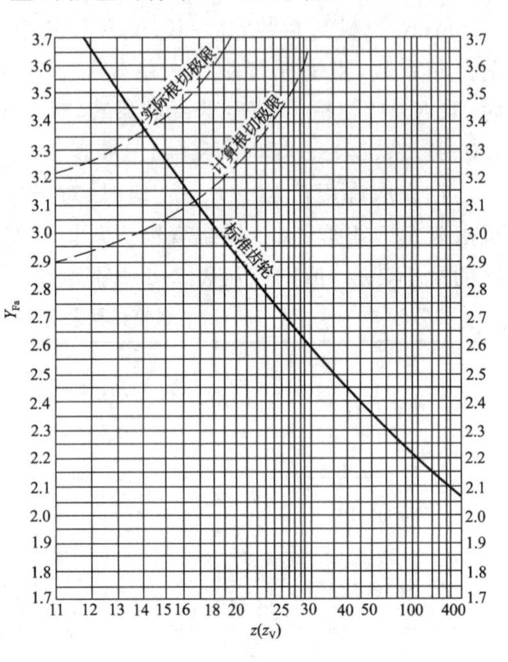

图 7-10　外啮合的齿形系数

设计时按式(7-10)计算出 m^2d_1 值后，按表 7-1 查出相应的标准 m 和 d_1 值。

3. 蜗杆的刚度计算

蜗杆支撑跨距比较大，受力后如产生过大的变形，则会影响蜗杆与蜗轮的正确啮合，所以蜗杆还应进行刚度校核，主要校核蜗杆的弯曲刚度，即蜗杆产生的挠度 y 应小于许用挠度$[y]$。即

$$y=\frac{\sqrt{F_{t1}^2+F_{r1}^2}}{48EI}L'^3\leqslant[y] \tag{7-11}$$

式中，F_{t1}为蜗杆所受的圆周力，N；F_{r1}为蜗杆所受的径向力，N；E 为蜗杆材料的弹性模量，MPa；I 为蜗杆危险截面的惯性矩，$I=\frac{\pi d_{f1}^4}{64}$，其中 d_{f1}为蜗杆齿轮齿根圆直径，mm；L'为蜗杆两端支撑间的跨距，mm，初步计算可取 $L'=0.9d_2$；$[y]$为许用挠度，mm，$[y]=\frac{d_1}{1\,000}$。

7.5 蜗杆传动的效率、润滑和热平衡计算

7.5.1 蜗杆传动的效率

闭式蜗杆传动的功率损耗一般包括三部分，即轮齿啮合摩擦损耗、轴承摩擦损耗和轮齿搅油损耗。因此蜗杆传动总效率 η 为

$$\eta=\eta_1\eta_2\eta_3 \tag{7-12}$$

式中，η_1 为啮合效率；η_2 为轴承效率；η_3 为搅油效率。

啮合效率 η_1 是决定蜗杆传动总效率主要因素，当蜗杆为主动件时，$\eta_1=\dfrac{\tan\lambda}{\tan(\lambda+\varphi_V)}$。当采用滚动轴承时，$\eta_2=0.99$；当采用滑动轴承时，$\eta_2=0.98\sim0.99$。一般搅油效率近似取 $\eta_3=0.95\sim0.99$。因此蜗杆传动的总效率主要取决于啮合效率 η_1，取 $\eta_2\eta_3=0.95\sim0.97$。当蜗杆为主动件时，其总效率为

$$\eta=\eta_1\eta_2\eta_3=(0.95\sim0.97)\frac{\tan\lambda}{\tan(\lambda+\varphi_V)} \tag{7-13}$$

式中，λ 为蜗杆导程角；φ_V 为当量摩擦角，$\varphi_V=\arctan f_V$，其值可根据滑动速度 v_s 由表7-8查得。

在设计之初，估计蜗杆传动的总效率可参照表7-9选取。

表 7-8 普通圆柱蜗杆传动 v_s、f_V、φ_V 值

蜗轮材料	锡青铜				无锡青铜	
蜗杆齿面硬度	>45HRC		其他		>45HRC	
滑动速度 $v_s/(\mathrm{m\cdot s^{-1}})$	f_V	φ_V	f_V	φ_V	f_V	φ_V
0.01	0.11	6.08°	0.12	6.84°	0.18	10.2°
0.10	0.08	4.57°	0.09	5.14°	0.13	7.40°
0.50	0.055	3.15°	0.065	3.72°	0.09	5.14°
1.00	0.045	2.58°	0.055	3.15°	0.07	4.00°
2.00	0.035	2.00°	0.045	2.58°	0.055	3.15°
3.00	0.028	1.60°	0.035	2.00°	0.045	2.58°
4.00	0.024	1.37°	0.031	1.78°	0.04	2.29°
5.00	0.022	1.26°	0.029	1.66°	0.035	2.00°
8.00	0.018	1.03°	0.026	1.49°	0.03	1.72°
10.0	0.016	0.92°	0.024	1.37°		
15.0	0.014	0.80°	0.020	1.15°		
24.0	0.013	0.74°				

注：①表中 f_V、φ_V 值为蜗杆齿面经过磨削、跑合，以及润滑充分的情况下的值。

②当蜗轮材料为灰铸铁时，可按蜗杆材料为无锡青铜时查取 f_V、φ_V。

表 7-9 蜗杆传动总效率 η 的估值

z_1	η	
	闭式传动	开式传动
1	0.7～0.75	0.6～0.7
2	0.75～0.82	
4	0.87～0.92	

7.5.2 蜗杆传动的润滑

在蜗杆传动中,润滑具有特别重要的意义。因为润滑不良时,蜗杆传动效率将显著降低,齿面磨损加剧,发热量增大,甚至出现胶合,所以蜗杆传动要求润滑油具有较高的黏度、良好的油性,且含有抗压、减摩和耐磨性好的添加剂。

蜗杆传动一般用油润滑,分为油池润滑和喷油润滑两种。用油池润滑时,常采用蜗杆下置式,由蜗杆带油润滑。但当 $v_1>4$ m/s 时,常采用蜗杆上置式,以减少搅油损失,由蜗轮带油润滑。如果采用喷油润滑,则喷油嘴要对准蜗杆啮入端。

对于闭式蜗杆传动,常用润滑油黏度可由表 7-10 中选取。

表 7-10　蜗杆传动的润滑油黏度及润滑方式

滑动速度 v_s/(m·s^{-1})	<0.5	0.5～1	1～2.5	2.5～5	5～12.5	12.5～25	>25
运动黏度 v_{40}(St)	900	500	500	350	220	150	100
润滑方式	油池润滑				喷油润滑或油池润滑	喷油润滑	

对于一般蜗杆传动,可采用极压齿轮油;对于大功率重要蜗杆传动,应采用专用蜗轮、蜗杆油。

7.5.3 蜗杆传动的热平衡计算

在闭式连续运转的蜗杆传动中,如果散热不良,将使箱体内温度过高,致使油温升高而使润滑油黏度下降,因此摩擦损失增大,甚至导致齿面胶合。所以,对闭式蜗杆传动要进行热平衡计算。

热平衡计算就是保证蜗杆传动在单位时间内发热量 Φ_1 等于同时间散发热量 Φ_2,以保证油温处于规定的范围内。

设摩擦损耗的功率全部转化成热量,则在单位时间内,蜗杆传动由于摩擦损耗而产生的热量为 $\Phi_1=1\,000P_1(1-\eta)$;那么在单位时间内,通过齿轮箱体外壁和其他辅助散热装置所散逸的热量为 $\Phi_2=\alpha_d A(t_1-t_0)$。当达到热平衡时,产生的热量与散逸的热量相等,温度达到稳定,即 $\Phi_1=\Phi_2$。由此可得

$$t_1=t_0+\frac{1\,000P_1(1-\eta)}{\alpha_d A}\leqslant[t] \tag{7-14}$$

式中,P_1 为蜗杆传递的功率,kW;η 为蜗杆传动的总效率;t 为箱体内的油温,℃;t_0 为环境温度,℃,常温下取 20 ℃;α_d 为箱体的表面散热系数,一般取 $\alpha_d=10\sim17$ W/(m^2·℃);A 为散热面积,m^2,指内表面能被油溅到而外表面又可为周围空气冷却的箱体表面面积。一般取 $A=0.33(a/100)^{1.57}$(a 为中心距,mm)。

对于闭式蜗杆传动,箱体内的油温应限制在 60～70 ℃,最高不超过 80 ℃。若油温过高,则必须采取措施,以提高散热能力。通常采用如下方法解决:

(1)箱体上加设散热片以增大散热面积。

(2)提高表面传热效果。根据具体工作情况,可在蜗杆轴端上加装风扇,或在箱内设置冷却水管,或采用压力喷油循环润滑,如图 7-11 所示。

例 7-1　试设计一由电动机驱动的闭式蜗杆减速器中的普通圆柱蜗杆传动。已知:输入功率 $P_1=5.5$ kW,蜗杆转速 $n_1=960$ r/min,传动比 $i_{12}=20$。单向传动,工作载荷平稳。

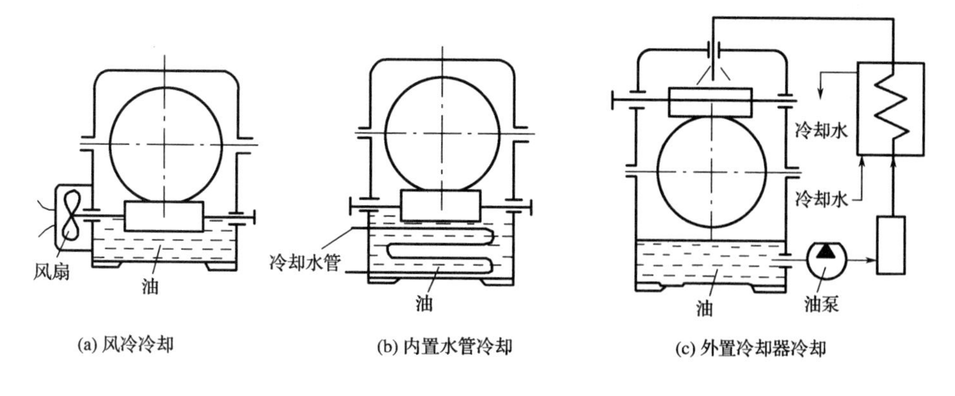

(a) 风冷冷却　　(b) 内置水管冷却　　(c) 外置冷却器冷却

图 7-11　蜗杆传动的散热方法

解:(1)选择蜗杆传动类型及其材料

本设计采用渐开线蜗杆传动类型。蜗杆用 45 钢,齿面淬火,硬度为 45～55HRC;蜗轮结构为组合式,齿圈用锡青铜 ZCuSn10P1,齿芯用灰铸铁 HT100,砂模铸造。

从表 7-5 中查得蜗轮的许用接触应力$[\sigma_H]=200$ MPa;许用弯曲应力$[\sigma_F]=51$ MPa。

(2)选择蜗杆头数 z_1 并估计传动效率 η

由 $i_{12}=20$ 查表 7-2,得 $z_1=2$,则 $z_2=20\times2=40$;由 $z_1=2$ 查表 7-9,取 $\eta=0.8$。

(3)按齿面接触疲劳强度进行设计

①确定蜗轮转矩 T_2。

$$T_2=9.55\times10^6\frac{P_2}{n_2}=9.55\times10^6\frac{P_1\eta i_{12}}{n_1}=9.55\times10^6\times\frac{5.5\times0.8\times20}{960}=875\ 417\ \text{N}\cdot\text{mm}$$

②确定载荷系数 K。

因载荷平稳,故取 $K_\beta=1$,由于转速较低,故取 $K_V=1.1$,由表 7-7 查得 $K_A=1$,则

$$K=K_AK_\beta K_V=1\times1\times1.1=1.1$$

③计算

$$m^2d_1\geqslant KT_2\left(\frac{480}{z_2[\sigma_H]}\right)^2=1.1\times875\ 417\times\left(\frac{480}{40\times200}\right)^2=3\ 466.65\ \text{mm}^3$$

(4)确定蜗杆传动主要参数及计算几何尺寸

由表 7-1,取 $m=8$ mm,$q=10$,$d_1=80$ mm,则 $m^2d_1=5\ 120\ \text{mm}^3>3\ 466.65\ \text{mm}^3$

中心距

$$a=\frac{1}{2}m(q+z_2)=\frac{1}{2}\times8\times(10+40)=200\ \text{mm}$$

蜗杆导程角

$$\lambda=\arctan\frac{2}{10}=11.31^\circ$$

(5)校核弯曲强度

①蜗轮齿形系数

蜗轮当量齿数

$$z_V=\frac{z_2}{\cos^3\lambda}=\frac{40}{(\cos11.31^\circ)^3}=44.42$$

查图 7-10,得 $Y_{Fa}=2.44$。

$$Y_\beta=1-\lambda/140=1-\frac{11.31}{140}=0.92$$

②蜗轮齿根弯曲应力

$$\sigma_F=\frac{1.64KT_2}{d_1d_2m}Y_{Fa}Y_\beta=\frac{1.64\times1.1\times875\ 417}{80\times320\times8}\times2.44\times0.92=17.31\ \text{MPa}\leqslant51\ \text{MPa}=[\sigma_F]$$

所以弯曲强度足够。

(6)验算效率 η

$$v_s=\frac{v_1}{\cos\gamma}=\frac{\pi d_1n_1}{60\times1\ 000\cos\lambda}=\frac{\pi\times80\times960}{60\times1\ 000\times\cos11.31^\circ}=4.1\ \text{m/s}$$

从表 7-8 中查得 $f_V=0.031$,$\varphi_V=1.78^\circ$,代入得

$$\eta=(0.95\sim0.97)\frac{\tan\lambda}{\tan(\lambda+\varphi_V)}=(0.95\sim0.97)\times\frac{\tan11.31^\circ}{\tan(11.31^\circ+1.78^\circ)}=0.82\sim0.83$$

因大于 η 的原估算取值(0.8),故合适。

(7)蜗杆刚度计算(略)

(8)热平衡计算(略)

小结

蜗杆传动具有传动比大、结构紧凑和传动平稳的特点。但其传动效率低,发热大,所以蜗杆传动的主要失效形式是齿面磨损和齿面胶合。故蜗轮齿圈常需选用比较贵重的青铜制造,因此成本较高。在设计蜗杆传动时,在参数的选择上,蜗杆传动的模数和蜗杆的分度圆直径应选标准值,蜗轮齿数和蜗杆头数应考虑到传动效率和传动比的要求进行匹配选择。蜗杆传动的受力分析和强度计算是依据圆柱齿轮进行齿面和齿根强度等条件计算而进行的,同时还应进行蜗杆的刚度校核。在闭式传动蜗杆传动中,一般还应进行热平衡计算,通过控制油温,保证蜗杆传动的正常运行。

思考题及习题

7-1 蜗杆传动的正确啮合条件是什么?

7-2 与齿轮传动相比,蜗杆传动有哪些优缺点?

7-3 蜗杆传动除进行强度计算外,为什么还要进行热平衡计算?热平衡计算如果不满足要求,可采取什么措施?

7-4 经测量得知:一阿基米德蜗杆蜗轮传动的中心距 $a=48$ mm,蜗杆顶圆直径 $d_{a1}=30$ mm,蜗杆头数 $z_1=1$,蜗轮的齿数 $z_2=35$,试确定:(1)蜗杆的模数 m、蜗杆的直径系数 q;(2)蜗杆和蜗轮分度圆的直径 d_1、d_2。

7-5 如图 7-12 所示为锥齿轮传动和蜗杆传动器组成的二级减速装置,已知其输出轴上的锥齿轮的转向 n。

(1)为了使齿轮 3 的轴向力与蜗杆的轴向力能相互抵消一些,试确定蜗杆的螺旋线方向及蜗杆的转向。

(2)在图中标出蜗轮、蜗杆在啮合点处的受力方向。

7-6 图 7-13 所示为两级蜗杆传动减速器,已知蜗轮 4 为右旋,沿逆时针方向转动,要求轴Ⅱ上的蜗杆 3 与蜗轮 2 的轴向力方向相反,试求:

(1)蜗杆 1(主动)的螺旋线方向与转向。

(2)在图上画出蜗轮 2 和蜗杆 3 轮齿上所受各分力方向。

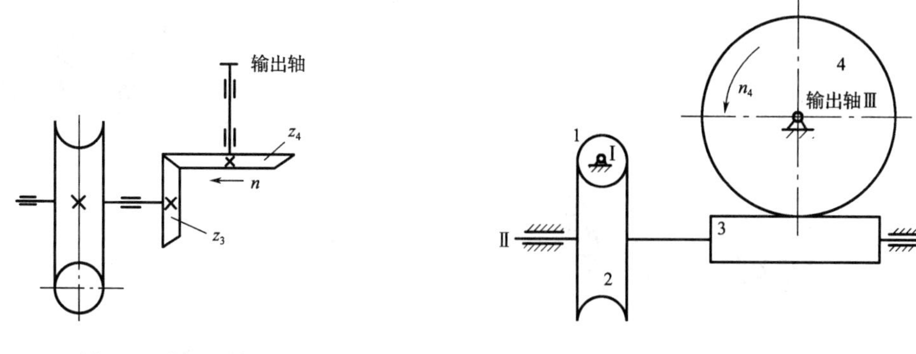

图 7-12　题 7-5 图　　　图 7-13　题 7-6 图

7-7　如图 7-14 所示为手动绞车采用蜗杆传动，$m=8$ mm，$q=8$，$z_1=1$，$z_2=40$，卷筒直径 $D_2=200$ mm。试求：

(1)欲使重物 Q 上升 1 m，手柄应转多少转？在图 7-15 中画出手柄转向。

(2)如蜗杆蜗轮副当量摩擦因数 $f_V=0.2$，能否自锁？传动总效率 η 为多少？

(3)如 $Q=1\times10^4$ N，人手推力 $F=200$ N，手柄长度 l 应是多少？

(4)如保持重物 Q 匀速下降，手柄推力 F 应为多少？此时作用在手柄上的力矩与提升时的手柄力矩方向相同还是相反？

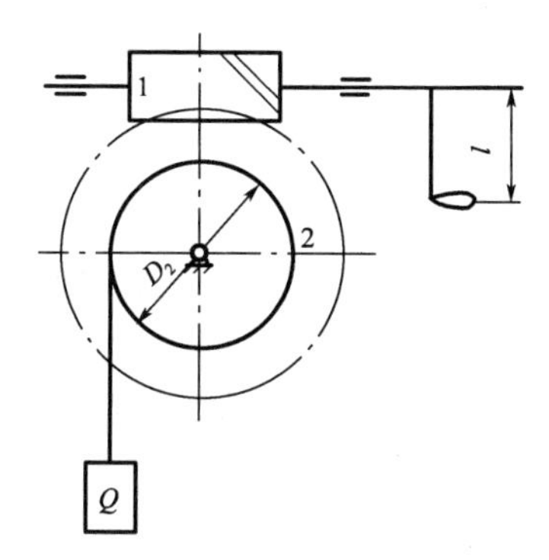

图 7-14　题 7-7 图

第8章

轮 系

定轴轮系传动比的计算

行星轮系传动比的计算

轮系的应用

本章主要介绍轮系的类型、应用以及轮系传动比的计算，简要介绍减速器和其他新型齿轮传动装置。重点为轮系的传动比计算和转向的确定。难点为复合轮系传动比的计算。

8.1 轮系的分类

在机械中，为了满足不同的工作要求，只用一对齿轮传动往往是不够的，通常用一系列齿轮共同传动。这种由一系列相互啮合的齿轮组成的传动系统称为轮系。

根据轮系在运转时各齿轮的轴线相对于机架的位置是否固定，轮系可分为定轴轮系和周转轮系两种基本类型。

8.1.1 定轴轮系

如图 8-1 所示的轮系，传动时每个齿轮的几何轴线均固定，这种轮系称为定轴轮系。在定轴轮系中，全部都是圆柱齿轮，各轮的轴线互相平行，这种定轴轮系称为平面定轴轮系，如图 8-1(a)所示；轮系中包含锥齿轮、交错轴斜齿轮或蜗杆蜗轮等空间齿轮的定轴轮系称为空间定轴轮系，如图 8-1(b)所示。

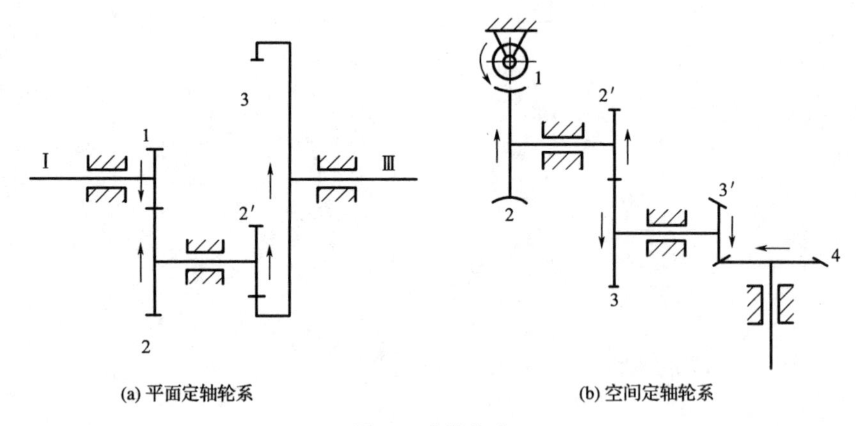

图 8-1 定轴轮系

8.1.2 周转轮系

在图 8-2 所示的轮系中，传动时齿轮 2 的几何轴线绕齿轮 1、3 和构件 H（后文又叫行星架)的共同轴线转动，这种至少有一个齿轮的几何轴线绕其他齿轮固定几何轴线转动的轮系称为周转轮系。

周转轮系通常根据其自由度的数目分类。

1. 行星轮系

在图 8-2(a)所示的周转轮系中，齿轮 3 固定，这种自由度数为 1 的周转轮系称为行星轮系。

2. 差动轮系

在图 8-2(b)所示的周转轮系中，齿轮 3 不固定，这种自由度数为 2 的周转轮系称为差动轮系。

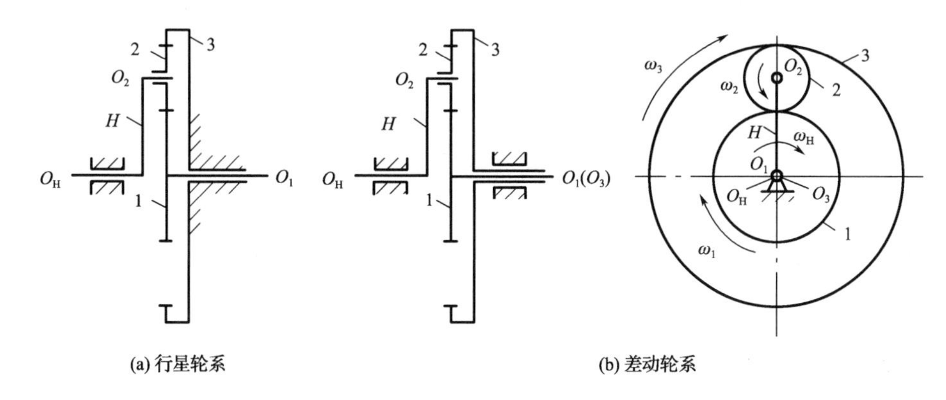

图 8-2 周转轮系

8.1.3 复合轮系

在工程实际中，除了采用单一的定轴轮系和单一的周转轮系外，还常用由定轴轮系和周转轮系或几个基本周转轮系组合而成的复合轮系。如图 8-3 所示为复合轮系，其中，由齿轮 3′、4、5 和构件 H 组成的行星轮系；由齿轮 1、2、2′、3 组成定轴轮系。

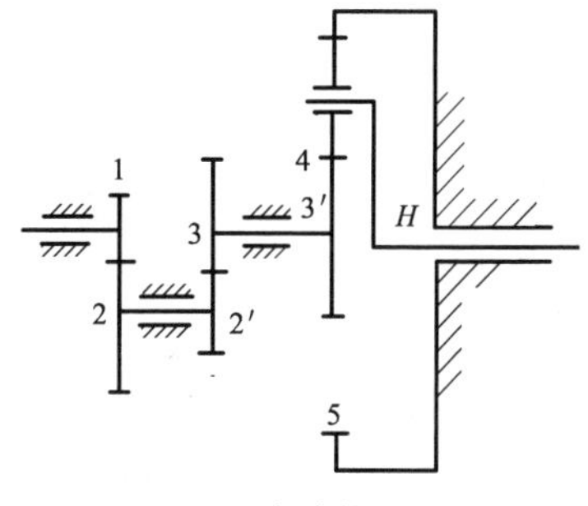

图 8-3 复合轮系

8.2 定轴轮系及其传动比计算

8.2.1 定轴轮系传动比计算

在轮系中，输入轴与输出轴的角速度(或转速)之比称为轮系的传动比，用 i_{1k}表示，下标 1、k 为输入轴和输出轴代号。在计算定轴轮系传动比时，不仅要求其数值的大小，而且还要明确最末轮的转向，这样才能完整表达输入轴与输出轴间的关系。例如在轮系中，主动轮 1 与从动轮 k 的传动比用 i_{1k}表示，即

$$i_{1k}=\frac{\omega_1}{\omega_k}=\frac{n_1}{n_k} \tag{8-1}$$

式中，ω_1、ω_k 为主、从动轮的角速度，rad/s，$\omega_{1k}=\frac{2\pi n_k}{60}$；$n_1$、$n_k$ 为主、从动轮的转速，r/min；当主动轮转速已知时，从动轮的转速可以通过公式 $n_k=\frac{n_1}{i_{1k}}$求得，并应判断转向异同，这将在下文

解决。

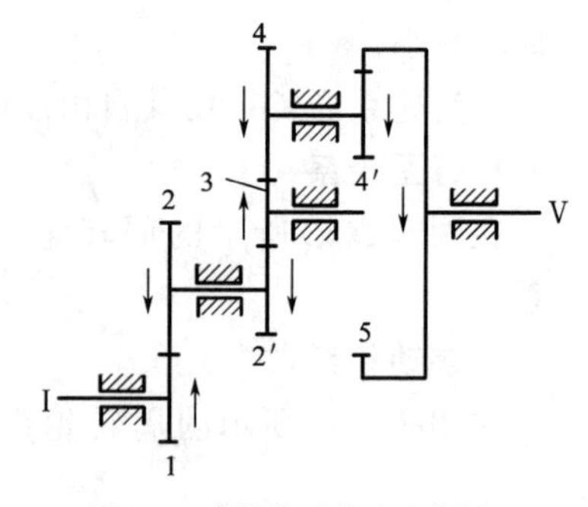

图 8-4　定轴轮系传动比分析

在图 8-4 所示的定轴轮系中，齿轮 1 为首端主动轮，齿轮 5 为末端从动轮，根据定义，轮系传动比为 $i_{15}=\dfrac{n_1}{n_5}$。

设各轮齿数分别为 z_1、z_2、$z_{2'}$、z_3、z_4、$z_{4'}$、z_5，可以看出共有 4 对相互啮合的齿轮对，分别为 1—2、2′—3、3—4、4′—5，各对齿轮的传动比大小分别为

$$i_{12}=\frac{n_1}{n_2}=\frac{z_2}{z_1},i_{2'3}=\frac{n_{2'}}{n_3}=\frac{z_3}{z_{2'}},i_{34}=\frac{n_3}{n_4}=\frac{z_4}{z_3},i_{4'5}=\frac{n_{4'}}{n_5}=\frac{z_5}{z_{4'}}$$

将上述各级传动比相乘，则得该轮系的传动比大小

$$i_{15}=i_{12}i_{2'3}i_{34}i_{4'5}=\frac{n_1}{n_2}\cdot\frac{n_{2'}}{n_3}\cdot\frac{n_3}{n_4}\cdot\frac{n_{4'}}{n_5}=\frac{n_1}{n_5}=\frac{z_2}{z_1}\cdot\frac{z_3}{z_{2'}}\cdot\frac{z_4}{z_3}\cdot\frac{z_5}{z_{4'}}=\frac{z_2z_4z_5}{z_1z_{2'}z_{4'}} \tag{8-2}$$

式(8-2)表明，定轴轮系的传动比等于各对啮合齿轮传动比的连乘积，也等于各对啮合齿轮中所有从动轮齿数的连乘积与所有主动轮齿数的连乘积之比。

8.2.2　定轴轮系主、从动轮转向关系确定

1. 轮系中各轮几何轴线均互相平行(平面定轴轮系)

一对平行轴外啮合齿轮其两轮转向相反则传动比定为负号，一对平行轴内啮合齿轮其两轮转向相同则传动比定为正号，所以图 8-4 所示的定轴轮系中，从动轮转向的确定公式为

$$i_{12}=\frac{n_1}{n_2}=-\frac{z_2}{z_1},i_{2'3}=\frac{n_{2'}}{n_3}=-\frac{z_3}{z_{2'}},i_{34}=\frac{n_3}{n_4}=-\frac{z_4}{z_3},i_{4'5}=\frac{n_{4'}}{n_5}=\frac{z_5}{z_{4'}}$$

则　$$i_{15}=i_{12}i_{2'3}i_{34}i_{4'5}=\frac{n_1}{n_5}=\left(-\frac{z_2}{z_1}\right)\left(-\frac{z_3}{z_{2'}}\right)\left(-\frac{z_4}{z_3}\right)\left(\frac{z_5}{z_{4'}}\right)=(-1)^3\,\frac{z_2z_3z_4z_5}{z_1z_{2'}z_3z_{4'}}=-\frac{z_2z_4z_5}{z_1z_{2'}z_{4'}}$$

式中，$(-1)^3$ 中的 3 正好是外啮合齿轮的对数，最终的负号表示轮 5 与轮 1 转向相反。

综上所述，可将定轴轮系传动比的计算写成通式，即

$$i_{1k}=\frac{\omega_1}{\omega_k}=\frac{n_1}{n_k}=(-1)^m\,\frac{\text{从齿轮 1 至齿轮 }k\text{ 所有啮合齿轮的从动轮齿数连乘积}}{\text{从齿轮 1 至齿轮 }k\text{ 所有啮合齿轮的主动轮齿数连乘积}} \tag{8-3}$$

式中，m 为轮系中外啮合齿轮的对数，齿轮 1 为主动轮，齿轮 k 为从动轮。

对于平面定轴轮系，首、末两轮的转向异同由 $(-1)^m$ 的运算结果判断，正号为转向相同，负号为转向相反。首、末两轮的转向关系也可用画箭头方法确定。如图 8-4 所示，两轮转向相同，则箭头方向相同；若两轮转向相反，则箭头方向相反。

2. 轮系中各轮几何轴线不平行(空间定轴轮系)

若为空间定轴轮系，则其传动比大小仍可按式(8-3)计算，但由于空间齿轮轴线不平行，故主、从动轮之间就不存在转向相同或相反的问题，所以不能根据外啮合齿轮的对数来确定首、末两轮转向关系，即不能用传动比正负号来表示各轮转向，而必须画箭头表示各轮转向。

对于圆柱齿轮，转向相同箭头方向相同；转向相反箭头方向相反；如图 8-4 所示。对于如图 8-5(a)所示的锥齿轮，因相啮合的两轮在节点有相同的线速度，故表示两轮转向的箭头同时指向节点或同时背离节点。对于如图 8-5(b)所示的蜗杆传动，用左右手定则：左旋左手、右旋右手；四指弯曲方向表示蜗杆转向；拇指反方向表示蜗轮在节点的线速度方向，从而确定蜗轮的转动方向。

在空间定轴轮系中，若输入轴与输出轴轴线平行，则当用画箭头的方法判断其转向后，仍应在传动比符号之前冠以正负号表示两轮转向相同或相反，如图 8-6 所示轮系中，齿轮 1、4 轴

线平行,则传动比为:$i_{14}=\frac{n_1}{n_4}=-\frac{z_2}{z_1}\cdot\frac{z_3}{z_{2'}}\cdot\frac{z_4}{z_{3'}}$。

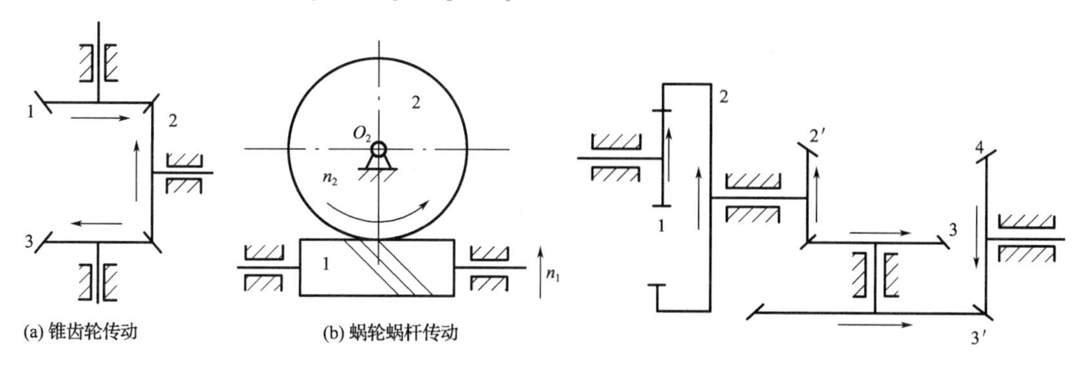

图 8-5 空间齿轮传动中从动轮转向确定

图 8-6 空间定轴轮系从动轮转向确定

例 8-1 如图 8-7 所示为电动提升机的传动系统,已知 $z_1=18$,$z_2=39$,$z_{2'}=20$,$z_3=41$,$z_{3'}=2$(右旋),$z_4=50$,鼓轮与蜗轮同轴,鼓轮直径 $D=200$ mm。若 $n_1=1\ 460$ r/min,沿顺时针方向转动,试求重物 G 的运动速度。

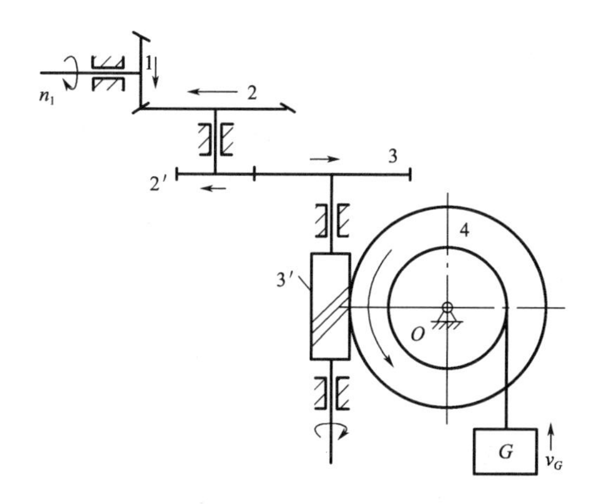

图 8-7 空间定轴轮系传动比计算

解:该传动系统是由锥齿轮、圆柱齿轮和蜗杆蜗轮组成的空间定轴轮系。欲求重物 G 的运动速度,要先求鼓轮的转速即蜗轮的转速。

(1)根据式(8-3)计算传动比

$$i_{14}=\frac{n_1}{n_4}=\frac{z_2}{z_1}\cdot\frac{z_3}{z_{2'}}\cdot\frac{z_4}{z_{3'}}=\frac{39\times41\times50}{18\times20\times2}=111.04$$

鼓轮的转速(蜗杆的转速 n_4)为

$$n_4=\frac{n_1}{i_{14}}=\frac{1\ 460}{111.04}=13.15\ \text{r/min}$$

(2)重物 G 的运动速度(鼓轮的切向速度)为

$$v=\frac{\pi D n_4}{60\times1\ 000}=\frac{\pi\times200\times13.15}{60\times1\ 000}=0.138\ \text{m/s}$$

(3)重物 G 的运动方向可根据鼓轮即蜗轮的转向确定,蜗轮的转向用画箭头的方法确定。如图 8-7 所示,重物向上运动。

8.2.3 惰轮及其作用

在轮系中某些齿轮既是前一对齿轮传动的从动轮又是后一对齿轮传动的主动轮，因而其齿数在分子和分母同时出现而被约去，故其齿数并不影响传动比的大小，只起着改变从动轮转向的作用，这种齿轮称为惰轮或过桥齿轮。如图 8-4 所示轮系中，齿轮 3 既是 2′—3 之间的从动轮，又是 3—4 之间的主动轮，故齿轮 3 为惰轮。

8.3 周转轮系传动比计算

周转轮系是一种结构紧凑的齿轮传动机构。由于周转轮系合理地应用内啮合传动，输入轴与输出轴共轴线，并且由数个行星轮共同承担载荷，实现功率分流，因而具有结构紧凑、体积小、质量轻、承载能力大、传递功率范围及传动比范围大、运行噪声小等优点。因此，周转轮系得到了广泛的应用。

8.3.1 周转轮系的组成

图 8-8 所示为最常用的一种周转轮系的传动简图，齿轮 1、3 和构件 H 分别绕互相重合的固定轴线 OO 转动，而齿轮 2 空套在构件 H 的小轴上，分别与外齿轮 1 和内齿轮 3 相啮合。传动时，齿轮 2 一方面绕自身的几何轴线 O_2 转动(自转)，同时又随构件 H 绕固定的几何轴 OO 回转(公转)，因此，齿轮 2 称为行星轮。支撑行星轮 2 的构件 H 称为行星架(或系杆，也叫转臂)；与行星轮 2 相啮合，且做定轴转动的齿轮 1 和内齿轮 3 称为中心轮或太阳轮。周转轮系中一般以中心轮或系杆作为运动的输入或输出构件，故称它们为周转轮系的基本构件。

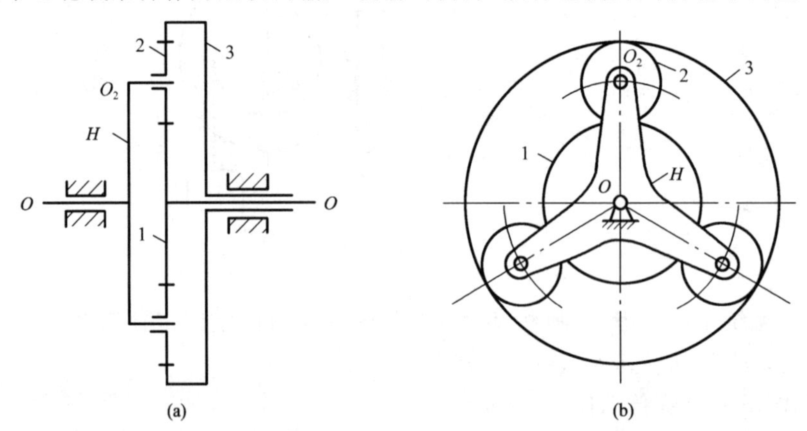

图 8-8 周转轮系的组成

从运动学角度来讲，图 8-8 所示的周转轮系只需 1 个行星轮即可。而实际上行星轮都是多个(通常为 2～6 个，最多达 12 个)，它们完全相同且均匀分布在中心轮四周。这样既可使几个行星轮共同分担载荷，以减小齿轮尺寸，同时又可使各啮合处的径向分力和行星轮公转所产生的离心力得以平衡，以减小主轴承内的作用力，增加运转的平稳性。

8.3.2 周转轮系传动比计算

周转轮系与定轴轮系的差别在行星轮既有自转又有公转，处于复杂运动状态，不能直接用定轴轮系传动比的公式来计算周转轮系传动比。

在图 8-9(a)所示的周转轮系中，设行星轮、两个中心轮和行星架的绝对转速分别为 n_2、n_1、n_3 和 n_H 并且转向相同。设想给整个周转轮系加上一个公共转速 $-n_H$ 使之反转(公共转速

与行星架 H 的转速 n_H 大小相等、方向相反），根据相对运动原理，各构件间的相对运动关系并未发生变化，但各轮都各自加上一个 $-n_H$，各构件在转化前、后的转速见表 8-1。

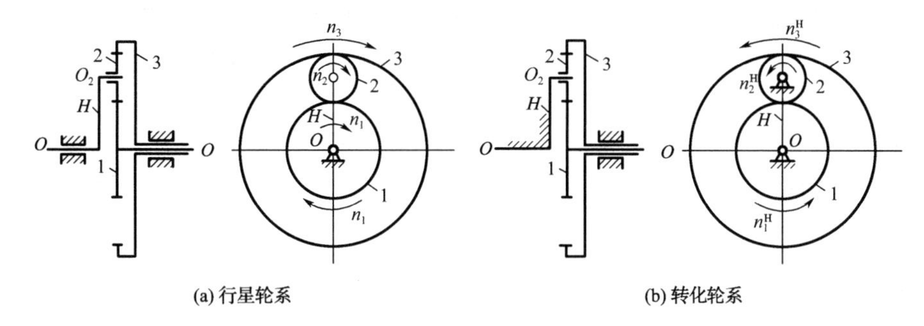

图 8-9 行星轮系及其转化轮系

表 8-1 **各构件在转化前、后的转速**

构　件	行星轮系中的绝对转速 n	转化轮系中的相对转速 n^H
中心轮 1	n_1	$n_1^H=n_1-n_H$
中心轮 3	n_3	$n_3^H=n_3-n_H$
行星轮 2	n_2	$n_2^H=n_2-n_H$
行星架 H	n_H	$n_H^H=n_H-n_H=0$

表 8-1 中，$n_H^H=n_H-n_H=0$ 表明转化后行星架的转速为零，则行星轮就在固定的行星架上转动，周转轮系便转化为一个假想的定轴轮系，该轮系称为原周转轮系的转化轮系，如图 8-9(b)所示。转化轮系的传动比为

$$i_{13}^H=\frac{n_1^H}{n_3^H}=-\frac{n_1-n_H}{n_3-n_H}=-\frac{z_3}{z_1} \tag{8-4}$$

式中，i_{13}^H 为在转化轮系中齿轮 1 与齿轮 3 之间的传动比。

周转轮系中的任意两个齿轮，例如齿轮 1 和齿轮 k，其传动比就为

$$i_{1k}^H=\frac{n_1-n_H}{n_k-n_H}=(-1)^m\frac{\text{从齿轮 1 至齿轮 }k\text{ 间所有啮合齿轮的从动轮齿数连乘积}}{\text{从齿轮 1 至齿轮 }k\text{ 间所有啮合齿轮的主动轮齿数连乘积}} \tag{8-5}$$

若为行星轮系，即一个中心轮固定（设为轮 k），则 $n_k=0$，故由式(8-5)可得行星轮系的传动比为

$$i_{1k}^H=\frac{n_1-n_H}{0-n_H}=1-\frac{n_1}{n_H}=1-i_{1H}=(-1)^m\frac{\text{从齿轮 1 至齿轮 }k\text{ 间所有啮合齿轮的从动轮齿数连乘积}}{\text{从齿轮 1 至齿轮 }k\text{ 间所有啮合齿轮的主动轮齿数连乘积}} \tag{8-6}$$

应用式(8-5)和式(8-6)计算周转轮系传动比时应注意：

(1)要注意 i_{1k}^H 与 i_{1k} 的区别，$i_{1k}^H=\frac{n_1-n_H}{n_k-n_H}$ 表示齿轮 1 与齿轮 k 在转化轮系中的传动比，而 $i_{1k}=\frac{n_1}{n_k}$ 则表示齿轮 1 与齿轮 k 在周转轮系中的传动比。

(2)式(8-5)和式(8-6)中齿数比前的符号的判断方法与定轴轮系符号判断方法相同，但要注意该符号只表示齿轮 1 与齿轮 k 在转化轮系中的转向，而并不表示两者的实际转向，实际转向需要根据计算出的绝对速度的“+”“−”号确定。

(3)式(8-5)和式(8-6)为代数式，故在计算时各个转速 n_1、n_k、n_H 时，应根据实际情况带有自身的符号：若转向相同，则取同号；若转向相反，则取异号。

(4)式(8-5)和式(8-6)中齿轮 1、k 和系杆 H 的轴线必须互相平行或重合,才可求周转轮系中所有轴线平行或重合的两齿轮与系杆 H 的转速关系。对空间轮系$(-1)^m$ 无效。

(5)对于由锥齿轮组成的行星轮系,由于其行星轮与中心轮的轴线不平行,所以行星轮的转速不能用式(8-5)和式(8-6)求解,而只适用于求其中心轮之间或中心轮与系杆之间的传动比,但齿数比前的符号必须用画箭头方法确定。

例 8-2 如图 8-10 所示滚齿机差动轮系中,几个齿轮的齿数相等,分齿运动由齿轮 1 输入,附加运动由系杆 H 传入,合成运动由齿轮 3 输出,若 $n_1=n_H=1$ r/min,但转向相反,求 i_{13}^H 和 n_3。

解:由于齿轮 1、3、系杆 H 的轴线重合,故可利用式(8-5)求解,用画箭头方法可确定齿轮 1、3 在转化轮系的转向相反(图 8-10),所以

$$i_{13}^H=\frac{\omega_1-\omega_H}{\omega_3-\omega_H}=-\frac{z_3}{z_1}=-1$$

则

$$n_1-n_H=-n_3+n_H$$

取 n_H 为正,则 n_1 为负,所以 $n_3=2n_H-n_1=2-(-1)=3$ r/min

例 8-3 在图 8-11 所示平面差动轮系中,设各轮模数相同,齿数为 $z_1=15$,$z_2=25$,$z_{2'}=20$,$n_1=200$ r/min,$n_3=50$ r/min,试分别求当 n_1、n_3 转向相同和 n_1、n_3 转向相反时,系杆 H 的转速 n_H 的大小和方向。

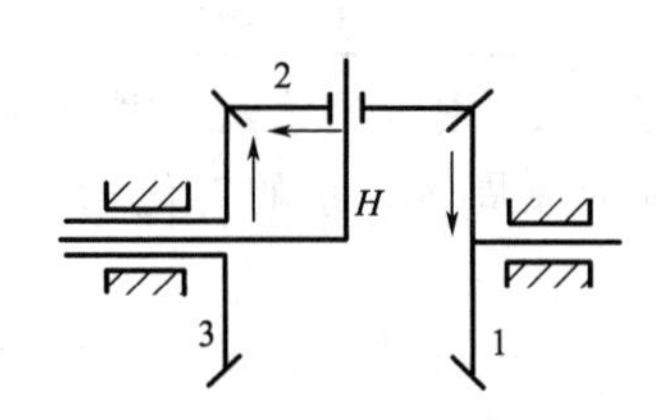

图 8-10 空间差动轮系

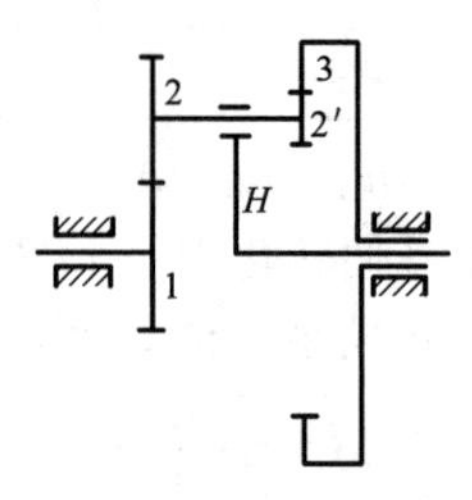

图 8-11 平面差动轮系

解:(1)应用式(8-5)求解 i_{13}^H

$$i_{13}^H=\frac{n_1-n_H}{n_3-n_H}=-\frac{z_2z_3}{z_1z_{2'}}$$

由图可知:$r_1+r_2+r_{2'}=r_3$,则 $\frac{mz_1}{2}+\frac{mz_2}{2}+\frac{mz_{2'}}{2}=\frac{mz_3}{2}$

所以

$$z_3=z_1+z_2+z_{2'}=15+25+20=60$$

故

$$i_{13}^H=\frac{n_1-n_H}{n_3-n_H}=-\frac{z_2z_3}{z_1z_{2'}}=-\frac{25\times60}{15\times20}=-5$$

则

$$n_1-n_H=-5n_3+5n_H,n_H=\frac{n_1+5n_3}{6}$$

(2)求系杆 H 的转速 n_H 的大小和方向

①当 n_1、n_3 转向相同时,两者取同号,则

$$n_H=\frac{n_1+5n_3}{6}=\frac{200+5\times50}{6}=75\ \text{r/min}$$

故,n_H 的转向与 n_1、n_3 转向相同。

②当 n_1、n_3 转向相反时,两者取异号,设 n_1 取正号,则 n_3 取负号,故

$$n_H=\frac{n_1+5n_3}{6}=\frac{200-5\times50}{6}=-8.33\ \text{r/min}$$

因为计算出为负值,所以 n_H 的转向与 n_3 转向相同。

8.4 复合轮系传动比计算

计算复合轮系传动比时，需要将其中定轴轮系与周转轮系分开来处理。其步骤是：首先将各个单一周转轮系和定轴轮系区分开来，再分别列出计算这些基本轮系传动比的方程式，最后联立解出所要求的传动比。

对复合轮系，正确区分出各个基本轮系是一个关键问题。其区分方法是：先找出行星轮，再找出支持行星轮运动的系杆和与行星轮相啮合的中心轮，这组行星轮、系杆、中心轮和机架构成一个单一周转轮系。同理，再找出其他周转轮系，剩下的就是定轴轮系部分。

例 8-4 如图 8-12 所示为电动卷扬机传动系统，所有齿轮均为标准齿轮，已知各齿轮模数相同，$z_1=24$，$z_2=18$，$z_{2'}=21$，$z_4=18$，$z_5=18$，试求 i_{16}。

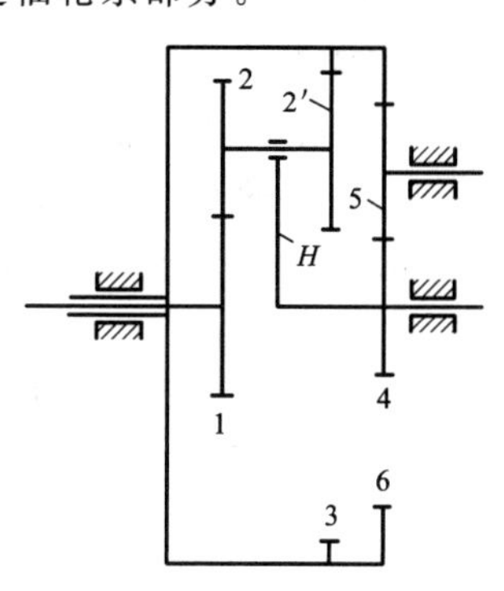

图 8-12 电动卷扬机传动简图

解：(1)划分基本轮系

该传动系统为复合轮系，在轮系中由齿轮 1、2、2′、3 和系杆 H 组成周转轮系(其中双联齿轮 2－2′为行星轮，齿轮 1、3 为中心轮)；由齿轮 4、5、6 组成定轴轮系。

(2)分别列出计算各基本轮系传动比的方程式

①内齿轮 3、6 齿数的计算 欲求 i_{16}，要首先根据同心条件求出内齿轮 3、6 的齿数，由图 8-12 可知：

$$r_1+r_2+r_{2'}=r_3$$

则
$$\frac{mz_1}{2}+\frac{mz_2}{2}+\frac{mz_{2'}}{2}=\frac{mz_3}{2}$$

所以
$$z_3=z_1+z_2+z_{2'}=24+18+21=63$$

由图 8-12 可知

$$r_4+2r_{5'}=r_6$$

则
$$\frac{mz_4}{2}+mz_5=\frac{mz_6}{2}$$

所以
$$z_6=z_4+2z_5=18+2\times18=54$$

②在周转轮系中，根据式(8-5)得

$$i_{13}^{\mathrm{H}}=\frac{n_1-n_{\mathrm{H}}}{n_3-n_{\mathrm{H}}}=-\frac{z_2z_3}{z_1z_{2'}}=-\frac{18\times63}{24\times21}=-2.25 \tag{a}$$

③在定轴轮系中，根据式(8-3)得

$$i_{46}=\frac{n_4}{n_6}=-\frac{z_6}{z_4}=-\frac{54}{18}=-3 \tag{b}$$

(3)联立解出所要求的传动比

因系杆 H 与齿轮 4 为同一轴，齿轮 3 与齿轮 6 固连在一起，故 $n_{\mathrm{H}}=n_4$，$n_3=n_6$。由式(b)得

$$n_4=-3n_6$$

则
$$n_{\mathrm{H}}=n_4=-3n_6=-3n_3$$

代入式(a)得
$$i_{13}^{\mathrm{H}}=\frac{n_1-(-3n_6)}{n_6-(-3n_6)}=\frac{n_1+3n_6}{4n_6}=-2.25$$

故
$$n_1+3n_6=-2.25\times4n_6=-9n_6$$

即
$$n_1=-12n_6$$
所以
$$i_{16}=\frac{n_1}{n_6}=-12$$
故齿轮 6 和齿轮 1 的转向相反。

8.5 轮系的应用

轮系的应用十分广泛，可归纳为以下几个方面：

8.5.1 实现大传动比传动

当要求传动比较大时，若采用一对齿轮(图 8-13 中点画线所示)，则大、小轮尺寸相差太大，结构庞大，小齿轮易先损坏。但若采用一系列相互啮合的定轴轮系(图 8-13 中实线所示)，就可以在各轮直径和齿数相差不太大的条件下得到大的传动比，但齿轮和轴数目较多，结构虽可能比单对齿轮小，但总体结构还是偏大。若采用行星轮系，则只需很少几个齿轮，就可获得很大的传动比，而且结构紧凑。

例 8-5 如图 8-14 所示的行星轮系，已知 $z_1=100$，$z_2=101$，$z_3=100$，$z_4=99$，求传动比 i_{H1}。

解：由式(8-6)得
$$i_{1H}=\frac{n_1}{n_H}=1-i_{14}^H=1-(-1)^2\frac{z_2z_4}{z_1z_3}=1-\frac{z_2z_4}{z_1z_3}=1-\frac{101\times 99}{100\times 100}=\frac{10\ 000-9\ 999}{10\ 000}=\frac{1}{10\ 000}$$
则
$$i_{H1}=\frac{n_H}{n_1}=\frac{1}{i_{H1}}=10\ 000$$

在例 8-5 中，传动比是很大，但效率很低，且反行程(齿轮 1 为主动时)将发生自锁，这种行星轮系可用于辅助装置的减速机构。

若图 8-14 所示行星轮系中，将齿轮 1 的齿数改为 $z_1=99$，其他齿轮齿数不变，则其传动比 i_{H1} 为
$$i_{H1}=\frac{n_H}{n_1}=\frac{1}{1-i_{14}^H}=\frac{1}{1-\frac{z_2z_4}{z_1z_3}}=\frac{1}{1-\frac{101\times 99}{99\times 100}}=\frac{1}{\frac{9\ 900-9\ 999}{9\ 900}}=-\frac{9\ 900}{99}=-100$$

由上可看出，同一结构的行星轮系，其中一个齿轮的齿数变动了一个齿，则传动比变动 100 倍，并且传动比符号也改变了，由原来系杆 H 与齿轮 1 同向变为反向，这是定轴轮系不可能实现的。

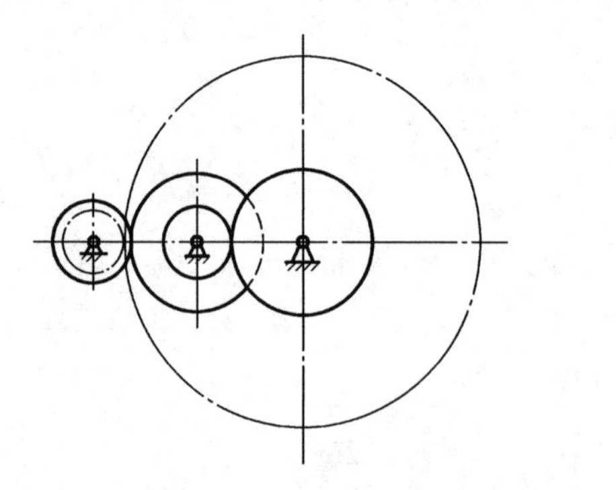

图 8-13 获得较大传动比

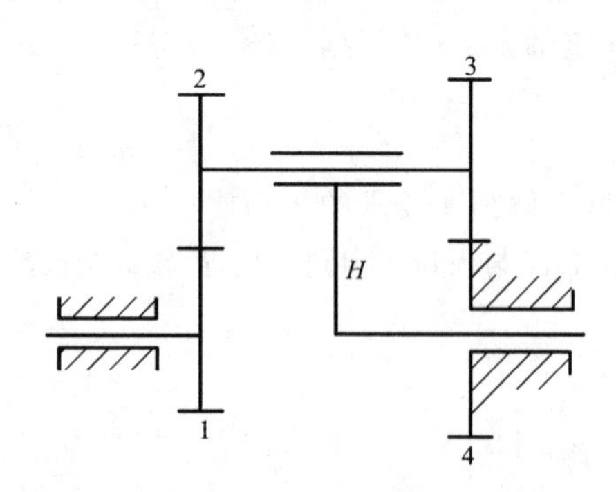

图 8-14 大传动比行星轮系

8.5.2 实现较远距离传动

主动轴和从动轴间的距离较远时，如果仅用一对齿轮传动，如图 8-15 中虚线所示，两轮的尺寸就很大，既占空间，又浪费材料，而且制造、安装都不便。若采用轮系传动，如图 8-15 中实线所示，就可避免上述缺点。

8.5.3 实现变速和换向传动

当主动轴的转速不变时，可使从动轴根据工作需要得到几种不同的转速。如图 8-16 所示的汽车变速箱，在输入轴Ⅰ转速不变的情况下，利用轮系可使输出轴Ⅲ获得多种工作转速。当轮系中引入惰轮 8 时，还可改变输出轴的转向。这种变速变向传动在车辆、车床等机械设备中被广泛采用。

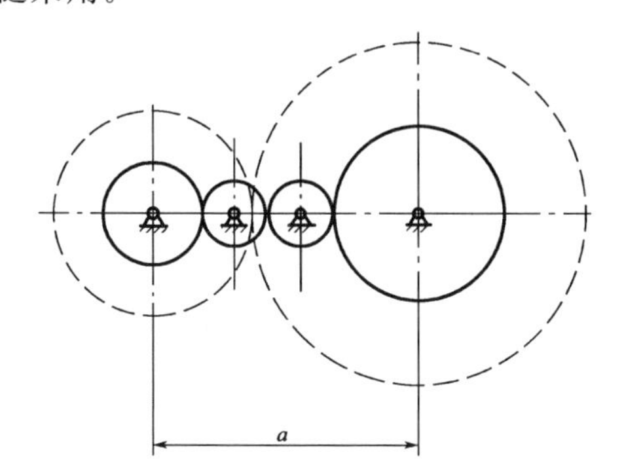

图 8-15 实现较远距离传动

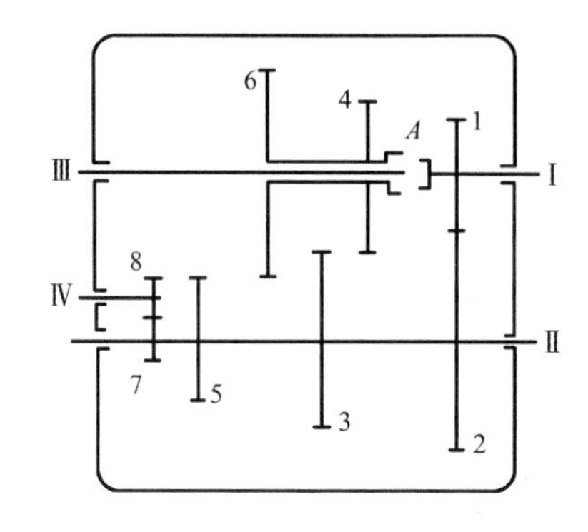

图 8-16 汽车变速箱传动图

当主动轴转向不变而要求从动轴做正、反向转动时，可采用如图 8-17 所示的轮系。图 8-17 所示为车床上走刀丝杠的三星换向机构，通过扳动手柄 a 转动三角形构件，使齿轮 1 与齿轮 2 或齿轮 3 啮合，可使齿轮 4 得到两种不同的转向。

8.5.4 实现转动的合成与分解

转动的合成是将两个独立的转动合成为一个转动；转动的分解是将一个转动分解成两个独立的转动。利用周转轮系中差动轮系的特点可以实现转动的合成与分解。

例 8-6 如图 8-18 所示为由锥齿轮组成的汽车后桥差速器，齿轮 1 由发动机驱动，在其转速 n_1 不变的情况下，差速器能使两后轮以相同的转速或不同的转速转动，以实现汽车直线行驶或转弯。设 $z_4=z_5$，试求汽车转弯时两个后轮的转速 n_4 和 n_5。

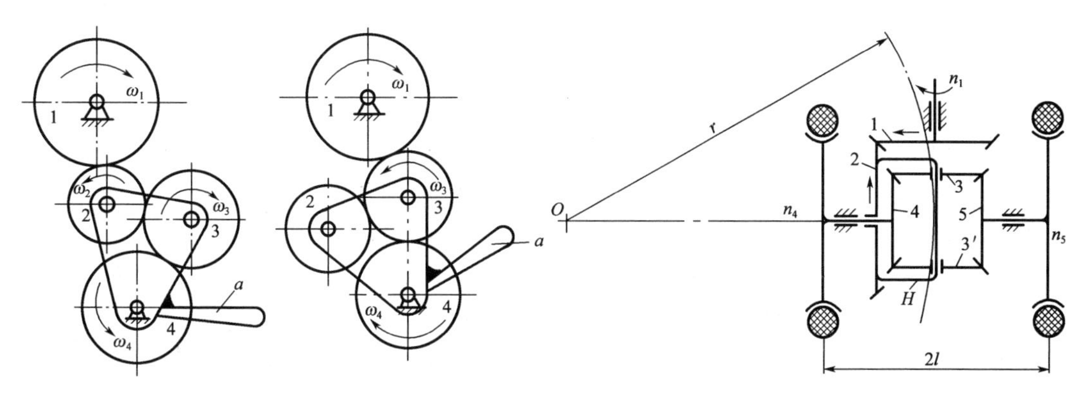

图 8-17 可变向的轮系

图 8-18 汽车后桥差速器

解:(1)划分基本轮系

由图 8-18 可知,齿轮 4 与左边车轮固连,转速为 n_4,齿轮 5 与右边车轮固连,转速为 n_5。中心轮 4、5 共同与行星轮 3、3′相啮合。齿轮 3 与 3′大小相等并空套在系杆 H 上(齿轮 3 与 3′作用相同,分析时仅需要考虑一个行星轮),系杆 H 与齿轮 2 固连,转速为 n_2。故在该轮系中,齿轮 1、2 组成定轴轮系;齿轮 3、4、5 和系杆 H 组成差动轮系,即该轮系为复合轮系。

(2)分别列出计算各基本轮系传动比的方程式

①定轴轮系
$$i_{12}=\frac{n_1}{n_2}=\frac{z_2}{z_1}$$

故
$$n_2=\frac{n_1}{i_{12}}=\frac{n_1 z_1}{z_2} \tag{a}$$

②差动轮系 因 $n_{\mathrm{H}}=n_2$,故由式(8-5)得
$$i_{45}^{\mathrm{H}}=\frac{n_4-n_{\mathrm{H}}}{n_5-n_{\mathrm{H}}}=\frac{n_4-n_2}{n_5-n_2}=-\frac{z_5}{z_4}=-1$$

故
$$n_2=\frac{n_4+n_5}{2} \tag{b}$$

(3)联立解出所要求的传动比

图 8-18 中 O 点为汽车转弯时的弯道中心,此时,左车轮和右车轮的转弯半径分别为 $r-l$ 和 $r+l$,所以左、右两轮的转速不同。若要求车轮在地面上做无滑动的纯滚动,则两车轮的转速应与其转弯半径成正比,即
$$\frac{n_4}{n_5}=\frac{r-l}{r+l} \tag{c}$$

联立解式(a)~式(c),即可得汽车转弯时两后轮的转速分别为
$$n_4=\frac{(r-l)z_1}{rz_2}n_1,\ n_5=\frac{(r+l)z_1}{rz_2}n_1 \tag{d}$$

式(d)说明,汽车转弯时,差速器可将输入转速 n_1 分解为两个后轮的转速 n_4 和 n_5。

*8.6 其他类型行星传动

除前面介绍的一般周转轮系外,工程上还采用其他几种特殊行星传动。

8.6.1 渐开线少齿差行星传动

图 8-19 所示为行星轮系,当行星轮 2 与内齿轮 1 的齿数差 $\Delta z=z_1-z_2=1\sim4$,且齿廓曲线采用渐开线时,就称为渐开线少齿差行星齿轮传动。这种轮系用于减速时,行星架 H 为主动件,行星轮 2 为从动件。但要输出行星轮的转动,因行星轮有公转,故需采用特殊输出装置,称为等速比输出机构。目前应用最广泛的是孔销式输出机构。如图 8-20 所示,在行星轮的辐板上沿圆周均匀分布有同样数量的圆柱销孔(图 8-20 中为 6 个),而在输出轴的圆盘的半径相同的圆周上则均布有同样数量的圆柱销,这些圆柱销对应插入行星轮的上述销孔中。设齿轮 1、2 的中心距(行星架的偏心距)为 a,行星轮上销孔的直径为 d_{h},输出轴上销套的外径为 d_{s}。当这三个尺寸满足关系 $d_{\mathrm{h}}=d_{\mathrm{s}}+2a$ 时,就可以保证销轴和销孔在轮系运转过程

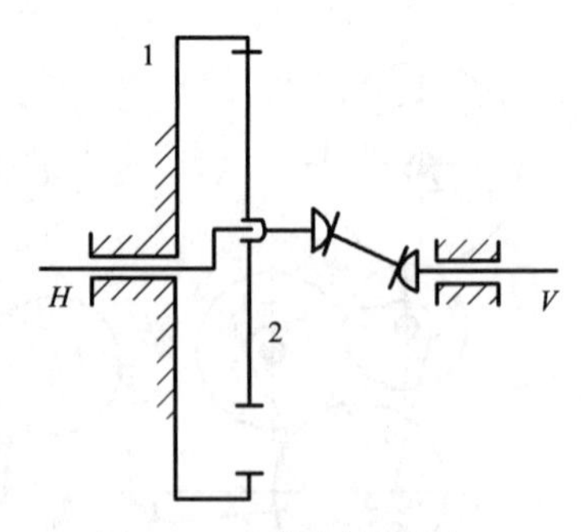

图 8-19 少齿差行星传动

中始终保持接触，如图 8-20 所示，这时内齿轮的中心 O_2、行星轮的中心 O_1、销孔中心 O_h 和销轴中心 O_s 刚好构成一个平行四边形，因此输出轴将随着行星轮而同步同向转动。

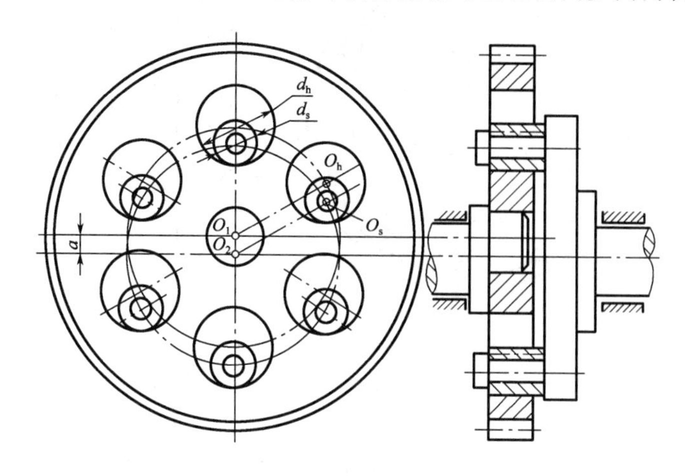

图 8-20 孔销式少齿差行星传动

在这种孔销式少齿差行星传动中，只有一个太阳轮(用 K 表示)，一个行星架(用 H 表示)和一根带输出机构的输出轴(用 V 表示)，故称这种轮系为 K-H-V 型行星轮系。其传动比可按式(8-6)计算，即

$$i_{2\mathrm{H}}=\frac{n_2}{n_{\mathrm{H}}}=1-i_{21}^{\mathrm{H}}=1-\frac{z_1}{z_2}=\frac{z_2-z_1}{z_2}$$

故

$$i_{\mathrm{H}2}=\frac{1}{1-i_{21}^{\mathrm{H}}}=-\frac{z_2}{z_1-z_2} \tag{8-7}$$

由式(8-7)可见，当齿数差(z_1-z_2)很少时，就可以获得较大的单级减速比，而当(z_1-z_2)$=1$(一齿差)时，$i_{\mathrm{H}2}=z_2$。

渐开线少齿差行星传动适用于中小型的动力传动(一般 $P\leqslant 45$ kW)，其传动效率为0.8～0.94。

8.6.2 摆线针轮行星传动

摆线针轮行星传动也是一种一齿差行星传动，它的传动原理、运动输出机构等均与渐开线少齿差行星传动完全相同，但其行星轮的齿廓曲线并非渐开线齿廓，而是摆线齿廓，其中心内齿轮则采用了针轮，即由固定在机壳上带有滚动销套的圆柱销(小圆柱针销)组成。图 8-21为摆线针轮行星传动示意图，其中 1 为针轮、2 为摆线行星轮、H 为系杆、3 为输出机构。因它是一齿差行星传动，故其传动比为

$$i_{\mathrm{H}2}=\frac{1}{1-i_{21}^{\mathrm{H}}}=-\frac{z_2}{z_1-z_2}=-z_2$$

摆线针轮行星传动除具有结构紧凑、传动比大、质量轻和效率高的优点外；还因同时啮合的齿数多以及齿廓之间为滚动摩擦而具有传动平稳、承载能力强、轮齿磨损小、使用寿命长等优点。其缺点是加工工艺较复杂、精度要求较高、必须使用专用机床和刀具来加工。

8.6.3 谐波齿轮传动

谐波齿轮传动是在少齿差行星齿轮传动基础上发展起来的一种新型传动。图 8-22(a)为谐波齿轮传动示意图，它主要由谐波发生器 H(相当于行星架)，刚轮 1(相当于中心轮)和柔轮

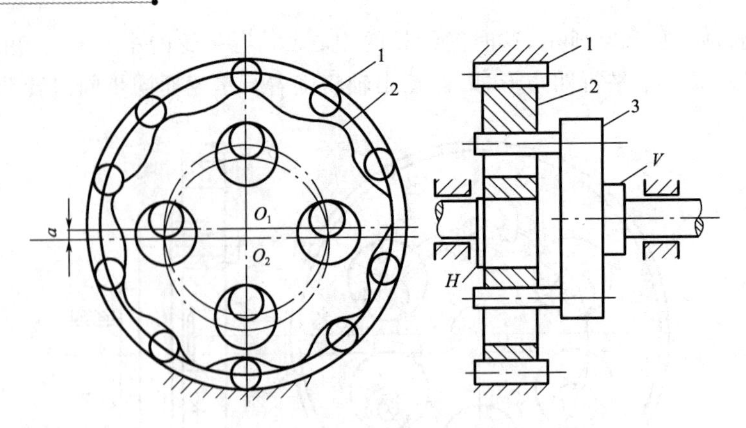

图 8-21 摆线针轮行星传动示意图

2(相当于行星轮)组成。刚轮 1 是一个内齿轮,柔轮 2 是一个弹性很好的薄壁外齿轮,其截面形状本来为圆形,在谐波发生器 H 压入后,柔轮 2 变成了椭圆形,其长轴两端处的轮齿被逐一压入刚轮 1 的轮齿,进行完全啮合,而短轴两端处的轮齿则与刚轮 1 的轮齿处于完全脱离状态,在其周长的其余各处,则处于完全啮合与完全脱离的过渡状态。随着主动件谐波发生器 H 的转动,柔轮 2 的长、短轴位置将不断变化,使轮齿的啮合和脱离位置不断改变,从而实现运动的传递。当刚轮 1 固定不动时,其传动比为

$$i_{H2}=\frac{1}{1-i_{21}^{H}}=-\frac{z_2}{z_1-z_2}$$

谐波发生器 H 每转一周,柔轮 2 上某点变形的次数称为波数。波数与谐波发生器 H 上滚轮数目相等,图 8-22(a)所示为两波,图 8-22(b)所示为三波。

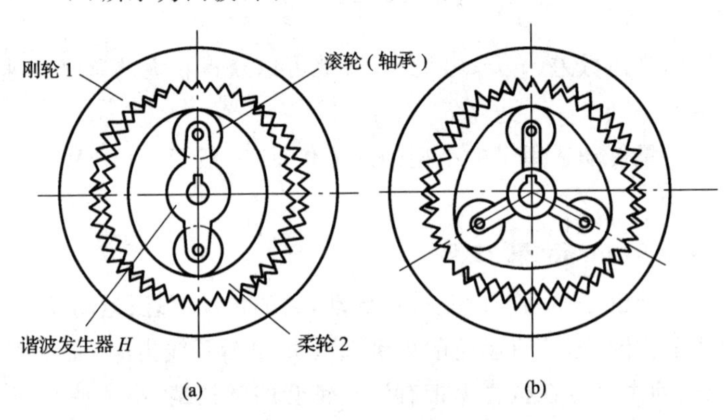

图 8-22 谐波齿轮传动示意图

谐波传动的特点是,同时接触齿数多,承载能力高,效率较高,传动比范围大,使用零件数少,结构简单,体积小,质量轻,运转平稳;其缺点是挠性轮需要抗疲劳破坏力高的材料制造,散热差,所以传递大功率时需要加强冷却。

小　结

轮系是由一系列齿轮所组成的传动系统。轮系中所有齿轮的轴线都是固定不动的轮系称为定轴轮系;轮系中至少有一个齿轮的轴线绕另一个固定轴线转动的轮系称为周转轮系。周转轮系的自由度为 1 时称为行星轮系,自由度为 2 时称为差动轮系。如果轮系中既包含定轴

轮系又包含周转轮系的轮系称为复合轮系。

对于定轴轮系，传动比的计算公式为

$$i_{1k}=\frac{n_1}{n_k}=\frac{\text{从齿轮 1 至齿轮 }k\text{ 所有从动轮齿数连乘积}}{\text{从齿轮 1 至齿轮 }k\text{ 所有主动轮齿数连乘积}}$$

从动轮转向可用画箭头方法来判断，对于平面定轴轮系也可以用$(-1)^m$来判断(m为外啮合齿轮对数)。

对于周转轮系，传动比的计算公式为

$$i_{1k}^{H}=\frac{n_1-n_H}{n_k-n_H}=\frac{\text{从齿轮 1 至齿轮 }k\text{ 所有从动轮齿数连乘积}}{\text{从齿轮 1 至齿轮 }k\text{ 所有主动轮齿数连乘积}}$$

齿数比前面符号的判断方法与定轴轮系相同；但在周转轮系中的各轮转向关系要由计算结果判定，不能和转化轮系的转向关系相混淆。

对于复合轮系，传动比计算的关键是将轮系正确划分出各个基本轮系；在划分各个基本轮系时应先找轴线位置不固定的齿轮为行星轮，其轴就是系杆，与该齿轮啮合并与系杆同轴线的是中心轮，这就是一个周转轮系。把所有周转轮系分出后，剩下的就是定轴轮系；然后利用已知的定轴轮系和周转轮系方法计算出所需的运动参数。

思考题及习题

8-1 对于含有非平行轴齿轮传动的定轴轮系，如何判断各轮的转向？

8-2 定轴轮系和周转轮系的主要区别是什么？

8-3 何谓转化轮系？

8-4 如何计算周转轮系的传动比？周转轮系中首、末两轮的轮向关系如何确定？

8-5 在图8-23所示的轮系中，已知$z_1=z_2=z_{3'}=z_4=20$，$z_3=z_5=60$，试求该轮系的传动比i_{15}。

8-6 在图8-24所示的轮系中，已知$z_1=20$，$z_2=40$，$z_{2'}=20$，$z_3=30$，$z_{3'}=20$，$z_4=40$，试求该轮系的传动比i_{14}。

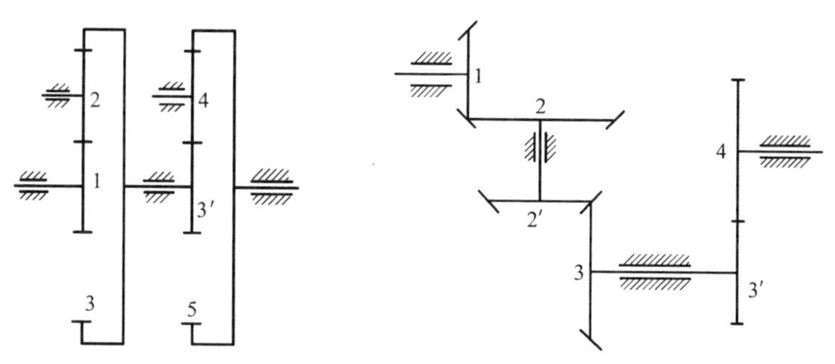

图8-23 题8-5图　　图8-24 题8-6图

8-7 在图8-25所示的轮系中，已知$z_1=15$，$z_2=25$，$z_{2'}=15$，$z_3=30$，$z_{3'}=15$，$z_4=30$，$z_{4'}=2$(右旋)，$z_5=60$，试求该系的传动比i_{15}，并判断蜗轮5的转动方向。

8-8 在图8-26所示的轮系中，已知$z_1=12$，$z_2=28$，$z_{2'}=14$，$z_3=54$，试求传动比i_{1H}。

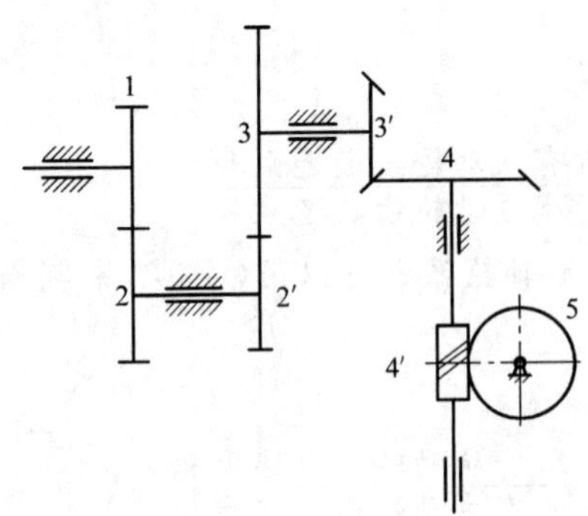

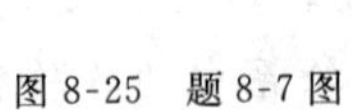
图 8-25　题 8-7 图

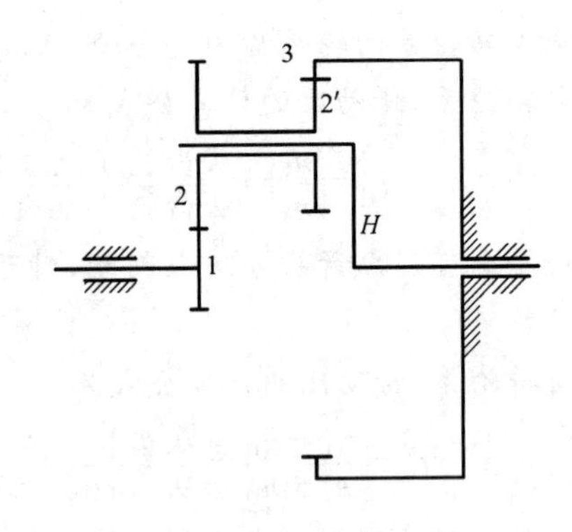

图 8-26　题 8-8 图

8-9　在图 8-27 所示轮系中，已知 $z_1=20$，$z_2=40$，$z_{2'}=20$，$z_3=20$，$z_4=60$，试求传动比 i_{1H}。

8-10　在图 8-28 所示的轮系中，已知 $z_1=17$，$z_2=17$，$z_{2'}=30$，$z_3=45$，齿轮 1 的转速$n_1=100$ r/min，试求系杆的转速 n_H。

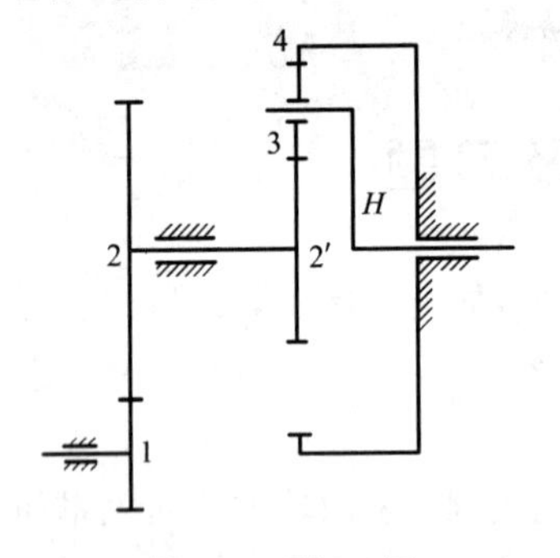

图 8-27　题 8-9 图

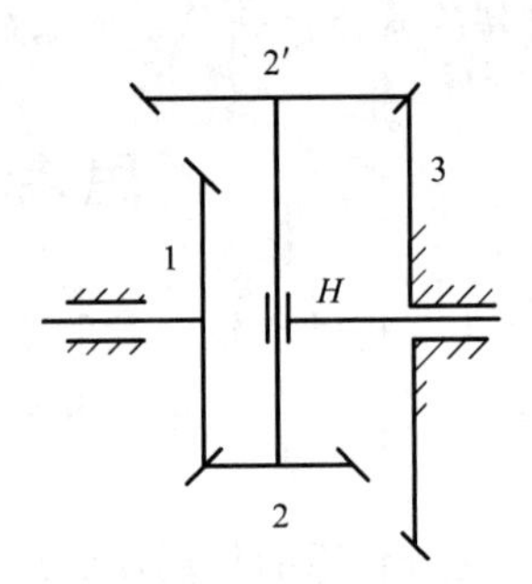

图 8-28　题 8-10 图

第9章

带 传 动

认识带传动

带传动的受力与应力分析

带传动的张紧、安装与维护

带传动是机械传动中最常用的传动形式之一，依靠带和带轮表面间的摩擦力传递运动和动力。本章主要介绍带传动的类型、特点和应用、普通V带的型号和规格、带轮的材料和结构、带传动的受力分析和应力分析、带的弹性滑动和打滑现象、带传动的设计计算过程以及带传动的张紧装置和维护注意事项。

9.1　概　述

带传动由主动带轮、从动带轮和传动带组成，如图9-1所示。根据工作原理不同，带传动可分为摩擦型和啮合型两类。摩擦型带传动靠张紧在带轮上的带与带轮接触面间的摩擦力来传递运动和动力，啮合型带传动靠带上的齿和带轮上齿槽之间的啮合来传递运动和动力，通常称为同步带传动。本节主要介绍摩擦型带传动的类型、形式、特点和应用。

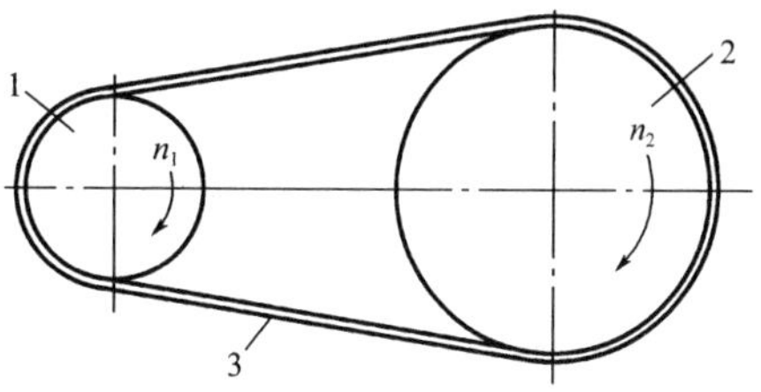

图9-1　带传动的组成

1—主动带轮；2—从动带轮；3—传动带

1. 带传动的类型

根据带的截面形状不同，带传动可分为平带传动、V带传动、多楔带传动和圆带传动等类型，如图9-2所示。

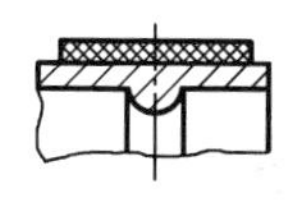
(a) 平带传动

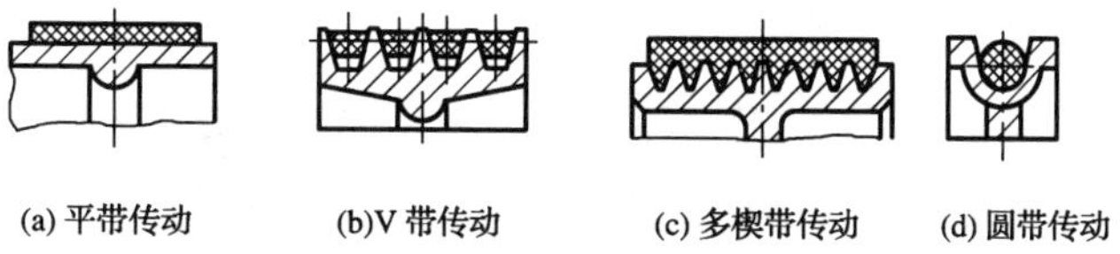

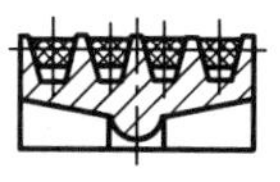
(b)V带传动

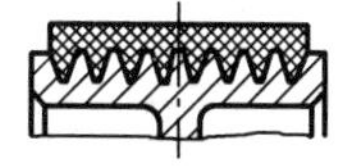
(c) 多楔带传动

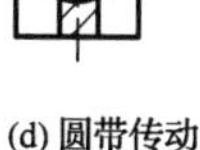
(d) 圆带传动

图9-2　带传动的类型

平带的截面形状为矩形[图9-2(a)]，与带轮接触的内表面为工作面，带的挠性较好，带轮制造方便。平带传动适用于中心距较大的远距离传动，并可用于交叉传动和半交叉传动。

V带的截面形状为等腰梯形[图9-2(b)]，与带轮轮槽接触的两侧面为工作面，带的厚度较大，带轮制造较复杂。在相同张紧力和摩擦系数的情况下，V带传动产生的摩擦力比平带传动大，传动能力强，在机械传动中应用广泛。

多楔带是以平带为基体、内表面排布有等间距梯形楔的环形橡胶传动带[图 9-2(c)],其工作面为楔的侧面。多楔带兼有平带和 V 带的优点,与带轮的接触面积和摩擦力较大,多用于传递功率大且结构要求紧凑的高速传动。

圆带的截面形状为圆形[图 9-2(d)],传动能力较低,常用于低速轻载机械。

2. 带传动的形式

开口传动[图 9-3(a)]用于两轴平行而且两带轮转向相同的传动,交叉传动[图 9-3(b)]用于两轴平行而且两带轮转向相反的传动,半交叉传动[图 9-3(c)]用于空间两轴交错的传动。只有平带传动可以实现交叉传动和半交叉传动。

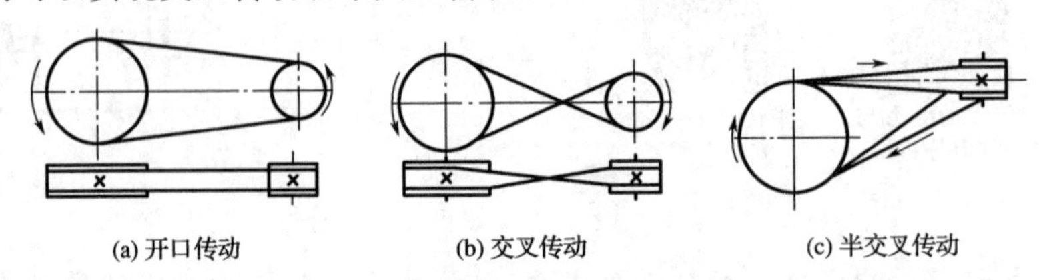

(a) 开口传动　(b) 交叉传动　(c) 半交叉传动

图 9-3　带传动的形式

3. 带传动的特点和应用

与其他机械传动相比较,带传动具有以下优点:①带具有弹性和挠性,能缓和冲击,故运转平稳,噪声小;②结构简单,制造、安装方便,不用润滑;③过载时,带和带轮间产生打滑,可以起到保护作用;④适用于中心距较大的传动。

带传动的缺点:①带与带轮间存在弹性滑动,使传动比不准确,而且传动效率低;②带张紧在带轮上,作用在轴上的压力较大;③带的使用寿命较短。

带传动应用广泛,常用于带速 $v=5\sim25$ m/s,传动比 $i\leqslant7$ 的场合。

9.2　V 带和 V 带轮的结构

9.2.1　V 带

1. V 带的结构

V 带的结构如图 9-4 所示,由顶胶层、承载层、底胶层和包布层组成。承载层是承受拉力的主体,其上、下的顶胶层和底胶层分别承受弯曲时的拉伸和压缩,外壳用橡胶帆布包围成型。承载层由帘布或线绳组成,帘布结构承载能力较强,线芯结构柔软易弯曲有利于提高使用寿命。承载层的材料可采用化学纤维或棉织物。

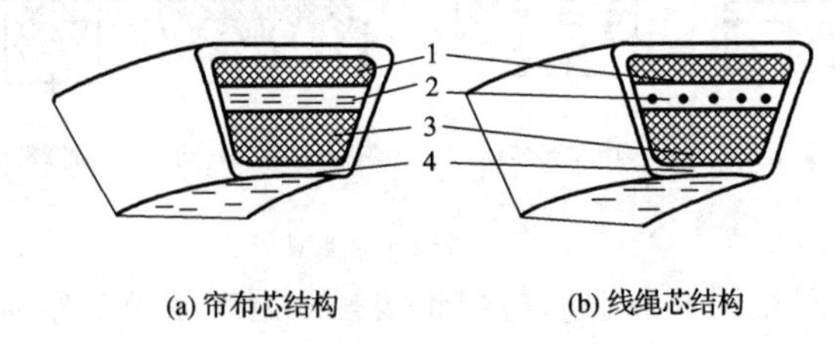

(a) 帘布芯结构　(b) 线绳芯结构

图 9-4　V 带的结构

1—顶胶层;2—承载层;3—底胶层;4—包布层

2. V 带的型号和规格

当带绕过带轮发生弯曲变形时,在带的高度方向上存在一个既不受拉也不受压的长度和宽度均保持不变的中性层，称为节面，节面宽度 b_p 称为节宽，带沿节面的长度称为带的基准长度 L_d。

V 带有普通 V 带、窄 V 带、联组 V 带、齿形 V 带等类型，其中普通 V 带应用最广。普通 V 带有 Y、Z、A、B、C、D、E 七种型号，其截面尺寸依次增大，各种型号普通 V 带的截面尺寸见表 9-1，其基准长度系列与长度系数见表 9-2。

表 9-1　　普通 V 带的截面尺寸

型　号	Y	Z	A	B	C	D	E
顶宽 b/mm	6	10	13	17	22	32	38
节宽 b_p/mm	5.3	8.5	11	14	19	27	32
高度 h/mm	4	6	8	11	14	19	23
单位长度质量 $q/(kg\cdot m^{-1})$	0.04	0.06	0.10	0.17	0.30	0.60	0.87
楔角 φ	40°						

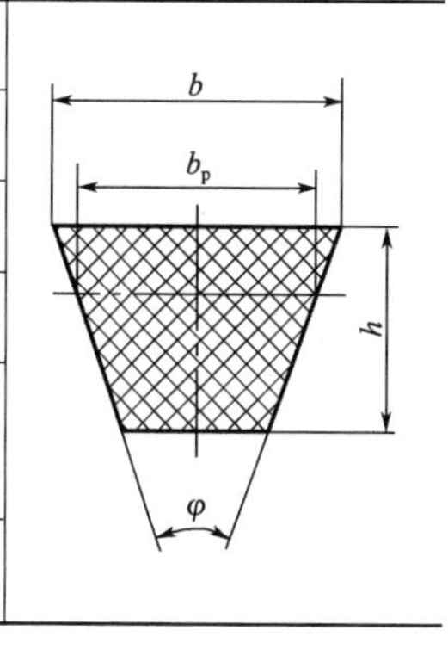

表 9-2　　普通 V 带的基准长度系列与长度系数

基准长度 L_d/mm	长度系数 K_L						
	Y	Z	A	B	C	D	E
200	0.81						
224	0.82						
250	0.84						
280	0.87						
315	0.89						
355	0.92						
400	0.96	0.87					
450	1.00	0.89					
500	1.02	0.91					
560		0.94					
630		0.96	0.81				
710		0.99	0.83				
800		1.00	0.85				
900		1.03	0.87	0.82			
1 000		1.06	0.89	0.84			
1 120		1.08	0.91	0.86			
1 250		1.11	0.93	0.88			
1 400		1.14	0.96	0.90			
1 600		1.16	0.99	0.92	0.83		

续表

基准长度 L_d/mm	长度系数 K_L						
	Y	Z	A	B	C	D	E
1 800		1.18	1.01	0.95	0.86		
2 000			1.03	0.98	0.88		
2 240			1.06	1.00	0.91		
2 500			1.09	1.03	0.93		
2 800			1.11	1.05	0.95	0.83	
3 150			1.13	1.07	0.97	0.86	
3 550			1.17	1.09	0.99	0.89	
4 000			1.19	1.13	1.02	0.91	
4 500				1.15	1.04	0.93	0.90
5 000				1.18	1.07	0.96	0.92
5 600					1.09	0.98	0.95
6 300					1.12	1.00	0.97
7 100					1.15	1.03	1.00
8 000					1.18	1.06	1.02
9 000					1.21	1.08	1.05
10 000					1.23	1.11	1.07
11 200						1.14	1.10
12 500						1.17	1.12
14 000						1.20	1.15
16 000						1.22	1.18

9.2.2 V带轮的结构

1. V带轮的材料

V带轮常用材料为灰铸铁(如 HT150、HT200),允许的最大圆周速度为 25 m/s;转速较高时宜采用铸钢或钢板冲压后焊接;传递功率较小时可采用铸铝或工程塑料。

2. V带轮的结构

如图 9-5 所示,V带轮一般由轮缘 1、轮辐 2 和轮毂 3 三部分组成。轮缘上开有梯形轮槽,用来安装传动带;轮毂是带轮与带轮轴安装配合部分;轮辐是连接轮缘和轮毂的部分。

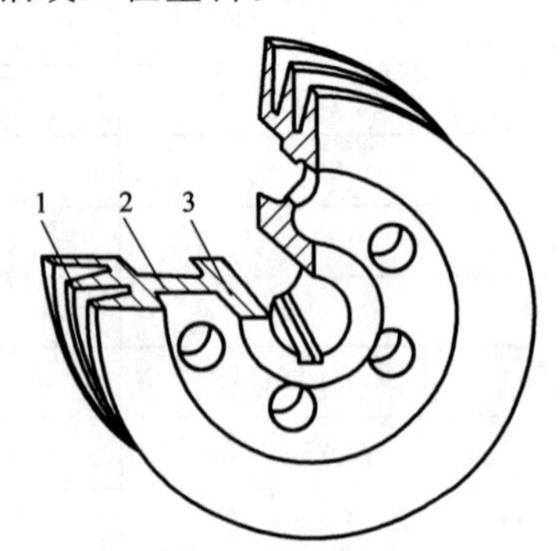

图 9-5 V带轮
1—轮缘;2—轮辐;3—轮毂

在V带轮上,与V带节面处于同一圆周位置上的轮槽宽度称为轮槽基准宽度(节宽)b_p,基准宽度处带轮的直径称为带轮基准直径 d_d,参看表 9-3 插图。

根据轮辐结构的不同,V带轮有实心式、腹板式、孔板式和椭圆轮辐式四种典型结构类型。当带轮基准直径 $d_d \leqslant 3d$(d 为带轮轴直径)时,采用实心式[图 9-6(a)];当 $d_d \leqslant$

350 mm，且$(D_1-d_1)<100$ mm（D_1 为轮缘内径，d_1 为轮毂外径）时，采用腹板式[图 9-6(b)]；当$(D_1-d_1)\geqslant100$ mm时，采用孔板式[图 9-6(c)]；当 $d_d>350$ mm 时，采用椭圆轮辐式[图 9-6(d)]。

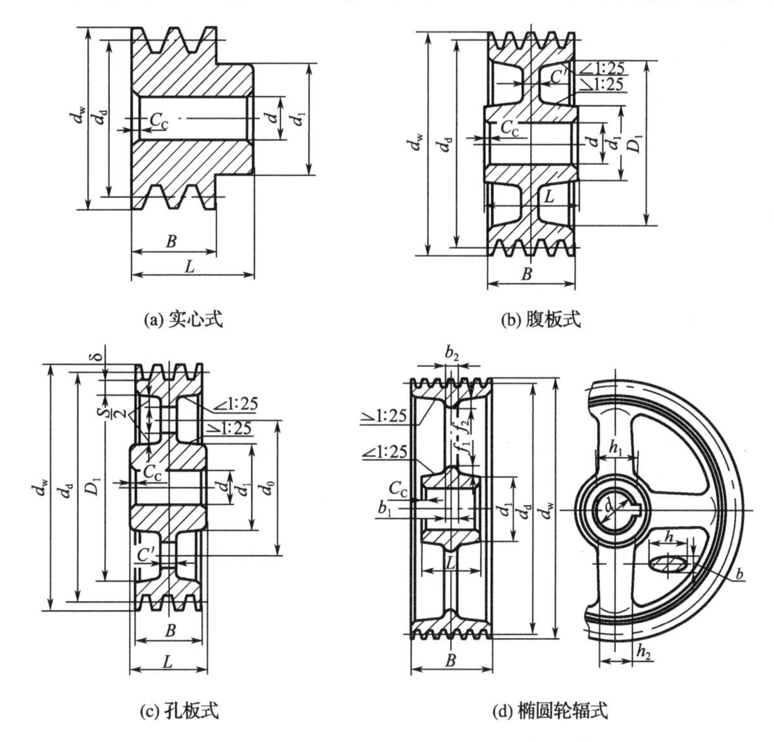

(a) 实心式 (b) 腹板式 (c) 孔板式 (d) 椭圆轮辐式

图 9-6 V带轮的结构

$d_1=(1.5\sim2.0)d$；$D_1=d_d-2(h_f+\delta)$，h_f 见表 9-3；$d_0=0.5(d_1+D_1)$；$C'=(0.2\sim0.3)B$；

$h_1=290\sqrt[3]{\dfrac{P}{nm}}$（$P$—传递功率，kW；$n$—带轮转速，r/min；$m$—轮辐数）；

$h_2=0.8h_1$；$b_1=0.4h_1$；$b_2=0.8b_1$；$f_1=0.2h_1$；$f_2=0.2h_2$ $L=(1.5\sim2.0)d$，当 $B<1.5d$ 时，$L=B$

普通 V 带轮轮槽尺寸见表 9-3，其他结构尺寸可参考机械设计手册。

表 9-3 普通 V 带轮轮槽尺寸

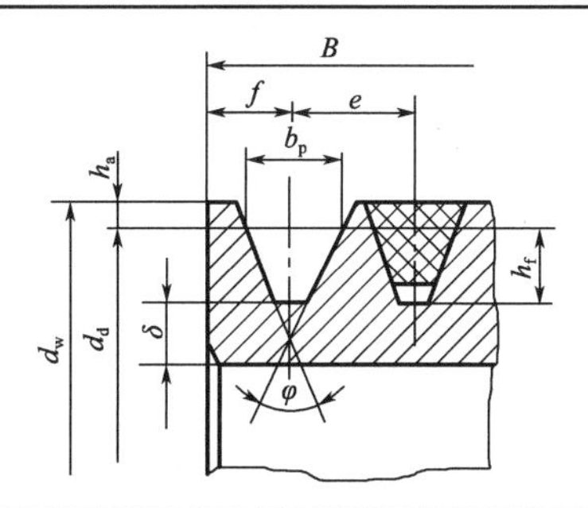

轮槽尺寸	槽型						
	Y	Z	A	B	C	D	E
节宽 b_p/mm	5.3	8.5	11.0	14.0	19.0	27.0	32.0

续表

带轮基准直径 d_d/mm	$\varphi=32°$	≤60	—	—	—	—	—	—
	$\varphi=34°$	—	≤80	≤118	≤190	≤315	—	—
	$\varphi=36°$	>60	—	—	—	—	≤475	≤600
	$\varphi=38°$	—	>80	>118	>190	>315	>475	>600
最小基准线上槽深 h_{amin}/mm		1.6	2.0	2.75	3.5	4.8	8.1	9.6
最小基准线下槽深 h_{fmin}/mm		4.7	7.0	8.7	10.8	14.3	19.9	23.4
槽间距 e/mm		8±0.3	12±0.3	15±0.3	19±0.4	25.5±0.5	37±0.6	44.5±0.7
第一槽中心至轮端面距离 f/mm		7±1	8±1	10^{+2}_{-1}	12.5^{+2}_{-1}	17^{+2}_{-1}	23^{+3}_{-1}	29^{+4}_{-1}
最小轮缘厚度 δ_{min}/mm		5	5.5	6	7.5	10	12	15
外径 d_w/mm		$d_w=d_d+2h_a$						
带轮宽 B/mm		$B=(z-1)e+2f$(z为带轮槽数)						

9.3 带传动的工作情况分析

9.3.1 带传动的受力分析

1. 紧边拉力、松边拉力和有效拉力

带传动靠带与带轮之间的摩擦力来传递动力，因而带必须张紧在带轮上。如图9-7所示，带传动不工作时，带两边的拉力相等，均为初拉力 F_0。带传动工作时，由于带和带轮间产生摩擦力，带绕入主动轮一边的拉力由 F_0 增大到 F_1，称为紧边；另一边拉力由 F_0 减小到 F_2，称为松边。带是弹性体，符合胡克定律，假设带工作时的总长度不变，则紧边拉力的增加量等于松边拉力的减少量，即

$$F_1-F_0=F_0-F_2 \tag{9-1}$$

紧边拉力与松边拉力之差称为带传动的有效拉力，即传递的圆周力 F_e。

$$F_e=F_1-F_2 \tag{9-2}$$

有效拉力等于带与带轮接触弧上摩擦力的总和。圆周力 F_e(N)、带速 v(m/s)和带传递的功率 P(kW)之间的关系为

$$P=\frac{F_e v}{1\ 000} \tag{9-3}$$

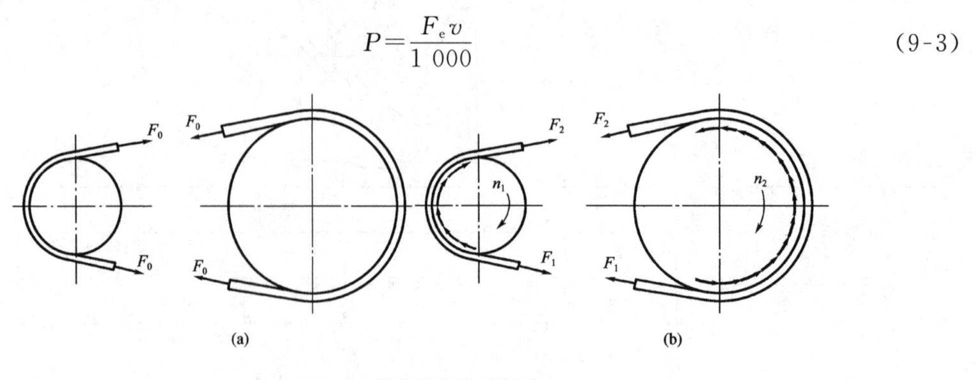

图9-7 带传动的受力情况

2. 带传动的最大有效拉力及其影响因素

当带速一定时，传递的功率越大，需要的有效拉力越大，则要求带与带轮间的摩擦力也越大。在预紧力一定的情况下，当需要的有效拉力超过带与带轮接触面间的极限摩擦力总和时，带在带轮表面上将发生显著的相对滑动，这种现象称为打滑。

带在即将打滑时，紧边拉力和松边拉力的关系如图 9-8 所示。在带上截取一微弧段 dl，对应的包角为 $d\alpha$，微弧段两端受到的拉力分别为 F 和 $F+dF$，带轮给微弧段的正压力为 dF_N。带与带轮接触面的摩擦因数为 f，则极限摩擦力为 $f dF_N$。

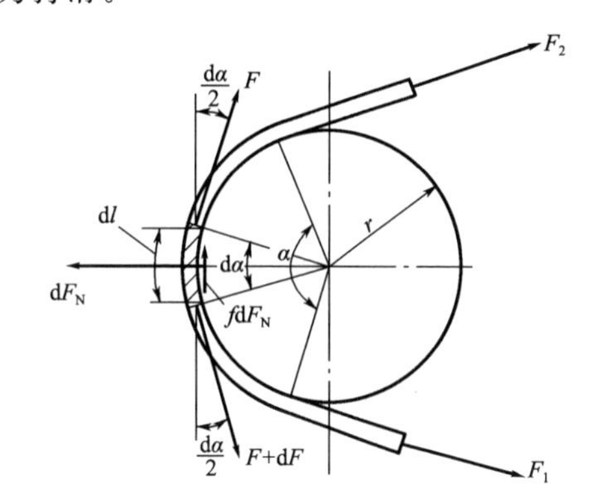

图 9-8 带微弧段受力分析

忽略离心力的影响，微弧段在水平方向和铅直方向上力平衡方程式为

$$dF_N = F\sin\frac{d\alpha}{2} + (F+dF)\sin\frac{d\alpha}{2}$$

$$f dF_N = (F+dF)\cos\frac{d\alpha}{2} - F\cos\frac{d\alpha}{2}$$

经过推导可得，紧边拉力和松边拉力比为

$$\frac{F_1}{F_2} = e^{f\alpha} \tag{9-4}$$

式中，f 为带与带轮接触面间的摩擦因数；α 为带轮的包角，rad；e 为自然对数的底，e=2.718。

式(9-4)称为柔性体摩擦的欧拉公式。由式(9-4)和式(9-1)、式(9-2)联立可得带传动的最大有效拉力

$$F_{emax} = 2F_0\,\frac{e^{f\alpha}-1}{e^{f\alpha}+1} \tag{9-5}$$

由式(9-5)可知，带传动的最大有效拉力与下列因素有关：

(1)初拉力 F_0　增大初拉力可以提高带传动的最大有效拉力，但会使带短时间内失去弹性，从而使带的使用寿命缩短；若初拉力过小，则带的工作能力不能完全发挥，而且容易产生跳动和打滑。因此，带的张紧程度应在合适的范围内。

(2)包角 α　增大包角可以提高带传动的最大有效拉力。由于小带轮包角比大带轮包角小，所以通常按小带轮包角 α_1 计算带传动的传动能力。对于 V 带传动，一般要求 $\alpha_1 \geqslant 120°$。

(3)摩擦因数 f　摩擦因数越大，最大有效拉力越大。摩擦因数与带和带轮的材料、表面粗糙度、工作环境等有关。

当平带传动与 V 带传动在同样张紧的情况下(带压向带轮的压紧力 F_Q 相等)，它们产生的极限摩擦力不相同，因而传动能力也不同。

如图 9-9(a)所示，平带的工作面是内侧面，其极限摩擦力为

$$fF_N = fF_Q$$

如图 9-9(b)所示，V 带的工作面是带的两侧面，其极限摩擦力为

$$fF_N = \frac{fF_Q}{\sin\frac{\varphi}{2}} = f_V F_Q$$

式中，φ 为 V 带轮轮槽楔角，φ=32°、34°、36°、38°；f_V 为当量摩擦因数，$f_V = \dfrac{f}{\sin\frac{\varphi}{2}}$。

可见，在相同条件下，V带传动的极限摩擦力比平带传动要大，因而传动能力也大，这就是V带的楔形增压原理。

3. 离心拉力

带在转动过程中，带绕过带轮的接触弧部分，由于带本身具有质量而产生离心力。如图9-10所示，在带上截取一微弧段 dl，在微弧段上产生离心力 dF_{Nc}，在带中产生离心拉力 F_c。

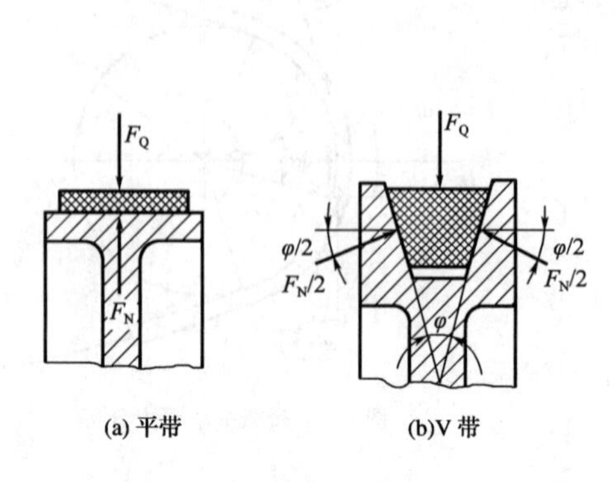

图9-9　平带与V带传动受力分析

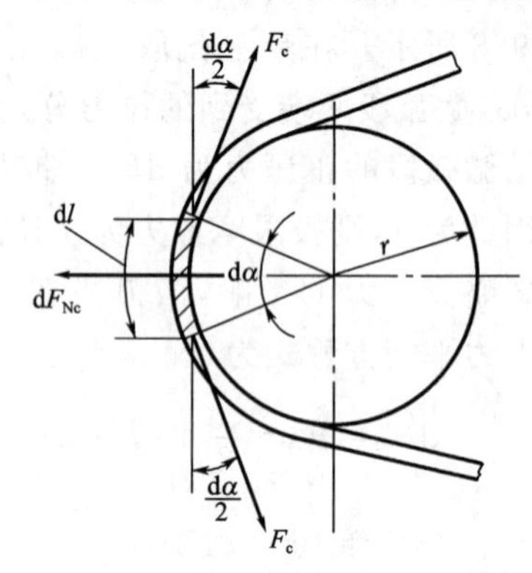

图9-10　带的离心拉力

带微弧段的离心力

$$dF_{Nc}=q(r\mathrm{d}\alpha)\frac{v^2}{r}=qv^2\mathrm{d}\alpha \tag{9-6}$$

式中，q 为带单位长度的质量，kg/m；v 为带速，m/s。

由带微弧段力的平衡，可得

$$dF_{Nc}=2F_c\sin\frac{\mathrm{d}\alpha}{2} \tag{9-7}$$

由式(9-6)和式(9-7)可得

$$F_c=qv^2 \tag{9-8}$$

9.3.2 带传动的应力分析

1. 由拉力产生的拉应力

紧边拉应力为

$$\sigma_1=\frac{F_1}{A}$$

松边拉应力为

$$\sigma_2=\frac{F_2}{A}$$

式中，A 为带的横截面面积。

2. 由离心拉力产生的离心拉应力

由离心拉力 F_c 产生的离心拉应力为

$$\sigma_c=\frac{F_c}{A}=\frac{qv^2}{A}$$

3. 由弯曲产生的弯曲应力

带绕过带轮时，由于带的弯曲而产生的弯曲应力(图9-11)为

$$\sigma_b=E\frac{h_a}{r}=E\frac{2h_a}{d_d}$$

式中:E 为带的弹性模量,MPa;h_a 为带的节面到最外层的垂直距离,mm;d_d 为带轮基准直径,mm。

显然,带绕过小带轮时的弯曲应力比绕过大带轮时大。

4.带的总应力及最大应力

将上述三种应力进行叠加,可得带的总应力,其分布情况如图 9-12 所示。

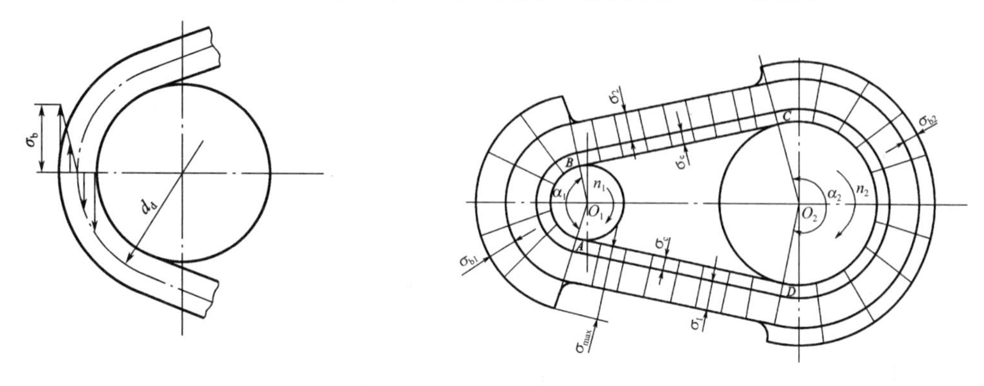

图 9-11 带的弯曲应力

图 9-12 带的应力分布

图 9-12 中小带轮为主动轮,最大应力发生在紧边绕入小带轮处的 A 点,即

$$\sigma_{max}=\sigma_1+\sigma_c+\sigma_{b1}$$

由图 9-12 可知,带工作时,任一截面内的应力是随位置不同而变化的,即带是在变应力状态下工作的。当应力循环次数达到一定值时,将使带产生疲劳破坏。

9.3.3 带传动的弹性滑动与打滑

1.弹性滑动

带工作时紧边拉力 F_1 大于松边拉力 F_2,因此紧边的弹性伸长比松边的大。如图 9-13 所示,当带绕过主动轮时,由紧边转入松边,带的拉力下降,伸长量减少,沿带轮产生与运动方向相反的滑动;当带绕过从动轮时,情况相反,带沿带轮产生与运动方向相同的滑动。这种由于带的弹性引起的带与带轮之间的相对滑动称为弹性滑动。弹性滑动使从动轮的圆周速度低于主动轮的圆周速度,降低了传动效率,引起带的磨损。

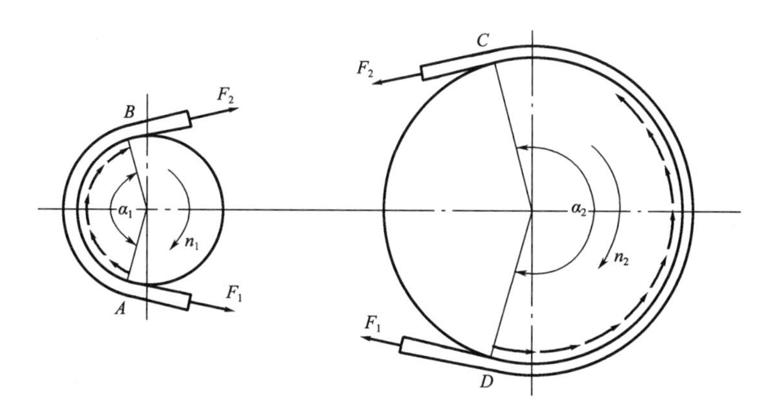

图 9-13 带传动的弹性滑动

弹性滑动是带传动正常工作时不可避免的。带的弹性变形与其弹性模量有关,选用弹性模量大的材料可以减小变形量,从而可以减少弹性滑动。

由于带的弹性滑动而引起从动轮圆周速度低于主动轮圆周速度的相对降低率称为滑动率，用 ε 表示，即

$$\varepsilon=\frac{v_1-v_2}{v_1}=\frac{d_{d1}n_1-d_{d2}n_2}{d_{d1}n_1}$$

式中：d_{d1}、d_{d2} 分别为主、从动轮的基准直径，mm；n_1、n_2 分别为主、从动轮的转速，r/min。

若考虑 ε 的影响，则带传动的传动比为

$$i=\frac{n_1}{n_2}=\frac{d_{d2}}{d_{d1}(1-\varepsilon)}$$

一般情况下，V 带的滑动率为 1%～2%，在无须精确计算从动轮转速的机械中可忽略不计。

2. 打滑

当带所传递的有效拉力超过带与带轮接触面之间摩擦力的极限值时，带与带轮之间会发生显著的相对滑动，称为打滑，此时 $\varepsilon>5\%$。打滑将造成带传动失效并使带严重磨损，因而在正常工作时应当避免，但带的打滑也能起到过载保护作用。

9.4 普通 V 带传动的设计计算

9.4.1 带传动的失效形式及设计准则

带在工作时承受变应力，在长期变应力作用下，带发生疲劳破坏。开始在带的局部产生疲劳裂纹脱层，然后该处逐渐松散，最后断裂使传动失效。

由前面的分析可知，打滑和疲劳断裂是带传动的主要失效形式。因此，带传动的设计准则应为：在保证带传动不打滑的前提下，使带具有一定的疲劳强度和使用寿命。

9.4.2 单根普通 V 带的许用功率

由式(9-2)和式(9-4)并以当量摩擦系数 f_v 代替 f 可得，带不打滑时能传递的最大有效拉力为

$$F_{emax}=F_1\left(1-\frac{1}{e^{f_v\alpha}}\right)=\sigma_1 A\left(1-\frac{1}{e^{f_v\alpha}}\right)$$

保证带传动不打滑应满足

$$F_e\leqslant F_{emax}$$

即

$$\frac{1\,000P}{v}\leqslant\sigma_1 A\left(1-\frac{1}{e^{f_v\alpha}}\right) \tag{9-9}$$

要保证带有足够的疲劳强度，应使

$$\sigma_1\leqslant[\sigma]-\sigma_c-\sigma_{b1} \tag{9-10}$$

式中，$[\sigma]$为根据疲劳寿命确定的带的许用应力，MPa。

将式(9-10)带入式(9-9)可得，带在既不打滑又有足够的疲劳强度条件下所能传递的功率为

$$P\leqslant\frac{([\sigma]-\sigma_c-\sigma_{b1})A\left(1-\frac{1}{e^{f_v\alpha}}\right)v}{1\,000} \tag{9-11}$$

单根普通V带所能传递的基本额定功率 P_0 见表9-4。

表9-4　单根普通V带所能传递的基本额定功率 P_0($i=1$,特定带长,载荷平稳)　kW

型号	小带轮基准直径 d_{d1}/mm	小带轮转速 n_1/(r·min^{-1})													
		200	400	700	800	950	1 200	1 450	1 600	2 000	2 400	2 800	3 200	4 000	5 000
Y	20	—	—	—	—	0.01	0.02	0.02	0.03	0.03	0.04	0.04	0.05	0.06	0.08
	31.5	—	—	0.03	0.04	0.04	0.05	0.06	0.06	0.07	0.09	0.10	0.11	0.13	0.15
	40	—	—	0.04	0.05	0.06	0.07	0.08	0.09	0.11	0.12	0.14	0.15	0.18	0.20
	50	0.04	0.05	0.06	0.07	0.08	0.09	0.11	0.12	0.14	0.16	0.18	0.20	0.23	0.25
Z	50	0.04	0.06	0.09	0.10	0.12	0.14	0.16	0.17	0.20	0.22	0.26	0.28	0.32	0.34
	63	0.05	0.08	0.13	0.15	0.18	0.22	0.25	0.27	0.32	0.37	0.41	0.45	0.49	0.50
	71	0.06	0.09	0.17	0.20	0.23	0.27	0.30	0.33	0.39	0.46	0.50	0.54	0.61	0.62
	80	0.10	0.14	0.20	0.22	0.26	0.30	0.35	0.39	0.44	0.50	0.56	0.61	0.67	0.66
	90	0.10	0.14	0.22	0.24	0.28	0.33	0.36	0.40	0.48	0.54	0.60	0.64	0.72	0.73
A	75	0.15	0.26	0.40	0.45	0.51	0.60	0.68	0.73	0.84	0.92	1.00	1.04	1.09	1.02
	90	0.22	0.39	0.61	0.68	0.77	0.93	1.07	1.15	1.34	1.50	1.64	1.75	1.87	1.82
	100	0.26	0.47	0.74	0.83	0.95	1.14	1.32	1.42	1.66	1.87	2.05	2.19	2.34	2.25
	125	0.37	0.67	1.07	1.19	1.37	1.66	1.92	2.07	2.44	2.74	2.98	3.16	3.28	2.91
	160	0.51	0.94	1.51	1.69	1.95	2.36	2.73	2.54	3.42	3.80	4.06	4.19	3.98	2.67
B	125	0.48	0.84	1.30	1.44	1.64	1.93	2.19	2.33	2.64	2.85	2.96	2.94	2.51	1.09
	160	0.74	1.32	2.09	2.32	2.66	3.17	3.62	3.86	4.40	4.75	4.89	4.80	3.82	0.81
	200	1.02	1.85	2.96	3.30	3.77	4.50	5.13	5.46	6.13	6.47	6.43	5.95	3.47	—
	250	1.37	2.50	4.00	4.46	5.10	6.04	6.82	7.20	7.87	7.89	7.14	5.60	—	—
	280	1.58	2.89	4.61	5.13	5.85	6.90	7.76	8.13	8.60	8.22	6.80	4.26	—	—
C	200	1.39	1.92	2.41	2.87	3.69	4.07	4.58	5.29	5.84	6.07	6.34	6.02	5.01	3.23
	250	2.03	2.85	3.62	4.33	5.64	6.23	7.04	8.21	9.04	9.38	9.62	8.75	6.56	2.93
	315	2.84	4.04	5.14	6.17	8.09	8.92	10.05	11.53	12.46	12.72	12.14	9.43	4.16	—
	400	3.91	5.54	7.06	8.52	11.02	12.10	13.48	15.04	15.53	15.24	11.95	4.34	—	—
	450	4.51	6.40	8.02	9.81	12.63	13.80	15.23	16.59	16.47	15.57	9.64	—	—	—
D	355	5.31	7.35	9.24	10.90	13.70	14.83	16.15	17.25	16.77	15.63	—	—	—	—
	450	7.90	11.02	13.85	16.40	20.63	22.25	24.01	24.84	22.02	19.59	—	—	—	—
	560	10.76	15.07	18.95	22.38	27.73	29.55	31.04	29.67	22.58	15.13	—	—	—	—
	710	14.55	20.35	25.45	29.76	35.59	36.87	36.35	27.88	7.99	—	—	—	—	—
	800	16.76	23.39	29.08	33.72	39.14	39.55	36.76	21.32	—	—	—	—	—	—
E	500	10.86	14.96	18.55	21.65	26.21	27.57	28.32	25.53	16.82	—	—	—	—	—
	630	15.65	21.69	26.95	31.36	37.26	38.52	37.92	29.17	8.85	—	—	—	—	—
	800	21.70	30.05	37.05	42.53	47.96	47.38	41.59	16.46	—	—	—	—	—	—
	900	25.15	34.71	42.49	48.20	51.95	49.21	38.19	—	—	—	—	—	—	—
	1 000	28.52	39.17	47.52	53.12	54.00	48.19	30.08	—	—	—	—	—	—	—

9.4.3 普通V带传动的设计计算

1. 确定计算功率

考虑带在工作时的工作条件不同,带传动的功率按计算功率 P_c 设计,即

$$P_c = K_A P \tag{9-12}$$

式中，P 为所需传递功率，kW；K_A 为工作情况系数，见表 9-5。

表 9-5 工作情况系数 K_A

工作情况		原动机每天工作时间/h					
		空载、轻载启动			重载启动		
		<10	10～16	>16	<10	10～16	>16
载荷变动微小	液体搅拌机、通风机和鼓风机(≤7.5 kW)、离心式水泵和压缩机、轻型输送机	1.0	1.1	1.2	1.1	1.2	1.3
载荷变动小	带式输送机(不均匀载荷)、通风机(>7.5 kW)、旋转式水泵和压缩机、发电机、金属切削机床、印刷机、旋转筛、木工机械	1.1	1.2	1.3	1.2	1.3	1.4
载荷变动较大	斗式提升机、往复式水泵和压缩机、起重机、磨粉机、冲剪机床、橡胶机械、纺织机械、重载输送机	1.2	1.3	1.4	1.4	1.5	1.6
载荷变动很大	破碎机(旋转式、颚式)、磨碎机、挖掘机	1.3	1.4	1.5	1.5	1.6	1.8

注：①空载、轻载启动的原动机：电动机(交流启动、三角形启动、直流并励)，四缸以上的内燃机，装有离心式离合器、液力联轴器的动力机；重载启动的原动机：电动机(联机交流启动、直流复励或串励)，四缸以下的内燃机。

②反复启动、正反转频繁、工作条件恶劣等场合，K_A 应乘以 1.2。

③增速传动时，K_A 应乘以下列系数：当增速比 $i=1.25\sim1.74$ 时为 1.05；当 $i=1.75\sim2.49$ 时为 1.11；当 $i=2.50\sim3.49$ 时为 1.18；当 $i\geqslant3.50$ 时为 1.25。

2. 选择 V 带型号

V 带的型号根据计算功率 P_c 和小带轮转速 n_1 选定，如图 9-14 所示。当工况位于两种型号分界线附近时，可以对两种型号分别进行计算，最后择优选定。

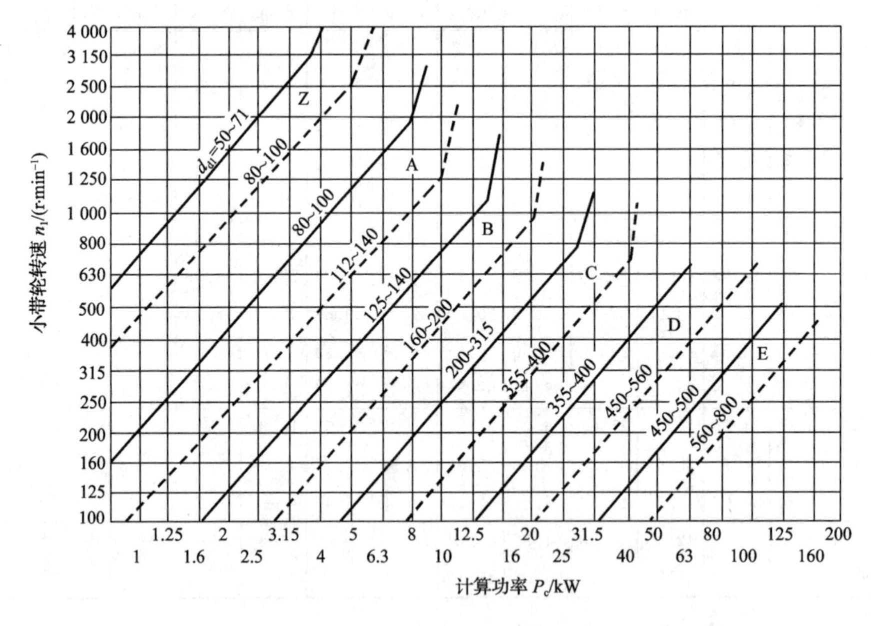

图 9-14 普通 V 带选型图

3. 确定带轮基准直径

带轮直径越小，传动结构越紧凑，但带的弯曲应力增大，降低了带的使用寿命。因此，对小带轮的直径应加以限制。V 带带轮的最小基准直径见表 9-6。

表 9-6　**V 带带轮的最小基准直径**

V带型号	Y	Z	A	B	C	D	E
最小基准直径 $d_{d1\min}$/mm	20	50	75	125	200	355	500
标准直径系列/mm	20、22.4、25、28、31.5、35.5、40、45、50、56、63、71、75、80、85、90、95、100、106、112、118、125、132、140、150、160、170、180、200、224、236、250、265、280、315、335、355、375、400、425、450、475、500、530、560、600、630、670、710、750、800、900、1 000、1 060、1 120、1 250、1 400、1 500、1 600、1 800、2 000、2 240、2 500						

初选小带轮直径 $d_{d1} \geqslant d_{d1\min}$，按标准系列选取相近的数值。当传动比无严格要求时，大带轮基准直径 $d_{d2}=id_{d1}$；当传动比要求准确时，考虑弹性滑动对传动比的影响，大带轮基准直径 $d_{d2}=i(1-\varepsilon)d_{d1}$。

4. 验算带速

带速

$$v=\pi n_1 d_{d1}/60\ 000$$

式中：n_1 为小带轮转速，r/min；d_{d1} 为小带轮基准直径，mm。

一般情况下，带速以 5～25 m/s 为宜。带速过低，传递功率一定时所需有效拉力大，使带的根数增加；带速过高，由于离心拉力过大而降低带和带轮间的压力，容易发生打滑。

5. 确定带传动中心距和 V 带的基准长度

带传动中心距小，结构较紧凑，但带长缩短，则单位时间内的应力循环次数增加，降低带的使用寿命；若中心距过大，则传动的外廓尺寸大，且容易引起带的跳动。初选中心距 a_0 通常为

$$0.7(d_{d1}+d_{d2}) \leqslant a_0 \leqslant 2(d_{d1}+d_{d2}) \tag{9-13}$$

初定中心距 a_0 后，由带传动的几何关系（图 9-15），可初算带的基准长度 L_{d0}

$$L_{d0}=2a_0\cos\theta+\frac{d_{d1}}{2}(\pi-2\theta)+\frac{d_{d2}}{2}(\pi+2\theta) \tag{9-14}$$

将 $\cos\theta=1-2\sin^2\frac{\theta^2}{2}\approx 1-\frac{\theta^2}{2}$ 及 $\theta\approx\frac{d_{d2}-d_{d1}}{2a_0}$ 带入式(9-14)得

$$L_{d0}=2a_0+\frac{\pi}{2}(d_{d1}+d_{d2})+\frac{(d_{d2}-d_{d1})^2}{4a_0} \tag{9-15}$$

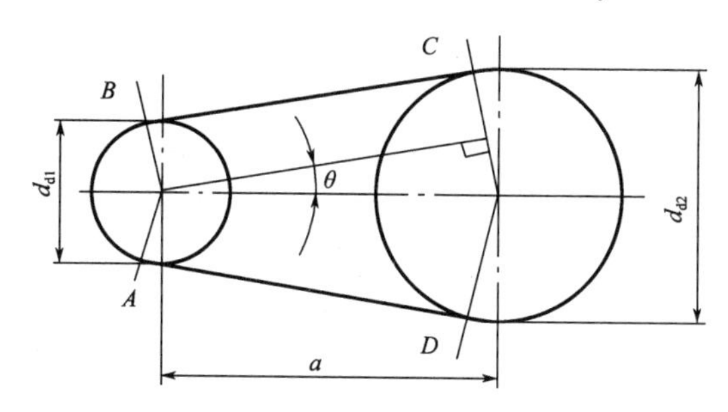

图 9-15　带传动的几何关系

查表 9-2，选取与式(9-15)计算值接近的基准长度 L_d，则带传动的实际中心距为

$$a\approx a_0+\frac{L_d-L_{d0}}{2} \tag{9-16}$$

考虑安装调整和补偿初拉力的需要，还应给中心距留出 $-0.015L_d \sim +0.03L_d$ 的调整余量。

6. 验算小带轮包角

小带轮包角的计算公式为

$$\alpha_1 = 180° - 2\theta \approx 180° - \frac{d_{d2} - d_{d1}}{a} \times 57.3° \tag{9-17}$$

小带轮包角过小，将影响带的传动能力，一般应不小于 120°。如果设计时小带轮包角太小，应适当增加中心距或安装张紧轮。

7. 确定带的根数

由表 9-4 可知单根普通 V 带的基本额定功率 P_0 是在一定条件下由试验得到的。当实际工作条件与试验条件不同时，应对 P_0 值加以修正。修正后的单根普通 V 带的额定功率为

$$P_1 = (P_0 + \Delta P_0) K_\alpha K_L \tag{9-18}$$

式中：ΔP_0 为传动比 $i \neq 1$ 时的功率增量，kW，见表 9-7；K_α 为包角系数，考虑 $\alpha_1 \neq 180°$ 时对传动能力的影响，见表 9-8；K_L 为长度系数，考虑带长不等于特定长度时对传动能力的影响，见表 9-2。

表 9-7　单根普通 V 带 $i \neq 1$ 时传递功率增量 ΔP_0　kW

型号	传动比 i	小带轮转速 n_1/(r·min^{-1})												
		400	800	980	1 200	1 460	1 600	2 000	2 400	2 800	3 200	3 600	4 000	5 000
Y	1.35～1.51	0.00	0.00	0.01	0.01	0.01	0.01	0.01	0.01	0.02	0.02	0.02	0.02	0.02
	≥2	0.00	0.00	0.01	0.01	0.01	0.01	0.02	0.02	0.02	0.02	0.03	0.03	0.03
Z	1.35～1.51	0.01	0.01	0.02	0.02	0.02	0.02	0.03	0.03	0.04	0.04	0.04	0.05	0.05
	≥2	0.01	0.02	0.02	0.03	0.03	0.03	0.04	0.04	0.04	0.05	0.05	0.06	0.06
A	1.35～1.51	0.04	0.08	0.08	0.11	0.13	0.15	0.19	0.23	0.26	0.30	0.34	0.38	0.47
	≥2	0.05	0.10	0.11	0.15	0.17	0.19	0.24	0.29	0.34	0.39	0.44	0.48	0.60
B	1.35～1.51	0.10	0.20	0.23	0.30	0.36	0.39	0.49	0.59	0.69	0.79	0.89	0.99	1.24
	≥2	0.13	0.25	0.30	0.38	0.46	0.51	0.63	0.76	0.89	1.01	1.14	1.27	1.60
C	1.35～1.51	0.14	0.21	0.27	0.34	0.41	0.48	0.55	0.65	0.82	0.99	1.10	1.23	1.37
	≥2	0.18	0.26	0.35	0.44	0.53	0.62	0.71	0.83	1.06	1.27	1.41	1.59	1.76
D	1.35～1.51	0.49	0.73	0.97	1.22	1.46	1.70	1.95	2.31	2.92	3.52	3.89	4.98	—
	≥2	0.63	0.94	1.25	1.56	1.88	2.19	2.50	2.97	3.75	4.53	5.00	5.62	—
E	1.35～1.51	0.96	1.45	1.93	2.41	2.89	3.38	3.86	4.58	5.61	6.83	—	—	—
	≥2	1.24	1.86	2.48	3.10	3.72	4.34	4.96	5.89	7.21	8.78	—	—	—

表 9-8　包角系数

包角 α_1/(°)	180	170	160	150	140	130	120	110	100	90	80	70
K_α	1.00	0.98	0.95	0.92	0.89	0.86	0.82	0.78	0.74	0.69	0.34	0.58

V 带的根数的计算公式为

$$z = \frac{P_c}{(P_0 + \Delta P_0) K_\alpha K_L} \tag{9-19}$$

为避免工作时各根带受力严重不均匀，并避免过大的压轴力，通常 V 带的根数不大于 10。

8. 计算带的张紧力和压轴力

带的张紧力过小，摩擦力小，传动容易打滑；带的张紧力过大，会降低带的使用寿命，并且增大作用在带轮轴上的压力。

单根普通V带张紧力的计算公式为

$$F_0=500\frac{P_c}{vz}(\frac{2.5}{K_\alpha}-1)+qv^2 \tag{9-20}$$

式中：P_c 为计算功率，kW；v 为带速，m/s；z 为带的根数；K_α 为包角系数，见表9-8；q 为带单位长度质量，kg/m，见表9-1。

计算压轴力 F 时，忽略带两边的压力差，近似地以带两边的初拉力的合力计算压轴力，由图9-16可得

$$F=2zF_0\sin\frac{\alpha_1}{2} \tag{9-21}$$

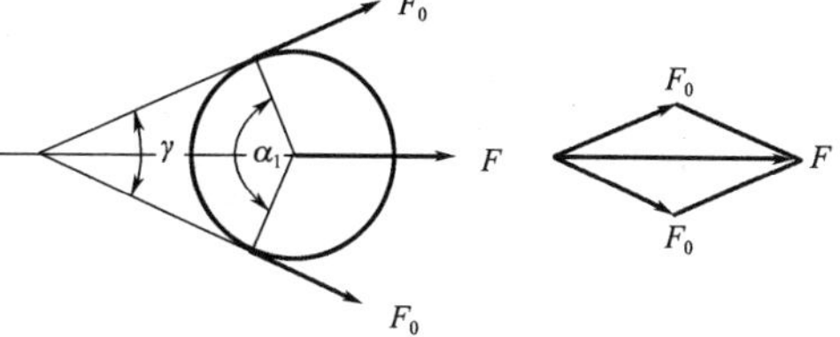

图9-16 压轴力计算

9.5 带传动的张紧装置和维护

9.5.1 带传动的张紧装置

带在工作一段时间后，由于塑性变形而松弛，使初拉力降低，传动能力下降。为保证带传动能正常工作，需要采用适当的张紧装置。

1. 定期张紧装置

(1) 装有带轮的电动机2安装在滑动导轨上[图9-17(a)]，利用调节螺杆1来调整电动机的位置，从而改变中心距，适用于水平或倾斜度不大的场合。

(2) 电动机固定在支座上，通过螺杆及调节螺母1使支座绕轴2摆动[图9-17(b)]，从而调节中心距，适用于垂直或接近垂直的场合。

(3) 当中心距不可调时，采用位置可调的张紧轮[图9-17(c)]。张紧轮应放在带的松边，可布置在带的内侧，使带只受单向弯曲，并尽量远离小带轮，以免过分影响带在小带轮上的包角；也可布置在带的外侧，靠近小带轮，以增大小带轮包角。

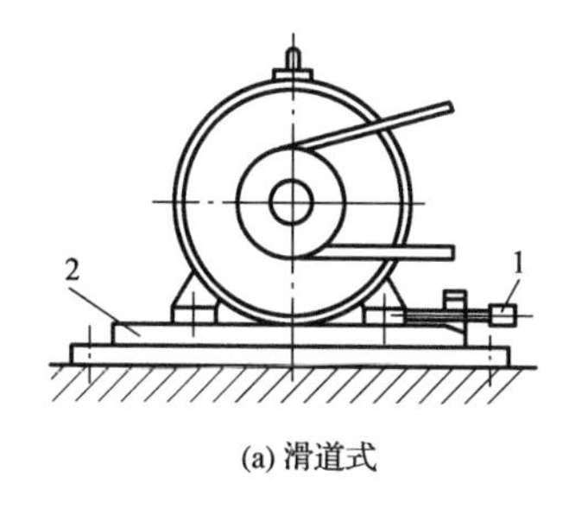

(a) 滑道式

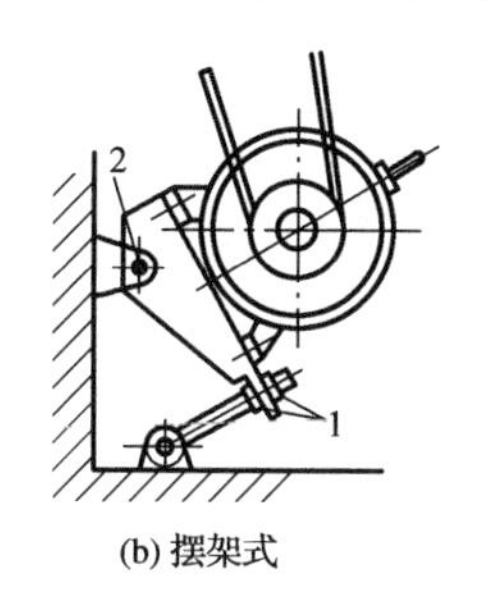

(b) 摆架式

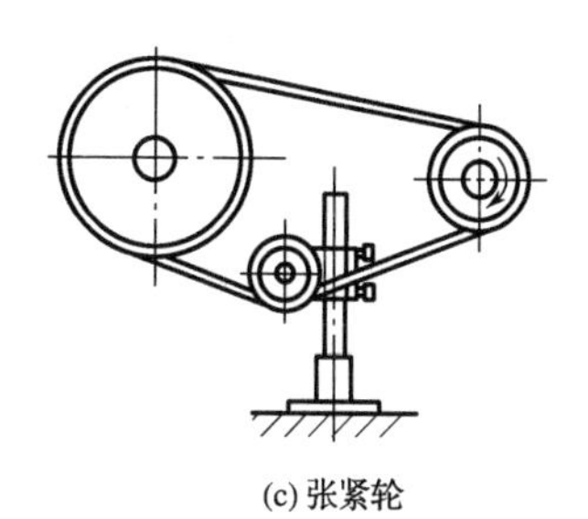

(c) 张紧轮

图9-17 定期张紧装置

2. 自动张紧装置

(1) 如图9-18(a)所示，将电动机安装在浮动摆架上，利用电动机及摆架的自重使带轮同电动机绕固定轴转动，自动调整中心距来达到张紧目的。常用于小功率传动。

(2) 如图9-18(b)所示，利用悬重1使张紧轮2自动压在传动带上，以保持带的张紧。张紧轮布置在松边外侧靠近小带轮处，以增大包角。

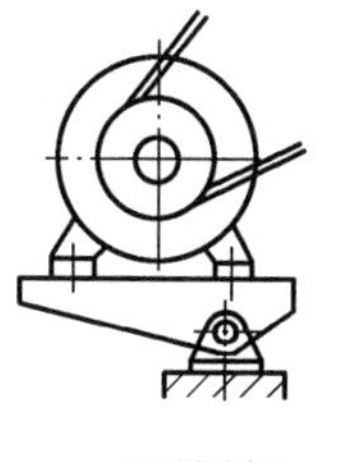

(a) 浮动架

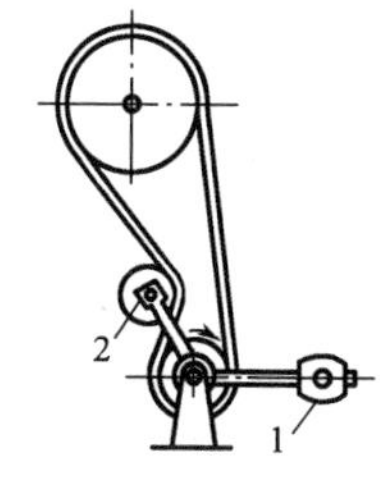

(b) 张紧轮

图9-18 自动张紧装置

9.5.2 带传动的维护

(1)采用安全防护罩,可以保障操作人员的安全,同时防止油、酸、碱对带的腐蚀。

(2)定期检查带有无松弛和断裂现象,发现不能使用时应及时更换。更换时应同组带全换。

(3)不同带型、不同厂家生产、不同新旧程度的V带不宜同组使用。

(4)禁止给带轮上加润滑剂,及时清除带轮槽及带上的油污。

(5)带传动工作温度不应过高,一般不超过60 ℃。

(6)若带传动久置不用,应将传动带放松。

*9.6 同步带传动简介

同步带传动即啮合传动(图9-19),带的内表面制成齿形,与带轮轮缘上的齿槽啮合,因此兼有普通带传动与齿轮传动的优点。同步带以钢丝或玻璃纤维绳为抗拉体,外面包覆橡胶或聚酯氨。

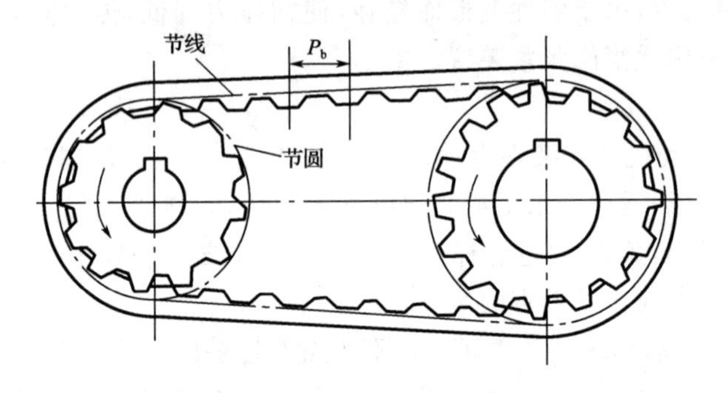

图9-19 同步带传动

与V带传动相比,同步带传动有下列特点:

(1)工作时,带与带轮无相对滑动,传动比恒定。

(2)传动效率较高,可达98%。

(3)带的柔性好,小带轮直径可较小,结构紧凑。

(4)带薄而轻,抗拉强度高,可用于较大功率或高速传动场合。

(5)带的初拉力小,故对轴和轴承的压力小。

(6)对制造、安装的精度要求较高,中心距要求较严格,制造成本较高。

同步带广泛应用于要求传动比准确的中、小功率传动中,例如家用电器、计算机、精密仪器及机床、化工、石油等机械。

例9-1 设计某带式输送机的V带传动。已知交流电动机额定功率为$P=5.5$ kW,转速$n_1=1\ 440$ r/min,传动比$i=3.5$,允许转速误差为±5%,每天工作16 h。

解:(1)确定计算功率P_c

查表9-5得工作情况系数$K_A=1.2$,则

$$P_c=K_AP=1.2\times5.5=6.6\ \text{kW}$$

(2)选择V带型号

根据P_c、n_1值,由图9-14可确定选择A型V带。

(3)确定带轮基准直径

由表9-6并参考图9-14,取小带轮基准直径 $d_{d1}=140$ mm,则大带轮基准直径为

$$d_{d2}=id_{d1}=3.5\times140=490 \text{ mm}$$

根据表9-6中基准直径系列,取 $d_{d2}=500$ mm。

(4)验算带速

带速
$$v=\frac{\pi d_{d1}n_1}{60\ 000}=\frac{\pi\times140\times1\ 440}{60\ 000}=10.55 \text{ m/s}$$

v 在5~25 m/s,带速合适。

转速误差
$$\Delta n_2=\frac{490-500}{490}\times100\%=-2.04\%$$

未超过±5%,在允许范围内。

(5)确定中心距和V带的基准长度

由式(9-13)初定中心距 a_0

$$0.7(d_{d1}+d_{d2})=0.7\times(140+500)=488 \text{ mm}$$

$$2(d_{d1}+d_{d2})=2\times(140+500)=1\ 280 \text{ mm}$$

故
$$448\leqslant a_0\leqslant1\ 280$$

取 $a_0=850$ mm。

由式(9-15)初算带的基准长度 L_{d0}

$$L_{d0}=2a_0+\frac{\pi}{2}(d_{d1}+d_{d2})+\frac{(d_{d2}-d_{d1})^2}{4a_0}$$

$$=2\times850+\frac{\pi}{2}\times(140+500)+\frac{(500-140)^2}{4\times850}=2\ 742.92 \text{ mm}$$

由表9-2选取V带的基准长度 $L_d=2\ 800$ mm。

实际中心距

$$a\approx a_0+\frac{L_d-L_{d0}}{2}=850+\frac{2\ 800-2\ 742.92}{2}=878.54 \text{ mm}$$

中心距的变化范围

$$a_{min}=a-0.015L_d=878.54-0.015\times2\ 800=836.54 \text{ mm}$$

$$a_{max}=a+0.03L_d=878.54+0.03\times2\ 800=962.54 \text{ mm}$$

(6)验算小带轮包角

$$\alpha_1\approx180^\circ-\frac{d_{d2}-d_{d1}}{a}\times57.3^\circ=180^\circ-\frac{500-140}{878.54}\times57.3^\circ=156.52^\circ>120^\circ$$

小带轮包角合适。

(7)确定带的根数

查表9-4用内插法得基本额定功率 $P_0=2.25$ kW;

查表9-7用内插法得额定功率增量 $\Delta P_0=0.17$ kW;

查表9-8用内插法得包角系数 $K_\alpha=0.94$;

查表9-2得长度系数 $K_L=1.11$。

则
$$z=\frac{P_c}{(P_0+\Delta P_0)K_\alpha K_L}=\frac{6.6}{(2.25+0.17)\times0.94\times1.11}=2.6$$

取 $z=3$ 根。

(8)计算带的张紧力和压轴力

查表9-1得A型V带 $q=0.1$ kg/m。

由式(9-20)得带的张紧力为

$$F_0=500\frac{P_c}{vz}(\frac{2.5}{K_\alpha}-1)+qv^2=\frac{500\times 6.6}{10.55\times 3}\times(\frac{2.5}{0.94}-1)+0.1\times 10.55^2=184.2\ \text{N}$$

由式(9-21)得,压轴力

$$F=2zF_0\sin\frac{\alpha_1}{2}=2\times 3\times 184.2\times\sin\frac{156.52^\circ}{2}=1\ 082.1\ \text{N}$$

(9)带轮结构设计

以大带轮为例,假设带轮轴直径 $d=75$ mm,采用轮辐式结构(图 9-20)。

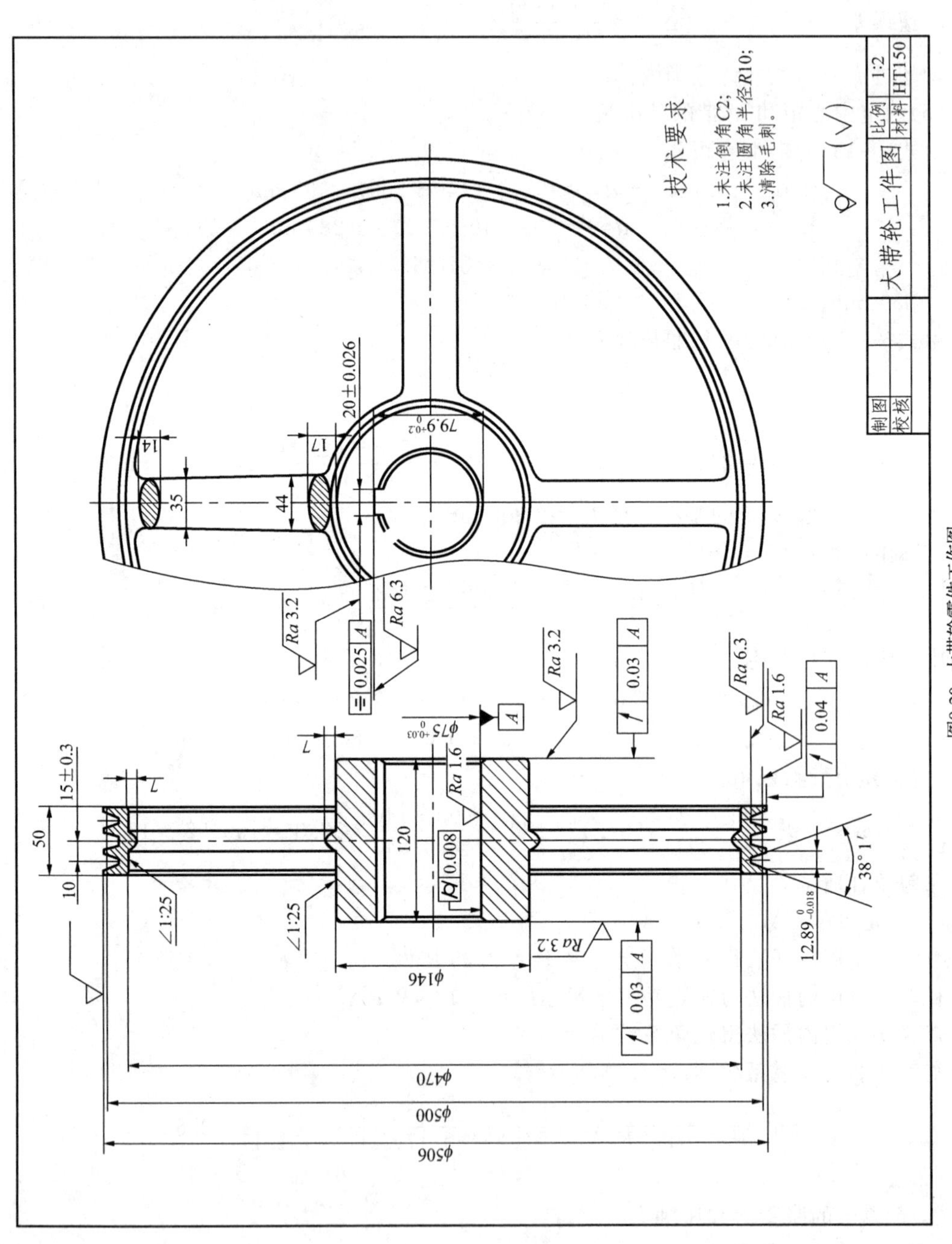

图9-20 大带轮零件工作图

小　　结

带传动常用在中心距较远的两轴间传递运动和动力,它结构简单,制造容易,在各种机械上得到了广泛应用。

根据工作原理不同,带传动可分为摩擦型带传动和啮合型带传动两类。摩擦型带传动靠张紧在带轮上的带与带轮接触面间的摩擦力来传递运动和动力,例如平带传动、V带传动、多楔带传动和圆带传动等;啮合型带传动靠带上的齿和带轮上齿槽之间的啮合来传递运动和动力,通常称为同步带传动。带传动中应用最广的是普通V带传动。本章重点介绍普通V带传动。

带传动工作时,由于摩擦力的作用,带的两边产生拉力差,绕上主动轮的一边拉力增大而成为紧边,绕出主动轮的一边拉力减小而成为松边,而且紧边拉力的增加量等于松边拉力的减少量,两边的拉力差即带传递的有效拉力。最大有效拉力受初拉力、小带轮包角和摩擦因数的影响。

带的工作应力为变应力,由带拉力产生的拉应力、离心拉力产生的拉应力和带在带轮上环绕而产生的弯曲应力三部分组成。当小带轮为主动轮时,最大应力发生在紧边绕入小带轮处。

带的弹性滑动是由于带是弹性体而且带的紧边与松边存在拉力差造成的,是带传动正常工作不可避免的。带的打滑是由于带所传递的有效拉力超过带与带轮接触面之间摩擦力的极限值引起的,打滑是带传动失效,是带传动正常工作必须避免的。

带传动的设计准则是:在保证带传动不打滑的条件下使带具有一定的疲劳强度和使用寿命。普通V带传动设计计算的主要内容是确定V带的型号、长度、根数、中心距、带轮直径,以及带的张紧力和压轴力等。设计中应注意小带轮直径、传动中心距、带根数的选取和小带轮包角与带速的验算。

带传动的张紧装置有定期张紧装置和自动张紧装置。

思考题及习题

9-1　带工作时会产生哪些应力?

9-2　带的弹性滑动和打滑有何区别? 对传动有何影响?

9-3　带传动能传递的最大有效拉力与哪些因素有关?

9-4　V带传动设计计算中,为什么要验算小带轮包角和带速?

9-5　在带传动中,带为什么要张紧? 张紧方法有哪些?

9-6　设V带传动的功率 $P=7.5$ kW,带速 $v=10$ m/s,紧边拉力是松边拉力的2倍,试求紧边拉力 F_1、有效拉力 F_e 和初拉力 F_0。

9-7　带传动的主动轮转速 $n_1=1\ 460$ r/min,基准直径 $d_{d1}=180$ mm,从动轮转速 $n_2=650$ r/min,传动中心距 $a\approx800$ mm,工作情况系数 $K_A=1.2$,采用3跟B型V带,试求带传动允许传递的功率 P。

9-8　设计一带式输送机的V带传动装置。已知其原动机为三相交流异步电动机,额定功率 $P=5.5$ kW,转速 $n_1=1\ 440$ r/min,传动比 $i=3.6$,单班制工作,要求其传动中心距 $a\leqslant1\ 000$ mm。

9-9　试设计车床用 V 带传动，要求在电动机和主轴箱之间垂直布置，电动机额定功率 $P=7.5$ kW，转速 $n_1=1\ 440$ r/min，传动比 $i=2.1$（允许误差 ±4%），传动中心距 $a\approx 1\ 000$ mm，单班制工作。

9-10　设计一离心式水泵用的 V 带传动装置。已知其原动机为三相交流异步电动机，额定功率 $P=17$ kW，转速 $n_1=1\ 460$ r/min，传动比 $i=4$，每天工作 16 h，要求中心距 $a<800$ mm。

第10章

链传动

认识链传动

链传动靠链轮轮齿与链条链节的啮合来传递运动和动力，链传动兼有啮合传动和挠性传动的特点。本章主要介绍链传动的特点和应用、套筒滚子链结构及标准、链轮的齿形、材料和结构、链传动的运动分析和动载荷、链传动的失效形式、设计计算以及链传动的布置、张紧装置和润滑方式。

10.1 概　述

链传动是由安装在平行轴上的主动链轮、从动链轮和绕在链轮上的链条组成的，通过链与链轮的啮合来传递运动和动力，如图10-1所示。

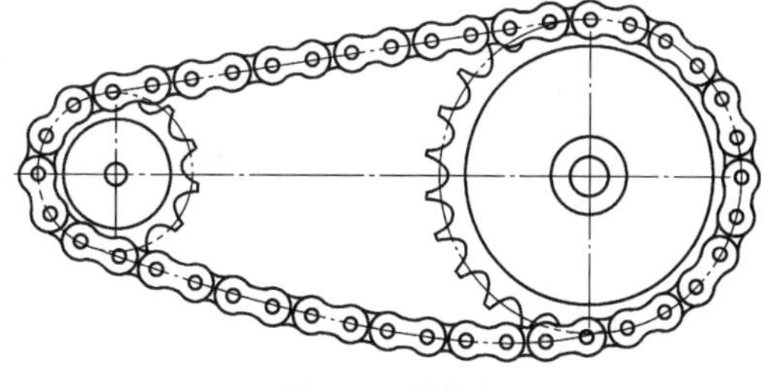
图10-1　链传动

1. 链的种类

按用途不同，链可分为起重链、牵引链、传动链三种。起重链用在低速下提升重物，工作速度 $v \leqslant 0.25$ m/s；牵引链用在运输机械中输送物料，工作速度 $v=2\sim4$ m/s；传动链用于传递运动和动力，工作速度 $v \leqslant 15$ m/s。本章只介绍传动链。

2. 链传动的特点

与带传动相比，链传动的主要优点是：① 无弹性滑动和打滑现象，平均传动比准确，传动可靠；② 所需张紧力小，作用在轴与轴承上的载荷小；③ 传动能力强，传动效率高；④ 能在高温、有油污、潮湿等恶劣环境下工作；⑤ 同样条件下，链传动比带传动结构紧凑。

与齿轮传动相比，链传动的主要优点是：① 可以实现较大中心距的传动；② 制造和安装精度要求较低。

链传动的主要缺点是：① 瞬时链速和瞬时传动比是变化的，传动不平稳；② 工作中存在冲击和噪声；③ 不宜用在载荷变化很大和急速反转的传动中。

3. 链传动的应用

链传动常用于两轴中心距较大、瞬时传动比要求不严格而平均传动比要求不变的场合，例如农业、建筑、采矿、运输、起重、纺织等机械的动力和运动传递中。其传递功率 $P \leqslant 100$ kW，链速 $v \leqslant 15$ m/s，传动比 $i<8$，一般 $i=2\sim3.5$。

10.2 滚子链和链轮

10.2.1 滚子链及其结构

如图 10-2 所示，滚子链由内链板、外链板、销轴、套筒和滚子组成，也称为套筒滚子链。内链板与套筒、外链板与销轴之间为过盈配合，套筒与销轴、滚子与套筒之间为间隙配合。内外链板均制成"8"字形，以使链板各横截面的强度大致相等，并可减轻质量。

滚子链上相邻两销轴中心的距离称为链的节距，用 p 表示。节距越大，链的尺寸和所能传递的功率也越大。

滚子链可制成单排链(图 10-2)和多排链(图 10-3)。链的排数越多，承载能力越高，但各排受力不均匀的现象越明显，因此排数一般不超过四排。

链条长度用链节数表示。链节数最好取偶数，以便链条连成环形时正好是外链板与内链板相接，接头处可用活链节连接，并用开口销或弹簧卡片锁紧[图 10-4(a)、图 10-4(b)]。开口销用于大节距，弹簧卡片用于小节距中。若链节数为奇数，则需要采用过渡链节[图 10-4(c)]。过渡链节的链板在工作时产生附加的弯曲应力，通常应避免采用。

滚子链已标准化(GB/T 1243—2006)，分为 A、B 两种系列。表 10-1 列出几种常用滚子链的主要尺寸和极限拉伸载荷。

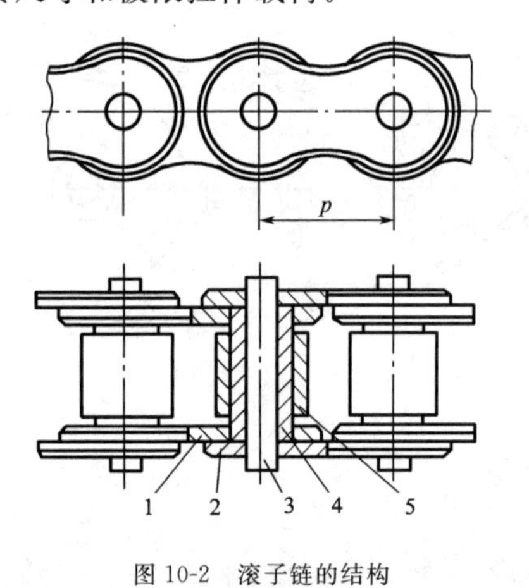

图 10-2 滚子链的结构

1—内链板；2—外链板；3—销轴；4—套筒；5—滚子

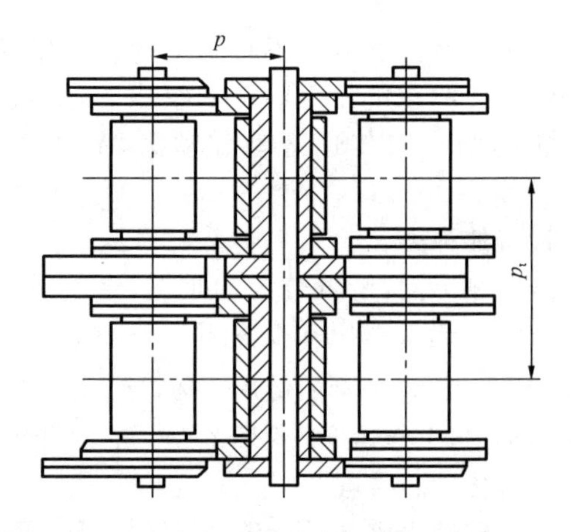

图 10-3 双排滚子链

图 10-4 滚子链的接头形式

GB/T 1243—2006 规定滚子链的标志方法为：链号-排数-链节数 国家标准号。例如 08A-2-80 GB/T 1243—2006 表示 A 系列、80 个链节、节距为 12.70 mm 的双排滚子链。

表 10-1 滚子链的主要尺寸和极限拉伸载荷

链号	节距 p/mm	排距 p_t/mm	滚子外径 d_1/mm	内链节内宽 b_1/mm	销轴直径 d_2/mm	内链板高度 h_2/mm	单排极限拉伸载荷 F_{lim}/kN	单排每米质量 q/(kg·m^{-1})
05B	8.00	5.64	5.00	3.00	2.31	7.11	4.4	0.18
06B	9.525	10.24	6.35	5.72	3.28	8.26	8.9	0.40
08B	12.70	13.92	8.51	7.75	4.45	11.81	17.8	0.70
08A	12.70	14.38	7.95	7.85	3.98	12.07	13.8	0.60
10A	15.875	18.11	10.16	9.40	5.08	15.09	21.8	1.00
12A	19.05	22.78	11.91	12.57	5.94	18.08	31.1	1.50
16A	25.4	29.29	15.88	15.75	7.94	24.13	55.6	2.60
20A	31.75	35.76	19.05	18.90	9.54	30.18	86.7	3.80
24A	38.10	45.44	22.23	25.22	11.11	36.20	124.6	5.60
28A	44.45	48.87	25.40	25.22	12.71	42.24	169.0	7.50
32A	50.80	58.55	28.58	31.55	14.29	48.26	222.4	10.10
40A	63.50	71.55	39.68	37.85	19.84	60.33	347.0	16.10
48A	76.20	87.83	47.63	47.35	23.81	72.39	500.4	22.60

10.2.2 链 轮

1.链轮齿形和主要尺寸

由于滚子链与链轮的啮合属于非共轭啮合，因此链轮齿形有较大的灵活性。链轮齿形标准(GB/T 1243—2006)只规定了链轮的最大齿槽形状和最小齿槽形状，即齿侧圆弧半径 r_e、滚子定位圆弧半径 r_i 和滚子定位角 α 的最大值和最小值[图 10-5(a)]。实际齿槽形状取决于刀具和加工方法，在两个极限齿槽形状之间的齿形均可使用。目前常用的齿形是三圆弧一直线齿形，如图 10-5(b)所示，由三段圆弧 $\overset{\frown}{aa}$、$\overset{\frown}{ab}$、$\overset{\frown}{cd}$ 和一段线段 bc 组成。

当链轮齿形用标准刀具加工时，只需在图上注明“齿形按 GB/T 1243—2006 规定制造”即可。但链轮的轴面齿形应画出(图 10-6)，具体尺寸参阅有关设计手册。

链轮上被链条节距等分的圆称为分度圆，其直径用 d 表示(图 10-5)。当已知节距 p 和齿数 z 时，链轮主要尺寸的计算公式为

分度圆直径
$$d=\frac{p}{\sin(\frac{180^\circ}{z})} \tag{10-1}$$

齿顶圆直径
$$d_{amax}=d+1.25p-d_1 \tag{10-2}$$

$$d_{amin}=d+(1-\frac{1.6}{z})p-d_1 \tag{10-3}$$

齿根圆直径
$$d_f=d-d_1 \tag{10-4}$$

式中，d_1 为滚子外径，查表 10-1 取得。

如选用三圆弧一直线齿形，则齿顶圆直径为

$$d_a=p(0.54+\cot\frac{180^\circ}{z}) \tag{10-5}$$

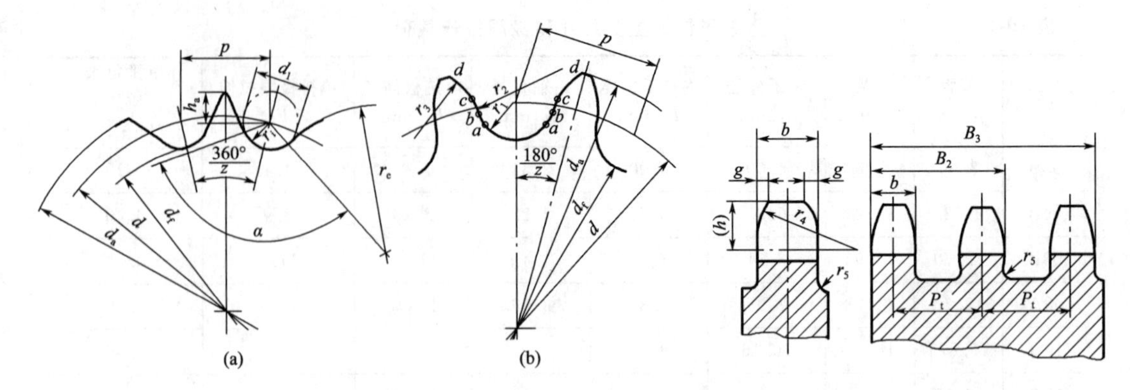

图 10-5 滚子链链轮的端面齿形　　图 10-6 滚子链链轮的轴面齿形

2. 链轮材料

链轮材料应有足够的强度和耐磨性，可根据工作条件选择材料和热处理方式。小链轮的啮合次数比大链轮多，所用材料应优于大链轮。链轮材料的选用可参考表 10-2。

表 10-2　链轮常用材料及齿面硬度

材料牌号	热处理	热处理后硬度	应用范围
15、20	渗碳、淬火、回火	50～60HRC	$z \leqslant 25$，有冲击载荷的主、从动链轮
35	正火	160～200HBS	正常工作条件下，$z>25$ 的主、从动链轮
40、50、ZG310-570	淬火、回火	40～50HRC	无剧烈振动及冲击的链轮
15Cr、20Cr	渗碳、淬火、回火	50～60HRC	有动载荷及传递功率较大的重要链轮
35SiMn、40Cr、35CrMo	淬火、回火	40～50HRC	使用优质链条的重要链轮
Q235、Q275	焊接后退火	140HBS	中等速度、传递功率不大的较大链轮
普通灰铸铁（不低于 HT150）	淬火、回火	260～280HBS	$z>50$ 的从动链轮
夹布胶木	—	—	$P<6$ kW、速度较高、要求传动平稳和噪声小的链轮

3. 链轮结构

链轮结构与其直径有关。小直径链轮可采用实心式[图 10-7(a)]；中等直径链轮可采用孔板式[图 10-7(b)]；直径较大的链轮可设计成焊接结构[图 10-7(c)]或装配式组合结构[图 10-7(d)]。若轮齿因磨损而失效，则可更换齿圈。

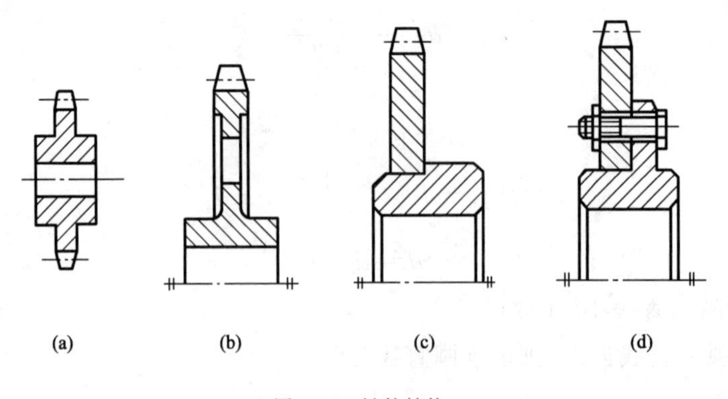

图 10-7　链轮结构

10.3 链传动的工作情况分析

10.3.1 链传动的运动分析

链条进入链轮后形成折线，因此链传动相当于一对多边形轮之间的传动(图 10-8)。多边形的边长为节距 p、边数为链轮齿数 z。当主、从动链轮的转速分别为 n_1 和 n_2、齿数分别为 z_1 和 z_2 时，链条的平均速度 v 为

$$v=\frac{z_1 p n_1}{60\times 1\ 000}=\frac{z_2 p n_2}{60\times 1\ 000} \tag{10-6}$$

链传动的平均传动比

$$i=\frac{n_1}{n_2}=\frac{z_2}{z_1} \tag{10-7}$$

为便于分析，假设链条的紧边在传动时总是处于水平位置。当主动轮以等角速度 ω_1 转动时，链节销轴沿链轮分度圆运动。在图 10-8(a)所示相位角为 β 的瞬时(相位角为链条销轴与链轮中心连线和通过链轮中心的铅垂线之间的夹角)，链条沿前进方向的水平分速度(链速)为

$$v=v_{1x}=v_1\cos\beta=R_1\omega_1\cos\beta$$

使链上、下运动的垂直分速度为

$$v_{1y}=v_1\sin\beta=R_1\omega_1\sin\beta$$

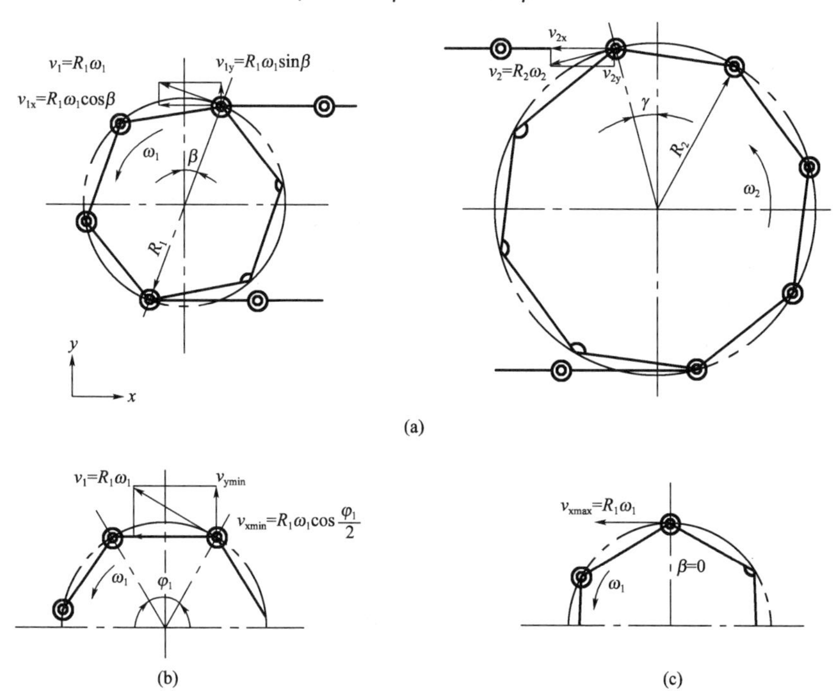

图 10-8 链传动的运动分析

主动轮上每个链节对应的中心角 $\varphi_1=\frac{360^\circ}{z_1}$，每个链节从进入啮合到脱离啮合，相位角 β 在 $-\varphi_1/2$ 到 $+\varphi_1/2$ 之间变化。

当 $\beta=\pm\varphi_1/2$ 时[图 10-8(b)]，链速最小值 $v_{\min}=v_{x\min}=R_1\omega_1\cos\frac{\varphi_1}{2}$。

当 $\beta=0$ 时[图 10-8(c)]，链速最大值 $v_{\max}=v_{x\max}=R_1\omega_1$。

由上述分析可知，虽然主动链轮匀速转动，但瞬时链速却周期性地由小变大、由大变小。同样，使链条上下运动的垂直方向速度也呈周期性变化，使链条在传动中上下抖动，因而产生振动。故

从动轮角速度 $$\omega_2=\frac{v_{2x}}{R_2\cos\gamma}=\frac{R_1\omega_1\cos\beta}{R_2\cos\gamma}$$

链传动的瞬时传动比 $$i=\frac{\omega_1}{\omega_2}=\frac{R_2\cos\gamma}{R_1\cos\beta} \tag{10-8}$$

链传动过程中，相位角 β 和 γ 不断变化，从动轮角速度和瞬时传动比也在不断变化，因而链传动工作不稳定。链轮齿数越少，β 和 γ 的变化范围就越大，链速、从动轮角速度和瞬时传动比的变化就越大。链传动的运动不均匀性是由于绕在链轮上的链条形成了正多边形所造成的，因而称其为链传动的多边形效应。

*10.3.2 链传动的动载荷

1. 链条速度变化引起的动载荷 F_{d1}

$$F_{d1}=ma_c \tag{10-9}$$

式中，m 为紧边链条的质量，kg；a_c 为链条加速度，m/s^2。

$$a_c=\frac{dv}{dt}=\frac{d(R_1\omega_1\cos\beta)}{dt}=-R_1\omega_1^2\sin\beta$$

当 $\beta=\pm\frac{180^\circ}{z_1}$ 时，a_c 最大，且 $a_{cmax}=\mp R_1\omega_1^2\sin\frac{180^\circ}{z_1}=\mp\frac{\omega_1^2 p}{2}$

2. 从动链轮角速度变化引起的动载荷 F_{d2}

$$F_{d2}=\frac{J}{R_2}\cdot\frac{d\omega_2}{dt} \tag{10-10}$$

式中，J 为从动链轮轴上的转动惯量，kg·m^2；ω_2 为从动链轮的角速度，rad/s。

由上述分析可见：

(1)链轮转速越高，链的节距越大，链轮齿数越少，则动载荷越大。

(2)链在垂直方向运动速度的周期性变化产生垂直方向的加速度，引起垂直方向的动载荷。

(3)链节与链轮轮齿啮合的瞬间，链节做直线运动，轮齿做圆周运动，链节与轮齿以一定的相对速度啮合，使链条和链轮受到冲击，从而产生动载荷。链轮转速越高，链条节距越大，则冲击越强烈。

(4)链条张紧不好而有较大的垂度时，链在启动、制动和反转时，会产生较大的惯性冲击。

10.4 链传动的设计计算

10.4.1 链传动的失效形式

1. 链板疲劳破坏

工作时，链条不断由紧边到松边周期性地运动，各元件都在变应力下工作。经过一定的循环次数后，链板会产生疲劳破坏，滚子表面将出现疲劳裂纹和点蚀。正常润滑条件下，链板疲劳强度是限定链传动承载能力的主要因素。

2. 滚子套筒的冲击疲劳破坏

链传动的啮入冲击首先由滚子和套筒承受。在反复多次的冲击下，经过一定的循环次数，

滚子、套筒产生冲击疲劳破坏。这种失效形式多发生于中、高速闭式链传动中。

3. 销轴与套筒的胶合

润滑不当或转速过高时，销轴和套筒的工作表面会发生胶合。胶合会限制链传动的极限转速。

4. 铰链磨损

链在工作时，铰链的销轴和套筒间承受较大的压力，由于彼此间的相对转动而产生磨损。铰链磨损后，链节距变长，容易引起跳齿和脱链。开式传动、润滑不良或工作环境恶劣时，极易引起铰链磨损。

5. 过载拉断

在低速传动或过载传动时，链所受的拉力超过链的静强度极限值，发生过载拉断。

10.4.2 链传动的极限、额定功率曲线

1. 极限功率曲线

如图 10-9 所示，曲线 1 至曲线 4 是在一定使用寿命和润滑良好条件下，链传动各种失效形式的极限功率曲线。曲线 1 是铰链磨损限定的极限功率；曲线 2 是链板疲劳强度限定的极限功率；曲线 3 是滚子套筒冲击疲劳强度限定的极限功率；曲线 4 是销轴与套筒胶合限定的极限功率。阴影部分为润滑良好条件下实际使用的区域。若润滑不良或工况恶劣时，其极限功率将大幅下降，如图 10-9 中虚线所示。

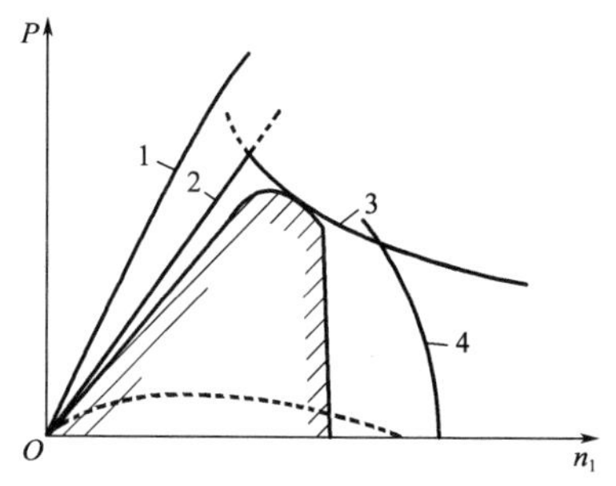

图 10-9 链传动的极限功率曲线

由图 10-9 可知，在润滑良好、中等速度条件下，链传动的承载能力主要取决于链板的疲劳强度(曲线 2)；随着转速增高，链传动的承载能力主要取决于滚子和套筒的冲击疲劳强度(曲线 3)；转速进一步增加，会出现销轴与套筒胶合现象(曲线 4)。

2. 额定功率曲线

图 10-10 所示为在特定条件下通过实验得到的 A 系列滚子链的额定功率曲线。特定条件为：单排链水平布置，载荷平稳，按推荐的方式润滑(图 10-11)，小链轮齿数 $z_1=19$，链节数 $L_p=100$，使用寿命为 15 000 h，链条因磨损引起的相对伸长量不超过 3%。

当不能保证图 10-11 中推荐的润滑方式时，图 10-10 中规定的额定功率 P_0 值应进行如下修正：

当 $v\leqslant 1.5$ m/s，润滑不良时，额定功率降至$(0.3\sim 0.6)P_0$；无润滑时，降至 0.15 P_0(使用寿命不能保证 15 000 h)。当 1.5 m/s$<v\leqslant$7 m/s，润滑不良时，额定功率降至$(0.15\sim 0.30)P_0$。当 $v>7$ m/s，润滑不良时，传动不可靠，不宜采用。

10.4.3 链传动的设计计算

1. 确定链轮齿数和传动比

链轮齿数对传动平稳性和使用寿命有很大影响，齿数不宜过多或过少。当齿数过少时，多边形效应显著，传动的不均匀性和动载荷增大；链节间的相对转角增大，加速铰链磨损；链轮直径减小，链所传递的圆周力增大，加速链条磨损，所以规定 $z_{min}=17$。当链轮齿数过多时，传动外廓尺寸增大；此外，链条磨损引起节距增大，有个增量 Δp。当链节距增量 Δp 不变时，链轮

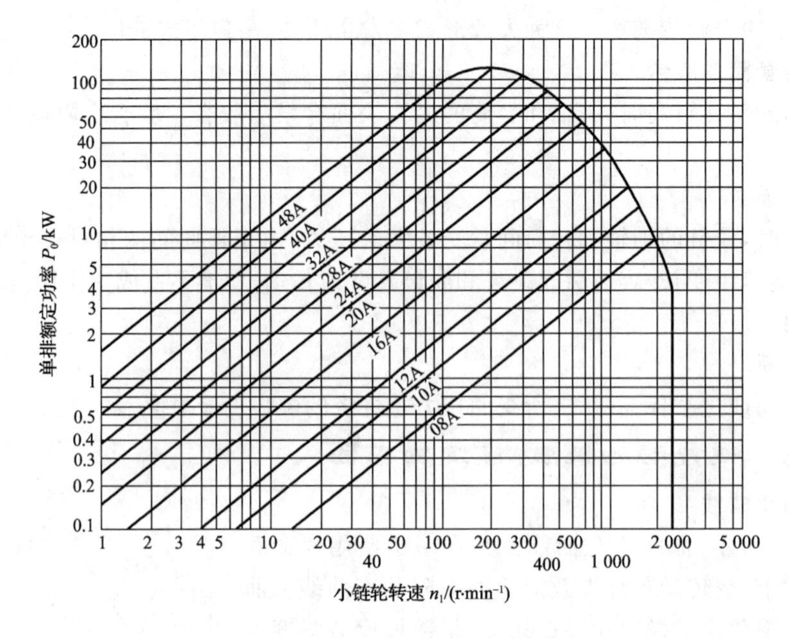

图 10-10　A 系列滚子链的额定功率曲线

齿数越多，分度圆直径增量 Δd 越大（$\Delta d=\dfrac{\Delta p}{\sin\dfrac{180^\circ}{z}}$），链越容易移向齿顶而脱链，如图 10-12 所示。因此，限制链轮最大齿数 $z_{\max}\leqslant 120$。为了统一这一矛盾，小链轮齿数可根据传动比由表 10-3 选择 z_1，大链轮齿数按 $z_2=iz_1$ 计算并圆整。

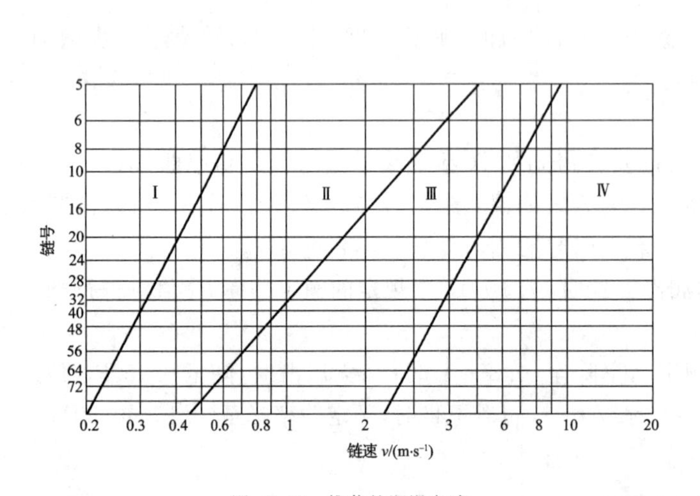

图 10-11　推荐的润滑方式

Ⅰ—人工定期润滑；Ⅱ—滴油润滑；Ⅲ—油浴或飞溅润滑；Ⅳ—压力喷油润滑

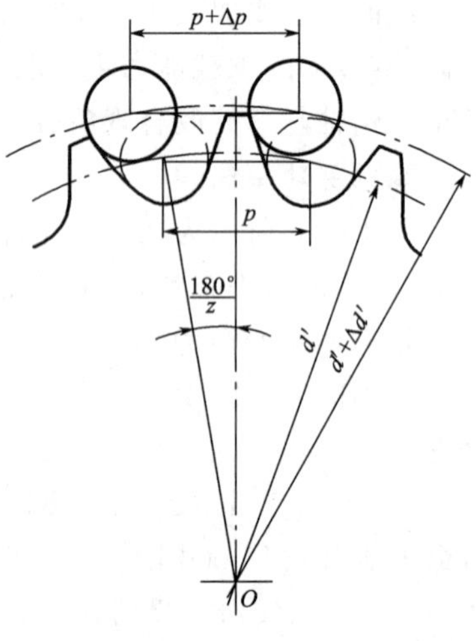

图 10-12　链节伸长对链条啮合的影响

表 10-3　　**小链轮齿数**

传动比 i	1～2	2～3	3～4	4～5	5～6	>6
齿数 z_1	30～27	27～25	25～23	23～21	21～17	17

由于链节数常取偶数，因此为使链与链轮齿磨损均匀，链轮齿数一般应取与链节数互为质数的奇数。

由于链轮的最小齿数 z_{min} 和最大齿数 z_{max} 受到限制，而链条在链轮上的包角又不能太小，整个结构尺寸也不能太大，所以这就限制了链传动的传动比不应大于6。因为传动比 i 大将导致包角 α_1 小，使得同时啮合的齿数少、轮齿磨损增大、易脱链，一般取 $i=2.0\sim3.5$。

2. 确定计算功率

计算功率 P_c 可根据传递的功率 P 并考虑载荷性质和原动机的种类而确定，即

$$P_c=K_AP \tag{10-11}$$

式中，P 为传递功率，kW；K_A 为工作情况系数，见表10-4。

表 10-4　工作情况系数 K_A

工作情况		输入动力种类		
		内燃机（液力传动）	电动机或汽轮机	内燃机（机械传动）
载荷平稳	液体搅拌机，中小型离心式鼓风机，离心式压缩机，谷物机械，均匀载荷运输机，发电机，均匀载荷、不反转的一般机械	1.0	1.0	1.2
中等冲击	半液体搅拌机，三缸以上往复式压缩机，大型或不均匀载荷输送机，中型起重机和升降机，金属切削机床，食品机械，木工机械，印染纺织机械，大型风机，中等脉动载荷、不反转的一般机械	1.2	1.3	1.4
严重冲击	船用螺旋桨，制砖机，单、双缸往复压缩机，挖掘机，往复式、振动式输送机，破碎机，石油钻井机械，锻压机械，冲床，严重冲击、有反转的一般机械	1.4	1.5	1.7

3. 初选中心距和确定链节数

中心距小，传动结构紧凑，但链在小链轮上的包角小，啮合的齿数少，使每个链齿承受载荷较大，而且链速一定时，单位时间内链的绕转次数增多，会加剧链的疲劳和磨损；中心距过大时，松边垂度过大，易引起链条上下颤动现象，使传动不平稳，产生噪声。

一般情况下，推荐初选中心距 $a_0=(30\sim50)p$，最大可取 $a_{max}=80p$。

链条长度常以链节数 L_p 来表示，按带传动求带长的公式可导出

$$L_p=\frac{2a_0}{p}+\frac{z_1+z_2}{2}+\frac{p}{a_0}\left(\frac{z_2-z_1}{2\pi}\right)^2 \tag{10-12}$$

由此计算出的链节数，必须圆整为整数，最好取偶数。

4. 选择链的型号、节距和排数

链的节距越大，链和链轮各部分尺寸也越大，链的承载能力就越大，但速度的不均匀性、动载荷、噪声也增大。因此，在满足承载能力的条件下，为使结构紧凑、使用寿命长，尽量选取小节距的单排链；高速重载时，可选用小节距的多排链；当中心距小、传动比大时，选取小节距多排链，以使小链轮有一定啮合齿数；当速度不太高、中心距大、传动比小时，选用大节距的单排链较为经济。

链的型号可根据额定功率 P_0 和小链轮转速 n_1 从图10-10选出，链的节距可根据所选择链的型号查表10-1确定。由于链传动的实际工作情况与特定实验条件一般不同，因此应对链传动的额定功率进行修正。单排链所能传递的功率 P_0 应满足

$$P_0\geqslant\frac{P_c}{K_zK_LK_p} \tag{10-13}$$

式中，P_0 为单排链额定功率，kW；P_c 为计算功率，kW；K_z 为小链轮齿数系数，见表10-5；K_L 为链长系数，见表10-5；K_p 为多排链排数系数，见表10-6。

表 10-5 **小链轮齿数系数 K_z 和链长系数 K_L**

链传动在图 10-10 中的位置	位于功率曲线顶点左侧(链板疲劳)	位于功率曲线顶点右侧(滚子套筒冲击疲劳)
K_z	$(\frac{z_1}{19})^{1.08}$	$(\frac{z_1}{19})^{1.5}$
K_L	$(\frac{L_p}{100})^{0.26}$	$(\frac{L_p}{100})^{0.5}$

表 10-6 **多排链排数系数 K_p**

排　数	1	2	3	4	5	6
K_p	1	1.7	2.5	3.3	4.0	4.6

5. 验算链速

链速
$$v=\frac{z_1pn_1}{60\times 1\ 000}$$
式中，z_1 为小链轮齿数；p 为链条节距，mm；n_1 为小链轮转速，r/min。

一般要求 $v\leqslant 15$ m/s，另外应根据计算出的 v 校核小链轮齿数选择是否合理。若不合理，则应重新选择 z_1 进行计算。链速与小链轮齿数可按下述关系进行校核：

当 $v=0.6\sim 3$ m/s 时，$z_1\geqslant 17$；当 3 m/s$\leqslant v\leqslant 8$ m/s 时，$z_1\geqslant 21$；当 $v>8$ m/s 时，$z_1\geqslant 25$。

6. 确定实际中心距

链节数圆整后的理论中心距为
$$a=\frac{p}{4}\left[L_p-\frac{z_1+z_2}{2}+\sqrt{(L_p-\frac{z_1+z_2}{2})^2-8(\frac{z_2-z_1}{2\pi})^2}\right] \tag{10-14}$$

为保证链条松边有一定的安装垂度，实际中心距应比理论中心距小 Δa，即
$$a'=a-\Delta a$$

一般情况下，取 $\Delta a=(0.002\sim 0.004)a$。对于中心距可调的链传动，$\Delta a$ 可取大值；对于中心距不可调和没有张紧装置的链传动，Δa 应取小值。

7. 选择润滑方式

链传动的润滑方式可根据链速和链号由图 10-11 选取。

8. 计算轴上载荷

链传动的有效拉力
$$F_e=\frac{1\ 000P}{v} \tag{10-15}$$
式中，P 为传递功率，kW；v 为链速，m/s。

作用在轴上的载荷为
$$F_Q=K_QF_e \tag{10-16}$$
式中，K_Q 为压轴力系数，一般取 1.2～1.3，有冲击和振动时取大值。

例 10-1　设计某带式输送机驱动装置用的滚子链传动。已知电动机的功率 $P=7.5$ kW，小链轮转速 $n_1=960$ r/min，传动比 $i=3$，工作载荷平稳，中心距可调。

解：(1)确定链轮齿数

根据传动比 $i=3$，由表 10-3 选取小链轮齿数 $z_1=25$，则大链轮齿数 $z_2=iz_1=75$。

(2)确定计算功率

由表 10-4 得，工作情况系数 $K_A=1$，则计算功率
$$P_c=K_AP=1\times 7.5=7.5\ \text{kW}$$

(3)确定链节数

初选中心距 $a_0=40p$,则链节数

$$L_P=\frac{2a_0}{p}+\frac{z_1+z_2}{2}+(\frac{z_2-z_1}{2\pi})^2\frac{p}{a_0}=\frac{2\times40p}{p}+\frac{25+75}{2}+(\frac{75-25}{2\pi})^2\frac{p}{40p}=131.58$$

取 $L_p=132$。

(4)选取链节距

估计该链传动工作在图 10-10 所示功率曲线顶点左侧,由表 10-5 得

$$K_z=(\frac{z_1}{19})^{1.08}=(\frac{25}{19})^{1.08}=1.34$$

$$K_L=(\frac{L_p}{100})^{0.26}=(\frac{132}{100})^{0.26}=1.07$$

采用单排链,由表 10-6 得 $K_p=1$。

由式(10-13)得,单排链传递功率

$$P_0\geqslant\frac{P_c}{K_zK_LK_p}=\frac{7.5}{1.34\times1.07\times1}=5.23\ \text{kW}$$

根据小链轮转速 $n_1=960$ r/min 及 $P_0=5.23$ kW,查图 10-10,选择链号 10A。再由表 10-1 查得链节距 $p=15.875$ mm。

(5)验算链速

$$v=\frac{n_1z_1p}{60\times1\ 000}=\frac{960\times25\times15.875}{60\times1\ 000}=6.35\ \text{m/s}<15\ \text{m/s}$$

即符合链速与小链轮齿数关系。

(6)确定实际中心距

$$a=\frac{p}{4}\left[L_p-\frac{z_1+z_2}{2}+\sqrt{(L_p-\frac{z_1+z_2}{2})^2-8(\frac{z_2-z_1}{2\pi})^2}\right]$$

$$=\frac{15.875}{4}\times\left[132-\frac{25+75}{2}+\sqrt{(132-\frac{25+75}{2})^2-8(\frac{75-25}{2\pi})^2}\right]$$

$$=638.36\ \text{mm}$$

中心距减小量 $\Delta a=(0.002\sim0.004)a=1.28\sim2.55$ mm

实际中心距 $a'=a-\Delta a=638.36-(1.28\sim2.55)=635.81\sim637.08$ mm

取 $a'=636$ mm。

(7)选择润滑方式

按链号 10A、链速 $v=6.35$ m/s 查图 10-11,该链传动应采用油浴或飞溅润滑。

(8)计算轴上载荷

链传动有效拉力 $F_e=\frac{1\ 000P}{v}=\frac{1\ 000\times7.5}{6.35}=1\ 181.1$ N

取 $K_Q=1.25$,则作用在轴上的载荷

$$F_Q=K_QF_e=1.25\times1\ 181.1=1\ 476.4\ \text{N}$$

10.5 链传动的布置、张紧和润滑

10.5.1 链传动的布置

链传动合理布置的原则如下:

(1)两链轮的回转平面应在同一垂直平面内,否则链条容易脱落。

(2)两链轮中心连线最好为水平或接近水平,或者倾斜角不超过45°,尽量避免垂直传动。

链传动的布置见表10-7。

表10-7 链传动的布置

传动参数	正确布置	错误布置	说明
$i=2\sim3$ $a=(30\sim50)p$	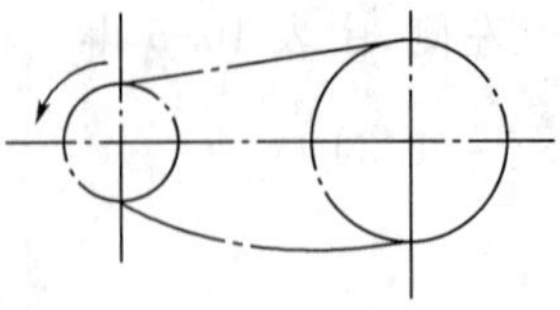	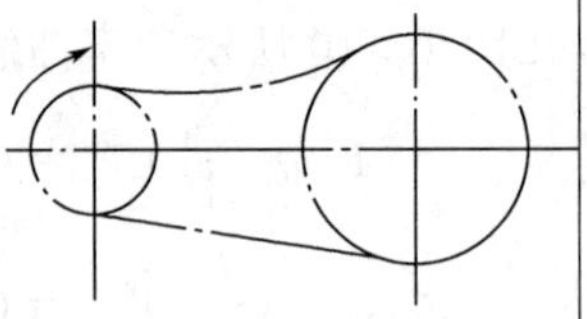	传动比和中心距中等大小。 两轮轴线在同一水平面,紧边在上在下都可以,但在上较好
$i>2$ $a<30p$	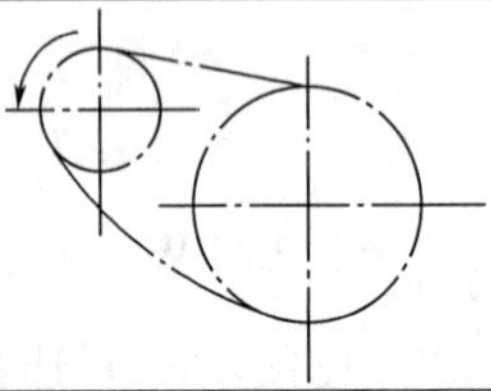	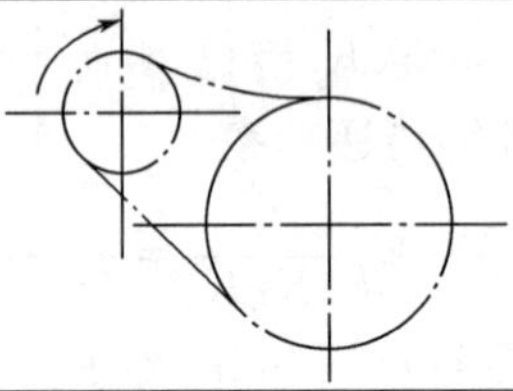	传动比大,中心距较小。 两轮轴线不在同一水平面,松边应在下面,否则下垂量增大后,链条易与链轮卡死
$i<1.5$ $a>60p$	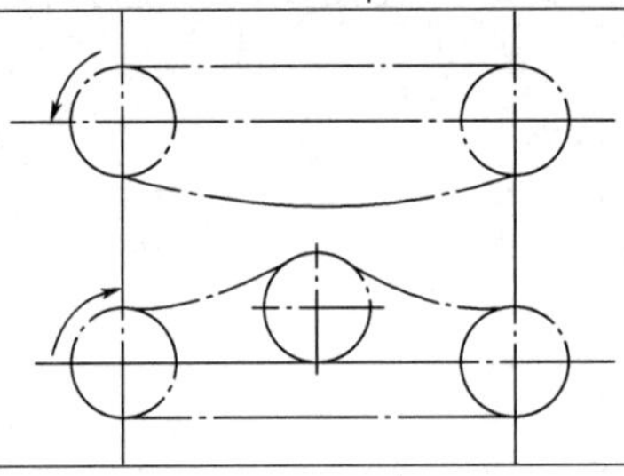	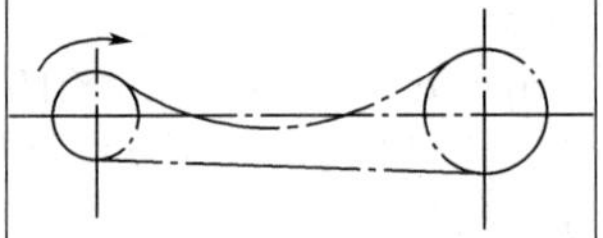	传动比小,中心距较大。 两轮轴线在同一水平面,松边应在下面,否则下垂量增大后,松边会与紧边相碰,需经常调整中心距
i、a为任意值	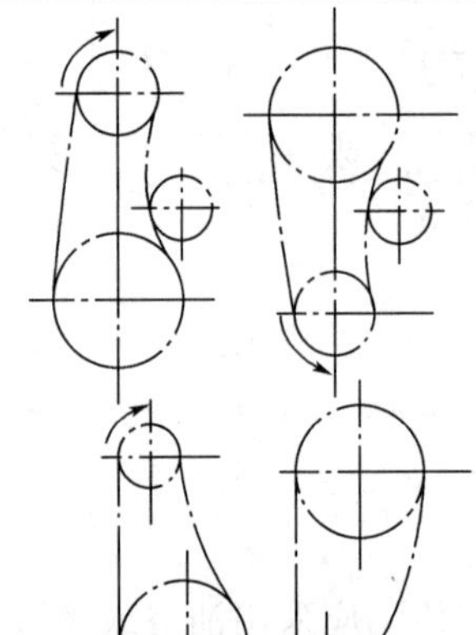	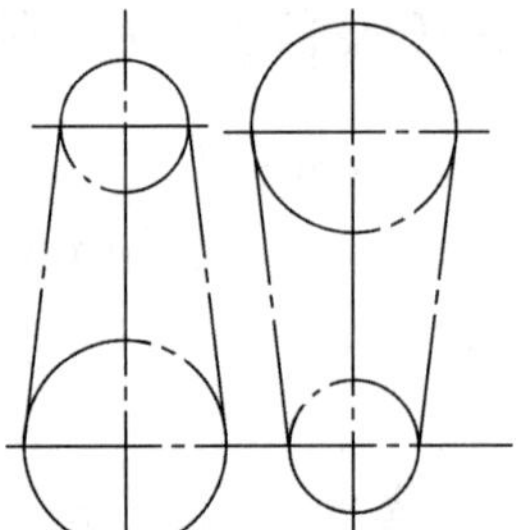	垂直传动场合。 两轮轴线在同一铅垂面内,下垂量增大后,会减少下链轮的有效啮合齿数,降低传动能力。可采取的措施有:中心距可调;设张紧装置;上、下两轮偏置,使两轮的轴线不在同一铅垂面内

10.5.2 链传动的张紧

链传动张紧的目的主要是避免垂度太大时的啮合不良和链条振动,同时也可以增加链条和链轮的包角。常用的张紧方法有:

(1)调整中心距,方法同带传动。

(2)利用张紧装置。用张紧轮时,应布置在靠近小链轮的松边[图10-13(a)、图10-13(b)]。张紧轮可以是带齿的,也可以是不带齿的,其直径可略小于小链轮的直径。对于中心距大的场合,用螺旋调节或托板张紧装置控制垂度更合理[图10-13(c)、图10-13(d)]。

(3)缩短链长,从链条中拆掉成对的链节。

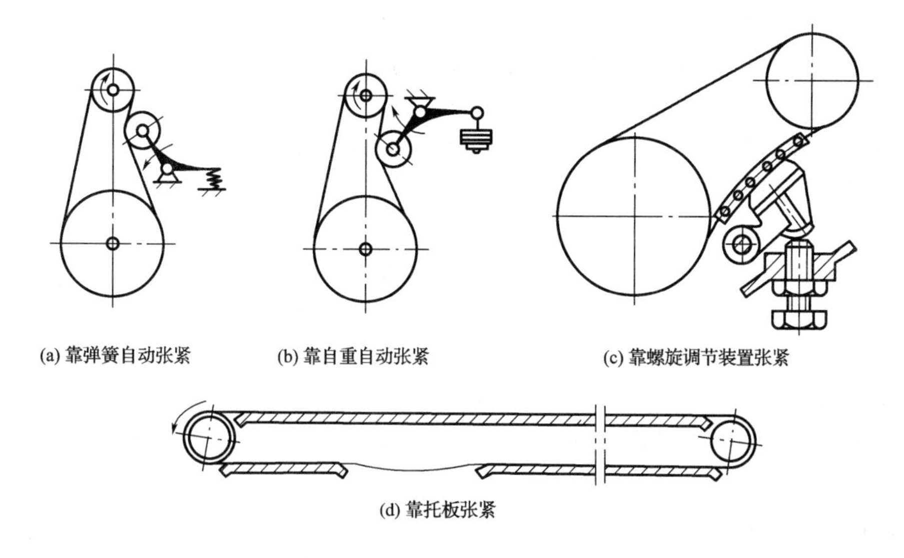

(a) 靠弹簧自动张紧　(b) 靠自重自动张紧　(c) 靠螺旋调节装置张紧

(d) 靠托板张紧

图 10-13　链传动的张紧装置

10.5.3 链传动的润滑

开式链传动和不易润滑的链传动，可定期拆下链条用煤油清洗，干燥后浸入 70～80 ℃的润滑油中，在铰链间隙中充满油后再安装使用。

开式链传动和不易润滑的链传动，可定期拆下链条用煤油清洗，干燥后浸入 70～80 ℃的润滑油中，在铰链间隙中充满油后再安装使用。润滑油可选用 L-AN32、L-AN46、L-AN68 全损耗系统用油，环境温度高或载荷大时选取黏度高的润滑油。

闭式链传动采用的润滑方式有以下几种：

(1)人工定期润滑　用油壶或油刷，定期在链条松边内、外链板间隙中注油。

(2)滴油润滑[图 10-14(a)]　链传动装有简单外壳，用油杯通过油管滴入松边内、外链板间隙处。

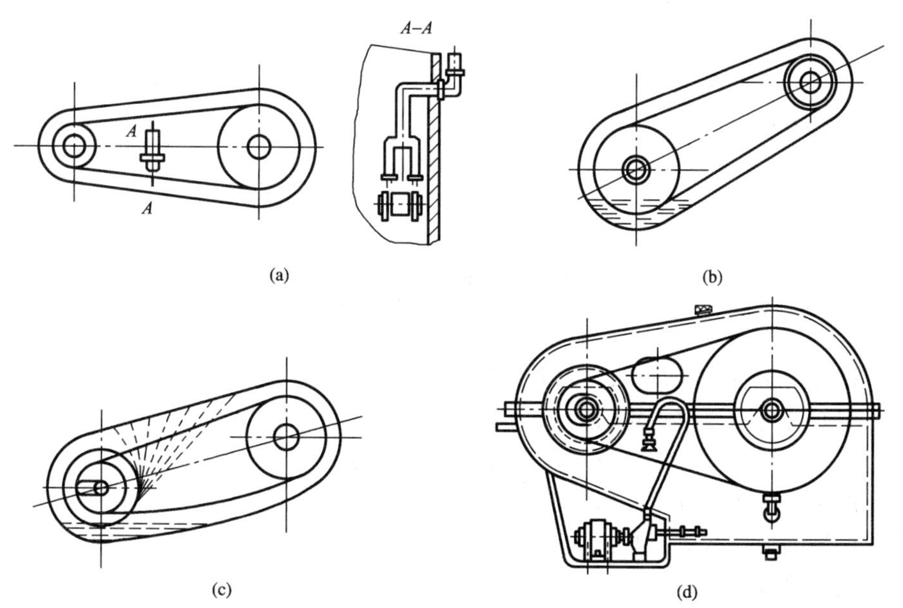

(a)　(b)　(c)　(d)

图 10-14　链传动的润滑

(3)油浴润滑(图 10-14(b)) 采用不漏油的外壳,使松边链条从油槽中通过。

(4)飞溅润滑[图 10-14(c)] 采用不漏油的外壳,在链轮侧面装有甩油盘,甩油盘将油甩起,经壳体上的集油装置将油导流至链条上。

(5)压力喷油润滑[图 10-14(d)] 采用不漏油的外壳,用油泵强制供油,喷油管口设在链条啮入处,循环油还可起到冷却作用。

小 结

链传动是具有中间挠性元件的啮合传动,兼有带传动和齿轮传动的特点,常用于两轴中心距较大、瞬时传动比要求不严格而平均传动比要求不变的场合。

在机械传动中,常用的是套筒滚子链。滚子链已标准化,其最重要的参数是链节距。链节距越大,链的尺寸和传递的功率就越大。链条的长度用链节数表示,为避免使用过渡链节,链节数一般取偶数。链轮常用的齿形是三圆弧一直线齿形,主要参数有分度圆直径、齿顶圆直径、齿根圆直径等。链轮材料和热处理方式可根据工作条件来选择,小链轮所用材料一般优于大链轮。链轮结构可根据其直径来设计。

链传动过程中,平均链速和平均传动比是定值,但瞬时链速和瞬时传动比是在一定范围内变化的。链传动的运动不均匀性是由于绕在链轮上的链条形成了正多边形而造成的,因而称为链传动的多边形效应。多边形效应是链传动的固有特性,链节距越大,链轮齿数越少,链轮转速越高,多边形效应就越严重。

链传动的失效主要是链条的失效,其承载能力受到多种失效形式的限制。利用链的额定功率曲线可进行链的选型或实际承载能力的校核,但应注意实际工作条件与特定实验条件不同时需进行修正。

链传动的设计计算通常根据所传递的功率、链轮转速和工作要求,确定链轮齿数、链节距、链节数、链排数、中心距、润滑方式和中心距等。设计中应注意链轮齿数不能过多或过少、链节距及链排数的选取、链速的验算等。

为确保链传动的正常工作及使用寿命,要按一定原则对其进行合理布置。链传动张紧的目的主要是为了避免垂度太大时的啮合不良和链条振动,同时也可以增加链条和链轮的包角,常用的张紧方法有调整中心距、利用张紧装置和缩短链长。链条的润滑对其使用寿命和工作性能的影响很大,闭式链传动按推荐的润滑方式进行润滑,开式链传动和不易润滑的链传动,可定期拆下清洗后润滑。

思考题及习题

10-1 链传动中,当主动链轮匀速转动时,从动轮的运动情况如何?

10-2 引起链传动速度不均匀的原因是什么?

10-3 为什么链传动通常将主动边设置在上面而与带传动相反?

10-4 滚子链的链节数应如何选取?链轮齿数、节距、中心距对链传动有何影响?

10-5 链传动为什么要张紧?常用的张紧方法有哪些?

10-6 已知单排滚子链传动,主动链轮转速 $n_1=960$ r/min,齿数 $z_1=21$,$z_2=105$,中心距 $a=910$ mm,链号为 16A,工作情况系数 $K_A=1.2$,试求该链能传递的最大功率。

10-7 设计一纺织机械的链传动装置,已知电动机功率 $P=10$ kW,小链轮转速 $n_1=970$ r/min,传动比 $i=3$,中心距可调。

10-8 设计某输送机装置用的滚子链传动,已知电动机的功率 $P=5.5$ kW,主动轮链速 $n_1=960$ r/min,从动轮链速 $n_2=320$ r/min,有较大冲击,要求中心距 a 小于 650 mm,中心距可调。

10-9 设计一带式输送机驱动装置低速级用的滚子链传动。已知电动机功率 $P=4.3$ kW,小链轮转速 $n_1=265$ r/min,传动比 $i=2.5$,工作载荷平稳,中心距可调。

10-10 设计一套筒滚子链传动。已知电动机功率 $P=17$ kW,主动链轮转速 $n_1=970$ r/min,从动链轮转速 $n_2=194$ r/min,载荷平稳,中心距无严格要求。

第11章

机械运转速度波动的调节及机械平衡

机械运转速度波动和机械不平衡会产生附加动力，引起机械振动，降低机械工作精度，因此运转速度波动的调节和机械平衡是机械的重要研究问题。本章主要介绍机械稳定运转下速度波动的产生原因和调节方法、飞轮的设计原理和方法、刚性转子平衡的目的以及静平衡设计、动平衡设计和平衡试验。

*11.1 机械运转速度波动的调节

11.1.1 机械运转速度波动的调节的目的和方法

机械在驱动力作用下不断克服阻力运转。在某段时间内，若驱动力所做的输入功等于阻力所消耗的输出功，则机器的主轴将保持匀速转动。但是，在许多机械实际工作时，某段时间内的输入功与输出功并不相等。当输入功大于输出功时，出现盈功，则机械动能增加，主轴转速提高；而当输入功小于输出功时，出现亏功，则机械动能减少，主轴转速减低。当盈亏功交替出现时，会引起机械速度波动，产生各种不良影响：在运动副中产生附加动力，降低机械效率和工作可靠性；导致机械振动，影响零件的强度和使用寿命；降低机械的加工精度，使产品的工艺性能下降。因此，我们必须对机器的速度波动进行调节，将其限制在容许的范围内。

按照产生原因的不同，机械运转速度波动可分为周期性速度波动和非周期性速度波动两类，对其调节的方法也完全不同。

1. 周期性速度波动及其调节方法

当驱动力矩 M_d 或阻力矩 M_r 周期性变化时，机器主轴的角速度将周期性波动。某一机器在稳定运动的一个周期（$\varphi_a \sim \varphi_{a'}$）过程中，驱动力矩所做的输入功 $W_d = \int_{\varphi_a}^{\varphi_{a'}} M_d \mathrm{d}\varphi$ 和阻力矩所消耗的输出功 $W_r = \int_{\varphi_a}^{\varphi_{a'}} M_r \mathrm{d}\varphi$ 是相等的，同样的，主轴的角速度 ω 在经过一个运动周期 φ_T 之后又变回到初始状态，动能 E 并没有增减，如图 11-1(a) 所示。但是，在周期中的某段时间（$\varphi_a \sim \varphi$）内，输入功与输出功的差值为盈亏功 W，则

$$W = W_d - W_r = \int_{\varphi_a}^{\varphi} (M_d - M_r) \mathrm{d}\varphi \tag{11-1}$$

也就是说盈亏功等于驱动力矩曲线和阻力矩曲线间所夹的面积的代数和，也等于动能的改变量，即

$$W = \Delta E = \frac{1}{2} J(\omega_a^2 - \omega^2) \tag{11-2}$$

式中，J 为转动惯量；ω_a 和 ω 分别为这段时间间隔内初角速度和末角速度。

图 11-1(b)所示为机器动能对 φ 的曲线。若 $M_d > M_r$，则出现赢功（图中 bc、de 段），构件角速度由于动能的增加而上升；当 $M_d < M_r$，出现亏功（图中 ab、cd、ea' 段），构件角速度由于动能的减小而下降，从而出现速度波动。

机器这种有规律的速度变化称为周期性速度波动。

调节周期性速度波动的方法是增加构件的质量或转动惯量，通常是在机器上安装一个转动惯量很大的飞轮。飞轮的动能变化是 $\Delta E = \frac{1}{2} J(\omega^2 - \omega_0^2)$，飞轮的作用是：当机器出现盈功时，飞轮就将多余的能量以动能的形式储存起来，使主轴角速度上升的幅度减小；反之，当机器出现亏功时，飞轮又将储存的能量释放出来，以弥补能量的不足，从而使主轴速度下降的幅度减小。飞轮实际上相当于一个容量较大的能量储存器，它并不能使速度波动彻底消除。此外，由于飞轮能够利用储存的能量克服短期过载（驱动功小于阻力功），故在确定原动机额定功率时，只需考虑工作机所需的平均功率，而不考虑高峰负荷时瞬间最大功率。

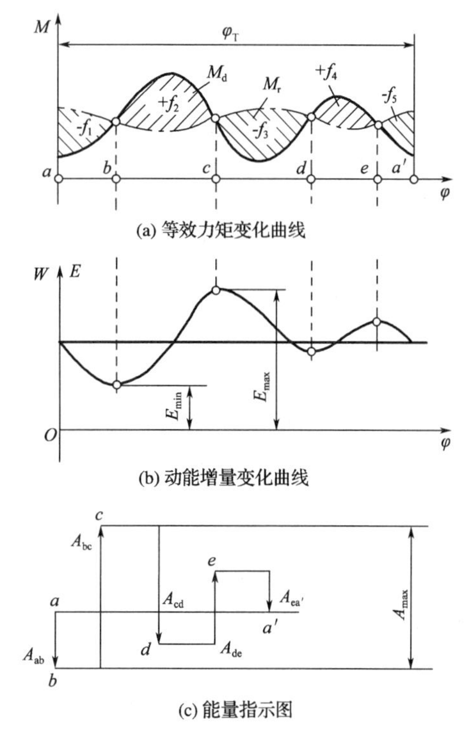

图 11-1　周期性速度波动分析

2. 非周期性速度波动及其调节方法

对于各种机器，在稳定运动阶段中，如果驱动力或阻力突然发生很大的变化，其主轴的角速度会随之增大或减小，致使机器的速度过高而损坏或被迫停车。例如，汽轮发电机组在外界用电量突然增减时，若驱动功不变，则主轴转速将急剧变化。这种速度波动是随机的、不规则的，被称为非周期性速度波动。

非周期性速度波动不能依靠飞轮进行调节，只能采用特殊的装置使输入功与输出功趋于平衡，以达到新的稳定运转，这种特殊装置称为调速器。调速器的种类有很多，有全机械式，也有机械电子式的。机械式调速器体积庞大，灵敏度低，现在很多机器上都可以使用电子器件实现自动控制。

11.1.2　机械运转的平均速度和不均匀系数

为了对机械稳定运转阶段中出现的周期性速度波动进行分析，下面介绍几个衡量速度波动程度的参数。

对于作周期性速度波动的机器，其瞬时角速度在其平均速度 ω_m 上、下变化，如图 11-2 所示。若已知机器主轴角速度随时间变化的规律 $\omega = f(t)$，则一个周期 φ_T 内的平均角速度 ω_m 为

$$\omega_m = \frac{\int_0^{\varphi_T} \omega \mathrm{d}\varphi}{\varphi_T} \tag{11-3}$$

这个实际平均值可称为“额定速度”。在工程实际中，ω_m 常近似地用算术平均值来计算，即

$$\omega_m = \frac{1}{2}(\omega_{max} - \omega_{min}) \tag{11-4}$$

式中，ω_{max} 和 ω_{min} 分别为一个周期内最大角速度和最小角速度。

由图 11-2 可以看出，速度波动的程度不能仅用角速度变化的幅度 $(\omega_{max}-\omega_{min})$ 来表示。因为当 $(\omega_{max}-\omega_{min})$ 一定时，对低速机械其速度波动的影响就显得严重些，而对高速机械则轻微些。因此，平均角速度 ω_m 也是衡量速度波动程度的一个重要指标。综合考虑这两个方面的因素，可以用速度不均匀系数 δ 来表示机械速度波动的程度，其定义为角速度波动的幅度 $(\omega_{max}-\omega_{min})$ 与平均角速度 ω_m 之比，即

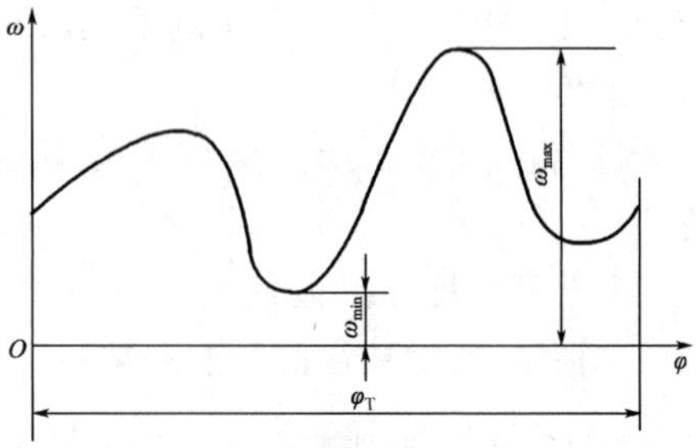

$$\delta = \frac{\omega_{max} - \omega_{min}}{\omega_m} \tag{11-5}$$

图 11-2　一个周期内角速度的变化

不同类型的机械，所允许的波动程度是不同的，这是根据它们的工作要求确定的。例如驱动发电机的活塞式内燃机，如果主轴的速度波动太大，就会大大影响输出电压的稳定性，所以这类机器的速度不均匀系数 δ 应当小一些；而对于冲床或破碎机等机器，即使速度波动稍大也不影响其工艺性能，故 δ 可取大一点。表 11-1 中列出了一些常用机械速度不均匀系数的许用值 $[\delta]$，供设计时参考。

为了使所设计的机械的速度不均匀系数不超过允许值，则应满足

$$\delta \leqslant [\delta] \tag{11-6}$$

表 11-1　常用机械速度不均匀系数的许用值[δ]

机械名称	$[\delta]$	机械名称	$[\delta]$
碎石机	1/20～1/5	水泵、鼓风机	1/50～1/30
冲床、剪床	1/20～1/7	造纸机、织布机	1/50～1/40
轧压机	1/25～1/10	纺纱机	1/60～1/100
汽车、拖拉机	1/60～1/20	直流发电机	1/200～1/100
金属切削机床	1/40～1/30	交流发电机	1/300～1/200

11.1.3 飞轮设计的基本原理

飞轮设计的基本问题是：根据给定的机械系统的等效力矩 M、平均角速度 ω_m 和速度不均匀系数 δ，来确定飞轮的转动惯量 J。

在一般机械中，其他构件的动能与飞轮相比，数值较小，所以在飞轮的近似设计中，可把其他构件的动能忽略不计，而把飞轮的动能视为整个机器的动能。当飞轮处于最大角速度 ω_{max} 运转时，具有的最大动能为 E_{max}；反之，处于最小角速度 ω_{min} 运转时，具有的最小动能为 E_{min}。我们认为机器在一个运转周期内动能最大变化量可以近似用 $(E_{max}-E_{min})$ 表示。而动能的最大变化量是由于驱动力所做的功与阻力所消耗的功不平衡而引起的最大剩余功 W_{max}（也称为

最大盈亏功)。即

$$W_{\max}=E_{\max}-E_{\min}=\frac{1}{2}J(\omega_{\max}^2-\omega_{\min}^2)=J\omega_m^2\delta \tag{11-7}$$

设飞轮转速为 n,则 $\omega_m=\frac{\pi n}{30}$ 。将 ω_m 代入式(11-7)得

$$J=\frac{W_{\max}}{\omega_m^2\delta}=\frac{900W_{\max}}{\pi^2n^2\delta} \tag{11-8}$$

分析式(11-8)可知:

(1)当 $W_{\max}$ 与 ω_m 一定时,J-δ 的变化曲线为等边双曲线,如图 11-3 所示,加大飞轮的转动惯量,可以使机械的速度不均匀系数降低,使机械运转的速度趋于稳定。但是,由于飞轮的转动惯量不可能无穷大,所以加装飞轮只能使机械运转速度波动程度下降,而不能彻底消除波动。当 δ 的取值过小时,所需的飞轮的转动惯量就会很大。因此,若过分追求机械运转速度的均匀性,将会使飞轮过于笨重,增加成本。

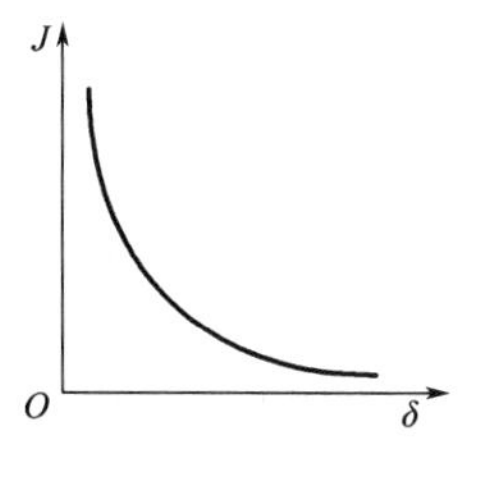

图 11-3　J-δ 曲线

(2)当 $W_{\max}$ 与 δ 一定时,J 与 ω_m 的平方成反比,所以为了减少飞轮的转动惯量,最好将飞轮装在高速轴上,并使飞轮的质量尽可能集中在半径较大的轮缘部分,以较少的质量取得较大的转动惯量。

由于 n 和[δ]均为已知,所以计算飞轮转动惯量 J 的关键是要求出最大盈亏功 $W_{\max}$。对一些比较简单的情况,机械最大动能 $E_{\max}$ 和最小动能 $E_{\min}$ 出现的位置可直接由 M_d-φ 曲线中看出;对于较复杂的情况,则可借助于能量指示图来确定,现以图 11-1(c)为例来加以说明:取任意点 a 作为起点,按一定比例用向量线段依次表示相应位置 M_d 与 M_r 之间所包围的面积 A_{ab}、A_{bc}、A_{cd}、A_{de} 和 $A_{ea'}$ 的大小和正负,盈功为正、其箭头向上,亏功为负、其箭头向下。由于在一个循环的起始位置与终了位置处的动能相等,所以能量指示图的首尾应在同一条水平线上,即形成封闭的台阶形折线。由图 11-1(c)可明显看出位置点 b 处动能最小,位置点 c 处动能最大,而图 11-1(c)中折线的最高点和最低点的距离 $A_{\max}$ 就代表了最大盈亏功 $W_{\max}$ 的大小。

11.1.4　飞轮主要尺寸的确定

当求出飞轮转动惯量 J 后,还要确定它的直径、宽度和轮缘厚度等有关尺寸。飞轮按构造可分为轮辐式和实心盘式。

1. 轮辐式飞轮

轮辐式飞轮由轮缘、轮辐和轮毂三部分组成(图 11-4)。轮辐和轮毂的转动惯量很小,故常常略去不计,即假定其轮缘的转动惯量就是整个飞轮的转动惯量。设轮缘的质量为 m,轮缘的外径、内径分别为 D_1、D_2,则轮缘的转动惯量 J_F 为

$$J_F=\frac{m}{2}\left(\frac{D_1^2+D_2^2}{4}\right)=\frac{m}{8}(D_1^2+D_2^2) \tag{11-9}$$

又因轮缘的厚度 H 与平均直径 $D=\frac{1}{2}(D_1+D_2)$ 相比较其值甚小,故可近似认为轮缘的质量集中在平均直径 D 上。于是得

$$J_F=\frac{mD^2}{4} \tag{11-10}$$

式中,mD^2 为飞轮矩或飞轮特性,$kg \cdot m^2$。

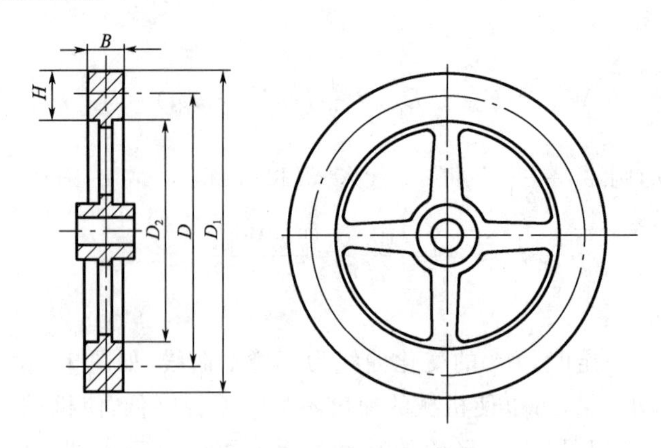

图 11-4　飞轮的结构

对不同结构的飞轮，其飞轮矩可从设计手册中查到。由式(11-10)可知，当选定了飞轮轮缘的平均直径后，即可求出飞轮轮缘的质量 m 。至于平均直径 D 的选择，一方面需考虑飞轮在机械中的安装空间，另一方面还需使其圆周速度不致过大，以免轮缘因离心力过大而破裂。

又设轮缘宽度为 B(m)，飞轮材料的密度为 ρ($\text{kg}\cdot\text{m}^{-3}$)，平均直径为 D(m)，轮缘厚度为 H(m)，则

$$m=\pi DHB\rho$$

于是

$$HB=\frac{m}{\pi D\rho} \tag{11-11}$$

式(11-11)中，一般取 $H/B=1.5\sim2$ 。对于较小的飞轮，H/B 取较大值，对于较大的飞轮，H/B 取较小值。当选定了飞轮的材料和比值 H/B 后，轮缘的剖面尺寸 H 和 B 便可求出。

2. 实心盘式飞轮

若空间位置较小，则可做成小尺寸的实心盘式飞轮(图 11-5)，其转动惯量为

$$J_F=\frac{m}{2}\cdot\left(\frac{D}{2}\right)^2=\frac{mD^2}{8} \tag{11-12}$$

式中，m 为飞轮质量；D 为飞轮外径；B 为飞轮宽度。

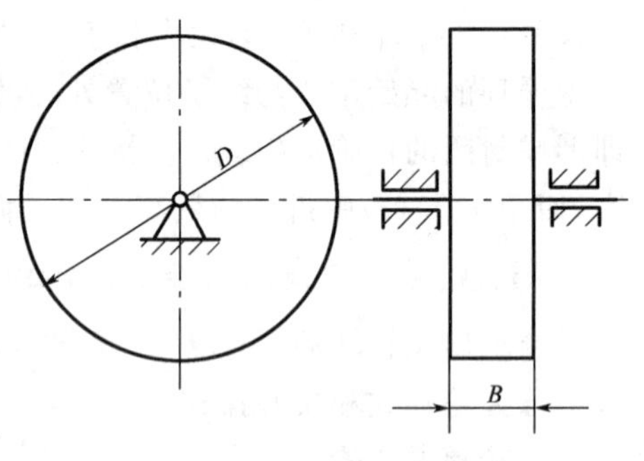

图 11-5　实心盘式飞轮

根据安装空间选定飞轮直径 D 后，用式(11-12)可求出飞轮质量 m，又因 $m=\frac{\pi D^2}{4}B\rho$，故根据所选飞轮材料，可求出飞轮宽度 B 为

$$B=\frac{4m}{\pi D^2\rho} \tag{11-13}$$

11.2　机械平衡

11.2.1　机械平衡的目的与内容

1. 机械平衡的目的

机械在运转时，运动构件所产生的不平衡惯性力将在运动副中引起附加的动压力。这会增大运动副中的摩擦和构件中的内应力、降低机械效率和使用寿命，而且由于这些惯性力的大小和方向一般都是周期性变化的，所以将引起机械及其基础产生强迫振动。这种振动将会导

致机械的工作精度和可靠性下降，还会产生噪声污染。如果振幅较大，或其频率接近于机械的共振频率，则会影响机械本身的正常工作和使用寿命，还会使周围的其他机械及厂房建筑受到严重影响甚至破坏。

为了完全地或部分地消除惯性力的不良影响，就必须研究机械中惯性力的变化规律，设法将构件的不平衡惯性力加以消除或减小，这就是机械平衡的目的。可见，机械平衡是机械设计的重要问题，尤其在高速机械及精密机械中，更具有特别重要的意义。我们通常在机构的运动设计完成之后进行平衡这种动力学设计。

需要指出的是，有一些机械是利用构件产生的不平衡惯性力所引起的振动来工作的，例如按摩机、振实机、振动打桩机、蛙式打夯机等。对于这类机械，则应重点关注如何合理利用不平衡惯性力的问题。

2. 机械平衡的内容

机械平衡的内容大致可分为以下三个方面：

(1)刚性转子的平衡

机械中绕某一固定轴线回转的构件称为转子。在机械中，当转子的转速较低(低于一阶临界转速)、共振转速较高而且其刚性较好，产生弹性变形很小、可忽略不计时，这类转子称为刚性转子。刚性转子的平衡原理是基于理论力学中的力系平衡理论。如果只要求其惯性力达到平衡，则称之为转子的静平衡；如果不仅要求其惯性力达到平衡，而且还要求惯性力引起的力矩也达到平衡，则称之为转子的动平衡。

(2)挠性转子的平衡

在机械中还有一类转子，例如航空涡轮发动机、汽轮机、发电机等中的大型转子，它们的工作转速很高(高于一阶临界转速)、质量和跨度很大、径向尺寸较小。在运转过程中，在离心惯性力的作用下产生明显的弯曲变形，被称为挠性转子。由于挠性转子在运转过程中会产生较大的弯曲变形，且由此所产生的离心惯性力也随之增大，所以挠性转子平衡问题的难度将会大大增加。

(3)机构的平衡

机构中做往复移动或平面复合运动的构件所产生的惯性力无法通过调整其构件质量的大小或改变构件质量分布状态的方法在该构件上平衡，而必须就整个机构加以研究。由于惯性力的合力和合力偶最终均由机械的基础所承受，故又称这类平衡问题为机械在机座上的平衡。

就目前来说，刚性转子的平衡问题还是工程中最常见的平衡问题，所以本节着重介绍刚性转子的平衡原理与方法。

11.2.2　刚性转子的平衡计算

在转子的设计阶段，尤其是在对于高速转子或精密转子进行结构设计时，必须对其进行平衡计算，以检查其惯性力和惯性力矩是否平衡。若不平衡，则需要在结构上采取措施消除或减少不平衡惯性力的影响，这一过程称为转子的平衡设计。

1. 刚性转子的静平衡设计

对于径宽比$\frac{D}{b}\geqslant 5$的转子，例如齿轮、盘形凸轮、砂轮、带轮、链轮及叶轮等构件，可近似地认为其不平衡质量分布在同一回转平面内。在此情况下，若质心不在回转轴线上，当其转动时，其偏心质量就会产生离心惯性力，从而在转动副中引起附加动压力。所谓刚性转子的静平衡，就是利用在刚性转子上加减平衡质量的方法，使其质心移到回转轴线上，从而使转子的惯性力得以平衡(惯性力之和为零)的一种平衡措施。

为了消除惯性力的不利影响,设计时需先根据转子结构定出偏心质量的大小和方位,然后计算出为平衡偏心质量所需添加的平衡质量的大小及方位,最后在转子设计图上加上该平衡质量,以便使设计出来的转子从理论上达到静平衡。这一过程称为转子的静平衡设计。下面介绍静平衡设计的方法。

设有一盘形转子,在同一回转平面内具有偏心质量 m_1、m_2,从转动中心到各偏心质量中心的向径分别为 r_1、r_2,如图 11-6 所示。当该转子以等角速度回转时,各偏心质量所产生的离心惯性力分别为

$$\boldsymbol{F_1}=m_1\omega^2\boldsymbol{r_1}$$

$$\boldsymbol{F_2}=m_2\omega^2\boldsymbol{r_2}$$

为平衡这些离心惯性力,可在此平面内加上平衡质量 m_b,使它所产生的离心惯性力 F_b 与 F_1、F_2 相平衡,即

$$\boldsymbol{F_b}+\boldsymbol{F_1}+\boldsymbol{F_2}=0 \tag{11-14}$$

$$\boldsymbol{F_b}=m_b\omega^2\boldsymbol{r_b}$$

式中,r_b 为从转动中心到平衡质量的向径。

故
$$m_b\omega^2\boldsymbol{r_b}+m_1\omega^2\boldsymbol{r_1}+m_2\omega^2\boldsymbol{r_2}=0$$

消去 ω^2 后得
$$m_b\boldsymbol{r_b}+m_1\boldsymbol{r_1}+m_2\boldsymbol{r_2}=0 \tag{11-15}$$

如果有若干个偏心质量 m_i,从转动中心到偏心质量中心的向径为 $\boldsymbol{r_i}$,则

$$m_b\boldsymbol{r_b}+\sum m_i\boldsymbol{r_i}=0 \tag{11-16}$$

式中,$m_i\boldsymbol{r_i}$ 称为质径积($i=1、2、3\cdots$),即转子上各个离心惯性力的相对大小和方位。

式(11-16)说明,刚性转子静平衡条件为各不平衡质量质径积的矢量和等于零;而且,不论它有多少个偏心质量,只需要适当地加上一个平衡质量即可获得平衡。至于质径积 $m_b\boldsymbol{r_b}$ 的大小和方位,既可用图解法的矢量多边形来求得,也可用解析法求解。

图解法求质径积 $m_b\boldsymbol{r_b}$ 的大小和方位的方法为,如图 11-6 所示,选定比例尺 $\mu\left[\mu=\dfrac{实际质径积大小(\mathrm{kg\cdot m})}{图纸上的尺寸(\mathrm{mm})}\right]$,从任意点 a 开始按向径 $\boldsymbol{r_1}$、$\boldsymbol{r_2}$ 的方向连续作矢量 $\overrightarrow{ab}$、$\overrightarrow{bc}$、$\overrightarrow{ca}$ 分别代表质径积 $m_1\boldsymbol{r_1}$、$m_2\boldsymbol{r_2}$、$m_b\boldsymbol{r_b}$,得

$$m_b\boldsymbol{r_b}=\mu\,\overrightarrow{ca} \tag{11-17}$$

当根据转子的结构选定半径 r_b 值后,即可由式(11-17)求出平衡质量 m_b 的大小,而其方位则由向径 $\boldsymbol{r_b}$ 确定,如图 11-6 所示。

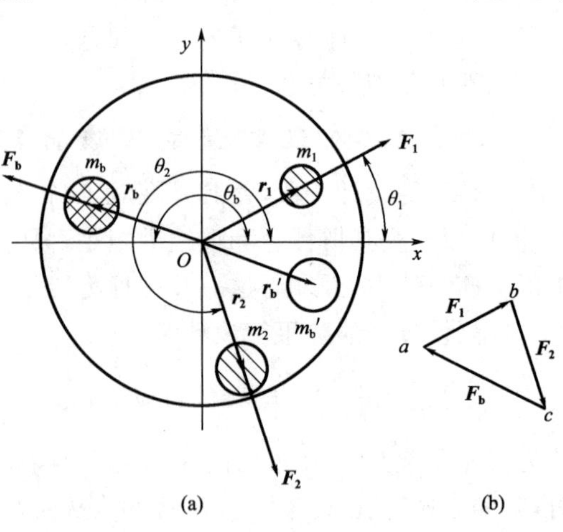

图 11-6 静平衡设计

解析法求解具体方法如下:

将式(11-16)向 x,y 轴投影可得

$$\left.\begin{aligned}m_br_b\cos\theta_b+\sum m_ir_i\cos\theta_i=0\\ m_br_b\sin\theta_b+\sum m_ir_i\sin\theta_i=0\end{aligned}\right\} \tag{11-18}$$

则所加平衡质量的质径积大小为

$$m_br_b=\sqrt{(\sum m_ir_i\cos\theta_i)^2+(\sum m_ir_i\sin\theta_i)^2} \tag{11-19}$$

根据转子结构确定 r_b 后,平衡质量 m_b 的大小也就能计算出来了。

而安装方向即相位角为

$$\theta_b = \arctan\left[\frac{\sum(-m_i r_i \sin\theta_i)}{\sum(-m_i r_i \cos\theta_i)}\right] \tag{11-20}$$

需要注意的是，θ_b 所在象限由式(11-20)中分子、分母的正、负号来确定。

在实际工作中，为了使设计出来的转子质量不致过大，应尽量将 r_b 选大些，则 m_b 小些。此外，若转子的结构不允许在向径 $\boldsymbol{r}_b$ 方向上加平衡质量，也可在向径 $\boldsymbol{r}_b$ 的相反方向上去掉一些质量来平衡。

2. 刚性转子的动平衡设计

对于径宽比 $\frac{D}{d}<5$ 的转子，例如曲轴、汽轮机转子等构件，由于轴向宽度较大，其质量沿轴线分布在若干互相平行的回转平面内。在这种情况下，即使转子的质心 S 在回转轴线上(图11-7)，但由于各偏心质量所产生的离心惯性力不在同一回转平面内，因而形成惯性力矩，造成不平衡。这种不平衡，只有在转子运动的情况下才能显示出来，故称为动不平衡。而刚性转子的动平衡，就是要平衡各偏心质量产生的惯性力和由惯性力产生的惯性力矩。

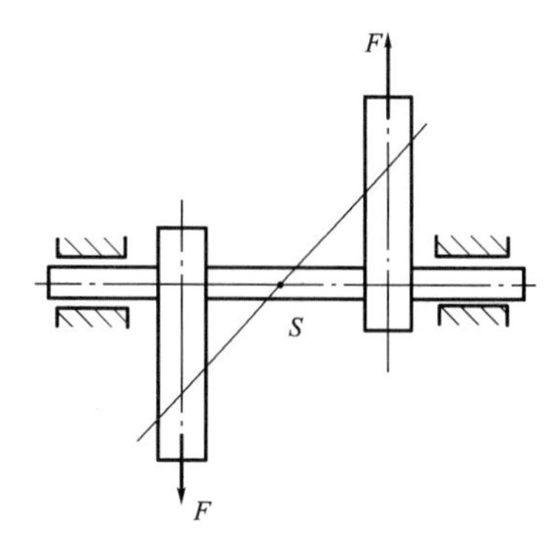

图11-7 静平衡但动不平衡的转子

为了消除转子动不平衡现象，在设计时应先根据其结构确定出在各个不同的回转平面内的偏心质量的大小和位置，然后再计算出为使该转子达到动平衡在平衡平面上所应加的平衡质量的数量、大小及方位，并将这些平衡质量加于该转子上，以便使设计的转子在理论上达到动平衡。其具体计算方法如下：

如图11-8(a)所示的长转子，其偏心质量 m_1、m_2 及 m_3 分别位于平面1、2及3内，各质心的向径为 $\boldsymbol{r}_1$、$\boldsymbol{r}_2$ 及 $\boldsymbol{r}_3$，方位如图11-8(a)所示。当转子以等角速度 ω 回转时，它们产生的惯性力 $\boldsymbol{F}_1$、$\boldsymbol{F}_2$ 及 $\boldsymbol{F}_3$ 将形成一空间力系。

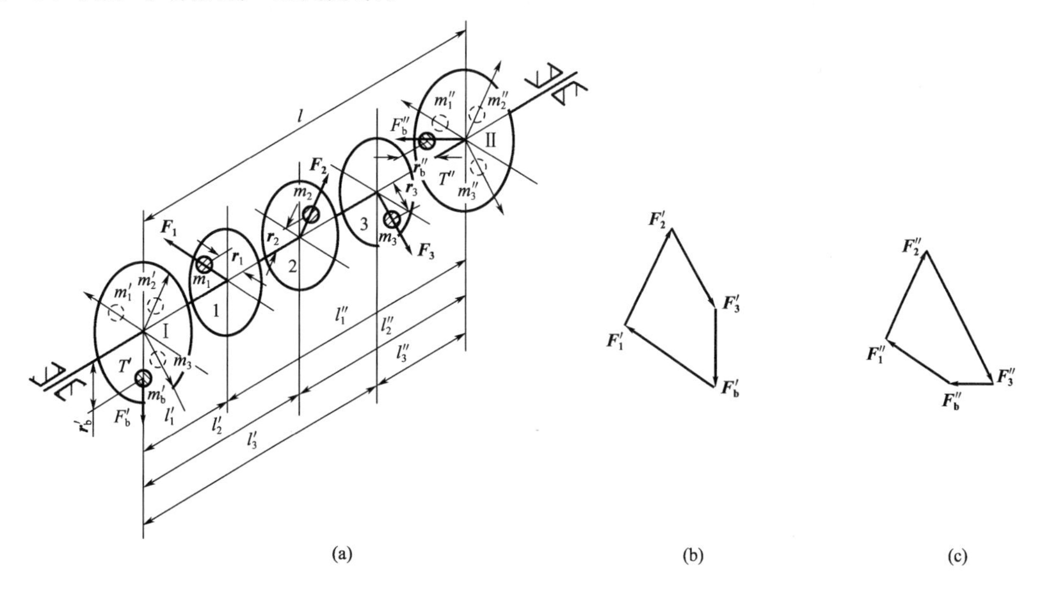

图11-8 转子的动平衡

由理论力学可知，一个力可以分解为两个与它相平行的分力。因此，可根据该转子的结构，选定两个垂直于转子轴线的平衡平面(或校正平面)Ⅰ、Ⅱ作为安装平衡质量的平面，并将上述的各个离心惯性力 $\boldsymbol{F}$ 分解到平面Ⅰ及Ⅱ内，即将 $\boldsymbol{F}_1$、$\boldsymbol{F}_2$ 及 $\boldsymbol{F}_3$ 分解为 $\boldsymbol{F}_1'$、$\boldsymbol{F}_2'$、$\boldsymbol{F}_3'$(在平面Ⅰ内)和 $\boldsymbol{F}_1''$、$\boldsymbol{F}_2''$、$\boldsymbol{F}_3''$(在平面Ⅱ内)。这样，就把空间力系的平衡问题转化为两个平面上的汇交力系的平衡问题。显然，只要在平面Ⅰ及Ⅱ内适当地各加一个平衡质量，使两平衡平面内的惯性力之和都为零，这个构件也就完全平衡了。

两个平衡平面Ⅰ及Ⅱ内的平衡质量 m_b' 及 m_b'' 的大小及方位的确定，与前述静平衡计算方法完全相同。例如，就平衡平面Ⅰ而言，平衡条件是

$$\boldsymbol{F}_1'+\boldsymbol{F}_2'+\boldsymbol{F}_3'+\boldsymbol{F}_b'=0 \tag{11-21}$$

式中，F_b' 为平衡质量 m_b' 产生的离心惯性力，而各力的大小分别为

$$\left.\begin{aligned} F_1'&=F_1\frac{l_1}{l}=m_1r_1\omega^2\frac{l_1}{l}\\ F_2'&=F_2\frac{l_2}{l}=m_2r_2\omega^2\frac{l_2}{l}\\ F_3'&=F_3\frac{l_3}{l}=m_3r_3\omega^2\frac{l_3}{l}\\ F_b'&=m_b'\omega^2r_b' \end{aligned}\right\} \tag{11-22}$$

选定比例尺 μ，按向径 $\boldsymbol{r}_1$、$\boldsymbol{r}_2$、$\boldsymbol{r}_3$ 的方向作平衡平面Ⅰ的离心惯性力封闭矢量图[图 11-8(b)]，可求得平衡质量 m_b' 产生的离心惯性力 F_b' 的大小。适当选定 r_b 后，即可由式(11-22)求出不平衡质量 m_b' 的大小。而平衡质量的方位，则在该向径 $\boldsymbol{r}_b'$ 的方向上。同理，在平衡平面Ⅱ内也可以求出平衡质量 m_b'' 的大小和方位[图 11-8(c)]。

由以上的结果可知，动平衡的条件为当转子转动时，转子上分布在不同平面内的各个质量所产生的空间离心惯性力系的矢量和及惯性力力矩矢量和均为零。而且，对于任何动不平衡的刚性转子，无论其不平衡质量分布在几个不同的回转平面内，只需要在任选的两个平衡平面内分别加上或除去一个适当的平衡质量，即可得到完全平衡。此外，由于动平衡同时满足静平衡条件，所以经过动平衡的转子一定静平衡；反之，经过静平衡的转子则不一定是动平衡的。

11.2.3 刚性转子的平衡试验

虽然经过平衡设计的刚性转子从理论上说是完全平衡的，但由于材质不均匀、加工制造或装配误差，以及工作时磨损变形等原因，实际在运转时转子还是会出现不平衡现象。这种不平衡现象在设计阶段是无法确定和消除的，只有通过试验方法来对刚性转子进行测定及校正。

1. 刚性转子的静平衡试验

对于径宽比 $\frac{D}{b}\geqslant 5$ 的刚性转子，可进行静平衡试验。静平衡试验设备比较简单，一般采用带有两根平行导轨的静平衡架，如图 11-9所示，为减少轴颈与导轨之间的摩擦，导轨的端口形状常制成刀刃状和圆弧状。

试验时先调整好两导轨的水平状态，然后把转子放到轨道上让其轻轻转动。如果转子不平衡，则偏心引起的重力矩将使转子在轨道上滚动。当转子停止时，转子质心 S 必处于轴心正下方。这时，在轴心的正上方任意半径处加一平衡质量，再轻轻拨动转子。反复试验，不断

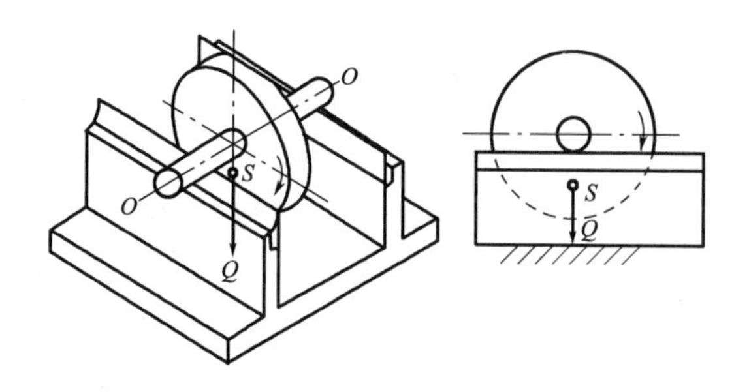

图 11-9　导轨式静平衡架

调整平衡质量，直到转子能在任何位置保持静止，说明转子的重心与其回转轴线趋于重合，即完成转子静平衡试验。

2. 刚性转子的动平衡试验

对于径宽比$\frac{D}{b}<5$的刚性转子，需进行动平衡试验，即通过测量回转件旋转时自身或支撑的振动，来测定回转件的不平衡程度并进行校正。与动平衡设计相同，动平衡试验也需两个平衡平面。

动平衡试验要在专门的动平衡机上进行。动平衡试验机的支撑是浮动的。当待平衡的转子在试验机上回转时，两端的浮动支撑便产生机械振动，传感器把机械振动变换为电信号，即可在仪表上读出两校正平面应加质径积的大小和相位。

如图 11-10 所示为一种动平衡机的工作原理示意图。它将平衡机主轴箱端部的小发电机信号作为转速信号和相位基准信号，经处理成方波或脉冲信号，来使计算机的 PIO 口触发中断，使计算机开始和终止计数，可测出转子旋转周期。由测振传感器拾取的振动信号经过滤波和放大，输入 A/D 转换器，再输入计算机，由信号处理软件进行数据采集和解算，可得出两个平衡平面上所需添加平衡质量的大小和相位。

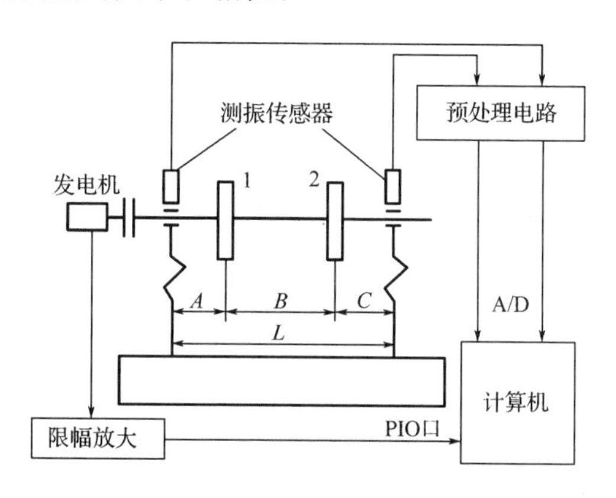

图 11-10　动平衡机的工作原理示意图

应当说明，任何转子，即使经过平衡试验也不可能达到完全平衡。实际应用中，过高的平衡要求既无必要，又陡增成本。因此，根据工作要求对不同的转子规定出允许的许用不平衡量。试验时，只要转子的剩余不平衡量在允许范围内，即合格。

小　　结

机械系统通常由原动件、传动机构和执行机构等组成。原动件的运动是作用在机械上的外力、各构件的质量、转动惯量以及原动件位置的函数。研究机械系统的真实运动规律，对于设计机械，特别是高速、重载、高精度以及自动化的机械具有重要意义。刚性转子静平衡的实质是讨论质量分布在同一回转面中各质量的平衡问题，其平衡条件为各不平衡质量质径积的矢量和等于零；刚性转子动平衡的实质是讨论质量分布在不同回转面中各质量的平衡问题，其平衡条件为各不平衡质量所产生的空间离心惯性力系的矢量和及惯性力力矩矢量和均等于零。

思考题及习题

11-1　机械产生运转速度波动的主要原因是什么？运转速度波动会引起什么后果？

11-2　机械运转速度的波动有哪两种形式？一般采用什么方法调节？

11-3　飞轮调速的原理是什么？系统装上飞轮后是否可以得到绝对的匀速运动？

11-4　为什么要对回转构件进行平衡？何谓转子的静平衡、动平衡？

11-5　经过静平衡校正的转子是否能满足动平衡的要求？而经过动平衡校正的转子是否还需要进行静平衡校正？为什么？

11-6　设一发动机的输出力矩 M_d 如图 11-11 所示，且阻力矩 M_r 为常数，$n_m=1\,500$ r/min，$\delta=0.02$，求：(1)阻力矩 M_r 为多少？(2)最大盈亏功 A_{max} 为多少？(3)飞轮的转动惯量 J 是多少？

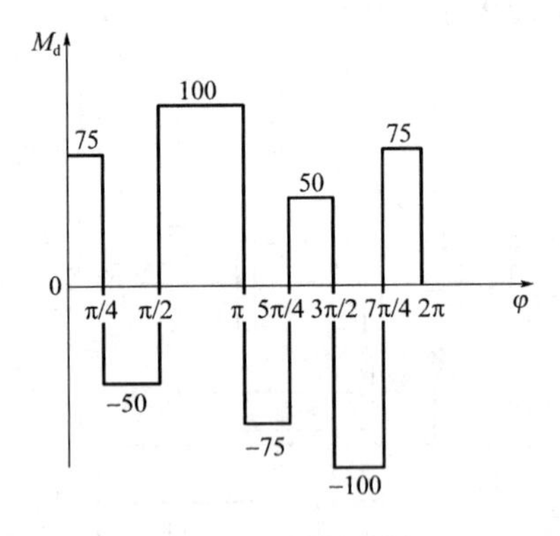

图 11-11　题 11-6 图

11-7　如图 11-12 所示的盘形构件有三个偏心质量位于同一转动平面内，它们的质量及其质心到转动轴线的距离分别为：$m_1=40$ g，$m_2=30$ g，$m_3=60$ g；$r_1=r_3=100$ mm，$r_2=200$ mm。设欲加平衡质量 m 的质心至转动轴线的距离 $r=150$ mm，试求平衡质量 m 的大小和方位角。

11-8　高速水泵的凸轮轴由三个互相错开 120°的偏心轮组成。每一偏心轮的质量为 0.3 kg，其偏心距为 11.8 mm。设在校正平面 A 和 B 中各装一个平衡质量 m_A 和 m_B 使之平衡，其回转半径为 10 mm，其他尺寸如图 11-13 所示，求 m_A 和 m_B 的大小和位置。

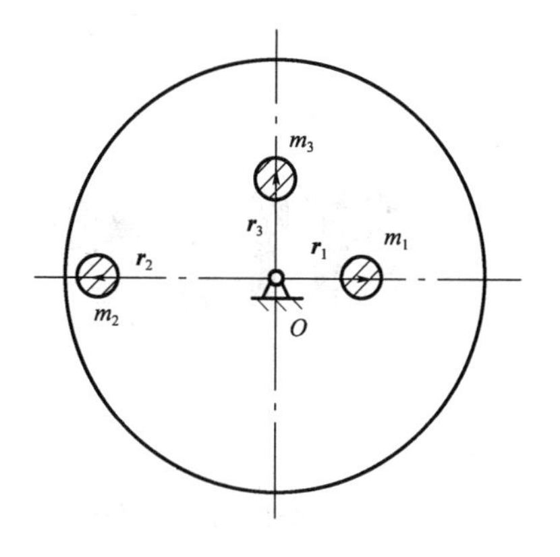

图 11-12　题 11-7 图

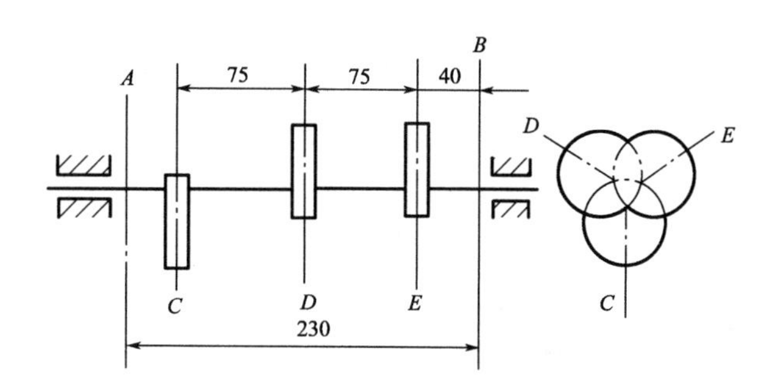

图 11-13　题 11-8 图

11-9　在图 11-14 所示的转子中，已知各偏心质量 $m_1=10$ kg，$m_2=15$ kg，$m_3=20$ kg，$m_4=10$ kg，它们的回转半径分别为 $r_1=300$ mm，$r_2=r_4=150$ mm，$r_3=100$ mm，又知各偏心质量所在的回转平面间的距离为 $l_1=l_2=l_3=200$ mm，各偏心质量间的方位角为 $\alpha_1=120°$，$\alpha_2=60°$，$\alpha_3=90°$，$\alpha_4=30°$。若置于平衡基面Ⅰ及Ⅱ中的平衡质量 m_{I} 和 m_{II} 的回转半径均为 400 mm，试求 m_{I} 和 m_{II} 的大小和方位。

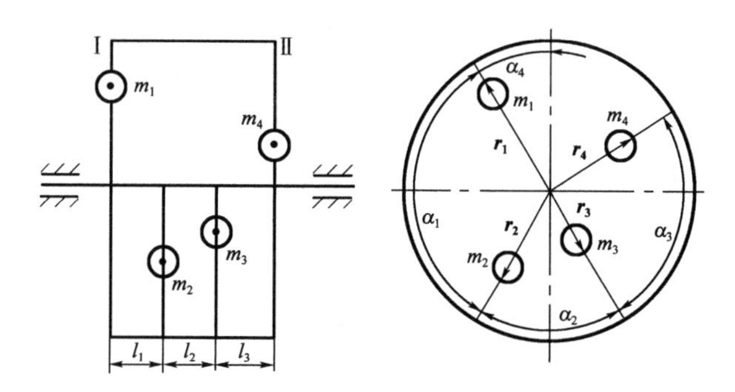

图 11-14　题 11-9 图

第12章

滚动轴承

滚动轴承的
命名方法

滚动轴承的
组合设计

用于支撑轴和轴上零件的装置称为轴承。它是一种常用的机械部件，其作用是保证轴的旋转精度，承受轴上零件作用的载荷，减少轴承自身摩擦所带来的功率损失和摩擦表面的磨损。根据轴承中摩擦形式的不同，轴承可分为滑动轴承和滚动轴承两大类。

本章讲述滚动轴承，以滚动轴承的选用、滚动轴承使用寿命的计算和滚动轴承的组合设计为重点，主要讨论滚动轴承的类型和特点；滚动轴承的失效形式和设计准则；滚动轴承使用寿命的计算；滚动轴承的静载荷计算、滚动轴承的极限转速、滚动轴承的组合类型及其应用特点；滚动轴承的润滑与密封。

常用的滚动轴承绝大多数已经标准化，并由专业轴承厂家组织生产。设计人员的任务主要是正确选择滚动轴承，并完成滚动轴承部件的组合设计。

12.1 概 述

轴承的功能是支撑轴及轴上零件，保持旋转轴的位置，减少轴与支撑之间的摩擦和磨损。根据轴承中摩擦性质的不同，可把轴承分为滑动摩擦轴承（简称滑动轴承）和滚动摩擦轴承（简称滚动轴承）两大类。本章讨论滚动轴承。

12.1.1 滚动轴承的特点和应用

滚动轴承的功能是在保证轴承有足够使用寿命条件下，用以支撑转动（或摆动）的轴，减少运动副之间的摩擦，使之转动灵活。滚动轴承具有摩擦阻力小、启动灵敏、效率高、旋转精度高、润滑简便、易于互换和装拆方便等优点，已被广泛应用于各种机械中。滚动轴承在机械中用量很大、类型很多，因此给它制定了标准和规范，即滚动轴承是标准件，由专业轴承厂家生产，所以对于滚动轴承，设计者的任务是：

（1）根据具体工作条件正确选用它的类型和尺寸，其中包括寿命计算。

（2）进行轴承的组合设计，包括定位、安装、调整、润滑、密封等结构设计。

12.1.2 滚动轴承的基本构造

滚动轴承如图 12-1 所示，一般是由内圈 1、外圈 2、滚动体 3 和保持架 4 组成。一般情况下滚动轴承的内圈安装在轴颈上，外圈安装在轴承座、机体或旋转零件的轮毂中。内、外圈上有滚道，当内、外圈相对旋转时，滚动体沿着滚道滚动。保持架的作用是把滚动体均匀地隔开，避免滚动体的互相接触，使摩擦和磨损减少。滚动体是滚动轴承中形成滚动摩擦的主要元件，因此它是滚动轴承中不可缺少的元件。如图 12-2 所示，若没有保持架，则相邻滚动体会直接接触，其相对摩擦速度是表面速度的两倍，发热及磨损都较大。

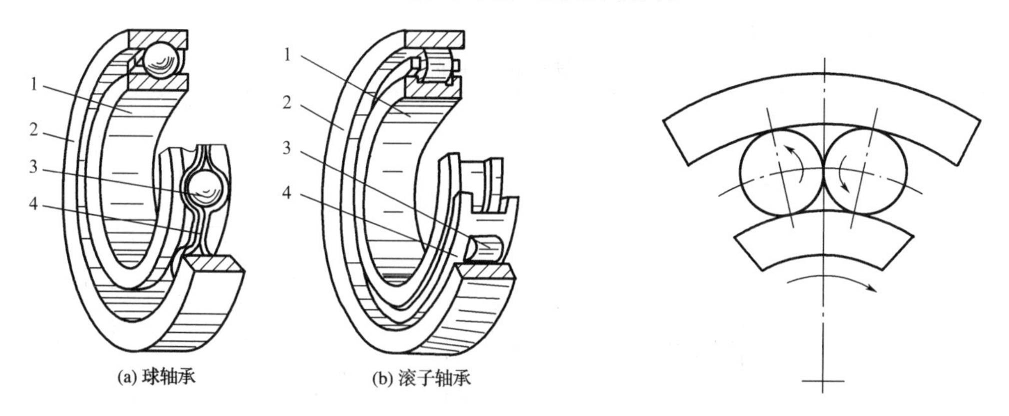

图 12-1　滚动轴承的基本结构

图 12-2　没有保持架时相邻滚动体的摩擦

滚动轴承的类型很多，其结构也各有不同，有的轴承还有其他附属元件。各种滚动轴承的型号、尺寸、性能请查阅有关国家标准。

12.1.3　滚动轴承的材料

在工作过程中，滚动体与内、外圈是点或线接触，它们表面接触应力很大，因此滚动轴承的内、外圈和滚动体的材料，要求用接触疲劳强度高、耐磨性好的含铬-锰合金钢制造（如滚动轴承钢 GCr15、GCr15SiMn 钢等）。经热处理后硬度一般不低于 60HRC，工作表面经磨削抛光。保持架多用软钢冲压而成，也有用铜及塑料制成的。

12.2　滚动轴承的基本类型、特点、结构特性、代号及其选择

12.2.1　滚动轴承的基本类型和特点

滚动轴承通常按其滚动体的形状和承受载荷的方向不同分类。

1. 按滚动体形状分类

按照滚动体形状的不同，滚动轴承可分为球轴承和滚子轴承，如图 12-3 所示。

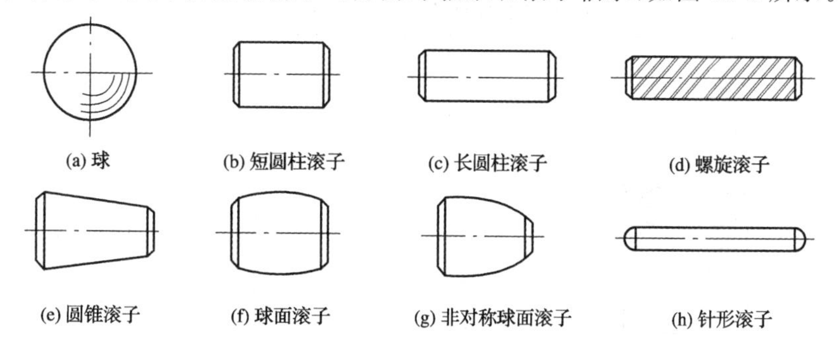

图 12-3　滚动体的类型

（1）球轴承　球轴承的滚动体为球，球与滚道表面的接触为点接触。

（2）滚子轴承　滚子轴承的滚动体为滚子，滚子与滚道表面的接触为线接触。滚子有圆柱滚子、螺旋滚子、圆锥滚子、球面滚子、针形滚子等。

2.按滚动轴承公称接触角分类

公称接触角是指滚动体与套圈接触处的公法线与垂直于轴承轴心的平面之间的夹角 α，简称为接触角，滚动轴承按照公称接触角的大小可分为向心轴承和推力轴承两大类。滚动轴承的公称接触角见表 12-1。

表 12-1　　滚动轴承的公称接触角

轴承种类	向心轴承		推力轴承	
	径向接触	角接触	轴向接触	角接触
公称接触角 α	$\alpha=0°$	$0°<\alpha\leqslant45°$	$45°<\alpha<90°$	$\alpha=90°$
图示 (以球轴承为例)				

(1)向心轴承

向心轴承主要承受径向载荷，按公称接触角 α 的大小不同它又可以分为：

①径向接触轴承　径向接触轴承其公称接触角 $\alpha=0°$。有的径向接触轴承只能承受径向载荷，有的还可以同时承受不大的轴向载荷。

②向心角接触轴承　向心角接触轴承其公称接触角 $0<\alpha\leqslant45°$，其可以同时承受径向载荷和轴向载荷。对于向心角接触轴承在工作时受载后，其接触角会有变化。

(2)推力轴承

推力轴承以承受轴向载荷为主、承受径向载荷为辅。按公称接触角的大小不同它又可以分为：

①轴向接触轴承　轴向接触轴承其公称接触角 $\alpha=90°$，可承受轴向载荷。

②推力角接触轴承　推力角接触轴承其公称接触角 $45<\alpha<90°$，其也可以同时承受径向载荷和轴向载荷。

3.滚动轴承的基本类型和特点

常用滚动轴承的基本类型及特点见表 12-2。

表 12-2　　常用滚动轴承的基本类型及特点

类型	代号	结构简图及承载方向	基本额定动载荷比①	极限转速比②	内、外圈轴线间允许的角偏斜	特　性
双列角接触球轴承	00000		—	较高	$2'\sim10'$	可同时承受径向载荷和双向轴向载荷

续表

类型	代号	结构简图及承载方向	基本额定动载荷比①	极限转速比②	内、外圈轴线间允许的角偏斜	特 性
调心球轴承	10000	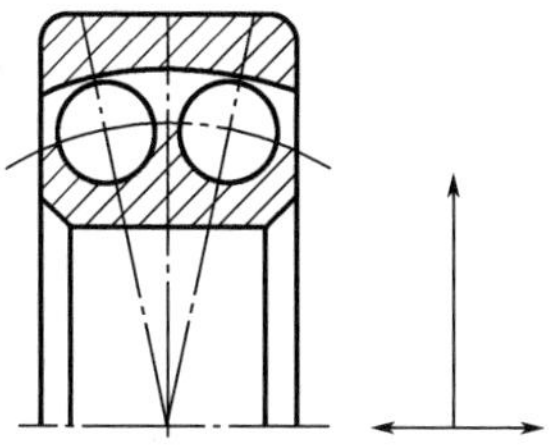	6～0.9	中	2°～3°	主要承受径向载荷，也可同时承受少量的双向轴向载荷，外圈滚道为球面，具有自动调心性能。适用于多支点轴、弯曲刚度小的轴以及难于精确对中的支撑
调心滚子轴承	20000	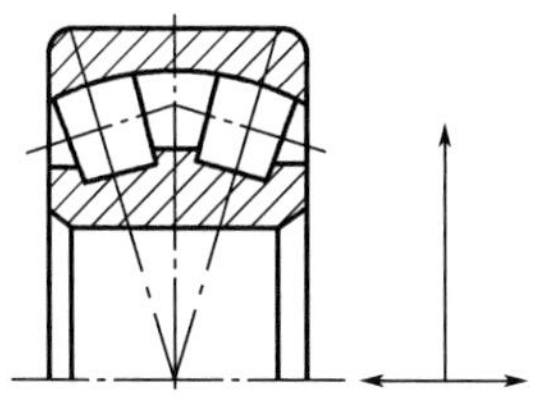	1.8～4	低	0.5°～2°	主要用于承受径向载荷，其径向承载能力比调心球轴承大，也能承受少量的双向轴向载荷。外圈滚道为球面，具有调心性能，适用于多支点轴、弯曲刚度小的轴以及难于精确对中的支撑
圆锥滚子轴承	30000	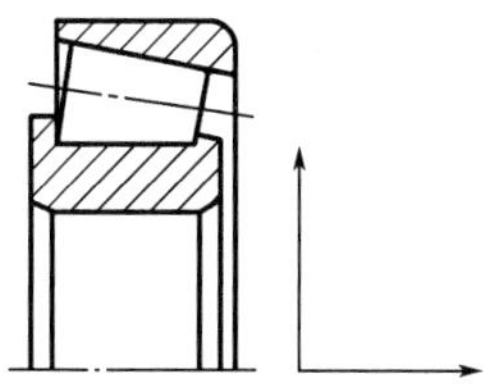	1.5～2.5	中	2′	能承受较大的径向载荷和单向的轴向载荷，极限转速较低。内、外圈可分离，故轴承游隙可在安装时调整。通常成对使用，对称安装。适用于转速不太高、轴的刚性较好场合
双列深沟球轴承	40000	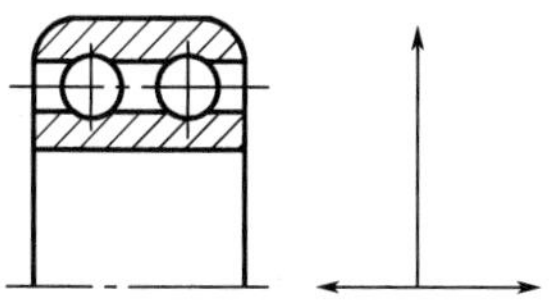	1.5～2.0	高	2′～10′	主要承受径向载荷，也能承受一定的双向的轴向载荷。高速装置中可以代替推力轴承
推力球轴承	单列 51000	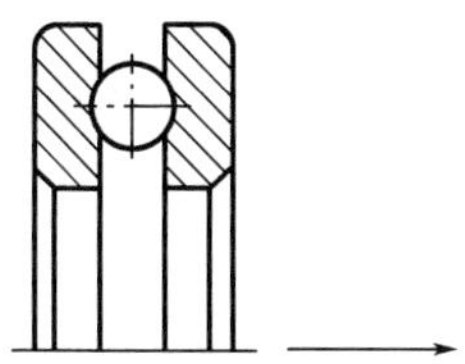	1	低	≤0°	推力球轴承的套圈与滚动体多半是可分离的。单列推力球轴承只能受单向轴向载荷，两个圈的内孔不一样大，内孔较小的是紧圈，安装在轴上；内孔较大的是松圈，与轴有一定间隙，安装在机座上。极限转速低，不宜用于高速场合
推力球轴承	双列 52000	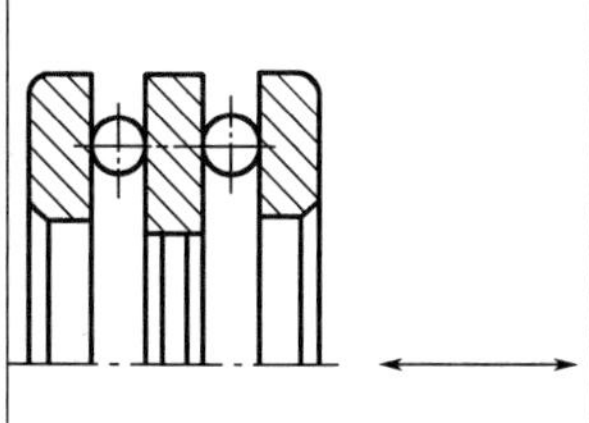	1	低	≤0°	双向推力轴承可以承受双向轴向载荷，中间圈为紧圈，与轴配合，另两个圈为松圈。在高速时，由于离心力大，所以球与保持架因摩擦而发热严重，使用寿命较低。常用于轴向载荷大、转速不高场合

续表

类型	代号	结构简图及承载方向	基本额定动载荷比[①]	极限转速比[②]	内、外圈轴线间允许的角偏斜	特　性
深沟球轴承	60000	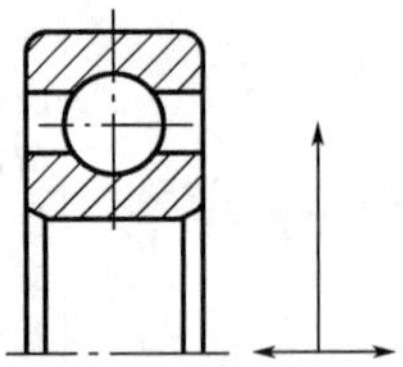	1	高	8′～16′	主要承受径向载荷，也可同时承受少量双向轴向载荷，摩擦阻力小，极限转速高，结构简单，价格便宜，应用最广泛。但承受冲击载荷能力较差，适用于高速场合。在高速时，可用来代替推力球轴承
角接触球轴承	70000C（α=15°）	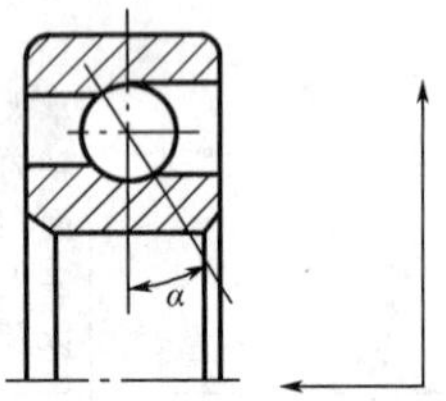	1.0～1.4	高	2′～10′	能同时承受径向载荷与单向的轴向载荷，公称接触角α有15°、25°、40°三种。α越大，轴向承载能力也越大。通常成对使用，对称安装。其极限转速较高。适用于转速较高、同时承受径向和轴向载荷的场合
	70000AC（α=25°）		1.0～1.3			
	70000B（α=40°）		1.0～1.2			
圆柱滚子轴承	N0000	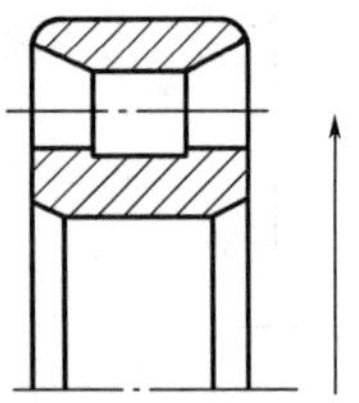	1.5～3	高	2′～4′	只能承受径向载荷，不能承受轴向载荷。承载能力比同尺寸的球轴承大，尤其是承受冲击载荷能力大，极限转速高。对轴的偏斜敏感，故只能用于刚性较大的轴上，并要求支撑座孔很好地对中
滚针轴承	NA0000	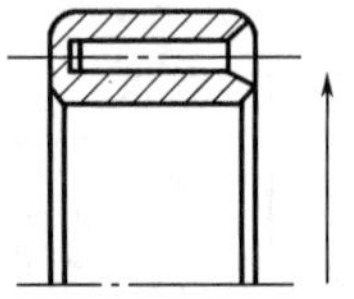	—	低	0°	这类轴承采用数量较多的滚针作为滚动体，一般没有保持架。径向结构紧凑且径向承载能力很大，价格低廉。缺点是不能承受轴向载荷，滚针间有摩擦，旋转精度及极限转速低，工作时不允许内、外圈轴线有偏斜。常用于转速较低而径向尺寸受限制的场合

注：① 是指同一尺寸系列各种类型和结构形式的轴承的额定动载荷与深沟球轴承（推力轴承则与推力球轴承）的额定动载荷之比。

② 是指同一尺寸系列/P0级精度的各种类型和结构形式的轴承脂润滑时的极限转速与深沟球轴承脂润滑时的极限转速的约略比较。各种类型轴承极限转速之间采取下列比例关系：高，等于深沟球轴承极限转速的90%～100%；中，等于深沟球轴承极限转速的60%～90%；低，等于深沟球轴承极限转速的60%以下。

12.2.2　滚动轴承的结构特性

1. 游隙

滚动轴承内、外圈与滚动体之间在轴向和径向均存有一定的间隙，如图12-4(a)所示，因此内圈相对于外圈有一定的移动量，该移动量的最大值称为轴承的游隙，如图12-4(b)、图12-4(c)所示。轴承游隙的大小对轴承使用寿命、温度变化、旋转精度和噪声等影响很大，因此在轴承使用过程中应对游隙进行合理选择和调整。国家轴承标准对游隙有规定值，可查有关标准确定，另外向心推力轴承的游隙是安装时人工调整的。

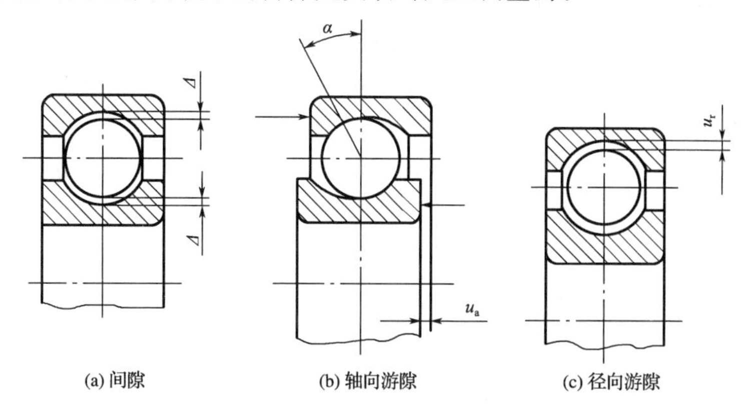

图 12-4　滚动轴承游隙

2. 公称接触角 α

公称接触角是滚动轴承的一个很重要的参数，轴承的受力分析和承载能力等都与公称接触角有关，公称接触角 α 越大，轴承承受轴向载荷的能力也越大。

3. 角偏位和偏位角

轴承由于加工安装误差或轴的变形引起内、外圈中心线发生相对倾斜，这种现象称为角偏位，其倾斜角 θ 称为偏位角，如图 12-5 所示。当产生角偏位后会使轴承滚动体与内、外圈之间的接触性能发生变化，而有可能产生单边接触，这就要求轴承具有自动调心作用，来补偿由于上述原因造成的偏位角，因此这类轴承也成为调心轴承。各类轴承适应角偏位而保持正常工作的性能称为轴承的调心性能。

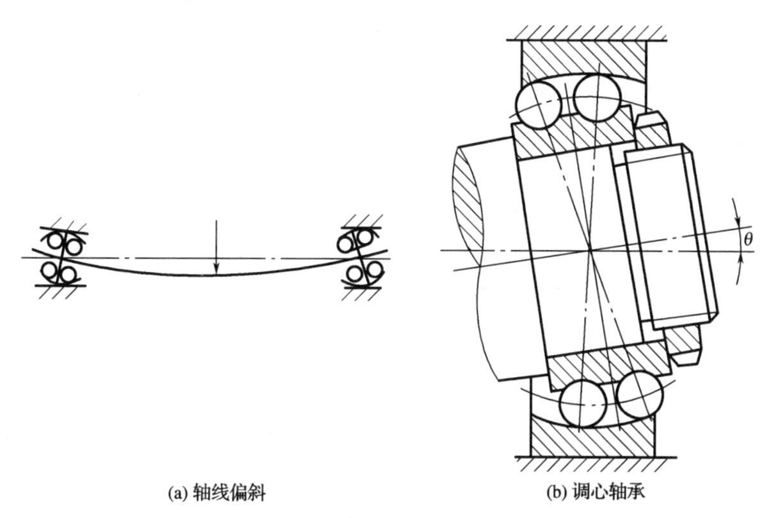

图 12-5　滚动轴承的角偏位

4. 极限转速

滚动轴承的极限转速是指在一定的载荷及润滑条件下，轴承允许的最高工作转速。滚动轴承转速过高会使摩擦面间产生高温，使润滑失效，从而导致滚动体与内、外圈因回火或胶合而损坏。轴承的极限转速与轴承类型、尺寸、精度、载荷大小、润滑条件、保持架的结构材料及冷却条件等因素有关。各类轴承的极限转速比见表 12-2。

12.2.3 滚动轴承的代号

滚动轴承类型很多，而在各种类型中又可制成不同的结构尺寸、精度等级和技术要求，故为了表征各类滚动轴承的不同特点，以便组织生产和选用，GB/T 272—2017 中规定了滚动轴承代号的表示方法。

滚动轴承代号由前置代号、基本代号和后置代号构成，其顺序与分别所表示的内容见表 12-3。

表 12-3　　滚动轴承代号

<table>
<tr><td rowspan="4">前置代号（用字母表示）</td><td colspan="5">基本代号</td><td colspan="8">后置代号（用字母或数字表示）</td></tr>
<tr><td>第 1 位</td><td>第 2 位</td><td>第 3 位</td><td>第 4 位</td><td>第 5 位</td><td>1</td><td>2</td><td>3</td><td>4</td><td>5</td><td>6</td><td>7</td><td>8</td></tr>
<tr><td rowspan="2">（用字母或数字表示）</td><td colspan="2">（用数字表示）</td><td colspan="2" rowspan="2">（用数字表示）</td><td rowspan="3">内部结构代号</td><td rowspan="3">密封与防尘套圈变形代号</td><td rowspan="3">保持架结构及材料代号</td><td rowspan="3">轴承材料代号</td><td rowspan="3">公差等级代号</td><td rowspan="3">游隙代号</td><td rowspan="3">配合代号</td><td rowspan="3">其他代号</td></tr>
<tr><td colspan="2">尺寸系列代号</td></tr>
<tr><td>成套轴承分部件</td><td>类型代号</td><td>宽度系列代号</td><td>直径系列代号</td><td colspan="2">内径代号</td></tr>
</table>

1. 前置代号

前置代号用字母表示，用以表示成套轴承分部件，代号及其含义可参阅有关轴承手册。

2. 基本代号

轴承的基本代号表示轴承的基本类型、结构和尺寸，是轴承代号的基础，它由类型代号、尺寸系列代号及内径代号三部分组成（除滚针轴承外），用数字或字母表示。

（1）类型代号

类型代号用基本代号左起第 1 位数字或字母表示，表示方法见表 12-2。此外，若代号为“0”（双列角接触球轴承）则省略。

（2）尺寸系列代号

尺寸系列代号用基本代号左起第 2、3 位数字表示，尺寸系列代号由宽度（高度）系列代号和直径系列代号组成，见表 12-4 。

表 12-4　　向心轴承、推力轴承尺寸系列代号

<table>
<tr><td>尺寸系列代号</td><td>7</td><td>8</td><td>9</td><td>0</td><td>1</td><td>2</td><td>3</td><td>4</td><td>5</td><td>6</td></tr>
<tr><td>宽度系列代号</td><td>—</td><td>特窄</td><td>—</td><td>窄</td><td>正常</td><td>宽</td><td colspan="4">特宽</td></tr>
<tr><td>直径系列代号</td><td>超特轻</td><td colspan="2">超轻</td><td colspan="2">特轻</td><td>轻</td><td>中</td><td>重</td><td colspan="2">—</td></tr>
</table>

直径系列代号表示内径相同的同类轴承有不同的外径和宽度，如图 12-6 所示。因为对于同一内径轴承，由于各个使用场合所需轴承承受载荷大小和使用寿命差异显著，故必须使用不同大小的滚动体，因而使轴承的外径和宽度也随之改变。因此为适应不同工作条件的需要，同一内径的轴承可有不同的外径尺寸。

宽度系列代号表示内、外径相同的同类轴承宽度（高度）的变化如图 12-7 所示。若代号为“0”，则可省略（调心滚子轴承和圆锥滚子轴承除外）。

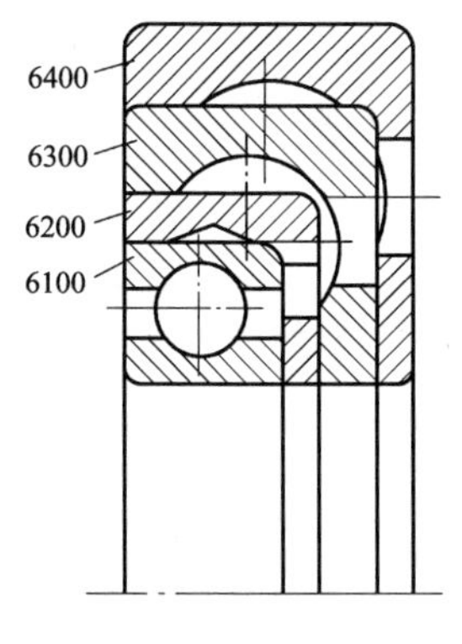

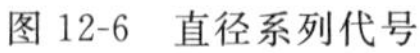
图 12-6　直径系列代号

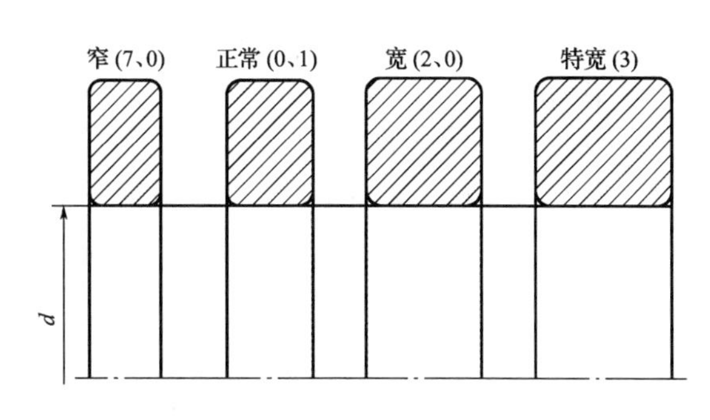

图 12-7　宽度系列代号

(3)内径代号

轴承内径用基本代号左起第 4、5 位数字表示,见表 12-5 。

表 12-5　　**轴承内径代号**

内径代号	00	01	02	03	04～96
轴承内径/mm	10	12	15	17	代号×5

注:对于内径大于和等于 500 mm 以及 22、28、32 mm 的轴承,内径代号直接用内径的毫米数值表示,并与尺寸系列代号用“/”分开,例如深沟球轴承 62/22 表示 $d=22$ mm、轻系列的深沟球轴承。

3. 后置代号

后置代号用字母或数字的组合表示,置于基本代号右边,用以说明轴承的内部结构、密封与防尘套圈变形、保持架结构及材料、轴承材料、公差等级、游隙、配合等的补充代号。其排列见表 12-3。4 组(含 4 组)以后代号的内容,则在其代号前用“/”与前面代号隔开。后置代号的内容很多,下面只介绍几个常用的代号。

(1)内部结构代号

内部结构代号表示同一类型轴承内部结构有所改变及不同。例对于角接触球轴承可做成不同的接触角,从而使其承受轴向载荷的能力不同,分别用 C、AC、B 表示公称接触角 α 为 15°、25°、40°;另外对于圆锥滚子轴承用 E 表示加强型,即可增大承载能力。

(2)公差等级代号

表示同一类轴承可制成不同的公差等级,其分为 2 级、4 级、5 级、6 级、6x 级和 0 级,共 6 个级别,依次精度由高到低,其代号分别为/P2、/P4、/P5、/P6、/P6x 和/P0。0 级在轴承代号中省略,6x 级只适用于圆锥滚子轴承。

(3)游隙代号

游隙代号表示同一类轴承可制成不同的游隙,其分为 1 组、2 组、0 组、3 组、4 组和 5 组,依次游隙由小到大,其代号分别为/C1、/C2、/C0、/C3、/C4 和/C5, 0 组在轴承代号中省略。

因公差等级代号和游隙代号可以连写而将中间的 C 去掉,如/P23 表示公差等级为2 级,游隙为 3 组。

例 12-1 试说明滚动轴承 62304/P12 和 7213AC 的含义。

解:这两种滚动轴承的具体含义如图 12-8 所示。

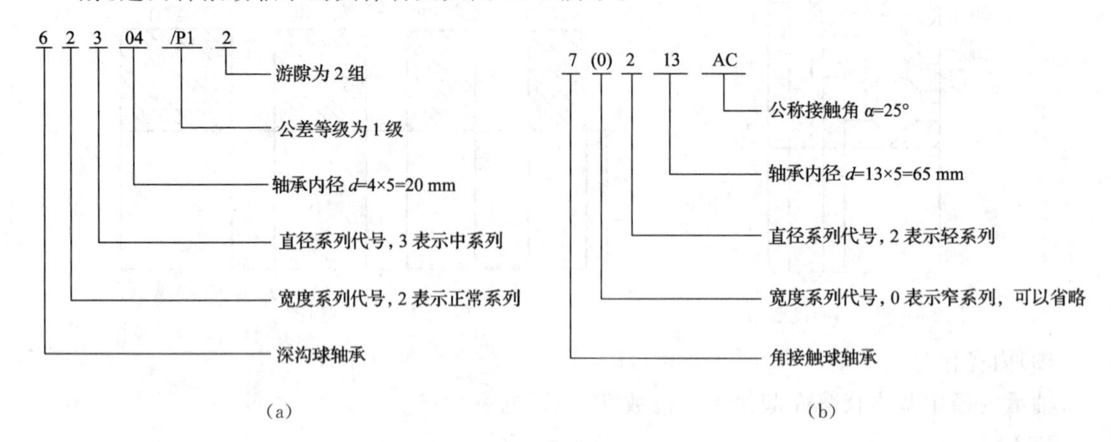

图 12-8 例 12-1 图

12.2.4 滚动轴承的选择

根据滚动轴承各种类型的特点，在选用轴承时应从载荷的大小、性质和方向、转速的高低、支撑刚度以及安装精度等方面考虑。具体选择时应遵循下列原则：

1. 轴承所受的载荷

轴承所受载荷的大小、方向和性质是选择轴承类型的主要依据。

(1)载荷的大小及性质

通常当载荷较大时，应选用线接触的滚子轴承；球轴承为点接触，适用于轻载及中等载荷；当有冲击载荷时，常选用螺旋滚子轴承。

(2)载荷的方向

当承受纯径向载荷时选用径向接触轴承；当承受纯轴向载荷时选用轴向接触轴承；当同时承受径向和轴向载荷时选用角接触球轴承。

2. 轴承的转速

一般球轴承的极限转速比滚子轴承高，故转速较高时宜选用点接触球轴承；更高转速时常采用超轻、特轻系列轴承，以降低滚动体离心力的影响；推力轴承的极限转速最低。当要求承受轴向载荷且转速较高，而推力轴承极限转速不满足要求时，可选用接触角较大的向心角接触轴承。

3. 刚性及调心性能

当支撑要求刚度较大时，可用向心角接触轴承成对相反方向安装在一个支撑点，并采用预紧方法提高其刚度；当支撑跨距大、轴的弯曲变形大、刚度较低或两个轴承座孔中心位置有误差时，应考虑轴承内、外圈轴线之间的角偏位，需要选用自动调心的调心轴承(1 类或2 类)，其允许有较大的角偏位。

4. 轴承的装拆要求

采用带内锥孔的轴承，可以调整轴承的径向游隙，以提高轴承的旋转精度，同时便于安装在长轴上；在轴承座孔没有剖分而必须沿轴向安装和拆卸轴承部件时，可采用内、外圈分离的轴承,例如圆柱滚子轴承(N0000 型)、角接触球轴承(60000 型)、圆锥滚子轴承(30000 型)。

此外,还应注意经济性。一般来说深沟球轴承价格最低,滚子轴承较球轴承价格高,另外精度愈高,价格愈高。总之,选择轴承时,在满足工作要求的前提下,应使成本最低。

12.3 滚动轴承的工作情况分析

12.3.1 滚动轴承的失效形式和计算准则

1.滚动轴承的失效形式

滚动轴承的主要失效形式有以下几种。

(1)疲劳点蚀

滚动轴承在工作过程中,作用于轴上的力是通过轴承内圈、滚动体、外圈传到机座上的。由于力的作用,滚动体与内、外圈的接触表面产生接触应力。因为内、外圈要做相对转动,滚动体沿滚道滚动,所以接触表面的接触应力近似按脉动循环变化。当应力循环次数达到一定数值后,在滚动体或内、外圈的表面将发生剥落,即形成疲劳点蚀,从而使轴承产生振动和噪声,降低旋转精度,影响机器的工作能力。疲劳点蚀是滚动轴承在具有良好润滑和密封条件下工作的主要失效形式。

(2)塑性变形

对于不回转、摆动缓慢或转速很低($n<10$ r/min)的轴承,一般不产生疲劳点蚀破坏,而此时轴承往往因受过大的静载荷或冲击载荷,使滚动体与内、外圈滚道接触处的局部应力超过材料的屈服极限,故在接触点产生较大的塑性变形,形成不均匀的凹坑,以致使轴承失效。

(3)磨损

由于使用中维护和保养不当、密封润滑不良或润滑油不干净等因素,使轴承中进入灰尘或其他杂质,从而使滚动体与内、外圈之间产生磨粒磨损,进而使轴承间隙增大、降低旋转精度,产生噪声振动,以至报废。

2.滚动轴承设计准则

为保证所选滚动轴承在预定的期限内正常工作,应针对主要失效形式对滚动轴承进行计算。通常对于润滑密封良好、工作转速较高(10 r/min$<n\leqslant 1.6\,n_{lim}$)而又长期运转的滚动轴承,其主要失效为疲劳点蚀,故为了防止疲劳点蚀破坏,应进行接触疲劳承载能力计算,称为寿命计算。对于高速滚动轴承($n>1.6n_{lim}$),由于发热大,常产生过度磨损和胶合,所以对于这种条件下工作的轴承,除进行寿命计算外,还应验算其极限转速。而对于转速很低($n<6$ r/min)或间歇摆动的滚动轴承,其主要失效为塑性变形,故为了防止塑性变形应进行静强度计算。

12.3.2 滚动轴承的基本额定寿命和基本额定动载荷

在安装、维护、润滑正常的情况下,绝大多数滚动轴承都是因疲劳点蚀而报废的。

1.滚动轴承的基本额定寿命

滚动轴承的基本额定寿命是指轴承在一定载荷作用下,从开始运转到轴承的内圈、外圈或滚动体三者之间任何一个元件出现疲劳点蚀时,所经历的总转数或在一定的转速下所经历的工作小时数。

对一组同一型号的轴承,由于材料、热处理、加工、装配等很多随机因素的影响,即使在相同条件下运转，基本额定寿命也不一样，有的相差几十倍，因此对一个具体轴承，很难预知其确切的基本额定寿命，但大量的轴承试验表明，轴承的可靠性与基本额定寿命之间有如图 12-9 所示的关系。

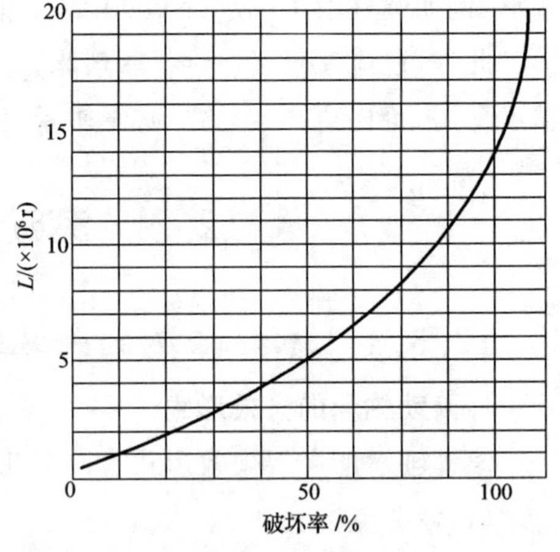

图 12-9 轴承基本额定寿命与破坏率的关系曲线

滚动轴承的基本额定寿命是指规定在相同条件下运转的一批相同的轴承中，10％的轴承数目发生疲劳点蚀破坏时能够达到的寿命，用 L_{10} 表示，单位为 10^6 转。即在一批轴承达到基本额定寿命时，已有 10％的轴承破坏了，而剩下的 90％轴承则可达到甚至超过基本额定寿命。所以对于一个具体的滚动轴承来说，其达到额定寿命的可靠性为 90％ 。

2. 滚动轴承的基本额定动载荷

对于一个具体的轴承，其结构、尺寸及材料均已确定，工作载荷越大，引起的接触应力也越大，因而发生疲劳点蚀破坏以前所经历的应力变化次数也越小，即轴承能够旋转的次数也就越少，也就是额定寿命越短。因此，轴承的额定寿命与载荷大小有关。当一套轴承进入运转并且基本额定寿命为 1×10^6 转($L_{10}=1\times10^6$ 转)时，轴承所能承受的最大载荷，称为基本额定动载荷，用 C 表示。对于每个型号的轴承都给定了一个基本额定动载荷值，可查阅轴承标准或机械设计手册。值得指出的是基本额定动载荷 C 值是在一定条件下做大量试验得出的，其试验条件是：内圈转动；轴承寿命为 1×10^6 转；可靠度为 90％；对于径向接触轴承和向心角接触轴承是指纯径向载荷 C_r；对于推力轴承是指纯轴向载荷 C_a；工作温度≤120 ℃。

12.3.3 滚动轴承的寿命计算和当量动载荷

1. 滚动轴承的寿命计算

滚动轴承寿命计算的主要目的是防止在预期寿命内发生疲劳点蚀破坏。

轴承的基本额定寿命与所受载荷的大小有关，作用载荷越大，引起的接触应力也就越大，因而在发生疲劳点蚀破坏之前所经历的总转数也就越少，即轴承的寿命越短。可以证明，表征轴承载荷 P 与基本额定寿命 L_{10} 之间关系的载荷-寿命曲线(P-L_{10} 曲线)，如图 12-10 所示，其方程为

$$P^{\varepsilon}L_{10}=\text{常数}$$

式中，ε 为寿命指数，球轴承 $\varepsilon=3$，滚子轴承 $\varepsilon=\frac{10}{3}$；P 为当量动载荷，kN。

从图 12-10 中可得 $P_1^{\varepsilon}L_{110}=P_2^{\varepsilon}L_{210}=P^{\varepsilon}L_{10}=C^{\varepsilon}\times1=$ 常数

$$L_{10}=(\frac{C}{P})^{\varepsilon} \tag{12-1}$$

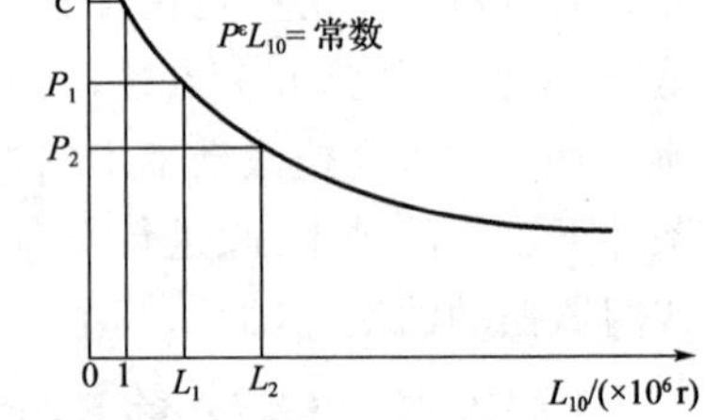

图 12-10 滚动轴承的疲劳曲线

实际计算时用小时数表示轴承寿命比较方便，用 n 表示轴承转速(单位为 r/min)，则

$$L_h=\frac{1\times10^6}{60n}(\frac{C}{P})^{\varepsilon} \tag{12-2}$$

如果载荷 P 和转速 n 均已知，而要求轴承的预期寿命为 L_h'(表 12-6)，则所需轴承应具有的额定动载荷 C 为

$$C=P\sqrt[\varepsilon]{\frac{60nL'_h}{1\times 10^6}} \tag{12-3}$$

表 12-6　　推荐选用的滚动轴承预期寿命 L'_h

机器种类及工作情况		预期寿命 L'_h/h
间断使用的机器	不经常使用的仪器及设备、例如阀门启闭装置等	500
	航空发动机和很少运动的机械设备	500～2 000
	中断使用不致引起严重后果的手动机械、农业机械等	4 000～8 000
	中断使用会引起严重后果的输送机、吊车、动力站的辅助机械等	8 000～14 000
每天 8 h 工作的机器	利用率不高的齿轮传动、电动机等	14 000～20 000
	利用率较高的通风设备、机床等	20 000～30 000
24 h 连续工作的机器	一般可靠性的空气压缩机、电动机、水泵等	50 000～60 000
	高可靠性的电站设备、给排水装置等	>100 000

在较高温度下工作的轴承，轴承元件的材料组织将产生变化，硬度将降低，故在寿命计算时引入温度系数 f_t（表 12-7），另外考虑实际机器在工作中载荷的变化，计算时引入载荷系数 f_p（表 12-8）来修正 P。因此轴承寿命的基本公式可写为

$$\left.\begin{aligned}L_{10}&=\left(\frac{f_tC}{f_pP}\right)^{\varepsilon}\\L_h&=\frac{1\times 10^6}{60n}\left(\frac{f_tC}{f_pP}\right)^{\varepsilon}\\C&=\frac{f_pP}{f_t}\sqrt[\varepsilon]{\frac{60nL'_h}{1\times 10^6}}\end{aligned}\right\} \tag{12-4}$$

表 12-7　　温度系数 f_t

轴承工作温度/℃	≤120	125	150	175	200	225	250	300	350
温度系数 f_t	1	0.95	0.90	0.85	0.80	0.75	0.70	0.60	0.50

表 12-8　　载荷系数 f_p

载荷性质	f_p	示例
载荷平稳，没有振动	1	受平稳载荷作用的机器上的摩擦传动的轴承，例如带式输送机棍子的轴承
带有轻度振动的载荷，短时间超过基本载荷到 125%的过载	1～1.2	受比较平稳载荷作用的机器上的啮合传动中的轴承，主传动为旋转运动的机床、纤维加工机器等以及电动机、传送带、输送机的轴承
带有中度振动的载荷，短时间超过基本载荷到 150%的过载	1.3～1.8	火车车轮，拖拉机和汽轮机的变速箱、减速器的轴承（f_p=1.3～1.5），拖拉机和汽车车轮、内燃机、龙门刨床和牛头刨床等的轴承（f_p=1.5～1.8）
带有剧烈振动的载荷，短时间超过基本载荷到 300%的过载	2～3	锻压机、碎石机、大型和中性轧钢机、钢机轧辊和地棍等的轴承

2. 滚动轴承的当量动载荷

滚动轴承的基本额定动载荷是在一定的试验条件下得到的。如前所述对向心轴承是指承受纯径向载荷；对推力轴承是指承受中心轴向载荷。如果作用在轴上的实际载荷是既有径向载荷 F_r，又有轴向载荷 F_a 的角接触轴承，则必须将实际载荷换算成与试验条件相当的载荷后，才能和基本额定动载荷进行比较，换算后的载荷是一种假定的载荷，故称为当量动载荷。当量动载荷的计算公式为

$$P = XF_r + YF_a \tag{12-5}$$

式中，X 为径向动载荷系数，其值见表 12-9；Y 为轴向动载荷系数，其值见表 12-9；F_r 为轴承所受的径向载荷，kN；F_a 为轴承所受的轴向载荷，kN。

对于只承受纯径向载荷 F_r 的径向接触轴承，其当量动载荷为 $P=F_r$。

对于只承受纯轴向载荷 F_a 的轴向接触轴承，其当量动载荷为 $P=F_a$。

表 12-9　　当量动载荷系数 X、Y

轴承类型		相对轴向载荷 if_a/C_{0r}①	e	单列轴承				双列轴承或成对安装单列轴承（在同一支点上）			
				$F_a/F_r \leqslant e$		$F_a/F_r > e$		$F_a/F_r \leqslant e$		$F_a/F_r > e$	
				X	Y	X	Y	X	Y	X	Y
深沟球轴承		0.014	0.19				2.30				2.30
		0.028	0.22				1.99				1.99
		0.056	0.26				1.71				1.71
		0.084	0.28				1.55				1.55
		0.11	0.30	1	0	0.56	1.45	1	0	0.56	1.45
		0.17	0.34				1.31				1.31
		0.28	0.38				1.15				1.15
		0.42	0.42				1.04				1.04
		0.56	0.44				1.00				1.00
角接触球轴承	$\alpha=15°$	0.015	0.38				1.47		1.65		2.39
		0.029	0.40				1.14		1.57		2.28
		0.058	0.43				1.30		1.46		2.11
		0.087	0.46				1.23		1.38		2.00
		0.12	0.47	1	0	0.44	1.19	1	1.34	0.72	1.93
		0.17	0.50				1.12		1.26		1.82
		0.29	0.55				1.02		1.14		1.66
		0.44	0.56				1.00		1.12		1.63
		0.58	0.56				1.00		1.12		1.63
	$\alpha=25°$	—	0.68	1	0	0.41	0.87	1	0.92	0.67	1.41
	$\alpha=40°$	—	1.14	1	0	0.35	0.57	1	0.55	0.57	(0.93)
圆锥滚子轴承		—	$1.5\tan\alpha$②	1	0	0.4	$0.4\cot\alpha$②	1	$0.45\cot\alpha$②	0.67	$0.67\cot\alpha$②

注：① 式中 i 为滚动体列数，为径向额定静载荷。

② 具体数值按不同型号的轴承查有关设计手册。

表中的 if_a/C_{0r} 反映了轴向载荷与径向载荷的相对大小，它通过接触角 α 的变化来影响 e 值，e 为轴向载荷影响系数，它反映了轴向载荷对轴承的寿命影响情况。

12.3.4 角接触向心轴承轴向载荷 F_a 的计算

1. 内部派生轴向力 F_s 及其计算

角接触向心轴承由于在滚动体与滚道处存在接触角 α，因此当内圈受到径向载荷 F_r 作用时，承载区内各滚动体将受到外圈法向反力 F_{ni} 的作用，如图 12-11 所示。F_{ni} 的径向分量 F_{ri} 都指向轴承的中心，它们的合力与 F_r 相平衡；轴向 F_{ai} 分量都与轴承的轴线平行，合力记为 F_s，称为轴承内部派生轴向力，方向由轴承外圈的宽边一端指向窄边的一端，有迫使轴承内圈与外圈脱开的趋势，如图12-12 所示，图中的 O_1、O_2 点分别为轴承 1 和轴承 2 的压力中心，即支反力作用点(有时为了简化就取轴承宽度的中点)，尺寸 a 可由轴承标准或有关手册查得。F_s 要由轴上的轴向载荷来平衡，其大小可用力学方法由径向载荷 F_r 计算得到。当轴承在 F_r 作用下有半圈滚动件受载时，F_s 的计算公式见表 12-10。

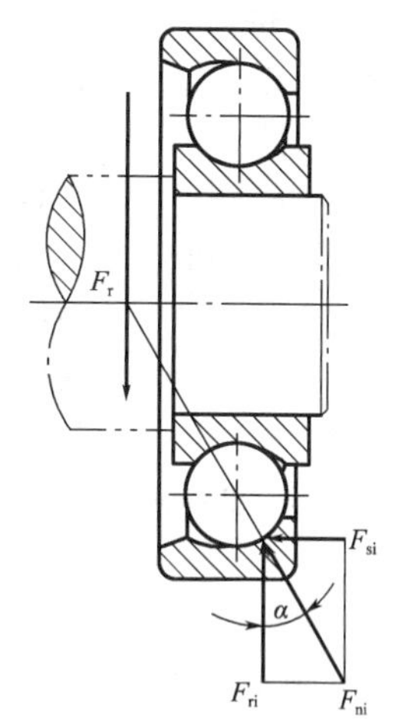

图 12-11 径向载荷产生的派生轴向力

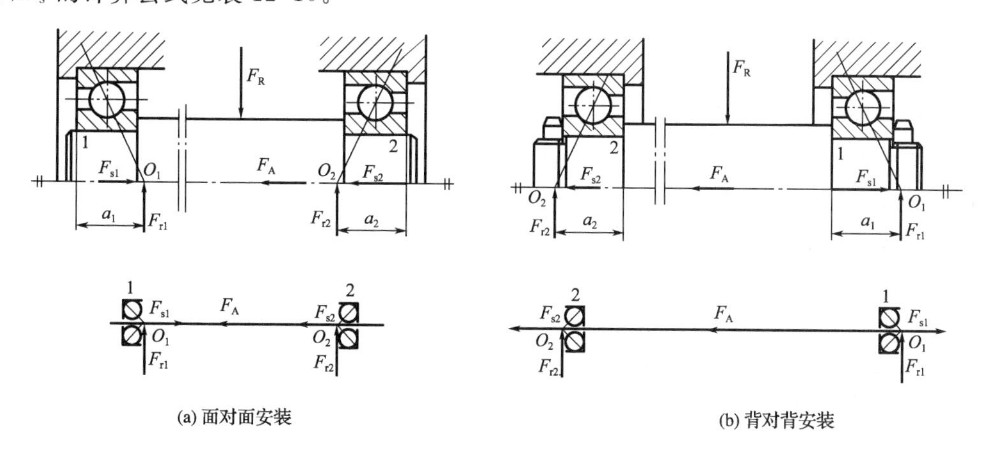

图 12-12 角接触球轴承安装方式及受力

表 12-10 角接触向心轴承的派生轴向力

轴承类型	角接触球轴承			圆锥滚子轴承
	70000C	70000AC	70000B	
派生轴向力 F_s	eF_r①	$0.68F_r$	$1.14F_r$	$F_r/(2Y$②$)$

注：①e 值可查表 12-9。

②Y 值对应表 12-9 中 $F_a/F_r>e$ 时的值。

根据上述分析，在设计和计算时要注意：

(1)角接触向心轴承即使受纯径向载荷 F_r 的作用，也会引起派生轴向力 F_s。

②派生轴向力 F_s 从外圈滚道作用到滚动体后，将使滚动体和内圈一起发生轴向移动趋势，从而导致承载区减少，其寿命降低。因此为保证角接触向心轴承在产生派生轴向力 F_s 后，仍能维护尽可能理想的受载条件，应在同一轴上两个支点处成对轴承相反方向安装，并在安装时使轴向游隙在允许范围内尽可能取得小些。

③派生轴向力 F_s 最终要作用到轴上，因此在计算轴上两支撑处的轴向载荷 F_a 时，应将派生轴向力 F_s 的影响一起考虑进去。

2. 角接触向心轴承承受轴向载荷 F_a 的计算

对于角接触向心轴承的轴向载荷 F_a 的计算，应根据整个轴上所有轴向受力（包括外加轴向载荷 F_A、轴承派生轴向力 F_{s1}、F_{s2}）之间的平衡关系，确定两个轴承最终所受到的轴向载荷 F_{a1}、F_{a2}。例如对于图 12-12(a)所示，左、右两轴承面对面配置有两种受力情况：

(1)若 $F_A+F_{s2}>F_{s1}$ 时，轴有沿 F_{s2} 方向向左移动的趋势，由于轴承 1 的左端已固定，轴不能向左移动，即轴承 1 被“压紧”，轴承 2 被“放松”。由力的平衡条件得

$$\left.\begin{aligned}&\text{轴承Ⅰ(压紧端)承受的轴向力}: F_{a1}=F_A+F_{S2}\\&\text{轴承Ⅱ(放松端)承受的轴向力}: F_{a2}=F_{S2}\end{aligned}\right\}\tag{12-6}$$

(2)若 $F_A+F_{s2}<F_{s1}$ 时，轴有沿 F_{s1} 方向向右移动的趋势，由于轴承 2 的右端已固定，轴不能向右移动，即轴承 2 被“压紧”，轴承 1 被“放松”。由力的平衡条件得

$$\left.\begin{aligned}&\text{轴承Ⅰ(放松端)承受的轴向力}: F_{a1}=F_{S1}\\&\text{轴承Ⅱ(压紧端)承受的轴向力}: F_{a2}=F_{S1}-F_A\end{aligned}\right\}\tag{12-7}$$

计算轴承轴向载荷 F_a 的关键是判断哪个轴承被“压紧”，哪个轴承被“放松”。被“压紧”轴承的轴向载荷 F_a 的大小等于除本身派生轴向力 F_s 以外其余所有轴向力的代数和（使轴承被压紧的力取正值，反之取负值）；被“放松”轴承的轴向载荷 F_a 就等于本身的派生轴向力 F_s。

采用同样的方法可得出图 12-12(b)所示背靠背配置两轴承的轴向载荷计算公式。求得轴承的轴向载荷后，可用 F_{a1}、F_{a2} 和 F_A 三者的代数和是否为零来检查轴系是否处于轴向平衡状态。

12.3.5 滚动轴承的静强度计算

对于转速很低（$n<10$ r/min）或缓慢摆动的轴承，一般不会产生疲劳点蚀，但为了防止滚动体和内、外圈产生过大的塑性变形，应进行静强度计算。

轴承的静载荷能力取决于正常运转时允许的塑性变形量，经验证明：当轴承中受载最大的滚动体和套圈滚道接触处的塑性变形量之和超过滚动体直径的万分之一时，会影响轴承的工作性能和运转的平稳性。因此，使受载最大的滚动体和套圈滚道接触处的塑性变形量之和正好是滚动体直径的万分之一时所确定的载荷值称为滚动轴承的基本额定静载荷 C_0。基本额定静载荷 C_0 也已作规定：对于径向接触轴承和向心角接触轴承，是指纯径向载荷 C_{0r}；对于推力轴承，是指纯轴向载荷 C_{0a}。

滚动轴承的静强度公式为

$$C_0\geqslant S_0P_0\tag{12-8}$$

式中，S_0 为安全系数，见表 12-11；P_0 为当量静载荷，kN。

表 12-11　静强度安全系数 S_0

旋转条件	载荷条件	S_0	使用条件	S_0
连续旋转	普通载荷	1～2	高精度旋转场合	1.5～2.5
	冲击载荷	2～3	振动冲击场合	1.2～2.5
不经常旋转或摆动运动	普通载荷	0.5	普通精度旋转场合	1.0～1.2
	冲击及不均匀载荷	1.0～1.5	允许有变形量场合	0.3～1.0

当量静载荷 P_0 是一个假想载荷，在当量静载荷作用下，轴承内受载最大的滚动体和套圈滚道接触处的塑性变形量之和，与实际载荷作用下的塑性变形量之和相同。

对于既受径向载荷又受轴向载荷的角接触轴承，当量静载荷 P_0 取计算公式求得的较大值

$$\left.\begin{aligned}P_0&=X_0F_r+Y_0F_a\\P_0&=F_r\end{aligned}\right\}\tag{12-9}$$

式中，X_0、Y_0 分别为静径向系数、静轴向系数，查表 12-12。

对于仅受径向载荷的径向接触轴承，其 $P_0=F_r$；对于仅受轴向载荷的轴向接触轴承，其 $P_0=F_a$。

对于转速较高的轴承，在进行寿命计算选取轴承后，也应进行静强度校核，对于转速很低的轴承，则按静强度选取轴承，然后进行寿命校核。

表 12-12　　当量静载荷系数 X_0、Y_0

轴承类型		单列轴承		双列轴承	
		X_0	Y_0	X_0	Y_0
深沟球轴承		0.6	0.5	0.6	0.5
角接触球轴承	$\alpha=15°$	0.5	0.46	1	0.92
	$\alpha=25°$	0.5	0.38	1	0.76
	$\alpha=40°$	0.5	0.26	1	0.52
圆锥滚子轴承		0.5	$0.22\cot\alpha$①	1	$0.44\cot\alpha$①

注：①具体数值按不同型号的轴承查有关设计手册。

例 12-2　如图 12-13 所示的轴系，采用一对面对面安装的角接触球轴承，已知轴上所受载荷 $F_R=2\ 400$ N，$F_A=1\ 200$ N，预期寿命 $L'_h=8\ 000$ h，该轴转速为 $n=1\ 800$ r/min，轴颈直径 $d=50$ mm，工作平稳，试确定：(1)两轴承所受的载荷；(2)两轴承当量动载荷；(3)轴承的型号。

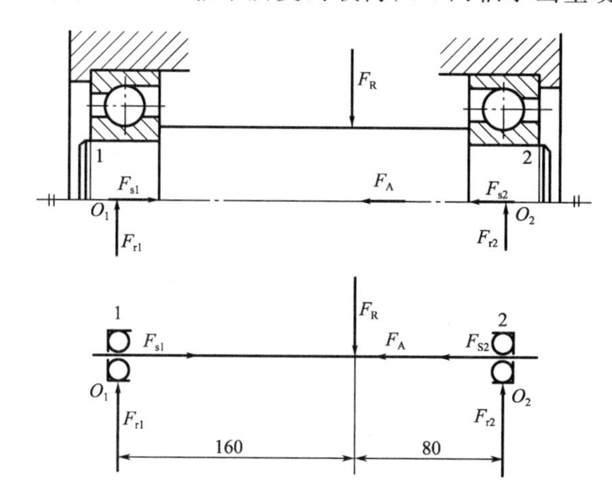

图 12-13　轴承寿命计算简图

解：(1)确定两轴承所受的载荷

①求径向载荷

$$F_{r1}=F_R\frac{80}{240}=2\ 400\times\frac{80}{240}=800\ \text{N},F_{r2}=F_R-F_{r1}=2\ 400-800=1\ 600\ \text{N}$$

②求派生轴向力　根据题意选用 70000AC 型轴承，则由表 12-10 得 $F_s=0.68F_r$，故

$$F_{s1}=0.68F_{r1}=0.68\times800=544\ \text{N},F_{s2}=0.68F_{r2}=0.68\times1\ 600=1\ 088\ \text{N}$$

③求轴向载荷

$$F_{s2}+F_A=1\ 088+1\ 200=2\ 288\ \text{N}>544\ \text{N}=F_{s1}$$

所以轴承 1 被“压紧”，轴承 2 被“放松”，故

$$F_{a1}=F_{s2}+F_A=1\ 088+1\ 200=2\ 288\ \text{N},F_{a2}=F_{s2}=1\ 088\ \text{N}$$

(2)确定两轴承当量动载荷

由表 12-9 得 $e=0.68$,则

$$\frac{F_{a1}}{F_{r1}}=\frac{2\ 288}{800}=2.86>0.68=e,\frac{F_{a2}}{F_{r2}}=\frac{1\ 088}{1\ 600}=0.68=e$$

再由表 12-9 得 $X_1=0.41,Y_1=0.87,X_2=1,Y_2=0$;

则
$$P_1=X_1F_{r1}+Y_1F_{a1}=0.41\times800+0.87\times2\ 288=2\ 318.56\ \text{N}$$
$$P_2=X_2F_{r2}+Y_2F_{a2}=1\times1\ 600+0\times1\ 088=1\ 600\ \text{N}$$

(3)确定轴承额定动载荷

因 $P_1>P_2$,故取 $P=P_1=2\ 318.56$ N ,由表 12-7 得 $f_t=1$,由表 12-8 取 $f_p=1.1$,取$\varepsilon=3$,则

$$C'=\frac{f_pP}{f_t}\sqrt[\varepsilon]{\frac{60nL'_h}{1\times10^6}}=\frac{1.1\times2\ 318.56}{1}\sqrt[3]{\frac{60\times1\ 800\times8\ 000}{1\times10^6}}=24\ 291.20\ \text{N}=24.29\ \text{kN}$$

查轴承标准(GB/T 292—2007)选用 7210AC 轴承,其 $C_r=31.5\ \text{kN}>24.29\ \text{kN}=C'$,$C_{0r}=25.2\ \text{kN}$。

(4)校核静强度

由表 12-12 得 $X_0=0.5,Y_0=0.38$,由表 12-11 取 $S_0=2$,则

$P_{01}=X_0F_{r1}+Y_0F_{a1}=0.5\times800+0.38\times2\ 288=1\ 269.44\ \text{N}$

$P_{02}=X_0F_{r2}+Y_0F_{a2}=0.5\times1\ 600+0.38\times1\ 088=1\ 213.44\ \text{N}$

$C'_0=S_0P_{01}=2\times1\ 269.44=2\ 538.88\ \text{N}=2.54\ \text{kN}<25.2\ \text{kN}=C_{0r}$。

故静强度足够。

12.4 滚动轴承的组合设计

为了保证轴承在机器中正常工作,除合理选择轴承类型、尺寸外,还应正确进行轴承的组合结构设计,处理好轴承和与之相关零件之间的关系。

设计轴承组合结构应考虑的问题有:轴承支座的刚性及同心度;轴承在轴和轴承座孔上的固定与配合;轴系的轴向定位;轴系轴向调整;轴承游隙调整;轴承的装拆;轴承的润滑;轴承的密封。

12.4.1 滚动轴承支座部分的刚性和同心度

支撑滚动轴承的轴承支座或机座必须有足够的刚度,以保证轴系受力时仍能保证轴承正确状态,否则机座变形会影响各滚动体之间的载荷分布,使轴承寿命下降。为了加强轴承支座的刚性,应采取以下措施:增加机座壁厚;采用加强筋,如图 12-14 所示;当外壳采用轻合金或非金属时,安装轴承处应采用钢或铸铁制的衬套,如图 12-15 所示;采用合理的支撑点。

对于支撑一根轴上两个轴承的轴承座孔,必须尽可能保证其同轴度,以避免轴承内、外圈轴线偏斜过大而影响轴承寿命,故应采用整体式机座,两轴承孔一次镗出,当两轴承尺寸不同时采用轴承衬套,以保证孔一次镗出。

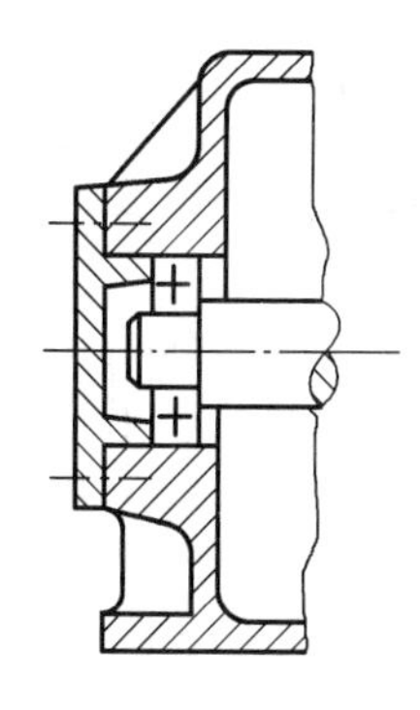

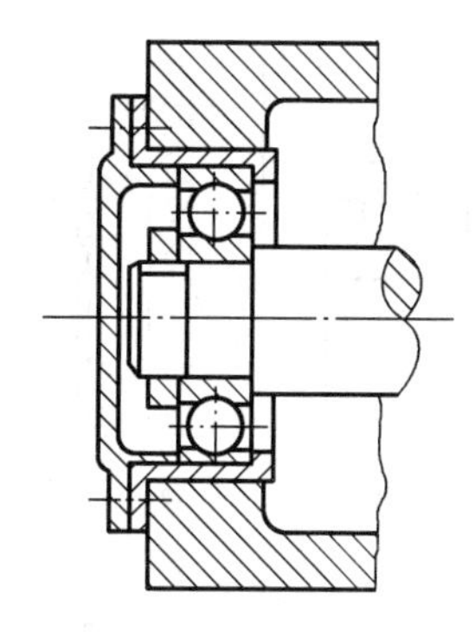

图 12-14 用加强筋增强轴承座孔的刚性

图 12-15 使用衬套的轴承座孔

12.4.2 滚动轴承套圈的轴向定位与紧固

轴承内、外圈轴向固定的作用是当受到轴向力后，使轴和套圈具有所要求的轴向约束。是否需要某方向的轴向固定或选用何种轴向固定方式取决于：是否有轴向载荷；轴承的类型；支撑的形式（游动支座还是固定支座）。

1. 轴承内圈的轴向定位与紧固

图 12-16 所示为轴承内圈轴向固定的常用方法。轴承内圈的一端通常以轴肩作为定位面，为使端面可靠地紧贴，轴肩的圆角半径必须小于轴承圆角；轴肩高度不能超过内圈，以便于轴承拆卸，轴肩高度可查轴承标准中轴承的安装尺寸。轴承内圈另一端的紧固，视轴向载荷的大小可采用轴用弹性挡圈[图 12-16(a)]、轴端挡圈[图 12-16(b)]、圆螺母和止动垫片[图 12-15(c)]、轴向开缝的锥形衬套配以圆螺母及止动垫片[图 12-16(d)]。

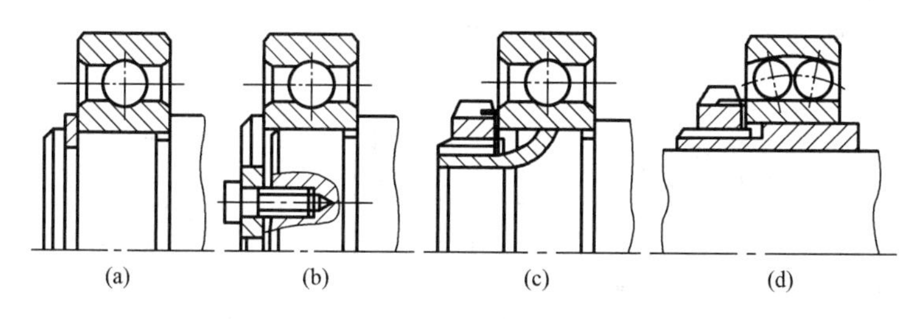

图 12-16 轴承内圈轴向固定结构

2. 滚动轴承外圈的轴向定位与紧固

图 12-17 所示为轴承外圈轴向固定的常用方法。轴承外圈的轴向固定原则与内圈固定相同，根据轴向力的大小及其他因素来选择。一般常用的有轴承座孔内做出的凸台[图 12-17(a)]、轴承盖[图 12-17(b)、图 12-17(c)、图 12-17(e)]、套杯挡肩[图 12-17(d)]、外圈带止动槽和止动环[图 12-17(f)]、孔用弹性挡圈[图 12-17(g)]。

轴承外圈的轴向定位是保证整个轴在机器中的正确位置的，作为一个轴上两个支撑点的轴承，其外圈的固定不能只从轴承本身来着眼，还要保证轴在机器中的相对位置。

12.4.3 滚动轴承的组合轴系的轴向定位

滚动轴承的组合轴系在机座中应有确定的位置，以保证工作时不发生轴向窜动，同时还应考虑工作时温度升高使轴热膨胀伸长时也不会卡住轴承，应允许有微小的自由伸缩。其典型结构形式有以下三种：

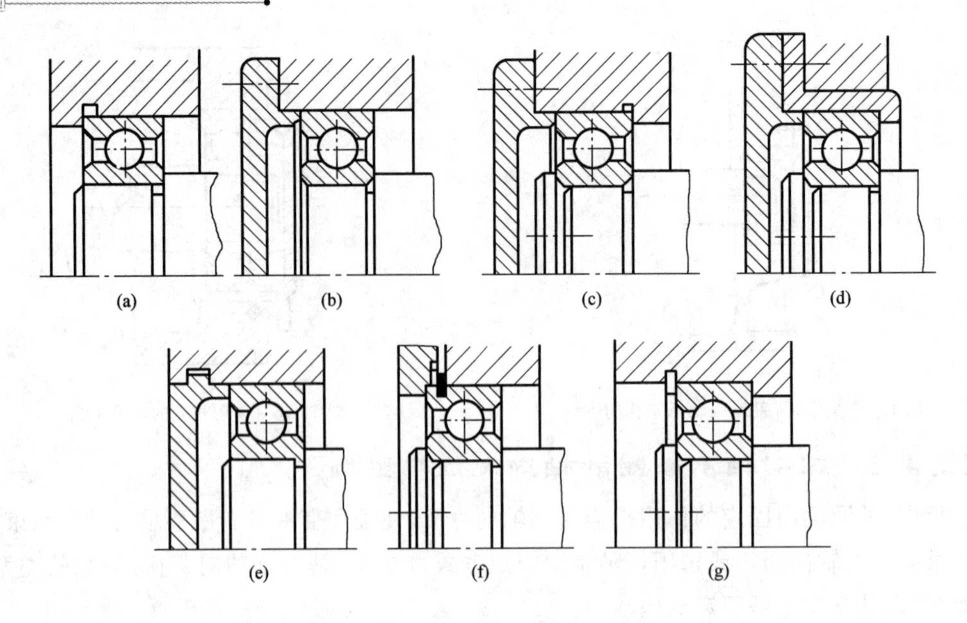

图 12-17 轴承外圈轴向固定结构

1. 两端固定支撑

如图 12-18(a)所示，使轴的两个支点中每一个支点都能限制轴的单向移动，两个支点组合起来就限制了轴的双向移动，这种固定方式称为两端固定。适用于工作温度变化不大的短跨距的轴，为了补偿轴因受热而轴向热伸长，对于径向接触轴承(60000 型)可在一端的外圈和端盖之间留有轴向补偿间隙 $C=0.2\sim0.3$，图 12-18(b)所示；对于角接触向心轴承(30000 型、70000 型)，由于这类轴承内部间隙可以调整，故只需在安装时调整调整垫片的厚度，保证必要的轴向游隙，而不必在轴承外圈端面留出间隙，图 12-18(c)所示，另外也可以用轴承盖板调节，图 12-18(d)所示。

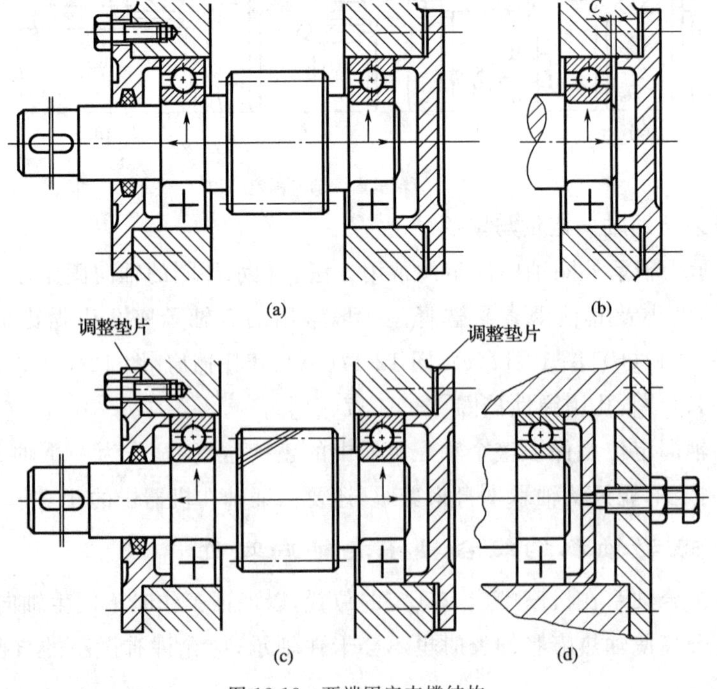

图 12-18 两端固定支撑结构

2. 一端固定、一端游动支撑

如图12-19所示为一端固定、一端游动的支撑结构，这种固定方式是在两个支点中使一个支点双向固定以承受轴向力，另一个支点则可做轴向游动。可做轴向游动的支点称为游动支点，显然它不能承受轴向载荷。

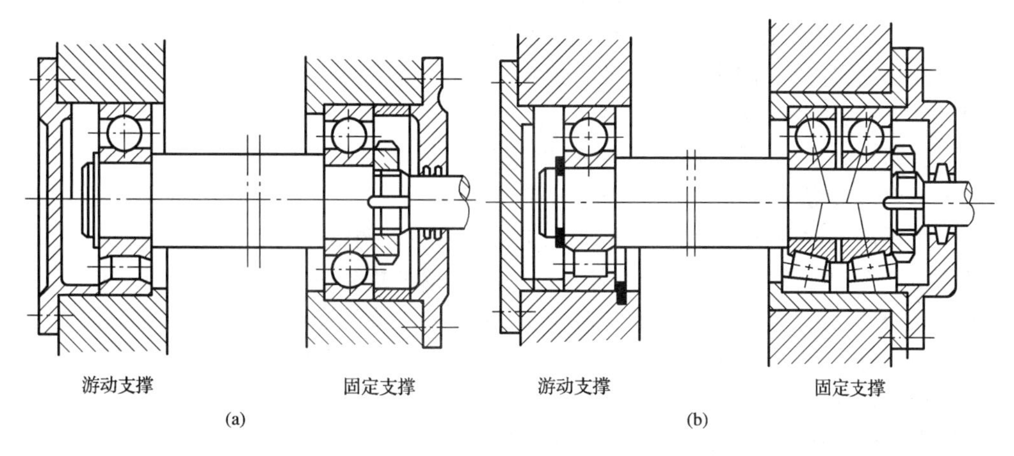

图12-19 一端固定一端游动支撑结构

这种支撑结构可采用径向接触轴承(60000型)一端两个方向固定，另一端游动，如图12-19(a)所示，这时其外圈与孔的配合应为间隙配合，另外还必须使外圈与端盖之间有足够的间隙。这种支撑结构还可以采用固定端用一对角接触向心轴承(70000型、30000型)，而游动端可采用60000型、N0000型，如图12-19(b)所示；当游动端采用60000型轴承时，内圈需固定；当采用N0000型轴承时，内、外圈都要固定，这时游动是轴承内圈或外圈和滚动体相对于外圈或内圈移动。

3. 两端游动支撑

对于人字齿轮轴，由于螺旋角在加工时无法达到左、右完全相等，故啮合时会有左右窜动，而事先又无法预测其左右窜动方向，因此在设计一对人字齿轮轴的支撑时，通常是将主动轴设计成两支撑都为游动的，而将从动轴设计为两端固定支撑，这种支撑结构由于人字齿轮本身的相互轴向限位作用，实际上主动轴的轴向也就固定了，如图12-20所示。

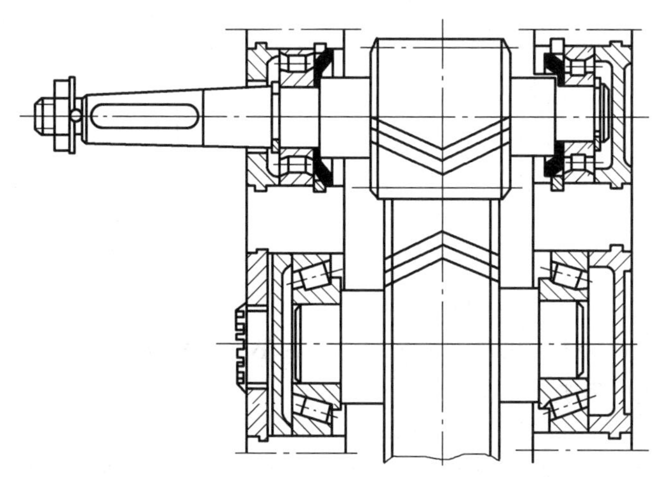

图12-20 两端游动支撑

12.4.4 轴承游隙和轴承组合位置的调整

1. 轴承游隙的调整

轴承游隙的大小对轴承的旋转精度、工作寿命、效率、温升及噪声等有很大的影响，因此对于角接触轴承其游隙应进行调整，其调整方法有：

(1)调整端盖与机座之间的调整垫片的厚度[图 12-18(c)]。

(2)利用螺钉通过外圈压板移动外圈位置[图 12-18(d)]。

(3) 调整轴上的圆螺母(图 12-19)。

前两者调整方便，而后者操作不方便，并要在轴上加工螺纹。

2. 轴承组合位置的调整

在一些机器部件中，轴上某些零件要求工作时能通过调整达到正确的位置，这可以用调整轴承以移动轴系的位置实现。例如蜗杆传动中要求调整蜗轮轴的轴向位置以保证正确啮合，如图 12-21(a)所示；又如在圆锥齿轮传动中，两齿轮要求锥顶重合，因此要求两齿轮轴都能进行轴向调整，如图 12-21(b)所示，具体结构如图 12-22 所示，图 12-22(a)中通过调整垫片 1 来调整锥齿轮的轴向位置，而通过调整垫片 2 来调整轴承的游隙；图 12-22(b)中通过调整垫片 1 来调整锥齿轮的轴向位置，而轴承的游隙要靠圆螺母来调整。

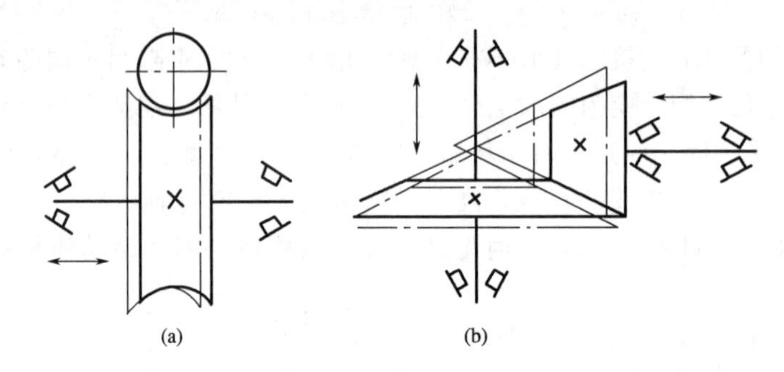

图 12-21 轴系位置调整示意图

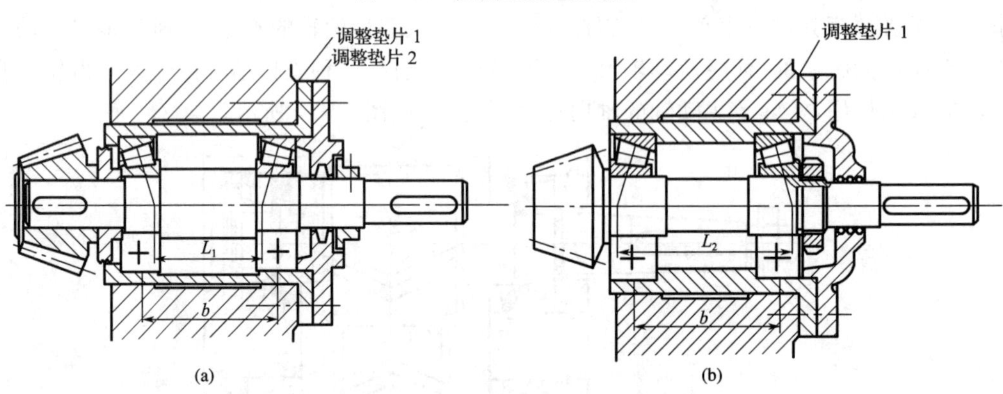

图 12-22 锥齿轮轴系位置的调整

12.4.5 轴承套圈的周向固定和轴承的装拆

1. 轴承套圈的周向固定和配合

轴承套圈的周向固定，靠外圈与轴承座孔(或回转零件)和内圈与轴颈之间的配合来保证。与旋转套圈(多数为内圈)的配合应保证有适当的过盈量，不转的套圈可选择间隙配合或过渡配合。

为使轴承便于互换和使用性能，滚动轴承标准规定：

(1)轴承内圈与轴的配合采用基孔制,轴承外圈与座孔的配合采用基轴制。

(2)滚动轴承的内径和外径的公差带均为单向制,统一采用上偏差为零,下偏差为负的分布。

(3)因滚动轴承是标准件,故在标注轴孔配合时,无须标注轴承内径及外径的公差符号,只标注轴的直径及机座孔的直径公差符号。

2. 滚动轴承的安装和拆卸

轴承内圈往往与轴颈配合很紧,为了不损伤轴承精度,设计时应使安装轴承的轴颈不要过长。安装小型轴承时可直接用软锤敲入,或用一段管子压住轴承内环或外环敲入,如图 12-23(a)、图 12-23(b)所示;对于过盈量较大的中小型轴承,可使用各种压力机。安装时压力机在内圈上施加压力将轴承压套到轴颈上;对于特别大尺寸轴承可采用热油(80～90 ℃)加热轴承或用干冰冷却轴颈后装入。

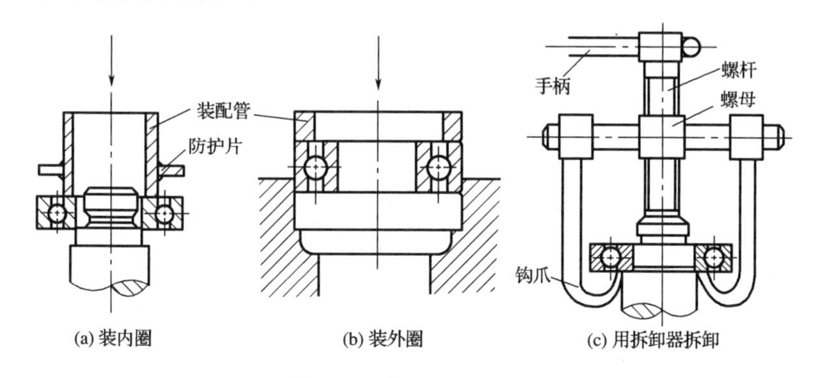

图 12-23　轴承的装拆方法

拆卸时一般需用专用拆卸工具,如图 12-23(c)所示。因此设计时,为便于拆卸,轴承内圈比轴肩、外圈比凸肩应露出足够高度 h(该尺寸可根据轴承标准中轴承的安装尺寸确定),如图 12-24(a)、图 12-24(c)、图 12-24(d)所示。若高度不够,可在轴肩上开沟[图 12-24(b)],以便安置工具的钩头;也可以加工拆卸用的螺纹孔,以便用拆卸螺钉顶出套圈[图 12-24(e)]。

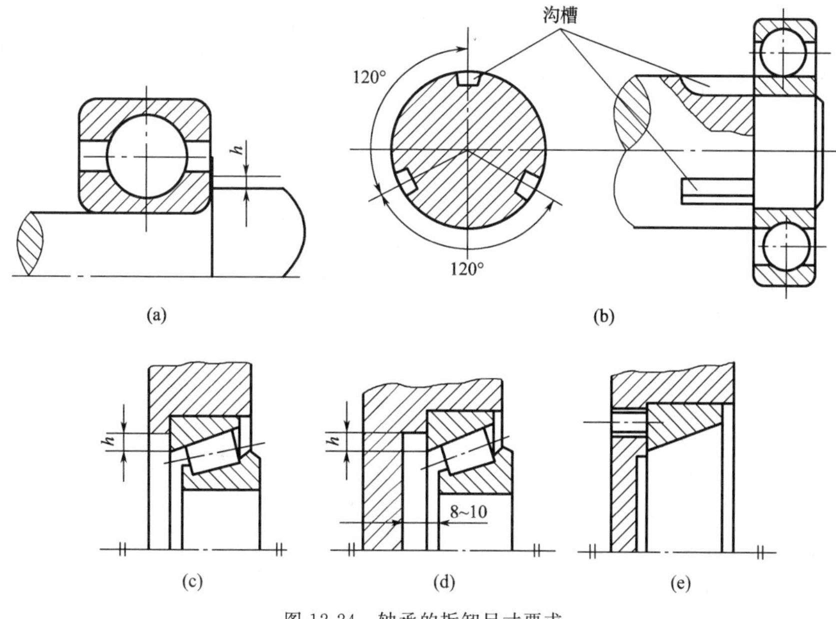

图 12-24　轴承的拆卸尺寸要求

12.4.6 滚动轴承的润滑和密封

1. 滚动轴承的润滑

润滑对于滚动轴承具有重要意义。滚动轴承润滑的作用是降低摩擦阻力、减轻磨损、防止锈蚀，同时还可以起散热、降低接触应力、吸振等作用。滚动轴承常用的润滑方式有油润滑和脂润滑，特殊情况下也采用固体润滑剂。其润滑方式通常根据轴承的速度因子 dn 值的大小由表 12-14 来选择（d 为轴承内径，单位为 mm；n 为工作速度，单位为 r/mm）。

表 12-14 滚动轴承润滑方式的选择

轴承类型	速度因子 $dn/(\mathrm{mm\cdot r\cdot min^{-1}})$				
	脂润滑	油浴飞溅润滑	滴油润滑	喷油润滑	油雾润滑
深沟球轴承	1.6×10^5	2.5×10^5	4×10^5	6×10^5	$>6\times10^5$
调心滚子轴承	1.6×10^5	2.5×10^5	4×10^5	—	—
角接触球轴承	1.6×10^5	2.5×10^5	4×10^5	6×10^5	$>6\times10^5$
圆柱滚子轴承	1.2×10^5	2.5×10^5	4×10^5	6×10^5	$>6\times10^5$
圆锥滚子轴承	1.0×10^5	1.6×10^5	2.3×10^5	3×10^5	—
推力球轴承	0.4×10^5	0.6×10^5	1.2×10^5	1.5×10^5	—
调心滚子轴承	0.8×10^5	1.2×10^5	—	2.5×10^5	—

脂润滑因润滑脂不易流失，故便于密封和维护，且一次充填润滑脂可运转较长时间，但黏滞阻力比润滑油大，散热效果差。润滑脂的充填量一般应是轴承中间体积的 1/3～1/2，过多将导致摩擦温升过高，过少没有起润滑作用。

油润滑的黏滞阻力小，润滑可靠，具有冷却和清洗作用，但对密封和供油条件要求较高。在高速、高温下必须采用油润滑，另外在机器中当其他零件（如齿轮）本来就有润滑系统时，如果允许滚动轴承使用该系统的油来润滑，即可使结构简化。

如图 12-25 所示，润滑油的黏度可按轴承的速度因子 dn 值和工作温度 t 来确定。滚动轴承常用油润滑的方式有油浴润滑（图 12-26）、滴油润滑、飞溅润滑、喷油（循环油）润滑和油雾润滑等。如果采用油浴润滑，油量不宜过多，应使油面高度不超过最低滚动体的中心（图 12-26），以免产生过大的搅油损耗和热量。

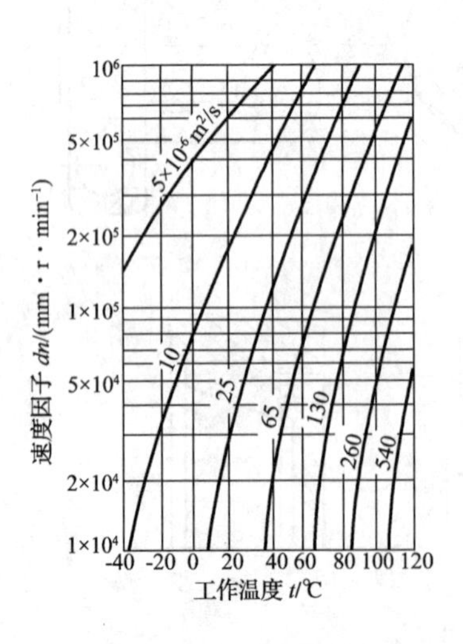

图 12-25 润滑油黏度的选择

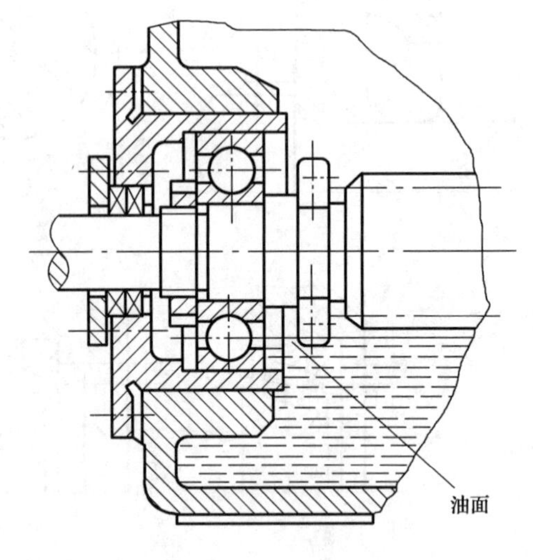

图 12-26 油浴润滑

2. 滚动轴承的密封

轴承的密封是为了阻止灰尘及其他杂物进入轴承，并防止润滑剂流失。选用密封装置时，一方面要保证轴承得到良好的密封，同时又要兼顾密封件及有关零件的寿命。滚动轴承的密封方式可分为两大类：接触式密封和非接触式密封。具体的密封装置很多，其原理和作用也各不相同，一般根据工作条件、润滑剂种类、圆周速度、工作温度、结构特点等参照表 12-15 来选择。

表 12-15　　常用的滚动轴承密封类型

密封	类型	图例	适用场合	说　明
接触式密封	毛毡圈密封	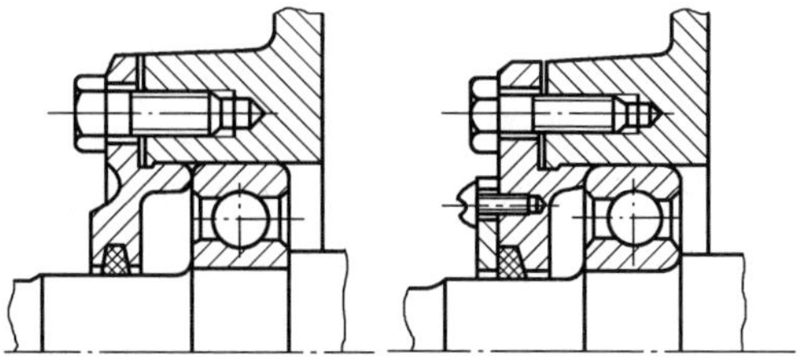 (a)　(b)	脂润滑。要求环境清洁，轴颈圆周速度 $v \leqslant 5$ m/s，工作温度不超过 90 ℃	矩形断面的毛毡圈被安装在梯形槽内，它对轴产生一定的压力而起到密封作用
	密封圈密封	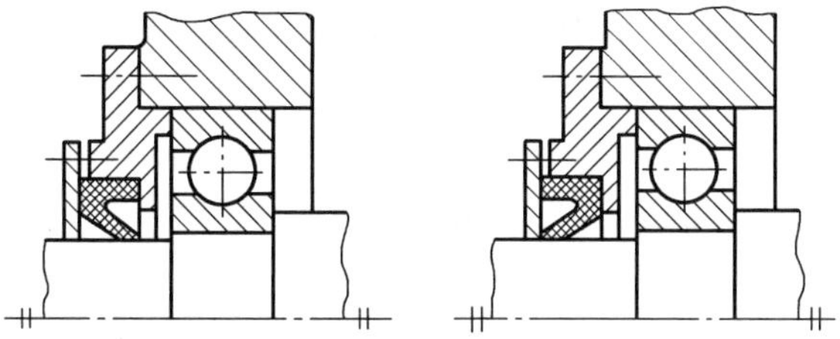 (a)　(b)	脂或油润滑。轴颈圆周速度 $v < 7$ m/s，工作温度为 40～100 ℃	密封圈用皮革、塑料或耐油橡胶制成，有的具有金属骨架，有的没有骨架，密封圈是标准件。图(a)所示为密封唇朝里，目的是防漏油；图(b)所示为密封唇朝外，主要目的是防灰尘、杂质进入
非接触式密封	间隙密封	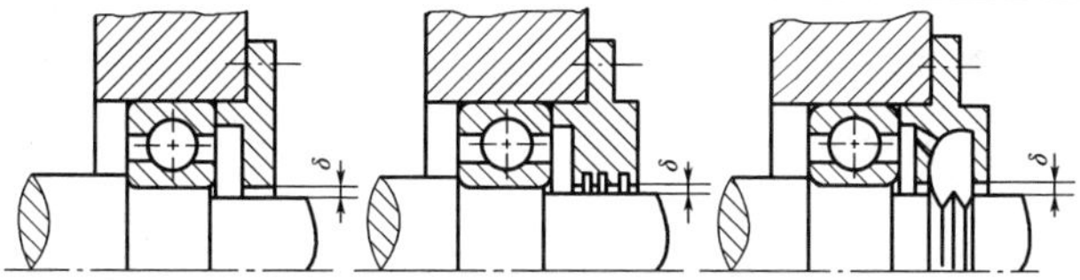 (a)　(b)　(c)	脂润滑。干燥清洁环境	靠轴与盖间的细小环形间隙密封，间隙愈小、愈长，效果愈好，间隙 δ 取 0.1～0.3 mm
	迷宫式密封	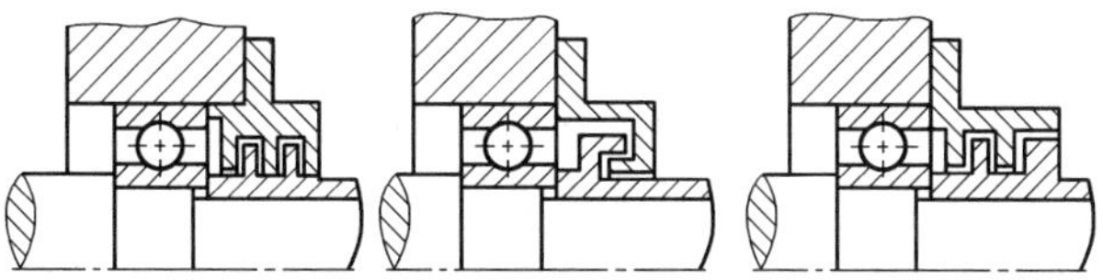 (a)　(b)　(c)	脂润滑或油润滑。工作温度不高于密封用脂的滴点，密封效果可靠	将旋转件与静止件之间的间隙制成迷宫(曲路)形式，并在间隙中充填润滑油或润滑脂以加强密封效果。分径向、轴向两种：图(a)所示为径向曲路，径向间隙 $\delta \leqslant 0.2$ mm；图(b)所示为轴向曲路，因考虑到轴受热后会伸长，间隙应取大些，$\delta = 1.5 \sim 2$ mm
组合密封	毛毡加迷宫密封	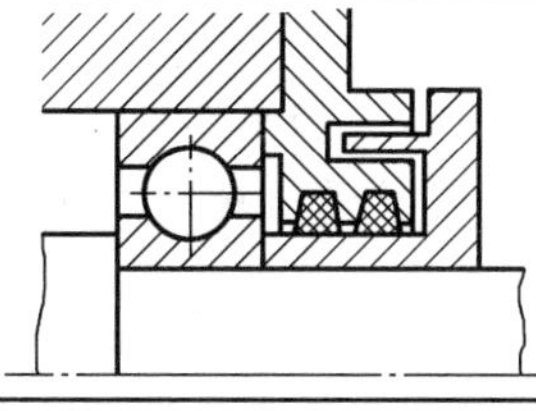	适用于脂润滑或油润滑，轴颈圆周速度 $v > 7$ m/s	这是组合密封的一种类型，可充分发挥各自优点，提高密封效果。组合方式很多，不一一列举

小　结

常用的滚动轴承绝大多数已经标准化，并由专业轴承厂组织生产。因此，机械设计人员的主要任务是根据工作要求合理地选择滚动轴承的类型、尺寸；对所选出的轴承进行校核计算；考虑轴承的装拆、调整、润滑和密封等问题，进行滚动轴承的组合设计。对于初学者来讲，滚动轴承的类型选择、寿命计算、组合设计比较难掌握，滚动轴承的寿命计算和组合设计是本章讨论的重点。

滚动轴承代号由前置代号、基本代号和后置代号组成，基本代号是滚动轴承代号的基础，由类型代号、尺寸系列代号以及内径代号组成。机器中比较常用的轴承有角接触球轴承、深沟球轴承、圆锥滚子轴承、推力球轴承和圆柱滚子轴承等。尺寸系列代号由轴承的宽(高)度系列代号和直径系列代号组合而成。内径代号表示轴承公称内径尺寸。

一般在选择滚动轴承的类型时主要考虑如下因素：轴承所受载荷的方向、大小和性质；轴承的调心性能；轴承的转速；安装空间尺寸的限制；经济性等。

滚动轴承的主要失效形式有疲劳点蚀和塑性变形。对于中低速运转的滚动轴承，其主要失效形式是疲劳点蚀，应按疲劳强度进行寿命计算；对于高速滚动轴承，由于发热大，常产生过度磨损和胶合，所以对这种条件下工作的轴承，除按疲劳强度进行寿命计算外，还应校核其极限转速；对于转速极低或缓慢摆动的滚动轴承，其主要失效形式是塑性变形，应按静强度进行校核计算。

对于具有基本额定动载荷 C 的轴承，若其所受的外载荷 P 恰好为 $C(P=C)$ 时，则显然其基本额定寿命将为旋转 1×10^6 次($L_{10}=1\times10^6$ 转)。但当所受的外载荷 $P\neq C$ 时，轴承的寿命为多少？这就是轴承寿命计算所需解决的一类问题。轴承寿命计算所要解决的另一类问题是，当轴承所受的外载荷等于 P，且要求轴承具有的寿命为 L'_h(单位为小时)时，那么必须选用什么轴承型号？用轴承的寿命计算公式 $L_h=\frac{1\times10^6}{60n}(\frac{f_tC}{f_pP})^\varepsilon$ 和 $C=\frac{f_pP}{f_t}\sqrt[\varepsilon]{\frac{60nL'_h}{1\times10^6}}$ 可以解决这两类问题。

轴承的寿命计算公式中 P 为当量动载荷。对于只能承受径向载荷的圆柱滚子轴承，其 $P=F_r$；对于只能承受轴向载荷的推力球轴承，其 $P=F_r$；对于能同时承受径向载荷和轴向载荷的深沟球轴承、角接触球轴承和圆锥滚子轴承，其 $P=XF_r+YF_a$。(式中两轴承的径向载荷 F_r 实际上就是轴的两个支点的支反力，其根据作用在轴上的径向外载荷 F_R 即可求出)。而计算两轴承的轴向载荷 F_a 则要考虑轴承的派生轴向力 F_s(其方向为由轴承外圈的宽边一端指向窄边一端)和作用在轴上的轴向外载荷 F_A。对于角接触轴承的任意一种安装方式，“压紧”端轴承所受的轴向载荷等于除其自身内部轴向力以外的其余各轴向力的代数和；“放松”端轴承所受的轴向载荷就等于其自身的内部轴向力。应当注意，在应用这种方法计算轴承所受的轴向载荷时，关键是根据轴承的安装方式和受力情况，正确地判断出轴承的“压紧”端与“放松”端。

滚动轴承的组合设计需要考虑的问题有：正确选择轴承组合支撑结构；轴承的安装、固定、调整和装拆；选择轴承的配合；关注轴承的润滑和密封等问题。

思考题及习题

12-1 说明下列型号轴承的类型、尺寸系列、结构特点、公差等级及适用场合：6005、N209/P6、7207C、30209/P5，并说明哪个轴承的公差等级最高，哪个轴承承受径向载荷的能力最强，哪个轴承不能承受轴向载荷。

12-2 滚动轴承基本额定动载荷 C 的含义是什么？当滚动轴承上作用的当量动载荷不超过 C 值时，轴承是否就不会发生点蚀破坏？为什么？

12-3 滚动轴承基本额定动载荷 C 与基本额定静载荷 C_0 在概念上有何不同？分别针对何种失效形式？

12-4 6309 型滚动轴承的工作条件为：轴承径向载荷 $F_r=15\ 000$ N，转速 $n=100$ r/min，工作中有中等冲击，温度低于 100 ℃，轴承的预期使用寿命 $L_h'=10\ 000$ h，试验算该轴承的寿命。

12-5 计算图 12-27 所示轴承的寿命 L_h。已知直齿圆柱齿轮的齿数 $z=36$，模数 $m=3$ mm，传递功率 $P=7$ kW，转速 $n=600$ r/min，滚动轴承代号为 6205，工作中有中等冲击，温度低于 100 ℃，齿轮相对轴承对称布置。

12-6 锥齿轮轴组件选用一对 30206/P6 圆锥滚子轴承，如图 12-28 所示。已知轴的转速 $n=640$ r/min，锥齿轮平均分度圆直径 $d_m=56.25$ mm，作用于锥齿轮上的圆周力 $F_t=2\ 260$ N，径向力 $F_r=760$ N，轴向力 $F_a=292$ N，试求该轴承的寿命。

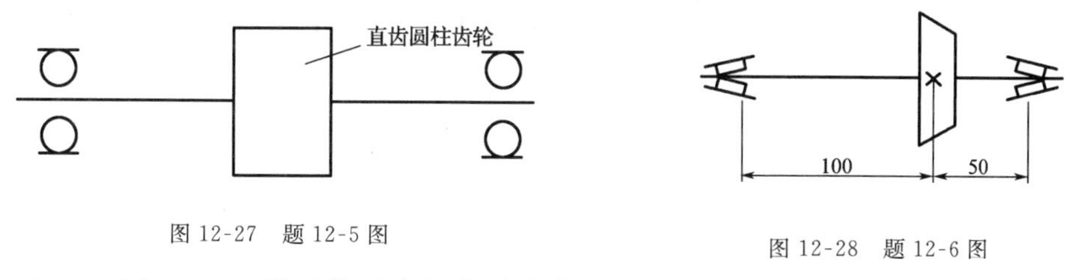

图 12-27 题 12-5 图

图 12-28 题 12-6 图

12-7 已知 30306 轴承的基本额定动载荷 $C_r=33\ 400$ N，则

(1)若其当量动载荷 $P=6\ 000$ N 并要求 $L_h'\geqslant 12\ 000$ h，则允许最高转速 n 是多少？

(2)若其当量动载荷 $P=8\ 000$N，工作转速 $n=500$ r/min，试计算轴承寿命 L_h。

(3)工作转速 $n=1\ 440$ r/min，要求 $L_h'\geqslant 12\ 000$ h，允许的当量动载荷 P 是多少？

12-8 一轴的两支撑采用相同的深沟球轴承，已知轴颈均为 $d=30$ mm，其转速 $n=730$ r/min，各轴承所承受的径向载荷分别为 $F_{r1}=1\ 500$ N 及 $F_{r2}=1\ 200$ N，载荷平稳，常温下工作，要求使用寿命 $L_h'\geqslant 10\ 000$ h，试选择该轴承型号。

12-9 有一减速器的输入轴如图 12-29 所示，采用一对角接触球轴承支撑，已知两轴承所承受的径向载荷分别为 $F_{r1}=1\ 440$ N 及 $F_{r2}=1\ 390$ N，轴向外载荷 $F_A=380$ N，载荷平稳，常温下工作，试求这两个轴承的当量动载荷。

12-10 如图 12-30 所示为一圆锥齿轮轴，采用圆锥滚子轴承作为支撑，经简化后，作用在齿轮上的轴向力 $F_A=950$ N，径向力 $F_R=1\ 000$ N，方向如图 12-30 所示，$a=80$ mm，$b=120$ mm，轴径 $d=40$ mm，转速 $n=1\ 450$ r/min，常温下工作，有轻微冲击，预期寿命为 20 000 h，试选用该轴承型号。

12-11 斜齿轮传动 $m_n=2.5$，$z_1=17$，$z_2=75$，$\beta=16°35'52''$，$a=120$ mm，$P=2.6$ kW，$n=384$ r/min，单向回转，方向如图 12-31 所示。高速轴由一对 7206 轴承支撑，$l=50$ mm，

$l_1=80$ mm，轴端 V 带轮压轴力 $F_Q=1\ 120$ N，试分析该齿轮旋向以使轴承寿命较高。

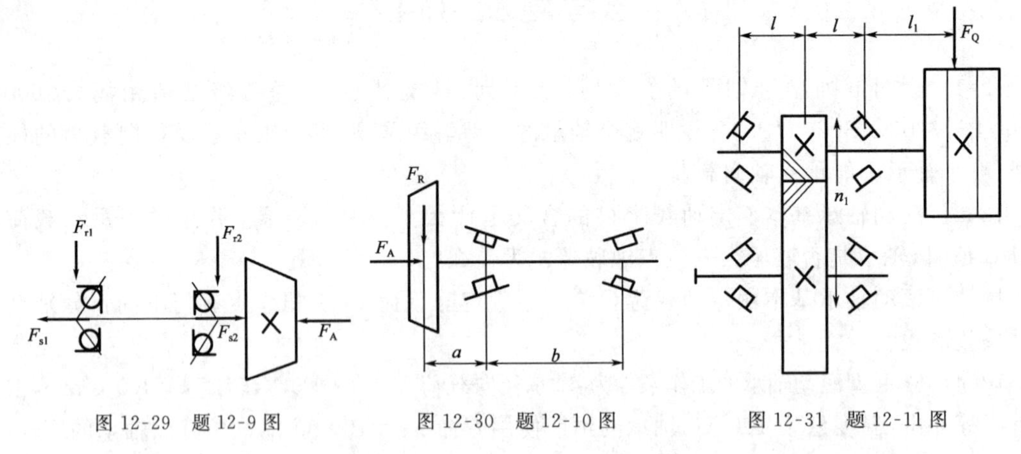

图 12-29　题 12-9 图　　图 12-30　题 12-10 图　　图 12-31　题 12-11 图

12-12　指出图 12-32 所示结构图中的错误和不合理之处，并画出正确的结构图。

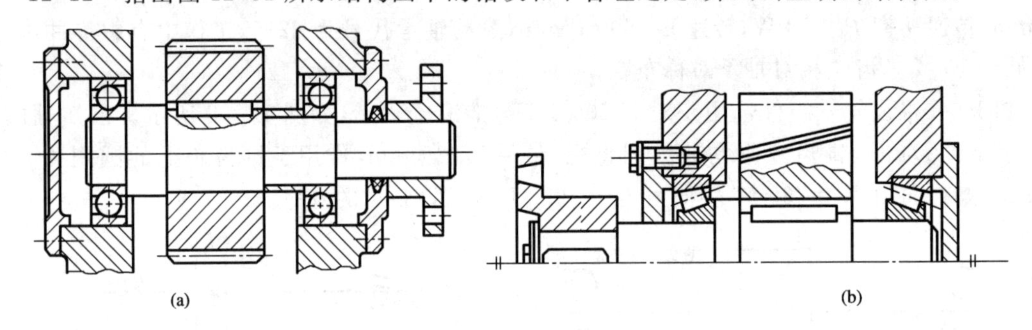

图 12-32　题 12-12 图

第13章

滑动轴承

滑动轴承的结构

滑动轴承以其自身的特点在各种机器设备中得到广泛的应用。本章主要介绍滑动轴承的摩擦和润滑状态、滑动轴承的基本类型和结构形式、轴承和轴瓦材料，并介绍了非液体润滑滑动轴承强度设计计算、液体动压润滑滑动轴承的工作原理。

13.1 概 述

滑动轴承在工作转速高、旋转精度要求高、径向尺寸受限或必须剖分安装(如曲轴的轴承)以及需在水或腐蚀性介质中工作等场合下显示出它的优异性能。因而在汽轮机、离心式压缩机、内燃机、大型电动机等机器中采用滑动轴承。

13.1.1 摩 擦

按表面润滑情况，将摩擦分为以下几种状态：干摩擦、边界摩擦和液体摩擦，如图 13-1 所示。

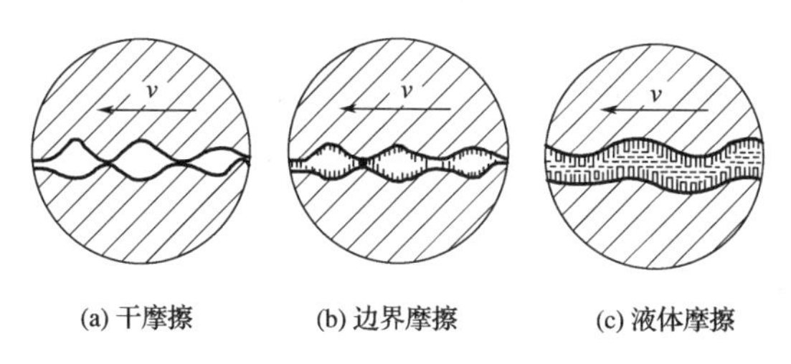

图 13-1 摩擦状态

1. 干摩擦

当两摩擦表面之间无任何润滑剂时，出现固体表面直接接触的摩擦称为干摩擦，如图 13-1(a)所示。此时，会有大量的摩擦功率损耗和严重的磨损。在滑动轴承中则表现为迅速地升温，甚至把轴瓦烧毁。因此，在滑动轴承中不允许出现干摩擦。

2. 边界摩擦

两摩擦表面间有极薄的润滑油膜，但是油膜厚度小于 1 μm (相当于表面粗糙度量级)，不足以将两金属表面(微观高峰)完全分隔开来，在相互移动时，两金属表面微观的高峰部分将互相擦削，这种状态称为边界摩擦，如图 13-1(b)所示。因此，在滑动轴承金属表层覆盖一层边界油膜后，不能绝对消除表面磨损，但可以减轻磨损。其摩擦和磨损均比干摩擦小。

3. 液体摩擦

若两摩擦表面间有充足的润滑油，油膜厚度大于 3 μm，就能将两相对运动的金属表面完全分隔开，此时，只有液体之间的摩擦，称为液体摩擦，又称为液体润滑，如图 13-1(c)所示。滑动轴承处于液体摩擦状态时，形成的压力油膜可以将轴颈托起，使其浮在油膜中。因此，显著减少了摩擦和磨损。

综上所述，液体摩擦是最理想的情况。例如鼓风机、汽轮机等高速旋转机器中的滑动轴承，就应确保在液体润滑条件下工作。而在一般机器中，摩擦表面多处于干摩擦、边界摩擦和液体摩擦的混合状态，称为混合摩擦，又称为非液体润滑。

13.1.2 滑动轴承的特点

滑动轴承在一般情况下摩擦损耗较大，使用维护也比较复杂，因而在多数机械设备中常被滚动轴承所代替。然而，滑动轴承具有结构简单，制造及装拆方便，具有良好的耐冲击性和良好的吸振型性能，运转平稳，旋转精度高，承载能力大，使用寿命长等优点。因此在高速精密机械(如汽轮发电机、内燃机和精密机床等)和低速重载的一般机械(如冲压机械、农业机械和起重机械等)中广泛地应用着。

13.2 滑动轴承的基本类型、结构形式和特点

滑动轴承按其滑动表面间摩擦状态不同，可分为液体摩擦滑动轴承和非液体摩擦滑动轴承。在液体摩擦滑动轴承中，根据其相对运动的两表面间油膜形成原理的不同，又可分为流体动压润滑轴承(简称动压轴承)和流体静压润滑轴承(简称静压轴承)。按照承受载荷的方向不同，滑动轴承可分为向心滑动轴承、推力滑动轴承和向心推力组合滑动轴承。本章主要介绍非液体滑动轴承和液体动压滑动轴承。

按照承受载荷的方向不同，滑动轴承可分为向心滑动轴承、推力滑动轴承和向心推力组合滑动轴承。

13.2.1 向心滑动轴承的基本类型、结构形式和特点

向心滑动轴承主要用来承受径向载荷。按照结构拆装和调心的需要，向心滑动轴承主要有下列几种形式。

1. 整体式向心滑动轴承

图 13-2 所示为整体式向心滑动轴承结构，一般由整体式轴承座[图 13-2(a)]和整体式轴瓦组成，轴承座采用铸铁材料制作，轴瓦采用减摩性能好的青铜、铸铁等材料制成。轴承座用螺栓与机座连接固定，其顶部一般设有安装油杯的螺纹孔；轴瓦镶入轴承座中，轴瓦上开有油孔，并在内表面上开有油沟，以便均布润滑油来润滑轴承。有时轴承座孔亦可在机器箱体上或其他部分直接制成，如图 13-2(b)所示。

整体式向心滑动轴承已标准化，结构简单，成本低廉，易于制造。它的缺点是轴套磨损后，轴承间隙过大，无法调整；并只能从轴颈端部装拆，对于质量大的轴或具有中间轴颈的轴，装拆很不方便，甚至在结构上无法实现。因此，这种结构的轴承多用在低速、轻载或间歇工作的简单机械上。

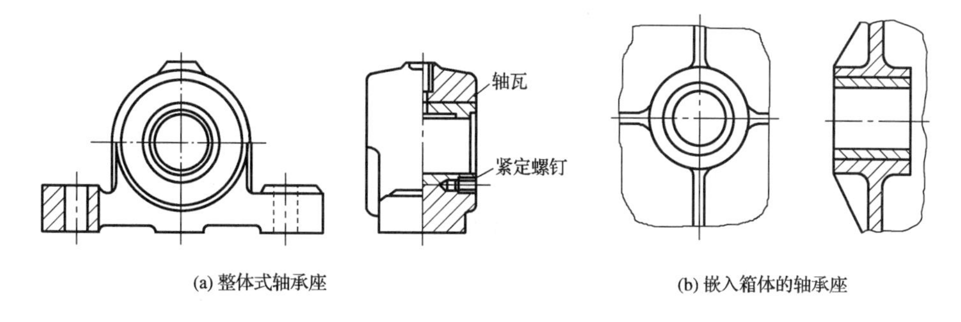

(a) 整体式轴承座　　(b) 嵌入箱体的轴承座

图 13-2　整体式向心滑动轴承

2. 剖分式向心滑动轴承

图 13-3 所示为剖分式向心滑动轴承结构，主要由轴承座、轴承盖、剖分轴瓦组成。轴承座和轴承盖两部分由螺柱连接，剖分面制有阶梯形止口，以便对中和防止横向错动；轴承盖上方开有装润滑油杯的螺纹孔。轴承的剖分面最好或者接近垂直于载荷方向，故剖分面可以为水平方向图 13-3(a)所示，也可以为倾斜方向图 13-3(b)所示。剖分式轴瓦由两半组成，上轴瓦为非承载区，内表面开设油孔和油沟，下轴瓦为承载区。

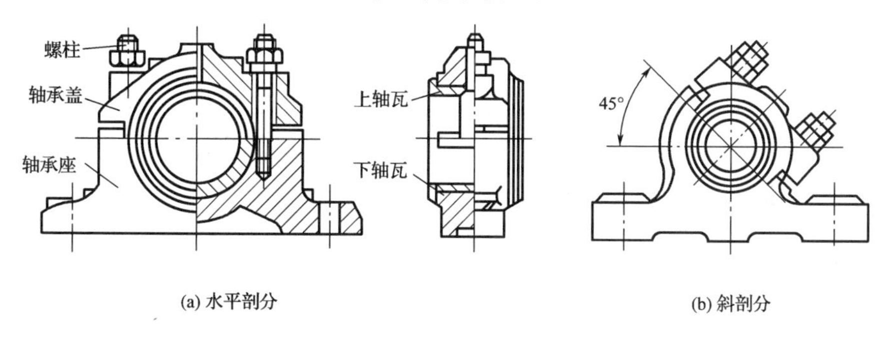

(a) 水平剖分　　(b) 斜剖分

图 13-3　剖分式向心滑动轴承

剖分式向心滑动轴承装拆方便，并且轴瓦磨损后可以用剖分面处的垫片厚度来调整轴承间隙(调整后应修刮轴瓦内孔)，应用比较广泛，因此也已标准化。但与整体式向心滑动轴承相比结构比较复杂，制造费用较高。

3. 其他类型的向心滑动轴承

图 13-4(a)所示为自动调心式向心滑动轴承，轴瓦外表面做成球形，与轴承座的球状内表面相配合。当轴有弯曲变形或两轴承座的轴线不对中时，轴瓦能自动调心。自动调心式向心滑动轴承主要用于刚性较小的结构和轴承宽度 B 与轴颈直径 d 之比(宽径比 B/d)大于 1.5 的轴承。

此外，为了解决整体式滑动轴承间隙无法调整的问题，在保证机械的正常运转和旋转精度前提下，还可采用间隙可调式径向滑动轴承，图 13-4(b)所示为轴颈为圆柱形，轴套为外锥式，轴套沿外表面纵向切有槽，因此轴套具有弹性，当调节螺母使轴套外层的锥孔套筒轴向移动时，依靠轴套的弹性收缩变形调节与轴颈的间隙；图 13-4(c)所示内锥式，当轴套外圆柱面上两端螺母松紧配合时，轴套就能沿锥形轴颈轴向移动，从而调整轴承间隙。

13.2.2　推力滑动轴承的基本类型、结构形式和特点

推力滑动轴承仅能承受轴向载荷，与径向轴承联合使用才可同时承受轴向与径向载荷。其由轴承座和止推轴颈等组成，常用结构如图 13-5 所示。

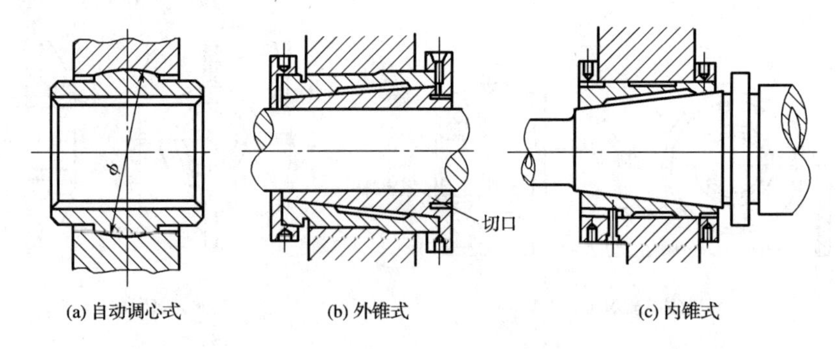

(a) 自动调心式　(b) 外锥式　(c) 内锥式

图 13-4　其他类型的向心滑动轴承

图 13-5(a)所示为实心式端面推力轴承,这种轴承接触面上的压强分布不均匀,靠近边缘部分磨损较快,很少使用。图 13-5(b)所示为空心式端面推力轴承,接触面积减小,润滑条件有所改善,从而避免了实心式的若干缺点。图 13-5(c)所示为单环式推力轴承,利用轴颈的环形端面承载,结构简单,常用于低速轻载的场合。图 13-5(d)所示为多环式推力轴承,采用多个环承担轴向载荷,提高了承载能力,另外还可承受双方向的轴向载荷,但是制造装配精度要求高。

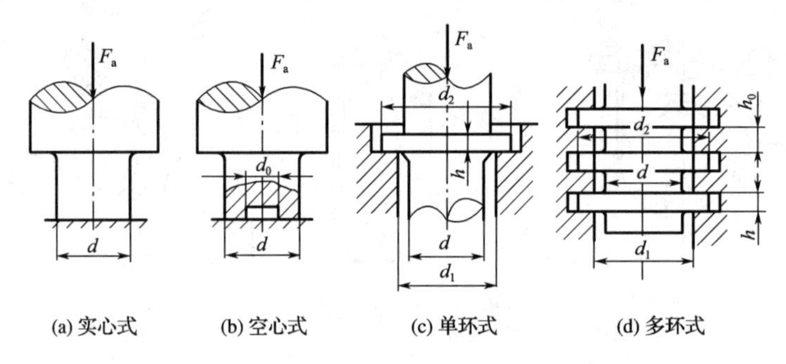

(a) 实心式　(b) 空心式　(c) 单环式　(d) 多环式

图 13-5　推力滑动轴承的基本结构

13.3　滑动轴承的轴瓦结构和轴承材料

13.3.1　滑动轴承的轴瓦结构

1. 轴瓦的结构形式

轴瓦是滑动轴承中的重要零件,主要作用为便于维修和节约贵重的轴承材料。其结构对轴承性能影响很大,具体要求为定位可靠,便于润滑,易散热,且装拆、调整方便等。方便与不同类型轴承配合,轴瓦结构同样有整体式和剖分式两种。

整体式轴瓦通常称为轴套,如图 13-6 所示。按照材料与制法不同,分为整体式轴套和卷制轴套两种,分别如图 13-6(a)和图 13-6(b)所示。

剖分式轴瓦由上、下两半轴瓦组成,如图 13-7 所示。其中,通常仅下轴瓦承受载荷。上轴瓦开有油孔、油槽和油室,润滑油由油孔输入后,经油槽分布到整个轴瓦表面上,油室可贮油和贮放污染颗粒。

为了减轻摩擦,常在轴瓦内表面浇注一层或两层减摩性能较好的减摩材料(如轴承合金),如图 13-8 所示。

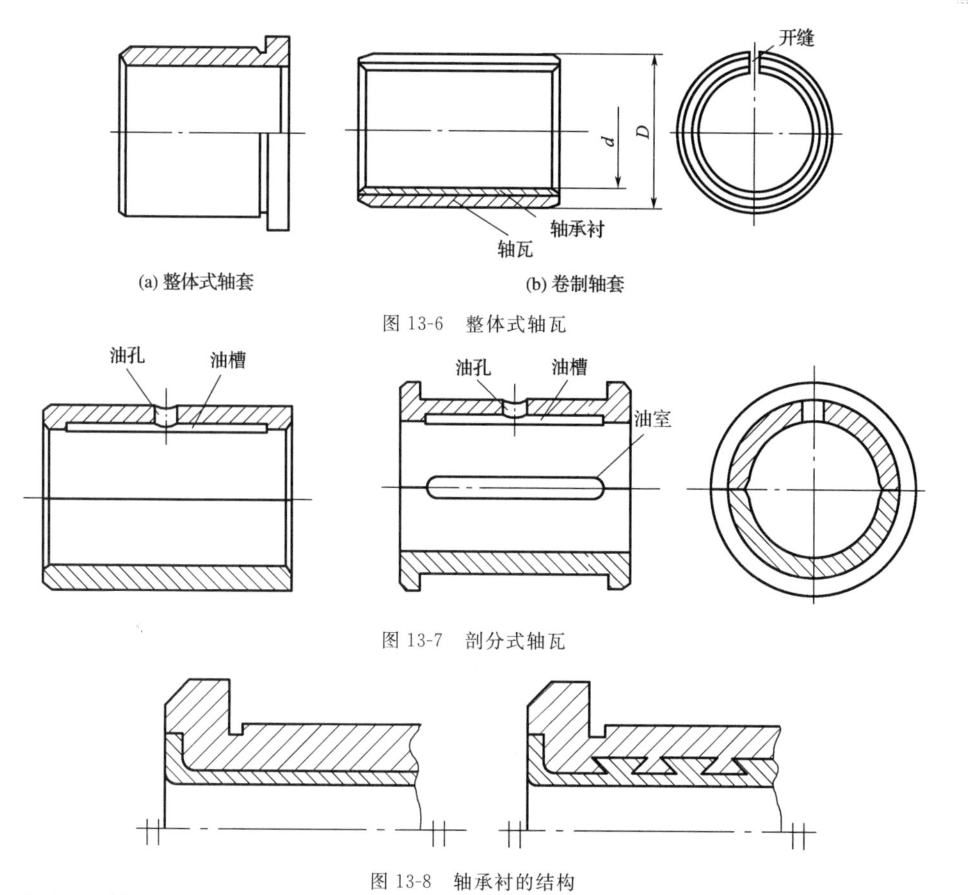

(a) 整体式轴套　　(b) 卷制轴套

图 13-6　整体式轴瓦

图 13-7　剖分式轴瓦

图 13-8　轴承衬的结构

2. 油孔、油槽

为了将润滑油导入轴承的工作表面，轴瓦上开设油孔和油槽。常见的油孔和油槽的形式如图 13-9(a)～图 13-9(c)所示。油孔和油槽的开设原则是：

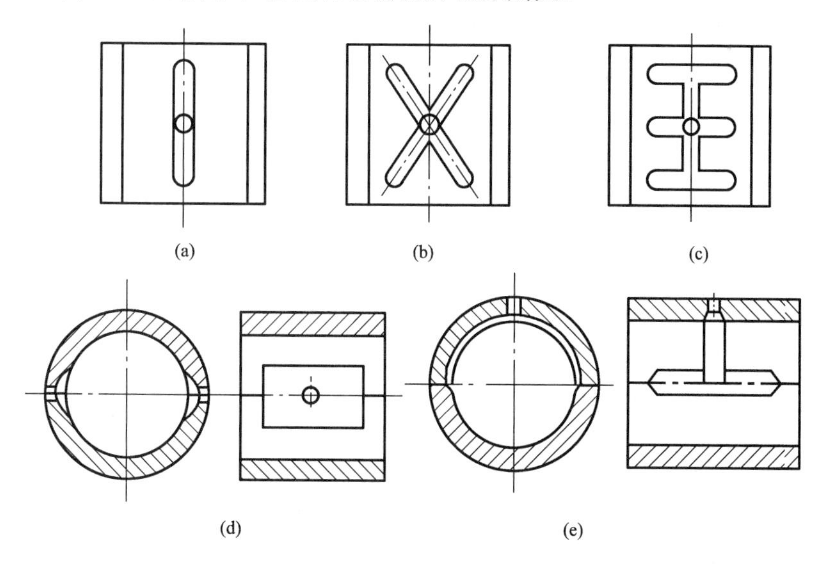

(a)　(b)　(c)

(d)　(e)

图 13-9　油孔和油槽

(1)油槽的轴向长度应比轴瓦的长度短(约为轴瓦长度的 80%)，不能沿轴向完全开通，以免油从两端大量泄失，影响承载能力。

(2)油孔和油槽不应开在轴瓦的承载区,以免降低油膜的承载能力。

(3)对于剖分式轴瓦,轴向油槽应开在轴瓦剖分处,如图 13-9(d)所示。

(4)周向油槽常开成半环状,如图 13-9(e)所示。

3. 轴瓦的定位与配合

在轴瓦设计中,为了防止轴瓦在轴承座中发生轴向移动和周向转动。其必须有可靠的定位和固定。实现方式如下:将轴瓦两端做出凸缘来轴向定位,如图 13-10 所示;也可用紧定螺钉[图 13-11(a)]或圆柱销[图 13-11(b)]将轴瓦固定在轴承座上。

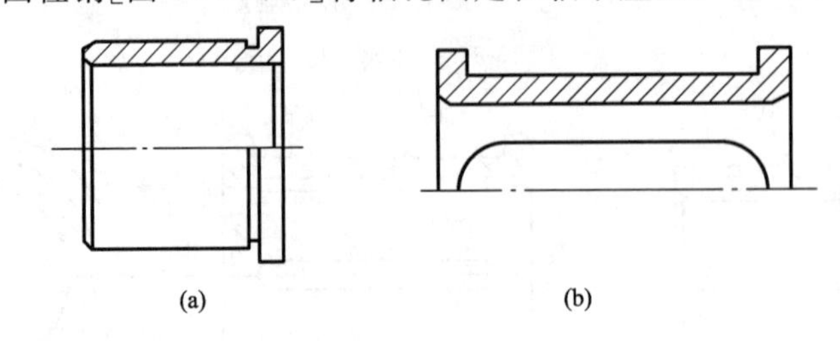

图 13-10 凸缘定位

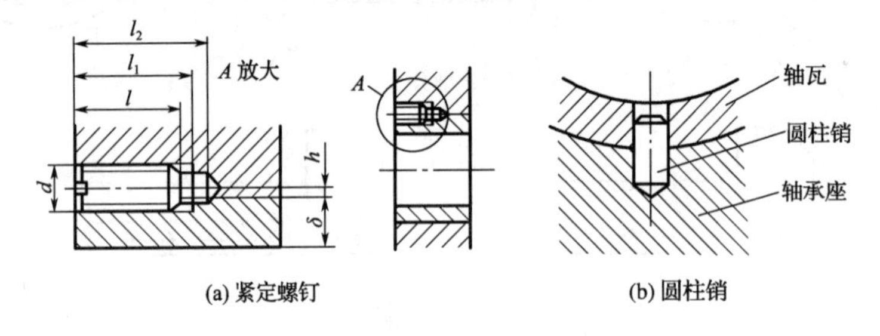

图 13-11 轴瓦的定位

13.3.2 滑动轴承的材料

轴瓦和轴承衬的材料统称为轴承材料,要求轴承材料具备下述性能:

(1)摩擦系数小。

(2)导热性好,热膨胀系数小。

(3)耐磨、耐蚀、抗胶合能力强。

(4)机械强度和可塑性足够。

值得一提的是,很少有轴承材料能够具备上述全部性能,因而必须分析各种具体情况,进行合理选用。较为常见的方式是利用两层不同金属制成轴瓦,实现性能上取长补短;同时亦可用在工艺上浇铸或压合的方法,将薄层材料黏附在轴瓦基体上,形成轴承衬。

常用的轴瓦和轴承衬材料如下:

(1)铸铁

灰铸铁和耐磨铸铁均可作轴瓦材料。前者组织中的游离石墨虽能起润滑作用,但基体材质硬度高且脆,跑合性差;后者组织中石墨细小而分布均匀,耐磨性较好。这类材料应用较少,仅适用于轻载、低速和不受冲击的场合。

(2)轴承合金(又称巴氏合金或白合金)

轴承合金主要由锡、铅、锑、铜等组成,分为锡基轴承合金和铅基轴承合金。前者的摩擦系数小,抗胶合能力好,对油的吸附性强,耐腐蚀性好,易跑合,适用于高速、重载的场合。后者的性能较脆,不宜承受冲击载荷,适用于中速、中载的场合。但由于这两类轴承合金的机械强度和熔点都较低,仅宜用于温度低于 150 ℃的工况,且价格贵,一般只用作轴承衬的材料。

(3)铜合金

青铜是一种较好的轴瓦材料,有锡青铜、铝青铜和铅青铜三种。青铜的疲劳强度优于轴承合金,耐磨性与减磨性较好,能在较高温度下工作。但可塑性差,不易跑合,宜用于中速重载、中速中载及低速重载的工况。

(4)铝合金

铝合金有低锡和高锡两类。该合金强度高,耐磨性、耐腐蚀性和导热性好,同时合金价格较便宜。但要求轴颈有较高的硬度、较小的表面粗糙度和稍大的轴承的间隙,适用于中速中载、低速重载的场合。

综上所述,每种材料性能各有特点,导致应用场合不同。因此,设计时需根据轴承工作时的载荷、速度、温度、环境条件、经济性等要求,选择满足的材料或通过采用多金属轴瓦结构来加以改善。常用的金属轴承材料的性能和用途,见表13-1。

表13-1 常用的金属轴承材料的性能和用途

<table>
<tr><th colspan="2" rowspan="2">轴承材料</th><th colspan="3">最大许用值</th><th rowspan="2">最高工作温度/℃</th><th rowspan="2">轴颈硬度HBS</th><th colspan="4">性能比较</th><th rowspan="2">特性与用途</th></tr>
<tr><th>[p]/MPa</th><th>[v]/($m \cdot s^{-1}$)</th><th>[pv]/($MPa \cdot m \cdot s^{-1}$)</th><th>抗咬黏性</th><th>嵌入性顺应性</th><th>耐蚀性</th><th>疲劳强度</th></tr>
<tr><td rowspan="6">轴承合金</td><td rowspan="4">ZSnSb11Cu6
ZSnSb8Cu4</td><td colspan="3">平稳载荷</td><td rowspan="4">150</td><td rowspan="4">150</td><td rowspan="4">1</td><td rowspan="4">1</td><td rowspan="4">1</td><td rowspan="4">5</td><td rowspan="4">用于高速、重载下的重要轴承,变载荷下易疲劳,价贵</td></tr>
<tr><td>25</td><td>80</td><td>20</td></tr>
<tr><td colspan="3">冲击载荷</td></tr>
<tr><td>20</td><td>60</td><td>15</td></tr>
<tr><td>ZPbSb16Sn16Cu2</td><td>15</td><td>12</td><td>10</td><td rowspan="2">150</td><td rowspan="2">150</td><td rowspan="2">1</td><td rowspan="2">1</td><td rowspan="2">3</td><td rowspan="2">5</td><td rowspan="2">用于中速、中等载荷下的轴承,不易受显著冲击。可作为锡-锑轴承合金的代用品</td></tr>
<tr><td>ZPbSb15Sn5Cu3Cd2</td><td>5</td><td>8</td><td>5</td></tr>
<tr><td rowspan="2">锡青铜</td><td>ZCuSn10P1
(10.1锡青铜)</td><td>15</td><td>10</td><td>15</td><td rowspan="2">280</td><td rowspan="2">300~400</td><td rowspan="2">3</td><td rowspan="2">5</td><td rowspan="2">1</td><td rowspan="2">1</td><td>用于中速、重载及受变载荷的轴承</td></tr>
<tr><td>ZCuSn5Pb5Zn5
(5.5.5锡青铜)</td><td>8</td><td>3</td><td>15</td><td>用于中速、中载的轴承</td></tr>
<tr><td>铅青铜</td><td>ZCuPb30
(30铅青铜)</td><td>25</td><td>12</td><td>30</td><td>280</td><td>300</td><td>3</td><td>4</td><td>4</td><td>2</td><td>用于高速、重载轴承,能承受变载和冲击</td></tr>
<tr><td>铝青铜</td><td>ZCuAl10Fe3
(10.3铝青铜)</td><td>15</td><td>4</td><td>12</td><td>280</td><td>300</td><td>5</td><td>5</td><td>5</td><td>2</td><td>最宜用于润滑充分的低速重载轴承</td></tr>
<tr><td rowspan="2">黄铜</td><td>ZCuZn16Si4
(16.4硅黄铜)</td><td>12</td><td>2</td><td>10</td><td>200</td><td>200</td><td>5</td><td>5</td><td>1</td><td>1</td><td>用于低速、中载的轴承</td></tr>
<tr><td>ZCuZn40Mn2
(40.2锰黄铜)</td><td>10</td><td>1</td><td>10</td><td>200</td><td>200</td><td>5</td><td>5</td><td>1</td><td>1</td><td rowspan="2">用于高速、中载轴承,是较新的轴承材料,强度高、耐腐蚀、表面性能好。可用于增压强化柴油机轴承</td></tr>
<tr><td>铝基轴承合金</td><td>2%铝-锡合金</td><td>28~35</td><td>14</td><td>—</td><td>140</td><td>300</td><td>4</td><td>3</td><td>1</td><td>2</td></tr>
<tr><td>三元电镀合金</td><td>铝-硅-镉镀层</td><td>14~35</td><td>—</td><td>—</td><td>170</td><td>200~300</td><td>1</td><td>2</td><td>2</td><td>2</td><td>在钢背上镀铝-锡青铜作为中间层,再镀10~30 μm三元减摩层,疲劳强度高,嵌入性好</td></tr>
<tr><td>银</td><td>银-铟镀层</td><td>28~35</td><td>—</td><td>—</td><td>180</td><td>300~400</td><td>2</td><td>3</td><td>1</td><td>1</td><td>在钢背上镀银,上附薄一层铅,再镀铟,常用于飞机发动机柴油机轴承</td></tr>
<tr><td>耐磨铸铁</td><td>HT300</td><td>0.1~6</td><td>3~0.75</td><td>0.3~4.5</td><td>150</td><td><150</td><td>4</td><td>5</td><td>1</td><td>1</td><td rowspan="2">适用于低速、轻载的不重要轴承,价廉</td></tr>
<tr><td>灰铸铁</td><td>HT150~HT250</td><td>1~4</td><td>2~0.5</td><td>—</td><td>—</td><td>—</td><td>4</td><td>5</td><td>1</td><td>1</td></tr>
</table>

13.4 滑动轴承的润滑及润滑装置

轴承润滑目的主要是降低摩擦和磨损，同时还起到减振、冷却、防尘、除锈等作用。

13.4.1 滑动轴承的润滑剂及选择

润滑剂多为液体润滑油和半固体润滑脂，特别高速时亦用气体（如空气）；当工作温度特高或者低速重载条件下，可使用固体润滑剂（如二硫化钼、石墨、聚四氟乙烯等）。下面仅简单介绍下滑动轴承常用的润滑剂。

1. 润滑油

润滑油最重要的一项物理性能指标为黏度，其数值表示了液体流动时其内摩擦阻力的大小。黏度越大，内摩擦阻力就越大，液体的流动性就越差。

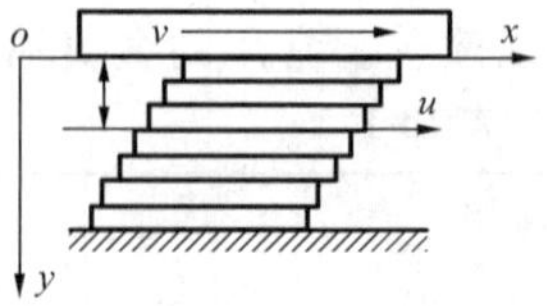

如图 13-12 所示，液体做层流运动时，两层液体之间的剪切应力 τ 的大小与其速度梯度$\frac{\mathrm{d}u}{\mathrm{d}y}$成正比，即

图 13-12 平行板间液体层流流动

$$\tau=-\eta\frac{\mathrm{d}u}{\mathrm{d}y} \tag{13-1}$$

公式(13-1)即牛顿液体流动定律，也称为流体层流流动的内摩擦定律。油层速度 u 随距离 y 的增加而减少，故式(13-1)带负号。另外式中，η 是比例系数，称为液体的动力黏度，简称为黏度，表示着液体稀稠程度。

在此强调下，润滑油的黏度并不是不变的，它随着温度的升高而降低，这对运行的轴承而言，必须加以注意。除此之外，润滑油的黏度还随压力的升高而增大，但压力不太高（如小于 10 MPa）时，变化极微，可略而不计。

综上所述，选用润滑油时要考虑速度、载荷和工作情况。对于载荷大、温度高的轴承宜选黏度大的润滑油；载荷小、速度高的轴承宜选黏度小的润滑油。

对于非液体润滑滑动轴承润滑油的选择，见表 13-2。

表 13-2 非液体润滑滑动轴承润滑油的选择（工作温度<60 ℃）

轴颈圆周速度 $v/(\mathrm{m\cdot s^{-1}})$	平均压力 $p<3$ MPa	轴颈圆周速度 $v/(\mathrm{m\cdot s^{-1}})$	平均压力 $p=(3\sim7.5)$ MPa
<0.1	L. AN68、100、150	<0.1	L. AN150
0.1～0.3	L. AN68、100	0.1～0.3	L. AN100、150
0.3～2.5	L. AN46、68	0.3～0.6	L. AN100
2.5～5.0	L. AN32、46	0.6～1.2	L. AN68、100
5.0～9.0	L. AN15、22、32	1.2～2.0	L. AN68
>9.0	L. AN7、10、15		

注：表中润滑油牌号都是以 40 ℃时运动黏度为基础的牌号。

2. 润滑脂

润滑脂属于半固体润滑剂，流动性差，摩擦损耗大，但不用经常添加，承载能力也较大。常用于要求不高、难以供油或者低速重载的轴承。选择润滑脂种类的一般原则是：

(1)压力高、滑动速度低时，选择针入度小的润滑脂；反之，选择针入度大的润滑脂。

(2)所用润滑脂的滴点,应比轴承工作温度高 20～30 ℃,以免工作时润滑脂过多流失。

(3)在有水或潮湿的环境下,应选择耐水性好的润滑脂,如钙基或钠基润滑脂。

润滑脂的选择原则可见表 13-3。

表 13-3　　滑动轴承润滑脂选择

轴颈圆周速度 $v/(\mathrm{m\cdot s^{-1}})$	平均压力 p/MPa	最高工作温度/℃	选用润滑脂
≤1	≤1.0	75	3 号钙基脂或通用锂基脂
0.5～5	1.0～6.5	55	2 号钙基脂或通用锂基脂
≤0.5	≥6.5	75	3 号钙基脂或通用锂基脂
0.5～5	≤6.5	120	2 号钙基脂或通用锂基脂
≤0.5	>6.5	110	1 号钙基脂
≤1	1.0～6.5	.50～100	锂基脂
0.5	>6.5	60	2 号压延机脂

13.4.2　滑动轴承的润滑方式和润滑装置

为了获得良好的润滑效果,除应正确选择润滑剂外,还应选用适当的润滑方法和相应的润滑装置。

1. 油润滑

润滑油的供油方式包括间歇式和连续式。前者供油只用于小型、低速或做间歇运动的工作场合;后者供油润滑比较可靠,对于重要的轴承必须采用连续供油的方法。

(1)滴油润滑

根据结构不同,滴油润滑装置可分别实现间歇式和连续式供油。间歇式一般由人工油壶或油枪向注油杯内注油,如图 13-13(a)和 13-13 (b)所示分别为压配式和旋转式注油杯。

连续式结构如图 13-14 和图 13-15 所示,分别为针阀式和油芯式。前者可通过调节螺母控制油孔开口大小而改变供油量,并且扳动手柄关闭针阀而停止供油;后者依靠芯捻毛吸现象将油引入油孔,不易调节供油量,并且在停车时仍继续供油,引起无用的消耗。

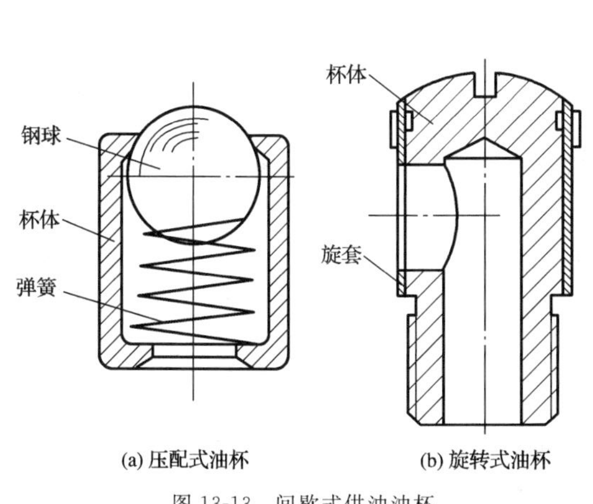

图 13-13　间歇式供油油杯

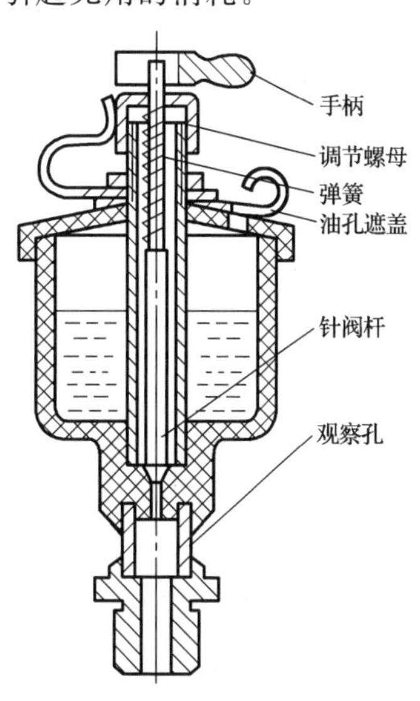

图 13-14　针阀式油杯

(2)油环润滑

如图 13-16 所示为油环润滑的结构。在轴颈上套一油环,油环下部浸在油池中,当轴颈旋转时靠摩擦力带动油环把润滑油带到轴颈上,适用于通常转速不低于 60 r/min 的场合。

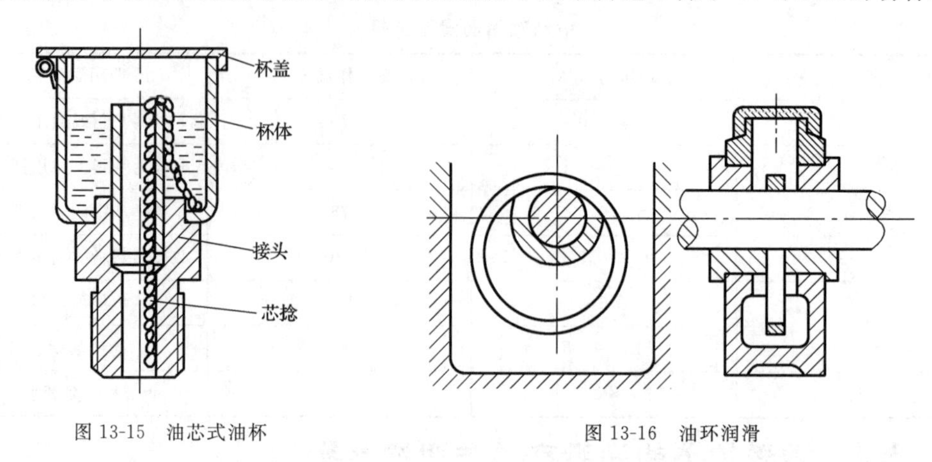

图 13-15　油芯式油杯

图 13-16　油环润滑

(3)飞溅润滑

利用浸在油池中传动件的回转将润滑油溅到箱体内壁,再经油沟流入轴承进行润滑。

(4)压力润滑

如图 13-17 所示为泵供应压力油润滑方式,该系统成本较高,多用于高速、重载轴承。

2. 脂润滑

旋盖式油脂杯(图 13-18)是应用最广的脂润滑装置,杯中装满润滑脂后,旋转上盖即可将润滑脂挤入轴承中,实现间歇供应。

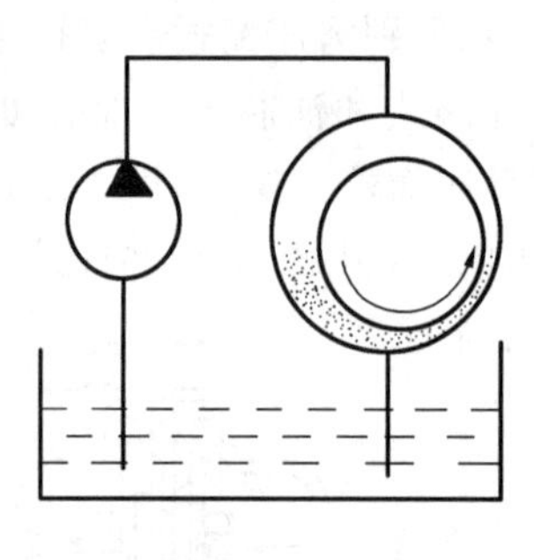

图 13-17　压力润滑

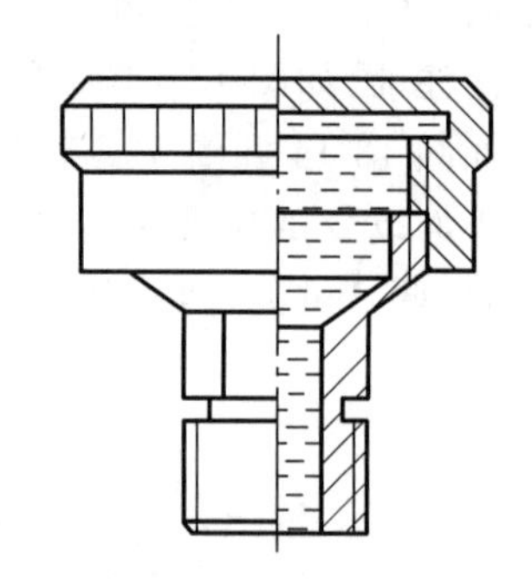

图 13-18　旋盖式油脂杯

13.5　非液体润滑滑动轴承的计算

由于非液体润滑滑动轴承不能完全避免磨损,故这类轴承的承载能力不仅与轴承材料的减摩耐磨性、机械强度有关,还与边界油膜的强度、破裂温度等因素密切相关,其常见的失效形式有磨粒磨损、刮伤、咬黏(胶合)、疲劳剥落以及腐蚀等。

因此工程上基于对滑动轴承主要失效形式的考虑,目前对其设计时提出的可靠条件是维持摩擦表面有润滑油存在,边界油膜不遭破坏。即根据边界油膜强度和破裂温度来决定轴承的工作能力。另外,由于促使边界油膜破坏的因素较复杂,目前常采用简化的条件性计算方法。

13.5.1 非液体润滑向心滑动轴承的计算

在设计时，通常是已知轴承所受径向载荷 F(N)、轴颈转速 n(r/min)及轴颈直径d(mm)，然后进行以下验算：

1. 轴承的平均压力 *p*

验算轴承的平均压力 p(MPa)

$$p=\frac{F}{dB}\leqslant[p] \tag{13-2}$$

式中，B 为轴承有效宽度，mm；$[p]$为轴瓦材料的许用压力，MPa，其值见表 13-1。

2. 轴承的 *pv* 值

轴承的发热量与其单位面积上的摩擦功耗 $f$pv 成正比(f 是摩擦因数，认为不变)，则限制 pv 值就是限制轴承的温升。即

$$\mathrm{pv}=\frac{F}{dB}\cdot\frac{\pi dn}{60\times1\ 000}=\frac{Fn}{19\ 100B}\leqslant[\mathrm{pv}] \tag{13-3}$$

式中，v 为轴径圆周速度，即滑动速度，m/s；[pv]为轴承材料的 pv 许用值，MPa · m · s^{-1}，其值见表 13-1。

3. 相对滑动速度 *v*

验算滑动速度 v

$$v=\frac{\pi dn}{60\times1\ 000}\leqslant[v] \tag{13-4}$$

式中，$[v]$为许用滑动速度，m/s，其值见表 13-1。

对于 p 和 pv 的验算都合格的轴承，若滑动速度过高，也会产生过度磨损而报废。

滑动轴承所选用的材料及尺寸经验算合格后，应选取恰当的配合，一般可选$\frac{\mathrm{H7}}{\mathrm{f6}}$、$\frac{\mathrm{H8}}{\mathrm{f7}}$或$\frac{\mathrm{H9}}{\mathrm{d9}}$。

13.5.2 非液体润滑推力滑动轴承的计算

推力滑动轴承的设计方法与径向滑动轴承基本相同，已知轴承所受轴向载荷 F_a(N)、轴颈转速 n(r/min)及轴环直径 d_2(mm)以及轴环数目 z，然后进行以下计算：

1. 轴承的平均压力 *p*

验算轴承的平均压力 p(MPa)

$$p=\frac{F_a}{A}=\frac{F_a}{\frac{\pi}{4}zk(d_2^2-d_1^2)}\leqslant[p] \tag{13-5}$$

式中，F_a 为轴向载荷，N；d_2 为轴环直径，mm；d_1 为轴承孔直径，mm；z 为轴环个数；k 为考虑轴承环面上开有油沟而使面积减小的百分数，常取 $k=0.85\sim0.95$；$[p]$为轴瓦材料的许用压力，MPa，其值见表 13-4。

2. 轴承的 *pv* 值

轴承的环形支撑面平均直径处的圆周速度 v_m(m/s)为

$$v_m=\frac{\pi d_m n}{60\times1\ 000}\leqslant[v_m]$$

故应满足

$$pv_m = p \cdot \frac{\pi d_m n}{60 \times 1\,000} \leqslant [pv_m]$$

式中，p 为轴承的平均压力，MPa；d_m 为轴环平均直径，mm；n 为轴颈转速，r/min；$[pv_m]$为轴瓦材料的 pv_m 许用值，MPa·m·s^{-1}，其值见表 13-4；$[pv_m]$与轴承材料有关。

设计时，在选定轴承材料和尺寸后就可以通过上述条件进行验算。

表 13-4　止推滑动轴承的[p]、[pv]值

轴(轴环端面、凸缘)	轴　承	[p]/MPa	[pv]/(MPa·m·s^{-1})
未淬火钢	铸铁 青铜 轴承合金	2.0～2.5 4.0～5.0 5.0～6.0	1～2.5
淬火钢	铸铁 青铜 轴承合金	7.5～8.0 8.0～9.0 12～15	1～2.5

13.6　液体润滑滑动轴承简介

13.6.1　液体动压润滑的形成及基本方程

1. 动压润滑的形成原理及条件

在外载荷作用下，利用轴颈与轴孔的相对运动速度，把具有黏度的润滑油带入轴承间隙中，形成有一定厚度的压力油膜，油膜压力足以平衡外载荷，使轴颈悬浮。这种状态下工作的轴承称为液体动压轴承。下面分析油膜产生压力的原理。

如图 13-19(a)所示，有两块互相平行且板间充满润滑油的平板（A 相当于轴颈，B 相当于轴瓦），间隙为 h。板 B 静止不动，板 A 以速度 沿 x 方向运动。由于润滑油的黏性，油层发生流动，且在 y 方向上流速从 B 板的 0 逐渐增加到 A 板的 值，呈线性分布。若板 A 上无载荷时，两板之间带进的油量等于带出的油量，两板间油量不变，板 A 不会下沉。若板 A 上有载荷时，A 板向 B 压下，油向两侧挤出如图 13-19(b)所示，直到与板 B 接触。这说明两平行板之间不能形成压力油膜。

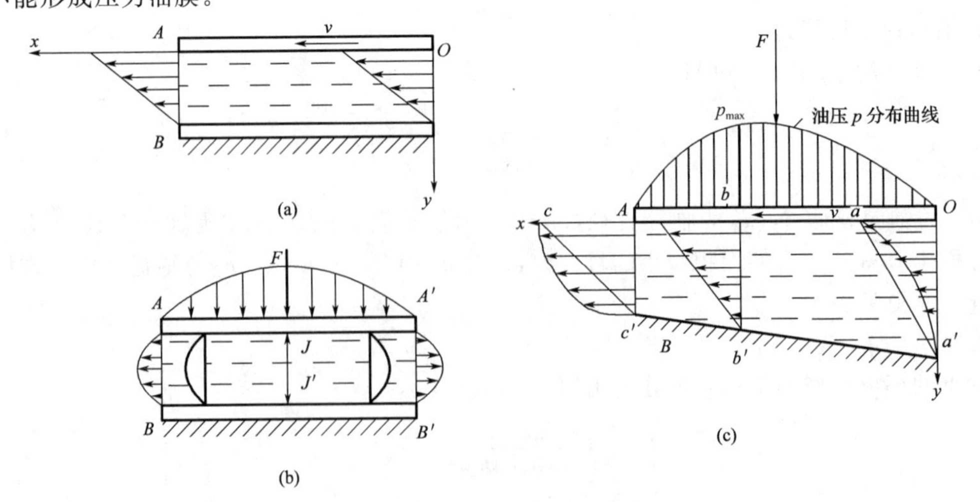

图 13-19　动压油膜的形成原理

如果板 A 与板 B 不平行，板间的间隙沿运动方向由大到小呈收敛的楔形，A 板相对于 B 板以速度 v 向小口方向运动，并且板 A 上承受载荷 F，如图 13-19(c)所示。当板 A 运动时，板间润滑油的速度若还是呈线性分布，必然大口进油多而小口出油少，间隙中油量增加，而液体是不可压缩的，间隙内部必然会形成内部压力，在 y 方向以平衡外载荷 F，在 x 方向使油从大、小口挤出一些，迫使进口和出口端的速度曲线变化。由于进油量和出油量要相等，则进油口速度曲线变凹如图 13-19(c)中的 $a—a'$ 线所示，出油口速度曲线变凸如图 13-19(c)中的 $c—c'$ 线所示。由此，由大口到小口，形如楔形的间隙内形成了油膜压力，与外载荷 F 平衡。这就是动压润滑的形成原理。

由以上分析可知，要形成液体动压润滑，必须具备三个条件：

(1) 两工作表面间必须构成楔形间隙，如图 13-19(c)所示。

(2) 两工作表面间必须充满具有一定黏度的润滑油或其他流体。

(3) 两工作表面间必须有一定的相对滑动速度，其运动方向必须是动板 A 带动润滑油从楔形大截面流入，从小截面流出。

***2. 动压润滑的基本方程**

液体动压润滑理论的基本方程是液体油膜压力分布的微分方程(雷诺方程)。它是从黏性流体力学的基本方程出发，进行了以下假设：①润滑油在 z 方向上没有流动；②压力 p 沿 y 方向不变；③忽略压力对润滑油黏度的影响；④润滑油处于层流状态；⑤液体不可压缩；⑥略去重力及惯性力的影响。推导该方程的力学模型如图 13-20 所示。

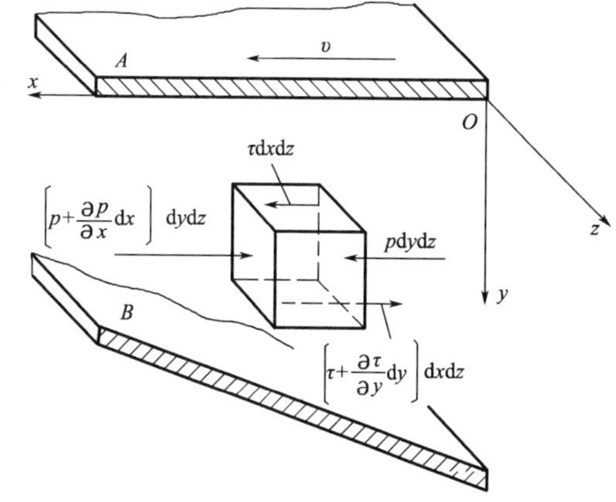

图 13-20　动压分析力学模型

油膜上取出的一微单元体，它承受油压 p 和内摩擦切应力 。根据平衡条件得

$$p\mathrm{d}y\mathrm{d}z+\tau\cdot\mathrm{d}x\mathrm{d}z-\left(p+\frac{\partial p}{\partial x}\mathrm{d}x\right)\mathrm{d}y\mathrm{d}z-\left(\tau+\frac{\partial \tau}{\partial y}\mathrm{d}y\right)\mathrm{d}x\mathrm{d}z=0$$

通过代入边界条件 $y=0$ 时，$u=v$；$y=h$ 时，$u=0$，并对结果进行积分、整理，计算得到

$$\frac{\mathrm{d}p}{\mathrm{d}x}=-\frac{6\eta v}{h^3}(h-h_0) \tag{13-6}$$

式中，η 为润滑油绝对黏度；v 为平板移动速度；h 为与 x 有关的油膜厚度；h_0 为 p_{max}，$\frac{\mathrm{d}p}{\mathrm{d}x}=0$ 处的油膜厚度。

式(13-6)就是液体动压润滑滑动轴承的基本方程，又称一维雷诺(Reynolds)方程。由式(13-6)表示出油膜压力 p 沿 x 方向分布的曲线，再根据油膜压力的合力，即可计算出油膜的承载能力。

13.6.2　向心滑动轴承形成液体动压润滑的过程

如图 13-21 所示，是向心滑动轴承形成液体动压润滑的全过程。为了转动，轴孔之间必须留有间隙，图 13-21(a)表示停车状态，轴颈沉在下部相互接触。轴颈表面与轴承孔表面形成了两侧对称的楔形空隙。当轴颈顺时针开始启动时由于接触摩擦力，使轴颈沿轴承孔内壁向上爬，如图 13-21(b)所示。当转速继续增加时，楔形间隙内形成油膜压力将轴颈抬起而与轴承脱离接触，如图 13-21(c)所示。但此情况不能持久，因油膜内各点压力的合力有向左推动轴颈的分力存在，因而轴颈继续向左移动。最后，当轴颈达到工作转速时，轴颈则处于图 13-21(d)所示的位置。此时油膜内各点的压力，其垂直方向的合力与载荷 F 平衡，其水平方向的压力，左右自行抵消。于是轴颈就稳定在此配合位置上旋转。轴颈中心处在轴承孔中心下方偏左。

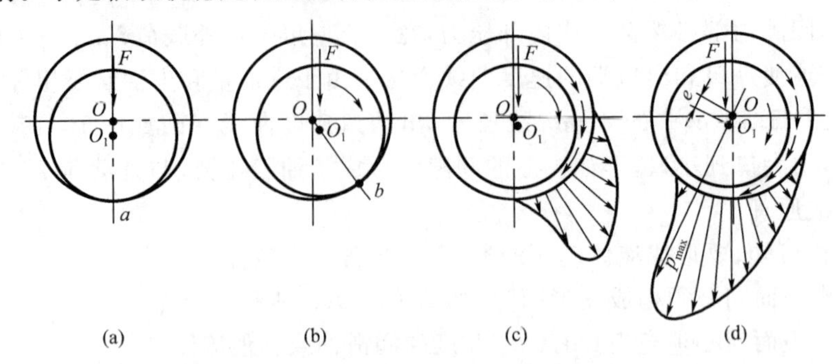

图 13-21 向心滑动轴承形成流体动压润滑的过程

从图 13-21(d)中可以明显看出，轴颈中心 O_1 与轴承孔中心 O 不重合，$OO_1=e$，称为偏心距。其他条件相同时，工作转速越高，e 值越小，即轴颈中心越接近轴承孔中心。

液体动压润滑状态下，由于轴承内的摩擦阻力仅为液体的内阻力，故摩擦力不大，轴颈在轴承中悬浮不接触，故无磨损。

*13.6.3 其他润滑滑动轴承简介

1. 自润滑轴承

自润滑轴承是在没有润滑剂的情况下运转的，轴承材料直接作为润滑剂。常用的自润滑轴承材料及其性能见表 13-5。

表 13-5 常用自润滑轴承材料及性能

轴承材料		最大静压力 p_{max}/MPa	压缩弹性模量 E/GPa	线胀系数 α/($\times 10^6$ · ℃$^{-1}$)	导热系数 κ/(W · M · ℃$^{-1}$)
聚四氟乙烯	普通无填料聚四氟乙烯	2	—	86～218	0.26
	普通有填料聚四氟乙烯	7	0.7	(<20 ℃)60 (>20 ℃)80	0.33
	金属瓦有填料聚四氟乙烯	350	21.0	20	42.0
	金属瓦无填料聚四氟乙烯	7	0.8	(<20 ℃)140 (>20 ℃)96	0.33
	织物增强聚四氟乙烯	700	4.8	12	0.24
热固性塑料	增强热固性塑料	35	7.0	(<20 ℃)11～25 (>20 ℃)80	0.38
	碳-石墨热固性塑料	—	4.8	20	—
碳-石墨	碳-石墨(高碳)	2	9.6	1.4	11
	碳-石墨(低碳)	1.4	4.8	4.2	55
	加铜和铅的碳-石墨	4	15.8	4.9	23
	加巴氏合金的碳-石墨	3	7.0	4	15
	浸渍热固性塑料的碳-石墨	2	11.7	2.7	40
石墨	浸渍金属的石墨	70	28.0	12～20	126

自润滑轴承的使用寿命决定于磨损率，而磨损率取决于材料的力学性能，并随着载荷和速度的增加而加大，同时也受工作条件的影响，大部分自润滑轴承材料在真空和水的工作环境下没有在油的环境下工作性能好。工程上校核自润滑轴承承载能力时要限制[p]、[pv]值。

2. 多油楔轴承

前述的液体动压径向滑动轴承只能形成一个油楔来产生液体动压油膜，故称为单油楔轴承。这类轴承能实现液体摩擦，且结构简单；但存在易产生偏心，运转精度不高，轴颈稳定性差等问题。为了改善这种状况，常把轴承做成多油楔形状，轴承的承载能力等于油楔油膜压力的向量和。液体动压推力轴承属于多油楔轴承，如图 13-22 所示。

多油楔轴承的主要优点是：每个油楔都能形成动压油膜，使轴承的圆周上承受着分隔间距趋于相等的油膜压力，从而提高了轴承的工作稳定性和运转精度。但是承载能力较低，功耗较大。

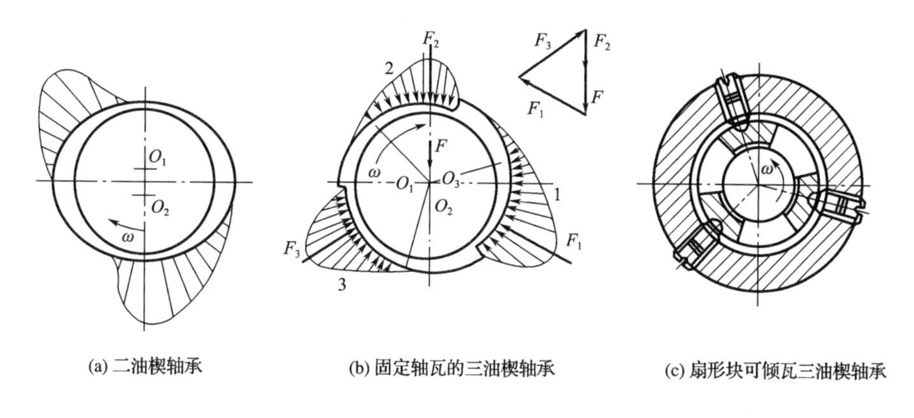

图 13-22　多油楔滑动轴承

3. 液体静压轴承

液体动压滑动轴承依靠轴颈回转时把润滑油带进楔形间隙形成动压油膜来承受外载荷；但对经常启动、换向回转、低速、重载或有冲击载荷的机器就不太合适，这时可考虑采用液体静压轴承。

液体静压轴承利用外部供油系统，把具有一定压力的液压油送入轴承的油腔，强制形成压力油膜平衡外载荷，从而实现液体摩擦。图 13-23 是液体静压轴承示意图。在轴承内表面上，开有 4 个对称的油腔。高压油经节流器进入油腔。节流器是静压轴承系统中的重要元件，具有阻尼性能，能使来自油泵的压力油产生压力降，从而起到调压作用。

该轴承使用寿命长、效率高、运转精度高，但液体静压轴承需要一套复杂的供给压力油的系统，故设备费用高，维护管理也较麻烦。

4. 气体轴承

当轴承转速很高，若选用液体摩擦滑动轴承工作时，将会出现轴承过热，摩擦损失较大，机器的效率降低等问题。此时，可考虑使用气体作为润滑剂的滑动轴承，即气体轴承。

该气体轴承可在高转速和大温度范围内工作、功耗低，但气体轴承的主要缺点是承载能力低。因此，气体轴承适用于高速、轻载的设备（如精密测量仪器、超高速离心机等）。

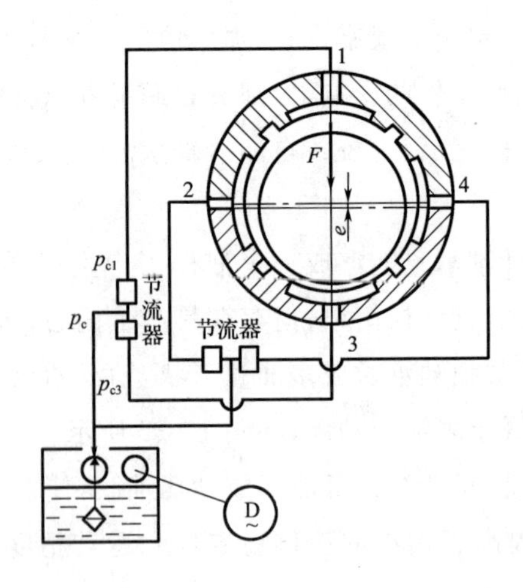

图 13-23　液体静压轴承示意图

小　结

滑动轴承按其滑动表面间摩擦状态不同，可分为液体摩擦滑动轴承和非液体摩擦滑动轴承；按照承受载荷的方向不同，滑动轴承也可分为向心滑动轴承、推力滑动轴承和向心推力组合滑动轴承。

轴瓦和轴承衬的材料统称为轴承材料，要求有良好的减摩性、耐磨性和抗咬黏性，常用的轴瓦材料有轴承合金(巴氏合金)，其价格较贵，一般只作为轴承衬的材料，在所有的轴承材料中，它的嵌入性及摩擦顺应性最好；其他常用的轴承材料有青铜、铝合金、粉末冶金，还有非金属材料，例如酚醛树脂。轴瓦是滑动轴承中的重要零件，轴瓦结构有整体式(又称轴套)和剖分式两种。为了便于润滑，轴瓦和轴颈上开设油孔和油槽。轴瓦应具有一定的强度和刚度，要求在轴承中定位可靠，便于润滑，易散热，且装拆、调整方便。

轴承润滑的目的主要是降低摩擦和磨损，同时还可以起到冷却、防尘、除锈等作用。

非液体润滑径向滑动轴承的设计计算：验算轴承的平均压力 p；限制 pv 值；验算滑动速度 v。非液体润滑止推轴承的设计计算：验算轴承的平均压力 p；限制 pv 值。

形成液体动压润滑的必备条件：两工作表面间必须构成楔形间隙；两工作表面间必须充满具有一定黏度的润滑油或其他流体；两工作表面间必须有一定的相对滑动速度，其运动方向必须保证能带动润滑油从大截面流入，从小截面流出。

液体动压润滑滑动轴承的基本方程：$\frac{\mathrm{d}p}{\mathrm{d}x}=\frac{6\eta v}{h^3}(h-h_0)$，据此绘制出油膜压力 p 沿 x 方向分布的曲线，再根据油膜压力的合力，即可计算出油膜的承载能力。

思考题及习题

13-1　滑动轴承的摩擦状态主要有哪几种？各有什么特点？

13-2　对轴瓦材料有哪些基本要求？常用的轴承材料有哪些？为什么有些材料只适于制作轴承衬而不能制作轴瓦？

13-3　滑动轴承为什么要装设轴瓦？有的轴瓦上为什么还有轴承衬？

13-4　滑动轴承为什么要开设油孔及油槽？油孔及油槽应设在什么位置？

13-5　选择滑动轴承润滑剂时要考虑哪些问题？润滑方法及装置有哪些？

13-6　试利用液体动压轴承承载能力的基本方程(雷诺方程)，分析说明液体动压油膜形成的必要条件。

13-7　有一非液体摩擦径向滑动轴承，轴颈直径 $d=60$ mm，轴承宽度 $B=60$ mm，轴颈转速 $n=960$ r/min，轴瓦材料为 ZCuPb30，试求该轴承能承受的最大径向载荷。

13-8　试设计一非液体摩擦径向滑动轴承，已知径向载荷 $F=3\times10^4$ N，轴径直径 $d=100$ mm，转速 $n=760$ r/min。

第14章 轴与轴毂连接

认识轴

轴上零件是如何固定的

认识键连接

轴的主要功能是支撑做回转运动和摆动运动的构件，并传递运动和动力，是机器的重要零件之一；轴毂连接主要用来实现轴和轴上零件之间的固定，使其能传递运动和动力。本章主要介绍轴的类型及功能、轴的结构设计、强度及刚度计算、常见的轴毂连接形式和结构特点。

14.1 概　述

14.1.1 轴的功能及分类

轴是用来支撑做旋转运动的机械零件(如齿轮、蜗轮等)，以实现回转运动并传递转矩，是组成机器的重要零件。因此轴的主要功能是支撑旋转零件并传递运动和动力。

按受载情况不同，轴可分为转轴、心轴和传动轴三类。转轴既承受弯矩又传递扭矩，这类轴在机器中最为常见，例如减速器的轴，如图 14-1 所示；心轴只承受弯矩而不承受扭矩，心轴又分为转动心轴和固定心轴，前者如火车车轮轴，如图 14-2 所示，后者如自行车的前轮轴，如图 14-3 所示；传动轴只传递扭矩而不承受弯矩或弯矩很小，如汽车发动机与后桥之间的传动轴，如图 14-4 所示。

轴按轴线形状的不同还可分为曲轴(图 14-5)和直轴两大类。曲轴常用在往复式机器中。直轴根据外形的不同可分为光轴和阶梯轴。光轴形状简单，加工容易，但轴上的零件不易定位。因此光轴主要用于心轴和传动轴；阶梯轴则常用于转轴。

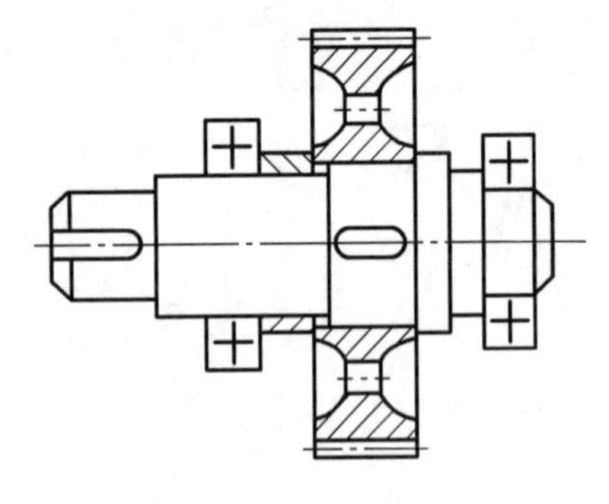
图 14-1　转轴

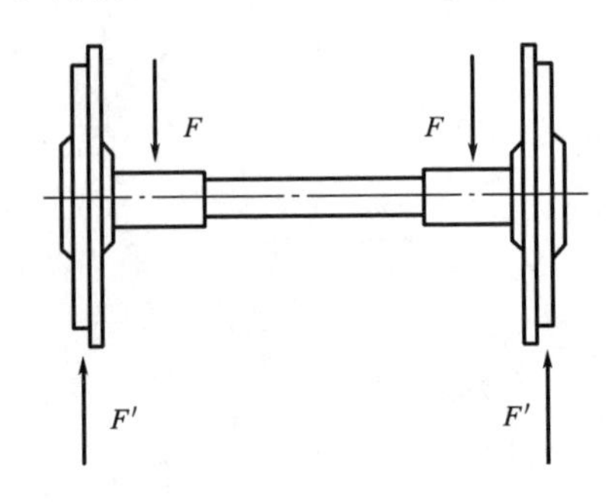

图 14-2　转动心轴

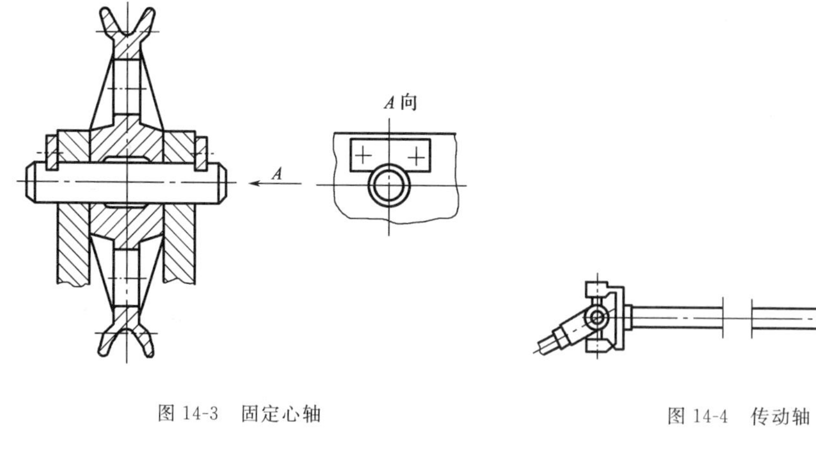

图 14-3 固定心轴

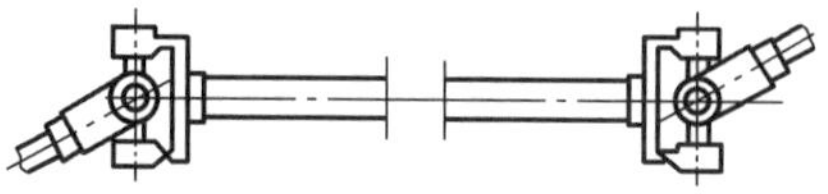

图 14-4 传动轴

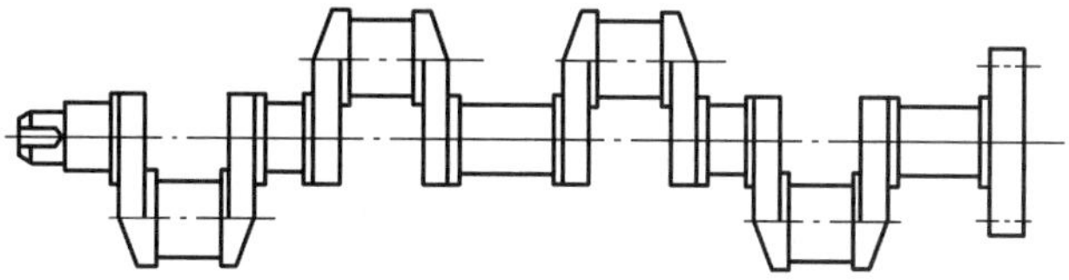

图 14-5 曲轴

以上均为刚性轴，此外，还有一种挠性钢丝轴，是由多层钢丝分层卷绕而成的，具有良好的挠性，可以把回转运动灵活地传到不开敞的空间位置，如图 14-6 所示。

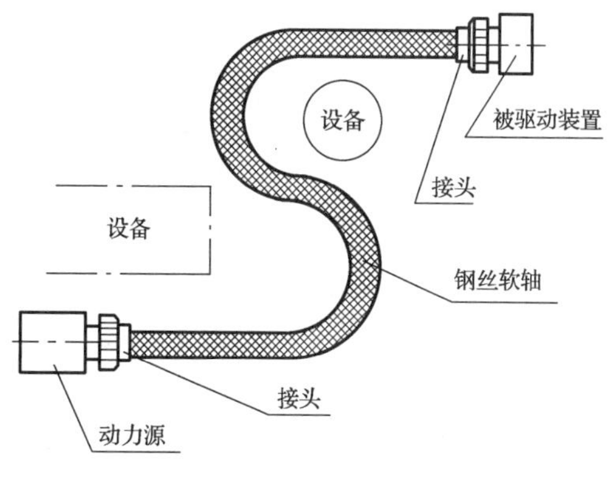

图 14-6 挠性钢丝轴

14.1.2 轴设计的主要内容

轴的设计主要包括结构设计和工作能力计算两方面的内容。

轴的结构设计是指根据轴上零件的安装、定位以及轴的结构工艺性等方面的要求，合理地确定轴的结构形式和尺寸。轴的结构设计是轴设计中的重要内容。

轴的工作能力计算是指轴的强度、刚度和振动稳定性等方面的计算。多数情况下，轴的工作能力主要取决于轴的强度，只需对轴进行强度计算，以防止断裂或塑性变形。而对刚度要求较高的轴(如车床主轴)和受力大的细长轴，还应进行刚度计算，以防止工作时产生过大的弹性变形。对高速运转的轴，还应进行振动稳定性计算，以防止发生共振而破坏。

14.2 轴的结构设计

轴的结构设计就是使轴的各部分具有合理的形状和尺寸。其主要要求是：①轴应便于加工，轴上零件要易于装拆(制造安装要求)；②轴和轴上零件要有准确的工作位置(定位)；③各零件要牢固而可靠地相对固定(固定)；④改善受力状态，减少应力集中和提高疲劳强度。

下面结合图 14-7 所示减速器，讨论低速轴的结构设计中要解决的几个主要问题。

14.2.1 拟定轴上零件的装配方案

轴上零件的装配方案不同，则轴的结构形状也不相同。装配方案是指安装轴上主要零件的安装方向、顺序和相互位置关系。因此，在设计时可拟定几种装配方案进行分析与选择。如图 14-8(a)所示的装配方案是：从轴的右端依次安装齿轮、套筒、右端轴承、轴承端盖、半联轴器，另一轴承从左端安装；而图 14-8(b)所示的装配方案是：从轴的左端依次安装齿轮、套筒、左端轴承、轴承端盖，从右端依次安装套筒、右端轴承、轴承端盖、半联轴器。相比之下可知，图 14-8(b)较图 14-8(a)多了一个用于轴承定位的套筒 12，使机器的零件增多、费工、费料、增加成本还使质量增大，所以图 14-8(a)所示的方案较为合理。

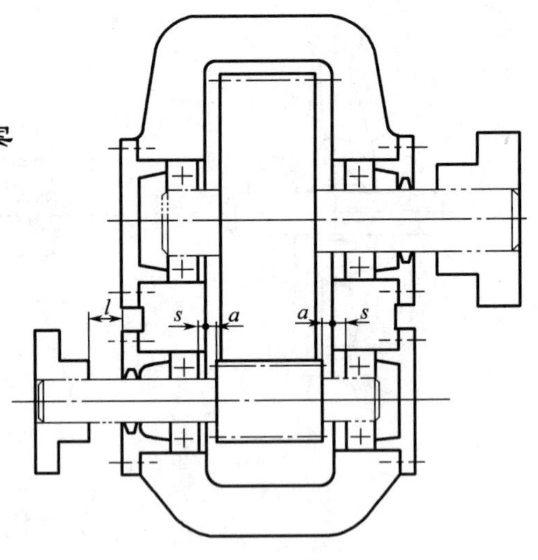

图 14-7 减速器示例

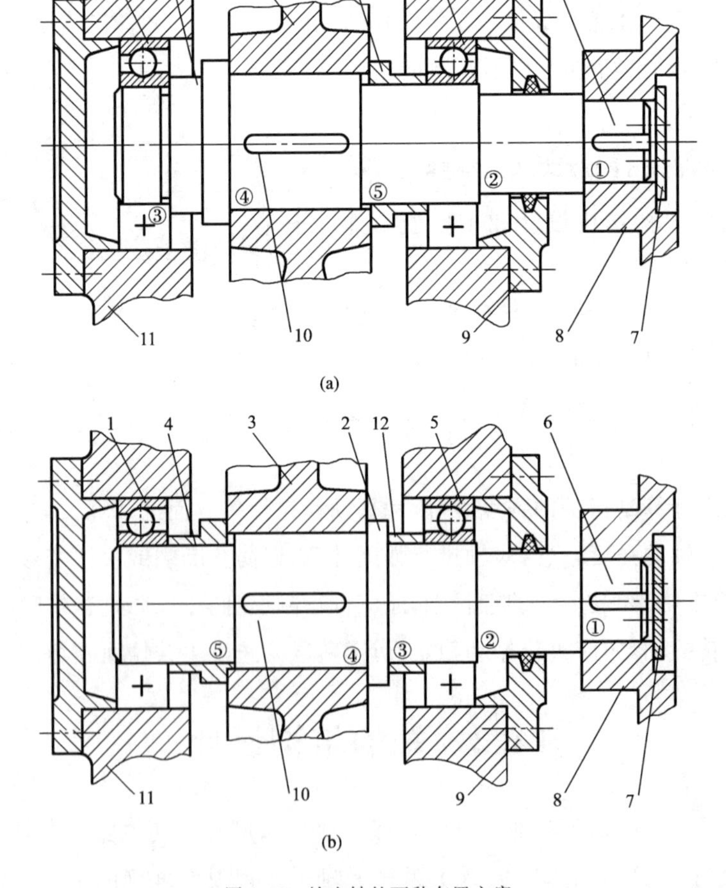

图 14-8 输出轴的两种布置方案

1、5—轴承；2—轴；3—齿轮；4、12—套筒；6、10—键；7—轴端挡圈；8—半联轴器；9—轴承端盖；11—机体

14.2.2　轴上零件的定位和固定

1. 零件的轴向定位和固定

零件的轴向定位和固定是为了保证轴上的零件在轴上有准确可靠的工作位置。主要采用轴肩、套筒、轴端挡圈、圆螺母、弹性挡圈和轴承端盖等形式。

轴肩是阶梯轴上截面尺寸变化处，可分为定位轴肩（图 14-8 中的①③④）和非定位轴肩（图 14-8 中的②⑤）两类。利用轴肩定位是最可靠的方法，轴肩定位多用于轴向力较大的场合。为了保证轴上零件紧靠定位面（轴肩），轴肩的圆角半径 r 必须小于相配合零件的倒角 c 或圆角半径 R，定位轴肩高度 h 必须大于 c 或 R（图 14-9）。

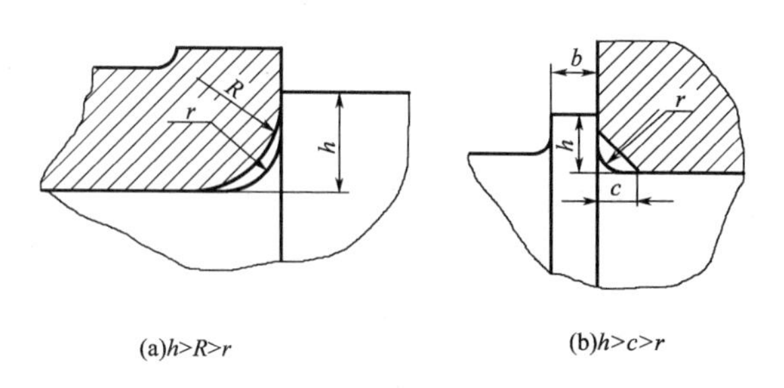

(a)$h>R>r$　　(b)$h>c>r$

图 14-9　轴肩高度 h、圆角半径 r、内圆角半径 R（内倒角尺寸 c）关系

套筒定位结构简单，定位可靠，一般用于轴向间距较短的两个零件的定位，如图 14-8 所示。

轴端挡圈用于固定轴端零件，挡圈用螺钉固定，结构如图 14-10 所示。为防止螺钉松脱，可采用圆柱销锁定［图 14-10(a)］或双螺钉加止动垫片防松［图 14-10(b)］等方法。

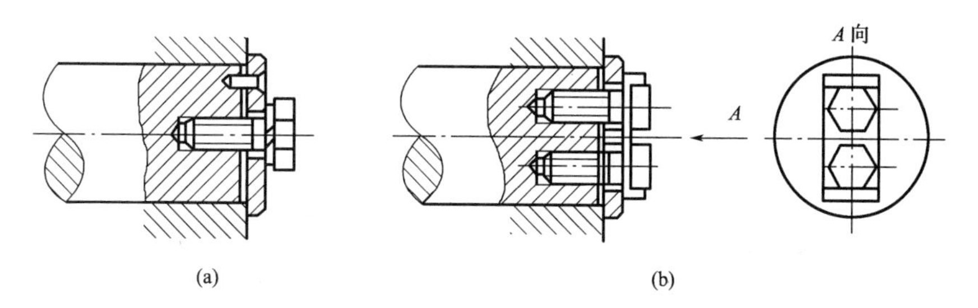

(a)　　(b)

图 14-10　轴端挡圈

圆螺母定位（图 14-11）可承受大的轴向力，但该轴段加工的螺纹降低了轴的疲劳强度，故一般用于固定轴端零件。圆螺母定位一般用双螺母［图 14-11(a)］或结合止动垫片防松［图 14-11(b)］。

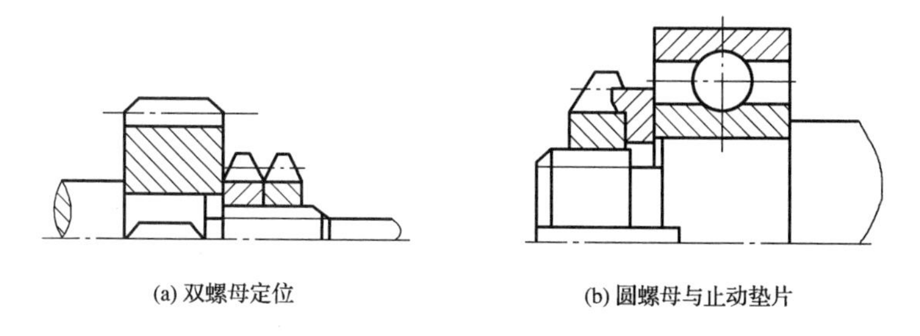

(a) 双螺母定位　　(b) 圆螺母与止动垫片

图 14-11　圆螺母定位

采用套筒、轴端挡圈或圆螺母进行轴向固定时，应把安装零件的轴段长度设计成比零件轮毂长度短 2～3 mm，以确保真正地定位和固定，如图 14-12 所示。

轴向力较小时，零件在轴上的固定可采用弹性挡圈［图 14-13(a)］或紧定螺钉［图 14-13(b)］。

轴承端盖借助于螺钉与箱体连接可使滚动轴承外圈轴向定位，一般情况下，整个轴的轴向定位也是利用轴承端盖来实现的。

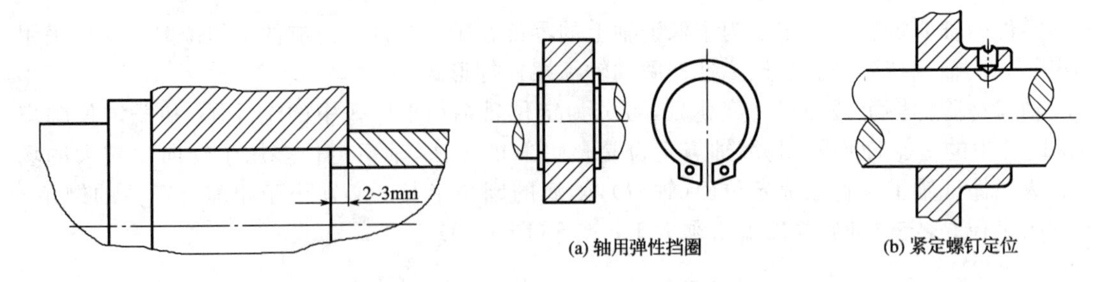

图 14-12 轴段长度与轮毂长度的关系

图 14-13 其他定位方式

2. 零件的周向定位和固定

零件的周向定位和固定是为了保证轴上的零件与轴之间一起转动。大多采用键、花键、销、紧定螺钉以及过盈配合等连接形式，其中紧定螺钉和过盈配合只用于转矩不大的场合。

14.2.3 轴的各段直径和长度的确定

轴上零件的装配方案和定位方法确定后，轴的形状即可大体确定。

1. 轴的各段直径的确定

轴的各段直径与所受载荷大小、性质有关。通常初步确定轴的直径是按轴所受扭矩估算确定最小直径 d_{min}(见 14.3)，再根据轴上零件的装配方案和定位方法，从最小直径 d_{min} 处逐个确定轴的各段直径。

设计确定轴的各段直径时要注意以下几点：有配合要求的轴段应尽量采用标准直径；安装标准件的轴段要取相应标准值及配合公差；为使有配合要求的零件装拆方便并减少配合表面的擦伤，在配合轴段前可采用非定位轴肩(图 14-8 中的②⑤)、圆锥面(图 14-14)、同一轴段两个部位采用不同的尺寸公差(图 14-15)等方法。

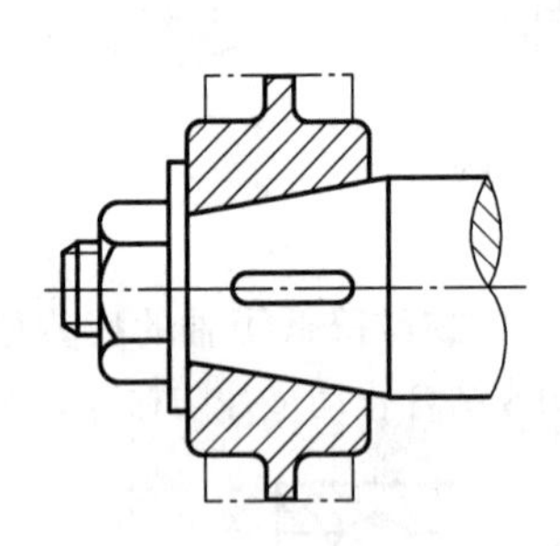

图 14-14 圆锥面定位

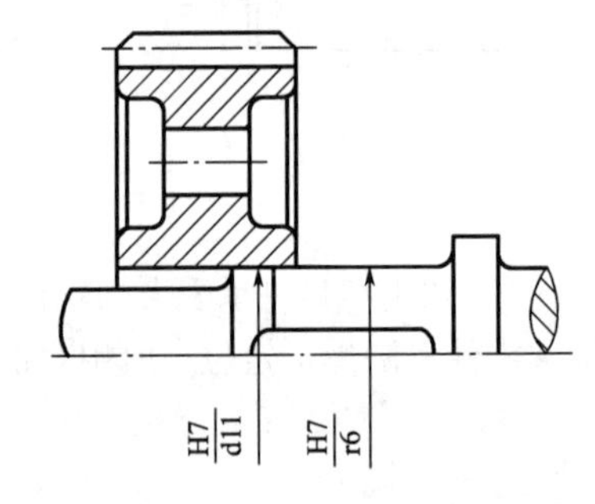

图 14-15 采用不同的尺寸公差

2. 轴的各段长度的确定

轴的各段长度主要是根据各零件与轴配合部分的轴向尺寸、相邻两零件间所需的装配或调整空间确定的。为了使轴上零件的载荷沿轴上分布均匀，应使安装轴上零件的轴段长度 B 为轴径的 1.5～2 倍。轴上传动零件与箱壁或箱体上的固定件(如联轴器与轴承盖螺栓)之间要留有适当的空间，以免轴在回转时与其他零件碰撞干涉。

14.2.4 提高轴强度的常用措施

轴和轴上零件的结构、工艺以及零件的安装布置对轴的强度和刚度有很大影响，在轴的设计过程中，要充分考虑多个方面以提高轴的疲劳强度。

1. 合理布置轴上零件

合理布置轴上零件可以改善轴的受力状况。如图14-16所示，转轴上有输入轮1和输出轮2、3、4。按图14-16(a)所示布置，轴所受的最大转矩为($T_2+T_3+T_4$)；而按图14-16(b)所示布置，轴所受的最大转矩降低为(T_3+T_4)。

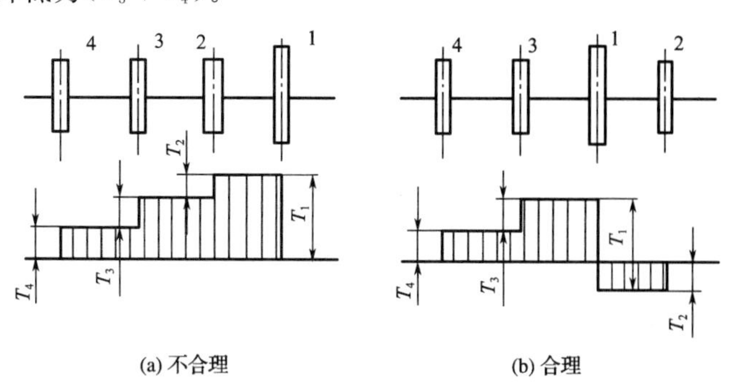

图14-16 轴上零件的布置

2. 改进轴上零件的结构

如图14-17(a)所示卷筒上的轮毂很长，如图4-17(b)所示，若把轮毂孔配合面分为两段，则不仅减小了弯矩，轴孔还能得到更好的配合。

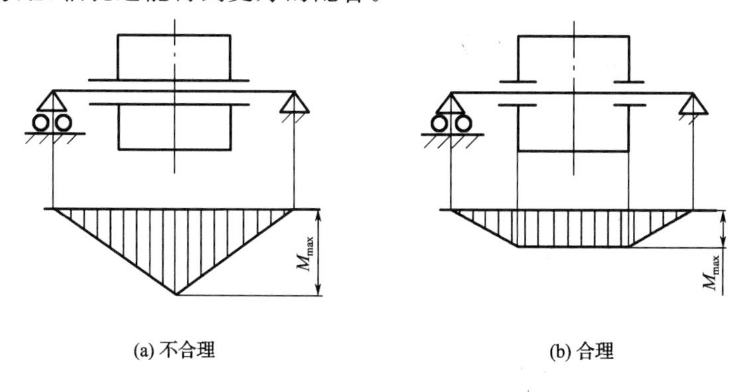

图14-17 轮毂结构

3. 改进轴的结构

轴通常在变应力状态下工作，易发生疲劳破坏，所以设计轴的结构时，应尽量减小应力集中。常采取的方法有：

(1)减小阶梯轴直径差，加大过渡圆角半径。但对定位轴肩，为保证定位的可靠，轴肩处圆角半径受限时，可采用内凹圆角[图14-18(a)]或加装隔离套[图14-18(b)]。

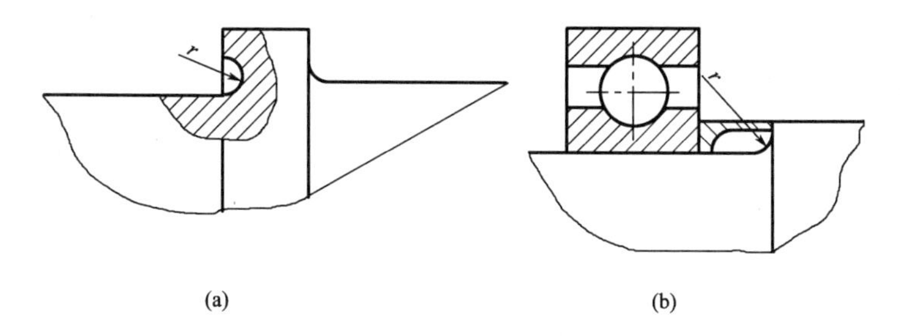

图14-18 轴肩过渡结构

(2)在过盈配合处的轮毂上或轴上，由于过盈量越大，应力集中越严重，如图14-19(a)所示，所以为减小应力集中，可以开减载槽，如图 14-19(b)、图 14-19(c)所示，或者增大配合处直径，如图 14-19(d)所示。

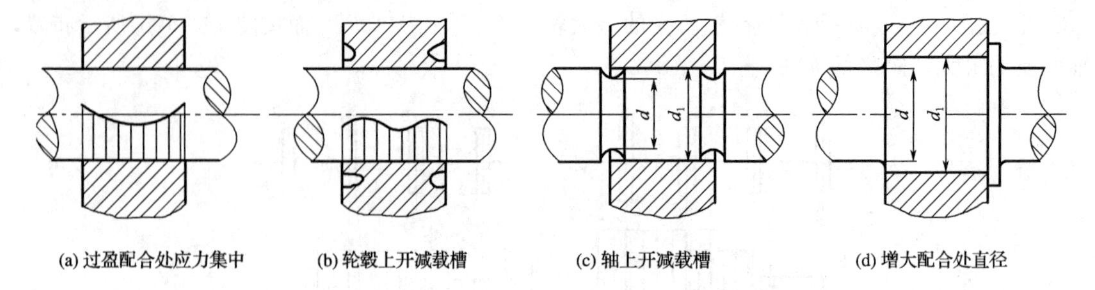

(a) 过盈配合处应力集中　(b) 轮毂上开减载槽　(c) 轴上开减载槽　(d) 增大配合处直径

图 14-19　过盈配合处应力集中的降低方法

4. 改进轴的表面质量

轴的表面质量对轴的疲劳强度产生很大影响。轴的表面越粗糙，疲劳强度越低。因此，合理减小表面粗糙度可提高疲劳强度。此外，采用表面高频淬火等热处理，表面渗碳、氰化、氮化等化学处理方法以及碾压、喷丸等强化处理方法均能明显提高轴的疲劳强度。

14.3　轴的材料与工作能力计算

14.3.1　轴的材料

轴是机器中的重要零件，需要具有足够高的强度、刚度和韧性，应力集中小，具有良好的结构工艺性及耐磨性等。

轴的材料主要是非合金钢和合金钢。非合金钢强度虽然比合金钢低，但价格便宜，对应力集中敏感性小，同时又可以用热处理方法来提高其耐磨性和抗疲劳强度，故非合金钢应用范围较广，其中最常用的是 45 钢。

合金钢比非合金钢综合力学性能好，但对应力集中比较敏感，价格较贵。对于受载大要求较高的场合，或处于非常温度、受腐蚀条件下工作的轴，常采用的合金钢有 20Cr、40Cr、20CrMnTi、35CrMo、40MnB 钢等。

轴也可以用合金铸铁和球墨铸铁制造。铸铁具有流动性好、易于铸造成形以获得形状复杂的轴(如曲轴)、价格低、有良好的吸振性和耐磨性以及对应力集中不敏感等优点。但是其强度较低，质量不易控制。

轴的常用材料及主要力学性能见表 14-1。

表 14-1　**轴的常用材料及主要力学性能**

材料牌号	热处理方法	毛坯直径/mm	硬度HBS	抗拉强度 σ_b/MPa	屈服强度 σ_s/MPa	弯曲疲劳极限 σ_{-1}/MPa	剪切疲劳极限 τ_{-1}/MPa	许用弯曲应力 $[\sigma_{-1}]$/MPa	备　注
Q235-A	热轧或锻后空冷	≤100	—	400～420	225	170	105	40	用于不重要或受载不大的轴
		>100～250	—	375～390	215				
45	正火回火	≤100	170～217	590	295	255	140	55	应用最广泛
		>100～300	162～217	570	285	245	135		
	调质	≤200	217～255	640	355	275	155	60	

续表

材料牌号	热处理方法	毛坯直径/mm	硬度HBS	抗拉强度 σ_b/MPa	屈服强度 σ_s/MPa	弯曲疲劳极限 σ_{-1}/MPa	剪切疲劳极限 τ_{-1}/MPa	许用弯曲应力 $[\sigma_{-1}]$/MPa	备　注
40Cr	调质	≤100	241～286	735	540	355	200	70	用于受载较大、冲击不大的重要轴
		>100～250		685	490	335	185		
40CrNi	调质	≤100	270～300	900	735	430	260	75	用于很重要的轴
		>100～300	240～270	785	570	370	210		
38SiMnMo	调质	≤100	229～286	735	590	365	210	70	用于很重要的轴
		>100～300	217～269	685	540	345	195		
38CrMoAlA	调质	≤60	293～321	930	785	440	280	75	用于高耐磨性、高强度且热处理变形很小的轴
		>60～100	277～302	835	685	410	270		
		>100～160	241～277	785	590	375	220		
20Cr	渗碳淬火回火	≤60	渗碳 56～62HRC	640	390	305	160	60	用于强度及韧性均较高的轴
3Cr13	调质	≤100	≥241	835	635	395	230	75	用于腐蚀条件下的轴
1Cr18Ni9Ti	淬火	≤100	≤192	530	195	190	115	45	用于高、低温及腐蚀条件下的轴
		>100～200		490		180	110		
QT600-3	—	—	190～270	600	370	215	185	—	用于制造复杂外形的轴
QT800-2	—	—	245～335	800	480	290	250		

轴的毛坯一般用轧制的圆钢或锻件。锻件的内部组织比较均匀，强度较高，所以重要的轴以及大尺寸或阶梯变化较大的轴，应采用锻件毛坯。

14.3.2　轴的强度计算

进行轴的强度计算时，应根据轴的承载情况采用相应的计算方法。常见轴的强度计算方法有以下两种：

1. 按扭转强度计算

这种方法适用于只受扭矩的传动轴的精确计算，也可以用于既受弯矩又受扭矩的转轴的近似计算。

对于只传递转矩的圆截面轴，其扭转强度计算条件为

$$\tau_T=\frac{T}{W_T}\approx\frac{9.55\times10^6\,\dfrac{P}{n}}{0.2d^3}\leqslant[\tau_T] \tag{14-1}$$

式中，τ_T 为扭转切应力，MPa；T 为轴所受的扭矩，N·mm；W_T 为轴的抗扭截面系数，mm^3；n 为轴的转速，r/min；P 为轴传递的功率，kW；d 为所计算截面处轴的直径，mm；$[\tau_T]$为许用扭转切应力，MPa，见表 14-2。

表 14-2　　轴常用材料的$[\tau_T]$及 A_0 值

轴的材料	Q235-A、20	Q275、35(1Cr18Ni9Ti)	45	40Cr、35SiMnMo、38SiMnMo、3Cr13
$[\tau_T]$	15～25	20～35	25～45	35～55
A_0	149～126	135～112	126～103	112～97

注：①表中所列为考虑弯矩影响而降低的许用扭转切应力。

②在下列情况之一时，$[\tau_T]$取较大值，A_0 取较小值：弯矩较小或只受扭矩作用、载荷平稳、无轴向载荷或轴向载荷较小、减速器的低速轴、单向旋转的轴。

对于既传递扭矩又承受弯矩的转轴，也可以用上式初步估算实心轴的最小直径，但必须把轴的许用扭转切应力$[\tau_T]$适当降低(表14-2)，以补偿弯矩对轴的影响。将降低后的许用应力代入上式，并改写为设计公式

$$d \geqslant \sqrt[3]{\frac{9.55\times10^6 P}{0.2[\tau_T]n}}=\sqrt[3]{\frac{9.55\times10^6}{0.2[\tau_T]}}\cdot\sqrt[3]{\frac{P}{n}}=A_0\sqrt[3]{\frac{P}{n}} \tag{14-2}$$

式中，$A_0=\sqrt[3]{\frac{9.55\times10^6}{0.2[\tau_T]}}$，可以查表14-2确定。

空心轴的直径的计算公式为

$$d \geqslant A_0\sqrt[3]{\frac{P}{n(1-\beta^4)}} \tag{14-3}$$

式(14-3)中$\beta=d_1/d$，即空心轴的内径与外径之比，通常取$\beta=0.5\sim0.6$。

当轴截面上开有键槽时，应增大轴径以考虑键槽对轴强度的削弱。当轴的直径$d>100$ mm时，轴径增大3%～5%；当轴的直径$d\leqslant100$ mm时，轴径增大5%～7%。然后把轴径圆整为标准直径。

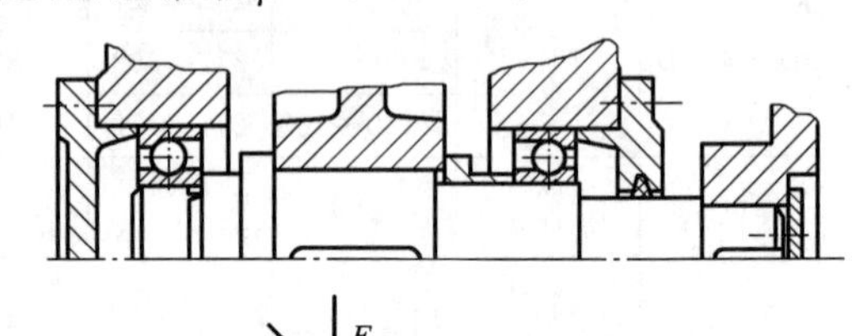

2. 按弯扭合成强度计算

初步设计出轴的结构以后，应根据轴的结构外形尺寸、轴上零件的安装位置、所受外载荷和约束反力的作用位置，得出轴的力学模型，然后计算出轴上的弯矩和扭矩，按弯扭合成强度条件对轴进行强度校核计算。一般转轴即采用这种方法校核计算。

(1)由轴的结构简图得出轴的力学模型

轴所受的载荷是从轴上的零件传过来的。简化计算时通常把分布载荷简化为集中力，其作用点在传动件轮毂宽中点处；支反力的作用点在轴承宽中点处；轴上两传动件之间存在扭矩。画出空间力系，如图14-20(a)所示。

(2)将载荷分解到水平面和垂直面内

求出轴上受力零件的载荷，并将其分解为水平分力和垂直分力。然后求出各支撑点处的水平支反力F_{NH}和垂直支反力F_{NV}。

(3)绘制弯矩图

在水平面和垂直面内分别计算各力产生的弯矩，并分别绘制水平面上的弯矩图M_H[图14-20(b)]和垂直面上的弯矩图M_V[图14-20(c)]。然后计算合成弯矩$M=\sqrt{M_H^2+M_V^2}$并绘制合成弯矩图，如图14-20(d)所示。

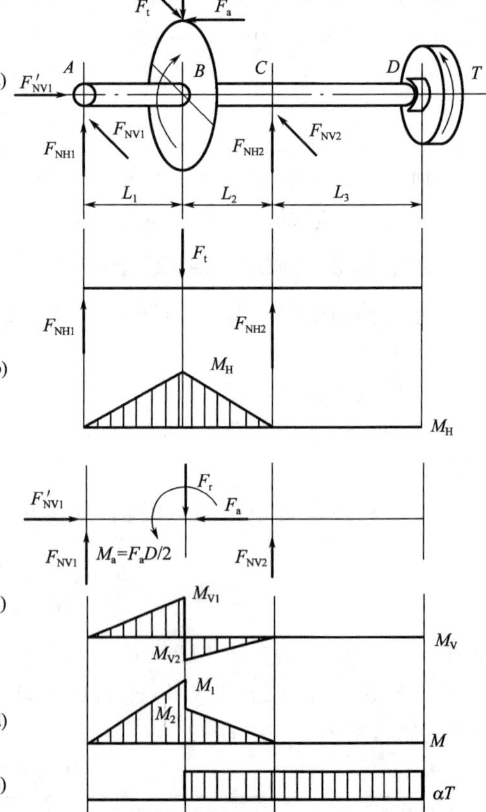

图14-20 轴的载荷分析图

(4)绘制扭矩图

扭矩图如图 14-20(e)所示。

(5)绘制弯扭合成图

根据第三强度理论，可推得圆轴弯扭合成的计算弯矩(又称当量弯矩)为 $M_{ca}=\sqrt{M^2+(\alpha T)^2}$，如图 14-20(f) 所示，$\alpha$ 是扭转切应力折合系数，用以考虑扭转切应力 τ 与弯曲正应力 σ 循环特性不同的影响。一般弯曲正应力 σ 为对称循环变应力，当扭转切应力为静应力时，取 $\alpha\approx0.3$；当扭转切应力为脉动循环变应力时，$\alpha\approx0.6$；当扭转切应力为对称循环变应力时，$\alpha=1$。

(6) 计算危险截面轴径

已知轴的弯矩后，则轴的弯扭合成强度条件为

$$\sigma_{ca}=\sqrt{\sigma^2+4\tau^2}=\sqrt{\left(\frac{M}{W}\right)^2+4\left(\frac{\alpha T}{2W}\right)^2}=\frac{\sqrt{M^2+(\alpha T)^2}}{W}=\frac{\sqrt{M_e}}{0.1d^3}\leqslant[\sigma_{-1b}] \tag{14-4}$$

则得

$$d\geqslant\sqrt[3]{\frac{M_e}{0.1[\sigma_{-1b}]}}\ \text{mm} \tag{14-5}$$

式中，σ_{ca} 为轴的弯扭合成计算应力，MPa；M 为轴所受的弯矩，N·mm；T 为轴所受的扭矩，N·mm；W 为轴的抗弯截面系数，mm^3，其值可以查取手册；$[\sigma_{-1b}]$为对称循环变应力下时轴的许用弯曲应力，MPa，其值选用见表 14-3。

对于有键槽的截面，应将计算出来的轴径加大 5%左右。若计算出来的轴径大于结构设计初步估算的轴径，则表明结构图中的轴强度不够，必须修改结构设计；若计算出来的轴径小于结构设计初步估算的轴径，且相差不很大，一般就以结构设计的轴径为准。如图 14-20 所示，危险截面可能是 B、C、D 截面。

表 14-3　轴的许用弯曲应力　MPa

轴的材料	抗拉强度 σ_b	静应力 $[\sigma_{+1b}]$	脉动循环应力$[\sigma_{0b}]$	对称循环应力$[\sigma_{-1b}]$
非合金钢	400	130	70	40
	500	170	75	45
	600	200	95	55
	700	230	110	65
	800	270	130	75
	900	300	140	83
合金钢	800	270	130	75
	900	300	140	83
	1 000	330	150	90
铸钢	400	100	50	30
	500	120	70	40

由于心轴工作时，只承受弯矩而不受扭矩，所以在应用式 (14-4)时，$T=0$。转动心轴的弯矩在轴截面上引起的应力是对称循环应力。固定心轴所引起的应力近似为脉动循环应力。

*14.3.3　轴的刚度计算

轴在弯矩作用下会产生弯曲变形，受扭矩作用会产生扭转变形。若轴的刚度不够，则会影响轴上零件的正常工作，甚至会丧失机器应有的工作性能。例如，安装齿轮的轴，当因弯曲刚度或扭转刚度不足而导致挠度或扭转角过大时，将影响齿轮的正确啮合，使齿轮沿齿宽和齿高

方向接触不良，造成载荷在齿面上严重分布不均。因此，在设计计算重要的轴时，需要对轴的刚度进行计算。

轴的刚度主要指弯曲刚度和扭转刚度。

1. 轴的弯曲刚度校核计算

轴因受弯曲而变形，它由挠度 y 和偏转角 θ 来度量。通常用材料力学中的有关公式计算出挠度 y 和偏转角 θ，并要求 $y \leqslant [y]$ 和 $\theta \leqslant [\theta]$。$[y]$ 和 $[\theta]$ 分别是允许挠度和允许偏转角，其值见表 14-4。

表 14-4　轴允许挠度 $[y]$ 和允许偏转角 $[\theta]$

轴的使用场合	$[y]$/mm	轴的部位	$[\theta]$/rad
一般用途的轴	$(0.0003 \sim 0.0005)l$	滑动轴承处	0.001
刚度要求较高的轴(如机床主轴)	$0.0002l$	向心球轴承处	0.005
安装齿轮的轴	$(0.01 \sim 0.03)m_n$	调心球轴承处	0.05
安装蜗轮的轴	$(0.02 \sim 0.05)m$	圆柱滚子轴承处	0.0025
蜗杆轴	$(0.01 \sim 0.05)m$	圆锥滚子轴承处	0.0016
电动机轴	0.1Δ	安装齿轮处	$0.001 \sim 0.002$

注：表中 l 为轴的跨距，mm；m_n 为齿轮法面模数，mm；m 为齿轮端面模数，mm；Δ 为电动机定子与转子间的间隙，mm。

2. 轴的扭转刚度校核计算

轴因受扭转的作用而产生扭转变形，用扭转量 φ 来度量。校核轴的扭转刚度时，用材料力学中的有关公式计算出 φ，并要求 $\varphi \leqslant [\varphi]$。$[\varphi]$ 为单位长度的允许扭转角，其值见表 14-5。

表 14-5　轴允许扭转角 $[\varphi]$

传动要求	$[\varphi]/(^\circ \cdot m^{-1})$
精密传动	$0.25 \sim 0.5$
一般传动	$0.5 \sim 1$
对刚度要求不高的传动	$\geqslant 1$

14.4　轴毂连接

轴与轴上的零件周向固定形成的连接称为轴毂连接，其作用主要是实现轴上零件的周向固定并传递转矩，有些还能实现轴向固定或轴向滑移。轴毂连接的形式很多，主要有键连接、花键连接、销连接、无键连接等。

14.4.1　键连接

1. 键连接的类型及应用

键是标准件，根据键的结构形式，键连接可分为平键连接、半圆键连接、楔键连接和切向键连接等几种形式。

(1)平键连接

平键连接的工作面是两个侧面，工作时靠键与工作面的挤压传递扭矩，键的上表面与轮毂槽底之间有间隙，如图 14-21 所示。平键连接具有结构简单、装拆方便、对中性好等优点。

平键连接按用途分为普通平键、导向键和滑键连接三种。

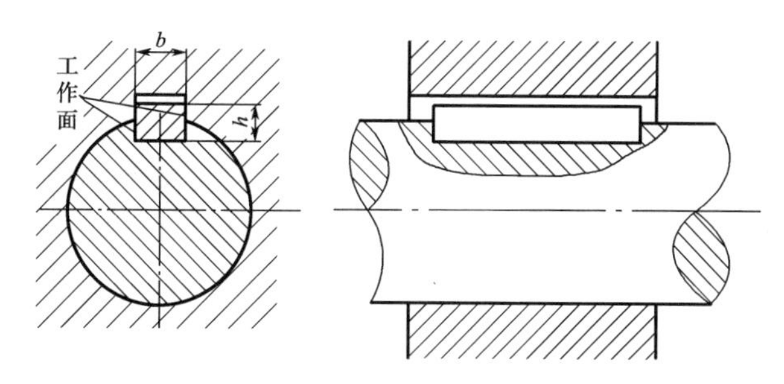

图 14-21　平键连接示意图

普通平键用于静连接，即轴与轴毂之间不能轴向相对移动。普通平键端部形状有圆头(A型)、平头(B 型)和半圆头(C 型)三种，如图 14-22 所示。A 型键的轴上键槽是用立铣刀加工的，键在键槽中轴向固定较好，但轴的键槽端部应力集中较大。B 型键的轴上键槽是用盘铣刀加工的，轴上应力集中较小，但轴向固定不好。C 型键用于轴端与轴端毂类零件的连接。

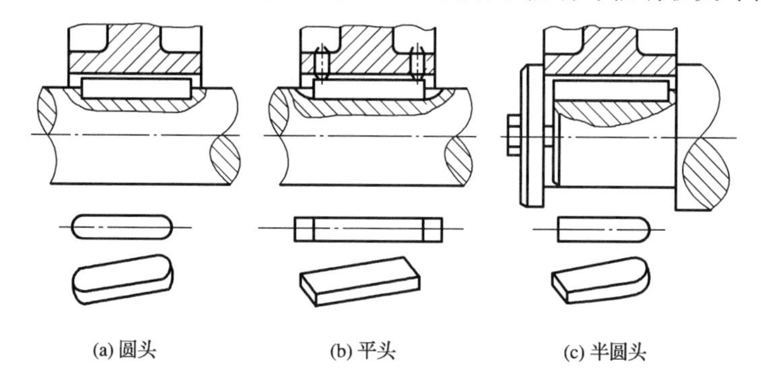

图 14-22　普通平键的类型

导向键和滑键用于动连接，即轴与轴毂之间有轴向相对移动。导向键是一种较长的平键，用螺钉固定在轴上的键槽中，工作时轴上零件沿键做轴向滑移，如图 14-23 所示。机床变速箱中的滑移齿轮与轴的连接即是使用了导向键。滑键固定在轮毂上，工作时轮毂带动滑键沿键槽做轴向滑移，如图 14-24 所示，它适用于轴上零件移动距离较大的场合。

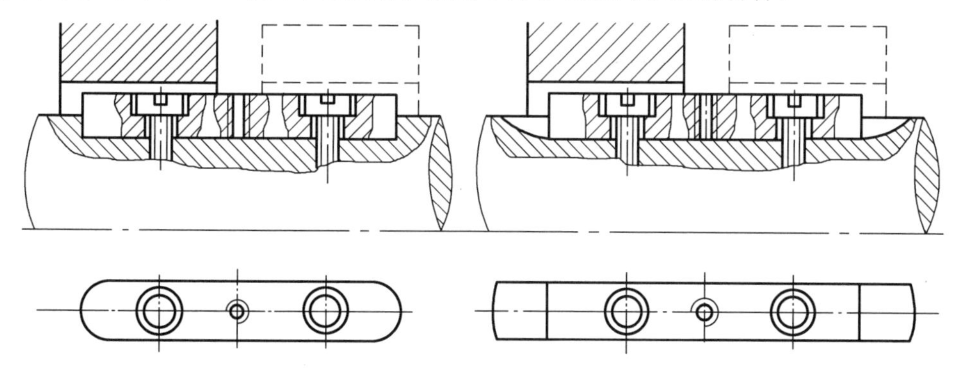

图 14-23　导向键连接

(2)半圆键连接

半圆键是一种半圆的板状零件，如图 14-25 所示，工作面为两个侧面。工作时靠两侧面受挤压传递转矩，键在轴槽内可以绕其几何中心摆动。以适应轮毂槽底部的斜度，半圆键装拆方便，但对轴的强度削弱较大，主要用于轻载场合。

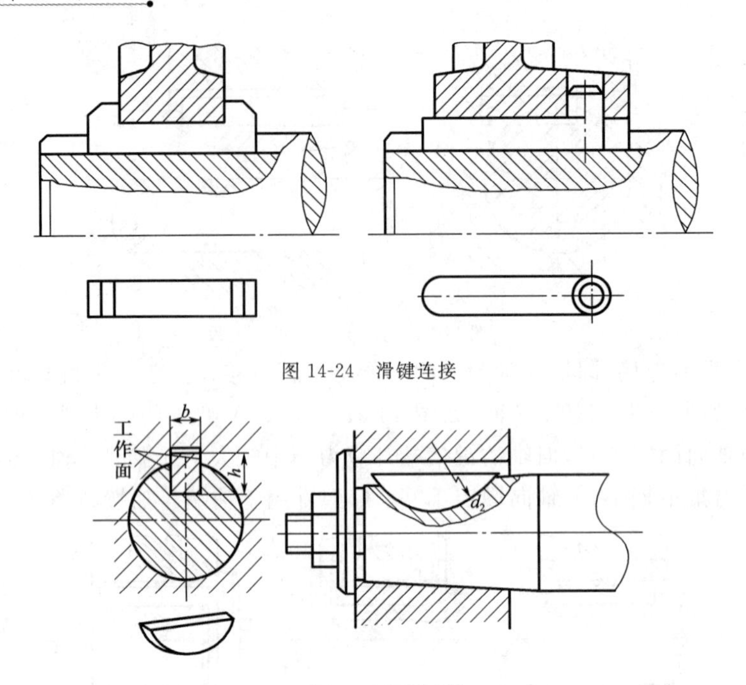

图 14-24　滑键连接

图 14-25　半圆键连接

(3)楔键连接

如图 14-26 所示,楔键的上表面和轮毂槽底面均制成 1∶100 的斜度,装配时将键用力打入槽内。楔键的工作面为键的上、下表面。靠上、下接触面的摩擦力来传递转矩及单向轴向力。楔键的侧面与键槽侧面有很小的间隙,楔键连接由于楔紧作用而使轴和轮毂的配合产生偏斜,破坏了轴与轮毂的对中性。因此这种连接主要用于对中性要求不高和低速的场合。

楔键分为普通楔键和钩头楔键两种形式。普通楔键有圆头、平头和单圆头三种形式。装配时,圆头楔键要先放入轴上键槽中,然后打紧轮毂;平头和单圆头和钩头楔键则在轮毂装好后才放入键槽并打紧。钩头楔键的钩头是供装拆用,安装在轴端时,应加防护罩。

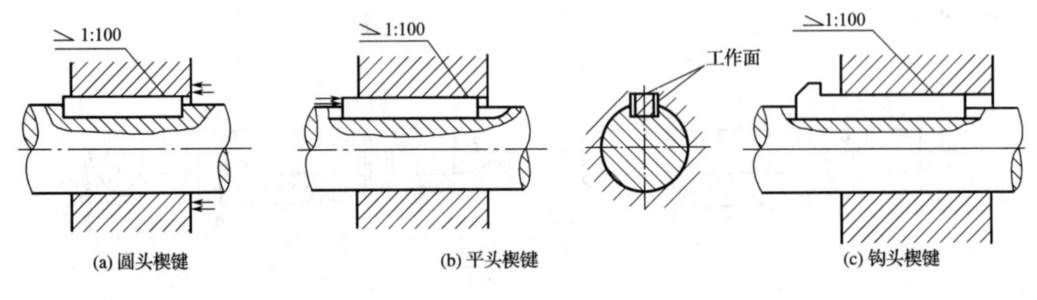

图 14-26　楔键连接

(4)切向键连接

切向键连接如图 14-27 所示。切向键由两个斜度为 1∶100 的楔键组成,键的上下表面为工作面。装配时把一对楔键分别从轮毂两端打入,拼合而成的切向键就沿轴的切线方向楔紧在轴与轮毂之间。工作时,靠工作面上的挤压力和轴与轮毂间的摩擦力来传递转矩。用一个切向键时,只能传递单向转矩;有反转要求时,必须用两个切向键,两者间的夹角为 120°～130°。切向键的键槽对轴的强度削弱较大,常用于轴径大于 100 mm、对中要求不高且载荷较大的重型机械中。

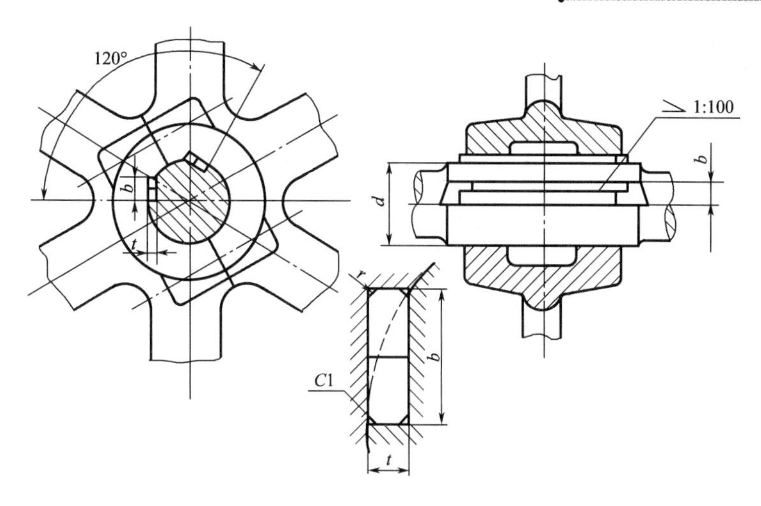

图 14-27 切向键连接

2. 平键的选择及其强度校核

(1)键的选择

键是标准件,键的选择包括键的类型选择和尺寸选择两个方面。先根据键连接的结构特点、工作条件和使用要求而选择键的类型;键的尺寸要符合平键的标准(GB/T 1096—2003)的规定和强度要求。键的截面尺寸(键宽 b 和键高 h)按轴的直径 d 由标准选定;键长 L 可参照轮毂长度从长度系列标准中选取。普通平键的主要尺寸见表 14-6。

表 14-6 **普通平键的主要尺寸** mm

轴的直径 d	6~8	>8~10	>10~12	>12~17	>17~22	>22~30	>30~38	>38~44
键宽 b×键高 h	2×2	3×3	4×4	5×5	6×6	8×7	10×8	12×8
轴的直径 d	>44~50	>50~58	>58~65	>65~75	>75~85	>85~95	>95~110	>110~130
键宽 b×键高 h	14×9	16×10	18×11	20×12	22×14	25×14	28×16	32×18
轴的长度系列 L	6、8、10、12、14、16、18、20、22、25、28、32、36、40、45、50、56、63、70、80、90、100、110、125、140、180、200、220、250……							

(2)强度计算

平键连接传递转矩时的受力情况如图 14-28 所示。普通平键连接(静连接)的主要失效形式是:键、轮毂、轴槽三者中较弱的零件工作面被压溃,普通平键连接通常只按挤压应力进行强度校核计算;对于导向键和滑键连接(动连接),其主要失效形式是工作面的过度磨损,应限制工作面的工作压强。

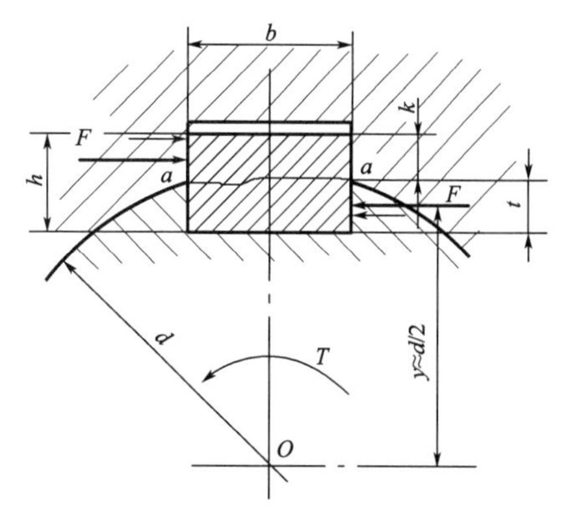

图 14-28 平键连接的受力情况

假定工作压力沿键的长度和高度均匀分布,则普通平键连接的挤压强度校核公式为

$$\sigma_{P}=\frac{F}{A}=\frac{2T/d}{hl/2}=\frac{4T}{hld}\leqslant[\sigma_{P}] \tag{14-6}$$

导向键和滑键连接耐磨性校核公式为

$$p=\frac{4T}{hld}\leqslant[p] \tag{14-7}$$

式中,σ_{P} 为键连接工作表面的挤压应力,MPa;F 为键与键槽之间挤压力,N;A 为键与键槽之间挤压面积,mm^2;T 为传递的转矩,N·mm;d 为轴的直径,mm;h 为键的高度,mm;l 为键连

接的工作长度，mm，圆头为 A 型键，平头为 B 型键（$l=L$），半圆头为C 型键；b 为键的宽度，mm；$[\sigma_P]$为键、轴、轮毂三者中最弱材料的许用挤压应力，MPa，见表 14-7；p 为键连接工作表面的压强，MPa；$[p]$为键、轴、轮毂三者中最弱材料的许用压力，MPa，见表 14-7。

表 14-7　　键连接的许用挤压应力、许用应力

许用挤压应力、许用应力	连接工作方式	键、轴、轮毂的材料	载荷性质		
			静载荷	轻微冲击载荷	冲击载荷
$[\sigma_P]$	静连接	钢	120～150	100～120	60～90
		铸铁	70～80	50～60	30～45
$[p]$	动连接	钢	50	40	30

键的材料采用抗拉强度不小于 600 MPa 的钢，通常选 45 钢。

在进行强度校核后，如果强度不够，可采用双键。两个键最好布置在周向相隔 180°位置上。考虑到两个键上载荷分布不均，只按 1.5 个键强度验算。

14.4.2　花键连接

花键连接由轴和轮毂孔上的多个键齿与键槽组成，如图 14-29 所示。工作时靠键齿的侧面互相挤压传递转矩。与平键连接相比，花键连接具有以下优点：承载能力强；轴与零件的定心性好；导向性好；对轴的强度削弱小。其缺点是制造比较复杂，需专用设备，成本较高。因此，花键连接多用于定心精度要求高、载荷较大或经常滑移的连接。

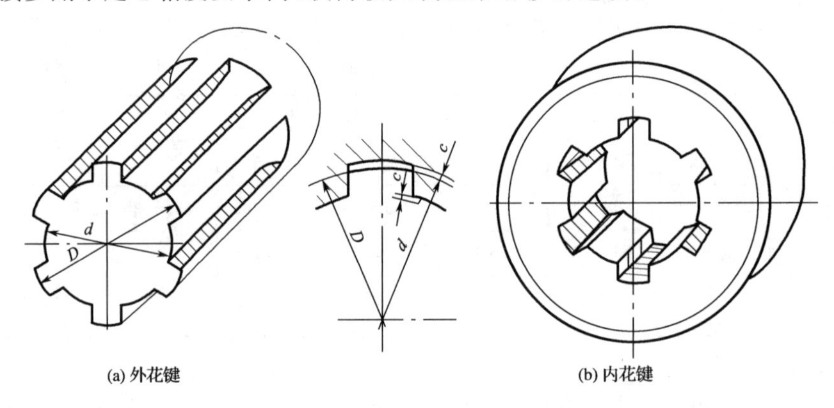

图 14-29　花键连接

花键连接已标准化，按齿廓不同，可分为矩形花键和渐开线花键。

1. 矩形花键

按其传递转矩的大小，矩形花键有轻系列和中系列两个尺寸系列。轻系列矩形花键齿高小，承载能力较小，多用于静连接或轻载连接；中系列矩形花键多用于动连接或载荷较大的连接中。

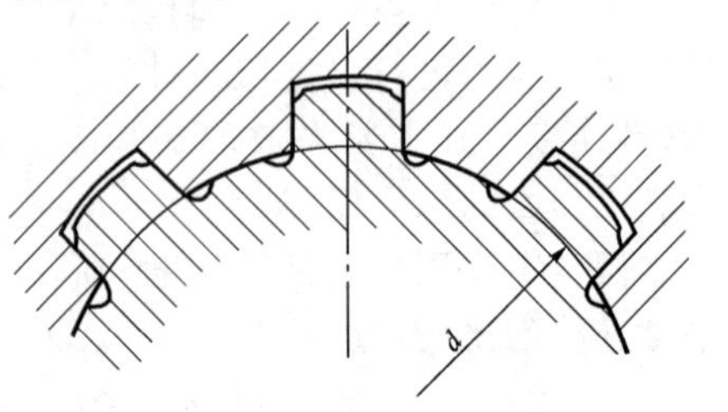

图 14-30　矩形花键

矩形花键的定心方式为小径定心，如图 14-30 所示，即外花键和内花键的小径为配合面。其特点是定心精度高，定心稳定性好，能用磨削的方法消除热处理引起的变形。矩形花键的齿侧面为互相平行的平面，制造方便，应用广泛。

2. 渐开线花键

渐开线花键的齿廓为渐开线，分度圆上的压力角有 30°和 45°两种，如图 14-31 所示。渐开

线花键制造工艺性好，制造精度高，应力集中小，易于定心。当传递的转矩较大且轴径也较大时，宜采用渐开线花键。压力角为 45°的渐开线花键齿形钝而短，对连接件的削弱较小，但承载能力低，多用于载荷小、直径较小的静连接，特别适用于薄壁零件的轴毂连接。

渐开线花键定心方式为齿形定心。当齿受载时，齿上的径向力能起到自动定心作用，有利于各齿均匀受载。

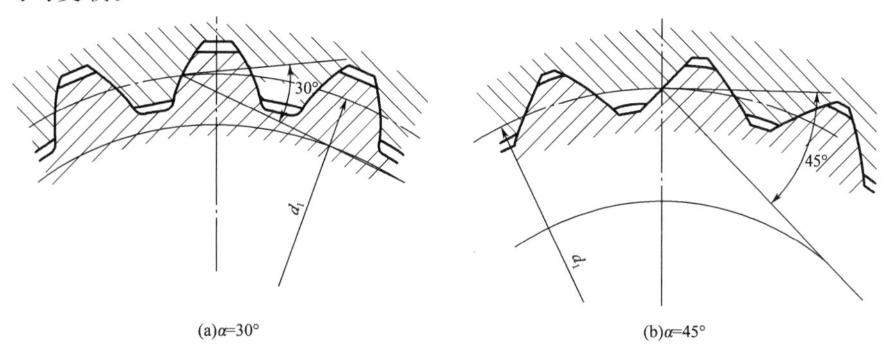

图 14-31　渐开线花键

*14.4.3　销连接

销的主要用途是定位，即固定两零件之间的相对位置，是组合加工和装配时的重要辅助零件，如图 14-32 所示；销也可以用于轴毂连接，如图 14-33 所示，可传递不大的转矩；销还可以作为安全装置中的过载剪断元件，如图 14-34 所示，保护机器中的重要零件。

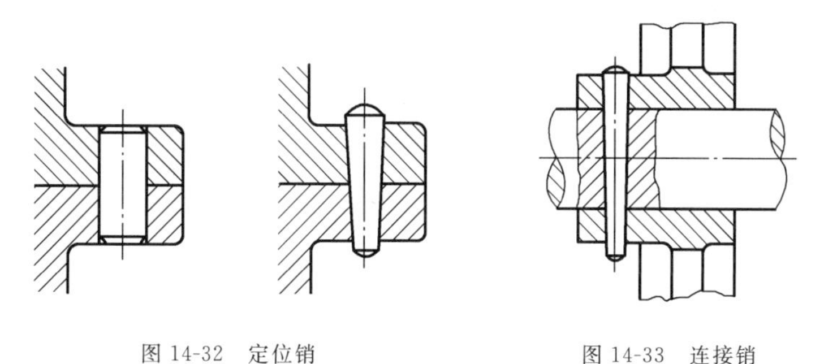

图 14-32　定位销　　图 14-33　连接销

按形状不同，销可分为圆柱销、圆锥销和异形销这三类，均已标准化。

1. 圆柱销

(1)普通圆柱销　普通圆柱销如图 14-35(a)所示，利用微量过盈固定在销孔中，多次装拆会降低定位精度。

(2)弹性圆柱销　弹性圆柱销如图 14-35(b)所示，是用弹簧钢带卷制的纵向开缝的圆管，借助于弹性，均匀挤紧在销孔中，销孔不需要铰光，可多次装拆，适用于有冲击振动的场合。

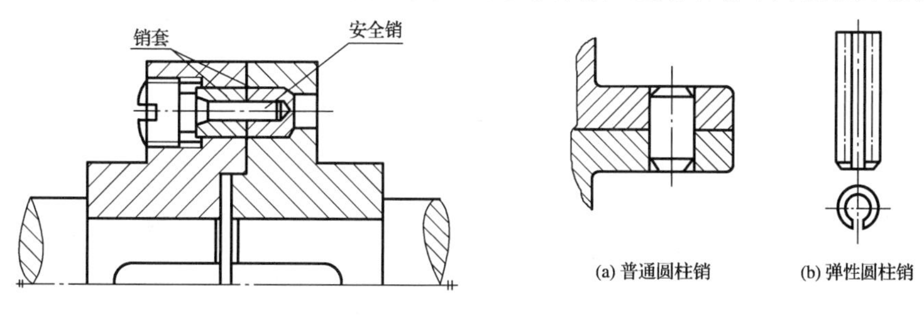

图 14-34　安全销　　图 14-35　圆柱销

2. 圆锥销

(1)普通圆锥销　普通圆锥销如图 14-36(a)所示,它有 1∶50 的锥度,销与光孔配合受横向力时能自锁,可以多次装拆,其公称直径为小端直径。

(2)螺纹圆锥销　如图 14-36(b)所示为内螺纹圆锥销,如图 14-36(c)所示为外螺纹圆锥销,常用于销孔没有开通或难以拆卸的场合。

(3)开口圆锥销　如图 14-36(d)所示为开口圆锥销,可以在冲击、振动或变载荷作用下防止松脱。

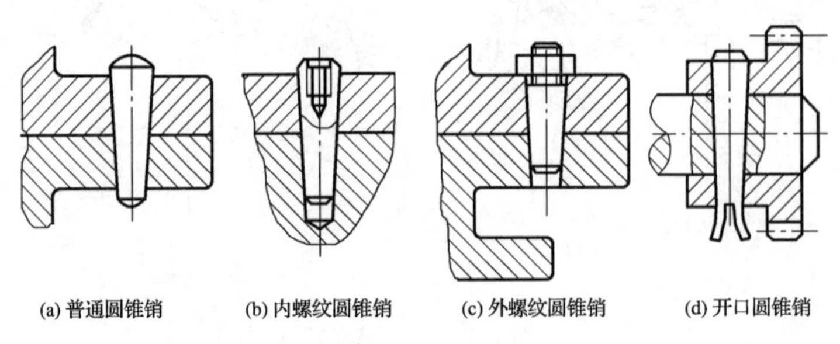

图 14-36　圆锥销

3. 异形销

(1)槽销　如图 14-37(a)所示为槽销,有纵向凹槽。靠材料的弹性将销挤紧在销孔中,可多次装拆,可以传递载荷。

(2)开口销　如图 14-37(b)所示为开口销,与其他连接件配合使用可以防松。

(3)销轴　如图 14-37(c)所示为销轴,用于铰接处,与开口销配合锁定,使用方便。

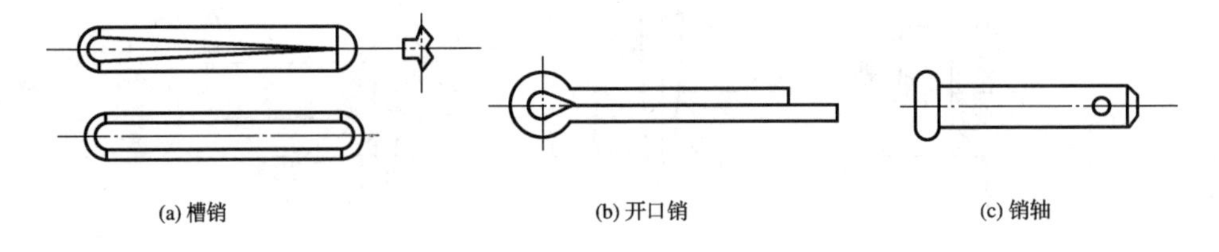

图 14-37　异形销

例 14-1　设计如图 14-38 所示的斜齿圆柱齿轮减速器的输出轴(Ⅱ轴),并对所采用的平键连接进行强度校核。已知传递功率 $P=14.1$ kW,输出轴的转速 $n=110$ r/min,从动齿轮的分度圆直径 $d=270.54$ mm,作用在齿轮上的圆周力 $F_t=9\ 049.57$ N,径向力 $F_r=3\ 394.61$ N,轴向力 $F_a=2\ 256.31$ N,齿轮轮毂宽度为 95 mm,工作时单向运转,轴承采用角接触球轴承。

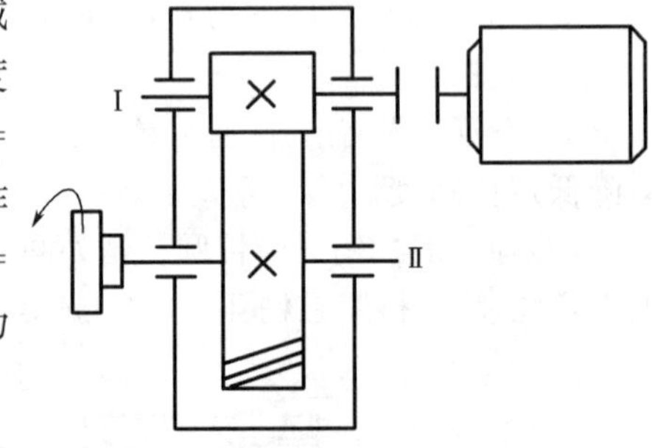

图 14-38　单级齿轮减速器简图

分析:根据题意,该轴是在一般工作条件下工作的。设计步骤应为先按扭转强度初估出轴端直径 $d_{\min}$,再用类比方法确定轴的结构,然后按弯扭合成进行强度校核。若校核不合格或强度裕度太大,则必须重新修改轴结构,即修改、计算交错反复进行,才能设计出较为完善的轴。

解:(1)选择轴的材料,确定许用应力

由已知条件可知该减速器传递的功率属中、小功率,对材料无特殊要求,故选用 45 钢并经调质处理。由表 14-1 查得强度极限 $\sigma_b=640$ MPa,再由表 14-3 得许用弯曲应力$[\sigma_{-1b}]=60$ MPa。

(2)按扭转强度估算轴径(最小直径)

根据表 14-2 得 $A_0=126\sim103$,取 $A_0=120$。又由式(14-2)得

$$d_{\min}\geqslant A_0\sqrt[3]{\frac{p}{n}}=120\times\sqrt[3]{\frac{14.1}{110}}=60.5\ \text{mm}$$

考虑到轴的最小直径处要安装联轴器,会有键槽存在,故需将估算直径加大 5%～7%,即增大到 63.53～64.74 mm。由设计手册取标准直径 $d_{\min}=65$ mm。

(3)设计轴的结构并绘制结构草图

①绘制装配简图,拟定轴上零件的装配方案　根据 14.2 所述,考虑到此时齿轮采用油润滑而轴承采用油脂润滑,故选择如图 14-39 所示的装配方案,从轴的左端依次安装齿轮、套筒、左端甩油环、左端轴承、轴承端盖、半联轴器,另一端装入右端甩油环、右端轴承。

②确定各轴段的直径及长度

a. 图 14-39 中 AB 段是最小直径段,用于安装联轴器,取 $d_{①}=65$ mm,根据所选联轴器的结构和尺寸取 $L_{①}=105$ mm。

b. 为满足带轮轴向定位要求,B 处需制出一段轴肩,故取 BC 段直径为 $d_{②}=74$ mm。

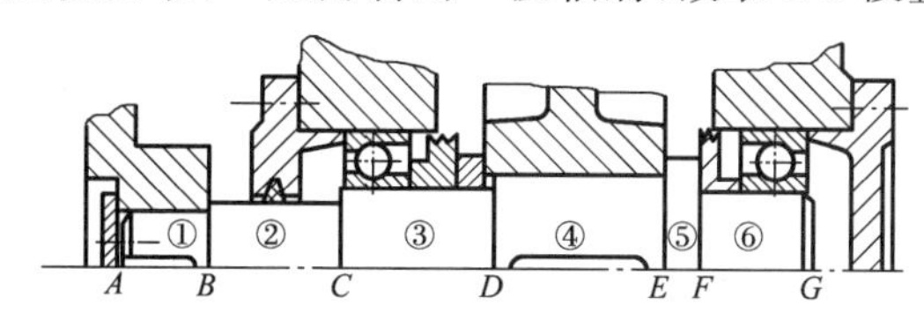

图 14-39　轴的装配方案

c. CD 段为安装轴承部位,其尺寸大小由所选轴承决定,因为轴同时受到径向力和轴向力的作用,故查轴承标准(GB/T 292—2007)初选轴承型号为单列角接触球轴承 7216C,其轴承尺寸为 dDB(80 mm×140 mm×26 mm),所以该段直径故取为 $d_{③}=d_{⑥}=80$ mm 。

d. 考虑大齿轮的安装以及齿轮固定可靠,则取 $d_{④}=90$ mm,$L_{④}=93$ mm。

e. 考虑大齿轮为斜齿轮承受轴向力,则轴肩高度 h 应大于 $0.07d_{④}$,轴环宽度 b 应大于 1.4h,故取 $d_{⑤}=100$ mm,$L_{⑤}=12$ mm。

f. 轴承端盖总宽度为 37 mm(由减速器及轴承端盖的结构设计而定),根据轴承端盖的装拆及便于对轴承添加润滑脂的要求,取端盖的外端面与带轮之间的距离为 37 mm,故 $L_{②}=80$ mm。

g. 取齿轮与箱体内壁间距为 10 mm,滚动轴承距箱体内壁 10 mm,取挡油环宽度为 14 mm,故取 $L_{③}=54$ mm,考虑到 G 处有倒角,取 $L_{⑥}=48$ mm。

③轴上零件的周向定位　齿轮、联轴器与轴的周向定位均采用平键连接。按 $d_{④}$ 查设计资料得平键截面尺寸为 bhL(25 mm×14 mm×90 mm),为了保证齿轮与轴有良好的对中性以保证齿轮啮合的中心距,故选择齿轮轮毂与轴的配合为 $\frac{\text{H7}}{\text{p6}}$;同理,联轴器与轴的连接选用平键为 bhL(18 mm×11 mm×90 mm),联轴器与轴的配合为 $\frac{\text{H7}}{\text{p6}}$。滚动轴承与轴的周向定位是由过渡配合来保证的,此处选轴的直径尺寸公差等级为 r6。

④确定轴上圆角和倒角尺寸　取轴端倒角 $C2$,轴肩处圆角 $R1.5$ mm。

(4)轴的强度计算

①求作用在轴上的载荷　首先根据轴的结构图绘制轴的计算简图。确定轴承的支点位置时，应从轴承标准(GB/T 292—2007)中查取 a 值。对于7216C型角接触球轴承，由轴承标准中查得 $a=27.7$ mm。因此作为简支梁的轴的支撑跨距为 $L_2+L_3=78.5+78.5=157$ mm。

②求轴的支反力　将轴上所受载荷分解为水平力和垂直分力，然后分别求出各支撑处的水平支反力 F_{NH}、垂直支反力 F_{NV} 和总支反力 F_{N1}、F_{N2}。

$$M_a=\frac{d}{2}F_a=\frac{270.54}{2}\times 2\,256.31=305\,211.1\ \text{N}\cdot\text{mm}$$

$$F_{NH1}=F_{NH2}=\frac{F_t}{2}=\frac{9\,049.57}{2}=4\,524.785\ \text{N}$$

$$F_{NV1}+F_{NV2}=F_r,78.5F_r=157F_{NV2}+M_a$$

代入数据得　$F_{NV1}+F_{NV2}=3\,394.61,78.5\times 3\,394.61=157F_{NV2}+305\,211.1$

解得　$F_{NV1}=3\,641.31\ \text{N},F_{NV2}=-246.7\ \text{N}$

$$F_{N1}=\sqrt{F_{NH1}^2+F_{NV1}^2}=\sqrt{4\,524.785^2+3\,641.31^2}=5\,808\ \text{N}$$

$$F_{N2}=\sqrt{F_{NH2}^2+F_{NV2}^2}=\sqrt{4\,524.785^2+(-246.7)^2}=4\,531.5\ \text{N}$$

③求轴的弯矩和扭矩

$$M_H=F_{NH1}\times 78.5=4\,524.785\times 78.5=355\,195.6\ \text{N}\cdot\text{mm}$$

$$M_{V1}=F_{NV1}\times 78.5=3\,641.32\times 78.5=285\,842.8\ \text{N}\cdot\text{mm}$$

$$M_{V2}=F_{NV2}\times 78.5=-246.7\times 78.5=-19\,366\ \text{N}\cdot\text{mm}$$

$$M_1=F_{N1}\times 78.5=5\,808\times 78.5=455\,928\ \text{N}\cdot\text{mm}$$

$$M_2=F_{N2}\times 78.5=4\,531.5\times 78.5=355\,723\ \text{N}\cdot\text{mm}$$

$$T=9.55\times 10^6\ \frac{P}{n}=9.55\times 10^6\times\frac{14.1}{110}=1\,224\,136\ \text{N}\cdot\text{mm}$$

④绘制轴的受力图、计算简图、弯矩图、扭矩图、弯扭合成图，如图14-40所示。

⑤计算危险截面的直径　由弯扭合成图可知截面Ⅲ是危险截面，考虑启动、停机影响，扭矩为脉动循环变应力，取 $\alpha=0.6$。则截面Ⅲ处的计算弯矩为

$$M_{ca}=\sqrt{M_1^2+(\alpha T)^2}=\sqrt{455\,928^2+(0.6\times 1\,224\,136)^2}=864\,485\ \text{N}\cdot\text{mm}$$

轴的材料为45钢调质处理，由表14-1查得 $[\sigma_{-1b}]=60$ MPa，则截面Ⅲ处的直径为

$$d\geqslant\sqrt[3]{\frac{M_e}{0.1[\sigma_{-1b}]}}=\sqrt[3]{\frac{864\,485}{0.1\times 60}}=52.42\ \text{mm}$$

考虑键槽的影响将计算出来的直径扩大5%，则

$$d_{计}=d\times 1.05=52.42\times 1.05=55.05\ \text{mm}$$

截面Ⅲ处最后计算出来的直径为55.05 mm，而截面Ⅲ处结构设计出来的直径为90 mm，所以轴的强度足够。

(5)平键连接的强度校核

①轴与齿轮间平键连接的选择及校核　轴径 $d=90$ mm，轮毂长度 $L=95$ mm，由表14-6选A型平键的尺寸为 bhL(25 mm×14 mm×90 mm)。

键的有效长度为 $l=L-b=90-25=65$ mm，$k=h/2=14/2=7$ mm，查表14-7得 $[\sigma_P]=$

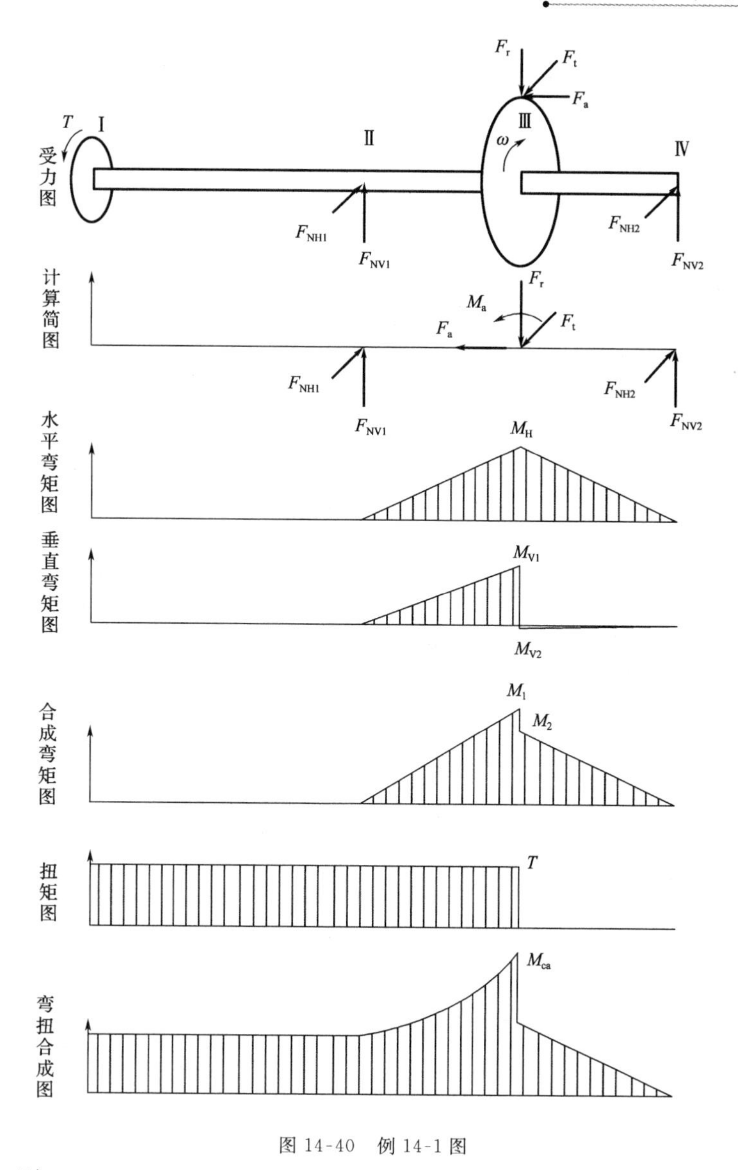

图 14-40　例 14-1 图

100～120 MPa,则

$$\sigma_P=\frac{2T}{dkl}=\frac{2\times 1\ 224\ 136}{90\times 7\times 65}=59.79\ \text{MPa}<100\sim 120\ \text{MPa}=[\sigma_P]$$

所以该处键强度足够。

②轴与联轴器间键的选择及校核　轴径 $d=65$ mm,轮毂长度 $L=105$ mm,由表 14-6 选 A 型平键的尺寸为 bhL(18 mm×11 mm×90 mm)。键的有效长度为 $l=L-b=90-18=72$ mm,$k=h/2=11/2=5.5$ mm,查表 14-7 得$[\sigma_P]=100\sim 120$ MPa,则

$$\sigma_P=\frac{2T}{dkl}=\frac{2\times 1\ 224\ 136}{65\times 5.5\times 72}=95\ \text{MPa}<100\sim 120\ \text{MPa}=[\sigma_P]$$

所以该处键强度也足够。

(6)绘制轴的零件工作图,如图 14-41 所示。

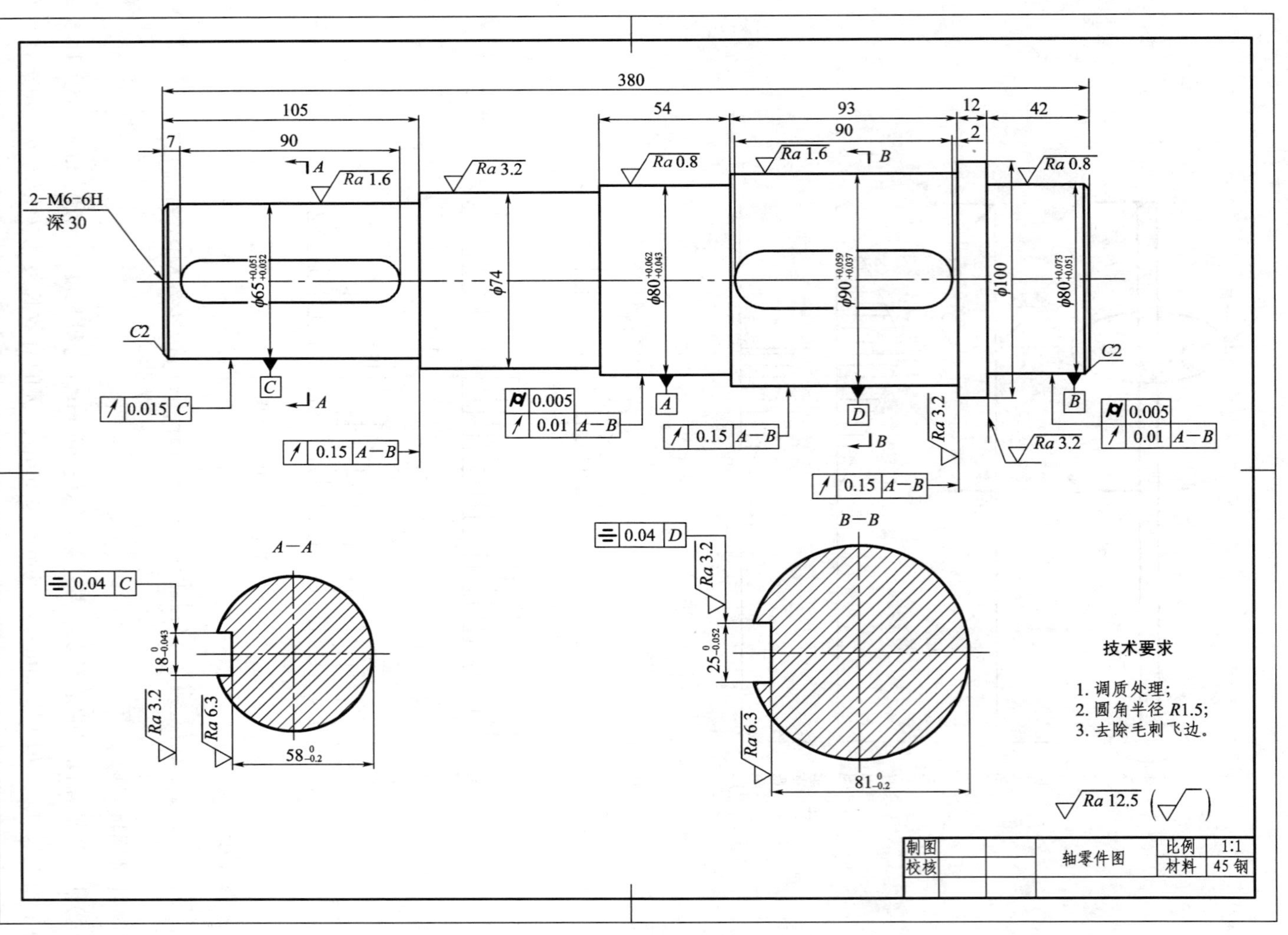

图 14-41　轴的零件工作图

小　　结

轴的作用是支撑轴上旋转零件，并传递转矩和运动。按轴受载荷的性质不同，可将轴分为传动轴、心轴和转轴。轴是机械中的重要零件，轴的设计直接影响整机的质量。轴的设计一般应解决轴的结构和承载能力两方面的问题。具体来说，轴的设计步骤包括：选择轴的材料；初步估算轴的直径；进行轴的结构设计；精确校核（强度、刚度、振动等）；绘制零件的工作图。

轴的结构设计应从多方面考虑，应满足的基本要求有：轴上零件有准确的位置、固定可靠，轴具有良好的工艺性，便于加工和装拆，合理布置轴上零件，以减小轴的工作应力。

轴的强度计算包括以下两种：按转矩初步计算轴的直径，仅根据转矩计算直径，忽略了弯矩，计算结果是粗略的；按弯扭合成的当量弯矩校核轴的强度，同时考虑了弯矩和扭矩的作用，由于弯矩和转矩引起的应力性质可能不同，所以引入了折算系数。

平键和花键是最常用的轴毂连接方式，均已标准化。设计和使用时应根据定心要求、载荷大小、使用要求和工作条件等合理选择。平键连接有普通平键、导向键和滑键、半圆键连接，其工作面是两个侧面，工作时靠键与键槽侧面的挤压传递扭矩；而楔键和切向键连接的工作表面是上、下面，工作时靠工作面摩擦力来传递转矩。平键的选用方法是根据轴径 d 确定键的截面尺寸 bh，根据轮毂宽度 B 确定键长 $L(L<B)$，必要时进行强度校核。普通平键连接的主要失效形式是轮毂压溃。

思考题及习题

14-1　自行车的前轴、后轴和中轴受弯矩、扭矩还是两者都有？它们分别是心轴还是转轴？

14-2　轴上零件的常用轴向和周向固定方法有哪些？

14-3　轴常用的材料有哪些？合金钢与非合金钢相比有何特点？

14-4　为什么转轴常设计成阶梯状结构？

14-5　试分析图 14-42 所示轴的结构有哪些不合理或错误之处并提出改进方案。

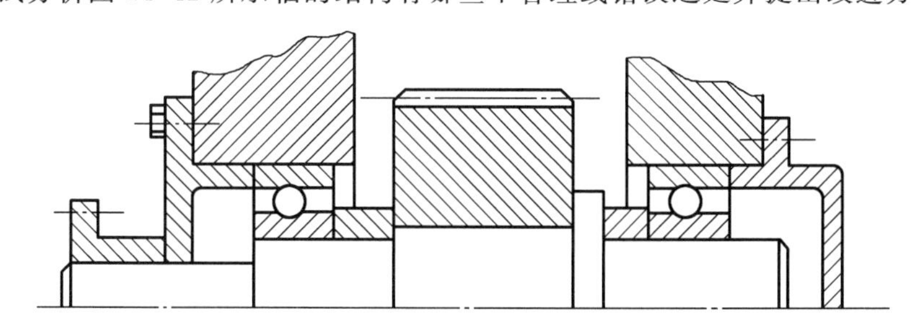

图 14-42　题 14-5 图

14-6　有一台离心式水泵，由电动机带动，传递的功率 $P=3$ kW，轴的转速 $n=960$ r/min，轴的材料为 45 钢，试按强度要求计算该轴所需最小直径。

14-7　计算如图 14-43 所示某减速器输出轴危险截面的直径。已知作用在齿轮上圆周力 $F_t=17\ 400$ N，径向力 $F_r=6\ 140$ N，轴向力 $F_a=2\ 860$ N，齿轮分度圆直径 $d_2=146$ mm，作用在带轮上的外力 $F=4\ 500$ N，$L_3=193$ mm，$L_1=L_2=103$ mm。

14-8　设计图 14-44 所示单级斜齿圆柱齿轮减速器中的低速轴。已知电动机功率 $P=4$ kW，转速 $n_1=720$ r/min，$n_2=136$ r/min，大齿轮分度圆直径 $d_2=300$ mm，齿宽 $b_2=90$ mm，螺旋角 $\beta=12^{\circ}$，法面压力角 $\alpha=20^{\circ}$。

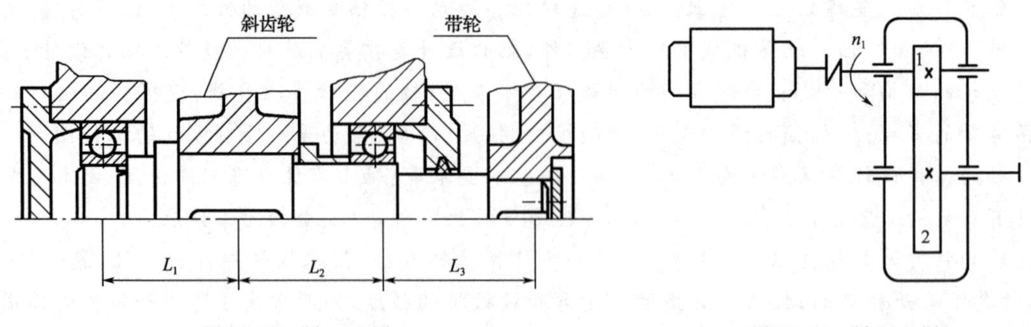

图 14-43　题 14-7 图　　　　图 14-44　题 14-8 图

14-9　试选择驱动某水泵电动机与联轴器的平键连接。已知该电动机轴的输出转矩 $T=50$ N·m，轴径 $d=34$ mm，铸铁联轴器的轮毂长 $B=85$ mm，有轻微冲击载荷作用。

14-10　如图 14-45 所示为一减速器的输出轴与齿轮采用键连接，已知传递的转矩 $T=600$ N·m，轴径 $d=75$ mm，齿轮宽度 $B=80$ mm。齿轮材料为铸钢，轴和键的材料为 45 钢，有轻微冲击，试选择键连接的类型和尺寸，并校核其强度。

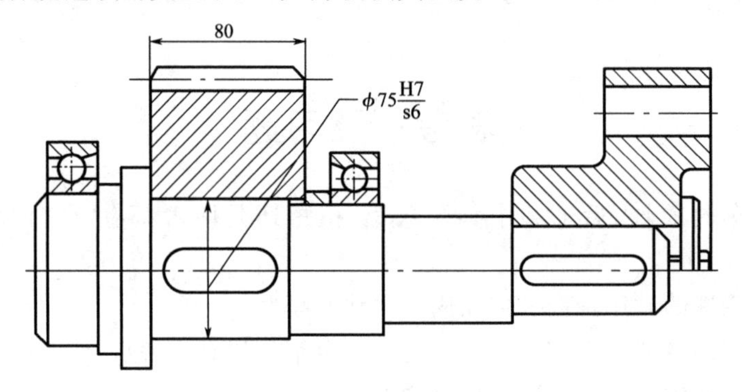

图 14-45　题 14-10 图

第15章

联轴器和离合器

联轴器、离合器、制动器的结构及应用

联轴器和离合器是机械传动中的重要部件。联轴器和离合器主要用于轴与轴之间的连接,使它们一起回转并传递转矩,有时也可作为安全装置。联轴器连接在停机时进行安装,而离合器连接可随时进行主、从动轴的分与合。联轴器和离合器的类型很多,其中多数已标准化,设计选择时可根据工作要求,查阅有关手册、样本选择,必要时对其中主要零件进行强度校核。

15.1 联轴器

15.1.1 联轴器的性能要求与分类

1. 联轴器的性能要求

联轴器所连接的两轴,由于制造及安装误差、承载后变形、温度变化和轴承磨损等原因,不能保证严格对中,使两轴轴线之间出现相对位移,如图 15-1 所示,如果联轴器对各种位移没有补偿能力,工作中将会产生附加动载荷,使工作情况恶化。因此,要求联轴器具有补偿一定范围内两轴轴线相对位移量的能力;对于经常负载启动或工作载荷变化的场合,要求联轴器中具有起缓冲、减振作用的弹性元件,以保护原动机和工作机不受或少受损伤;同时,还要求联轴器安全、可靠,有足够的强度和使用寿命。

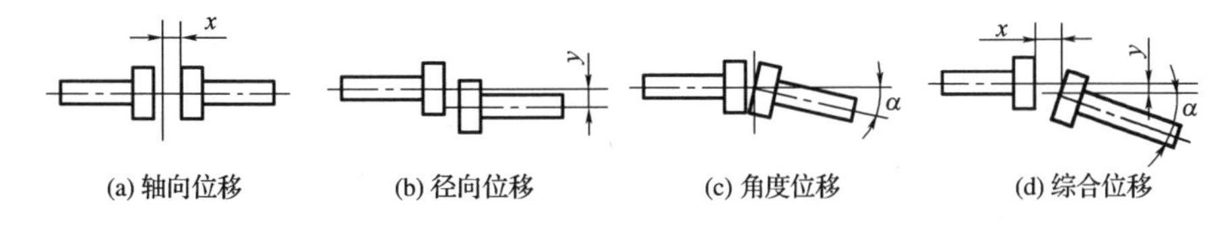

图 15-1　轴线相对位移

2. 联轴器的分类

联轴器种类很多,按被连接两轴的相对位置是否有补偿能力,联轴器可分为刚性联轴器和挠性联轴器。

刚性联轴器不具有缓冲和补偿两轴轴线相对位移的能力,要求两轴严格对中,但此类联轴器结构简单,制造成本较低,装拆、维护方便,能保证两轴有较高的对中性,传递转矩较大,应用广泛。常用的有凸缘联轴器、套筒联轴器和夹壳联轴器等。

挠性联轴器可分为无弹性元件挠性联轴器和有弹性元件挠性联轴器，前一类只具有补偿两轴轴线相对位移的能力，但不能缓冲及减振，常见的有滑块联轴器、齿式联轴器、万向联轴器和链条联轴器等；后一类因含有弹性元件，除具有补偿两轴轴线相对位移的能力外，还具有缓冲和减振作用，但传递的转矩因受到弹性元件强度的限制，一般不及无弹性元件挠性联轴器，常见的有弹性套柱销联轴器、弹性柱销联轴器、梅花形联轴器、轮胎式联轴器、蛇形弹簧联轴器和簧片联轴器等。

各类联轴器的性能、特点可查阅有关设计手册。

15.1.2 常用联轴器的结构和特点

1. 刚性联轴器

(1)凸缘联轴器(GB/T 5843—2003)

凸缘联轴器是刚性联轴器中应用最广泛的一种，其结构如图 15-2 所示，它是用螺栓连接两个半联轴器的凸缘，以实现两轴连接的。螺栓可以用普通螺栓，也可以用铰制孔用螺栓。这种联轴器有两种主要的结构，如图 15-2 所示：图 15-2(a)是有对中榫的凸缘联轴器，靠凸肩和凹槽(对中榫)来实现两轴对中；图 15-2(b)是普通的凸缘联轴器，通常靠铰制孔用螺栓来实现两轴对中。

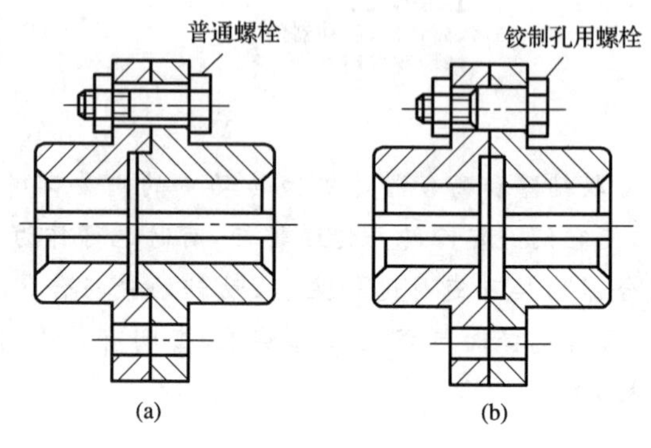

图 15-2 凸缘联轴器

半联轴器的材料一般用铸铁，重载或圆周速度 $v \geqslant 30$ m/s 时应采用铸钢或锻钢。

凸缘联轴器结构简单，价格低廉，能传递较大的转矩，但不能补偿两轴轴线的相对位移，也不能缓冲减振，故只适用于连接的两轴能严格对中、载荷平稳的场合。

(2)套筒联轴器(JB/T 11058—2010)

如图 15-3 所示，套筒联轴器是用一个套筒通过键、销等连接方式与两轴相连接，被连接的轴径一般不超过 80 mm。图 15-3(a)所示为套筒与轴用键连接，可传递较大的转矩，但必须用紧定螺钉进行轴向固定；图 15-3(b)所示为套筒与轴采用销钉连接，只能传递较小的转矩。由于套筒联轴器径向尺寸较小，结构简单紧凑，易于制造，所以在机床中应用广泛。但这种联轴器装拆不方便，两轴对中性要求较高，适用于低速、轻载、无冲击、安装精度高的场合。

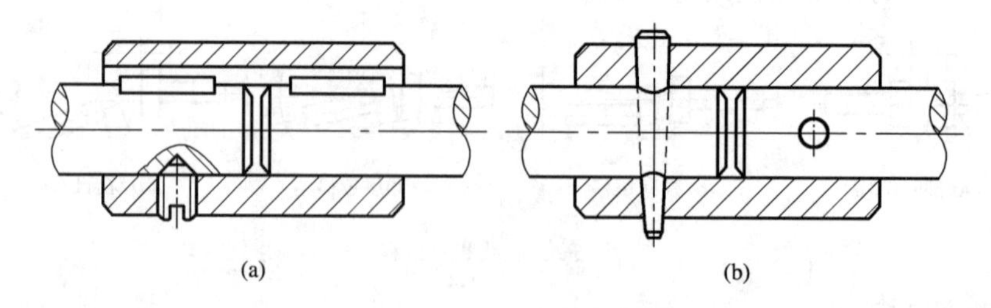

图 15-3 套筒联轴器

2. 挠性联轴器

(1)滑块联轴器(JB/T 7846.1—2007)

滑块联轴器如图 15-4(a)所示，由两个端面开有凹槽的半联轴器 1、3 利用两面带有凸块的中间盘 2 连接，半联轴器 1、3 分别与主、从动轴连接成一体，实现两轴的连接。中间盘沿径向

滑动补偿径向位移 y[图 15-4(b)],并能补偿角度位移 α[图 15-4(c)]。若两轴轴线不同心或偏斜,则在运转时中间盘上的凸块将在半联轴器的凹槽内滑动;转速较高时,由于中间盘的质心偏离回转中心,会产生较大的离心力和磨损,并使轴承承受附加动载荷,所以这种联轴器适用于低速场合。为减少磨损,可由中间盘的油孔 4 注入润滑剂。

半联轴器和中间盘的常用材料为 45 钢或铸钢 ZG310-570,工作表面淬火,硬度为 48～58HRC。

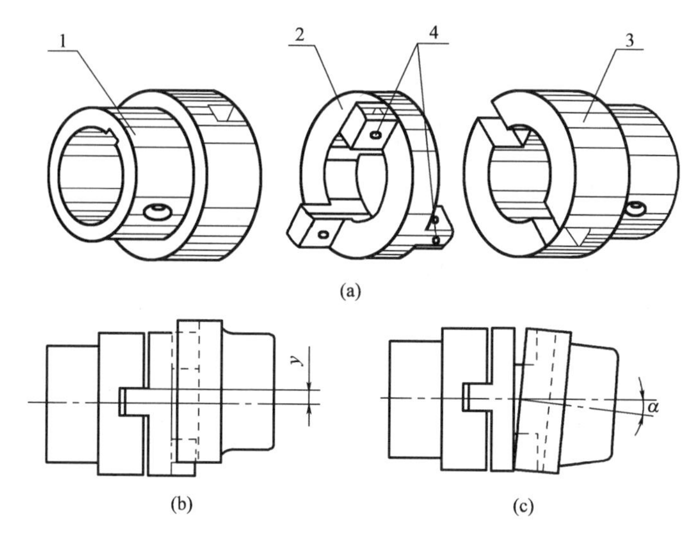

图 15-4 滑块联轴器

(2)万向联轴器(GB/T 34027—2017)

图 15-5 所示为以十字轴为中间件的万向联轴器。十字轴的四端用铰链分别与轴 1、轴 2 上的叉形接头相连。因此,当一轴的位置固定后,另一轴可以在任意方向偏斜 α 角,角位移 α 可以达到 35°～45°。但是单个万向联轴器会导致主、从动轴的瞬时角速度不相等,即当主动轴 1 以等角速度回转时,从动轴 2 做变角速度转动,其角速度变化范围为 $w_1\cos\alpha \leqslant w_2 \leqslant w_1/\cos\alpha$,从而引起动载荷。为避免这种现象,可采用两个单万向联轴器成对使用(双万向联轴器),使两次角速度变化的影响相互抵消,使主动轴 1 和从动轴 2 同步转动,即 $w_1 = w_2$,如图 15-6 所示。

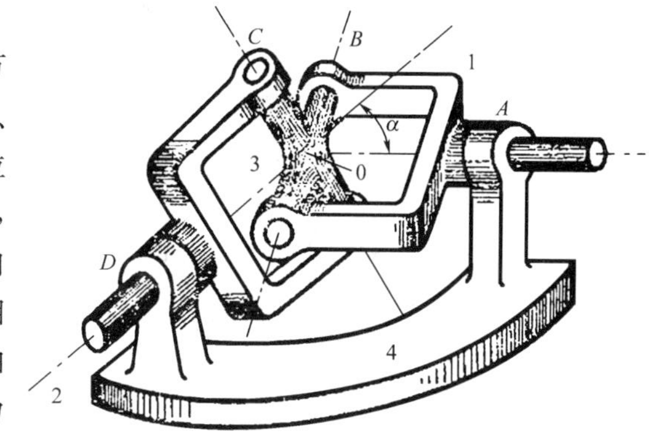

图 15-5 万向联轴器

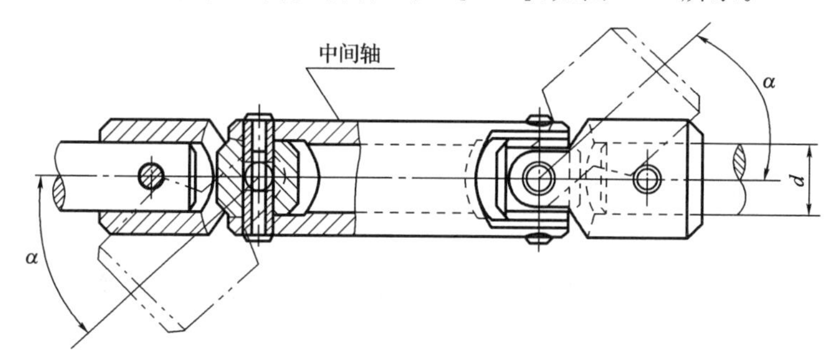

图 15-6 双万向联轴器

如图 15-7 所示，双万向联轴器在安装时必须满足以下条件：

①主动轴 1、从动轴 2 与中间轴 C 的夹角必须相等，即 $\alpha_1=\alpha_2$。

②中间轴两端的叉形平面必须位于同一平面内。

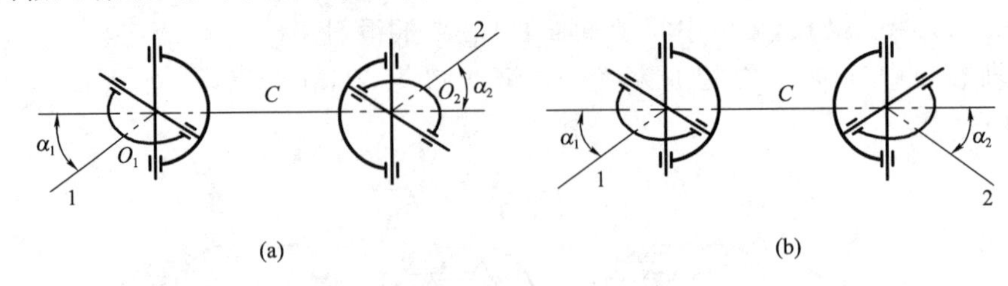

图 15-7　双万向联轴器的安装条件

万向联轴器常用合金钢制造，以传递大扭矩，具有较好的耐磨性和较小的尺寸。万向联轴器能补偿较大的角度位移，结构紧凑，使用、维护方便，广泛用于汽车、工程机械等的传动系统中。

(3)弹性套柱销联轴器(GB/T 4323—2017)

弹性套柱销联轴器的结构与凸缘联轴器相似，如图 15-8 所示。不同之处是用带有弹性圈的柱销代替了螺栓连接，弹性圈一般用耐油橡胶制成，剖面为梯形以提高弹性。为了更换橡胶套时简便而不必拆移机器，设计中应注意留出距离 B；为了补偿轴向位移，安装时应注意留出相应大小的间隙 c。弹性套柱销联轴器在高速轴上应用得十分广泛。

(4)弹性柱销联轴器(GB/T 5014—2017)

弹性柱销联轴器与弹性套柱销联轴器结构相似，如图 15-9 所示，只是柱销材料为尼龙，柱销形状一端为柱形，另一端制成腰鼓形，以增大对角度位移的补偿能力。为防止柱销脱落，两半联轴器外侧装有挡板，用螺钉固定。

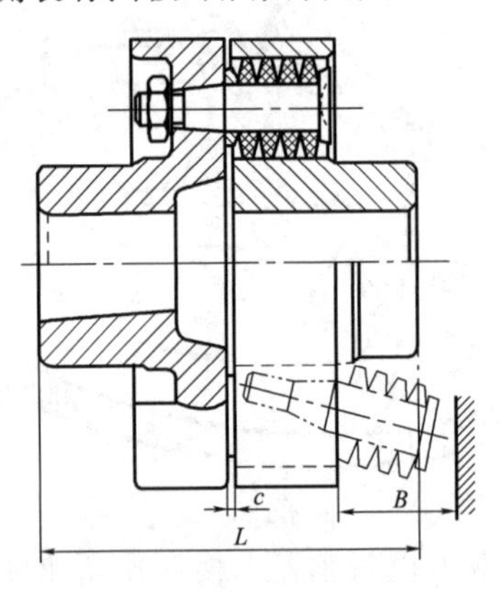

图 15-8　弹性套柱销联轴器

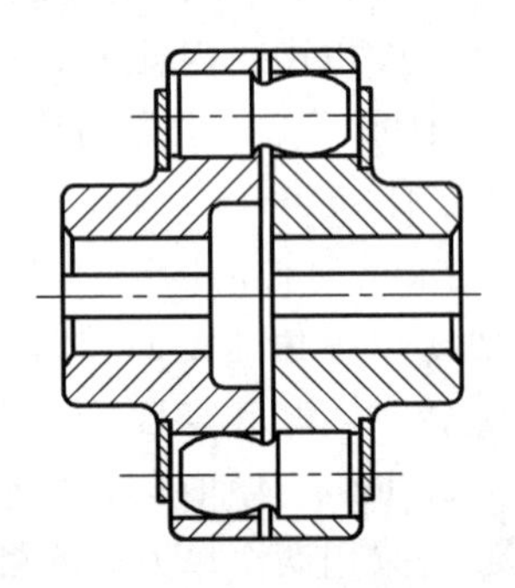

图 15-9　弹性柱销联轴器

上述两种联轴器中，动力从主动轴通过弹性元件传递到从动轴，因此，它能缓和冲击、吸收振动。适用于正反向变化多、启动频繁的高速轴。最大转速可达 8 000 r/min，使用温度范围为－20～60 ℃。

15.1.3　联轴器的选用

联轴器大多数已标准化，其主要性能参数为：额定转矩 T_n、许用转速$[n]$、位移补偿量和被连接轴的直径范围等。一般可先依据机器的工作条件选定合适的类型，然后按计算转矩、轴的转速和轴端直径从标准中选择所需的型号和尺寸，必要时还应对其中某些零件进行验算。

计算转矩 T_c 已将机器启动时的惯性力和工作中的过载等因素考虑在内。联轴器的计算

转矩可按下式确定

$$T_c=KT \tag{15-1}$$

式中，T 为工作转矩，MPa；K 为工作情况系数，见表15-1，一般刚性联轴器选用较大的值，挠性联轴器选用较小的值；被传动的转动惯量小，载荷平稳时取较小值。

所选型号联轴器必须同时满足

$$\left.\begin{array}{l}T_c\leqslant T_n\\ n\leqslant[n]\end{array}\right\} \tag{15-2}$$

式中，T_n 为所选联轴器型号的许用转矩，N·m；n 为被连接轴的转速，r/min；$[n]$为所选联轴器允许的最高转速，r/min。

表15-1　　工作情况系数 *K*

原动机	工作机械	K
电动机	皮带运输机、鼓风机、连续运转的金属切削机床	1.25～1.5
	链式运输机、刮板运输机、螺旋运输机、离心泵、木工机械	1.5～2.0
	往复运动的金属切削机床	1.5～2.0
	往复式泵、往复式压缩机、球磨机、破碎机、冲剪机	2.0～3.0
	起重机、升降机、轧钢机	3.0～4.0
涡轮机	发电机、离心泵、鼓风机	1.2～1.5
往复式发动机	发电机	1.5～2.0
	离心泵	3～4
	往复式工作机	4～5

例15-1　已知功率 $P=11$ kW，转速 $n=970$ r/min 的电动起重机中，需连接直径 $d=42$ mm 的主、从动轴，试选择联轴器的型号。

解：(1)选择联轴器的类型

为缓和振动和冲击，选择弹性套柱销联轴器。

(2)选择联轴器的型号

①计算转矩　由表15-1查取 $K=3.5$，按式(15-1)计算得

$$T_c=KT=K\times 9\ 550\frac{P}{n}=3.5\times 9\ 550\times\frac{11}{970}=379\ \text{N}\cdot\text{m}$$

②计算转矩、转速和轴径　由GB/T 4323—2017中选用TL7型弹性套柱销联轴器，其标志为：TL7联轴器 42×112 GB/T 4323—2017。查得有关数据：额定转矩 $T_n=500$ N·m，许用转速$[n]=2\ 800$ r/min，轴径为40～45 mm。

因此，满足 $T_c\leqslant T_n$、$n\leqslant[n]$，适用。

15.2　离合器

15.2.1　离合器的性能要求与分类

1. 离合器的性能要求

离合器主要也是用于轴与轴之间的连接。与联轴器不同的是，用离合器连接的两根轴，在机器工作中就能方便地使它们分离或接合。离合器大都也已标准化了，可依据机器的工作条

件选定合适的类型。对离合器的基本要求是：工作可靠，接合、分离迅速而平稳，操纵灵活、省力，调节和修理方便，外形尺寸小，质量轻，对摩擦式离合器还要求其耐磨性好并具有良好的散热能力。

2. 离合器的分类

离合器主要分啮合式离合器和摩擦式离合器两类。另外，还有电磁离合器和自动离合器。电磁离合器在自动化机械中作为控制转动的元件而被广泛应用。自动离合器能够在特定的工作条件下（如一定的转矩、一定的转速或一定的回转方向）自动接合或分离。

15.2.2 常用离合器的结构和特点

1. 牙嵌离合器(JB/T 710611—2021)

牙嵌离合器如图 15-10 所示，它由两端面上带牙的半离合器 1、2 组成。半离合器 1 用平键固定在主动轴上，半离合器 2 用导向键 3 或花键与从动轴连接。在半离合器 1 上固定有对中环 5，从动轴可在对中环中自由转动，通过滑环 4 的轴向移动操纵离合器的接合和分离，滑环的移动可用杠杆、液压、气压或电磁吸力等操纵机构控制。

牙嵌离合器常用的牙型有三角形牙、矩形牙、梯形牙和锯齿形牙，如图 15-11 所示。

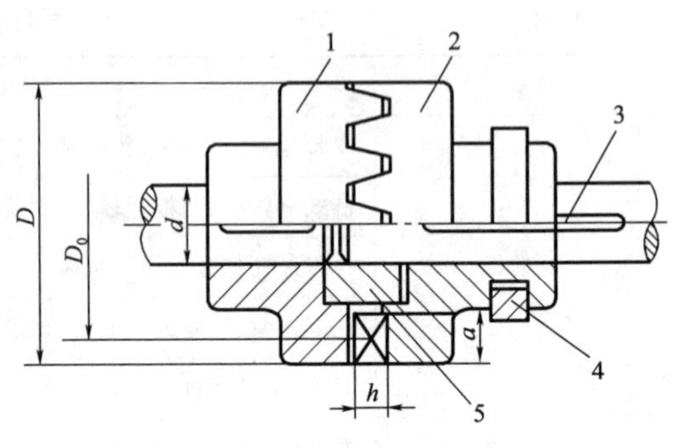

图 15-10 牙嵌离合器

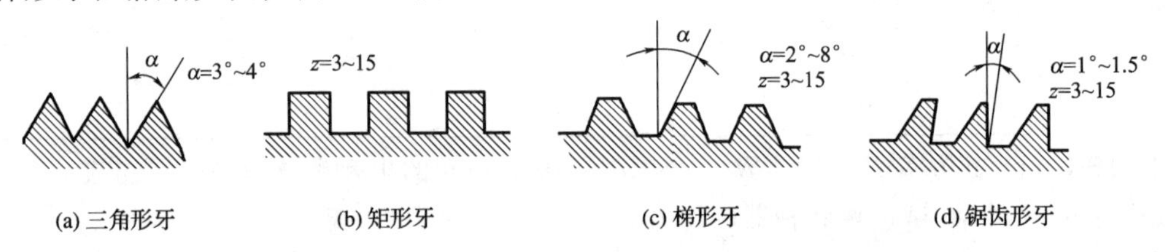

图 15-11 牙嵌离合器常用的牙型

三角形牙用于传递中、小转矩的低速离合器，牙数一般为 12～60；矩形牙无轴向分力，接合困难，磨损后无法补偿，冲击也较大，故使用较少；梯形牙强度高，传递转矩大，能自动补偿牙面磨损后造成的间隙，接合面间有轴向分力，容易分离，因而应用最为广泛；锯齿形牙只能单向工作，反转时由于有较大的轴向分力，会迫使离合器自行分离。

牙嵌离合器的主要失效形式是牙面的磨损和牙根折断，因此要求牙面有较高的硬度，牙根有良好的韧性，常用材料为低碳钢渗碳淬火到 54～60HRC，也可用中碳钢表面淬火。

牙嵌离合器结构简单，尺寸小，接合时两个半离合器间没有相对滑动，但只能在低速或停车时接合，以免因冲击而折断牙。

2. 摩擦离合器(GB/T 6073—2010)

摩擦离合器依靠两接触面间的摩擦力来传递运动和动力。按结构形式不同，摩擦离合器可分为圆盘式、圆锥式、块式和带式等类型，最常用的是圆盘式摩擦离合器。圆盘式摩擦离合器分为单片式和多片式两种。

如图 15-12 所示，单片式摩擦离合器由摩擦圆盘 1、2 和滑环 4 等组成。圆盘 1 与主动轴连接，圆盘 2 通过导向键 3 与从动轴连接并可在轴上移动。操纵滑环可使两圆盘接合或分离。轴向压力 F_Q 使两圆盘接合，并在工作表面产生摩擦力，以传递转矩。单片式摩擦离合器结构简单，但径向尺寸较大，只能传递不大的转矩。

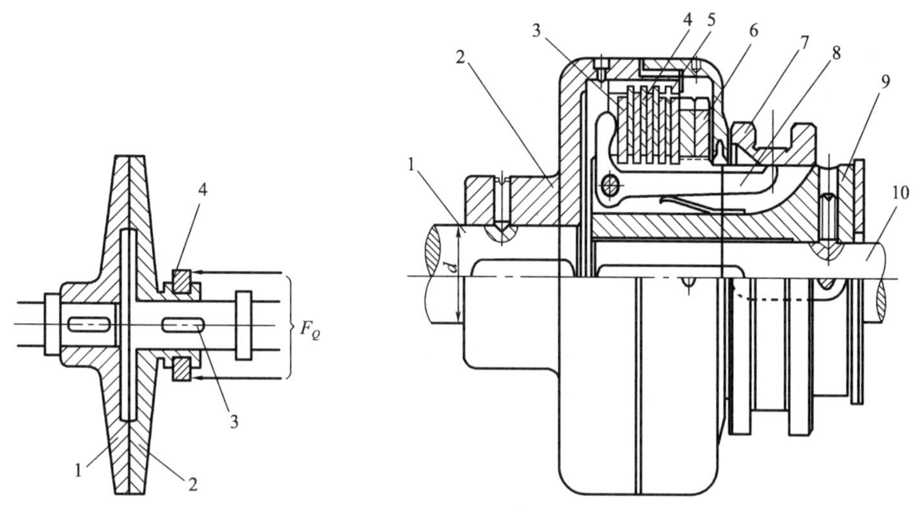

图 15-12　单片式摩擦离合器　　图 15-13　多片式摩擦离合器

如图 15-13 所示为多片式摩擦离合器，多片式摩擦离合器有两组摩擦片，主动轴 1 与外壳 2 相连接，外壳内装有一组外摩擦片 4，形状如图 15-14(a)所示，其外缘有凸齿插入外壳上的内齿槽内，与外壳一起转动，其内孔不与任何零件接触。从动轴 10 与套筒 9 相连接，套筒上装有一组内摩擦片 5，形状如图 15-14(b)所示，其外缘不与任何零件接触，随从动轴一起转动。滑环 7 由操纵机构控制，当滑环向左移动时，使杠杆 8 绕支点沿顺时针方向转动，通过压板 3 将两组摩擦片压紧，实现接合；滑环向右移动，则实现离合器分离。摩擦片间的压力由螺母 6 调节。若摩擦片为图 15-14(c)所示的形状，则分离时能自动弹开。

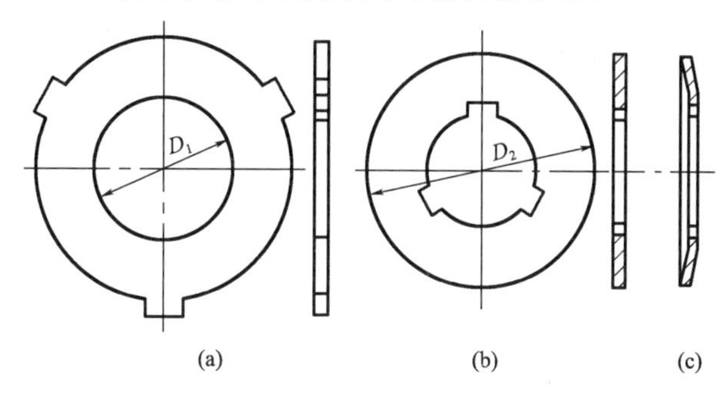

图 15-14　摩擦片的形状

多片式摩擦离合器由于摩擦面增多，所以传递转矩的能力提高，径向尺寸相对减小，但结构较为复杂。

*3. 滚柱超越离合器

超越离合器又称为定向离合器，是一种自动离合器，目前广泛应用的是滚柱超越离合器。如图 15-15 所示，它由星轮 1、外圈 2、滚柱 3 和弹簧顶杆 4 组成。滚柱的数目一般为 3～8 个，星轮和外圈都可作为主动件。当星轮为主动件并沿顺时针方向转动时，滚柱受摩擦力作用被楔紧在星轮与外圈之间，从而带动外圈一起回转，离合器为接合状态；当

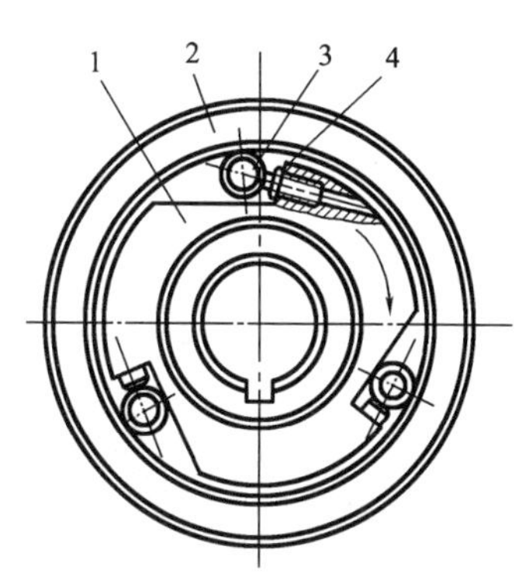

图 15-15　滚柱超越离合器

星轮沿逆时针方向转动时，滚柱被推到楔形空间的宽敞部分而不再楔紧，离合器为分离状态。超越离合器只能传递单向转矩。若外圈和星轮沿顺时针方向同向回转，则当外圈转速大于星轮转速时，离合器为分离状态；当外圈转速小于星轮转速时，离合器为接合状态。超越离合器尺寸小，接合和分离平稳，可用于高速传动。

小　　结

联轴器和离合器在机械传动中连接主、从动轴，使其一同回转并传递扭矩，有时也作为安全装置。联轴器连接的分与合只能在停机时进行，而离合器连接的分与合可随时进行。

联轴器可分为刚性联轴器和挠性联轴器两大类。联轴器应按计算转矩 T_c 来选取。

离合器的类型很多。按实现接合和分离的过程不同可分为操纵离合器和自动离合器；按离合的工作原理不同可分为嵌合式离合器和摩擦式离合器。

思考题及习题

15-1　试选择图 15-16 所示辗轮式混砂机的联轴器 A 和 B 的类型。

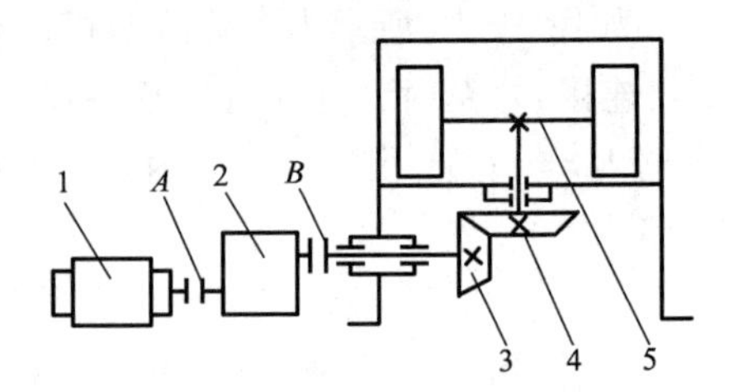

图 15-16　题 15-1 图

1—电动机；2—减速器；3—小锥齿轮轴；4—大锥齿轮轴；5—辗轮轴

15-2　简述联轴器和离合器在功能上的共同点和区别。

15-3　在选择联轴器、离合器时，引入工作系数的目的是什么？K 值与哪些因数有关？如何选取？

15-4　汽油发动机由电动机启动。当发动机正常运转后，电动机自动脱开，由发动机直接带动发电机。请选择电动机与发动机、发动机与发电机之间分别采用的离合器类型。

15-5　电动机经减速器驱动水泥搅拌机工作。已知电动机的功率 $P=11$ kW，转速 $n=970$ r/min，电动机轴的直径和减速器输入轴的直径均为 42 mm，试选择电动机与减速器之间的联轴器。

15-6　由交流电动机通过联轴器直接带动一台直流发电机运转。若已知该直流发电机所需的最大功率 $P=20$ kW，转速 $n=3\ 000$ r/min，外伸轴轴径为 50 mm，交流电动机伸出轴的轴径为 48 mm，试选择联轴器的类型和型号。

第16章

螺纹连接

螺纹连接的应用

螺纹连接是应用十分普遍的一种零件连接方式,本章主要介绍螺纹及螺纹连接件的类型、特性、标准、结构、应用场合;螺栓连接的预紧与防松;螺栓组连接的设计、螺栓连接的强度计算和提高螺纹连接强度的主要措施。重点是各种连接方式的工作原理、强度计算方法和提高螺纹连接强度的主要措施。难点是螺栓组连接的受力分析和螺栓的强度计算。

16.1 概　述

为了便于机器的制造、安装、运输、维修及提高劳动生产率等,广泛地使用着各种连接。机械连接有两大类:被连接件间可以有相对运动的连接(动连接),如机构中的各种运动副。被连接件间不允许产生相对运动(静连接)。机械制造中,"连接"这一术语实际上只指静连接。本书除指明为动连接外,所用到的"连接"均指静连接。

连接又可分为可拆连接和不可拆连接两种。允许多次装拆而无损于使用性能的连接称为可拆连接,如螺纹连接、键连接和销连接。若不损坏组成零件就不能拆开的连接称为不可拆连接,如焊接、黏接和铆接。本章讲述螺纹连接。

16.1.1 螺纹连接的类型与参数

1. 螺纹的类型

按照螺旋线的数目不同,螺纹可分为单线(单头)螺纹和多线(多头)螺纹,为便于制造螺旋线,一般不超过四线螺纹。

按照螺纹位置不同,有内螺纹和外螺纹之分。起连接作用的螺纹称为连接螺纹,起传动作用的螺纹称为传动螺纹。

按照母体形状不同,螺纹可分为圆柱螺纹和圆锥螺纹两种。

2. 螺纹连接的主要参数

现以圆柱螺纹为例,说明螺纹的主要几何参数,如图16-1所示。

(1)大径 d　大径是指螺纹的最大直径,即与螺纹牙顶相重合的假想圆柱面的直径,在标准中定为公称直径。

(2)小径 d_1　小径是指螺纹的最小直径,即与螺纹牙底相重合的假想圆柱面的直径,在强度计算中常作为螺杆危险截面的计算直径。

(3)中径 d_2　中径是指通过螺纹轴向截面内牙型上牙厚与牙间宽度相等处的假想圆柱面

的直径。中径是确定螺纹几何参数和配合性质的直径。

(4)线数 n　线数是指螺纹的螺旋线数目。

(5)螺距 P　螺距是指螺纹相邻两个牙型上对应点间的轴向距离。

(6)导程 s　导程是指同一条螺旋线上相邻两个牙型上对应点间的轴向距离，$s=nP$。

(7)螺纹升角 λ(导程角)　螺纹升角是指中径圆柱上，螺旋线的切线与垂直于螺纹轴线的平面间的夹角，其值为 $\tan\lambda=\frac{s}{\pi d_2}$。

(8)牙型角 α　螺纹轴向截面内，螺纹牙型两侧边的夹角称为牙型角 α。牙型侧边与螺纹轴线的垂直平面的夹角称为牙型斜角 γ，对称牙型时 $\alpha=2\gamma$。

(9)工作高度 h　工作高度是指内、外螺纹旋合后的接触面的径向高度。

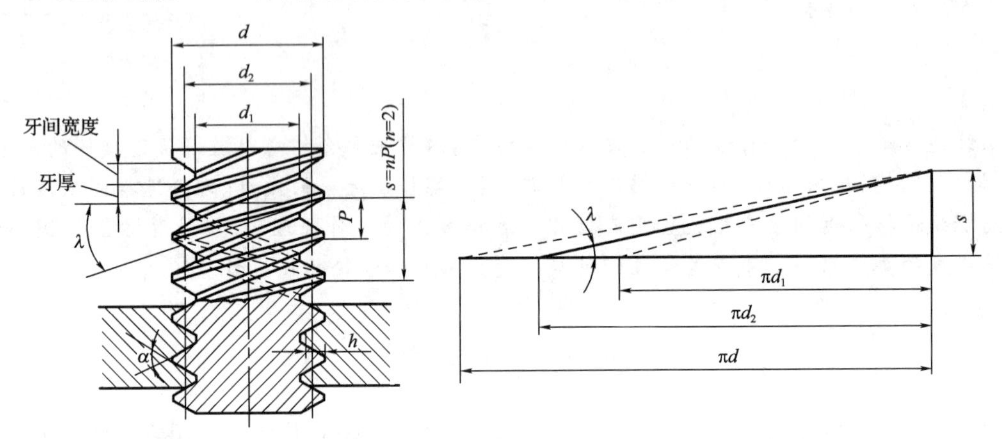

图 16-1　螺纹的主要几何参数

3. 常用螺纹的特点和应用

常用螺纹的特点和应用见表 16-1。

表 16-1　　常用螺纹的类型、特点和应用

种类	牙型图	特点	应用
普通螺纹		牙型为等边三角形，牙型角 $\alpha=60°$，当量摩擦角大。同一公称直径分为粗牙和细牙。细牙自锁性好，不耐磨，易滑扣	应用最广，一般连接多用粗牙螺纹。细牙螺纹常用于细小零件，薄壁管件或受冲击、振动和变载荷的连接中，也可用于微调装置
管螺纹		常用的是英制细牙螺纹，牙型角 $\alpha=55°$，也有米制管螺纹	用于管道连接的密封螺纹
矩形螺纹		牙型角 $\alpha=0°$，当量摩擦角小，效率高，精确制造困难，牙根强度弱，螺纹副对中性差	用于传力或传导螺旋
梯形螺纹		牙型为等腰梯形，牙型角 $\alpha=30°$，效率比矩形螺纹稍低，但工艺性好，牙根强度高，螺纹副对中性好	广泛用于传动螺旋中
锯齿形螺纹		工作面牙型角 $\alpha=3°$，非工作面 $\alpha=30°$，传动效率与强度均较高，便于对中	用于承受单向轴向力的传动

16.2　螺纹连接的基本类型

16.2.1　螺纹连接的基本类型

1. 螺栓连接

螺栓连接的结构特点是被连接件的孔中不切制螺纹(图 16-2)，装配方便。图 16-2(a)为普通螺栓连接，螺栓杆与孔之间有间隙，其优点是加工方便，成本低，故应用广泛。图 16-2(b)为铰制孔用螺栓连接，螺栓杆与孔之间没有间隙，多采用基孔制配合(H7/m6，H7/n6)，它适用于承受垂直螺栓轴线的横向载荷。

2. 双头螺柱连接

双头螺柱连接[图 16-3(a)]多用于被连接件之一较厚不宜制成通孔或为了结构紧凑而必须采用盲孔的场合。双头螺柱连接可以经常拆卸而不损坏被连接件。

3. 螺钉连接

螺钉连接[图 16-3(b)]的特点是螺钉直接旋入被连接件的螺纹孔中，不需要螺母，结构上比双头螺柱连接简单、紧凑。但这种连接不宜经常拆卸，否则会破坏被连接件的螺纹孔而导致滑扣。

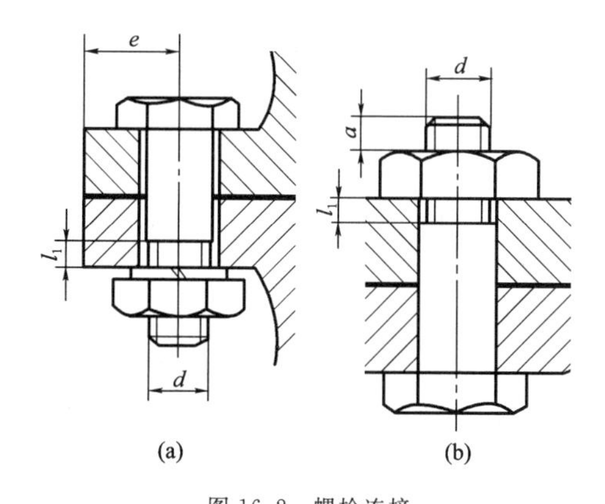

图 16-2　螺栓连接

螺栓余留长度 l_1：静载荷，$l_1 \geqslant (0.3 \sim 0.5)d$；
变载荷，$l_1 \geqslant 0.75d$；冲击载荷或弯曲载荷，$l_1 \geqslant d$；
铰制孔用螺栓，$l_1 \approx 0$；螺纹伸出长度 a：$a=(0.2 \sim 0.3)d$；
螺纹轴线到边缘的距离 e：$e=d+(3 \sim 6)$ mm

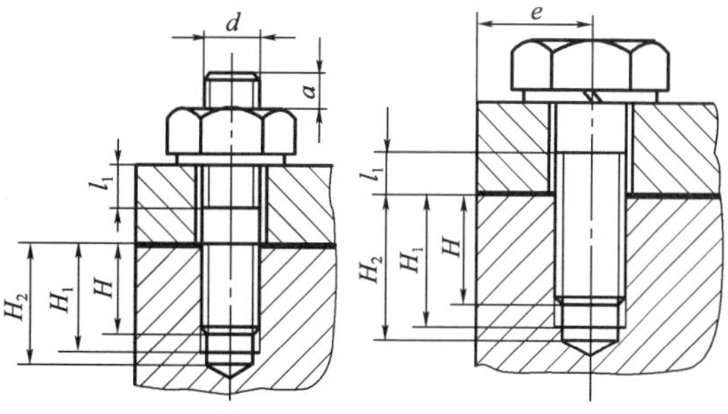

(a)　(b)

图 16-3　双头螺柱连接和螺钉连接

座端拧入深度 H：螺孔材料为钢或青铜，$H \approx d$；
铸铁，$H=(1.25 \sim 1.5)d$；铝合金，$H=(1.5 \sim 2.5)d$；
螺纹孔深度 H_1：$H_1=H+(2 \sim 2.5)s$；
钻孔深度 H_2：$H_2=H_1+(0.5 \sim 1)d$；
l_1、a、e 值同图 16-5

4. 紧定螺钉连接

紧定螺钉连接(图 16-4)利用拧入螺纹孔中的螺钉末端顶住另一零件的表面或顶入相应的凹坑中，以固定两零件的相对位置，并可传递不大的力或力矩。

除上述四种基本螺纹连接类型外，还有一些特殊结构的螺纹连接，例如地脚螺栓连接、T 形槽螺栓连接等。

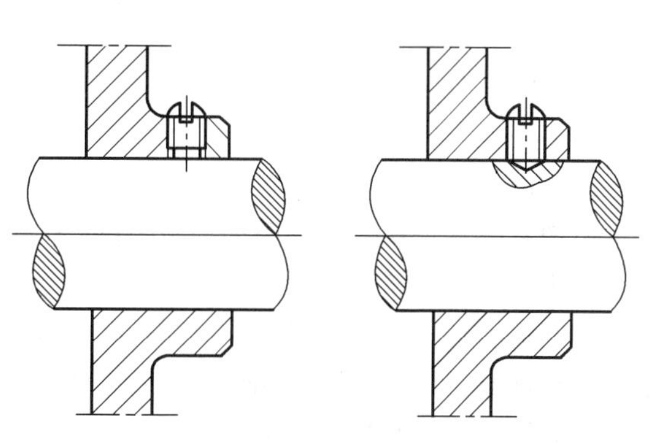

图 16-4　紧定螺钉连接

16.2.2 螺纹连接紧固件

螺纹连接紧固件的品种很多，大都已标准化，它们的结构特点和有关尺寸可参考设计手册，设计时应尽量选用标准连接件。

1. 螺栓

螺栓的头部形状很多，常用的是六角头[图 16-5(a)]和小六角头[图 16-5(b)]两种，冷镦工艺生产的小六角头螺栓具有材料利用率高、生产率高、机械性能好、成本低等优点，但由于头部尺寸小，不宜用于经常拆卸、被连接件抗压强度低及易锈蚀的场合。此外，螺钉连接无须使用螺母，故螺栓也可作为螺钉使用。

2. 双头螺柱

双头螺柱(图 16-6)两端制有相同或不同的螺纹，其旋入被连接件的一端称为座端，另一端称为螺母端。螺柱的座端常用于旋入铸铁或有色金属的螺纹孔中，旋入后一般不拆卸，螺母端则用于安装螺母以固定其他零件。

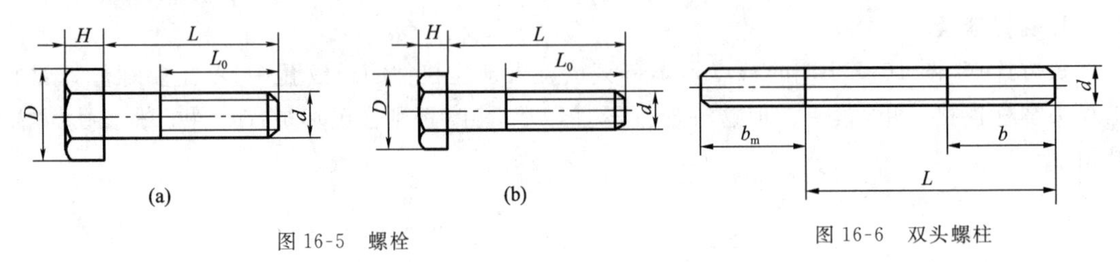

图 16-5 螺栓

图 16-6 双头螺柱

3. 螺钉、紧定螺钉

螺钉结构和螺栓大体相同，但头部形状更加多样，有内六角、十字槽头等多种形式，以适应不同装配空间、拧紧程度、连接外观等方面的需要。紧定螺钉末端要顶住被连接件之一的表面，或相应的凹坑，其末端有平端、锥端、圆尖端等各种形式。

4. 螺母

螺母的形状有六角形、圆形、方形等多种，如图 16-7 所示，六角螺母有标准、扁、厚三种不同的厚度。六角扁螺母用于尺寸受到限制的场合或受剪力的螺栓上，六角厚螺母用于经常装拆易于磨损的场合。圆螺母用于轴上零件的轴向固定。方螺母与方头螺栓配用，扳手不易打滑，多用于粗糙、简单的结构之中。

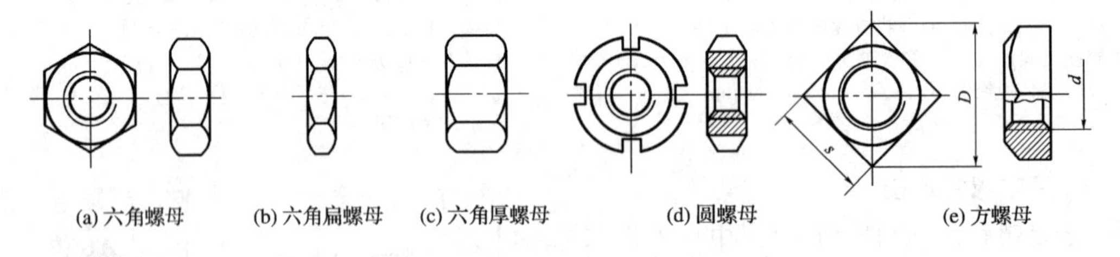

图 16-7 螺母

5. 垫圈

垫圈是螺纹连接中一个附件，它垫在螺母与被连接件之间，作用是增加被连接件的支撑面积以减小接触处的挤压应力和保护支撑面以防其被擦伤。

按制造精度不同，螺纹紧固件可分为 A、B、C 三级(详见有关手册)，A 级精度最高，用于要求配合精确高、受冲击的重要连接。B 级用于尺寸较大且经常装拆、调整或承受变载荷的连接。C 级用于一般的螺栓连接。

16.3　螺纹连接的预紧和防松

16.3.1　螺纹连接的预紧

绝大多数螺栓连接在装配时都必须拧紧，使被连接件紧固在一起。这个预加作用力称为预紧力 F_0。预紧的目的是增强连接的可靠性和紧密性，以防止受载后被连接件之间出现缝隙或发生相对滑移，同时可以防松。预紧力 F_0 过大，会使螺栓在装配或偶然过载时被拉断。预紧力不足，又可能导致连接失效。因此，对重要的连接应严格控制预紧力，可通过控制拧紧力矩 T 来实现。

拧紧螺母时，要克服螺纹副间的摩擦力矩 T_1 和螺母与支撑面之间的摩擦力矩 T_2，如图 16-8 所示，拧紧力矩 T 的计算公式为

$$T=T_1+T_2=F_0\frac{d_0}{2}\tan(\lambda+\rho_V)+\frac{1}{3}fF_0\left(\frac{D_1^3-d_0^3}{D_1^2-d_0^2}\right) \tag{16-1}$$

式中，λ 为螺纹升角；ρ_V 为螺纹的当量摩擦角；f 为螺母与被连接件支撑面间的摩擦因数；其他符号如图 16-8 所示。

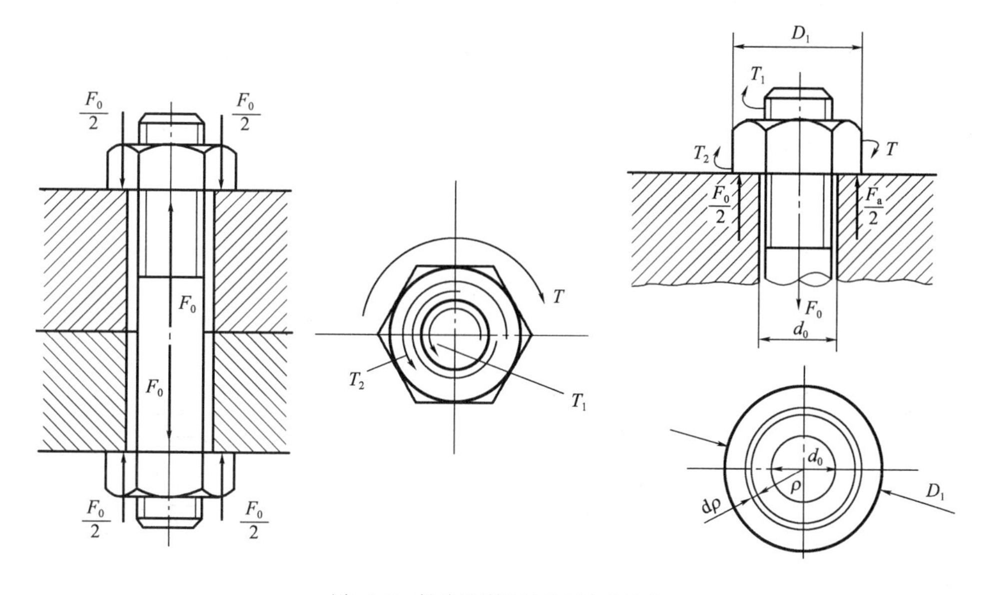

图 16-8　螺栓连接预紧过程中的受力

对于 M10～M68 粗牙普通螺纹的钢制螺栓，将其 d_2、d_0、D_1、λ 的平均值代入式(16-1)，取 $f=0.15$，$\rho_v=8.5°$，可得

$$T\approx 0.2F_0d \tag{16-2}$$

式中，F_0 为预紧力，N；d 为螺纹公称直径，mm。

设计时应保证所需的预紧力。对于一般连接用的钢制螺栓连接的预紧力 F_0，推荐按下式确定：

碳素钢螺栓　　$F_0\leqslant(0.6\sim0.7)\sigma_sA$

合金钢螺栓　　$F_0\leqslant(0.5\sim0.6)\sigma_sA$

式中，A 为螺栓危险截面的面积，mm^2，一般 $A=\frac{\pi d_1^2}{4}$，d_1 为螺纹小径，mm。

装配时控制拧紧力的方法有多种，一般螺栓连接依靠工人经验来决定拧紧程度。为了能保证质量，重要的螺栓连接应按计算值控制拧紧力矩，用测力矩扳手[图 16-9(a)]或定力矩扳手[图 16-9(b)]来获取所要求的拧紧力矩。对于一些大型的或重要的螺栓连接，可用控制螺栓在拧紧前、后发生的伸长变形量来达到更精确的预紧力控制。

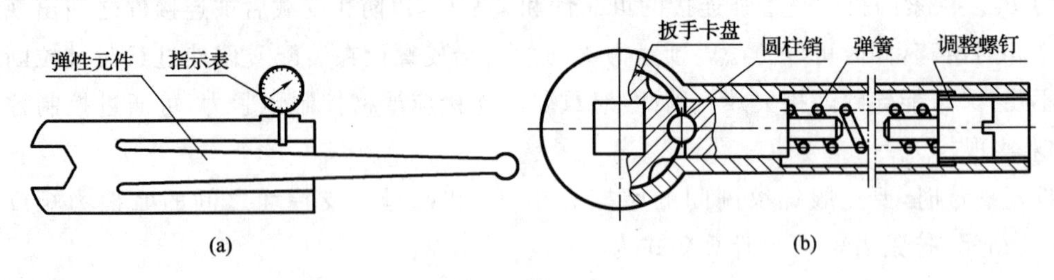

图 16-9　测力矩扳手及定力矩扳手

16.3.2　螺纹连接的防松

螺纹连接件采用单线普通螺纹，具有自锁作用。拧紧后的螺母和螺栓头部与支撑面间的摩擦力也有防松作用。一般在静载荷和常温下工作的螺纹连接不会松动。但在冲击、振动、变载荷作用下，或在高温和温度变化大的情况下连接预紧力和摩擦力会逐渐减弱，最终导致连接松动。因此设计时必须考虑连接的防松问题。

螺纹连接防松在于防止螺母或螺栓反转松动。防松的方法很多，现将几种常用的方法列于表 16-2 中。

表 16-2　常用防松装置和方法

防松方法	防松原理	防松装置和方法	
摩擦防松	使螺纹副中有不随连接载荷而变化的压力，故螺纹中始终有摩擦力矩阻碍其相对转动。压力可由螺纹副纵向或横向压紧而产生	对顶螺母 两螺母对顶拧紧，螺栓旋合段受拉而螺母受压，从而使螺纹副纵向压紧	弹簧垫圈 利用拧紧螺母时，垫圈被压平后的弹性力使螺纹副纵向压紧
		金属锁紧螺母 利用螺母末端椭圆形口的弹性变形箍紧螺栓，横向压紧螺纹	尼龙圈锁紧螺母 利用螺母末端的尼龙圈箍紧螺栓，横向压紧螺纹

续表

<table>
<tr><th>防松方法</th><th>防松原理</th><th colspan="4">防松装置和方法</th></tr>
<tr><td rowspan="2">机械防松</td><td rowspan="2">利用便于更换的金属元件约束螺纹副</td><td>开口销与槽形螺母</td><td>止动垫片</td><td colspan="2">串联金属丝</td></tr>
<tr><td> 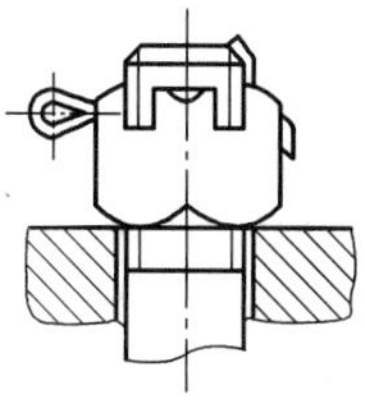利用开口销使螺栓、螺母相互约束</td><td> 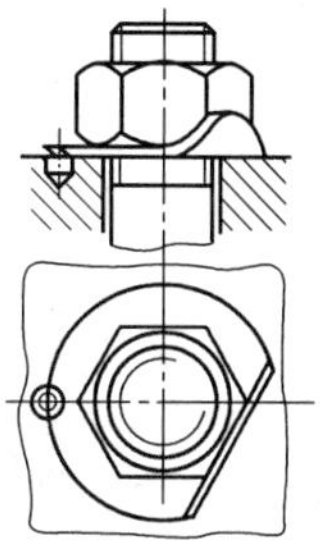垫片约束螺母而自身在被连接件上(此时螺栓应另有约束)</td><td colspan="2"> 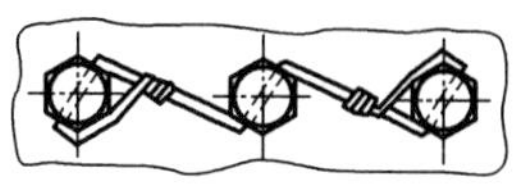利用金属丝使一组螺钉头部相互约束，当有松动趋势时，金属丝更加拉紧</td></tr>
<tr><td rowspan="2">破坏螺纹副关系防松</td><td rowspan="2">把螺纹副转变为非螺纹副，从而防止相对转动</td><td>端铆</td><td>焊接</td><td>冲点</td><td>涂黏结剂</td></tr>
<tr><td> 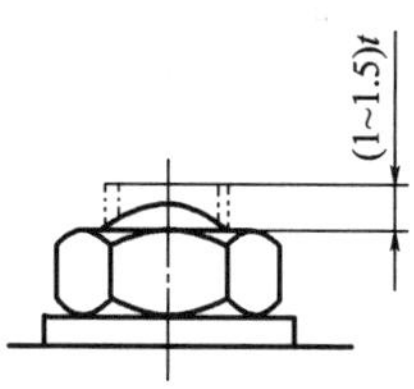将螺栓伸出进行端铆，以防止螺母退出</td><td> 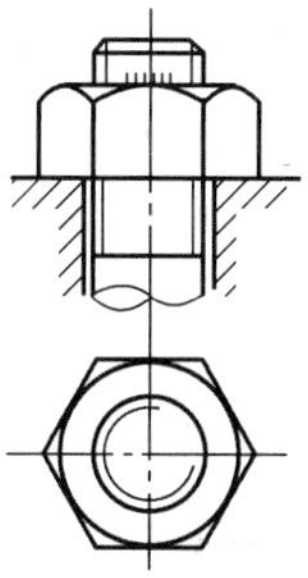将螺栓与螺母侧面焊接，以防止二者相对转动</td><td> 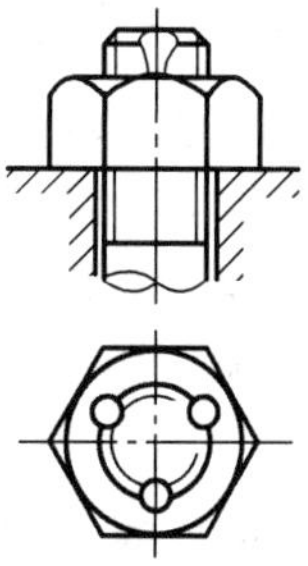将螺栓与螺母侧面的螺纹破坏，用冲头冲 2～3 点，以防止二者相对转运</td><td> 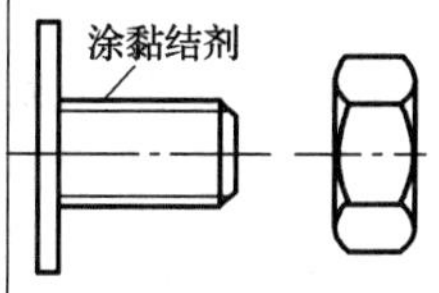用黏结剂涂于螺纹旋合表面，拧紧螺母后黏结剂能自行固化，放松效果好</td></tr>
</table>

16.4 螺栓组连接的设计

大多数机器的螺纹连接都是成组使用的，称为螺栓组连接。螺栓组连接的设计包括结构设计、受力分析和螺栓强度计算，本节讨论前两部分内容。

螺栓组连接的结构设计就是根据连接用途和被连接件结构选定螺栓数目及布局形式；螺栓组连接的受力分析则是根据连接的布置形式及受载情况，求出螺栓组中受力最大的螺栓及其所受力的大小，为螺栓的强度计算提供依据，以确定螺栓尺寸。

16.4.1 螺栓组连接的结构设计

螺栓组连接的结构设计的主要目的在于合理地确定连接接合面的几何形状和螺栓布置形式，使各螺栓和连接接合面受力较为均匀，且便于加工和装配。因此，设计时应综合考虑以下几个方面的问题：

1. 连接接合面的几何形状应与机器的结构形状相适应

连接接合面的几何形状一般都设计成轴对称的简单几何形状，以便于加工制造和对称布置螺栓，如图 16-10 所示，使螺栓组的对称中心和连接接合面的形心重合，保证连接接合面受力较均匀。

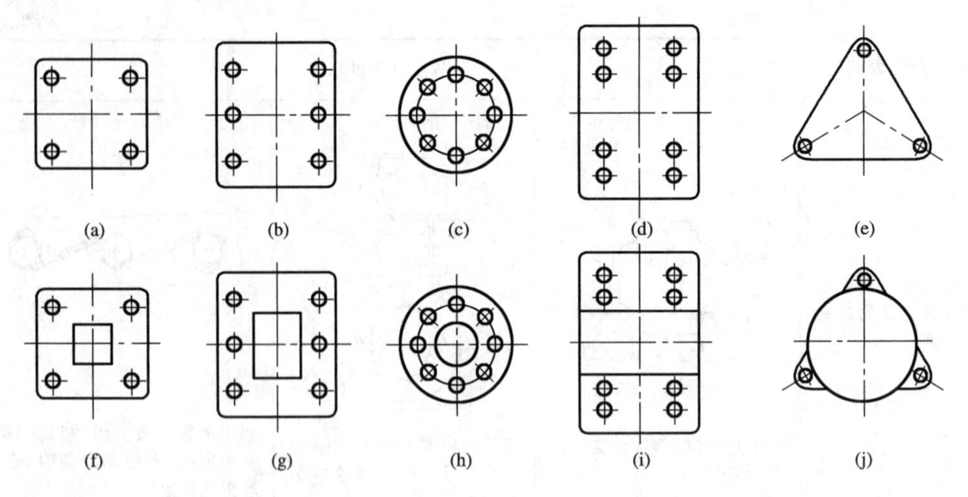

图 16-10 螺栓组连接接合面的常用几何形状

2. 螺栓布置应使螺栓的受力合理

对于承受翻转力矩或旋转力矩的螺栓组连接,应使螺栓的布置适当靠近连接接合面的边缘,增大力臂以减小螺栓的受力。对于承受横向载荷的铰制孔用螺栓连接,在平行于工作载荷的方向上要避免成排布置 8 个以上的螺栓,以免载荷分布过于不均。

3. 螺栓排列应有合理的间距和边距

螺栓的排列应有合理的边距和间距,保证留有足够的扳手空间。有关尺寸可查阅相关手册。

4. 同一螺栓组连接中各螺栓的直径、长度和材料应相同

同一螺栓组连接中各螺栓的直径、长度和材料应相同,分布在同一圆周上的螺栓数目应取 4、6、8 等偶数。

5. 避免螺栓承受偏心载荷

为了提高螺栓的强度,从结构与工艺上应尽量避免螺栓承受偏心载荷。导致螺栓承受偏心载荷的原因如图 16-11 所示,有支撑面不平、螺栓头支撑面不正以及采用钩头螺栓等。常见的减小或避免螺栓连接承受偏心载荷的结构措施如图 16-12 所示,有球面垫圈、斜垫圈、环腰、凸台和沉孔等。

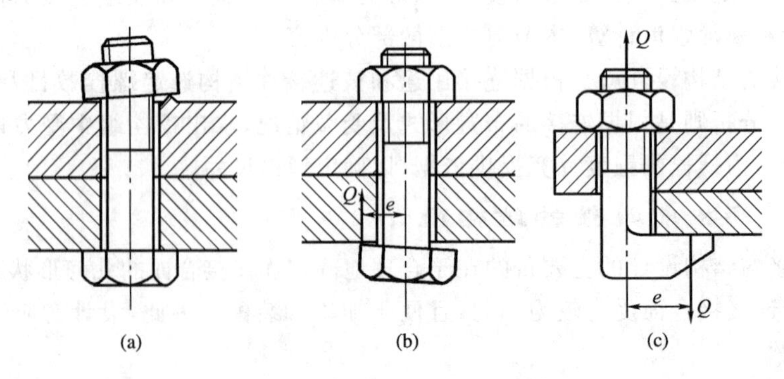

图 16-11 螺栓承受偏心载荷

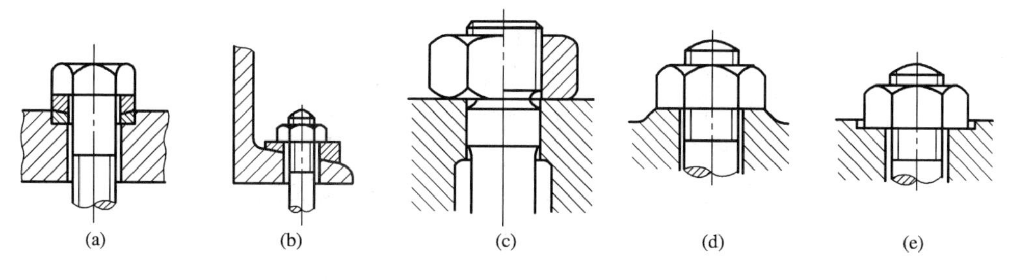

图 16-12　减小或避免螺栓连接承受偏心载荷的措施

16.4.2　螺栓组连接的受力分析

螺栓组受力分析的目的是，根据连接的结构和受载情况，求出螺栓组中受力最大的螺栓及其所受力的大小，以便进行螺栓的强度计算。下面介绍几种典型受载情况下的受力分析。

1. 受横向载荷 F_R 的螺栓组连接

受横向载荷 F_R 的螺栓组连接的载荷的作用线通过螺栓组的对称中心并与螺栓轴线垂直，即平行于连接面，如图 16-13 所示。其中图 16-13(a)所示为普通螺栓连接，图 16-13(b)所示为铰制孔用螺栓连接。

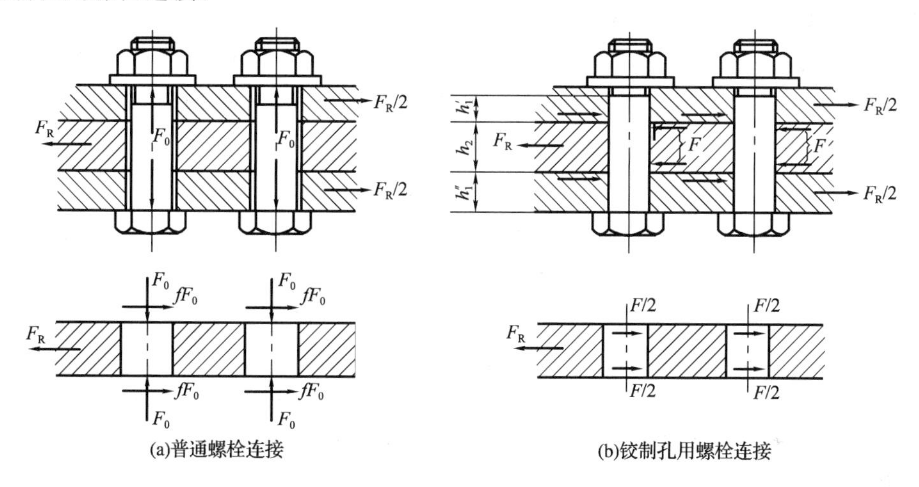

图 16-13　受横向载荷的螺栓组连接

(1)普通螺栓连接

当用普通螺栓连接时，由图 16-13(a)可知，横向载荷 F_R 靠被连接件间产生的摩擦力保持连接件无相对滑动。若接合面间的摩擦力不足，在横向载荷 F_R 的作用下会发生相对滑动，则认为连接失效。因此所需的螺栓轴向压紧力(预紧力 F_0)应为

$$fF_0zm \geqslant k_S F_R \text{ 或 } F_0 \geqslant \frac{k_S F_R}{fzm} \tag{16-3}$$

式中，f 为接合面摩擦因数，对于钢或铸铁零件，当接合面干燥时，$f=0.1\sim0.16$，当接合面有油时，$f=0.06\sim0.10$；m 为接合面数目；z 为螺栓数目；k_S 为防滑系数，$k_S=1.1\sim1.3$。

由式(16-3)可知，若取 $f=0.15$，$z=1$，$k_S=1.2$，$m=1$，则 $F_0=8F_R$。由此可见，这种连接的主要缺点是所需的预紧力大，螺栓尺寸大，且在冲击、振动、变载作用下连接面易错动。为了避免上述缺点，可用减载销、套筒或键承担横向载荷 F_R，而螺栓仅起连接作用，如图 16-14 所示。

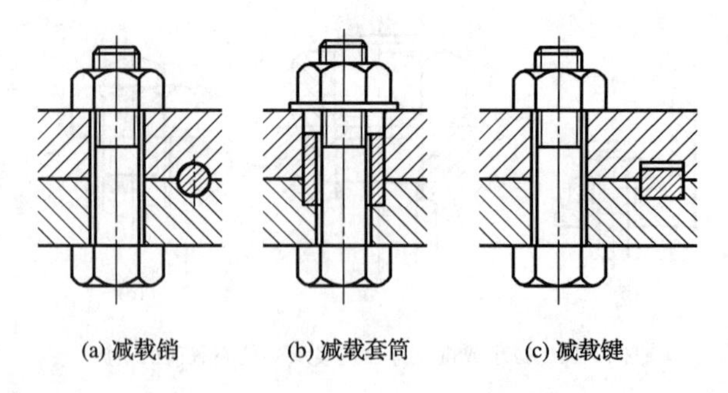

图 16-14 承受横向载荷的减载装置

(2)铰制孔用螺栓连接

当采用铰制孔用螺栓连接时，由图 16-13(b)可知，依靠螺栓杆的抗剪能力和螺栓与被连接件孔壁间相互挤压来传递横向载荷 F_R。计算时可以近似地认为，在横向载荷 F_R 的作用下，各螺栓所受的工作载荷是相等的，则有

$$zF=F_R \text{ 或 } F=\frac{F_R}{z} \tag{16-4}$$

2. 受旋转力矩 *T* 的螺栓组连接

图 16-15(a)所示为一机座底板螺栓组连接，在旋转力矩 T 作用下，底板有绕通过接合面形心轴线 O—O(简称旋转中心)旋转的趋势，每个螺栓连接都受到横向力的作用。可通过两种方式传递载荷。

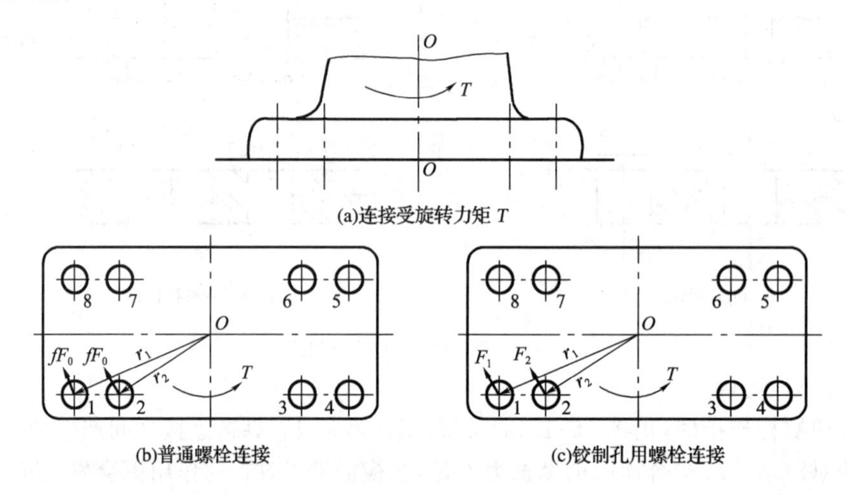

图 16-15 受旋转力矩 T 的螺栓组连接

(1)普通螺栓连接

当用普通螺栓连接时，如图 16-15(b)所示，旋转力矩 T 靠连接预紧后在接合面上的摩擦力矩来传递。假设各螺栓连接接合面的摩擦力 fF_0 均相等并集中在螺栓中心处，且与螺栓中心至底板旋转中心 O 的连线垂直，由静力矩平衡条件得连接件不产生相对滑动的条件为

$$fF_0r_1+fF_0r_2+\cdots+fF_0r_z\geqslant k_S T$$

各螺栓的预紧力

$$F_0\geqslant\frac{k_S T}{f(r_1+r_2+\cdots+r_z)} \tag{16-5}$$

式中，F_0 为螺栓所受的预紧力，N；k_S 为防滑系数；r_1、r_2、…、r_z 为各螺栓中心至底板旋转中心

O 之间的距离。

(2)铰制孔用螺栓连接

当采用铰制孔用螺栓连接时,如图16-15(c)所示,依靠螺栓杆的抗剪切和螺栓与被连接件孔壁间的相互挤压时的变形来承受旋转力矩 T。各螺栓的工作载荷 F 的方向与螺栓中心至底板旋转中心的连线垂直。若不计连接中的预紧力和摩擦力,则根据静力平衡条件得

$$F_1r_1+F_2r_2+\cdots+F_zr_z=T \tag{16-6}$$

因为各个螺栓的剪切变形量和受力大小与其中心到接合面形心的距离成正比,所以各螺栓的剪力也与这个距离成正比,即

$$\frac{F_1}{r_1}=\frac{F_2}{r_2}=\cdots=\frac{F_i}{r_i}=\frac{F_{max}}{r_{max}} \tag{16-7}$$

联立解式(16-6)和式(16-7)得

$$F_{max}=\frac{Tr_{max}}{\sum_{i=1}^{z}r_i^2} \tag{16-8}$$

式中,F_i、F_{max} 为第 i 个螺栓、受力最大的螺栓的工作剪力;r_i、r_{max} 为第 i 个螺栓、受力最大的螺栓的轴线到螺栓组对称中心 O 的距离。

3. 受轴向载荷 F_Q 的螺栓组连接

图16-16所示为汽缸盖螺栓连接,所受轴向总载荷为 F_Q,其载荷通过螺栓组形心。设该螺栓组由 z 个螺栓组成,则单个螺栓工作载荷 F 为

$$F=\frac{F_Q}{z} \tag{16-9}$$

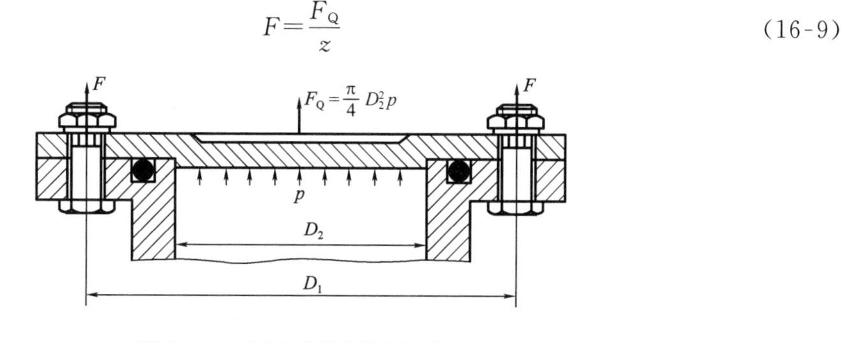

图16-16 受轴向载荷的螺栓组连接

4. 受翻转力矩 M 的螺栓组连接

如图16-17所示为一受翻转力矩 M 的底板螺栓组连接,设翻转力矩 M 作用在通过 x—x 且垂直于连接接合面的对称平面内。刚性底板在 M 的作用下,有绕 O—O 翻转的趋势。在底板已被预紧情况下,在 O—O 左侧的螺栓将被进一步拉伸,在 O—O 右侧的螺栓将被放松。由底板力矩平衡条件可得

$$F_1L_1+F_2L_2+\cdots+F_zL_z=M \tag{16-10}$$

式(16-10)表明假定各螺栓刚度相同,则各螺栓的拉伸变形量与其中心到螺栓组对称轴线的距离成正比。

由于螺栓在弹性范围内变形,所以各螺栓所受的轴向工作载荷 F_i 也与其中心线到螺栓组对称轴线 O—O 的距离成正比,即

$$\frac{F_1}{L_1}=\frac{F_2}{L_2}=\cdots=\frac{F_i}{L_i}=\frac{F_{max}}{L_{max}} \tag{16-11}$$

联立解式(16-10)和式(16-11)得

$$F_{\max}=\frac{ML_{\max}}{\sum_{i=1}^{z}L_i^2} \tag{16-12}$$

式中,$F_{\max}$为螺栓所受的最大工作载荷;L_i为各螺栓轴线到底板轴线$O—O$的距离;$L_{\max}$为L_i中的最大值;z为螺栓个数。

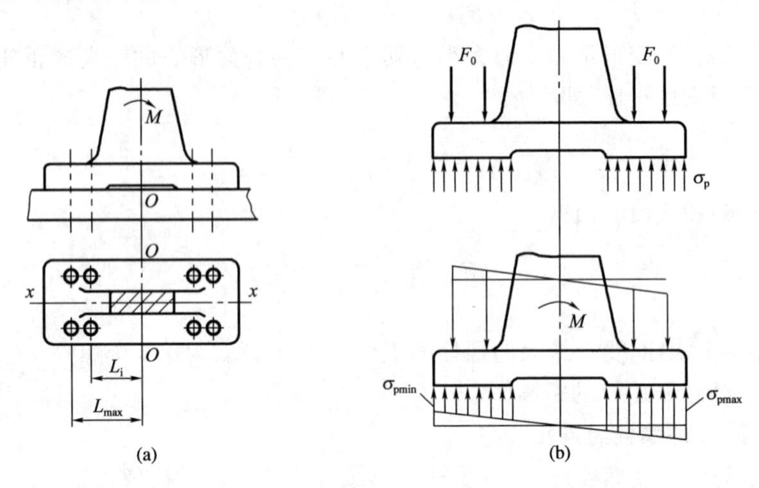

图 16-17 受翻转力矩 M 的螺栓组连接

为了防止接合面受压最大处被压溃,应检查受载后地基接合面压应力的最大值不超过许用值;为防止受压最小处出现缝隙,压应力最小值不小于零,则有

$$\sigma_{p\max}=\sigma_p+\sigma_m=\frac{zF_0}{A}+\frac{M}{W}\leqslant[\sigma_p] \tag{16-13}$$

$$\sigma_{p\min}=\sigma_p-\sigma_m=\frac{zF_0}{A}-\frac{M}{W}>0 \tag{16-14}$$

式中,σ_p为基体接合面在受载前由于预紧力而产生的挤压应力,$\sigma_p=\frac{zF_0}{A}$;A为接合面的有效面积;σ_m为在M作用下接合面的挤压应力;$[\sigma_p]$为基体接合面的许用挤压应力,钢的$[\sigma_p]=0.8\sigma_s$;铸铁$[\sigma_p]=(0.4\sim0.5)\sigma_s$;混凝土的$[\sigma_p]=2\sim3$ MPa;砖的$[\sigma_p]=1.5\sim2$ MPa;木材的$[\sigma_p]=2\sim4$ MPa。当基体和底板材料不同时,应按强度较弱的一种进行计算。

实际使用中螺栓组连接所受的载荷不外乎以上四种或它们的不同组合。计算时找出受力最大的螺栓进行强度计算即可。

16.5 螺栓连接的强度计算

16.5.1 螺栓连接的失效形式

螺栓连接的主要失效形式有:①螺栓杆拉断;②螺纹的压溃和剪断;③经常装拆时会因磨损而发生滑扣现象。螺栓与螺母的螺纹牙及其他各部分尺寸是根据等强度原则和使用经验规定的。采用标准件时,这些部分都不需要进行强度计算。因此螺栓连接强度计算主要是确定螺纹小径d_1,然后按普通螺纹基本尺寸标准(GB/T 196—2003)选定螺纹公称直径(大径d)及螺距P等。

16.5.2 螺栓连接件的材料与许用应力

螺栓连接中，许用应力的大小可按照表16-3中所列公式来计算，当需要求连接安全系数时，可参考表16-4选取，螺栓常用材料及其机械性能见表16-5。

表16-3 螺栓连接的许用应力

受载情况		许用应力/MPa
普通螺栓连接受轴向、横向载荷		$[\sigma]=\sigma_s/S$（S值见表16-4）
铰制孔用螺栓连接受横向载荷	静载荷	$[\tau]=\sigma_s/2.5$
		被连接件为钢：$[\sigma_p]=\sigma_s/1.25$
		被连接件为铸铁：$[\sigma_p]=\sigma_b/(2\sim2.5)$
	变载荷	$[\tau]=\sigma_s/(3.5\sim5)$
		$[\sigma_p]$：按静载荷时的$[\sigma_p]$值降低20%～30%

表16-4 安全系数 S

装配情况	螺栓材料	静载荷			变载荷	
		M6～M16	M16～M30	M30～M60	M6～M16	M16～M30
紧连接 不控制预紧力	非合金钢	4～5	2.5～4	2～2.5	8.5～12.5	8.5
	合金钢	5～5.7	3.4～5	3～3.4	6.8～10	6.8
紧连接 控制预紧力	非合金钢	1.2～1.5				
	合金钢					
松连接	非合金钢	1.2～1.7				
	合金钢					

表16-5 螺栓常用材料及其机械性能

材　料	抗拉强度 σ_b/MPa	屈服极限 σ_s/MPa
10	340～420	210
Q215A	340～420	220
Q235A	410～470	240
35	540	320
45	610	360
40Cr	750～1 000	650～900

16.5.3 普通螺栓连接的强度计算

求出螺栓组连接中受载最大的螺栓及其工作载荷后，就可以进行单个螺栓的强度计算了。

1. 松螺栓连接

松螺栓连接装配时不需要把螺母拧紧（预紧力 $F_0=0$）。在承受轴向工作载荷前，除有关零件的自重（自重一般很小，强度计算时可略去）外，连接并不受力，例如起重机吊钩（图16-18）尾部的连接就属于松螺栓连接。当承受轴向工作载荷 F 时，其强度条件为

$$\sigma=\frac{F}{\frac{\pi d_1^2}{4}}\leqslant[\sigma] \tag{16-15}$$

式中，$[\sigma]$为许用应力，MPa；d_1 为螺纹小径，mm。

设计公式为

$$d_1\geqslant\sqrt{\frac{4F}{\pi[\sigma]}} \tag{16-16}$$

例 16-1 如图 16-18 所示，已知载荷 $F=25$ kN，吊钩材料选用 35 钢，许用拉应力$[\sigma]=60$ MPa，试求该吊钩尾部螺纹直径。

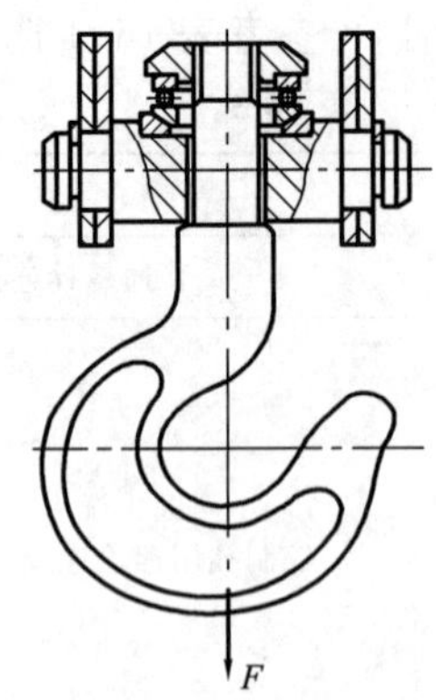

图 16-18 松螺栓连接

解：由式(16-16)得螺纹小径

$$d_1\geqslant\sqrt{\frac{4F}{\pi[\sigma]}}=\sqrt{\frac{4\times25\times1\ 000}{\pi\times60}}=23.039\ \text{mm}$$

查粗牙普通螺纹标准(GB/T 196—2003)得 $d=27$ mm 时，$d_1=23.572$ mm$>d_1=23.033$ mm，故取吊钩尾部螺纹直径为 M27。

2. 紧螺栓连接

紧螺栓连接在承受工作载荷前就必须把螺母拧紧。拧紧螺母时，螺栓一方面受到拉伸，另一方面又因螺纹中阻力矩的作用而受到扭转，故危险截面上既有拉应力 σ ，又有扭转剪应力 τ 。由预紧力 F_0 产生的拉伸应力 σ 为

$$\sigma=\frac{4F_0}{\pi d_1^2}$$

由螺纹摩擦力矩 T_1 产生的剪应力 τ 为

$$\tau=\frac{F_0\ \frac{d_2}{2}\tan(\lambda+\varphi_V)}{\frac{\pi d_1^3}{16}}=\tan(\lambda+\varphi_V)\frac{2d_2}{d_1}\cdot\frac{4F_0}{\pi d_1^2}$$

对于 M10～M68 的常用单线普通螺栓，取 d_2、d_1 及 λ 的平均值，并取 $\tan\rho_V=f_V=0.17$，则可得 $\tau\approx0.5\sigma$。按第四强度理论，求出螺栓的当量应力 σ_{ca} 为

$$\sigma_{ca}=\sqrt{\sigma^2+3\tau^2}=\sqrt{\sigma^2+3(0.5\sigma)^2}\approx1.3\sigma$$

1.3 的意义是将拧紧时同时承受拉伸和扭转的联合作用，转换成按纯拉伸计算，仅将所受的拉力(预紧力)增大 30%来考虑扭转的影响。

(1)只受预紧力的紧螺栓连接

受横向载荷 F_R 和受旋转力矩 T (旋转力矩作用在连接接合面内)作用的普通螺栓连接，工作时螺栓都为只受预紧力 F_0 作用的紧螺栓连接，考虑到扭转剪应力的影响，其强度条件为

$$\sigma_{ca}=\frac{1.3F_0}{\pi d_1^2/4}\leqslant[\sigma] \tag{16-17}$$

螺栓直径的设计公式为

$$d_1\geqslant\sqrt{\frac{4\times1.3F_0}{\pi[\sigma]}}=\sqrt{\frac{5.2F_0}{\pi[\sigma]}} \tag{16-18}$$

式中，F_0 为螺栓承受的预紧力，N，按式(16-13)或(16-15)计算；d_1 为螺栓小径，mm；$[\sigma]$为紧螺栓连接的许用拉应力，MPa，见表 16-3。

(2)受预紧力和轴向工作载荷的紧螺栓连接

汽缸盖和压力容器盖等螺栓连接就属于受预紧力 F_0 和轴向工作载荷 F 共同作用的紧螺栓连接。由于螺栓及被连接件都是弹性体，受力要变形，所以强度计算时不能将其再看成是刚体，变形导致螺栓所受的总的轴向载荷 F_Σ 并不等于预紧力 F_0 与工作载荷 F 的代数和。现说明如下：

螺栓和被连接件受载前、后的情况如图16-19所示，图16-19(a)所示是连接件尚未拧紧的情形。螺栓连接拧紧后，螺栓受到拉力 F_0(预紧力)而伸长了 δ_b，被连接件受到压缩力 F_0 而缩短 δ_m，如图16-19(b)所示。在连接件承受轴向工作载荷 F 时，螺栓的伸长量增加 $\Delta\delta$ 而成为 $\delta_b+\Delta\delta$，相应的拉力就是螺栓总的轴向载荷 F_Σ，如图16-19(c)所示。与此同时，被连接件随着螺栓的伸长而弹回，其压缩量减少了 $\Delta\delta$ 而成为 $\delta_m-\Delta\delta$，与此相应的压力就是残余预紧力 F_0'[图16-19(c)]。工作载荷 F 和残余预紧力 F_0' 一起作用在螺栓上[图16-19(c)]，螺栓的总拉力为

$$F_\Sigma=F+F_0' \tag{16-19}$$

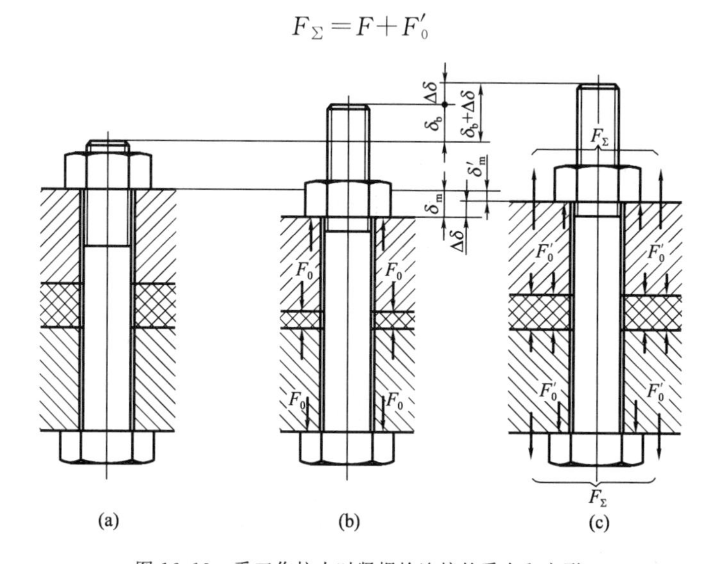

图16-19　受工作拉力时紧螺栓连接的受力和变形

图16-20所示为受轴向工作载荷时紧螺栓连接中螺栓及被连接件的力与变形的关系，其中图16-20(a)为螺栓的受力与变形的关系线图；图16-20(b)为被连接件的受力与变形的关系线图，图16-20(c)为根据变形协调条件把图16-20(a)、图16-20(b)合并起来得到的整个连接的受力与变形的关系线图。由图16-20(a)、图16-20(b)可得

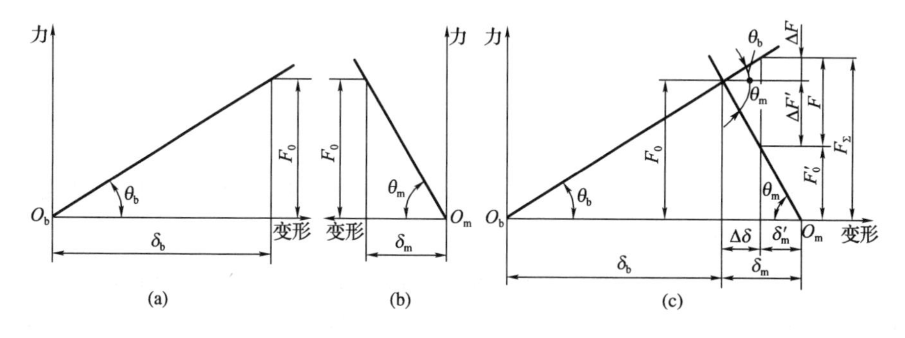

图16-20　螺栓和被连接件的受力和变形的关系

$$\left.\begin{aligned}\frac{F_0}{\delta_b}=\tan\theta_b=C_b\\ \frac{F_0}{\delta_m}=\tan\theta_m=C_m\end{aligned}\right\}\tag{16-20}$$

式中，C_b、C_m 分别为螺栓的刚度和被连接件的刚度。

由图 16-20(c)可得

$$\left.\begin{aligned}F_\Sigma=F_0+\Delta F=F_0+\Delta\delta\tan\theta_b=F_0+\Delta\delta C_b\\ F'_0=F_0-\Delta F'=F_0-\Delta\delta\tan\theta_m=F_0-\Delta\delta C_m\end{aligned}\right\}\tag{16-21}$$

而 $F=\Delta F+\Delta F'=\Delta\delta(C_b+C_m)$，则 $\Delta\delta=\dfrac{F}{C_b+C_m}$，代入式(16-34)得

$$\left.\begin{aligned}F_\Sigma=F_0+\frac{C_b}{C_b+C_m}F\\ F'_0=F_0-\frac{C_m}{C_b+C_m}F\end{aligned}\right\}$$

设 $C_e=\dfrac{C_b}{C_b+C_m}$，则

$$\left.\begin{aligned}F_\Sigma=F_0+C_eF\\ F'_0=F_0-C_eF\end{aligned}\right\}\tag{16-22}$$

式中，C_e 为螺栓的相对刚度，其值可通过计算或试验来确定，一般设计时，可参考表 16-6 选取；F'_0 为残余预紧力；F 为螺栓所受总的轴向载荷。

表 16-6　螺栓的相对刚度

被连接件间所用垫片	C_e
金属垫片(或无垫片)	0.2～0.3
皮革垫片	0.7
铜皮、石棉垫片	0.8
橡胶垫片	0.9

紧螺栓连接要求残余预紧力应大于零，当载荷过大而使 $F'_0\leqslant 0$ 时，连接接合面间会出现缝隙而失效。因此，设计时应注意保证连接有一定的残余预紧力。残余预紧力的大小应根据工作要求来确定。当工作载荷 F 无变化时，可取 $F'_0=(0.2\sim0.6)F$；当 F 有变化时，取 $F'_0=(0.6\sim1.0)F$；对于有紧密性要求的连接(如压力容器中的螺栓连接)，则可以取 $F'=(1.5\sim1.8)F$。

当工作载荷 F 为平稳载荷时，螺栓危险截面上的拉伸强度为

$$\sigma_{ca}=\frac{4\times1.3F_\Sigma}{\pi d_1^2}\leqslant[\sigma]\tag{16-23}$$

或

$$d_1\geqslant\sqrt{\frac{4\times1.3F_\Sigma}{\pi[\sigma]}}=\sqrt{\frac{5.2F_\Sigma}{\pi[\sigma]}}\tag{16-24}$$

式中，F_Σ 为螺栓所受的总拉力，N，按式(16-19)计算；d_1 为螺栓小径，mm；$[\sigma]$为紧螺栓连接的许用拉应力，MPa，见表 16-3。

对于工作载荷 F 为变载荷的重要连接(如内燃机汽缸盖螺栓连接，其汽缸反复进、排气)，其螺栓所受工作载荷如图 16-21 所示在 $0\sim F$ 变化，因而螺栓所受的总拉力在$F_0\sim F_\Sigma$之间变化。设计时一般先按式(16-24)进行静强度计算初定螺栓直径，然后校核其疲劳强度。

影响变载下疲劳强度的主要因素是应力幅，因此螺栓疲劳强度的校核公式为

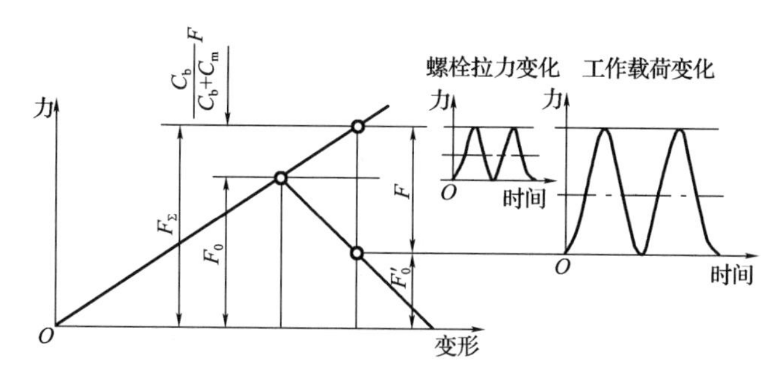

图 16-21　受轴向变载荷螺栓中拉力的变化

$$\sigma_a=\frac{\sigma_{max}-\sigma_{min}}{2}=\frac{\frac{1}{2}\cdot\frac{C_b}{C_b+C_m}F}{\frac{\pi d_1^2}{4}}=\frac{C_b}{C_b+C_m}\cdot\frac{2F}{\pi d_1^2}\leqslant[\sigma_a] \tag{16-25}$$

式中，σ_{max} 为螺栓危险截面的最大拉应力，$\sigma_{max}=\frac{4F_\Sigma}{\pi d_1^2}$；$\sigma_{min}$ 为螺栓危险截面的最小拉应力，$\sigma_{min}=\frac{4F_0}{\pi d_1^2}$；$[\sigma_a]$ 为变载荷时的许用应力，其值查有关资料。

16.5.4　铰制孔用螺栓连接的强度计算

铰制孔用螺栓连接主要用于承受横向载荷 F_R[图 16-13(b)]和旋转力矩 T[图 16-15(c)]。预紧力仅起连接作用，可不参与铰制孔螺栓强度计算。当螺栓受工作横向载荷 F 作用时，螺栓的圆柱体受到剪切力作用，且该圆柱体与被连接件共同受到挤压力作用。这种连接的主要失效形式是：螺栓的圆柱体剪断或挤压面的塑性变形压溃。

铰制孔用螺栓连接装配时，只需对螺栓施加适当的预紧力，因此可以忽略接合面间的摩擦力度作用。故连接的强度条件为

$$\sigma_p=\frac{F}{d_0 h_{min}}\leqslant[\sigma_p] \tag{16-26}$$

$$\tau=\frac{4F}{\pi d_0^2 m}\leqslant[\tau] \tag{16-27}$$

式中，F 为横向工作载荷，N，按式(16-4)或(16-8)计算；τ 为螺栓圆柱体的切应力，MPa；d_0 为螺栓圆柱体受剪面的直径，mm；m 为螺栓圆柱体受剪面数目；$[\tau]$为螺栓圆柱体的许用切应力，MPa，见表 16-3；σ_p 为挤压应力，MPa；$[\sigma_p]$为计算对象的许用挤压应力，MPa，见表 16-3；h_{min} 为计算对象的挤压高度，mm，如图 16-13(b)所示，h 取 $h_1=h_1'+h_1''$ 和 h_2 中的较小值。

例 16-2　如图 16-16 所示为一压力容器盖螺栓组连接，已知容器内径 $D_2=250$ mm，其内装具有一定压强的液体，沿凸缘圆周均匀分布 12 个 M16($d_1=13.835$ mm)普通螺栓，螺栓材料的许用拉应力$[\sigma]=180$ MPa，螺栓的相对刚度 $C_e=0.5$，紧密性要求，剩余预紧力$F_0'=1.8F$(F 为螺栓的轴向工作载荷)，试计算：(1)该螺栓组连接允许容器内液体的最大压强。(2)此时螺栓所需的预紧力 F_0。

解：(1)每个螺栓上所受的工作载荷

由
$$F=p_{max}\frac{\pi D_2^2}{4}\cdot\frac{1}{z}$$

得
$$p_{max}=\frac{4Fz}{\pi D_2^2} \tag{a}$$

(2)每个螺栓上所受的总拉力

由 $$F_{\Sigma}=F'_0+F=1.8F+F=2.8F$$

得 $$F=\frac{F_{\Sigma}}{2.8} \tag{b}$$

(3)螺栓的强度计算式

由 $$\sigma_{ca}=\frac{4\times1.3F_{\Sigma}}{\pi d_1^2}\leqslant[\sigma]$$

得 $$F_{\Sigma}\leqslant\frac{\pi d_1^2[\sigma]}{4\times1.3} \tag{c}$$

联立式(a)～式(c)解得

$$p_{max}=\frac{4Fz}{\pi D_2^2}=\frac{4z}{\pi D_2^2}\cdot\frac{F_{\Sigma}}{2.8}$$

$$=\frac{4z}{\pi D_2^2}\cdot\frac{1}{2.8}\cdot\frac{\pi d_1^2[\sigma]}{4\times1.3}=\frac{zd_1^2[\sigma]}{2.8\times1.3D_2^2}=\frac{12\times13.835^2\times180}{2.8\times1.3\times250^2}=1.82\ \text{MPa}$$

(4)计算螺栓上的预紧力

$$F=p_{max}\frac{\pi D_2^2}{4}\cdot\frac{1}{z}=\frac{1.82\times250^2\pi}{4\times12}=7\ 441.15\ \text{N}$$

$$F_0=F_{\Sigma}-C_eF=2.8F-0.5F=2.3F=2.3\times7\ 441.15=17\ 114.65\ \text{N}=17.11\ \text{kN}$$

16.6 提高螺栓连接强度的措施

螺栓连接强度主要取决于螺栓强度。影响螺栓强度的因素很多，主要有螺纹牙间的载荷分配、应力变化幅度、应力集中和附加应力等，下面来分析这些因素，并以受拉螺栓连接为例提出改进措施。

16.6.1 改善螺纹牙间的载荷分配

采用普通螺母时，轴向载荷在旋合螺纹各圈间，由于螺栓与螺母的刚度及变形性质不同，各圈螺纹牙上的受力也是不均匀的，如图 16-22 所示。由图 16-23 所示，从螺母支撑面算起，第一圈的螺纹螺距变化差最大即受力最大，以后各圈递减。理论分析和实践证明，旋合圈数越多，载荷分布不均的程度越显著，到第 8～10 圈以后，螺纹几乎不受载荷。因此，采用圈数多的厚螺母并不能提高连接的强度。

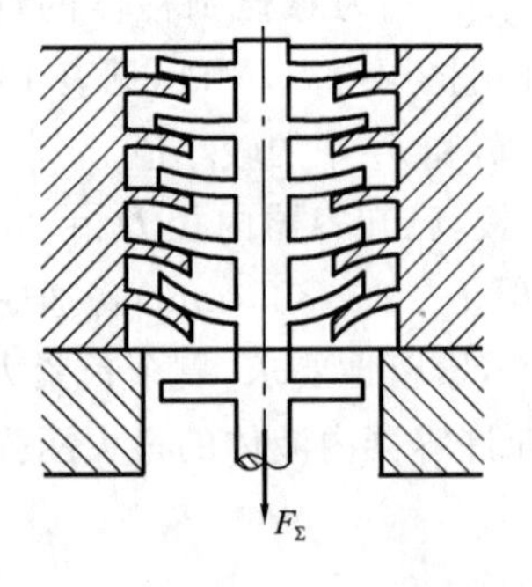

图 16-22　螺纹承载时的变形

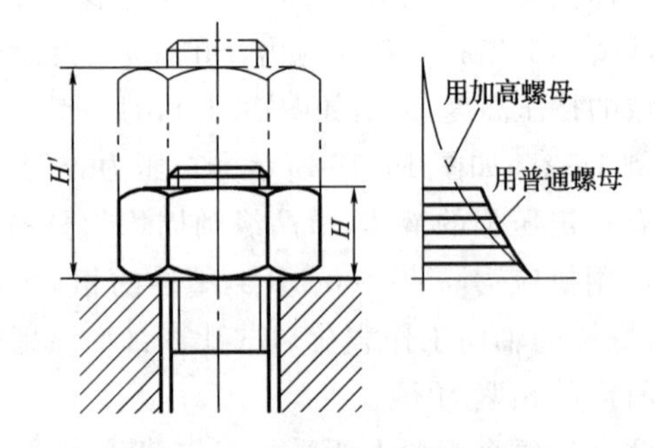

图 16-23　旋合螺纹牙间的载荷分布

工程上一般采用减小螺栓和螺母的螺距变化差的方法来改善螺纹牙间的载荷分布不均。具体方法有采用悬置螺母、环槽螺母和内斜螺母等，如图 16-24 所示。这些特殊构造的螺母制造工艺复杂、成本较高，仅限于重要连接使用。

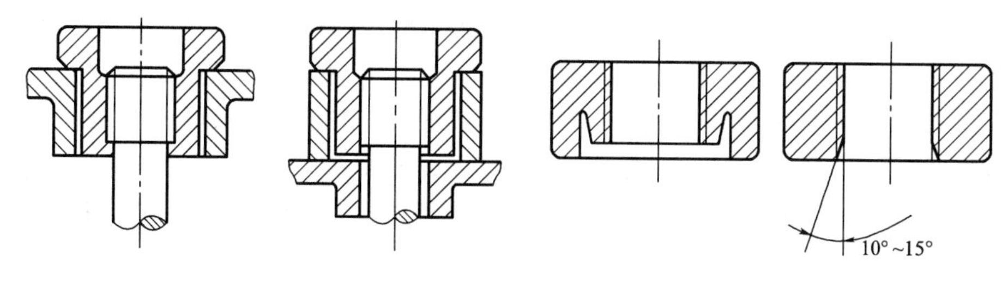

图 16-24　均载螺母

16.6.2　减小螺栓的应力幅

当螺栓所受轴向工作载荷在 0～F 之间变化时，螺栓所受的总拉力在 F_0～F_Σ 之间变化，螺栓受变载荷作用。理论和实践表明，受轴向变载荷作用的紧螺栓连接，当螺栓最大应力不变时，应力幅越小，疲劳强度越高。在保证预紧力 F_0 不变的条件下，若减小螺栓刚度 C_b 或增大被连接件刚度 C_m，都可以达到减小应力幅，但会引起残余预紧力 F_0'减小，从而降低了连接的紧密性。因此，若在减小 C_b 和增大 C_m 的同时，适当增加预紧力 F_0，就可以使 F_0'不致减小太多或保持不变，这对改善连接的可靠性和紧密性是有利的。但预紧力 F_0 不宜增加过大，必须控制在许可范围内，以免对螺栓的静强度造成过大削弱。

图 16-25(a)～图 16-25(c)分别表示单独降低螺栓的刚度，单独增加被连接件的刚度和同时并用减小 C_b、增大 C_m、增大 F_0 时，螺栓连接的载荷变化情况。

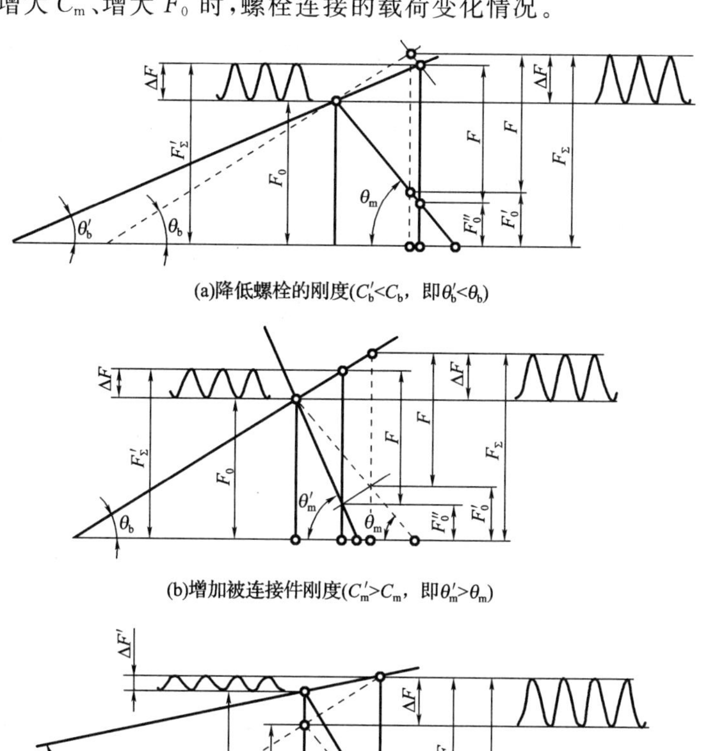

(a)降低螺栓的刚度($C_b'<C_b$，即$\theta_b'<\theta_b$)

(b)增加被连接件刚度($C_m'>C_m$，即$\theta_m'>\theta_m$)

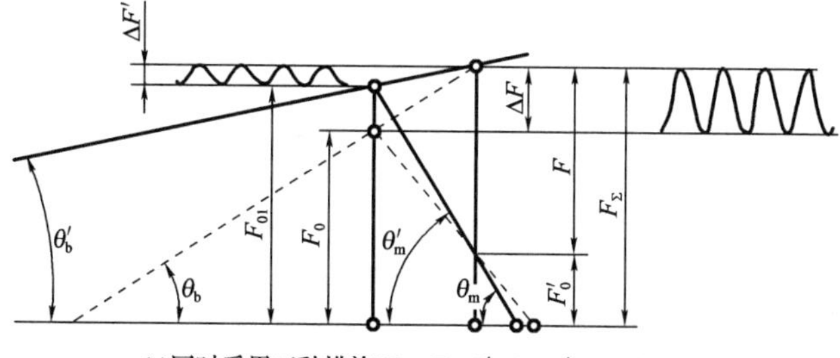

(c)同时采用三种措施($F_{01}>F_0$，$C_b'<C_b$，$C_m'>C_m$)

图 16-25　减少螺栓应力幅的措施

为了减小螺栓刚度，可适当增加螺栓的长度或减小螺栓光杆部分直径或采用空心螺杆（采用柔性螺栓），如图 16-26 所示；若在螺母下面垫上弹性元件（图 16-27），则其效果与减小螺栓光杆部分直径或采用空心螺杆时相似。为增大被连接件的刚度，可以在连接面处不用垫片或采用刚度较大的垫片。对于需要保持紧密性的连接，从增大被连接件的刚度的角度来看，采用较软的汽缸垫片[图 16-28(a)]并不合适，此时应采用刚度较大的密封环[图 16-28(b)]。

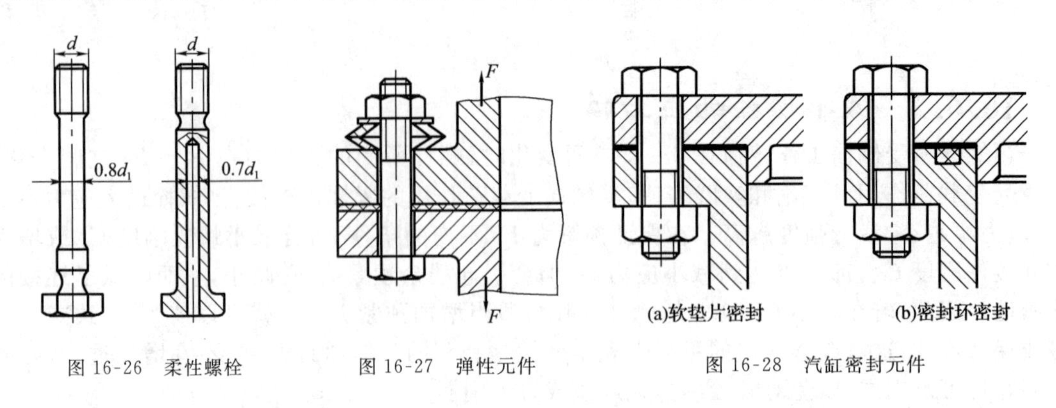

图 16-26 柔性螺栓　　图 16-27 弹性元件　　图 16-28 汽缸密封元件

16.6.3 其他措施

1. 采用合理的制造工艺

螺栓上的螺纹、螺栓头和螺栓杆的过渡处等横截面面积发生突变的部位，会产生应力集中，应力集中会降低螺栓的强度，增大螺栓截面变化部位的过渡圆角或在这些部位（如螺栓头与螺栓杆交界部位）切制卸载槽以减小应力集中；在工艺上采用冷镦螺栓头部和辗压螺纹及采用氰化、氮化、喷丸等处理方法，也能有效地提高螺栓的疲劳强度。

2. 避免附加弯曲应力

由于设计、制造、安装时的不当，使螺栓受到不应有的附加弯曲应力（图 16-11）。螺纹牙根对弯曲很敏感，弯曲应力对螺栓断裂起很大作用，故在螺栓连接的结构设计中应予以避免。

小　结

螺纹连接是一种应用非常广泛的可拆连接。它的特点是结构简单、装拆方便，连接可靠性高，适用范围广。各种螺纹及其连接件大多数制订有国家标准。设计者的主要任务是根据螺纹连接的工作条件，按照螺纹的特点选择螺纹类型。不论是螺纹还是螺纹紧固件，其主要参数是公称直径 $d(D)$，它可以由强度计算确定，也可按照结构上的需要确定。本章主要介绍以下内容：

(1)螺纹的基本知识

螺纹的基本知识包括螺纹的基本参数，常用螺纹的种类、特性（主要指牙根强度、效率与自锁）及其应用。

(2)螺纹连接的基本知识

螺纹连接的基本知识包括螺纹连接的基本类型、结构特点及其应用场合，在设计时要能正确地选用它们。对于螺纹连接的预紧，要了解预紧的目的，要理解扳手拧紧力矩和由此产生的预紧力的关系，要掌握控制预紧力的方法。对于螺纹连接的防松，要理解防松的目的和防松的原理以及各种防松装置及其应用。

(3)螺栓组连接设计的基本方法

①螺栓组连接的结构设计原理　根据接合面的形状,拟定螺栓数目及其在接合面上的布置,提高螺栓连接强度的结构措施等。

②螺栓组连接的受力分析　熟练掌握螺栓组连接的四种典型受力状态(横向载荷 F_R、旋转力矩 T、轴向载荷 F_Q 和翻转力矩 M)下的受力分析,能正确运用静力平衡条件和变形协调条件,确定出受力最大螺栓所受力的大小。

③单个螺栓连接的强度计算理论与方法　熟练掌握螺栓连接的主要失效形式和设计计算准则。

(4)提高螺纹连接强度的措施

熟练掌握包括改善螺纹牙上载荷分布不均现象的装置,减小螺栓受力、降低影响螺栓疲劳强度的应力幅和应力集中的措施,以及避免螺栓受附加弯曲应力作用的结构措施等。

思考题及习题

16-1　常用螺纹有哪几种类型?各用于什么场合?对连接螺纹和传动螺纹的要求有何不同?

16-2　在螺栓连接中,不同的载荷类型要求不同的螺纹余留长度,这是为什么?

16-3　连接螺纹都具有良好的自锁性,为什么有时还需要防松装置?试各举出两个机械防松和摩擦防松的实例。

16-4　普通螺栓连接和铰制孔用螺栓连接的主要失效形式是什么?计算准则是什么?

16-5　试用两个M12螺栓($d_1=10.106$ mm,$d_2=10.863$ mm)固定一个牵曳钩,如图16-29所示,其牵曳力作用在两个螺栓轴线所在平面内并与螺栓轴线垂直,使螺栓受横向载荷。若螺栓材料为45钢,装配时控制预紧力,接合面摩擦因数 $f=0.15$,设牵曳钩的强度足够,试求该连接允许的最大牵曳力。

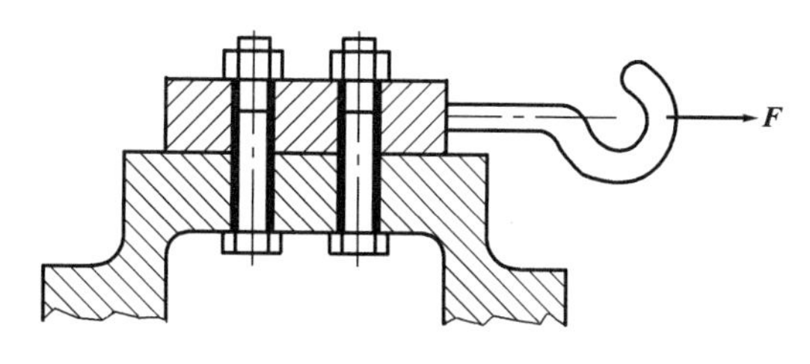

图16-29　题16-5图

16-6　一正方形盖板用四个螺栓与箱体连接,螺栓分布亦为正方形,间距为200 mm,螺栓组对称中心与盖板中心重合,盖板中心的吊环上受拉力为1 000 N且平行于螺栓轴线。

(1)设残余预紧力为工作拉力的60%,求该螺栓的总拉力。

(2)如因制造误差吊环沿正方形对角线偏移了8 mm,试求受力最大的螺栓所受的总拉力。

16-7　一铸铁刚性凸缘联轴器(轮缘厚度为23 mm)允许的最大扭矩(设为静载荷)为1 600 N·m,两个半联轴器用铰制孔用螺栓连接,螺栓材料为45钢,螺栓轴线所在圆的直径 $D_1=170$ mm,设螺栓公称直径为12 mm,试计算最少需要几个螺栓。

16-8　试设计图16-30所示托架 A 与立柱 B 间的螺栓组连接,托架材料为铸铁,立柱材料为 45 钢,螺栓数为 4。

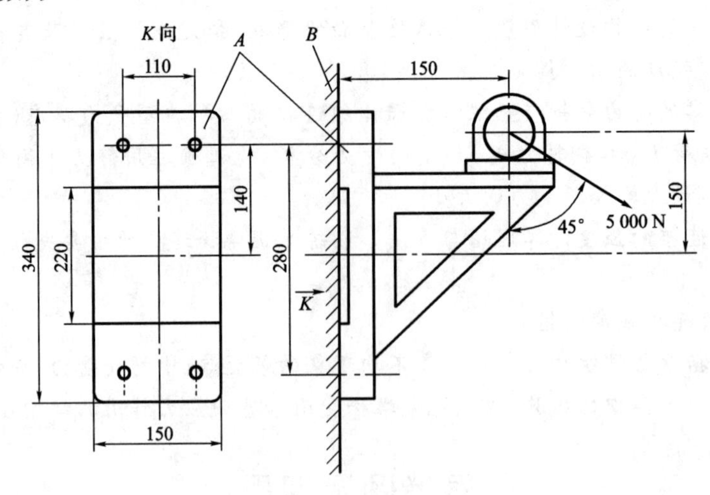

图 16-30 题 16-8 图

第17章

弹　簧

弹簧是一种较为简单的零件，但它在机械装置与仪表结构中却起着非常重要的作用。本章主要讲述弹簧的类型、特点、基本结构和应用；弹簧的材料与制造；弹簧的工作原理、应力计算与主要失效形式；以及圆柱螺旋压缩(拉伸)弹簧的设计计算方法。

17.1　概　述

17.1.1　弹簧的功能和变形势能互相转换

弹簧是机械中常用的弹性元件，在外载荷的作用下能产生较大的弹性变形，能将机械功和变形势能相互转换。弹簧的主要功用如下：

(1)缓冲吸振，例如车辆弹簧、各种缓冲器中的弹簧。

(2)控制机构的运动或零件的复位，例如凸轮机构、离合器以及各种调速器中的弹簧。

(3)储存及释放能量，如钟表、仪器中的弹簧。

(4)测量力的大小，例如弹簧秤和测力器中的弹簧。

17.1.2　弹簧的类型和特性

弹簧的种类很多，从外形上看有以下几种：

1. 螺旋弹簧

螺旋弹簧是由金属丝(条)按螺旋线卷绕而成的，如图 17-1 所示。其制造简便，应用最广，常见的形状有圆柱形和圆锥形。根据其受力特点，螺旋弹簧可分为拉伸弹簧、压缩弹簧和扭转弹簧。

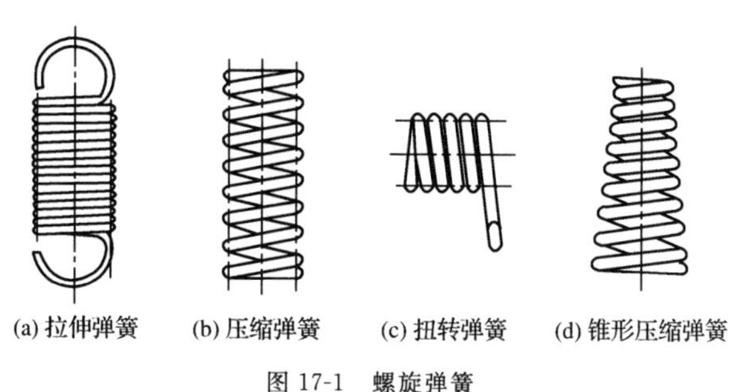

图 17-1　螺旋弹簧

2. 环形弹簧和碟形弹簧

环形弹簧和碟形弹簧如图 17-2(a)、图 7-2(b)所示，都是压缩弹簧，在工作过程中，由于一部分能量消耗在各圈之间的摩擦上，因此具有很高的缓冲吸振能力，多用于重型机械的缓冲装置。

3. 平面蜗卷弹簧(或称盘簧)

如图 17-2(c)所示，平面蜗卷弹簧的轴向尺寸小，常作为仪器和钟表的储能装置。

4. 板弹簧

如图 17-2(d)所示，板弹簧由许多长度不同的钢板叠合而成，用于各种车辆的减振装置。

在一般机械中，最常见的是圆柱螺旋弹簧，因此本章主要介绍圆柱螺旋拉伸、压缩弹簧的结构和设计方法。

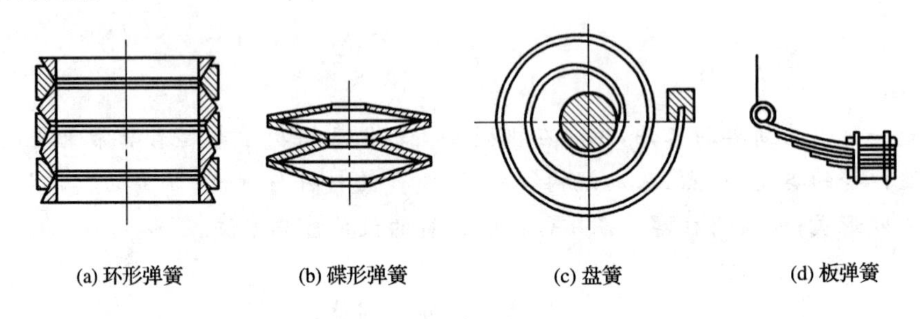

图 17-2　弹簧的类型

17.2　圆柱螺旋弹簧的结构和几何尺寸

17.2.1　圆柱螺旋弹簧的结构

1. 圆柱螺旋压缩弹簧

如图 17-3 所示，圆柱螺旋压缩弹簧在自由状态下，弹簧的节距为 t，各圈之间均应有足够的间距 δ，以便弹簧受压时，各圈之间不接触相碰，仍需保留一定的间距 δ_1。δ_1 的大小一般推荐为

$$\delta_1 = 0.1d \geqslant 0.2\ \text{mm}$$

式中，d 为弹簧丝的直径，mm。

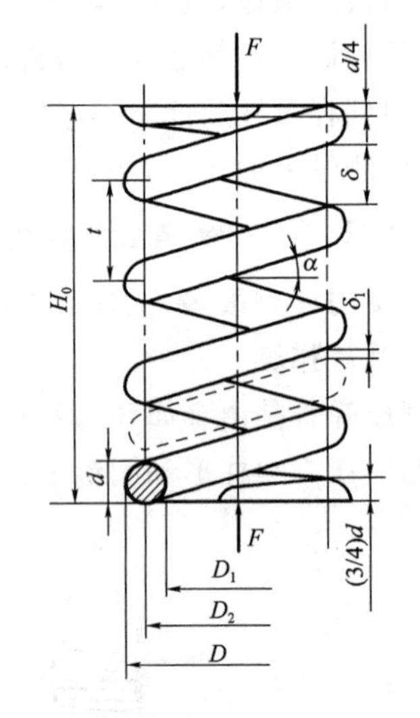

图 17-3　圆柱螺旋压缩弹簧的结构及几何尺寸

弹簧的两端为支撑圈，与邻圈并紧，工作时不参与变形，故称为“死圈”。当弹簧的工作圈数 $n \leqslant 7$ 时，弹簧每端的死圈为 0.75 圈；当 $n > 7$ 时，每端的死圈为 1～1.75 圈。支撑圈的结构形式有多种，如图 17-4 所示，最常用的有两个端面圈并紧且磨平的 YⅠ型；并紧不磨平的 YⅢ型和加热卷绕时弹簧丝两端锻扁且与邻圈并紧(端面圈可磨平，也可不磨平)的 YⅡ型三种。在重要的场合，应采用 YⅠ型，以保证两支撑端面与弹簧的轴线垂直，从而使弹簧受压时不致歪斜。

弹簧丝直径 $d \leqslant 0.5$ mm 时，弹簧的两支撑端面可不必磨平。$d > 0.5$ mm 的弹簧，两支撑端面则应磨平。磨平部分应不小于 3/4 圈，端头厚度一般不小于 $d/4$。

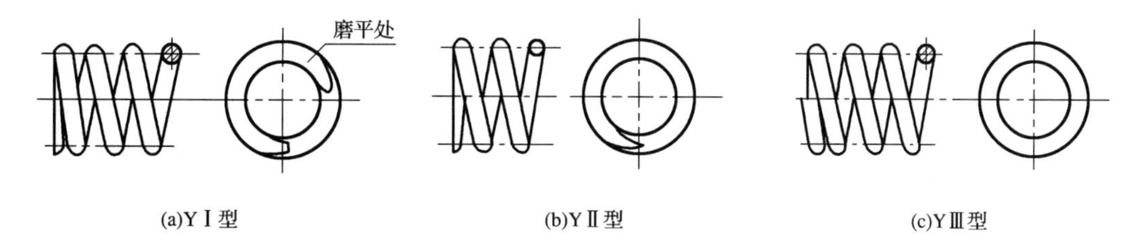

(a)YⅠ型　(b)YⅡ型　(c)YⅢ型

图 17-4　圆柱螺旋压缩弹簧的端面圈

2. 圆柱螺旋拉伸弹簧

圆柱螺旋拉伸弹簧卷制时已使各圈应相互并紧，即 $\delta=0$。为了增加弹簧的刚性，多数拉伸弹簧在制成后已具有初应力。拉伸弹簧的端部做有挂钩，以便安装和加载。挂钩的形式如图 17-5 所示。其中 LⅠ型和 LⅡ型制造方便，应用很广。但因在挂钩过渡处会产生很大的弯曲应力，故只宜用于弹簧丝直径 $d\leqslant 10$ mm 的弹簧中。LⅦ、LⅧ型挂钩不与弹簧丝联成一体，适用于受力较大的场合。

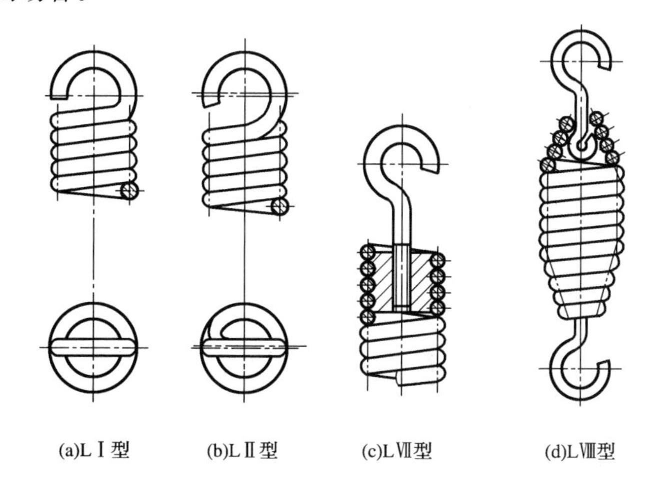

(a)LⅠ型　(b)LⅡ型　(c)LⅦ型　(d)LⅧ型

图 17-5　圆柱螺旋拉伸弹簧挂钩的形式

17.2.2 圆柱螺旋弹簧的几何尺寸

图 17-3 中圆柱螺旋弹簧的主要几何尺寸有：弹簧丝直径 d、弹簧外径 D、中径 D_2、内径 D_1、节距 t、螺旋升角 α、弹簧工作圈数 n 等。弹簧的旋向有左、右旋之分，一般为右旋。其几何尺寸计算公式见表 17-1。

表 17-1　圆柱螺旋压缩及拉伸弹簧的几何尺寸　mm

参数名称及代号	计算公式		备　注
	压缩弹簧	拉伸弹簧	
弹簧丝直径 d	由强度计算公式式(17-4)确定		按标准系列取值，见表 17-5
弹簧中径 D_2	$D_2=Cd$		按标准系列取值，见表 17-6
弹簧内径 D_1	$D_1=D_2-d$		—
弹簧外径 D	$D=D_2+d$		—
弹簧指数(旋绕比)C	$C=D_2/d$		—
压缩弹簧长径比 b	$b=H_0/D_2$	—	b 在 1～5.3 的范围之内选取

续表

参数名称及代号	计算公式		备注
	压缩弹簧	拉伸弹簧	
自由高度或长度 H_0	$H_0 \approx tn+(1.5\sim2)d$ $H_0 \approx tn+(3\sim3.5)d$	$H_0=nd+$钩环轴向长度	两端并紧，磨平 两端并紧，不磨平
工作高度或长度 H_1、H_2、…、H_n	$H_n=H_0-\lambda_n$	$H_n=H_0+\lambda_n$	λ 为变形量
弹簧工作圈数 n	根据要求变形量按式(17-7)计算		$n\geqslant2$
弹簧总圈数 n_1	冷卷：$n_1=n+(2\sim2.5)$； YⅡ型热卷：$n_1=n+(1.5\sim2)$	$n_1=n$	拉伸弹簧 n_1 尾数为 1/4、1/2、3/4、整圈，推荐用 1/2 圈
节距 t	$t=d+\delta=(0.28-0.5)D_2$	$t=d$	—
轴向间距 δ	$\delta=t-d$	$\delta=0$	对于压缩弹簧，$\delta\geqslant\lambda_{max}/0.8n$
展开长度 L	$L=\dfrac{\pi D_2 n_1}{\cos\alpha}$	$L=\pi D_2 n+$钩环展开长度	—
螺旋升角 α	$\alpha=\arctan\dfrac{t}{\pi D_2}$		对于螺旋压缩弹簧，推荐 $\alpha=5°\sim9°$
质量 m_S	$m_S=\dfrac{\pi d^2}{4}L\gamma$		γ 为材料的密度，对各种钢 $\gamma=7\ 700\ kg/m^3$；对铍青铜，$\gamma=8\ 100\ kg/m^3$
并紧高度 H_S	$H_S=(n_1-0.5)d$ $H_S=(n_1+1)d$	—	两端磨平 两端不磨平

17.3 弹簧的制造及材料

17.3.1 弹簧的制造

螺旋弹簧的制造过程包括卷绕、两端面加工(压簧)或制作挂钩(拉簧和扭簧)、热处理和工艺试验等，有时还需进行强压或喷丸处理。

弹簧的卷绕有冷卷和热卷两种。当弹簧丝直径小于 10 mm 时，常采用冷卷，冷卷时将已经热处理的冷拉非合金弹簧钢丝在常温下卷成弹簧，不再淬火，只经低温回火消除内应力。热卷的弹簧卷成后还必须进行淬火和回火处理。大批生产时，弹簧的卷制在自动机床上进行，小批生产则常在普通车床上或者用手工卷制。卷绕和热处理后的弹簧应进行表面检验及工艺试验，以鉴定弹簧的质量。

为了提高承载能力，可对弹簧进行强压处理和喷丸处理。强压处理是将弹簧预先压缩到超过材料的屈服极限，并保持 6～48 小时后卸载，使簧丝表面层产生与工作应力方向相反的残余应力，受载时可抵消一部分工作应力，从而提高了弹簧的承载能力。但由于经强压处理产生的残余应力会变得不稳定，故经强压处理后的弹簧不宜在高温、变载荷及有腐蚀性介质的条件下应用。对于受变载荷的压簧，可采用喷丸处理提高其疲劳寿命。

17.3.2 弹簧的材料及许用应力

1. 碳素弹簧钢

其含碳量在 0.6%～0.9%，优点是价廉易得，热处理后具有较高的强度、适宜的韧性和塑性。缺点是弹性极限低，多次重复变性后易失去弹性，且不能在高于 130 ℃的温度下正常工作。当弹簧丝直径大于 12 mm 时不易淬透，故仅适用于小尺寸的弹簧。

2. 合金弹簧钢

合金弹簧钢适于制造承受变载荷、冲击载荷或工作温度较高的弹簧。常用的有硅锰钢和铬钒钢等。

3. 有色金属合金

有色金属合金适于制造在潮湿、酸性或其他腐蚀性介质中工作的弹簧，例如硅青铜、锡青铜等。

常用弹簧材料的性能列于表 17-2、表 17-3 中。

表 17-2　　常用弹簧材料和许用应力

材料		许用应力 MPa			推荐使用温度/℃	推荐硬度范围	特性及用途
名称	牌号	Ⅰ类弹簧$[\tau_{\mathrm{I}}]$	Ⅱ类弹簧$[\tau_{\mathrm{II}}]$	Ⅲ类弹簧$[\tau_{\mathrm{III}}]$			
非合金弹簧钢丝Ⅰ、Ⅱ、Ⅱa、Ⅲ	65、70	$0.3\sigma_b$	$0.4\sigma_b$	$0.5\sigma_b$	−40～120	—	强度高、性能好、但尺寸大了不易淬透，只适于制造小弹簧
合金弹簧钢丝	60Si2Mn	480	640	800	−40～200	45～50HRC	弹性和回火稳定性好，易脱碳，适用于制造受重载的弹簧
	50CrVA	450	600	750	−40～210	45～50HRC	有高的疲劳极限，弹性、淬透性和回火稳定性好，常用于受变载荷的弹簧
	4Cr13	450	600	750	−40～300	48～53HRC	耐腐蚀，耐高温，适用于制造较大的弹簧
青铜丝	QSi3-1	270	360	450	−40～120	90～100HB	耐腐蚀，防磁性好
	QSn4-3	270	360	450			

注：①钩环式拉伸弹簧的许用切应力取为表中数值的 80%。

②对重要的、其损坏会引起整个机械损坏的弹簧，许用切应力应适当降低。例如受静载荷的重要弹簧，可按Ⅱ类选取许用应力。

③经强压、喷丸处理的弹簧，许用切应力可提高 20%。

④极限应力可取为：Ⅰ类，$\tau_s=1.67[\tau_{\mathrm{I}}]$；Ⅱ类，$\tau_s=1.26[\tau_{\mathrm{II}}]$；Ⅲ类，$\tau_s=1.12[\tau_{\mathrm{III}}]$。

表 17-3　　非合金弹簧钢丝的抗拉强度极限 σ_b

代号		钢丝直径 d/mm															
		0.2	0.3	0.5	0.8	1.0	1.2	1.6	2.0	2.5	3.0	3.5	4.0	4.5	5.0	6.0	8.0
σ_B/MPa	Ⅰ组	2 700	2 700	2 650	2 600	2 500	2 400	2 200	2 000	1 800	1 700	1 650	1 600	1 500	1 500	1 450	—
	Ⅱ、Ⅱa组	2 250	2 250	2 200	2 150	2 050	1 950	1 850	1 800	1 650	1 650	1 550	1 500	1 400	1 400	1 350	1 250
	Ⅲ组	1 750	1 750	1 700	1 700	1 650	1 550	1 450	1 400	1 300	1 300	1 200	1 150	1 150	1 100	1 050	1 000

注：按机械性能的不同，碳素弹簧钢丝可分为Ⅰ、Ⅱ、Ⅱa 和Ⅲ三组，在抗拉强度极限相同的情况下，Ⅱa 较Ⅱ有更好的塑性；表中 σ_B 均为下限值。

选用弹簧材料时应充分考虑弹簧的工作条件(载荷的大小及性质、工作温度和周围介质的情况)、作用、重要程度及经济性等因素。一般情况下,应优先选用非合金弹簧钢丝。

影响弹簧许用应力的因素很多,例如材料种类、质量、热处理方法、载荷性质、弹簧的工作条件、重要程度以及弹簧丝直径 d 等,都是确定许用应力时应考虑的。

通常,碳素弹簧钢按其承受的载荷性质和重要程度分为三类:I 类为受变载荷作用次数在 10^6 次以上或很重要的弹簧,如内燃机气门弹簧、电磁制动器弹簧;Ⅱ类为受变载荷作用次数在 $10^3\sim10^6$ 次以及受冲击载荷的弹簧,如一般的车辆弹簧;Ⅲ类为受静载荷及变载荷作用次数在 10^3 次以下的弹簧,如一般安全阀弹簧。

17.4 圆柱螺旋压缩(拉伸)弹簧的设计计算

17.4.1 圆柱螺旋压缩(拉伸)弹簧的受力与应力分析、变形、稳定性

1. 圆柱螺旋压缩(拉伸)弹簧的受力与应力分析

圆柱螺旋压缩(拉伸)弹簧的外载荷均沿弹簧的轴线作用,它们的应力和变形计算是相同的。现在以螺旋压缩弹簧为例进行分析。

图 17-6 所示为一圆柱螺旋压缩弹簧。弹簧丝是圆截面的,直径为 d,弹簧中径为 D_2;螺旋升角为 α。通常,弹簧的螺旋升角 α 很小(一般为 6°～9°),进行受力分析时,可忽略 α 的影响,可以近似地认为通过弹簧轴线的截面就是弹簧丝的法向截面。根据力的平衡可知,在该截面上作用有剪力 F 和扭矩 T,其中 $T=\frac{FD_2}{2}$。

如果不考虑弹簧丝的弯曲,按直杆计算,以 W_T 表示弹簧丝的抗扭截面系数,则扭矩 T 在截面上引起的最大扭切应力如图 17-7 所示,即

$$\tau'=\frac{T}{W_T}=\frac{FD_2/2}{\pi d^3/16}=\frac{8FD_2}{\pi d^3}$$

若剪力 F 引起的切应力为均匀分布,则切应力为

$$\tau''=\frac{4F}{\pi d^2}$$

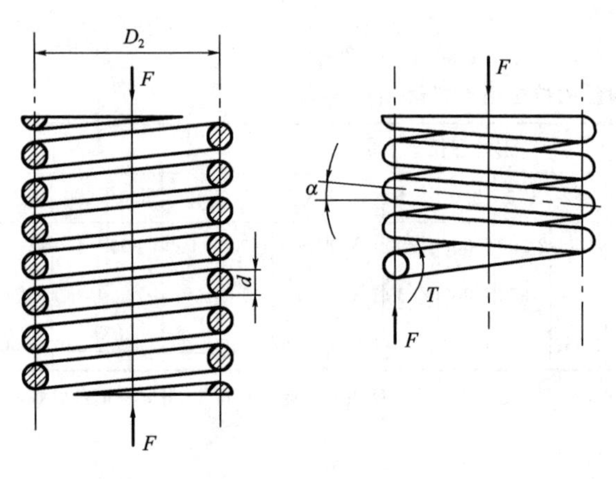

图 17-6 弹簧的受力分析

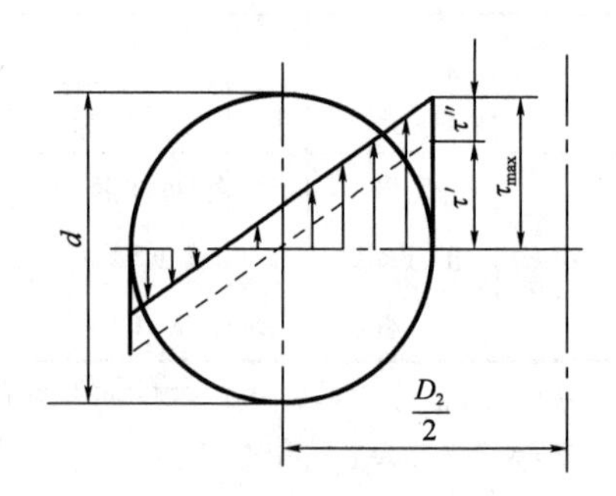

图 17-7 弹簧丝的应力

弹簧丝截面上最大切应力 τ_{max} 发生在其内侧，也就是靠近弹簧轴线的一侧，其值为

$$\tau=\tau'+\tau''=\frac{8F_{max}D_2}{\pi d^3}+\frac{4F_{max}}{\pi d^2} \tag{17-1}$$

令

$$C=\frac{D_2}{d}$$

则弹簧丝截面上的最大切应力为

$$\tau_{max}=\frac{8F_{max}C}{\pi d^2}\left(1+\frac{1}{2C}\right) \tag{17-2}$$

式中，F_{max} 为弹簧的最大工作载荷，N；C 为弹簧指数（旋绕比），是衡量弹簧曲率的主要参数。

在弹簧丝材料和直径相同时，C 越小，曲率也越大，弹簧就越硬（刚度大），卷制也就越困难；C 值越大，则弹簧越软，卷制虽易，但容易出现颤动。因此，为了使弹簧不致颤动和过软，C 值不能太大；为了避免卷绕时弹簧丝受到强烈弯曲，C 值又不应太小。C 值的选取可参考表 17-4，常用范围为 5～8。

表 17-4　　圆柱螺旋弹簧的常用弹簧指数 C

弹簧丝直径 d/mm	0.2～0.4	0.5～1	1.1～2.2	2.5～6	7～16	18～40
C	7～14	5～12	5～10	4～10	4～8	4～6

考虑到弹簧螺旋升角和曲率对弹簧丝应力的影响，引入修正曲度系数 K，则弹簧丝截面内侧的最大切应力及其强度条件为

$$\tau_{max}=K\frac{8F_{max}C}{\pi d^2}\leqslant[\tau] \tag{17-3}$$

则弹簧丝直径的设计计算公式为

$$d\geqslant 1.6\sqrt{\frac{KF_{max}C}{[\tau]}} \tag{17-4}$$

式中，$[\tau]$ 为许用切应力，MPa，按表 17-2 选取；K 为弹簧的修正曲度系数，可按 $K=\frac{4C-1}{4C-4}+\frac{0.615}{C}$ 计算；也可根据旋绕比 C 值直接从图 17-8 中查得。

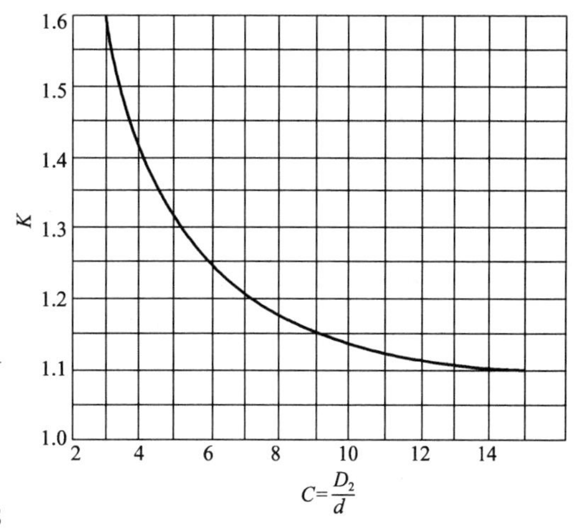

图 17-8　修正曲度系数 K

$[\tau]$、K、C 都与 d 有关，故应采用试算法求得。弹簧丝直径 d 应圆整为标准值，可查表 17-5。

弹簧中径 D_2 应符合标准系列，可查表 17-6。

表 17-5　　弹簧丝直径 d 的标准系列

标准系列	弹簧丝直径 d/mm
第一系列	0.5、0.6、0.8、1.0、1.2、1.6、2.0、2.5、3.0、3.5、4.0、4.5、5、6、8、10、12、16、20、25、30、35、40、45、50、60、70、80
第二系列	0.7、0.9、1.4、1.8、2.2、2.8、3.2、3.8、4.2、5.5、7、9、14、18、22、28、32、38、42、55、65

表 17-6　　弹簧中径 D_2 的标准系列　　mm

4、4.2、4.5、5、5.5、6、6.5、7、7.5、8、8.5、9、10、12、14、16、18、20、22、25、28、30、32、38、42、45、48、50、52、55、58、60、65、70、75、80、85、90、95、100、105、110、115、120、125、140、145、150、160、170、180、190、200、210、230、240、250、260、270、280、300、320、340、360、380、400、450

2. 圆柱螺旋压缩(拉伸)弹簧的变形

在轴向载荷 F 的作用下，弹簧产生轴向变形量 λ，如图 17-9(a)所示，截取微段弹簧丝 $\mathrm{d}s$，如图 17-9(b)所示，当弹簧螺旋升角 α 很小时，微段产生的轴向变形为

$$\mathrm{d}\lambda=\frac{D_2}{2}\mathrm{d}\varphi=\frac{D_2 T\mathrm{d}s}{2GI_{\mathrm{p}}}=\frac{8FD_2^2}{G\pi d^4}\mathrm{d}s$$

则轴向变形量为

$$\lambda=\int_0^L \mathrm{d}\lambda=\frac{8FD_2^2}{G\pi d^4}\int_0^L \mathrm{d}s=\frac{8FD_2^2}{G\pi d^4}L$$

式中，G 为材料的切变模量(钢 $G=8\times10^4$ MPa，青铜 $G=4\times10^4$ MPa)，其他符号意义同前。

若弹簧参与变形的圈数为 n，则弹簧丝的总长度 $L\approx\pi D_2 n$。由此得弹簧的轴向变形量为

$$\lambda=\frac{8FD_2^3 n}{Gd^4}=\frac{8FC^3 n}{Gd} \tag{17-5}$$

弹簧的刚度 k(又称为弹簧常数)为

$$k=\frac{F}{\lambda}=\frac{Gd^4}{8D_2^3 n}=\frac{Gd}{8C^3 n} \tag{17-6}$$

由式(17-6)可以看出，弹簧刚度 k 与 C、G、d 和 n 有关，其中旋绕比 C 对弹簧刚度的影响最大。

设计时弹簧工作圈数 n 是根据最大变形量 $\lambda_{\max}$ 决定的，由式(17-5)可得

$$n=\frac{Gd\lambda_{\max}}{8F_{\max}C^3}=\frac{Gd}{8C^3 k} \tag{17-7}$$

为制造方便，当 $n<15$ 时，取 n 为 0.5 的整数倍；当 $n>15$ 时，则 n 取为整数。弹簧的工作圈数应 $n\geqslant2$。

3. 压缩弹簧的稳定性

对于圈数较多的压缩弹簧，当长径比($b=H_0/D_2$)较大时，可能在受压时失稳，发生侧弯，导致弹簧失效，如图 17-10(a)所示。

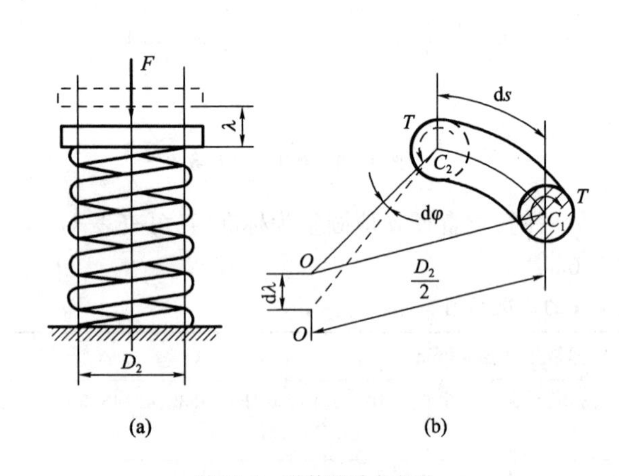

图 17-9 弹簧的受力变形

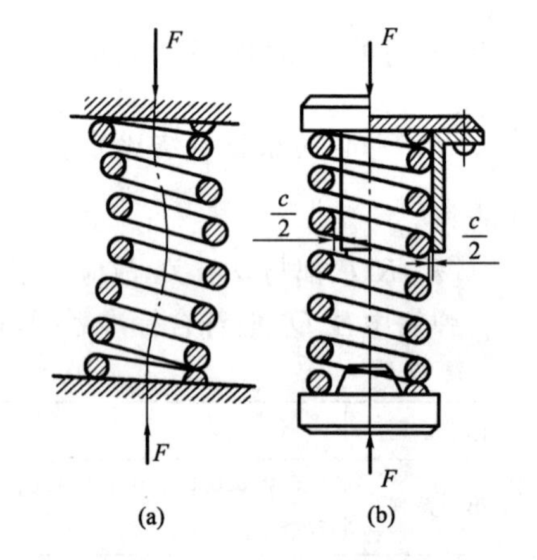

图 17-10 压缩弹簧的侧弯及防止侧弯的措施

为了保证压缩弹簧的稳定性，弹簧长径比 b 不应超过许用值。两端固定的弹簧 $b<5.3$；一端固定另一端铰支的弹簧 $b<3.7$；两端均可自由转动的弹簧 $b<2.6$。当 b 大于许用值时，应进行稳定性核校(见有关资料)或直接在弹簧的内侧加导向杆或在外侧加导向套，如图 17-10(b)所示。导向杆、套与弹簧间应有适当的间隙(c 值按表 17-7 选取)，工作时需加润滑油。

表 17-7 导向杆(套)与弹簧间的间隙 mm

中径 D_2	≤5	5～10	10～18	18～30	30～50	50～80	80～120	120～150
间隙 c	0.6	1	2	3	4	5	6	7

17.4.2 圆柱螺旋压缩(拉伸)弹簧的特性曲线

弹簧特性曲线是表示弹簧在弹性范围内工作时所受载荷 F 与变形 λ 之间的关系线图。利用弹簧特性曲线可以很方便地分析弹簧在工作时受载与变形的关系，它也是弹簧质量检验或试验的重要依据，所以要求弹簧的特性曲线应绘制在弹簧工作图中。

图 17-11 所示为圆柱压缩弹簧的受力、变形曲线，其中 F_{min} 为最小工作载荷，即弹簧在安装位置时所受的压力，F_{min} 使弹簧能可靠地稳定处在安装位置上，对压缩弹簧 F_{min} 在(0.2～0.5)F_{max} 范围内选取；F_{max} 为最大工作载荷，在 F_{max} 作用下，弹簧丝的最大应力 τ 不应超过材料的许用应力[τ]，F_{lim} 为弹簧极限载荷，在该力的作用下，弹簧丝内应力达到材料剪切屈服极限 τ_s；H_1、H_2、H_{lim} 分别为对应于上述三种载荷作用时的弹簧高度；λ_{min}、λ_{max}、λ_{lim} 分别对应于上述三种载荷作用时的弹簧变形量。对压缩弹簧，为了在 F_{max} 作用时弹簧不致并紧，规定 $\lambda_{max} \leqslant 0.8n\delta$。

如图 17-11 所示，弹簧刚度 k 为

$$k=\frac{F_{min}}{\lambda_{min}}=\frac{F_{max}}{\lambda_{max}}=\frac{F_{lim}}{\lambda_{lim}}=\text{常数} \qquad (17\text{-}8)$$

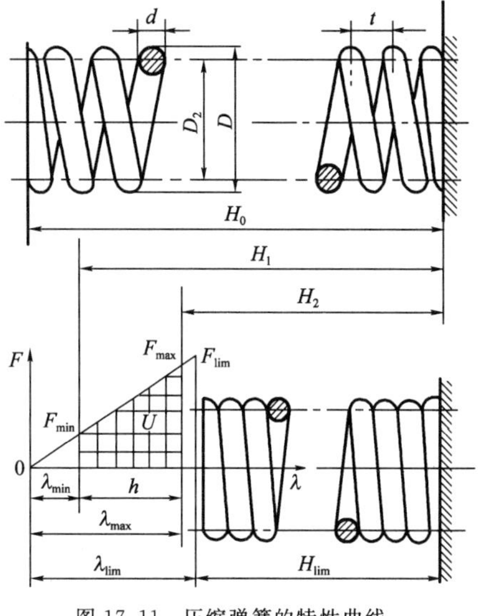

图 17-11 压缩弹簧的特性曲线

在加载过程中，弹簧所储存的能量为变形能 U，即图 17-11 中小方格表示的面积。

拉伸弹簧包括预应力弹簧和无预应力弹簧两种，其特性曲线及最大、最小工作载荷见有关资料。

17.4.3 圆柱螺旋压缩(拉伸)弹簧的设计计算

设计弹簧时必须满足具有足够的强度、符合载荷——变形特性曲线的要求(满足刚度条件)以及压缩弹簧不失稳等条件。

设计弹簧时已知条件通常为：弹簧所承受的最大工作载荷 F_{max} 和相应的变形量 λ_{max} 以及其他方面的要求(如工作温度、安装空间等)。具体计算时，先根据工作条件选择适宜的弹簧材料和结构形式；然后根据应力、变形公式来确定弹簧的主要参数 d、D_2、n，并使其符合 GB/T 1358—2009 中的圆柱螺旋弹簧的标准尺寸系列；最后由表 17-1 求出弹簧的其他结构尺寸 t、α、H_0 及弹簧丝展开长度 L 等。求弹簧丝直径时，因为许用应力[τ]和旋绕比 C 都与簧丝直径 d 有关，所以常用试算法。

例 17-1 已知一比较重要的圆柱螺旋压缩弹簧，两端可以自由转动，结构要求弹簧的外径不大于 30 mm，弹簧承受的最大工作载荷为 560 N，相应的压缩变形量为 15 mm，最小工作载荷为 410 N，相应的压缩变形量为 11 mm，试设计该压缩弹簧。

解：(1)根据工作条件选择材料并确定其许用应力

该弹簧比较重要，属于Ⅱ类弹簧。现选用 60Si2Mn 钢丝。由表 17-2 查得[$\tau_{Ⅱ}$]=640 MPa。

(2)根据强度条件计算弹簧丝直径 d、弹簧中径 D_2 及弹簧外径 D

选取旋绕比 $C=5.5$，则

$$K=\frac{4C-1}{4C-4}+\frac{0.615}{C}=\frac{4\times5.5-1}{4\times5.5-4}+\frac{0.615}{5.5}=1.28$$

由式(17-4)可得

$$d\geqslant1.6\sqrt{\frac{KF_{max}C}{[\tau_{II}]}}=1.6\sqrt{\frac{1.28\times560\times5.5}{640}}\approx3.97\text{ mm}$$

根据圆柱螺旋弹簧标准 GB/T 1358—2009 取弹簧丝直径 $d=4$ mm。

由表 17-1 知弹簧中径 $D_2=Cd=5.5\times4=22$ mm（符合标准尺寸系列）。

弹簧外径 $D=D_2+d=22+4=26$ mm（26 mm<30 mm，符合要求）。

(3)根据刚度条件，计算弹簧工作圈数 n

$$k=\frac{F_{max}}{\lambda_{max}}=\frac{560}{15}=37.33\text{ N/mm}$$

取 $G=8\times10^4$ MPa，由式(17-7)可得

$$n=\frac{Gd}{8C^3k}=\frac{8\times10^4\times4}{8\times5.5^3\times37.33}=6.44$$

取 $n=6.5$ 圈（符合标准尺寸系列）。

(4)计算弹簧的其他尺寸

弹簧内径 $D_1=D_2-d=22-4=18$ mm

轴向间距 $\delta\geqslant\frac{\lambda_{max}}{0.8n}=\frac{15}{0.8\times6.5}=2.88$ mm

取 $\delta=3$。

节距 $t=\delta+d=3+4=7$ mm

螺旋升角 $\alpha=\arctan\frac{t}{\pi D_2}=\arctan\frac{7}{\pi\times22}=5.8°$（在 5°～9°之间，合适）。

两端各并紧一圈并磨平，则得弹簧总圈数 $n_1=6.5+2=8.5$(圈)，则弹簧丝展开长度

$$L=\frac{\pi D_2n_1}{\cos\alpha}=\frac{\pi\times22\times8.5}{\cos5.8°}=590\text{ mm}$$

自由高度 $H_0=tn+(1.5-2)d=7\times6.5+(1.5-2)\times4=51.5\sim53.5$ mm（按冷卷考虑）根据圆柱螺旋弹簧标准 GB/T 1358—2009，取 $H_0=52$ mm。

(5)校核稳定性

$$b=\frac{H_0}{D_2}=\frac{52}{22}=2.36\ (2.36<2.6\text{，符合要求})$$

(6)绘制弹簧工作图

在弹簧的特性曲线图上，一般应该标注 F_{max}、F_{min}、F_{lim} 以及相应的变形量。由表 17-2 表注、式(17-3)以及式(17-7)联立求解得

$$\tau_S=1.26[\tau_{II}]=K\frac{8F_{lim}C}{\pi d^2}$$

则

$$F_{lim}=1.26[\tau_{II}]\frac{\pi d^2}{8KC}=1.26\times640\times\frac{\pi\times4^2}{8\times1.28\times5.5}=719.35\text{ N}$$

$$\lambda_{lim}=\frac{F_{lim}}{k}=\frac{719.35}{37.33}=19.27$$

绘制工作图（略）。

小 结

弹簧的类型和材料很多，为适应不同的工作条件，应合理选择。圆柱形螺旋弹簧的设计主要应解决强度、刚度问题。其强度计算可求得弹簧丝直径的大小，这主要与弹簧所受的最大载荷及弹簧材料有关，刚度计算可求得弹簧的圈数。同时，弹簧设计还要满足不失稳的条件等。

思考题及习题

17-1 增大圆柱螺旋弹簧中径和弹簧丝直径对弹簧的强度和刚度有什么影响？如果弹簧强度不足，增加弹簧圈数是否可行？

17-2 已知一圆柱螺旋压缩弹簧的弹簧丝直径 $d=6$ mm，弹簧中径 $D_2=33$ mm，弹簧工作圈数 $n=10$ 圈。采用Ⅱ组非合金弹簧钢丝，受变载荷作用次数为 $1\times10^3\sim1\times10^5$ 次。求：

(1)允许的最大工作载荷及变形量。

(2)当端部采用磨平支撑圈结构时，弹簧的并紧高度 H_S 和自由高度 H_0。

(3)校核该弹簧的稳定性。

17-3 已知一圆柱螺旋压缩弹簧，弹簧丝直径 $d=10$ mm，$D_2=50$ mm，$n=10$ 圈，材料为60Si2Mn 钢，用在重要场合，受静载荷，问该弹簧工作时最多可压缩多少仍能确保安全？

参 考 文 献

[1] 申永胜,机械原理教程,第3版,北京:清华大学出版社,2015
[2] 孙恒,葛文杰,等,机械原理,第9版,北京:高等教育出版社,2021
[3] 吴宗泽,高志,机械设计,第2版,北京:高等教育出版社,2009
[4] 濮良贵,陈国定,吴立言,等,机械设计,第10版,北京:高等教育出版社,2015
[5] 徐灏,机械设计手册,第2版,北京:机械工业出版社,2000
[6] 陆凤仪,钟守炎,机械设计,第2版,北京:机械工业出版社,2011
[7] 孔凌嘉,王晓力,机械设计,第2版,北京:北京理工大学出版社,2013
[8] 龙振宇,机械设计,北京:机械工业出版社,2019
[9] 杨明忠,机械设计,北京:机械工业出版社,2001
[10] 徐锦康,机械设计,第1版,北京:高等教育出版社,2004
[11] 郑江,机械设计,北京:中国林业出版,2006
[12] 杨可桢,程光蕴,李仲生,等,机械设计基础,第7版,北京:高等教育出版社,2020
[13] 荣辉,杨梦辰,机械设计基础,第4版,北京,北京理工大学出版社,2018
[14] 戴振东,岳林,机械设计基础,第1版,北京:国防工业出版社,2006
[15] 王大康,机械设计基础,第3版,北京:机械工业出版社,2014
[16] 张建中,机械设计基础,北京:高等教育出版社,2011
[17] 张文信,机械设计基础,北京:北京大学出版社,2007
[18] 孙建东,李春书,机械设计基础,第一版,北京:清华大学出版社,2007
[19] 郑甲红,机械设计基础,第1版,西安:西安电子科技大学出版社,2008
[20] 彭文生,李志明,黄华梁,机械设计,第一版,北京:高等教育出版社,2010
[21] 陈立德,机械设计基础,第4版,北京:高等教育出版社,2020
[22] 刘江南,郭克西,机械设计基础,第1版,湖南:湖南大学出版社,2005
[23] 陈晓南,杨培林,机械设计基础,第3版,北京:科学出版社,2021
[24] 李静,杨梦辰,机械设计基础,第1版,北京:电子工业出版社,2007
[25] 朱东华,樊智敏,机械设计基础,第3版,北京:机械工业出版社,2017
[26] 李学雷,机械设计基础,第一版,北京:科学出版社,2004
[27] 季明善,机械设计基础,北京:高等教育出版社,2005
[28] 周家泽,机械设计基础,北京:人民邮电出版社,2003
[29] 周瑞强,吴洁,朱颜,机械设计基础,沈阳:东北大学出版社,2018